Technische Schwingungslehre
in ihren Grundzügen

Von

Dr.-Ing. Erhard Hübner
Aachen

Mit 208 Abbildungen

Springer-Verlag Berlin Heidelberg GmbH
1957

ISBN 978-3-642-49060-6   ISBN 978-3-642-92703-4 (eBook)
DOI 10.1007/978-3-642-92703-4

Vorwort

Das vorherrschende Streben nach immer leichteren Bauweisen auf fast allen Gebieten der Technik führt zu elastischen Konstruktionen, die in hohem Maße empfindlich gegen schwingungserregende Kräfte sind. Der technischen Schwingungslehre kommt deshalb heute eine besondere Bedeutung bei.

Auf dem deutschen Buchmarkt gibt es derzeit eine größere Zahl von Lehrbüchern über dieses Gebiet, die sich, ganz grob gesprochen, in zwei Gruppen einteilen lassen.

Bei der einen Gruppe handelt es sich um Werke von hohem wissenschaftlichen Niveau, deren Durcharbeit beträchtliche Anforderungen an den Leser stellt, und die deshalb für den durchschnittlich mathematisch Geschulten nur schwer zugänglich sind.

In eine zweite Gruppe lassen sich die übrigen Lehrbücher einordnen. Sie behandeln zwar das dargestellte Stoffgebiet elementar und gut verständlich, beschränken sich aber meist auf die Darlegung allgemeinster Zusammenhänge und dringen nicht tief genug in die schwingungstechnischen Problemstellungen ein, oder sie sind infolge einer manchmal recht willkürlich erscheinenden Auswahl des bearbeiteten Stoffes etwas zu einseitig gehalten.

Das vorliegende Buch soll diese Lücke im Schrifttum ausfüllen, und — rein inhaltlich gesehen — eine Stellung zwischen diesen beiden Gruppen von Lehrbüchern einnehmen.

Dieser Zielsetzung wurde in folgender Weise Rechnung getragen:

1. Das gewählte Stoffgebiet wird, unter voller Wahrung wissenschaftlicher Strenge, elementar behandelt und kann mit durchschnittlichen mathematischen Kenntnissen erarbeitet werden.

2. Die Bearbeitung umfaßt unter Zuhilfenahme von Analogiebetrachtungen viele Bereiche der Schwingungstechnik und bietet so dem Leser einen weiten Überblick über schwingungstechnische Fragen.

3. Die Darstellung beschränkt sich nicht auf die Herleitung allgemeiner Beziehungen. Sie dringt tief in die Zusammenhänge ein und durchleuchtet an Hand vieler, vollständig durchgerechneter Übungsbeispiele die Ergebnisse allgemeiner Untersuchungen zahlenmäßig bis in letzte Einzelheiten.

Das gesteckte Ziel war, um den Umfang des Buches nicht zu sehr anschwellen zu lassen, nur durch die Anwendung der sich außerordentlich raumsparend auswirkenden komplexen Rechnung zu erreichen.

In einem gesonderten Abschnitt wird die komplexe Rechnung ausführlich behandelt, um weniger geübten Lesern Gelegenheit zur Einarbeitung zu geben.

Eine wesentliche Vereinfachung der mathematischen Behandlung bringt die Einführung des Begriffes des mechanischen Schwingungswiderstandes in Verbindung mit der Entwicklung mechanischer Schaltbilder. Der Berechnungsgang wird dadurch weitgehend seines abstrakt-mathematischen Gehalts entkleidet und gewinnt durch die Einführung formaler physikalischer Begriffe eine gewisse Anschaulichkeit, die dem Streben des Ingenieurs nach anschaulichem Denken entgegenkommt.

Dieser Formalismus erlaubt es auch, so schwierige Aufgabenstellungen, wie Schwingungen in Körpern mit kontinuierlicher Verteilung von Masse und Elastizität (homogene Körper, Gase und Flüssigkeiten), die bisher nur in rein mathematisch orientierten Lehrbüchern behandelt wurden, elementar zu lösen, und so dem Nichtspezialisten zugänglich zu machen. Zweifellos besitzen gerade diese Probleme erhebliche technische Bedeutung. Es sei nur, um ein Beispiel zu nennen, auf die wichtige Rolle schwingungstechnischer Einflüsse bei Messungen zeitlich veränderlicher Drücke in Gasen und Flüssigkeiten verwiesen.

In den letzten Jahren haben die elektrischen Analogien ihrer Nützlichkeit wegen immer mehr Eingang in das technische Schrifttum gefunden. Auch in deutschen Lehrbüchern über Schwingungslehre werden sie fast ausnahmslos gebracht. Die Darstellung ist aber meist nur sehr kurz und unvollständig gehalten, und reicht oftmals über den Rahmen einer kurzen Information kaum hinaus. In diesem Buche werden die elektrischen Analogien, unter Einschluß der bei homogenen Körpern herrschenden Beziehungen, in ausführlicher Breite und Vollständigkeit behandelt, und an Hand vollständig durchgearbeiteter Berechnungsbeispiele in ihrer Anwendung erläutert.

Im letzten Abschnitt des Buches werden dann die in neuerer Zeit immer mehr an Bedeutung gewinnenden nichtlinearen Schwingungen behandelt.

Zu erwähnen bleibt noch, daß größter Wert auf klare und eindeutige Definitionen und textliche Formulierungen gelegt wurde, und daß alle Gleichungen Größengleichungen darstellen. Weiters wurden die mathematischen Ableitungen mit voller Absicht sehr ausführlich gehalten, um das Durcharbeiten zu erleichtern.

Schließlich möchte ich nicht versäumen, an dieser Stelle dem Springer-Verlag für die angenehme Zusammenarbeit und das weitgehende Eingehen auf Sonderwünsche bestens zu danken.

Aachen, im April 1957

E. Hübner

Inhaltsverzeichnis

III. Schwingungsgebilde mit mehreren Freiheitsgraden

Allgemeine Betrachtungen S. 95.

**IV. Schwingungsgebilde mit kontinuierlicher Verteilung von Masse
und Elastizität — Homogene Schwingungsgebilde**

Verzeichnis der verwendeten Formelzeichen

Zeichen, die im Text nur gelegentlich vorkommen (dies gilt auch für Ordnungszahlen), sind hier nicht aufgeführt. Sie werden am Ort ihres Vorkommens jeweils erläutert

a	Masse
b	Dämpfungskonstante
$b_{\ddot{a}}$	äquivalente Dämpfungskonstante
c	Federkonstante
$c_{\ddot{a}}$	äquivalente Federkonstante
C	Kapazität eines Kondensators
d	relative Dämpfung, Verlustfaktor
D	Dualkonstante
E	Elastizitätsmodul
f	Frequenz
F	Querschnittsfläche
G	Schubmodul
H	Drehkraftharmonische
i	EULERsche Zahl
I	Momentanwert des elektrischen Stromes
Im ( )	Imaginärwert einer komplexen Zahl
J	Massenträgheitsmoment eines Körpers, bezogen auf seine Drehachse
$J_{\ddot{a}}$	äquatoriales Flächenträgheitsmoment
J_p	polares Flächenträgheitsmoment
l	Länge
L	Induktivität einer Wicklung
m, M	Masse (seltener verwendet)
M_d	Momentanwert eines Drehmomentes
n	Drehzahl
N	Leistung
p	Momentanwert eines Druckes
P	Momentanwert einer Kraft
q	Momentanwert des Schwingungsweges
q_{max}, Q	Scheitelwert oder Maximalwert des Schwingungsweges
$\dot{q}$	Momentanwert der Geschwindigkeit
$\ddot{q}$	Momentanwert der Beschleunigung
R	OHMscher Widerstand
Re ( )	Realteil einer komplexen Zahl
r	Radius
s	Streckenlast (Belastung eines Trägers je Längeneinheit)
S	Strömung
T	Schwingungs- oder Periodendauer
T_s	Schwebungsdauer
U, U_0	potentielle Energie eines Energiespeichers
U	Momentanwert einer elektrischen Spannung
v	Momentanwert der Geschwindigkeit
V	Volum
ΔV	Verdrängungsvolum
W, W_0	kinetische Energie eines Energiespeichers
w	Wellengeschwindigkeit
Z	Wellenwiderstand
α	Nachgiebigkeit
α_{ik}	MAXWELLsche Einflußzahl
β	Kompressibilitätszahl
γ	spezifisches Gewicht
δ	Abklingkonstante
ε	Verlustwinkel
η	Frequenzverhältnis
$\bar{\eta}$	dyn. Zähigkeit
ϑ	Dämpfungsgrad
$\vartheta_{\ddot{a}}$	äquivalenter Dämpfungsgrad

$\varkappa$	Adiabatenexponent		$\lvert M_d\rvert$	
	Wellenlänge		$\lvert\widehat{P}\rvert$	Beträge der komplexen Amplituden $\widehat{M}_v,\ \widehat{P},\ \widehat{q},\ \widehat{\chi}$
	bezogene zugeordnete Kreisfrequenz		$\lvert\widehat{q}\rvert$	
	Dichte		$\lvert\widehat{\chi}\rvert$	
$\varphi,\ \psi$	Phasenverschiebungswinkel		$\text{arc}\ \widehat{M}_d$	Nullphasenwinkel der komplexen Amplituden
χ	Momentanwert des Drehwinkels einer Drehschwingung		$\text{arc}\ \widehat{P}$	$\widehat{M}_d,\ \widehat{P},\ \widehat{q},\ \widehat{\chi}$
			$\text{arc}\ \widehat{q}$	
			$\text{arc}\ \widehat{\chi}$	
ω_d	Eigenkreisfrequenz		$\mathfrak{Y}_q$	Vergrößerungsfunktion
ω_0	Kennkreisfrequenz		Y_q	Betrag der Vergrößerungsfunktion = Vergrößerungsfaktor
$\omega_\mathrm{I},\ \omega_\mathrm{II},\dots$	Partial-Kennkreisfrequenzen			
$\bar\omega$	zugeordnete Kreisfrequenz			
Ω	Kreisfrequenz einer Erregerkraft		$\varphi=\text{arc}\ \widehat{P}-\text{arc}\ \widehat{v}$	Phasenverschiebungswinkel
Ω	Winkelgeschwindigkeit		$\psi=\text{arc}\ \widehat{P}-\text{arc}\ \widehat{q}$	
			$\mathfrak{R}$	mechanischer Schwingungswiderstand
$\widehat{c}$	komplexer Federbeiwert		$\mathfrak{Z}$	elektrischer Scheinwiderwiderstand (Impedanz)
$\widehat{E}$	komplexer Modul		$\mathfrak{Z}$	komplexe Zahl
$\mathfrak{G}$	elektrischer Scheinleitwert		$\lvert\mathfrak{Z}\rvert$	Betrag einer komplexen Zahl
$\begin{array}{l}\widehat{M}_d\\ \widehat{P}\\ \widehat{q}\\ \widehat{\chi}\end{array}$	komplexe Amplituden der harmonischen Schwingungsgrößen $M_d,\ P,\ q$ und χ			

I. Grundlagen

1. Allgemeines über Schwingungen

Die Schwingungslehre ist ein Teilgebiet der technischen Physik und befaßt sich mit Vorgängen, die in steter Aufeinanderfolge immer wiederkehrende Merkmale aufweisen.

Periodische Schwingungen. Ändert sich eine bestimmte physikalische Größe zeitlich derart, daß nach gewissen, gleichbleibenden Zeitabschnitten gleiche Merkmale des Ablaufes in steter Wiederholung wiederkehren, spricht man von einem periodischen Vorgang.

Beispiele. Winkelausschlag eines schwingenden Pendels, zeitlicher Verlauf des Druckes im Zylinder einer Verbrennungskraftmaschine.

Die Zeit, die zum Ablauf eines solchen, in steter Weise sich wiederholenden Vorganges benötigt wird, nennt man *Periodendauer T*.

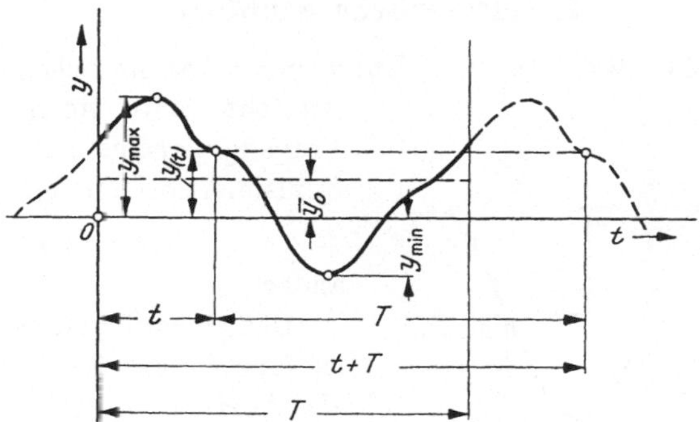

Abb. 1. Zeitlicher Verlauf eines periodischen Vorganges

Die Gesamtheit des während der Periodendauer T ablaufenden Vorganges wird kurz als *Periode* bezeichnet.

In Abb. 1 ist der zeitliche Verlauf einer periodischen Größe $y = f(t)$ über der Zeit als Abszisse eingezeichnet.

Der zu irgendeiner Zeit t herrschende Wert der dargestellten Größe $y(t) = f(t)$ wird als *Augenblickswert* oder *Momentanwert* bezeichnet.

Der Charakter eines periodischen Vorganges, die stete Wiederholung des Vorganges mit allen seinen Merkmalen, läßt sich in folgender Weise mathematisch ausdrücken

$$y_{(t+T)} = y_{(t)}, \quad y'_{(t+T)} = y'_{(t)}, \quad y''_{(t+T)} = y''_{(t)} \quad \text{usw.} \tag{1}$$

Frequenz. Die Anzahl der in der Zeiteinheit durchlaufenen Perioden nennt man Periodenzahl, Schwingungszahl oder *Frequenz* f, wobei

$$f = \frac{1}{T} \tag{2}$$

ist.

Der über eine Periode erstreckte zeitliche Mittelwert der periodischen Größe $y = f(t)$, der durch die Beziehung

$$\bar{y}_0 = \frac{1}{T} \int\limits_0^T y_t \, dt \tag{3}$$

definiert wird, heißt *Gleichwert* der periodischen Funktion. Sind die längs der Periodendauer T zu beiden Seiten der Abszissenachse von der Funktionslinie $y = f(t)$ eingeschlossenen Flächen gleich groß, ist der Gleichwert $\bar{y}_0 = 0$.

Die Extremwerte der Funktion $y = f(t)$ werden als *Gipfelwert* bzw. als *Talwert* bezeichnet.

Ist der Gleichwert $\bar{y}_0 = 0$, werden die Extremwerte als oberer bzw. unterer *Scheitelwert* bezeichnet, und der Gesamtbetrag, um den sich der Funktionswert $y = f(t)$ insgesamt ändert, erhält die Bezeichnung *Schwingbreite B*.

2. Harmonische Schwingungen

Allgemeine Beziehungen. Unter einer harmonischen Schwingung versteht man einen periodischen Vorgang, der sich zeitlich nach einer Sinusfunktion der Form

$$y = A \sin (\omega t + \alpha) \tag{4}$$

ändert.

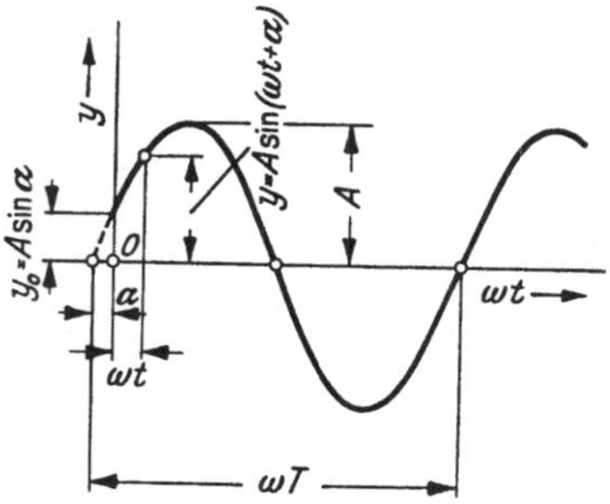

Das Schaubild dieser Funktion ist eine Sinuslinie und ist über t als Abszisse in Abb. 2 dargestellt (Liniendiagramm).

Der Verlauf der Funktion wird durch die 3 Größen A, ω und α festgelegt. Es ist

Abb. 2. Zeitlicher Verlauf einer harmonischen Schwingung

A = Amplitude, Maximalwert oder Scheitelwert,
ω = Kreisfrequenz,
α = Nullphasenwinkel.

Durch α wird die Lage der Sinuslinie auf der Zeitachse festgelegt. Der Funktionswert zur Zeit $t = 0$ folgt aus Gl. (4) zu

$$y_0 = A \sin (0 + \alpha) = A \sin \alpha. \tag{5}$$

Aus der für eine periodische Funktion geltenden Beziehung $y_{t+T} = y_t$ erhält man mit Gl. (4):

$$A \sin [\omega (t + T) + \alpha] = A \sin (\omega t + \alpha). \qquad (6)$$

Winkelfunktionen sind dann einander gleich, wenn ihre Argumente gleich groß sind, oder sich um den Winkel 2π (oder ein Vielfaches davon) unterscheiden.

Daher gilt nach Gl. (6):

$$\omega T = 2\pi \quad \text{bzw.} \quad \omega = \frac{2\pi}{T}; \qquad (7)$$

mit $f = \dfrac{1}{T}$ folgt daraus

$$\omega = 2\pi f. \qquad (8)$$

Zeichnerische Darstellung harmonischer Schwingungen. Sinuslinien können mit Hilfe einer Winkelfunktionstabelle durch punktweises Auftragen der Funktionswerte leicht gezeichnet werden.

Einfacher ist es, die Konstruktion mit Hilfe der an einem Kreis geltenden trigonometrischen Beziehungen unmittelbar durchzuführen.

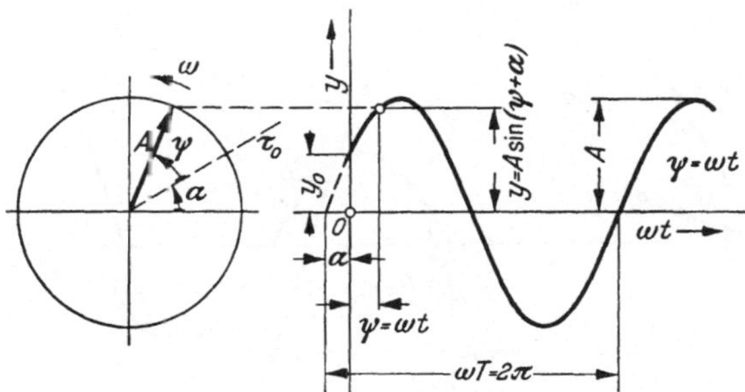

Abb. 3. Darstellung einer harmonischen Schwingung mit Hilfe eines umlaufenden Zeigers

Im Punkte O der Abb. 3 denken wir uns einen mit konstanter Winkelgeschwindigkeit ω umlaufenden Zeiger von der Länge A angeordnet. Zu einem beliebig herausgegriffenen Zeitpunkt habe der Winkel zwischen dem Zeiger A und der (unter einem vorgegebenen Winkel α eingezeichneten) Zähllinie τ_0 den Wert $\chi = \omega t$.

Die Vertikalprojektion des Zeigers A beträgt dann

$$y = A \sin (\chi + \alpha) = A \sin (\omega t + \alpha).$$

Dieser Ausdruck stimmt mit Gl. (4) vollkommen überein. Die Vertikalprojektion des Zeigers A stellt somit den Augenblickswert der harmonischen Funktion dar.

Aus Abb. 3 ersehen wir gleichzeitig die Bedeutung des Nullphasenwinkels: α ist der Winkel, den der umlaufende Zeiger zu Beginn der Zeitzählung, zur Zeit $t = 0$, mit der Abszissenachse einschließt.

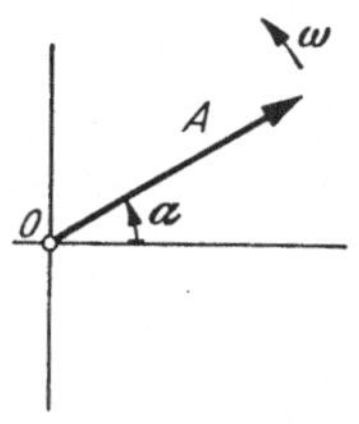

Abb. 4. Zeigerdarstellung einer harmonischen Schwingung

Durch den umlaufenden Zeiger ist der Ablauf der harmonischen Schwingung vollständig gekennzeichnet.

Das umständliche Aufzeichnen der Sinuslinie ist daher nicht erforderlich, wenn man den Schwingungsvorgang durch einen umlaufenden Zeiger darstellt. Es ist üblich, den Zeiger in der Lage zu zeichnen, die er zur Zeit $t = 0$ einnimmt.

Die durch die Gl. (4) gekennzeichnete harmonische Schwingung kann daher symbolisch durch einen unter dem Winkel α gegen die Abszisse (Horizontale) gezeichneten Zeiger von der Länge A dargestellt werden (Abb. 4).

Phasenverschiebungswinkel. Zwei harmonische Schwingungen seien durch die Gleichungen

$$y_1 = A_1 \sin (\omega t + \alpha_1) \quad \text{mit} \quad A_1 = 3; \; \alpha_1 = 15°,$$

$$y_2 = A_2 \sin (\omega t + \alpha_2) \quad \text{und} \quad A_2 = 4; \; \alpha_2 = 45°$$

gegeben. Der zeitliche Verlauf der Schwingungen sowie ihre beiden Zeiger sind in Abb. 5 dargestellt.

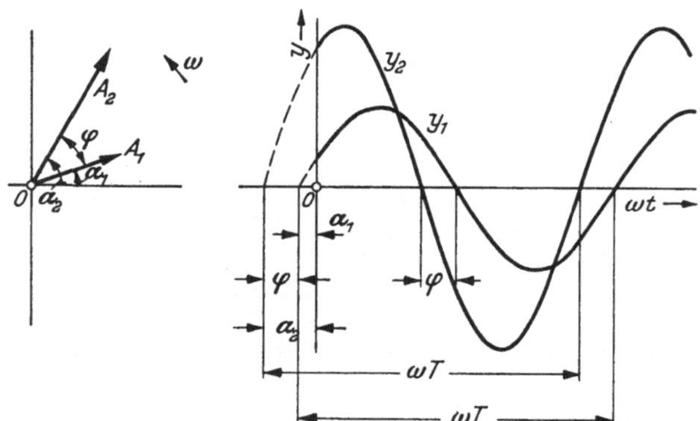

Abb. 5. Zeiger- und Liniendiagramm zweier harmonischer Schwingungen gleicher Frequenz

Die besonderen Merkmale der beiden Schwingungen bestehen in folgendem:

Sie besitzen gleiche Frequenz, aber entsprechende Schwingungszustände, wie Maximalwerte, Knotenpunkte, werden nicht zu gleichen Zeiten erreicht. Die Schwingungen verlaufen *nicht phasengleich*, sie sind „nicht in Phase".

Die Schwingung 2 erreicht ihre Scheitelwerte zu einem früheren Zeitpunkt als Schwingung 1, Schwingung 2 „eilt" der Schwingung 1

„voraus", bzw. die Schwingung 1 „eilt" der Schwingung 2 „nach". Der *Phasenverschiebungswinkel* φ kann unmittelbar dem Zeigerdiagramm als Differenz der beiden Nullphasenwinkel α_1 bzw. α_2 entnommen werden.

Das Vorzeichen des Phasenverschiebungswinkels φ hängt von der Wahl der Bezugsschwingung ab.

Bezieht man die Phasenlage auf Schwingung 1, gilt

$$\varphi_{12} = \alpha_1 - \alpha_2 = 10° - 40° = -30° \quad \text{(Schwingung 1 eilt nach).} \quad (9\,\text{a})$$

Bezieht man φ auf Schwingung 2, erhält man analog

$$\varphi_{21} = \alpha_2 - \alpha_1 = 40° - 10° = +30° \quad \text{(Schwingung 2 eilt vor).} \quad (9\,\text{b})$$

Addition von Schwingungen. Zu bestimmen sei die Summe zweier harmonischer Schwingungen gleicher Frequenz, deren Gleichungen durch

$$y_1 = A_1 \sin(\omega t + \alpha_1), \quad y_2 = A_2 \sin(\omega t + \alpha_2)$$

gegeben seien. Dann gilt

$$y = A_1 \sin(\omega t + \alpha_1) + A_2 \sin(\omega t + \alpha_2). \quad (10)$$

Die rechte Seite der Gleichung ergibt mit

$$\sin(\alpha + \beta) = \sin\alpha \cos\beta + \cos\alpha \sin\beta \quad (11)$$

die Form

$$y = (A_1 \cos\alpha_1 + A_2 \cos\alpha_2) \sin\omega t + (A_1 \sin\alpha_1 + A_2 \sin\alpha_2) \cos\omega t. \quad (12)$$

Mit den Setzungen

$$\cos\alpha = \frac{A_1 \cos\alpha_1 + A_2 \cos\alpha_2}{A} \quad \text{und} \quad \sin\alpha = \frac{A_1 \sin\alpha_1 + A_2 \sin\alpha_2}{A} \quad (13)$$

läßt sich Gl. (12) auf die Form

$$y = A\,(\cos\varkappa \sin\omega t + \sin\alpha \cos\omega t) = A \sin(\omega t + \alpha)$$

bringen. Diese Gleichung stellt eine harmonische Schwingung dar. Die Amplitude A und der Nullphasenwinkel α können aus (13) berechnet werden. Man erhält

$$\operatorname{tg}\alpha = \frac{A_1 \sin\alpha_1 + A_2 \sin\alpha_2}{A_1 \cos\alpha_1 + A_2 \cos\alpha_2} \quad (14)$$

und

$$A = \sqrt{(A_1 \cos\alpha_1 + A_2 \cos\alpha_2)^2 + (A_1 \sin\alpha_1 + A_2 \sin\alpha_2)^2}. \quad (15)$$

Beispielsweise ergibt sich mit $A_1 = 3$, $\alpha_1 = 30°$ und $A_2 = 2$, $\alpha_2 = 45°$:

$$\operatorname{tg}\alpha = \frac{3 \cdot \frac{1}{2} + 2 \cdot \frac{1}{2}\sqrt{2}}{3 \cdot \frac{1}{2}\sqrt{3} + 2 \cdot \frac{1}{2}\sqrt{2}} = 0,7279 \quad \text{bzw.} \quad \alpha = 36°\,3' \triangleq 0,6290\,\text{rad}$$

und

$$A = \sqrt{\left(3 \cdot \tfrac{1}{2}\sqrt{3} + 2 \cdot \tfrac{1}{2}\sqrt{2}\right)^2 + \left(3 \cdot \tfrac{1}{2} + 2 \cdot \tfrac{1}{2}\sqrt{2}\right)^2} = 4{,}958.$$

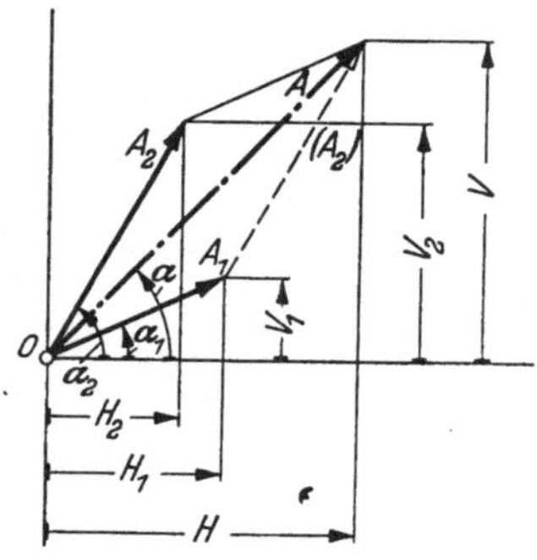

Abb. 6. Addition zweier harmonischer Schwingungen gleicher Frequenz

Somit lautet die Gleichung der resultierenden Schwingung:

$$y = 4{,}958 \sin(\omega t + 0{,}6290).$$

Die Summierung der beiden Teilschwingungen kann auch graphisch mit Hilfe des Zeigerdiagrammes durchgeführt werden, indem man die geometrische Summe der Zeiger der beiden Teilschwingungen bildet. Sie wird in der aus der Statik bekannten Weise durch „Aneinanderreihen" der Zeiger gebildet. Dann gelten, wie man der Abb. 6 entnehmen kann, die Beziehungen

$$A = +\sqrt{(H_1 + H_2)^2 + (V_1 + V_2)^2} \quad \text{und} \quad \operatorname{tg}\alpha = \frac{V_1 + V_2}{H_1 + H_2}. \tag{16}$$

Beachtet man, daß $H_1 = A_1 \cos\alpha_1$, $H_2 = A_2 \cos\alpha_2$ sowie $V_1 = A_1 \sin\alpha_1$, $V_2 = A_2 \sin\alpha_2$ ist, erkennt man die volle Übereinstimmung der Gln. (14) u. (15) mit den beiden Gln. (16), wodurch die Richtigkeit der Konstruktion erwiesen ist.

Sonderfall. Besonders einfach gestaltet sich die Rechnung, wenn die Summe der Schwingungen die Form

$$y = A_1 \sin\omega t + A_2 \cos\omega t \tag{17}$$

annimmt. Wegen $\cos\omega t = \sin\left(\omega t + \frac{\pi}{2}\right)$ können wir schreiben

$$y = A_1 \sin\omega t + A_2 \sin(\omega t + \pi/2)$$

und erhalten damit nach den Gln. (14) u. (15) (mit $\alpha_1 = 0$ und $\alpha_2 = \pi/2$):

$$A = \sqrt{A_1^2 + A_2^2} \quad \text{und} \quad \operatorname{tg}\alpha = \frac{A_2}{A_1}, \text{ bzw. } \alpha = \operatorname{arc tg}\frac{A_2}{A_1}. \tag{18}$$

Damit wird

$$y = A \sin(\omega t + \alpha). \tag{19}$$

Summe mehrerer harmonischer Schwingungen. Das vorgeschilderte graphische Verfahren kann ohne weiteres zur Summierung *mehrerer* harmonischer Schwingungen gleicher Frequenz verwendet werden, wenn man in folgender Weise vorgeht:

Man bildet die Resultierende der Zeiger *zweier* Teilschwingungen. Dann bildet man die Summe aus dieser Resultierenden und dem Zeiger der dritten Teilschwingung. Das Verfahren wiederholt man in gleicher Weise bis zur letzten Teilschwingung.

Es liegt der gleiche Vorgang vor, wie er bei der Summierung von Kräften angewendet wird, so daß man die aus der Statik bekannte graphische Regel zur Summenbildung unmittelbar anwenden kann:

Der Zeiger der resultierenden Schwingung ergibt sich als geometrische Summe der Zeiger der Teilschwingungen, wobei das Summieren durch einfaches Aneinanderreihen der Zeiger vorgenommen wird.

Beispiel. Zu bestimmen ist die Summe der vier Teilschwingungen

$$y_1 = 3 \sin \left(\omega t + \frac{\pi}{9} \right); \quad y_2 = 4 \sin \left(\omega t + \frac{7}{18} \pi \right);$$

$$y_3 = 2 \sin \left(\omega t - \frac{\pi}{6} \right); \quad y_4 = 1,8 \sin \left(\omega t + \frac{4}{9} \pi \right).$$

Die Lösung zeigt Abb. 7. Wir entnehmen der Zeichnung die Werte

$$A = 8,35 \quad \text{und} \quad \alpha = 42° = 42° \frac{\pi}{180°} = 0,733 \text{ rad}.$$

Die Lösung der Aufgabe lautet somit

$$y = 8,35 \sin (\omega t + 0,733).$$

Der Abb. 7 können wir weiter entnehmen:

Die Horizontalkomponente von A ist die algebraische Summe der Horizontalkomponenten der Zeiger der Teilschwingungen. Die gleiche Beziehung gilt für die Vertikalkomponenten. Ganz allgemein gilt daher für n Teilschwingungen:

$$A \cos \alpha = \sum_{i=0}^{i=n} A_i \cos \alpha_i,$$

$$A \sin \alpha = \sum_{i=0}^{i=n} A_i \sin \alpha_i.$$

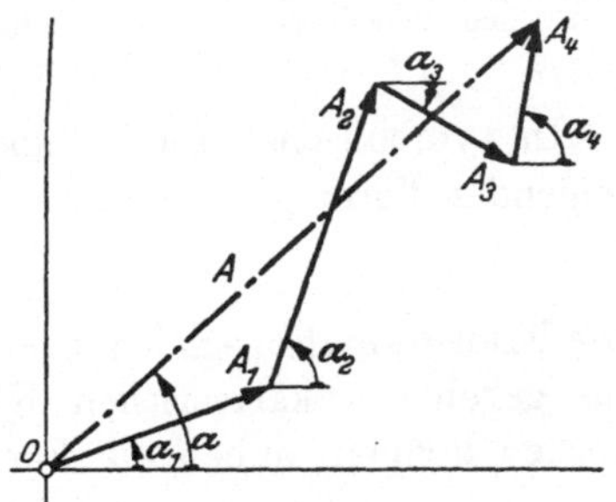

Abb. 7. Addition mehrerer harmonischer Schwingungen gleicher Frequenz

Die Bestimmungsstücke der Summenschwingung ergeben sich daraus zu

$$A = + \sqrt{(\Sigma A_i \cos \alpha_i)^2 + (\Sigma A_i \sin \alpha_i)^2} \qquad (20)$$

und

$$\operatorname{tg} \alpha = \frac{\Sigma A_i \sin \alpha_i}{\Sigma A_i \cos \alpha_i}. \qquad (21)$$

3. Darstellung harmonischer Schwingungen mit Hilfe komplexer Zahlen

Komplexe Zahlen. Unter einer komplexen Zahl versteht man die Summe aus einer *imaginären* und einer *reellen* Zahl. Eine imaginäre Zahl kann als Vielfaches der imaginären Einheit

$$i = \sqrt{-1} = \text{EULERsche Zahl},$$

ausgedrückt werden, so daß eine komplexe Zahl in der Form

$$\mathfrak{Z} = a + i \cdot b, \tag{22}$$

mit a *und* b als reelle Zahlen, geschrieben werden kann. a wird als *Realteil*, b als *Imaginärteil* der komplexen Zahl mit der Schreibweise

$$a \equiv \text{Re}(\mathfrak{Z}) \quad \text{bzw.} \quad b \equiv \text{Im}(\mathfrak{Z}) \tag{23}$$

bezeichnet. Eine komplexe Zahl ist durch ein Werte*paar* bestimmt und kann als Punkt in der GAUSSschen Zahlenebene dargestellt werden.

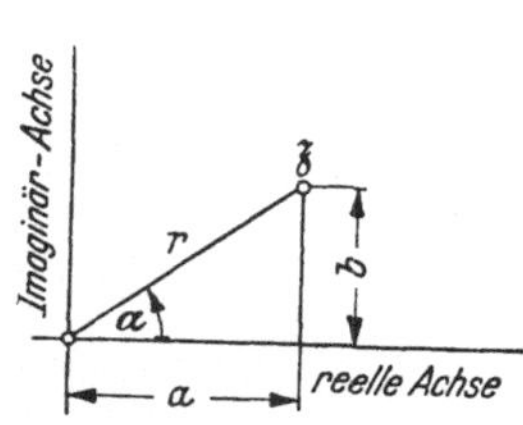

Abb. 8. Bild einer komplexen Zahl in der GAUSS-schen Zahlenebene

Der Punkt $\mathfrak{Z}$ in Abb. 8 ist das Bild der komplexen Zahl $\mathfrak{Z} = a + ib$. Seine Koordinaten werden durch den Realteil a (Abszisse) bzw. den Imaginärteil b (Ordinate) der komplexen Zahl gebildet.

Die Lage des Punktes $\mathfrak{Z}$ in der GAUSSschen Zahlenebene kann aber auch durch Polarkoordinaten festgelegt werden, wie man der Abb. 8 entnehmen kann.

r heißt Radiusvektor, *Betrag* oder *Modul* der komplexen Zahl, und α ist ihr *Argument*.

In symbolischer Darstellung werden die beiden Größen meist in folgender Form geschrieben:

$$r = |\mathfrak{Z}|, \quad \text{bzw.} \quad \alpha = \text{arc } \mathfrak{Z}. \tag{24}$$

Die Transformationsgleichungen, mit deren Hilfe die Polarkoordinaten aus gegebenen kartesischen Koordinaten, und umgekehrt, berechnet werden können, haben die Form

$$r \equiv |\mathfrak{Z}| = \sqrt{a^2 + b^2} \equiv \sqrt{\text{Re}^2(\mathfrak{Z}) + \text{Im}^2(\mathfrak{Z})}\,; \tag{25}$$

$$\text{tg } \alpha = \frac{b}{a} \equiv \frac{\text{Im}(\mathfrak{Z})}{\text{Re}(\mathfrak{Z})}, \quad \text{bzw.} \quad \text{arc } \mathfrak{Z} = \text{arc tg } \frac{\text{Im}(\mathfrak{Z})}{\text{Re}(\mathfrak{Z})}, \tag{26}$$

und

$$a \equiv \text{Re}(\mathfrak{Z}) = |\mathfrak{Z}| \cos \alpha; \quad b \equiv \text{Im}(\mathfrak{Z}) = |\mathfrak{Z}| \sin \alpha. \tag{27}$$

Die Richtigkeit der Gleichungen kann leicht an Hand der Abb. 8 nachgeprüft werden.

In Komponenten-Schreibweise kann die komplexe Zahl nach Gl. (27) in der Form

$$\mathfrak{Z} = |\mathfrak{Z}| (\cos \alpha + i \sin \alpha) \tag{28}$$

geschrieben werden. Mit Hilfe der EULERschen Gleichung

$$\cos x + i \sin x = e^{ix} \tag{29}$$

läßt sich der Klammerausdruck auf der rechten Seite der Gl. (28) in eine Exponentialfunktion umwandeln. Wir erhalten die *Normalform*

$$\mathfrak{Z} = |\mathfrak{Z}|\, e^{i\alpha}. \tag{30}$$

Diese Form der Darstellung komplexer Zahlen erweist sich, wie wir bald feststellen werden, für die Berechnung von Schwingungsaufgaben als äußerst nützlich.

Berechnungsbeispiele. 1. Die komplexe Zahl $\mathfrak{Z} = 3 + i\,4$ ist in der Normalform nach Gl. (30) darzustellen.

Nach Gl. (25) gilt: $|\mathfrak{Z}| = \sqrt{3^2 + 4^2} = 5$ und $\operatorname{tg}\alpha = \dfrac{3}{4}$. Daraus $\alpha = 53{,}133°$ bzw. $\alpha = 0{,}9273\,\text{rad}$. Somit $\mathfrak{Z} = 5\,e^{i\,0,9273}$. Aus Gründen der Übersichtlichkeit, wenn auch mathematisch nicht ganz einwandfrei, schreibt man meist $\mathfrak{Z} = 5\,e^{i\,53,133°}$.

2. Gegeben $\mathfrak{Z} = -2 + i\,2\sqrt{3}$. Gesucht die Normalform der komplexen Zahl. Es ist

$$|\mathfrak{Z}| = \sqrt{(-2)^2 + (2\sqrt{3})^2} = 4, \quad \operatorname{tg}\alpha = \frac{2\sqrt{3}}{-2} = -\sqrt{3}.$$

Zu $\operatorname{tg}\alpha = -\sqrt{3}$ gehören die beiden Winkel $\alpha = 120°$ und $\alpha = 300°$. Da $\mathfrak{Z}$ im 2. Quadranten liegt ($\operatorname{Re}(\mathfrak{Z}) = -$, $\operatorname{Im}(\mathfrak{Z}) = +$), hat $\operatorname{arc}\mathfrak{Z} \equiv \alpha$ den Wert von $120°$. Somit ist

$$\mathfrak{Z} = 4\,e^{\,i\,120°}.$$

3. Gegeben $\mathfrak{Z} = 2 - i\,2$. Gesucht ist die Normalform. Es gilt

$$|\mathfrak{Z}| = \sqrt{2^2 + (-2)^2} = 2\sqrt{2} \qquad \operatorname{tg}\alpha = \frac{-2}{2} = -1.$$

Da der Realwert positiv, der Imaginärwert negativ ist, liegt $\mathfrak{Z}$ im 4. Quadranten. Aus $\operatorname{tg}\alpha = -1$ folgt somit $\alpha = 315°$ oder $\alpha = -45°$. Man erhält die beiden gleichwertigen Formen:

$$\mathfrak{Z} = 2\sqrt{2}\,e^{i\,315°} \quad \text{bzw.} \quad \mathfrak{Z} = 2\sqrt{2}\,e^{-i\,45°}.$$

4. Gegeben $\mathfrak{Z} = 4\,e^{-i\,0,436}$. Die komplexe Zahl ist in Komponenten-Schreibweise darzustellen. Man erhält

$$\operatorname{Re}(\mathfrak{Z}) = 4\cos\left(-0{,}436\,\frac{180°}{\pi}\right) = 4\cos(-25°) = 3{,}625$$

$$\operatorname{Im}(\mathfrak{Z}) = 4\sin\left(-0{,}436\,\frac{180°}{\pi}\right) = 4\sin(-25°) = -1{,}69.$$

Somit $\mathfrak{Z} = 3{,}625 - i\,1{,}69$.

Konjugiert komplexe Zahlen. Die zu einer gegebenen komplexen Zahl $\mathfrak{Z} = a + i\,b$ konjugierte komplexe Zahl hat die Form $\mathfrak{Z}^* = a - i\,b$.

Zueinander konjugiert komplexe Zahlen besitzen gleiche Realteile und gleichgroße, aber mit entgegengesetzten Vorzeichen versehene Imaginärteile.

Die Summe $\mathfrak{Z} + \mathfrak{Z}^*$ ergibt stets eine *reelle* Zahl, während die Differenz $\mathfrak{Z} - \mathfrak{Z}^*$ immer eine rein *imaginäre* Zahl liefert.

In der GAUSSschen Ebene liegen zwei zueinander konjugiert komplexe Zahlen spiegelbildlich zur reellen Achse des Koordinatensystems (Abb. 9).

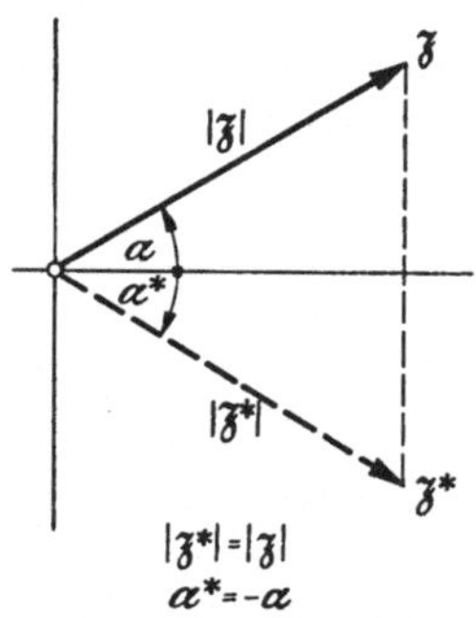

Abb. 9. Zeiger konjugiert komplexer Zahlen

Addieren und Subtrahieren komplexer Zahlen. Die Summe von n komplexen Zahlen

$$\mathfrak{Z} = \mathfrak{Z}_1 + \mathfrak{Z}_2 + \cdots \mathfrak{Z}_n \qquad (31)$$

ist wieder eine komplexe Zahl. Ihr Realteil bzw. Imaginärteil ergibt sich als algebraische Summe der Realteile bzw. der Imaginärteile der Summanden:

$$\mathfrak{Z} = \sum_{k=0}^{k=n} (\mathrm{Re}\,\mathfrak{Z}_k) + i \sum_{k=0}^{k=n} \mathrm{Im}\,(\mathfrak{Z}_k). \qquad (32)$$

Die Summierung nach Gl. (32) kann auch graphisch in der GAUSS-schen Ebene durchgeführt werden. Man braucht aber nicht die Komponenten $\mathrm{Re}\,(\mathfrak{Z}_k)$ und $\mathrm{Im}\,(\mathfrak{Z}_k)$ einzeln zu addieren, sondern reiht einfach die Beträge $|\mathfrak{Z}_k|$ nach Größe und Richtung aneinander, so, wie es in bekannter Weise bei der Summierung von Kräften mittels des Krafteckes durchgeführt wird.

Kommen in der Gl. (31) Summanden mit negativen Vorzeichen vor, beispielsweise

$$\mathfrak{Z} = \mathfrak{Z}_1 - \mathfrak{Z}_2 + \mathfrak{Z}_3, \qquad (33)$$

so schreibt man einfach

$$\mathfrak{Z} = \mathfrak{Z}_1 + (-\mathfrak{Z}_2) + \mathfrak{Z}_3. \qquad (34)$$

Bei der Summenbildung, die in der vorbeschriebenen Weise ausgeführt werden kann, muß man dann $-\mathfrak{Z}_2 = -a_2 - i\,b_2$ als Summanden einführen.

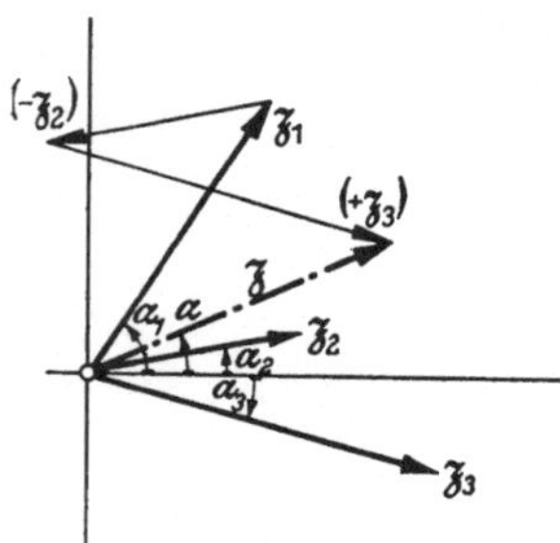

Abb. 10. Algebraische Summe dreier komplexer Zahlen ($\mathfrak{Z} = \mathfrak{Z}_1 - \mathfrak{Z}_2 + \mathfrak{Z}_3$)

Beispiel. Es ist die algebraische Summe

$$\mathfrak{Z} = \mathfrak{Z}_1 - \mathfrak{Z}_2 + \mathfrak{Z}_3 \quad \text{mit}$$

$$\mathfrak{Z}_1 = 2 + i\,3;\ \mathfrak{Z}_2 = -1 + i\,2;\ \mathfrak{Z}_3 = 3 + i\,3$$

zu bilden.

a) Rechnerisch: $\mathfrak{Z} = [2 - (-1) + 3] + i\,(3 - 2 + 3) = 6 + i\,4.$

b) Die zeichnerische Lösung zeigt Abb. 10.

Multiplizieren komplexer Zahlen. Es sei das Produkt der beiden komplexen Zahlen

$$\mathfrak{Z}_1 = a_1 + i\,b_1 \quad \text{und} \quad \mathfrak{Z}_2 = a_2 + i\,b_2$$

zu bilden.

$$\mathfrak{Z} = \mathfrak{Z}_1\,\mathfrak{Z}_2. \tag{35}$$

Durch Einsetzen und Ausmultiplizieren erhält man, wenn man beachtet, daß $i^2 = -1$ ist,

$$\mathfrak{Z} = (a_1\,a_2 - b_1\,b_2) + i\,(a_1\,b_2 + a_2\,b_1). \tag{36}$$

Sehr viel einfacher gestaltet sich der Rechnungsgang, wenn die Faktoren in der Normalform eingesetzt werden. Mit $\mathfrak{Z}_1 = |\,\mathfrak{Z}_1|\,e^{i\,\alpha_1}$ und $\mathfrak{Z}_2 = |\,\mathfrak{Z}_2|\,e^{i\,\alpha_2}$ ergibt sich

$$\mathfrak{Z} = |\,\mathfrak{Z}_1|\,e^{i\,\alpha_1} \cdot |\,\mathfrak{Z}_2|\,e^{i\,\alpha_2} = |\,\mathfrak{Z}_1| \cdot |\,\mathfrak{Z}_2| \cdot e^{i\,(\alpha_1 + \alpha_2)}, \tag{37}$$

d. h.:

$$|\,\mathfrak{Z}| = |\,\mathfrak{Z}_1| \cdot |\,\mathfrak{Z}_2| \quad \text{und} \quad \alpha = \alpha_1 + \alpha_2. \tag{38}$$

Bei der Multiplikation werden somit die Beträge multipliziert und die Argumente addiert.

Beispielsweise erhält man für

$$\mathfrak{Z}_1 = 4\,e^{i\,20^\circ} \quad \text{und} \quad \mathfrak{Z}_2 = 5\,e^{i\,30^\circ}$$

das Produkt $\mathfrak{Z} = \mathfrak{Z}_1\,\mathfrak{Z}_2$ zu $\mathfrak{Z} = 20\,e^{i\,50^\circ}$.

Dividieren komplexer Zahlen. Sind die komplexen Zahlen in der Normalform gegeben, so erhält man

$$\mathfrak{Z} = \frac{\mathfrak{Z}_1}{\mathfrak{Z}_2} = \frac{|\,\mathfrak{Z}_1|\,e^{i\,\alpha_1}}{|\,\mathfrak{Z}_2|\,e^{i\,\alpha_2}} = \frac{|\,\mathfrak{Z}_1|}{|\,\mathfrak{Z}_2|}\,e^{i\,(\alpha_1 - \alpha_2)}, \tag{39}$$

d. h.

$$|\,\mathfrak{Z}| = \frac{|\,\mathfrak{Z}_1|}{|\,\mathfrak{Z}_2|} \quad \text{und} \quad \alpha = \alpha_1 - \alpha_2. \tag{40}$$

Beim Dividieren werden die Beträge dividiert und die Argumente subtrahiert!

Beim Rechnen mit allgemeinen komplexen Zahlen ist der Gebrauch der Normalform umständlich und bietet keinerlei Vorteile, so daß man die Darstellung in der Komponentenform bevorzugen wird.

Der Quotient zweier komplexer Zahlen

$$\mathfrak{Z} = \frac{a_1 + i\,b_1}{a_2 + i\,b_2} \tag{41}$$

läßt sich nicht unmittelbar in Realteil und Imaginärteil trennen, da der Nenner des Bruches komplex ist. Erweitert man den Bruch mit $\mathfrak{Z}^* = a_2 - i\,b_2$, also mit der zum Nenner konjugiert komplexen Zahl, erhält man einen reellen Ausdruck im Nenner, so daß die Trennung in Realteil und Imaginärteil erfolgen kann:

$$\mathfrak{Z} = \frac{(a_1 + i\,b_1)\,(a_2 - i\,b_2)}{(a_2 + i\,b_2)\,(a_2 - i\,b_2)} = \frac{(a_1\,a_2 + b_1\,b_2) + i\,(a_2\,b_1 - a_1\,b_2)}{a^2 + b^2}$$

$$\mathfrak{Z} = \frac{a_1\,a_2 + b_1\,b_2}{a^2 + b^2} + i\,\frac{a_2\,b_1 - a_1\,b_2}{a^2 + b^2}. \tag{42}$$

Zeigerdarstellung einer harmonischen Größe. Bei den bisherigen Betrachtungen wurde einer komplexen Zahl stets ein Punkt in der GAUSSschen Zahlenebene zugeordnet, dessen Lage durch den Betrag und das Argument der komplexen Zahl festgelegt war. Diese Zuordnung zwischen komplexer Zahl und ihrem Repräsentanten in der GAUSSschen Ebene kann auch in folgender Weise interpretiert werden:

Abb 11. Zeigerdarstellung einer komplexen Zahl

Durch eine komplexe Zahl wird ein *Zeiger* nach Größe und Richtung in der Ebene dargestellt (Abb. 11).

Mit dieser Aussage haben wir die Verbindung mit der Schwingungslehre unmittelbar hergestellt, denn in Abschn. 2 stellten wir fest, daß Schwingungen durch Zeiger dargestellt werden können. Allerdings handelte es sich dabei um *Dreh*zeiger, die mit der Winkelgeschwindigkeit ω umliefen und in ihrer Lage zur Zeit $t = 0$ gezeichnet waren.

Aber auch *Dreh*zeiger können mit Hilfe komplexer Zahlen symbolisch dargestellt werden, wie sich der nachstehenden Gleichung sofort entnehmen läßt. Es sei

$$\mathfrak{Z}_D = \mathfrak{Z}\, e^{i\omega t} = |\mathfrak{Z}|\, e^{i\alpha} \cdot e^{i\omega t} = |\mathfrak{Z}|\, e^{i(\omega t + \alpha)}. \tag{43}$$

$\mathfrak{Z}_D$ ist das Produkt der beiden komplexen Zahlen $\mathfrak{Z} = |\mathfrak{Z}|\, e^{i\alpha}$ und $1 \cdot e^{i\omega t}$. Der Betrag von $\mathfrak{Z}_D$ ist gleich dem Betrag von $\mathfrak{Z}$ und das Argument ist die Summe der beiden Argumente α und $\omega\, t$, d. h.: der Zeiger $\mathfrak{Z}_D$ geht durch eine Verdrehung des Zeigers $\mathfrak{Z}$ um den Zeitwinkel $\omega\, t$ hervor; $\mathfrak{Z}_D$ stellt einen *Dreh*zeiger dar, der zur Zeit $t = 0$ das Argument α besitzt. α ist daher der Nullphasenwinkel und $|\mathfrak{Z}|$ der Betrag des Drehzeigers!

Momentanwert bei komplexer Darstellung. Der Momentanwert einer Schwingung in Zeigerdarstellung erscheint als Vertikalprojektion ihres Zeigers. Die Vertikalprojektion des Betrages einer komplexen Zahl ist aber nichts anderes als der Imaginärwert der komplexen Zahl. Bei der symbolischen komplexen Darstellung einer Schwingung, also Darstellung einer Schwingung mit Hilfe einer komplexen Zahl, ist der Momentanwert der Schwingung gleich dem Imaginärwert des komplexen Zeigers.

Komplexe Amplitude. In der Mathematik werden komplexe Zahlen meist durch deutsche Buchstaben (Fraktur) ausgedrückt. Aus Gründen der Übersichtlichkeit und wegen der großen Mannigfaltigkeit, mit der Schwingungsgrößen verschiedenster Art auftreten können (Weg, Geschwindigkeit, Kraft, Druck, Drehmoment, Winkel u. a. m.), wollen wir eine Bezeichnungsart wählen, wie sie nachstehend für eine harmonisch sich ändernde Kraft P_t dargestellt ist.

Eine harmonische Schwingung sei durch die Gleichung

$$P_t = P_{max} \sin (\omega t + \alpha) \tag{44}$$

gegeben (P_{max} = Scheitelwert). In symbolischer komplexer Darstellung schreiben wir

$$P = P_{max}\, e^{i\alpha} \cdot e^{i\omega t}.$$

Das Produkt $P_{max}\, e^{i\alpha}$ stellt den Zeiger der Schwingung in seiner Lage zur Zeit $t = 0$ dar, den wir als *komplexe Amplitude*

$$\widehat{P} \equiv P_{max}\, e^{i\alpha} \tag{44a}$$

bezeichnen wollen.

Mit dieser Setzung geht die Gl. (44) über in

$$P = \widehat{P}\, e^{i\omega t}. \tag{45}$$

In dieser Schreibweise erscheint die komplexe Schwingungsgröße P als Drehzeiger, dessen Lage zur Zeit $t = 0$ durch die komplexe Amplitude $\widehat{P}$ gekennzeichnet wird.

Betrag und Argument der komplexen Amplitude $\widehat{P}$ ergeben sich aus Gl. (44a) zu

$$|\widehat{P}| = P_{max}, \quad \text{arc } \widehat{P} = \alpha. \tag{46}$$

Der Momentanwert der Schwingungsgröße ist dann

$$\tag{47}$$
$$P_t = \text{Im}\,(P) = \text{Im}\,(\widehat{P}\, e^{i\omega t}) = |\widehat{P}| \sin (\omega t + \alpha) = P_{max} \sin (\omega t + \alpha).$$

In der Gl. (45) stellt der Buchstabe P das *Symbol* einer zeitlich harmonisch sich ändernden Schwingungsgröße in komplexer Schreibweise (nicht etwa die Schwingungsgröße selbst) dar.

Wir wollen diese Bezeichnungsweise nunmehr allgemein beibehalten, und werden in allen jenen Fällen, in denen Verwechslungen vorkommen könnten, zeitlich harmonisch veränderliche Schwingungsgrößen durch einen Index t kennzeichnen (z. B. P_t).

Nichtharmonisch verlaufende Schwingungsgrößen sollen durch den Index (t) gekennzeichnet werden (z. B. $P_{(t)}$).

Berechnungsbeispiele. 1. Der Schwingungsausschlag q_t eines mit der Frequenz $f = \dfrac{10}{\pi}$ Hz harmonisch schwingenden Pendels habe zur Zeit $t = 0$ den Wert von $q_0 = 15$ mm. Der Scheitelwert des Schwingungsausschlages sei $q_{max} = 30$ mm.

Gesucht: Kreisfrequenz ω, Nullphasenwinkel α, sowie die Schwingungsgleichung in reeller und in symbolisch komplexer Darstellung.

Nach Gl. (8) ist $\omega = 2\pi f = 2\pi \dfrac{10}{\pi}\dfrac{1}{s} = 20\dfrac{1}{s}$. Aus Gl. (5) folgt analog $q_0 = q_{max}\sin\alpha$. Daraus $\sin\alpha = \dfrac{q_0}{q_{max}} = \dfrac{15\ \text{mm}}{30\ \text{mm}} = \dfrac{1}{2}$. Somit $\alpha = 30° = \dfrac{\pi}{6}$ rad.

Mit diesen Werten ergibt sich nach Gl. (4) $q_t = 30\ [\text{mm}]\sin\left(20\left[\dfrac{1}{s}\right]t + \dfrac{\pi}{6}\right)$. Daraus folgt die Schwingungsgleichung in der „zugeschnittenen" Form

$$\frac{q_t}{[\text{mm}]} = 30\sin\left(20\frac{t}{[s]} + \frac{\pi}{6}\right).$$

Die komplexe Amplitude der Schwingung beträgt

$$\widehat{q} = |\widehat{q}|\,e^{i\alpha} = q_{max}\,e^{i\alpha} = 30\ [\text{mm}]\,e^{i\frac{\pi}{6}}.$$

Daraus folgt die Schwingungsgleichung in der komplexen Form zu

$$q = \widehat{q}\,e^{i\omega t} = 30\ [\text{mm}]\,e^{i\left(20\left[\frac{1}{s}\right]t + \frac{\pi}{6}\right)}.$$

Werden die beiden Gleichungen in Form von zugeschnittenen Größengleichungen dargestellt, ergibt sich:

$$\frac{\widehat{q}}{[\text{mm}]} = 30\,e^{i\frac{\pi}{6}}$$

und

$$\frac{q}{[\text{mm}]} = 30\,e^{i\left(20\frac{t}{[s]} + \frac{\pi}{6}\right)}.$$

2. Die Gleichung einer Schwingung laute in symbolisch komplexer Darstellung

$$v = 2\left[\frac{m}{s}\right]e^{i\left(5\frac{t}{[s]} + 0,7\right)}.$$

Zu bestimmen ist der Momentanwert der Schwingung zur Zeit $t = 12\ [s]$, sowie die komplexe Amplitude der Schwingung. Nach Gl. (47) folgt

$$v_{t=12\,s} \equiv \text{Im}(v) = 2\left[\frac{m}{s}\right]\sin\left(5\frac{12\ [s]}{[s]} + 0,7\right) = 2\left[\frac{m}{s}\right]\sin(3480°)$$

$$= 2\left[\frac{m}{s}\right]\sin 241,5° = -1,757\left[\frac{m}{s}\right].$$

Die komplexe Amplitude lautet:

$$\widehat{v} = 2\left[\frac{m}{s}\right]e^{i\,0,7}.$$

Die an sich berechtigte Frage, welche Vorteile die symbolisch-komplexe Darstellung von Schwingungen gewährt, kann erst bei der Behandlung der Dynamik der Schwingungen ihre Beantwortung finden. Es sei daher an dieser Stelle nur kurz erwähnt, daß sich die Durchführung der Rechenoperationen, denen die Schwingungsgrößen bei der Analyse eines Schwingungsvorganges zu unterwerfen sind, mit Hilfe der komplexen Rechnung sehr einfach gestalten.

Bei der Verwendung der symbolischen Darstellung muß man sich aber stets darüber im klaren sein, daß die verwendeten komplexen Zahlen nur Hilfsgrößen darstellen, und nur ihre Imaginärwerte in bezug auf die Aufgabenstellung physikalisch gedeutet werden dürfen.

Ausdrücklich wollen wir nochmals festhalten:

Die komplexe Amplitude $\widehat{Z}$ einer Schwingung — eine komplexe Zahl — stellt in der Zeichenebene (GAUSSsche Ebene) einen Zeiger dar (Abb. 12a), der nach Größe und Lage symbolisch als Zeiger der Schwingung, gezeichnet in seiner Lage zur Zeit $t = 0$, aufgefaßt werden kann.

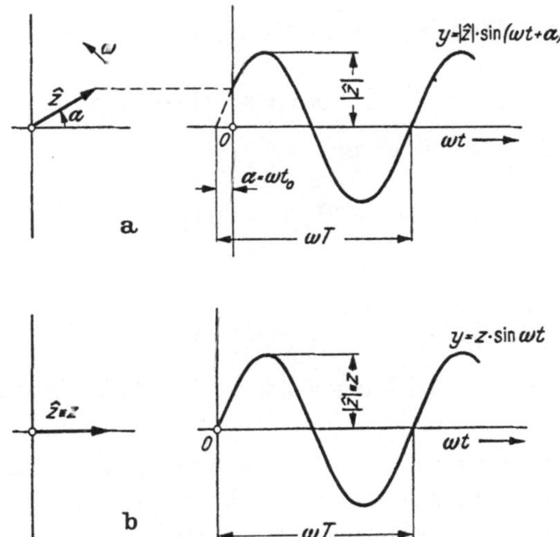

Abb. 12. Komplexe Amplitude und Liniendiagramm einer harmonischen Schwingung
a) $\alpha \neq 0$, $\widehat{3}$ ist komplex; b) $\alpha = 0$, $\widehat{3}$ ist reell

Ist der Nullphasenwinkel einer Schwingung Null, d. h., liegt der Koordinaten-Ursprung in einem Knoten der Sinuslinie, dann liegt der Zeiger der Schwingung in der Zeitachse, so daß die komplexe Amplitude $\widehat{Z}$ als reelle Zahl Z erscheint (Abb. 12b).

Die Bestimmungsstücke der komplexen Amplitude, Betrag und Nullphasenwinkel, geben also Aufschluß über *Maximalwert* und *Phasenlage* der Schwingungslinie.

Differentiation von Schwingungsgrößen. Der zeitliche Verlauf einer Schwingungsgröße z_t sei durch die komplexe Form

$$z = \widehat{z}\, e^{i\omega t} \tag{48}$$

gegeben.

Gesucht sei der zeitliche Verlauf der ersten Ableitung von z nach der Zeit t. Wir erhalten

$$\frac{d}{dt}\,z \equiv \dot z = \frac{d}{dt}\,\widehat{z}\,e^{i\omega t} = i\,\omega\,\widehat{z}\,e^{i\omega t}; \quad \text{oder,} \quad \text{mit} \quad \widehat{\dot z} = i\,\omega\,\widehat{z},$$

$$\dot z = \widehat{\dot z}\,e^{i\omega t}. \tag{49}$$

Der Differentialquotient ist wieder eine komplexe Zeitfunktion, stellt also eine harmonische Schwingung dar, deren komplexe Amplitude

$$\widehat{\dot z} = i\,\omega\,\widehat{z} \tag{50}$$

ist.

Die EULERsche Zahl i kann in der Normalform angeschrieben werden:

$$i = e^{i\pi/2} \quad (\equiv \cos\pi/2 + i\sin\pi/2). \tag{51}$$

Die Gl. (50) geht dann über in

$$\widehat{\dot z} = \omega\,\widehat{z}\,e^{i\pi/2} = \omega\,|\widehat{z}|\,e^{i\left(\alpha + \frac{\pi}{2}\right)} \tag{52}$$

bzw.

$$\widehat{\dot z} = |\widehat{\dot z}|\,e^{i\left(\alpha + \frac{\pi}{2}\right)}, \quad \text{mit} \quad |\widehat{\dot z}| = \omega\,|\widehat{z}|. \tag{53}$$

Aus den vorstehenden Gleichungen kann folgende Differentiationsregel abgelesen werden:

Der Differentialquotient einer harmonischen Zeitfunktion ist wieder eine harmonische Zeitfunktion, sowie, die komplexe Amplitude der differenzierten Funktion wird erhalten, indem man die komplexe Amplitude der zu differenzierenden Funktion mit $i\cdot\omega$ multipliziert.

Eine Multiplikation eines Zeigers mit $i\,\omega$ bedeutet eine *Drehstreckung* des Zeigers, d. h., der Zeiger wird um den Winkel $+\pi/2$ verdreht und sein Betrag wird auf den ω-fachen Wert vergrößert. Dies bedeutet, daß die Funktionslinie (Sinuslinie) des Diff.-Quotienten $\dot z_t$ der Zeitlinie der zu differenzierenden Funktion z_t um 90° vorauseilt.

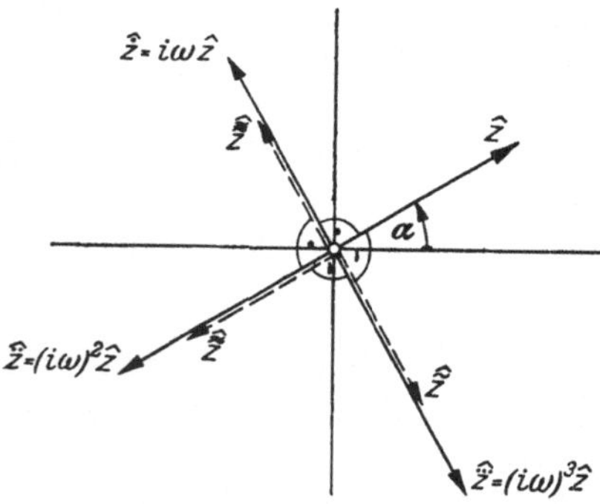

Abb. 13. Die Amplituden der zeitlichen Ableitungen, bzw. des Integrales einer harmonischen Zeitfunktion

Die zweite Ableitung ergibt sich analog zu

$$\ddot z = i\,\omega\,\dot z = (i\,\omega)^2 z, \quad \text{und} \quad \widehat{\ddot z} = i\,\omega\,\widehat{\dot z} = -\,\omega^2\,\widehat{z}. \tag{54}$$

Der Zeiger der zweiten Ableitung eilt dem Zeiger der ersten Ableitung um 90° voraus, bzw. ist in „Gegenphase" (Phasenverschiebungswinkel $= + 180°$) zum Zeiger $\widehat{z}$ der gegebenen Funktion z (Abb. 13).

Ganz allgemein erhält man die komplexe Amplitude der n-ten Ableitung zu

$$\widehat{z}^{(n)} = (i\,\omega)^n\,\widehat{z} = \omega^n\,|\widehat{z}|\,e^{i\,(\alpha + n\pi/2)}. \tag{55}$$

Integration von Schwingungsgrößen. Die Integration der komplexen Zeitfunktion

$$z = \widehat{z}\,e^{i\,w\,t}$$

liefert, wenn man von der Integrationskonstanten vorläufig absieht, den Ausdruck

$$\int z\,dt = \frac{1}{i\,\omega}\,\widehat{z}\,e^{i\,\omega t}. \tag{56}$$

Die Integration einer harmonischen Zeitfunktion liefert also wieder eine harmonische Zeitfunktion, deren komplexe Amplitude gleich ist dem $\frac{1}{i\,\omega}$-fachen Wert der Amplitude des Integranden. Mit Gl. (51) ergibt sich

$$\int z\,dt = \frac{1}{\omega}\,e^{-\pi/2}\,\widehat{z}\,e^{i\omega t} = \frac{|\widehat{z}|}{\omega}\,e^{i\left(\alpha - \frac{\pi}{2}\right)}\,e^{i\,\omega t}, \tag{57}$$

d. h., der Zeiger der Integralfunktion eilt dem Zeiger $\widehat{z}$ des Integranden um 90° nach und besitzt den $\frac{1}{\omega}$-fachen Betrag dieses Zeigers.

Deuten wir die Integration durch die Schreibweise

$$\widetilde{z} \equiv \int z\,dt \quad \text{bzw.} \quad \widetilde{\widetilde{z}} \equiv \int\!\!\int z\,dt\,dt$$

an, so gilt:

$$\widetilde{z} = \frac{\widehat{z}}{i\,\omega}\,e^{i\,\omega t} \quad \text{bzw.} \quad \widetilde{\widetilde{z}} = \int \widetilde{z}\,dt = \frac{\widehat{z}}{i\,\omega}\int e^{i\,\omega t}\,dt = \frac{\widehat{z}}{(i\,\omega)^2}\,e^{i\,\omega t}.$$

Daraus folgen die komplexen Amplituden

$$\widehat{\widetilde{z}} = \frac{\widehat{z}}{i\,\omega} \quad \text{und} \quad \widehat{\widetilde{\widetilde{z}}} = \frac{\widehat{z}}{(i\,\omega)^2} \quad \text{(siehe Abb. 13).} \tag{58}$$

4. Überlagerung harmonischer Schwingungen ungleicher Frequenz

Ganzzahliges Frequenzverhältnis. Wirken mehrere Schwingungsgrößen gleichzeitig, dann summieren sich die Momentanwerte. Man spricht von einer *Überlagerung* von Schwingungen.

Zu bestimmen sei die Summe

$$q_{(t)} = q_{max}\sin\omega\,t + q_{1\,max}\sin(n_1\,\omega\,t + \varphi_1) \\ + q_{2\,max}\sin(n_2\,\omega\,t + \varphi_2) + \cdots, \tag{59}$$

wobei alle $n > 1$ und ganzzahlig seien.

Die Summenschwingung ist eine periodische ni ch tharmonische Funktion, deren Periodendauer $T = \dfrac{2\,\pi}{\omega}$ mit der Schwingungsdauer der am langsamsten verlaufenden Schwingung übereinstimmt.

Dies folgt aus der Eigenschaft periodischer Funktionen. Es muß

$$f(t + T) = f(t)$$

sein.

Wir setzen daher in Gl. (59) $t + T$ an Stelle von t und erhalten

$$q_{(t+T)} = q_{\max} \sin \omega\,(t + T) + q_{1\,\max} \sin\,[n_1\,\omega\,(t + T) + \varphi_1]$$
$$+\, q_{2\,\max} \sin\,[n_2\,\omega\,(t + T) + \varphi_2] + \cdots.$$

Wegen $\omega\,T = 2\,\pi$ und der allgemeinen Beziehung

$$\sin\,(x + n\,2\,\pi) = \sin x$$

geht die vorstehende Gleichung unmittelbar in Gl. (59) über, so daß in der Tat Periodizität vorliegt.

Die am langsamsten verlaufende Schwingung mit der Kreisfrequenz ω wird als *Grundschwingung*, ihre Frequenz als *Grundfrequenz* bezeichnet.

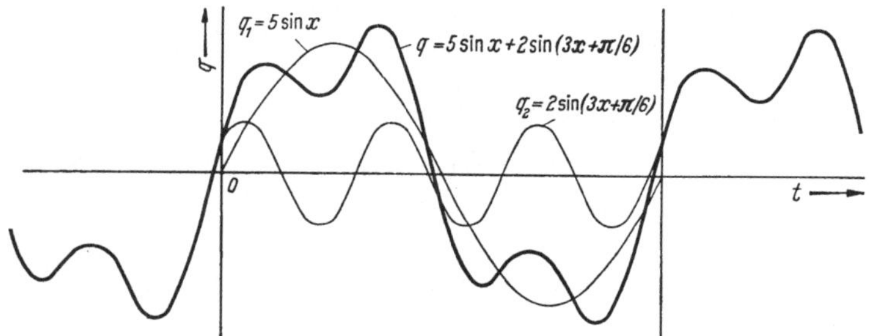

Abb. 14. Überlagerung zweier harmonischer Schwingungen mit ganzzahligem Frequenzverhältnis ($y = 5 \sin \omega\,t + 2 \sin (3\,\omega\,t + \pi/6)$)

Die übrigen Schwingungen mit ganzzahligen Vielfachen der Grundfrequenz nennt man *Oberschwingungen* oder *Harmonische*.

Abb. 14 zeigt als Beispiel das Liniendiagramm der Summenschwingung

$$q = 5 \sin \omega\,t + 2 \sin (3\,\omega\,t + \pi/6).$$

Die Schwingungsform einer Summe von Schwingungen wird weitgehend durch die Amplituden, Frequenzen und Nullphasenwinkel der Teilschwingungen beeinflußt.

Rationales Frequenzverhältnis. Ist das Frequenzverhältnis zweier harmonischer Schwingungen nicht ganzzahlig, sondern durch eine rationale Zahl gegeben, die sich bekanntlich immer als Quotient zweier ganzer Zahlen ausdrücken läßt, ergibt die Summe dieser Schwingungen, den an sich einfachen Beweis wollen wir unterdrücken, ebenfalls eine periodische Zeitfunktion.

Nichtrationales Frequenzverhältnis. Bei nichtganzzahligem Frequenzverhältnis läßt sich keine Periodendauer angeben, der Vorgang verläuft daher nichtperiodisch. Das Schwingungsbild ändert sich dauernd ohne jede Wiederholung.

Schwebungen. Unterscheiden sich die Frequenzen der beiden Teilschwingungen nur wenig, dann nimmt der Verlauf der Summenschwingung besondere charakteristische Merkmale an.

Wir gehen wieder aus von der Summe zweier Schwingungen

$$q = q_1 + q_2 = q_{1\,max} \sin \omega_1 t + q_{2\,max} \sin (\omega_2 t + \varphi),$$

deren Frequenzen sich nicht stark unterscheiden sollen. Die Summierung nehmen wir im Zeigerdiagramm vor. Die beiden Zeiger der Teilschwingungen besitzen wegen des Frequenzunterschiedes eine Relativ-Winkelgeschwindigkeit

$$\omega_s = \omega_2 - \omega_1. \tag{61}$$

Zur Vereinfachung der zeichnerischen Darstellung erteilen wir dem Zeigersystem eine Zusatzwinkelgeschwindigkeit von der Größe $-\omega_1$.

Dann steht der Zeiger 1 in der Zeichenebene still, der an der Spitze des Zeigers 1 angereihte Zeiger 2 dreht sich mit der Relativgeschwindigkeit $\omega_s = \omega_2 - \omega_1$ um den Punkt A (Abb. 15), und beschreibt mit seiner Spitze einen Kreis. Auf diesem Kreis können wir eine Zeitteilung auftragen (Punktfolge 1, 2, 3, ...). Der resultierende Zeiger $q_{max\,(t)}$ — die Momentan-Amplitude — ändert stetig Größe und Phasenlage (bezogen auf den Zeiger 1) in periodischer Folge. Sein Betrag schwankt zwischen den Werten

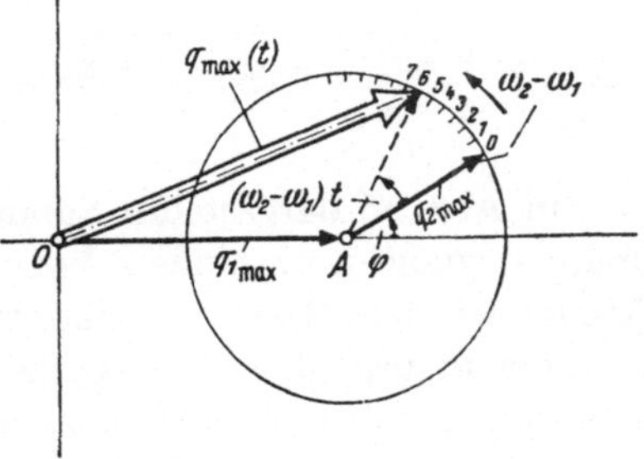

Abb. 15. Zeigerdiagramm zur Ermittlung des Momentanwertes der Schwebungsamplitude

$$Q_{max} = q_{1\,max} + q_{2\,max} \quad \text{und} \quad Q_{min} = q_{1\,max} - q_{2\,max}. \tag{62}$$

Der zeitliche Verlauf der Summe $q = q_1 + q_2$ ist in Abb. 16 dargestellt. Als charakteristisches Merkmal erkennt man das An- und Abschwellen der Schwingungsweite. Diese Art von Schwingungen werden als *Schwebungen* bezeichnet. Sie besitzen erhebliche technische Bedeutung, da sie sehr oft in unerwünschter Weise auftreten und lästige Störerscheinungen hervorrufen können (Beispiele: Fundamentschwingungen und Schwingungen bei Zweischrauben-Schiffsantrieben mit nicht vollsynchronisierten Motordrehzahlen).

Die *Schwebungsdauer* T_s — die Zeitdauer für das An- und Abschwellen der Schwingungsweite — ist durch jene Zeit bestimmt, in der der Zeiger $q_{2\,max}$ in Abb. 15 einen Vollkreis durchlaufen hat. Sie berechnet sich zu

$$T_s = \frac{2\,\pi}{\omega_s} = \frac{2\,\pi}{\omega_2 - \omega_1}. \tag{63}$$

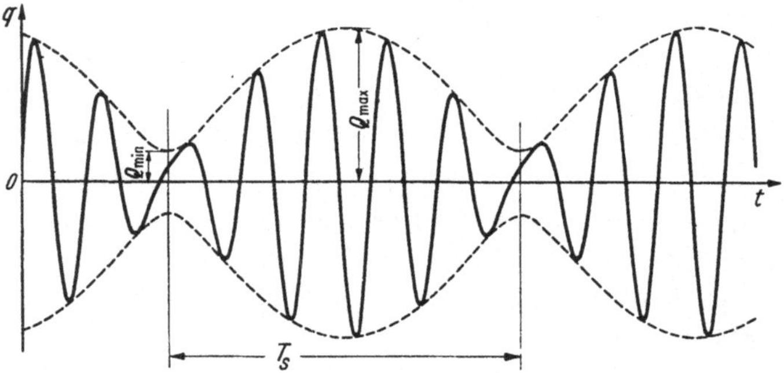

Abb. 16. Liniendiagramm der Schwebung $q = 6\sin 5\,\omega\,t + 4\sin(6\,\omega\,t + \pi/6)$

Die Größe der Momentan-Amplitude zur Zeit t folgt aus dem Dreieck OAB zu

$$q_{max\,(t)} = \sqrt{q_{1\,max}^2 + q_{2\,max}^2 - 2\,q_{1\,max}\,q_{2\,max}\cos(180° - \varphi - \omega_s\,t)} \tag{64}$$
$$\text{(Kosinussatz).}$$

Der in Abb. 15 dargestellte Summenzeiger $q_{max\,(t)}$ führt eine Relativ-Drehbewegung wechselnden Vorzeichens in bezug auf Zeiger 1 aus. Erteilen wir dem System wieder eine Zusatz-Drehgeschwindigkeit $+\,\omega_1$, (d. h. der ursprüngliche Bewegungszustand der beiden Zeiger wird wieder hergestellt), dann ersehen wir, daß der Summenzeiger $q_{max\,(t)}$ keine konstante Umlaufgeschwindigkeit besitzt. Sowohl die Amplitude als auch die Frequenz der resultierenden Schwingung sind stetig veränderlich. Wegen der sich periodisch ändernden Frequenz ist der Abstand der Schwingungsknotenpunkte nicht konstant.

Die Schwingung verläuft nichtharmonisch und wird oft als *pseudoharmonische* Schwingung bezeichnet.

Ist das Frequenzverhältnis $\frac{\omega_2}{\omega_1}$ nichtrational, so verläuft die Schwingung innerhalb der sich periodisch wiederholenden Schwebungen völlig unperiodisch. Die Abb. 16 zeigt als Beispiel die Schwebung

$$q = 6\sin 5\,\omega\,t + 4\sin\left(6\,\omega\,t + \frac{\pi}{6}\right).$$

Bei einem vorgegebenen Schwebungsdiagramm (beispielsweise von einer Messung herrührend) lassen sich aus der Lage der Schwingungsknotenpunkte, der Schwebungsdauer und den Werten Q_{max} und Q_{min} die Bestimmungsstücke der Teilschwingungen berechnen [1].

5. Harmonische Analyse

Mathematische Beziehungen. Ist eine zeitlich veränderliche Funktion $q(t)$ innerhalb eines Bereiches T endlich und differenzierbar, so kann sie (innerhalb dieses Bereiches) nach FOURIER durch eine trigonometrische Reihe von der Form

$$q(t) = B_0 + \sum_{n=1}^{n=\infty} (B_n \cos n\,\omega\,t + A_n \sin n\,\omega\,t) \qquad (65)$$

mit $\omega = \dfrac{2\pi}{T}$ dargestellt werden (n = ganzzahlige Ordnungszahl). Dies gilt auch dann, wenn die Funktion an den Endpunkten des Bereiches unstetig wird, oder wenn innerhalb des angegebenen Bereiches eine endliche Zahl von Sprungstellen vorhanden ist. Ist die vorgegebene Funktion *periodisch* mit der Periodendauer T, dann gilt diese Entwicklung auch für den gesamten Verlauf der Funktion.

Den Beweis dieses grundlegenden Satzes wollen wir hier übergehen. Er findet sich in den meisten Lehrbüchern der Mathematik ausführlich dargestellt. Es sei auf diese verwiesen (z. B. [2] und [3] S. 205).

Die Beiwerte A_n und B_n können nach dem von EULER angegebenen Verfahren bestimmt werden.

Zunächst führen wir, um eine vereinfachte Schreibweise zu erhalten, eine neue Veränderliche $x = \omega\,t$ ein (x bedeutet den Zeitwinkel). Der Periodendauer T entspricht dann die Intervall-Länge 2π. Die Gl. (65) geht damit in die Form

$$q(x) = B_0 + \sum_{n=1}^{n=\infty} B_n \cos n\,x + \sum_{n=1}^{n=\infty} A_n \sin n\,x \qquad (66)$$

über.

Nun multiplizieren wir diese Gleichung mit dem Faktor $\cos n\,x$, integrieren über die Intervall-Länge 2π und erhalten

$$\left. \begin{aligned}
\int_0^{2\pi} q(x) \cos n\,x\,dx &= B_0 \int_0^{2\pi} \cos n\,x\,dx + B_1 \int_0^{2\pi} \cos x \cdot \cos n\,x\,dx \\
&+ B_2 \int_0^{2\pi} \cos 2\,x \cdot \cos n\,x\,dx + \cdots \\
&+ A_1 \int_0^{2\pi} \sin x \cos n\,x\,dx + A_2 \int_0^{2\pi} \sin 2\,x \cdot \cos n x\,dx + \cdots.
\end{aligned} \right\} \qquad (67)$$

Mit Hilfe der in Handbüchern angegebenen Integralformeln [3], läßt sich leicht nachweisen, daß

1. alle Integrale der Form $\int\limits_0^{2\pi} \cos m\,x \cos n\,x\,dx$, bzw. $\int\limits_0^{2\pi} \sin m\,x \cos n\,x\,dx$, für $m \neq n$ den Wert Null ergeben,

2. die beiden Integrale $\int\limits_0^{2\pi} \cos n\,x\,dx$ und $\int\limits_0^{2\pi} \sin nx \cos n\,x\,dx$ ebenfalls zu Null werden, und

3. das Integral $\int\limits_0^{2\pi} \cos n\,x \cdot \cos n\,x\,dx = \int\limits_0^{2\pi} \cos^2 n\,x\,dx$ den Wert π ergibt.

Damit verschwinden alle Glieder auf der rechten Seite der Gl. (67) bis auf das Glied mit dem Beiwert B_n, und wir erhalten

$$\int\limits_0^{2\pi} q(x) \cos n\,x\,dx = \pi\,B_n. \tag{68}$$

Daraus folgt

$$B_n = \frac{1}{\pi} \int\limits_0^{2\pi} q(x) \cos n\,x\,dx \tag{69}$$

(Gültig für alle ganzzahligen Werte von n, außer $n = 0$).

Multiplizieren wir nun die Gl. (66) mit dem Faktor $\sin n\,x$, und integrieren wir wieder über die Intervall-Länge 2π, so erhalten wir analog

$$A_n = \frac{1}{\pi} \int\limits_0^{2\pi} q(x) \sin n\,x\,dx \tag{70}$$

(Gültig für alle ganzzahligen Werte von n, außer $n = 0$).

Zum Schluß integrieren wir die Gl. (66) über das Intervall 2π. Dann ergeben alle Integrale, bei denen Winkelfunktionen im Integranden vorkommen, den Wert Null. Wir erhalten

$$\int\limits_0^{2\pi} q(x)\,dx = B_0 \int\limits_0^{2\pi} dx. \tag{71}$$

Daraus folgt

$$B_0 = \frac{1}{2\,\pi} \int\limits_0^{2\pi} q(x)\,dx. \tag{72}$$

Beträgt die Intervall-Länge nicht 2π, sondern l, dann bleiben die angegebenen Beziehungen im Grundsätzlichen bestehen, nur muß man dann die vorgenommene Verzerrung des Abszissenmaßstabes entsprechend berücksichtigen. Nämlich: Die Integrationen sind über das Intervall l auszuführen. Außerdem muß das Argument der Winkelfunktionen $\frac{2\,\pi}{l}\,x$ lauten (die Intervall-Länge l entspricht dem Bogen 2π!).

Bedenken wir noch, daß eine Integration als eine Flächenbestimmung gedeutet werden kann, ist leicht einzusehen, daß die Integrationsergebnisse mit dem Verzerrungsfaktor $\dfrac{l}{2\,\pi}$ vervielfacht werden müssen; d. h., die rechten Seiten der Gln. (68) und (71) gehen über in

$$\frac{l}{2}\,B_n \quad \text{bzw.} \quad l\,B_0.$$

Damit erhalten wir die Gleichungen

$$A_n = \frac{2}{l}\int\limits_0^l q\,(x)\,\sin n\frac{2\,\pi}{l}\,x\,dx, \tag{73}$$

$$B_n = \frac{2}{l}\int\limits_0^l q\,(x)\,\cos n\frac{2\,\pi}{l}\,x\,dx, \tag{74}$$

$$B_0 = \frac{1}{l}\int\limits_0^l q\,(x)\,dx, \tag{75}$$

und es gilt

$$q(x) = B_0 + \sum_{n=1}^{n=\infty} B_n \cos n\frac{2\,\pi}{l}\,x + \sum_{n=1}^{n=\infty} A_n \sin n\frac{2\,\pi}{l}\,x\,. \tag{76}$$

Die cos- und sin-Glieder gleicher Frequenz in Gl. (66) (bzw. in Gl. (76)) kann man paarweise zusammenfassen und in der Form (mit $x = \omega\,t$ bzw. $\dfrac{2\,\pi}{l}\,x = \omega\,t$)

$$A_n \sin n\,\omega\,t + B_n \cos n\,\omega\,t \equiv A_n \sin (n\,\omega\,t + 0) + B_n \sin (n\,\omega\,t + \pi/2)$$

schreiben. Diese Summe ergibt nach Abschnitt 2 [Gln. (17) bis (19)] eine sinus-Funktion der Form

$$C_n \sin (n\,\omega\,t + \alpha_n), \tag{77}$$

wobei sich C_n und α_n nach Gl. (18) zu

$$C_n = +\sqrt{A_n^2 + B_n^2} \quad \text{und} \quad \operatorname{tg}\alpha = \frac{B_n}{A_n} \tag{78}$$

ergibt.

Damit geht die Gl. (66) (bzw. (76)) über in

$$q(t) = B_0 + \sum_{n=1}^{n=\infty} C_n \sin (n\,\omega\,t + \alpha_n). \tag{79}$$

Eine zeitlich periodisch verlaufende Funktion läßt sich also als Summe von (unendlich vielen) harmonischen Teilschwingungen darstellen, deren Frequenzen ganzzahlige Vielfache der Grundfrequenz sind. Die Grundfrequenz ist gegeben durch $f_1 = \dfrac{1}{T}$, mit $T =$ Periodendauer der vorgegebenen Funktion $q\,(t)$.

Die Zerlegung einer periodischen Funktion in harmonische Teilschwingungen bezeichnet man als *harmonische Analyse*. Folgende Bezeichnungen sind üblich:

B_0 = Gleichwert
$C_1 \sin (\omega t + \alpha_1)$ = Grundschwingung oder 1. Harmonische
$C_2 \sin (2 \omega t + \alpha_2)$ = 2. Oberschwingung oder 2. Harmonische
$\vdots$
$C_n \sin (n \omega t + \alpha_n)$ = n. Oberschwingung oder n. Harmonische.

Die Anwendung der entwickelten Gleichungen wollen wir ganz kurz an Hand eines einfach gewählten Berechnungsbeispiels erläutern. Nähere Einzelheiten können der Fachliteratur entnommen werden ([2], [4] u. [5]).

Berechnungsbeispiel. Die in Abb. 17 dargestellte periodische Funktion — eine sogenannte Sägezahnkurve — soll in eine trigonometrische Reihe zerlegt werden.

Innerhalb des Intervalles l lautet die Gleichung der Funktion, wenn wir den Koordinatenursprung in die Intervallmitte legen,

$$q(x) = \frac{2A}{l}\, x, \quad \text{für} \quad -\frac{l}{2} < x < +\frac{l}{2}.$$

Die Integration ist von $x = -\frac{l}{2}$ bis $x = +\frac{l}{2}$ durchzuführen. Wir erhalten nach den Gleichungen (73) bis (75):

$$B_0 = \frac{1}{l} \int_{-\frac{l}{2}}^{+\frac{l}{2}} \frac{2A}{l}\, x\, dx = 0, \tag{80}$$

$$B_n = \frac{2}{l} \int_{-\frac{l}{2}}^{+\frac{l}{2}} \frac{2A}{l}\, x \cdot \cos n \frac{2\pi}{l}\, x\, dx = 0, \tag{81}$$

$$A_n = \frac{2}{l} \int_{-\frac{l}{2}}^{+\frac{l}{2}} \frac{2A}{l}\, x \sin n \frac{2\pi}{l}\, x\, dx = \frac{l^2}{4 n^2 \pi^2}\frac{4A}{l^2} \cdot$$

$$\cdot \left| -\frac{n\,2\pi}{l}\, x \cos \frac{n\,2\pi}{l}\, x + \sin \frac{n\,2\pi}{l}\, x \right|_{-\frac{l}{2}}^{+\frac{l}{2}}$$

$$A_n = \begin{cases} +\dfrac{2A}{\pi n} & \text{für ungerade } n \\[2ex] -\dfrac{2A}{\pi n} & \text{für gerade } n. \end{cases} \tag{82}$$

Mit diesen Werten erhalten wir

$$q(x) = \frac{2\,A}{\pi}\left(\sin\frac{2\,\pi}{l}\,x - \frac{1}{2}\sin 2\frac{2\,\pi}{l}\,x + \frac{1}{3}\sin 3\frac{2\,\pi}{l}\,x - + \cdots\right).$$

Oft interessiert nur die Größe etwa vorhandener Oberschwingungen und nicht ihre Phasenlage, wenn es sich beispielsweise darum handelt, die Oberschwingungen einer periodischen Funktion zu bekämpfen. Dann erweist sich das Aufzeichnen eines Spektrums, aus dem die Amplituden und Frequenzen der Oberschwingungen entnommen werden können, als sehr zweckmäßig. Abb. 18 zeigt das Linienspektrum der vorstehend analysierten Sägezahnkurve.

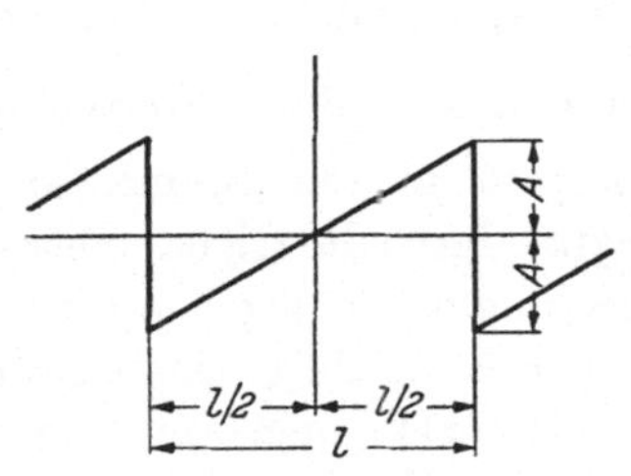

Abb. 17. Sägezahnlinie

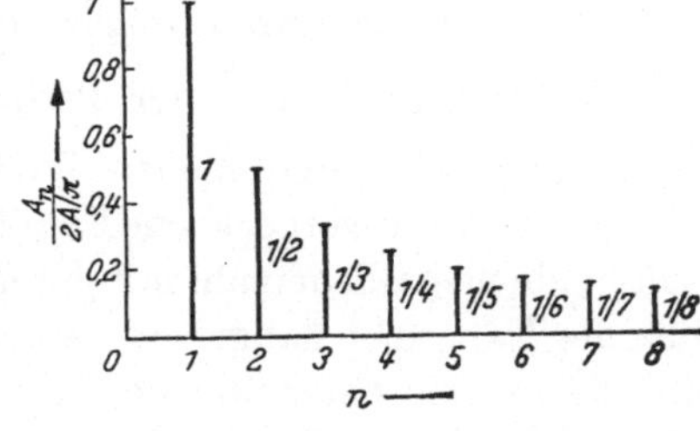

Abb. 18. Linienspektrum der Sägezahnlinie

Vielfach liegt die Problemstellung andersartig als oben behandelt, vor. Die Aufgabe lautet dann meist so, daß die Harmonischen einer empirisch ermittelten periodischen Funktion bestimmt werden sollen. In diesem Falle müssen numerische oder graphische Verfahren zur Ermittlung herangezogen werden. Auch sind mechanische Analysatoren entwickelt worden, die ähnlich wie Planimeter bedient werden und ein bequemes Arbeiten ermöglichen [6].

Numerisches Verfahren. Eine zu analysierende periodische Funktion $q(x)$ sei als empirisch gefundene Kurve in einem rechtwinkligen Koordinatensystem gegeben.

Unterteilt man die Periodenlänge l in $2\,k$ gleiche Teile, und bestimmt man zu den Abszissen

$$x_i = i\frac{l}{2\,k}, \tag{83}$$

mit $i = 1 \cdots 2\,k$ als Ordnungszahl, die zugehörigen Funktionswerte $q(x_i)$, dann läßt sich zeigen, daß die vorgegebene Funktion $q(x)$ durch ein $2\,k$-gliedriges trigonometrisches Polynom der Form

$$y(x) = B_0 + B_1\cos\frac{2\,\pi}{l}\,x + B_2\cos 2\frac{2\,\pi}{l}\,x + B_3\cos 3\frac{2\,\pi}{l}\,x + \cdots$$

$$+ B_k\cos k\frac{2\,\pi}{l}\,x + A_1\sin\frac{2\,\pi}{l}\,x + A_2\sin 2\frac{2\,\pi}{l}\,x + \cdots \tag{84}$$

$$+ A_{k-1}\sin(k-1)\frac{2\,\pi}{l}\,x$$

approximiert werden kann [4].

Die Beiwerte A_n und B_n werden durch Summenausdrücke definiert, die sich in ähnlicher Weise wie die in Gl. (73) u. (74) angegebenen Integralausdrücke herleiten lassen:

$$
\left.
\begin{aligned}
B_0 &= \frac{1}{2\,k} \sum_{i=1}^{i=2k} q(x_i), \qquad B_k = \frac{1}{2\,k} \sum_{i=1}^{i=2k} q(x_i)\,(-1)^i, \\
B_n &= \frac{1}{k} \sum_{i=1}^{i=2k} q(x_i)\,\cos i\,n\,\frac{\pi}{k} \quad \left. \right\} \; n = 1, 2, 3, \ldots (k-1) \\
A_n &= \frac{1}{k} \sum_{i=1}^{i=2k} q(x_i)\,\sin i\,n\,\frac{\pi}{k} \quad \left. \right\} \; (i = \text{Ordnungszahl!}).
\end{aligned}
\right\} \tag{85}
$$

Es läßt sich weiterhin zeigen, daß die Approximationsfunktion an den $2\,k$ Stellen $x_i = i\,\dfrac{l}{2\,k}$ der Periode mit den Funktionswerten $q(x_i)$ der zeichnerisch vorgegebenen Funktion $q(x)$ übereinstimmt, so daß also die graphisch vorgegebene Funktion $q(x)$ durch die trigonometrische Reihe endlicher Gliederzahl mit guter Näherung wiedergegeben wird. Die Güte der Näherung hängt von der Größe von k ab. Je größer k gewählt wird, desto mehr Feinheiten des Verlaufes von $q(x)$ können erfaßt werden. Desto größer wird aber auch der Arbeitsaufwand zur Berechnung der Beiwerte nach den Gln. (85).

In den meisten praktisch vorkommenden Fällen ergibt $2\,k = 24$ eine hinreichend gute Wiedergabe der vorgegebenen Funktion. Oftmals genügt sogar die Annahme $2\,k = 12$.

Bei der Ausrechnung der Summen treten die Winkelfunktionen in stets wiederkehrender Größe auf. Mit Hilfe besonders ausgearbeiteter Rechenvorschriften läßt sich der Arbeitsaufwand auf ein Kleinstmaß reduzieren. Besonders vorteilhaft erweisen sich dabei die Tabellen nach ZIPPERER [7].

Wir wollen hier an dieser Stelle nur ganz kurz das Wesen der numerischen harmonischen Analyse aufzeigen und werden deshalb an Hand eines einfach gewählten Beispiels die in den Gln. (85) dargestellten Summen in elementarer Weise ermitteln.

Berechnungsbeispiel. Die in Abb. 19 aufgezeichnete periodische Funktion soll durch eine trigonometrische Reihe von endlicher Gliederzahl dargestellt werden.

Wir unterteilen das Intervall $l = 20$ cm in 12 gleichgroße Teile (d. h. $k = 6$). Die den Teilungspunkten entsprechenden Funktionswerte $q(x_i)$ werden abgemessen und in Tabelle 1 eingetragen. Die insgesamt 12 Beiwerte A_n bzw. B_n berechnen wir mit den Gln. (85).

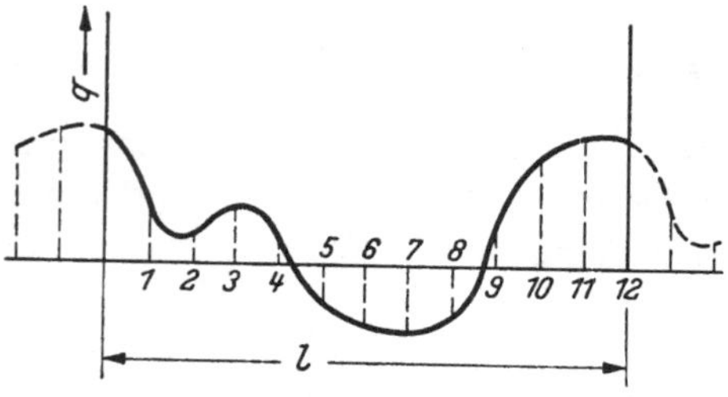

Abb. 19. Verlauf einer empirisch ermittelten periodischen Funktion

Zunächst bestimmen wir die Beiwerte B_0 und B_6 ($B_6 \equiv B_k$):

$$B_0 = \frac{1}{12}\,(43 + 17 + 9 + 19 + 9 - 13 - 18 - 22 - 19 + 13 + 37 + 43) = 9{,}833$$

$$B_6 = \frac{1}{12}\,(-43 + 17 - 9 + 19 - 9 - 13 + 18 - 22 + 19 + 13 - 37 + 43) = -0{,}333.$$

Die Berechnung der übrigen Beiwerte führt man zweckmäßig in Tabellenform durch. Als Beispiel zeigt Tabelle 1 die Berechnung der Beiwerte B_4 und A_4. Die in der gleichen Weise berechneten übrigen Beiwerte sind in Tabelle 2 eingetragen.

Die in Gl. (84) vorkommenden Glieder mit gleicher Kreisfrequenz kann man zu je einer resultierenden Teilschwingung zusammenfassen, deren Amplitude und Nullphasenwinkel sich nach Gl. (78) zu

$$C_n = \sqrt{A_n^2 + B_n^2} \quad \text{bzw.} \quad \operatorname{tg} \alpha_n = \frac{B_n}{A_n}$$

ergeben.

Die so ermittelten Größen C_n und α_n sind ebenfalls in Tabelle 2 eingetragen. Mit diesen Werten lautet die Approximationsgleichung

$$y(x) \approx q(x) =$$
$$= 9{,}83 + 17{,}33 \sin\left(\frac{2\,\pi}{20}\,\frac{x}{[\mathrm{cm}]} + 0{,}6338\right) + 9{,}23 \sin\left(2\,\frac{2\,\pi}{20}\,\frac{x}{[\mathrm{cm}]} + 2{,}7124\right)$$
$$+ 4{,}90 \sin\left(3\,\frac{2\,\pi}{20}\,\frac{x}{[\mathrm{cm}]} + 4{,}8834\right) + 5{,}35 \sin\left(4\,\frac{2\,\pi}{20}\,\frac{x}{[\mathrm{cm}]} + 5{,}1585\right)$$
$$+ 1{,}19 \sin\left(5\,\frac{2\,\pi}{20}\,\frac{x}{[\mathrm{cm}]} + 5{,}5982\right) - 0{,}33 \cos 6\,\frac{2\,\pi}{20}\,\frac{x}{[\mathrm{cm}]} .$$

Tabelle 1

$$n = 4 \quad (i = 1, 2, \ldots, 12;\ k = 6)$$

i	q_i	$i\dfrac{n\,\pi}{k}=\left(i\dfrac{4\,\pi}{6}\right)$	$\cos\left(i\dfrac{n\,\pi}{k}\right)$	$q_i \cdot \cos i\dfrac{n\,\pi}{k}$	$\sin\left(i\dfrac{n\,\pi}{k}\right)$	$q_i \cdot \sin\left(i\dfrac{n\,\pi}{k}\right)$
1	43	$120°$	$-\frac{1}{2}$	$-21{,}5$	$\frac{1}{2}\sqrt{3}$	$37{,}2$
2	17	$240°$	$-\frac{1}{2}$	$-8{,}5$	$-\frac{1}{2}\sqrt{3}$	$-14{,}71$
3	9	$360°$	1	9	0	$-$
4	19	$120°$	$-\frac{1}{2}$	$-9{,}5$	$\frac{1}{2}\sqrt{3}$	$16{,}45$
5	9	$240°$	$-\frac{1}{2}$	$-4{,}5$	$-\frac{1}{2}\sqrt{3}$	$-7{,}79$
6	-13	$360°$	1	$-13{,}0$	0	$-$
7	-18	$120°$	$-\frac{1}{2}$	9	$\frac{1}{2}\sqrt{3}$	$-15{,}59$
8	-22	$240°$	$-\frac{1}{2}$	11	$-\frac{1}{2}\sqrt{3}$	$19{,}05$
9	-19	$360°$	1	-19	0	$-$
10	13	$120°$	$-\frac{1}{2}$	$-6{,}5$	$\frac{1}{2}\sqrt{3}$	$11{,}27$
11	37	$240°$	$-\frac{1}{2}$	$-18{,}5$	$-\frac{1}{2}\sqrt{3}$	$-32{,}02$
12	43	$360°$	1	43	0	$-$

$$+72 \quad -101{,}0 \qquad\qquad +83{,}97 \quad -70{,}11$$

$$B_4 = \frac{72 - 101{,}0}{6} = -4{,}833 \qquad A_4 = \frac{85{,}97 - 70{,}11}{6} = 2{,}31$$

Tabelle 2

n	0	1	2	3	4	5	6
B_n	9,83	24,90	10,33	3,84	−4,83	−0,75	−0,33
A_n	—	13,91	−8,39	0,83	2,31	0,92	—
C_n	9,83	17,33	9,23	4,90	5,35	1,19	−0,33
α_n	—	0,6338	2,7124	4,8834	5,1585	5,5982	—

II. Dynamik der Schwingungen

6. Allgemeines

Beschreibung des Schwingungsvorganges. Wir betrachten eine an einer Feder befestigte Masse m (Abb. 20), die sich in der Stellung A im Ruhezustand befinden möge. Nun lassen wir eine Kraft P an der Masse angreifen. Die Feder werde dabei um Δl gelängt. Wird die Kraft P plötzlich entfernt, führt die Masse m eine nach links gerichtete beschleunigte Bewegung aus. Die Beschleunigung erfolgt solange, bis sich

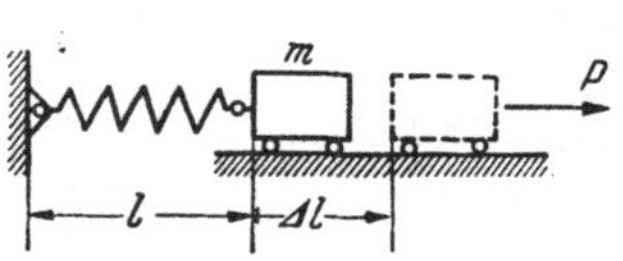

Abb. 20. Federgefesselte Einzelmasse

m wieder in der ursprünglichen Lage A befindet. Die Masse schwingt aber über die Gleichgewichtslage hinaus, spannt die Feder, und kommt erst dann zur Ruhe, wenn die beim Durchgang durch die Gleichgewichtslage vorhanden gewesene kinetische Energie in Form von potentieller Energie (Formänderungsarbeit) in die Feder übergegangen ist. Die Masse m ist dann zwar in Ruhe, aber die Feder ist nunmehr gespannt. Die Masse wird daher zurück nach rechts beschleunigt und schwingt wieder über die Gleichgewichtslage hinaus. Der gleiche Vorgang wiederholt sich in periodischer Folge. Dabei erfolgt ein dauernder Energieaustausch zwischen Masse und Feder.

Die Masse führt eine Schwingungsbewegung aus. Man spricht von *freien* Schwingungen. Schwingungsvorgänge sind somit an das Vorhandensein von Energiespeichern (Federn und Massen) gebunden.

Freiheitsgrad. Schwingungsgebilde allgemeinster Art können in vielfältiger Weise durch eine geeignete Verknüpfung von Federn und Massen gebildet werden. Ein mögliches Beispiel zeigt Abb. 21a. Zur eindeutigen Bestimmung des Bewegungszustandes eines solchen Gebildes ist die Kenntnis des zeitlichen Verlaufes der Geschwindigkeiten und der Auslenkungen aus der Gleichgewichtslage der einzelnen Massen erforderlich.

Die Anzahl der zur Festlegung des Auslenkungszustandes eines kinematischen Gebildes erforderlichen Lagekoordinaten bezeichnet man als *Freiheitsgrade*. Beispielsweise besitzen die in Abb. 21 dargestellten Gebilde folgende Freiheitsgrade:

Abb. 21a: 3 Freiheitsgrade (3 Lagekoordinaten: q_1, q_2 u. q_3),

Abb. 21b: 2 Freiheitsgrade (2 Lagekoordinaten: χ_1 u. χ_2).

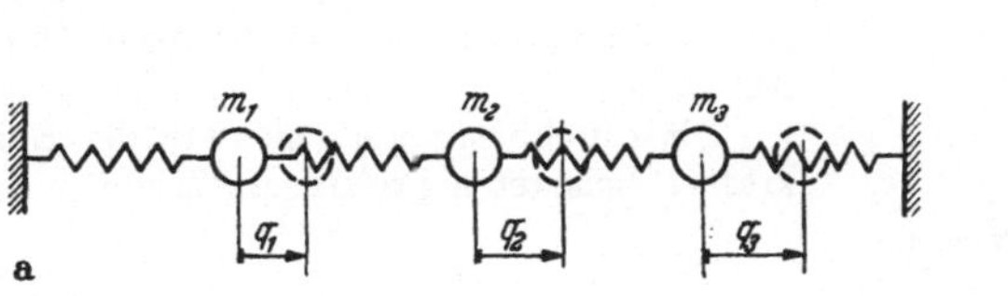
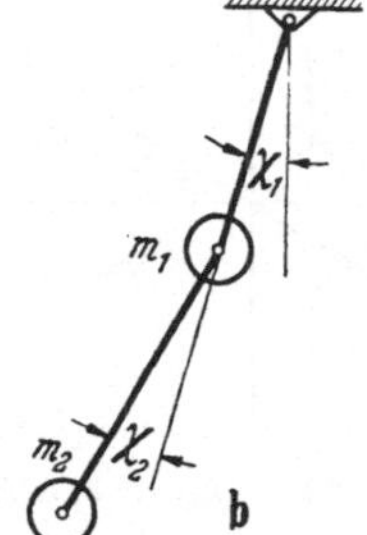

Abb. 21. Freiheitsgrade von Schwingungsgebilden
a mit 3 Freiheitsgraden; b mit 2 Freiheitsgraden

Dämpfung. Bei der vorgeschilderten Schwingungsbewegung der Masse m werden im allgemeinen Bewegungswiderstände zu überwinden sein. Dem schwingenden System wird daher dauernd ein Teil der im Austausch stehenden Energien entzogen und in Wärmeenergie umgewandelt. Nach einer gewissen Zeit, in der alle vorhanden gewesene Energie in Wärmeenergie umgewandelt wurde, wird der Schwingungsvorgang zur Ruhe gekommen sein. Man spricht von *gedämpften* Schwingungen, und bezeichnet den Vorgang als *Dämpfung*.

Federkonstante. Der Ablauf der Schwingungsbewegung wird wesentlich durch die an der Feder wirksam werdende Kraft beeinflußt. Die *Federkraftkennlinie* gibt Aufschluß über den Zusammenhang zwischen Verformung q und Kraftwirkung P einer Feder (siehe Abb. 22).

Im allgemeinen besteht bei fast allen in der Praxis vorkommenden Fällen nichtlinearer Zusammenhang zwischen Federkraft und Verformungsgröße.

Beschränkt sich die Verformung auf *kleine* Werte, kann in den meisten Fällen mit genügender Genauigkeit ein *lineares* Federungsgesetz von der Form

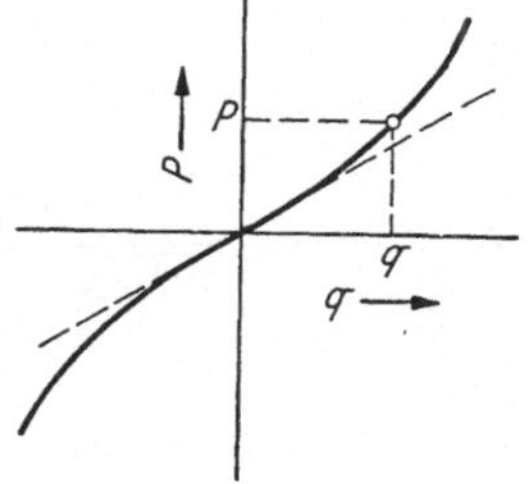

Abb. 22.
Federkraftkennlinie

$$P = c\,q \tag{86}$$

angenommen werden.

Den Proportionalitätsfaktor

$$c = \frac{P}{q} \tag{87}$$

bezeichnet man als *Federkonstante*.

Die Federkraftkennlinie erscheint im linearen Fall als Gerade mit dem Anstieg c (Abb. 23).

Der Kehrwert von c wird *Nachgiebigkeit*, wir wollen sie mit α bezeichnen, genannt; d. h.

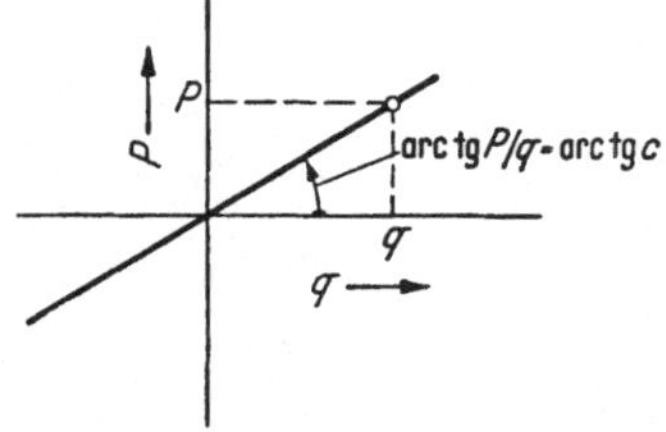

Abb. 23. Lineare Federkraftkennlinie

$$\alpha = \frac{1}{c}. \tag{88}$$

Beispiel. Zu bestimmen ist die Federkonstante eines einseitig eingespannten Biegeträgers mit rechteckförmigem Querschnitt nach Abb. 24.

Die Durchbiegung q eines mit der Einzelkraft P belasteten Freiträgers ergibt sich zu

$$q = \frac{P}{E\,J_{\ddot{a}}}\,\frac{l^3}{3} \tag{89}$$

mit $E = $ Elastizitätsmodul und $I_{\ddot{a}} = \dfrac{1}{12}\,b\,h^3 = $ äquatoriales Flächenträgheitsmoment.

Daraus folgt die Federkonstante $c \equiv \dfrac{P}{q}$ zu

$$c = \frac{3\,E\,I_{\ddot{a}}}{l^3} = \frac{1}{4}\left(\frac{h}{l}\right)^3 b\,E. \tag{90}$$

Mit $E = 2{,}1 \cdot 10^6\ \text{kg/cm}^2$, $b = 2\ \text{cm}$, $h = 1{,}5\ \text{cm}$, $l = 75\ \text{cm}$ folgt

$$c = \frac{1}{4}\left(\frac{1{,}5}{75}\right)^3 \cdot 2\ \text{cm} \cdot 2{,}1 \cdot 10^6\ \text{kg/cm}^2 = 8{,}4\ \frac{\text{kg}}{\text{cm}}.$$

Beispiel. Für einen einseitig eingespannten Torsionsstab mit Kreisquerschnitt laut Abb. 25 ist die Federkonstante zu bestimmen.

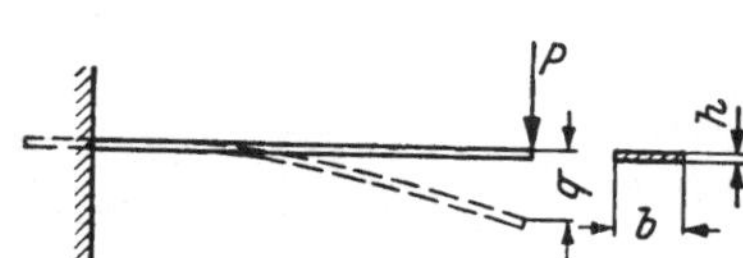

Abb. 24. Eingespannter Biegeträger

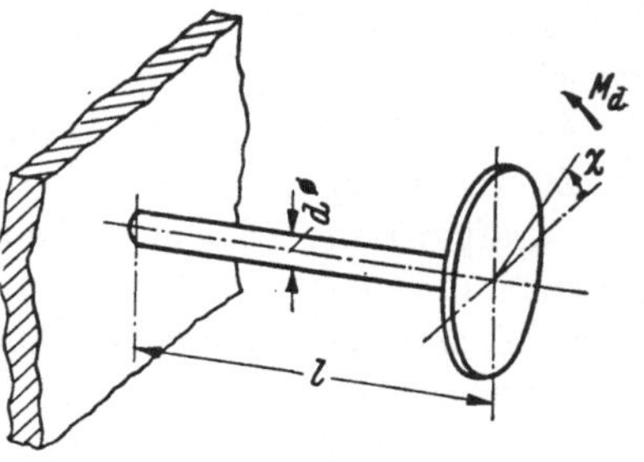

Abb. 25. Torsionsstab

Im Querschnitt des Stabendes greife ein Drehmoment M_d an. Der Endquerschnitt wird eine Verdrehung um den Winkel χ erfahren. Dieser Verdrehungswinkel ergibt sich zu

$$\chi = \frac{M_d\,l}{G\,I_p} \quad \text{(im Bogenmaß)}. \tag{91}$$

Dabei ist $G = $ Gleitmodul und $I_p = $ polares Trägheitsmoment des Stabquerschnittes. Die Federkonstante ist definiert durch $c = \dfrac{\text{Kraftwirkung}}{\text{Verformungsgröße}}$.

Führen wir als Verformungsgröße den Verdrehwinkel ein, müssen wir das *Drehmoment* als Wirkgröße annehmen. Damit folgt

$$c \equiv \frac{M_d}{\chi} = \frac{G\,I_p}{l} \,. \tag{92}$$

Mit $G = 800\,000\ \text{kg/cm}^2$, $l = 100\ \text{cm}$, $d = 5\ \text{cm}$ folgt

$$c = \frac{8 \cdot 10^5 \dfrac{\text{kg}}{\text{cm}^2}\ \dfrac{\pi\,(5\ \text{cm})^4}{32}}{100\ \text{cm}} = 0{,}491 \cdot 10^6\ \text{kg cm}.$$

Die Dimension von c folgt aus $c = \dfrac{M_d}{\chi}$ zu

$$\text{Dim}\,c = \frac{\text{Dim}\,M_d}{\text{Dim}\,\chi} \,.$$

Der Winkel im Bogenmaß ist an sich dimensionslos. Üblicherweise wird aber die Benennung

$$1\ \text{Radiant} \equiv 1\,\text{rad} = \frac{180^\circ}{\pi} = 57{,}29^\circ \tag{93}$$

verwendet [DIN 1315]. Mit dieser Bezeichnung lautet die Einheit von c: $1\ \dfrac{\text{kg cm}}{\text{rad}}$. Für unser Berechnungsbeispiel erhalten wir daher die Federkonstante

$$c = 0{,}491 \cdot 10^6\ \frac{\text{kg cm}}{\text{rad}} \,.$$

Beispiel. Gegeben ist ein homogener zylindrischer Stab vom Querschnitt F, an dessen freiem Ende eine Längskraft P angreift (Abb. 26). Zu bestimmen ist die Federkonstante des Stabes.

Der Stab wird eine Verlängerung Δl erfahren. Nach dem HOOKEschen Gesetz gilt

$$\frac{\sigma}{E} = \frac{\Delta l}{l} \,.$$

Mit $\sigma = \dfrac{P}{F}$ folgt

$$c \equiv \frac{P}{\Delta l} = \frac{E\,F}{l} \,. \tag{94}$$

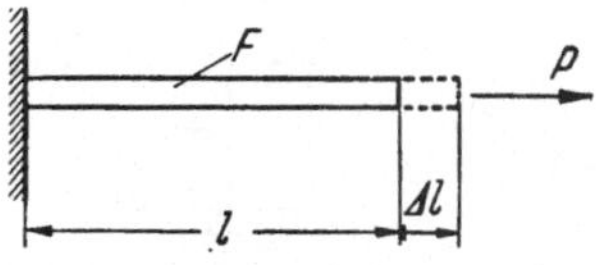

Abb. 26. Stab mit Längskraft

7. Freie ungedämpfte lineare Schwingung von 1 Freiheitsgrad

Bezeichnungen. Wir betrachten eine an einer Feder befestigte Masse, sie werde mit a bezeichnet[1], die auf einer Unterlage reibungsfrei gleitet und ungedämpfte, freie Schwingungen ausführt (Abb. 27a).

Die Auslenkung der Masse aus ihrer Ruhelage bezeichnen wir mit q. Die Geschwindigkeit und die Beschleunigung bezeichnen wir mit

$$\dot{q} \equiv \frac{dq}{dt} \quad \text{bzw.} \quad \ddot{q} \equiv \frac{d^2q}{dt^2} \,.$$

---

[1] Die Kennzeichnung der Masse eines einfachen Schwingers durch den Buchstaben a erfolgt nach DIN 1311, Blatt 2, Schwingungslehre, Juni 1955. In besonderen Fällen wollen wir aber die übliche Bezeichnung einer Masse mit m bzw. M beibehalten.

Die an der Masse a angreifenden Kräfte müssen in jedem Augenblick des Bewegungsablaufes den Gleichgewichtssatz der Punktmechanik erfüllen.

Zwei Kräfte greifen an der Masse an: Eine durch die Trägheitswirkung der Masse hervorgerufene Kraft, die sogenannte D'ALEMBERTsche Trägheitskraft, und eine von der Feder herrührende Kraft.

Als *Federkraft*

$$P_c = c\,q. \tag{95}$$

wollen wir jene Kraft bezeichnen, die die Verformung der Feder um den Betrag q hervorruft. Die an der Masse a wirkende Kraft ist dann (nach dem Gesetz: Aktion = Reaktion) $- P_c$, wobei das Minuszeichen zum Ausdruck bringt, daß die Reaktionskraft den entgegengesetzten Richtungssinn der Aktionskraft $P_c = c\,q$ besitzt. Im Kräfteschaubild wollen wir Reaktionskräfte *gestrichelt* darstellen.

Als *Massenkraft*

$$P_a = a\,\ddot{q} \tag{96}$$

bezeichnen wir jene Kraft, die zum *Beschleunigen* der Masse a aufzuwenden ist. Die D'ALEMBERTsche Trägheitskraft kann als Reaktion der Massenkraft P_a aufgefaßt werden und besitzt daher die entgegengesetzte Wirkrichtung von P_a. Im Kräfteschaubild werden wir sie ebenfalls gestrichelt zeichnen.

Schwingungsgleichung. Die Momentanlage der Masse a ist in Abb. 27a dargestellt. Bezeichnen wir nach rechts gerichtete Ausschläge von q bzw. nach rechts wirkende Beschleunigungen $\ddot{q}$ als positiv, dann sind die positiven Zählrichtungen von $P_c = cq$ bzw. $P_a = a\ddot{q}$ ebenfalls nach rechts gerichtet anzunehmen.

Um den Gleichgewichtssatz der Punktmechanik anwenden zu können, lösen wir die Masse von ihrer Bindung zur Feder und führen die gleichwertige Bindungskraft ein. Abb. 27b zeigt das freigemachte System.

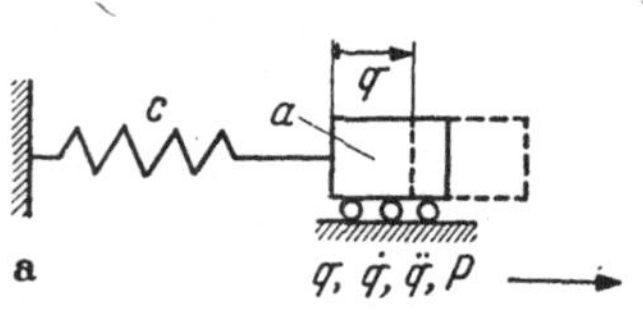

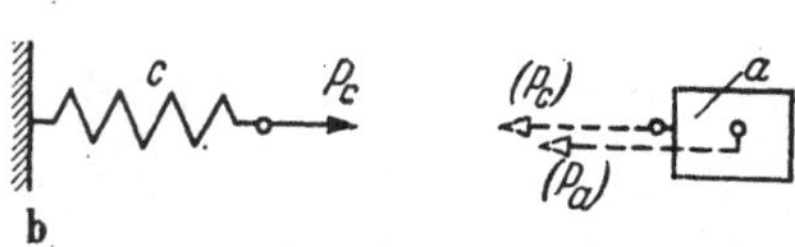

Abb. 27. Ungedämpfter Schwinger mit 1 Freiheitsgrad
a Prinzipskizze des Schwingers;
b Freigemachtes System

Die Gleichgewichtsbedingung für die Masse a lautet dann

$$- P_a - P_c = 0. \tag{97}$$

mit den Gln. (95) u. (96) erhalten wir

$$a\,\ddot{q} + c\,q = 0 \quad \text{bzw.} \quad \ddot{q} + \frac{c}{a}\,q = 0. \tag{98}$$

Diese homogene Diff.-Gleichung 2. Ordnung stellt die Diff.-Gleichung der freien ungedämpften Schwingung dar. Sie wird durch die beiden Lösungsansätze

$$q_1 = A_1 \sin \sqrt{\frac{c}{a}}\, t \quad \text{und} \quad q_2 = A_2 \cos \sqrt{\frac{c}{a}}\, t, \qquad (99)$$

mit A_1 und A_2 als Konstante, unmittelbar befriedigt, wie man sich durch Einsetzen leicht überzeugen kann. Diese beiden Einzellösungen werden als *partikulare* Lösungen bezeichnet.

Nach der Theorie linearer Diff.-Gleichungen ergibt sich die allgemeine Lösung der Diff.-Gleichung als Summe der partikularen Lösungen. Somit lautet die allgemeine Lösung

$$q = A_1 \sin \sqrt{\frac{c}{a}}\, t + A_2 \cos \sqrt{\frac{c}{a}}\, t. \qquad (100)$$

Die Auslenkung q erscheint als Summe zweier harmonischer Zeitfunktionen gleicher Frequenz. Die Konstanten A_1 und A_2 können aus den vorgegebenen Anfangsbedingungen bestimmt werden.

Die Kreisfrequenz der Schwingung ist durch $\sqrt{\dfrac{c}{a}}$ gegeben und wird als *Kennkreisfrequenz* ω_0 bezeichnet. D. h.,

$$\omega_0 = \sqrt{\frac{c}{a}}. \qquad (101)$$

Wir ersehen: Die Frequenz der Schwingung hängt nur vom Verhältnis der Federkonstante zur Masse und nicht von deren absoluten Größen ab. Mit zunehmender Federsteife und kleiner werdender Masse wird die Kennkreisfrequenz größer und umgekehrt.

Die Summe einer Sinus- und einer Kosinusfunktion gleicher Frequenz gemäß Gl. (100) kann in der Form (siehe Gln. (17) bis (19))

$$q = q_{max} \sin\left(\sqrt{\frac{c}{a}}\, t + \alpha \right) \qquad (102)$$

geschrieben werden. Die beiden Größen Scheitelwert q_{max} und Nullphasenwinkel α folgen aus

$$q_{max} = \sqrt{A_1^2 + A_2^2} \quad \text{und} \quad \operatorname{tg} \alpha = \frac{A_2}{A_1}. \qquad (103)$$

Die Geschwindigkeit der Schwingungsbewegung folgt aus den Gln. (100) bzw. (102) zu

$$\dot{q} \equiv \frac{dq}{dt} = \sqrt{\frac{c}{a}}\left(A_1 \cos \sqrt{\frac{c}{a}}\, t - A_2 \sin \sqrt{\frac{c}{a}}\, t \right) \qquad (104)$$

bzw.

$$\dot{q} \equiv \frac{dq}{dt} = \sqrt{\frac{c}{a}}\, q_{max} \cos\left(\sqrt{\frac{c}{a}}\, t + \alpha \right). \qquad (105)$$

Lösung mittels komplexer Rechnung. Als Lösungsansatz wählen wir

$$q = \mathfrak{A}\, e^{\gamma t}, \tag{106}$$

mit $\mathfrak{A}$ als komplexer Zahl konstanter Größe. Durch Einsetzen in Gl. (98) erhalten wir

$$\left(+ \mathfrak{A}\, \gamma^2 + \mathfrak{A}\, \frac{c}{a} \right) e^{\gamma t} = 0.$$

Daraus ergibt sich

$$\gamma = \pm\, i\, \sqrt{\frac{c}{a}} = \pm\, i\, \omega_0. \tag{107}$$

Wir erhalten somit 2 partikulare Lösungen,

$$q_1 = \mathfrak{A}_1\, e^{+ i \omega_0 t} \quad \text{und} \quad q_2 = \mathfrak{A}_2\, e^{- i \omega_0 t}, \tag{108}$$

so daß sich die allgemeine Lösung

$$q = \mathfrak{A}_1\, e^{i \omega_0 t} + \mathfrak{A}_2\, e^{- i \omega_0 t} = (\mathfrak{A}_1 + \mathfrak{A}_2) \cos \omega_0\, t + i\, (\mathfrak{A}_1 - \mathfrak{A}_2) \sin \omega_0\, t \tag{109}$$

ergibt.

Diese Lösung muß natürlich mit der im vorigen Absatz gefundenen Lösung [Gl. (100)] übereinstimmen. Diese Forderung ist erfüllt, wenn die vorläufig noch frei wählbaren Größen $\mathfrak{A}_1$ und $\mathfrak{A}_2$ zueinander konjugiert komplex sind, wenn sie also in der Form

$$\mathfrak{A}_1 = \frac{1}{2}\,(A_2 - i\, A_1) \quad \text{bzw.} \quad \mathfrak{A}_2 = \frac{1}{2}\,(A_2 + i\, A_1) \tag{110}$$

geschrieben werden können, wobei A_1 und A_2 reelle Zahlen sind.

Mit dieser Setzung erhalten wir

$$\mathfrak{A}_1 + \mathfrak{A}_2 = A_2 \quad \text{und} \quad i\,(\mathfrak{A}_1 - \mathfrak{A}_2) = A_1. \tag{111}$$

Damit geht Gl. (109) über in

$$q = A_1 \sin \omega_0\, t + A_2 \cos \omega_0\, t. \tag{112}$$

Diese Lösung stimmt vollständig mit der im vorigen Abschnitt gefundenen Lösung überein.

Die beiden Summanden der Gl. (112) können wir wieder zu einer einzigen harmonischen Funktion zusammenfassen:

$$q = q_{\mathrm{max}} \sin (\omega_0\, t + \alpha). \tag{113}$$

Die beiden Größen q_{max} und α lassen sich aus vorgegebenen Anfangsbedingungen berechnen (siehe später).

Wie wir soeben gesehen haben, erfüllt ein komplexer Lösungsansatz gemäß Gl. (106) in der Tat die Diff.-Gleichung der linearen Schwingung.

Im Abschnitt 3 haben wir kennengelernt, daß Schwingungsgrößen durch komplexe Zahlen symbolisch dargestellt werden können. In komplexer Schreibweise nimmt die Gl. (113) die Form

$$q = q_{\mathrm{max}}\, e^{i\,(\omega_0 t + \alpha)} = q_{\mathrm{max}}\, e^{i \alpha}\, e^{i \omega_0 t} = \widehat{q}\, e^{i \omega_0 t} \tag{114}$$

an.

Im Vergleich mit Gl. (106) sehen wir, daß die komplexe Zahl $\mathfrak{A}$ des Lösungsansatzes die Bedeutung der komplexen Amplitude $\widehat{q}$ der Schwingung hat.

Darstellung der Größen $\widehat{q}$, $\widehat{\dot{q}}$ und $\widehat{\ddot{q}}$ im Zeigerdiagramm. Aus $q = \widehat{q}\, e^{i\,\omega_0 t}$ folgen die zeitlichen Ableitungen

$$\dot{q} \equiv \widehat{\dot{q}}\; e^{i\,\omega_0 t} = i\,\omega_0\,\widehat{q}\; e^{i\,\omega_0 t}\,, \tag{115}$$

bzw.

$$\ddot{q} \equiv \widehat{\ddot{q}}\; e^{i\,\omega_0 t} = i\,\omega_0 \cdot \widehat{\dot{q}}\; e^{i\,\omega_0 t} = (i\,\omega_0)^2\,\widehat{q}\; e^{i\,\omega_0 t}. \tag{116}$$

Die komplexen Amplituden $\widehat{\dot{q}}$ und $\widehat{\ddot{q}}$ der Schwingungsgeschwindigkeit bzw. der Beschleunigung ergeben sich aus den Gln. (115) u. (116) zu

$$\widehat{\dot{q}} = i\,\omega_0\,\widehat{q} = i\,\omega\,|\widehat{q}|\,e^{i\alpha} = \omega_0\,|\widehat{q}|\,e^{i\,(\alpha + \pi/2)} \tag{117}$$

und

$$\widehat{\ddot{q}} = i\,\omega_0\,\widehat{\dot{q}} = (i\,\omega_0)^2\,\widehat{q} = -\,\omega_0^2\,|\widehat{q}|\,e^{i\alpha}. \tag{118}$$

Multiplikation eines Zeigers mit i bedeutet nach Abschnitt 3 eine Drehung des Zeigers um $+\,90°$. Die Zeiger $\widehat{q}$, $\widehat{\dot{q}}$ und $\widehat{\ddot{q}}$ sind daher um je $+\,90°$ gegeneinander phasenverschoben, bzw. Schwingungswegamplitude $\widehat{q}$ und Beschleunigungsamplitude $\widehat{\ddot{q}}$ sind in Gegenphase. Abb. 28 zeigt das Zeigerdiagramm der drei Größen $\widehat{q}$, $\widehat{\dot{q}}$ und $\widehat{\ddot{q}}$ einer harmonischen Schwingung $q = \widehat{q}\, e^{i\,\omega_0 t}$.

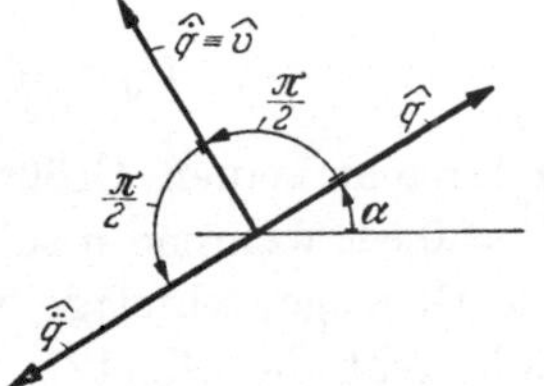

Abb. 28. Darstellung der komplexen Amplituden $\widehat{q}$, $\widehat{\dot{q}}$ und $\widehat{\ddot{q}}$ im Zeigerdiagramm

Energiebeziehungen. Die Glieder auf der linken Seite der Gl. (97) haben die Bedeutung von Kräften. Multiplizieren wir diese Gleichung mit dem Wegelement dq, ergeben sich Energieausdrücke. Führen wir $P_a = a\,\ddot{q}$ in Gl. (97) ein, dann erhalten wir nach Multiplikation mit dq, unter Beachtung von $\ddot{q} = \dfrac{d\dot{q}}{dt}$ und $dq = \dot{q}\,dt$,

$$a\,\dot{q}\,d\dot{q} + P_c\,dq = 0.$$

Integration dieser Gleichung nach q liefert

$$\frac{a\,\dot{q}^2}{2} + \int\limits_0^q P_c\,dq = E, \tag{119}$$

mit E als Integrationskonstante.

Das Integral $\int\limits_0^q P_c\,dq$ ist die von der Federkraft P_c längs des zurückgelegten Weges q geleistete Arbeit, die in Form von potentieller Energie, wir wollen sie mit U bezeichnen, aufgespeichert wird. Für ein lineares

Federkraft-Weggesetz mit $P_c = cq$ ist

$$U = \int_0^q c\, q\, dq = \frac{1}{2}\, c\, q^2 \left(\equiv \frac{1}{2}\, P_c\, q\right).\tag{120}$$

$a\frac{\dot{q}^2}{2}$ ist die in der bewegten Masse gespeicherte kinetische Energie, die wir mit dem Buchstaben W bezeichnen wollen. Somit gilt

$$W + U = E.\tag{121}$$

Diese Gleichung bringt den für ein konservatives (energieerhaltendes) System geltenden *Energiesatz* zum Ausdruck:

Die Summe der Augenblickswerte der in den Energiespeichern (Federn und Massen) enthaltenen Energien ist von zeitlich unveränderter Größe.

Die Größtwerte der Speicherenergien, U_0 und W_0, ergeben sich dann, wenn die Momentanwerte q bzw. $\dot{q}$ ihre Scheitelwerte $|\widehat{q}\,|$ bzw. $|\widehat{\dot{q}}\,|$ erreichen:

$$U_0 = \frac{1}{2}\, c\, |\widehat{q}\,|^2 \quad \text{und} \quad W_0 = \frac{1}{2}\, a\, |\widehat{\dot{q}}\,|^2.\tag{122}$$

q erreicht seinen Größtwert bei Bewegungsumkehr, also dann, wenn $\dot{q} = 0$ ist, während $\dot{q}$ seinen Größtwert beim Durchgang der Masse durch die Gleichgewichtslage, also $q = 0$, annimmt. Für diese beiden Grenzfälle geht die Gl. (121) über in die beiden Formen

$$0 + U_0 = E \quad \text{und} \quad W_0 + 0 = E.$$

Daraus folgt

$$U_0 = W_0.\tag{123}$$

Aus den Gln. (121) u. (123) ersieht man, daß während des Ablaufes des Schwingungsvorganges ein steter Austausch der in den beiden Speichern Feder und Masse enthaltenen Energien vorgenommen wird, wie wir dies bereits erwähnten.

Mit Hilfe der Energiebeziehung nach Gl. (123) läßt sich die Kennkreisfrequenz ω_0 eines linearen ungedämpften Schwingungsgebildes leicht bestimmen:

Für den in Abb. 27a dargestellten Schwinger gelten die Gln. (122). Nun folgt nach Gl. (117)

$$|\widehat{\dot{q}}\,| = \omega\, |\widehat{q}\,|,$$

wobei $|\widehat{q}\,|$ der Betrag der komplexen Wegamplitude, bzw. der Scheitelwert q_{max} des Schwingungsausschlages ist.

Damit erhalten wir nach Gl. (123)

$$\frac{1}{2}\, c\, |\widehat{q}\,|^2 = \frac{1}{2}\, a\, (\omega_0\, |\widehat{q}\,|)^2.\tag{124}$$

Daraus folgt unmittelbar $\omega_0^2 = \dfrac{c}{a}$, in Übereinstimmung mit dem bereits bekannten Ergebnis.

Wir werden später (Abschn. 19) ein auf diesen Gedankengängen aufgebautes Berechnungsverfahren zur näherungsweisen Bestimmung der Kennfrequenzen verwickelt aufgebauter Schwingungsgebilde kennenlernen, das eine wesentliche Vereinfachung des Rechnungsganges gegenüber der strengen Lösung herbeiführt.

8. Freie gedämpfte lineare Schwingungen von 1 Freiheitsgrad

Dämpfungsgesetz. Wird einem schwingenden System durch Reibungsvorgänge dauernd Energie entzogen (meist in Form von Wärmeenergie umgesetzt) und an die Umgebung abgeleitet, spricht man von *gedämpften* Schwingungen.

Reibungserscheinungen können in Form von trockener Reibung, flüssiger Reibung (wobei wieder zu unterscheiden ist, ob der Vorgang bei *laminarer* Strömung oder *turbulenter* Strömung abläuft), oder auch durch elektromagnetische Vorgänge (beispielsweise Wirbelströme) ausgelöst, auftreten.

Dämpfungswirkungen können bei Schwingungsgebilden in unerwünschter Weise durch Lagerreibung oder Luftreibung, um nur ein Beispiel zu nennen, hervorgerufen werden.

In sehr vielen technischen Fällen führt man, um einen besonderen gewünschten Effekt zu erzielen, künstliche Dämpfung in das schwingende System ein. Man verwendet dazu besondere *Dämpfungsglieder*. Abb. 29

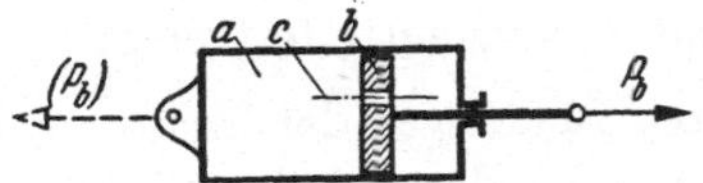

Abb. 29. Flüssigkeitsdämpfer
a flüssigkeitsgefüllter Zylinder,
b Kolben, *c* Drosselöffnung

Abb. 30. Symbolische Darstellung
eines Dämpfungsgliedes

zeigt das Beispiel eines Flüssigkeitsdämpfers. Ein Zylinder *a* mit beweglichem Kolben *b* ist mit einer zähen Flüssigkeit gefüllt. Der Kolben trägt eine enge Bohrung *c*. Beim Bewegen des Kolbens wird die Flüssigkeit von der einen Kolbenseite auf die andere Seite des Kolbens durch die enge Drosselöffnung *c* hindurch gefördert.

Die zum Bewegen des Kolbens aufzuwendende Kraft, die *Dämpfungskraft* P_b, kann mit genügender Genauigkeit, sofern laminarer Strömungszustand im Überstromkanal herrscht, proportional zur Kolbengeschwindigkeit $v \equiv \dot{q}$ angesetzt werden. Unter dieser Voraussetzung gilt das lineare Dämpfungsgesetz

$$P_b = b\,v \equiv b\,\dot{q}, \tag{125}$$

mit *b* als *Dämpfungskonstante*.

Zur zeichnerischen Darstellung von Dämpfungsgliedern wollen wir das in Abb. 30 gezeigte Symbol verwenden.

Schwingungsgleichung. Ein aus Masse, Feder und Dämpfungsglied bestehendes, in Abb. 31a dargestelltes Schwingungsgebilde führe freie Schwingungen aus. Feder und Dämpfungsglied mögen lineare Kennlinien besitzen.

Innerhalb des schwingenden Systemes treten die drei Einzelkräfte

$$P_a = a\,\ddot{q}, \quad P_b = b\,\dot{q} \quad \text{und} \quad P_c = c\,q \tag{126}$$

auf, deren Vorzeichen durch die Vorzeichen der Lagekoordinate q und ihrer beiden Ableitungen $\dot{q}$ und $\ddot{q}$ festgelegt sind. Die Lagekoordinate q und ihre zeitlichen Ableitungen sind Wechselgrößen, deren Wirkrichtungen sich periodisch umkehren. Es müssen daher Festlegungen getroffen werden, welche Richtungen positiv zu zählen sind.

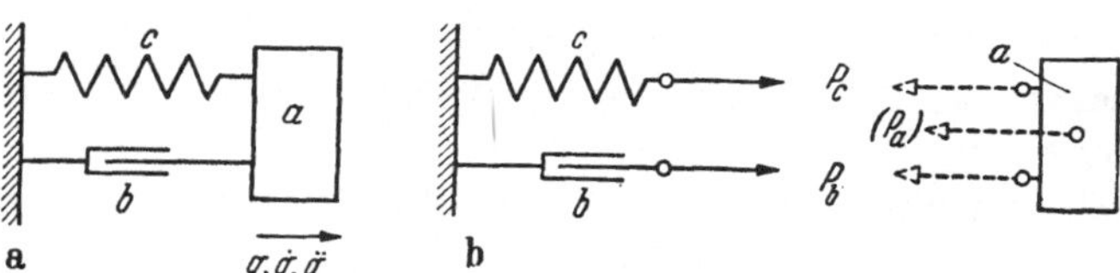

Abb. 31. Gedämpfter Schwinger von 1 Freiheitsgrad
a Wirkplan; b Freigemachtes System

Mit den in Abb. 31a eingetragenen, frei gewählten Zählpfeilen für die positive Zählrichtung der Größen q, $\dot{q}$ und $\ddot{q}$ sind auch die positiven Wirkrichtungen der Kräfte P_a, P_b und P_c eindeutig festgelegt.

Nun denken wir uns die körperhaften Bindungen der Masse a gelöst und führen an deren Stelle die entsprechenden Bindungskräfte ein (Abb. 31b). An der Masse a greifen dann die Reaktionen von Federkraft P_c und Dämpfungskraft P_b, sowie die D'ALEMBERTsche Trägheitskraft, die als Reaktion der Massenkraft P_a betrachtet werden kann, an.

Zu bemerken wäre dabei, daß wir die Kräfte P_a, P_b und P_c in ihrer positiven Zählrichtung wirkend annehmen und Reaktionskräfte zeichnerisch gestrichelt darstellen wollen.

Die an der Masse angreifenden Einzelkräfte müssen die Gleichgewichtsbedingung

$$-P_a - P_b - P_c = 0 \tag{127}$$

erfüllen.

Mit den Ausdrücken nach Gl. (126) folgt daraus die Diff.-Gleichung der gedämpften Schwingung zu

$$a\,\ddot{q} + b\,\dot{q} + c\,q = 0. \tag{128}$$

Dies ist eine homogene lineare Diff.-Gleichung 2. Ordnung, deren Lösung wir mit Hilfe des bereits in Abschn. 7 beschriebenen Rechnungsganges finden können.

Wir gehen mit dem Lösungsansatz

$$q = A\, e^{\gamma t} \tag{129}$$

in die Diff.-Gl. (128) ein und erhalten nach Abkürzen von $A\, e^{\gamma t}$ die sogenannte *charakteristische Gleichung*

$$a\,\gamma^2 + b\,\gamma + c = 0. \tag{130}$$

Mit den Setzungen

$$\omega_0 = \sqrt{\frac{c}{a}} = Kennkreisfrequenz, \tag{131}$$

und

$$\delta = \frac{b}{2\,a} = Abklingkonstante, \tag{132}$$

geht Gl. (130) über in

$$\gamma^2 + 2\,\delta\,\gamma + \omega_0^2 = 0. \tag{133}$$

Auflösung dieser Gleichung nach γ liefert $\tag{134}$

$$\gamma = -\delta \pm \sqrt{\delta^2 - \omega_0^2} = -\delta \pm \omega_0 \sqrt{\left(\frac{\delta}{\omega_0}\right)^2 - 1} = -\delta \pm \omega_0 \sqrt{\vartheta^2 - 1},$$

mit

$$\vartheta = \frac{\delta}{\omega_0} = \frac{b}{2\,a\,\omega_0} = \frac{b}{2\sqrt{a\,c}} = Dämpfungsgrad. \tag{135}$$

Da die charakteristische Gleichung 2 Wurzeln besitzt, bestehen 2 Partikularlösungen, so daß die allgemeine Lösung der Diff.-Gleichung gegeben ist durch

$$q = e^{-\delta t} \left(A_1\, e^{\omega_0\,\sqrt{\vartheta^2 - 1}\,t} + A_2\, e^{-\omega_0\,\sqrt{\vartheta^2 - 1}\,t} \right), \tag{136}$$

mit A_1 und A_2 als Integrationskonstanten.

Je nach Größe des Dämpfungsgrades ϑ ergeben sich zwei grundsätzlich verschiedenartige Bewegungsformen des Schwingungsgebildes.

Schwach gedämpftes System, $\vartheta < 1$. Wegen $\vartheta < 1$ wird der Radikand in Gl. (134) negativ, der Wurzelausdruck wird imaginär.

Wir können schreiben

$$\omega_0 \sqrt{\vartheta^2 - 1} = \omega_0 \sqrt{-(1 - \vartheta^2)} = i\,\omega_0 \sqrt{1 - \vartheta^2}. \tag{137}$$

Die Exponenten der e-Funktion in Gl. (136) sind somit imaginär. Nach unseren früheren Darlegungen (Abschn. 3) stellt dann der Klammerausdruck in Gl. (136) eine harmonische Schwingung dar, die in der Form

$$A \sin(\omega\, t + \alpha)$$

geschrieben werden kann.

Mit

$$\omega_d = \omega_0 \sqrt{1 - \vartheta^2} = Eigenkreisfrequenz \tag{138}$$

der gedämpften Schwingung ergibt sich die allgemeine Lösung der Diff.-Gl. (128) zu

$$q = e^{-\delta t} \cdot A \sin (\omega_d t + \alpha). \tag{139}$$

Die beiden Integrationskonstanten A und α können wieder aus vorgegebenen Anfangsbedingungen bestimmt werden.

Diskussion der Lösung. Aus Gl. (138) ersehen wir, daß die Eigenkreisfrequenz ω_d der gedämpften Schwingung immer kleiner ist als die zugehörige Kennkreisfrequenz ω_0. Allerdings ist die Abweichung bei kleinen Dämpfungsgraden ϑ sehr klein.

Die Gl. (139) kann in komplexer Schreibweise wie folgt dargestellt werden:

$$q = e^{-\delta t} A e^{i(\omega_d t + \alpha)} = e^{-\delta t} A e^{i\alpha} e^{i\omega_d t} = e^{-\delta t} \widehat{q} e^{i\omega_d t}, \tag{140}$$

mit $\widehat{q} = A e^{i\alpha}$ als komplexer Amplitude.

Wäre in der obigen Schwingungsgleichung der Faktor $e^{-\delta t}$ nicht vorhanden, dann läge eine rein harmonische Schwingung vor. Fassen wir das Produkt $e^{-\delta t} \widehat{q}$ als Momentanwert der komplexen Amplitude der gedämpften Schwingung auf, bedeutet dies, daß die Amplitude der gedämpften Schwingung mit der Zeit t nach einer e-Funktion abnimmt.

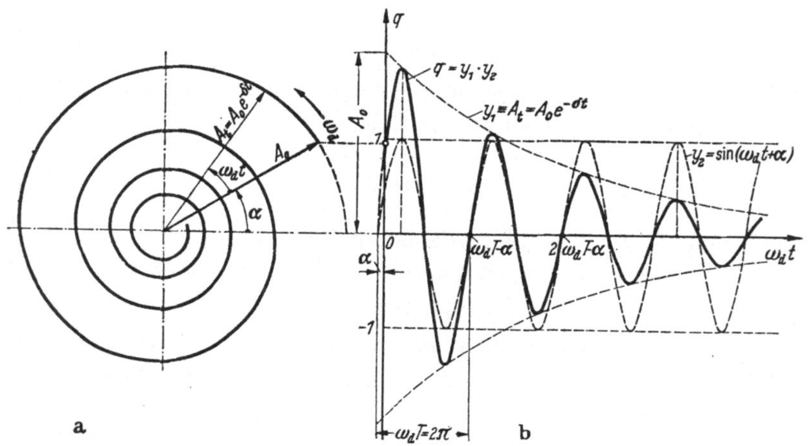

Abb. 32. Freie gedämpfte Schwingung mit schwacher Dämpfung $q = A_0 \cdot e^{-\delta t} [\sin (\omega_d t + \alpha)$
($\vartheta < 1$)
a Momentanwert des Zeigers der Schwingung; b Liniendiagramm der abklingenden Schwingung

In der Zeigerdiagramm-Darstellung beschreibt die Spitze des umlaufend zu denkenden Zeigers der Schwingung eine logarithmische Spirale (Abb. 32).

Die Größe der Abklingkonstanten δ bestimmt den Grad der Größenabnahme der momentanen Schwingungsamplitude. Das in Abb. 32 dargestellte Liniendiagramm zeigt den charakteristischen Verlauf einer gedämpften Schwingung. Die Funktion $e^{-\delta t}$ ist Einhüllende der Zeit-Weglinie. Die Periodendauer der Schwingung folgt aus der Definitionsgleichung $\omega_d\, T = 2\,\pi$ zu

$$T = \frac{2\,\pi}{\omega_d}. \tag{141}$$

Logarithmisches Dekrement. Das logarithmische Dekrement Λ dient zur Kennzeichnung des Dämpfungsverhaltens und wird definiert als natürlicher Logarithmus des Quotienten zweier aufeinanderfolgender Maximalwerte *gleichen* Vorzeichens. Mit den in Abb. 32 eingetragenen Bezeichnungen folgt mit $e^{i\,\omega_d t} = {}^{i\,\omega_d(t+T)}$

$$\Lambda = \ln\frac{q_1}{q_2} = \ln\frac{q_2}{q_3} = \cdots = \ln\frac{q_{(t)}}{q_{(t+T)}} = \ln\frac{\mathrm{Im}\left(e^{-\delta t}\,\widehat{q}\,e^{i\omega_d t}\right)}{\mathrm{Im}\left(e^{-\delta(t+T)}\,\widehat{q}\,e^{i\omega_d(t+T)}\right)} \tag{142}$$

$$= \ln\left(e^{\delta T}\,\frac{\sin\omega_d\,t}{\sin\omega_d\,(t+T)}\right) = \delta T.$$

Mit den Gln. (141), (138) und (135) ergibt sich aus Gl. (142)

$$\Lambda = \delta\,\frac{2\,\pi}{\omega_d} = 2\,\pi\,\frac{\dfrac{\delta}{\omega_0}}{\sqrt{1-\vartheta^2}} = 2\,\pi\,\frac{1}{\sqrt{\dfrac{1}{\vartheta^2}-1}}. \tag{143}$$

Starke Dämpfung, $\vartheta > 1$. Mit $\vartheta > 1$ nimmt der Exponent γ nach Gl. (134) einen reellen Wert an. Der Bewegungsvorgang (Gl. (136)) verläuft nichtperiodisch in Form einer Kriechbewegung. Die Wegkoordinate q klingt mit der Zeit t auf Null ab (Faktor $e^{-\delta t}$!).

Kritische Dämpfung. Den Dämpfungsfall $\vartheta = 1$ bezeichnet man als *kritische* Dämpfung. Er ist dadurch gekennzeichnet, daß die charakteristische Gl. (130) eine Doppelwurzel $\gamma = -\,\delta \pm 0$ besitzt. Er führt wie der vorbesprochene Fall auf einen nichtperiodisch verlaufenden Kriechvorgang und ist nur in rein mathematischer Beziehung von Interesse. Wegen $\vartheta = 1$ hat die Abklingkonstante δ nach den Gln. (135) und (131) den Wert

$$\delta_{kr} = \omega_0 = \sqrt{\frac{c}{a}}. \tag{144}$$

Durch eine kleine Umformung erhält man mit Gl. (132)

$$b_{kr} = 2\,a\,\delta_{kr} = 2\,a\,\sqrt{\frac{c}{a}} = 2\sqrt{a\,c} \equiv 2\,Z_0 \tag{145}$$

mit
$$Z_0 = \sqrt{a\,c} \tag{146}$$

$= Kennwiderstand$ des Schwingers (physikalische Bedeutung wird später dargelegt).

9. Erzwungene Schwingungen des linearen gedämpften Schwingers mit 1 Freiheitsgrad

Kraftquelle. Wenn ein Schwingungsgebilde durch äußere, periodisch wirkende Kräfte zu Schwingungen angeregt wird, bezeichnet man diesen Schwingungszustand als *erzwungene* Schwingung.

Die Kräfte nennt man *Zwangskräfte* oder *Erregerkräfte*. Der schwingungstechnisch am einfachsten zu behandelnde Fall liegt dann vor, wenn die Größe der Erregerkraft einen zeitlich harmonischen Verlauf, etwa in der Form $P_t = P_{max} \sin(\Omega t + \alpha)$, zeigt. Eine Kraft dieser Art wollen wir als *Wechselkraft* bezeichnen und in symbolisch-komplexer Darstellung in der Form

$$P = \widehat{P}\, e^{i\Omega t} \tag{147}$$

schreiben, wobei

$$\widehat{P} = \left|\widehat{P}\right| e^{i\alpha} \tag{148}$$

die komplexe Amplitude der Wechselkraft ist (mit $\left|\widehat{P}\right| \equiv P_{max}$ als Betrag, α als Nullphasenwinkel und Ω als Kreisfrequenz der Erregerkraft).

In der zeichnerischen Darstellung wollen wir eine Wechselkraft durch das in Abb. 33a dargestellte Schaltungszeichen symbolisch zum Ausdruck bringen, und kurz von einer *Kraftquelle* sprechen.

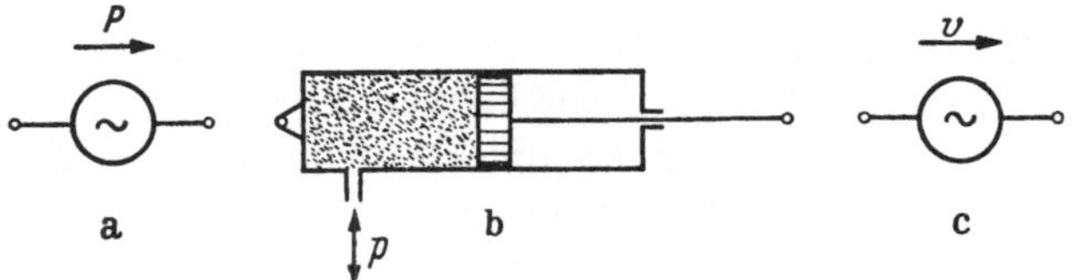

Abb. 33. Schaltungszeichen
a Symbol einer Kraftquelle;　b Beispiel für die bauliche Gestaltung einer Kraftquelle;　c Symbol einer Geschwindigkeitsquelle

Durch die beiden Anschlußklemmen der Kraftquelle wird dargelegt, daß die am Schwingungsgebilde angreifende Kraft P eine Reaktionskraft hervorruft, die an die Umgebung abgeleitet werden muß. Zur Erleichterung des Verständnisses dieses Tatbestandes brauchen wir uns nur die Kraftquelle als Kolben mit flüssigkeitsgefülltem Zylinder nach Abb. 33b vorzustellen. Durch periodische Änderungen des Flüssigkeitsdruckes entsteht am Kolben *und* am Zylinder eine Wechselkraft. Der Zylinder muß daher nach außen hin abgestützt werden.

Als wesentlichstes Merkmal einer Kraftquelle wollen wir festsetzen, daß der Betrag $\left|\widehat{P}\right| \equiv P_{max}$ der Wechselkraft P einen *konstanten*, von der Größe der jeweils vorhandenen Wegamplitude q_{max} *unabhängigen* Wert besitzen soll.

Geschwindigkeitsquelle. Eine andere Möglichkeit der Erregung eines Schwingungsgebildes besteht darin, daß einem Punkt des Schwingers eine *Wechselgeschwindigkeit* von außen aufgezwungen wird. Man spricht dann von *geschwindigkeitserregten* erzwungenen Schwingungen. Der einfachste Fall liegt wieder dann vor, wenn sich die Geschwindigkeit der Geschwindigkeitsquelle zeitlich harmonisch ändert, d. h., wenn, in symbolisch-komplexer Schreibweise,

$$v \equiv \dot{q} = \widehat{v}\, e^{i\,\Omega\, t} = |\widehat{v}|\, e^{i\,\alpha}\, e^{i\,\Omega\, t} \tag{149}$$

ist.

Zeichnerisch wollen wir eine Geschwindigkeitsquelle durch das in Abb. 33c dargestellte Symbol ausdrücken. Auch eine Geschwindigkeitsquelle muß zwei Klemmen besitzen, da auftretende Kräfte Reaktionen hervorrufen, die an die Umgebung abgeleitet werden müssen.

Dabei wollen wir wieder festsetzen, daß der Betrag $|\widehat{v}| \equiv v_{\max}$ der Wechselgeschwindigkeit $v = \widehat{v}\, e^{i\,\Omega\, t}$ einen konstanten, von der Größe der jeweils vorhandenen Kraftwirkung P *unabhängigen* Wert besitzen soll.

Als einfachstes Beispiel einer Geschwindigkeitsquelle können wir uns einen Schubkurbeltrieb vorstellen. Der vom Kreuzzapfen zurückgelegte Weg ist völlig unabhängig von der Kraft, die dabei zu übertragen ist.

Schwingungsgleichung. Gegeben sei ein Schwingungsgebilde, bestehend aus Masse, Feder und Dämpfungsglied (letztere mit linearen Kennlinien) nach Abb. 34a. An der Masse a greife eine Wechselkraft

$$P = \widehat{P}\, e^{i\,\Omega\, t} \tag{150}$$

an. Wir betrachten das Gebilde im eingeschwungenen Zustand. Es treten insgesamt vier Einzelkräfte und deren Reaktionen auf:

$$\left.\begin{aligned} P_a &= a\,\ddot{q} = \text{Massenkraft}, \quad P_b = b\,\dot{q} = \text{Dämpfungskraft} \\ P_c &= c\,q = \text{Federkraft}, \qquad\quad P = \widehat{P}\, e^{i\,\Omega\, t} = \text{Erregerkraft.} \end{aligned}\right\} \tag{151}$$

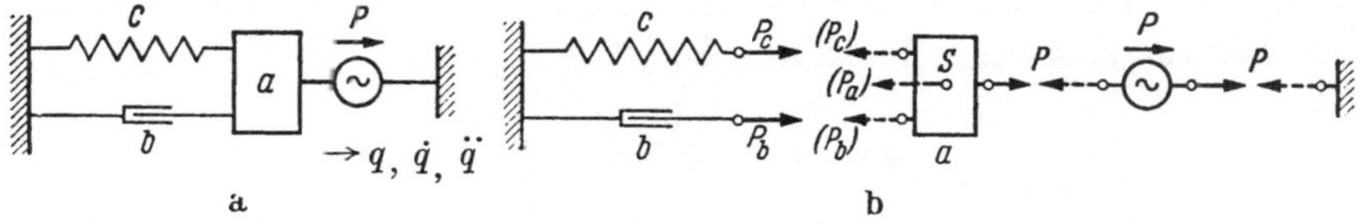

Abb. 34. Wechselkrafterregter gedämpfter Schwinger
a Wirkplan; b Freigemachtes System

Die positiv zu zählenden Wirkrichtungen der Kräfte legen wir durch die in Abb. 34a eingezeichneten Zählpfeile für q, $\dot{q}$, $\ddot{q}$ und P fest.

Nun denken wir uns das System von seinen körperhaften Bindungen gelöst und führen nach Abb. 34b die entsprechenden Bindungskräfte ein (Reaktionen gestrichelt gezeichnet).

Die Gleichgewichtsbedingung für die an der Masse a angreifenden Kräfte lautet dann

$$- P_a - P_b - P_c + P = 0. \tag{152}$$

Mit den Beziehungen nach Gl. (151) folgt daraus

$$a\,\ddot{q} + b\,\dot{q} + c\,q = \widehat{P}e^{i\Omega t}. \tag{153}$$

Die Gleichgewichtsbedingung liefert wieder eine lineare Diff.-Gleichung zweiter Ordnung. Aber im Gegensatz zu Gl. (128) ist hier die rechte Gleichungsseite nicht mehr Null. Man bezeichnet eine Gleichung dieser Art als *inhomogene* Diff.-Gleichung. Die Größe $\widehat{P}\,e^{i\Omega t}$ nennt man *Störglied*.

Nach der Theorie der linearen Diff.-Gleichungen (8) ergibt sich die Lösung einer inhomogenen Diff.-Gleichung als Summe der Lösungen der zugehörigen homogenen Diff.-Gleichung und einer dem Störglied angepaßten Partikularlösung.

Die Lösung der zur obigen Diff.-Gleichung zugehörigen homogenen Diff.-Gleichung

$$a\,\ddot{q} + b\,\dot{q} + c\,q = 0$$

kennen wir bereits. Sie lautet

$$q_{\text{hom}} = e^{-\delta t}\,\widehat{q}_{\text{hom}}\,e^{i\omega_d t}, \tag{154}$$

mit $\omega_d = \omega_0\,\sqrt{1 - \vartheta^2}$ und $\widehat{q}_{\text{hom}} = |\widehat{q}_{hom}|\,e^{i\alpha}$ $\big($Gln. (138) u. (140)$\big)$.

Eine dem Störglied angepaßte Lösung finden wir mit dem Lösungsansatz

$$q = \widehat{q}\,e^{i\Omega t}. \tag{155}$$

Gehen wir mit diesem Ansatz in Gl. (153) ein, so erhalten wir nach Abkürzen mit $e^{i\Omega t}$

$$(-a\,\Omega^2 + j\,\Omega\,b + c)\,\widehat{q} = \widehat{P}. \tag{156}$$

In dieser Gleichung sind alle Größen bis auf die komplexe Amplitude $\widehat{q}$ des Schwingungsweges bekannt. Somit ist

$$\widehat{q} = \frac{\widehat{P}}{(c - a\,\Omega^2) + i\,\Omega\,b}. \tag{157}$$

Die allgemeine Lösung der Diff.-Gl. (153) lautet daher

$$q = \frac{\widehat{P}}{(c - a\,\Omega^2) + i\,\Omega\,b}\,e^{i\Omega t} + e^{-\delta t}\,\widehat{q}_{\text{hom}}\,e^{i\omega_d t}. \tag{158}$$

Diskussion der Lösung. Die allgemeine Lösung besteht aus der Summe zweier Schwingungen:

1. aus einer harmonischen Schwingung konstanter Amplitude, deren Frequenz gleich der Störkraftfrequenz ist,

2. aus einer Schwingung mit abklingender Amplitude ($e^{-\delta t}$ als Faktor!), deren Frequenz gleich der Eigenfrequenz $\omega_d/2\pi$ der zugehörigen freien, gedämpften Schwingung ist.

Der zweite Anteil des Schwingungsvorganges wird nach einer gewissen Zeit vollständig abgeklungen sein. Man bezeichnet ihn daher als *flüchtigen* Bestandteil der Lösung.

Nach dem Abklingen des flüchtigen Bestandteiles ist dann nur noch der 1. Anteil, der sogenannte *stationäre* Anteil der Lösung vorhanden.

Physikalisch gesehen, läuft der Vorgang in folgender Weise ab. Mit dem Einsetzen der Störkraft wird das Schwingungssystem zu Eigenschwingungen angestoßen. Diese Schwingungen klingen, je nach Größe der Abklingkonstanten δ, mit zunehmender Zeit ab (theoretisch erst nach der Zeit $t \to \infty$, praktisch sind aber die Eigenschwingungs-Ausschläge schon nach verhältnismäßig kleinen Zeiten vernachlässigbar klein). Das System schwingt dann nur noch im Takte der Erregerfrequenz — stationärer Schwingungszustand.

Die in der Lösung nach Gl. (154) enthaltenen beiden Integrationskonstanten $|\widehat{q}_{\mathrm{hom}}|$ und α können aus vorgegebenen Anfangsbedingungen bestimmt werden.

Abgesehen von Sonderfällen, bei denen der Einschwingzustand im Mittelpunkt des Interesses steht (beispielsweise bei Schwingungsmeßgeräten) interessiert hauptsächlich der stationäre Zustand des Schwingungsvorganges, so daß man den flüchtigen Bestandteil der Lösung von vornherein unberücksichtigt lassen kann.

Stationärer Schwingungszustand. Der stationäre Schwingungsverlauf folgt aus Gl. (158) zu

$$q = \frac{\widehat{P}}{(c - a\,\Omega^2) + i\,b\,\Omega}\,e^{i\,\Omega\,t}. \tag{159}$$

Die komplexe Amplitude dieser Schwingung lautet

$$\widehat{q} = \frac{\widehat{P}}{(c - a\,\Omega^2) + i\,b\,\Omega}. \tag{160}$$

Ihren Betrag und ihr Argument, den Nullphasenwinkel, erhalten wir durch eine kleine Umformung. Den Nenner des Bruches schreiben wir zunächst in der Normalform (Abschn. 3)

$$(c - a\,\Omega^2) + i\,b\,\Omega = \sqrt{(c - a\Omega^2)^2 + (b\Omega)^2}\; e^{i\,\mathrm{arc\,tg}\,\frac{b\,\Omega}{c - a\,\Omega^2}}. \tag{161}$$

$$\left.\begin{array}{l} \text{Mit} \quad \psi = \mathrm{arc\,tg}\,\dfrac{b\,\Omega}{c - a\,\Omega^2} \\[2ex] \text{und} \quad \widehat{P} = \left|\widehat{P}\right| e^{i\,\mathrm{arc}\,\widehat{P}} \end{array}\right\} \tag{162}$$

geht Gl. (160) über in

$$\widehat{q} = \frac{|\widehat{P}|}{\sqrt{(c - a\,\Omega^2)^2 + (b\,\Omega)^2}}\, e^{i\,(\mathrm{arc}\,\widehat{P} - \psi)}. \tag{163}$$

Aus dieser Gleichung können wir Betrag und Argument der komplexen Amplitude unmittelbar zu

$$|\widehat{q}| = \frac{|\widehat{P}|}{\sqrt{(c - a\,\Omega^2)^2 + (b\,\Omega)^2}} \tag{164}$$

bzw.

$$\mathrm{arc}\,\widehat{q} = \mathrm{arc}\,\widehat{P} - \psi \tag{165}$$

entnehmen.

Aus Gl. (165) folgt

$$\psi = \mathrm{arc}\,\widehat{P} - \mathrm{arc}\,\widehat{q}. \tag{166}$$

ψ stellt somit den Winkel dar, um den die komplexe Amplitude des Schwingungsweges der Amplitude der Erregerkraft nacheilt.

Ist die Erregerkraftamplitude $\widehat{P}$ nach Betrag und Nullphasenwinkel gegeben, dann ist auch $\widehat{q}$ vollständig (Gln. (164) u. (165)) bestimmt.

In Abb. 35 sind die Größen $\widehat{P}$ und $\widehat{q}$ in Zeigerdarstellung aufgezeichnet. Der durch Gl. (162) bestimmte Winkel ψ stellt dabei den zwischen den Größen $\widehat{P}$ und $\widehat{q}$ herrschenden Phasenverschiebungswinkel dar.

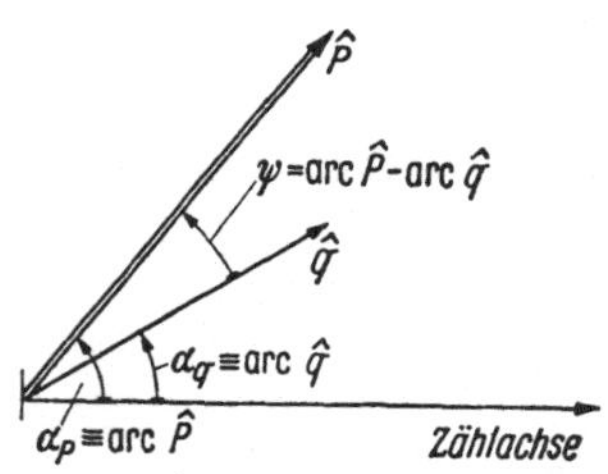

Abb. 35. Zeigerdiagramm einer erzwungenen gedämpften Schwingung
$(\psi = \mathrm{arc}\,\widehat{P} - \mathrm{arc}\,\widehat{q})$

Wie wir aus der Gl. (162) entnehmen können, hängt die Größe und das Vorzeichen des Winkels ψ von der Erregerkraftkreisfrequenz Ω in starkem Maße ab. Auch der Betrag $|\widehat{q}|$ ist, wie wir aus Gl. (163) ersehen, stark frequenzabhängig.

Bei der Betrachtung physikalischer Vorgänge ist es stets vorteilhaft, die den Vorgang beschreibenden Gleichungen in dimensionsloser Schreibweise darzustellen. Wir formen zu diesem Zwecke die Gl. (160) leicht um,

$$\widehat{q} = \frac{\widehat{P}}{c\left(1 - \dfrac{\Omega^2}{c/a}\right)^2 + i\,2\,\dfrac{b}{2\,a}\,\dfrac{\Omega}{c/a}\,c}, \tag{167}$$

und erhalten mit den Setzungen nach Gln. (131), (132) u. (135)

$$\widehat{q} = \frac{\dfrac{\widehat{P}}{c}}{1 - \left(\dfrac{\Omega}{\omega_0}\right)^2 + i\,2\,\vartheta\,\dfrac{\Omega}{\omega_0}}. \tag{168}$$

Führen wir noch

$$\eta = \frac{\Omega}{\omega_0} \tag{169}$$

als *Frequenzverhältnis* ein, erhalten wir schließlich

$$\widehat{q} = \frac{\dfrac{\widehat{P}}{c}}{1 - \eta^2 + i\,2\,\vartheta\,\eta}\;. \tag{170}$$

Vergrößerungsfunktion. Die Größe $\widehat{q}$ ist die komplexe Amplitude der Schwingungsbewegung, die die an Feder und Dämpfungsglied gefesselte Masse a unter der Wirkung der Wechselkraft $P = \widehat{P}\,e^{i\Omega t}$ ausführt.

Der Quotient $\dfrac{\widehat{P}}{c}$ kann, wie sich der Gleichung $\widehat{P}_c = c\,\widehat{q}$ entnehmen läßt, als komplexe Amplitude jener Schwingung betrachtet werden, die sich ergeben würde, wenn die Wechselkraft P an der Feder allein angreifen würde.

Der Quotient $\dfrac{\widehat{q}}{\widehat{P}/c}$ drückt daher das Verhältnis von wirklicher, unter der dynamischen Wirkung von Masse + Dämpfer + Feder sich einstellenden Amplitude, zu jener Amplitude, die sich bei alleiniger Belastung der Feder ergeben würde, aus.

Wir wollen den dimensionslosen Quotienten

$$\frac{\widehat{q}}{\widehat{P}/c} \equiv \mathfrak{Y}_q \tag{171}$$

Vergrößerungsfunktion oder *bezogene* Wegamplitude nennen.

Aus Gl. (170) ergibt sich somit

$$\mathfrak{Y}_q = \frac{1}{1 - \eta^2 + i\,2\,\vartheta\,\eta}\;. \tag{172}$$

Die Vergrößerungsfunktion $\mathfrak{Y}_q$ ist eine komplexe Größe. Den Betrag und das Argument, den Nullphasenwinkel, erhalten wir in ganz ähnlicher Weise, wie dies in den Gln. (160) bis (165) durchgeführt wurde, zu

$$|\mathfrak{Y}_q| \equiv Y_q = \frac{1}{\sqrt{(1 - \eta^2)^2 + (2\,\vartheta\,\eta)^2}}\;, \tag{173}$$

bzw.

$$\text{arc } \mathfrak{Y}_q = -\,\text{arc tg}\,\frac{2\,\vartheta\eta}{1 - \eta^2}\;. \tag{174}$$

Den Betrag Y_q der Vergrößerungsfunktion $\mathfrak{Y}_q$ wollen wir als *Vergrößerungsfaktor* bezeichnen.

Die Frage nach der physikalischen Bedeutung von Y_q und arc $\mathfrak{Y}_q$ kann unmittelbar aus der nachfolgenden Betrachtung beantwortet werden.

Aus der Definitionsgleichung für $\mathfrak{Y}_q$ ergibt sich

$$\mathfrak{Y}_q \equiv \frac{\widehat{q}}{\dfrac{\widehat{P}}{c}} = \frac{|\widehat{q}|\,e^{i\,\text{arc}\,\widehat{q}}}{\dfrac{1}{c}\,|\widehat{P}|\,e^{i\,\text{arc}\,\widehat{P}}} = \frac{|\widehat{q}|}{\dfrac{|\widehat{P}|}{c}}\,e^{i\,(\text{arc}\,\widehat{q}-\text{arc}\,\widehat{P})} \equiv Y_q\,e^{i\,\text{arc}\,\mathfrak{Y}_q}\ . \tag{175}$$

Daraus folgen Betrag und Nullphasenwinkel zu

$$Y_q = \frac{|\widehat{q}|}{|\widehat{P}|/c}\,, \tag{176}$$

und

$$\text{arc}\,\mathfrak{Y}_q = \text{arc}\,\widehat{q} - \text{arc}\,\widehat{P} = -(\text{arc}\,\widehat{P} - \text{arc}\,\widehat{q}). \tag{177}$$

Den Phasenverschiebungswinkel zwischen Erregerkraftamplitude $\widehat{P}$ und Wegamplitude $\widehat{q}$ haben wir bereits in Gl. (165) mit ψ bezeichnet, so daß wir schreiben können

$$\text{arc}\,\mathfrak{Y}_q = -\psi \tag{178}$$

bzw. mit Gl. (174)

$$\psi = \text{arc tg}\,\frac{2\,\vartheta\eta}{1 - \eta^2}\,. \tag{179}$$

Beachten wir noch, daß $\dfrac{|\widehat{P}|}{c}$ als statische Verformung aufgefaßt werden kann, die auftritt, wenn nur die Feder des Schwingers mit der Kraft $|\widehat{P}| \equiv P_{\max}$ belastet würde, können wir feststellen:

Der Betrag Y_q gibt an, wievielmal größer die Amplitude der Schwingung gegenüber der gedachten statischen Verformung $\dfrac{|\widehat{P}|}{c}$ ist[1], und:

Der Nullphasenwinkel arc $\mathfrak{Y}_q$ gibt den Phasenverschiebungswinkel (mit negativem Vorzeichen!) zwischen den Zeigern von $\widehat{P}$ und $\widehat{q}$ an.

Dabei ist zu beachten, daß sowohl Y_q als auch ψ Funktionen der beiden Veränderlichen η und ϑ sind.

Frequenzgang der Vergrößerungsfunktion — Resonanz

a) *Ungedämpfte erzwungene Schwingung.* Treten während des Schwingungsvorganges keine dämpfenden Kraftwirkungen auf, spricht man von *ungedämpften* erzwungenen Schwingungen. In diesem Falle besitzen die Größen b, δ und ϑ den Wert Null, und die Gl. (172) geht über in

$$\mathfrak{Y}_q = \frac{1}{1 - \eta^2}\,. \tag{180}$$

---

[1] Die Größe $\mathfrak{Y}_q$ kann auch anders gedeutet werden: Schreiben wir

$$\mathfrak{Y}_q \equiv \frac{\widehat{q}}{\widehat{P}/c} = \frac{c\,\widehat{q}}{\widehat{P}} = \frac{\widehat{P}_c}{\widehat{P}}\,,$$

so stellt $\mathfrak{Y}_q$ den Quotienten der komplexen Amplituden von Federkraft und Erregerkraft dar (Federkraft = die Kraft, die auf den Federbefestigungspunkt wirkt).

Die Vergrößerungsfunktion $\mathfrak{Y}_q \equiv \dfrac{\widehat{q}}{\widehat{P}/c}$ ist hier eine reelle Größe. Ihr Vorzeichen ist für $\eta < 1$ positiv, für alle Werte $\eta > 1$ negativ. Daraus folgt, daß bei $\eta < 1$ $\widehat{q}$ und $\widehat{P}$ gleichgerichtet — *in Phase* — sind, arc $\mathfrak{Y}_q \equiv -\psi$ also *Null* ist, während bei $\eta > 1$ die Größen $\widehat{q}$ und $\widehat{P}$ entgegengerichtet — *in Gegenphase* — sind, arc $\mathfrak{Y}_q \equiv -\psi$ also 180° ist.

Der Betrag von $\mathfrak{Y}_q$ ist gegeben durch

$$Y_q = \left| \frac{1}{1-\eta^2} \right| . \tag{181}$$

Abb. 36 zeigt die Größen Y_q und $\psi = \text{arc } \widehat{P} - \text{arc } \widehat{q}$ in Abhängigkeit vom Frequenzverhältnis $\eta = \dfrac{\Omega}{\omega_0}$.

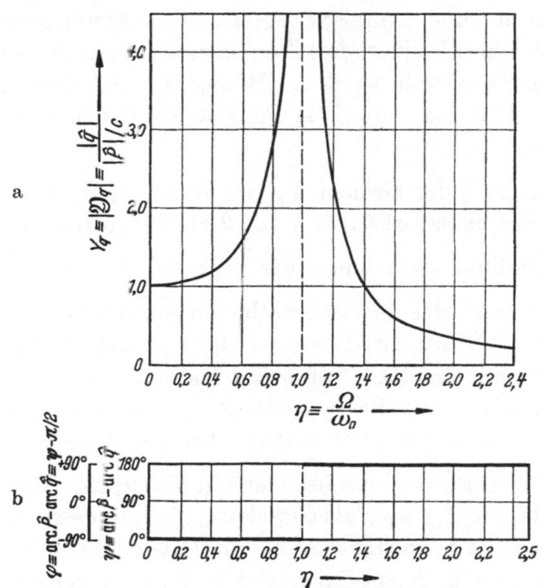

Abb. 36. Vergrößerungsfunktion $\mathfrak{Y}_q$ des ungedämpften Schwingers

a Frequenzgang des Vergrößerungsfaktors $Y_q \equiv |\mathfrak{Y}_q| = \dfrac{|\widehat{q}|}{|\widehat{P}|/c}$; b Frequenzgang des Phasenverschiebungswinkels

Aus dieser Darstellung entnehmen wir unmittelbar:

Für $\eta = 1$ wächst $Y_q \equiv \dfrac{|\widehat{q}|}{\widehat{P}/c}$ über alle Grenzen, d. h., bei $\Omega = \omega_0$ wachsen die Schwingungsamplituden $|\widehat{q}|$ bei *endlicher* Größe der Erregerkraft $\widehat{P}$ theoretisch über alle Grenzen, bzw., bei $\Omega = \omega_0$ ist eine Wechselkraft *infinitesimaler* Größe ($\widehat{P} \to 0$) imstande, Schwingungsausschläge *endlicher* Größe hervorzurufen.

Diese Erscheinung wird als *Resonanz* bezeichnet. Ein weiteres Kennzeichen des Resonanzzustandes besteht darin, daß der Phasenverschiebungswinkel zwischen den Amplituden von Erregerkraft und Schwingungsweg einen unbestimmten Wert besitzt, da an der Stelle $\eta = 1$ die Größe von ψ vom Werte $0°$ auf $180°$ springt.

Aus der Gl. (181) und der Abb. 36a entnehmen wir weiter, daß für $0 < \eta < \sqrt{2}$ der Vergrößerungsfaktor Y_q immer größer als 1 ist (daher der Name!), und für $\sqrt{2} < \eta < \infty$ vom Werte 1 gegen Null strebt.

Die Abb. 36a zeigt die Frequenzabhängigkeit der Größe Y_q. Man bezeichnet diese Darstellung als *Frequenzgang*.

b) *Gedämpfte erzwungene Schwingung.* Die Vergrößerungsfunktion $\mathfrak{Y}_q$ nach Gl. (172) ist eine komplexe Größe. Ihre Frequenzabhängigkeit kann durch zwei Schaubilder, den Frequenzgang ihres Betrages und den des Arguments dargestellt werden. Betrag Y_q und Argument arc $\mathfrak{Y}_q$ sind nach Gl. (173) und Gl. (174) Funktionen der beiden Veränderlichen η und ϑ.

Die Abhängigkeit der Größen Y_q, arc $\mathfrak{Y}_q$ und $\psi \equiv \text{arc } \widehat{P} - \text{arc } \widehat{q} = - \text{arc } \mathfrak{Y}_q$ vom Frequenzverhältnis η mit ϑ als Parameter zeigt Abb. 37.

Dieser Darstellung entnehmen wir:

Für $\eta = 1$ nimmt der Phasenverschiebungswinkel ψ für alle Werte von ϑ (außer $\vartheta = 0$!) die Größe von $+ 90°$ an, und die Linien Y_q für $\vartheta = $ const besitzen in der Nähe von $\eta = 1$ Maximalwerte. Es liegt somit ähnliches Verhalten wie beim ungedämpften Schwinger vor. Wir bezeichnen daher den Schwingungszustand bei $\eta = 1$ als Resonanz.

Die Linien Y_q für $\vartheta = $ const besitzen ein Maximum. Der zugehörige Vergrößerungsfaktor Y_{Gi} wird als *Gipfelwert*, die entsprechende Frequenz f_{Gi} als *Gipfelfrequenz* bezeichnet (Abb. 38). Mit Hilfe der Maxima-Minimarechnung können die Koordinaten des Gipfelpunktes leicht berechnet werden. Und zwar gilt, wie sich leicht nachrechnen läßt,

$$\eta_{Gi} = \sqrt{1 - 2\,\vartheta^2}\,, \quad \text{bzw.} \quad Y_{Gi} = \frac{1}{2\,\vartheta\,\sqrt{1-\vartheta^2}}\,. \tag{181a}$$

Bei kleinen Dämpfungsgraden ϑ liegen die Gipfelfrequenzen f_{Gi} nahe bei der Kennfrequenz f_0 $\left(\text{wegen } \eta_{Gi} = \frac{\omega_{Gi}}{\omega_0} = \frac{f_{Gi}}{f_0} = \sqrt{1 - 2\,\vartheta^2} \approx 1) \right)$, und die Gipfelwerte Y_{Gi} erreichen beträchtliche Größe. Wegen

$$Y_q = |\mathfrak{Y}_q| = \frac{|\widehat{q}|}{|\widehat{P}|/c}\,, \quad \text{bzw.} \quad |q| = Y_q \cdot \frac{|\widehat{P}|}{c} \tag{182}$$

folgt daher:

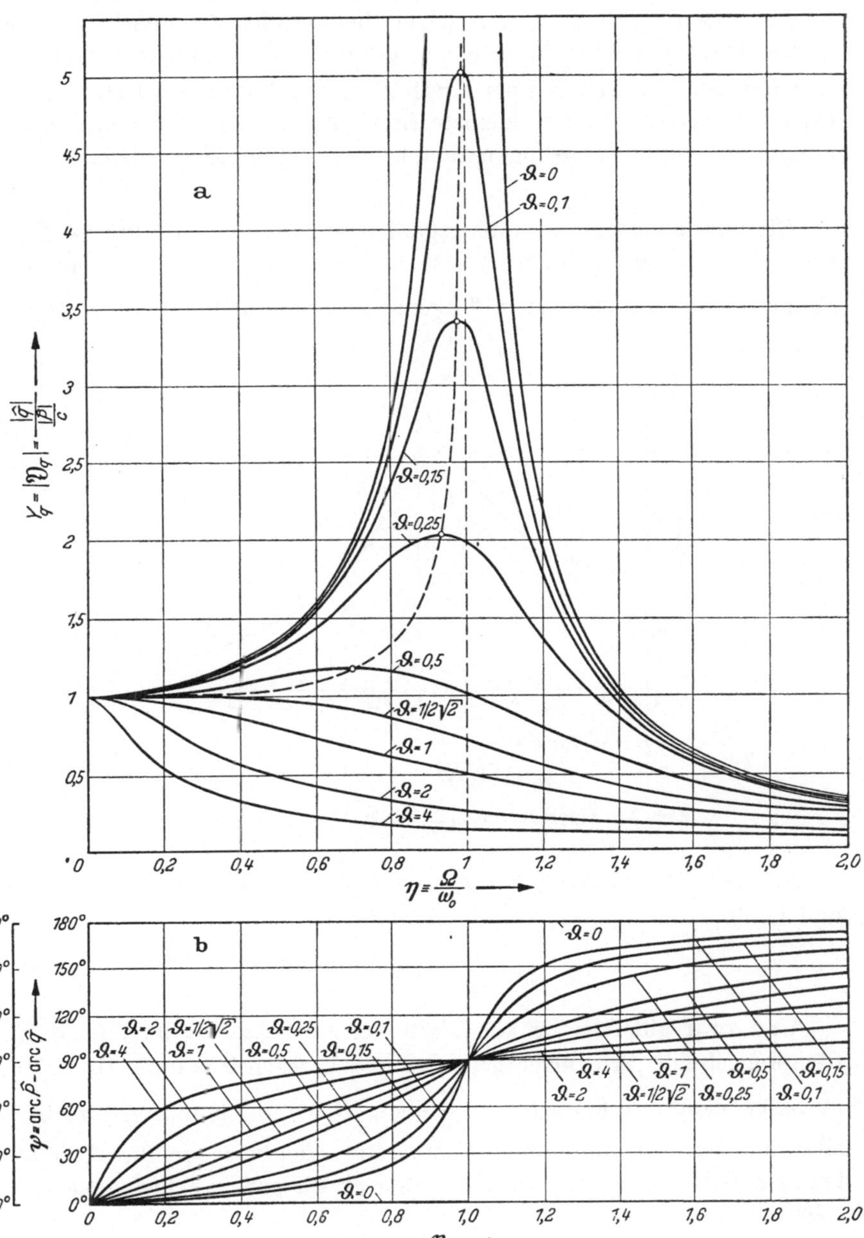

Abb. 37. Vergrößerungsfunktion $\mathfrak{Y}_q$ des gedämpften Schwingers (ϑ = Parameter)
a Frequenzgang des Vergrößerungsfaktors $Y_q \equiv |\mathfrak{Y}_q| = \dfrac{|\widehat{q}|}{|\widehat{P}|/c}$; b Frequenzgang der Phasenverschiebungswinkel
$$\psi \equiv arc\,\widehat{P} - arc\,\widehat{q}, \text{ bzw. } \varphi \equiv arc\,\widehat{P} - arc\,\widehat{q}$$

Im Resonanzfall $\eta = 1$ erreichen die Schwingungsausschläge ein großes Vielfaches jener Verformung, die die Feder des Schwingers erleiden würde, wenn sie mit der Kraft $P_{max} = |\widehat{P}|$ *statisch* belastet wäre. Oder anders ausgedrückt: kleinste Störkräfte können bei dämpfungsarmen Schwingern Schwingungsamplituden beträchtlicher Größe hervorrufen.

Mit zunehmendem Dämpfungsgrad ϑ werden die Gipfelwerte Y_{Gi} kleiner und nähern sich dem Werte 1. Ebenso wird das Frequenzverhältnis $\eta_{G\,i}$ mit zunehmendem ϑ kleiner und erreicht für $\vartheta = \frac{1}{2}\sqrt{2}$ den Wert Null.

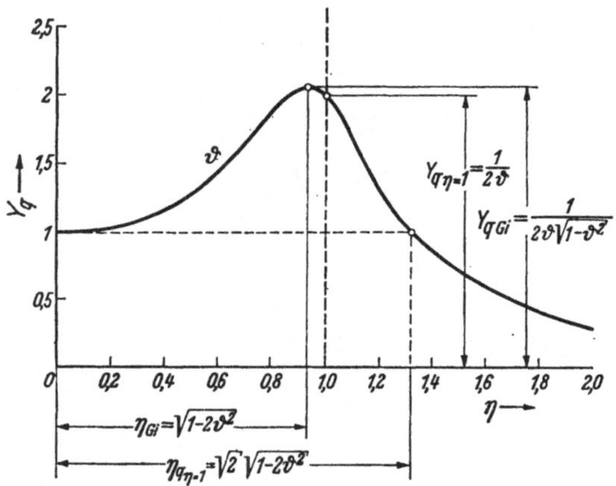

Abb. 38. Vergrößerungsfunktion $\mathfrak{Y}_q$ — Gipfelfrequenz

Für den Resonanzfall ($\Omega = \omega_0$ bzw. $\eta = 1$) folgt aus den Gln. (173) und (179):

$$Y_{q_{\eta=1}} = \frac{1}{2\vartheta}, \quad \text{bzw.} \quad \psi = 90°. \tag{182a}$$

Und zwar gilt dies für alle Werte von ϑ (außer $\vartheta = 0$). Für einen dämpfungsfreien Schwinger geht bei $\eta = 1$ wegen $\vartheta = 0$ die Gl. (179) in die unbestimmte Form $\operatorname{tg}\psi = \frac{0}{0}$ über. D. h., die Funktion $\psi(\eta)$ besitzt im Resonanzpunkt eine Unstetheitsstelle, wie wir dies bereits bei der Behandlung der ungedämpften erzwungenen Schwingung erwähnten.

Für $1 < \eta < \infty$ strebt Y_q für alle Werte von ϑ gegen Null, wobei mit $\eta = \sqrt{2}\,\eta_{G\,i}$ der Wert $Y_q = 1$ durchlaufen wird.

Frequenzgang der Schwingungsgeschwindigkeit. Aus der Zeitfunktion des Schwingungsweges $q = \widehat{q}\,e^{i\Omega t}$ erhält man durch Ableitung nach der Zeit t die Zeitfunktion für die Geschwindigkeit zu

$$\dot{q} = i\,\Omega\,\widehat{q}\,e^{i\Omega t}.\qquad(183)$$

Die komplexe Amplitude $\widehat{\dot{q}}$ der Schwinggeschwindigkeit folgt damit zu

$$\widehat{\dot{q}} = i\,\Omega\,\widehat{q}.\qquad(184)$$

Daraus ersehen wir, daß $\widehat{\dot{q}}$ gegenüber $\widehat{q}$ um $+\dfrac{\pi}{2}$ phasenverschoben ist (Multiplikation mit i!). Somit gilt (siehe Abb. 39)

$$\operatorname{arc}\widehat{\dot{q}} = \operatorname{arc}\widehat{q} + \pi/2.\qquad(184\text{a})$$

Mit Gl. (170) erhalten wir

$$\widehat{\dot{q}} = \frac{i\,\Omega}{1-\eta^2+i\,2\,\vartheta\,\eta}\,\frac{\widehat{P}}{c} = \frac{i\,\dfrac{\Omega}{\omega_0}}{1-\eta^2+i\,2\,\vartheta\,\eta}\,\frac{\widehat{P}\,\omega_0}{c}.$$

Wegen $\omega_0 = \sqrt{\dfrac{c}{a}}$ und $\eta = \dfrac{\Omega}{\omega_0}$ folgt

$$\widehat{\dot{q}} = \frac{i\,\eta}{1-\eta^2+i\,2\,\vartheta\,\eta}\,\frac{\widehat{P}}{\sqrt{a\,c}}.\qquad(185)$$

Wir führen

$$\mathfrak{Y}_{\dot{q}} \equiv \frac{\widehat{\dot{q}}}{\widehat{P}/\sqrt{a\,c}}\qquad(186)$$

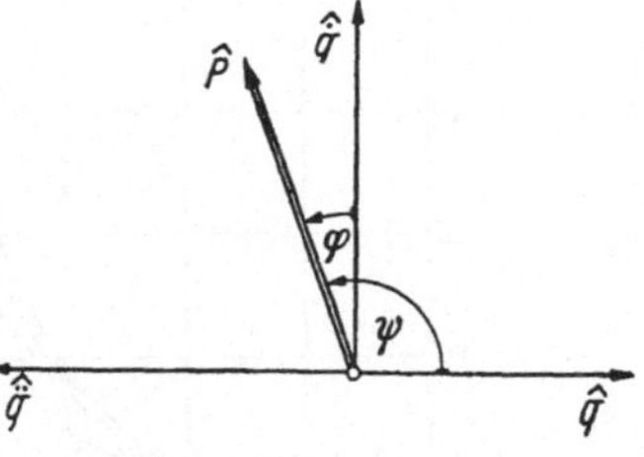

Abb. 39. Phasenbeziehungen bei der erzwungenen Schwingung

$$\varphi \equiv \operatorname{arc}\widehat{P} - \operatorname{arc}\widehat{\dot{q}}$$
$$= \operatorname{arc}\widehat{P} - \operatorname{arc}\widehat{q} - \pi/2 = \psi - \pi/2$$

als komplexe Amplitude der bezogenen *Schwingungsgeschwindigkeit* ein, und erhalten (mit Gl. (172))

$$\mathfrak{Y}_{\dot{q}} = \frac{i\,\eta}{1-\eta^2+i\,2\,\vartheta\,\eta} = i\,\eta\,\mathfrak{Y}_q.\qquad(187)$$

Der Betrag von $\mathfrak{Y}_{\dot{q}}$ ergibt sich zu

$$Y_{\dot{q}} \equiv |\mathfrak{Y}_{\dot{q}}| = \eta\,Y_q = \frac{\eta}{\sqrt{(1-\eta^2)^2+(2\,\vartheta\,\eta)^2}}.\qquad(188)$$

Den Frequenzgang von $Y_{\dot{q}}$, mit ϑ als Parameter und η als unabhängiger Veränderlichen, veranschaulicht Abb. 40. Wir entnehmen dieser Darstellung das bemerkenswerte Ergebnis, daß $Y_{\dot{q}}$ im Resonanzfall, also $\eta = 1$, für *alle* Werte von ϑ ein Maximum von der Größe

$$(Y_{\dot{q}})_{\eta=1} = \frac{1}{2\,\vartheta}\qquad(188\text{a})$$

besitzt. Alle Linien $\vartheta = \text{const}$ gehen durch den Ursprung des Koordinatensystems und nähern sich mit $\eta \to \infty$ asymptotisch der Abszissenachse.

Phasenverschiebungswinkel φ. Wir werden später sehen, daß es bei der Durchführung schwingungstechnischer Rechnungen Vorteile bietet, wenn man die Größen $\widehat{P}$ und $v \equiv \widehat{\dot{q}}$ als Bezugsgrößen verwendet. Es erscheint somit empfehlenswert, den Phasenverschiebungswinkel zwischen den Amplituden von $\widehat{P}$ und $\widehat{\dot{q}}$ als neue Größe einzuführen. Wir

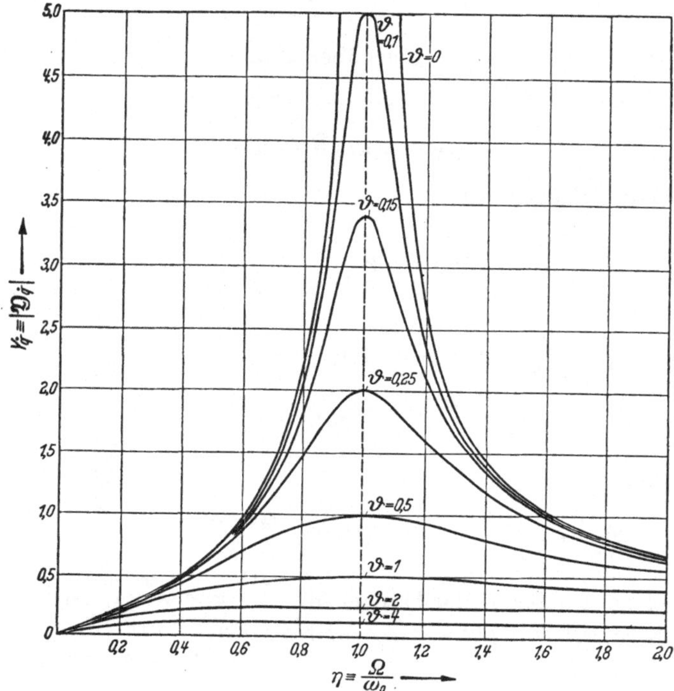

Abb. 40. Frequenzgang von $Y_{\dot{q}} \equiv |\mathfrak{V}_{\dot{q}}| = \dfrac{|\widehat{\dot{q}}|}{|\widehat{P}|/\sqrt{ac}}$ (Vergrößerungsfaktor der Schwingungsgeschwindigkeit $\dot{q}$)
(Der Frequenzgang des Phasenverschiebungswinkels φ ist mit in Abb. 37 b dargestellt)

wählen dafür das Zeichen φ, und erhalten mit den Gln. (184a) u. (165a)

$$\varphi \equiv \operatorname{arc} \widehat{P} - \operatorname{arc} \widehat{\dot{q}} = \operatorname{arc} \widehat{P} - \operatorname{arc} \widehat{q} - \frac{\pi}{2} = \psi - \frac{\pi}{2}. \tag{189}$$

Der Phasenverschiebungswinkel von φ stimmt bis auf die additive Konstante $-\dfrac{\pi}{2}$ mit ψ überein, so daß wir in der bereits besprochenen Abb. 37b nur die Ordinatenachse zusätzlich mit φ zu beziffern brauchen.

Die rechnerische Bestimmung von φ erfolgt in einfacher Weise: Aus Gl. (189) ergibt sich die trigonometrische Beziehung $\operatorname{tg} \varphi =$

$$\mathrm{tg}\left(\psi - \frac{\pi}{2}\right) = -\cotg\,\psi = -\frac{1}{\mathrm{tg}\,\psi}\,. \quad \text{Mit Gl. (179) erhält man dann}$$

$$\mathrm{tg}\,\varphi = \frac{\eta^2 - 1}{2\,\vartheta\,\eta}\,. \tag{190}$$

Für $0 < \eta < 1$ nimmt φ Werte zwischen $-\pi/2$ und 0 an. Für $1 < \eta < \infty$ wird φ positiv zwischen den Werten 0 und $+\pi/2$ (Abb. 37b).

Im Resonanzfall, $\eta = 1$, wird φ für alle Werte von ϑ (außer $\vartheta = 0$) Null. Das Verschwinden des Phasenverschiebungswinkels φ kann daher als eindeutiges Kriterium für das Eintreten von Resonanz dienen.

Dynamischer Federbeiwert $\widehat{c}$ eines Schwingungsgebildes. Entsprechend der für eine Feder mit linearer Kennlinie geltenden Grundbeziehung $P = c\,q$ wird der dynamische Federbeiwert eines gedämpften linearen Schwingers, an dessen Masse eine Wechselkraft $P = \widehat{P}\,e^{i\Omega t}$ angreift, durch den Quotienten

$$\widehat{c} = \frac{\widehat{P}}{\widehat{q}} \tag{191}$$

definiert, wobei $\widehat{q}$ die sich unter der Wirkung der Wechselkraft einstellende komplexe Amplitude des Schwingungsweges ist. Mit Gl. (171) folgt

$$\widehat{c} \equiv \frac{\widehat{P}}{\widehat{q}} = \frac{\widehat{P}}{\mathfrak{Y}_q\,\dfrac{\widehat{P}}{c}} = c\,\frac{1}{\mathfrak{Y}_q}\,. \tag{192}$$

Der *dynamische Federbeiwert* $\widehat{c}$ ist somit eine komplexe Zahl, deren Betrag $|\widehat{c}| \equiv c_{\mathrm{dyn}}$ und Nullphasenwinkel arc $\widehat{c}$ mit Hilfe der Gln. (173), (178) u. (179) sofort angegeben werden können:

$$|\widehat{c}| = c\sqrt{(1 - \eta^2)^2 + (2\,\vartheta\,\eta)^2} \tag{193}$$

$$\mathrm{arc}\,\widehat{c} = -\,\mathrm{arc}\,\mathfrak{Y}_q = \psi = \mathrm{arc\,tg}\,\frac{2\,\vartheta\,\eta}{1 - \eta^2}\,. \tag{194}$$

Formen wir Gl. (192) um in

$$\mathfrak{Y}_q = \frac{1}{\widehat{c}/c}\,, \tag{195}$$

so ersieht man, daß Abb. 37 — Frequenzgang der Vergrößerungsfunktion $\mathfrak{Y}_q$ — auch als Frequenzgang des Kehrwertes des *bezogenen* dynamischen Federbeiwertes

$$\mathfrak{Y}_c = \frac{\widehat{c}}{c} \tag{196}$$

aufgefaßt werden kann.

Berechnungsbeispiel. Auf die Masse eines linearen gedämpften Schwingers der Art, wie in Abb. 34a dargestellt, wirkt eine Wechselkraft $P = \widehat{P}\,e^{i\Omega t}$ ein. Zu bestimmen ist das Zeitgesetz des Schwingungsweges und der -geschwindigkeit.

Angaben:

$$|\widehat{P}| = 600 \text{ kg}, \quad \text{arc } \widehat{P} = 45°, \quad \Omega = 35 \frac{1}{s},$$

$$a = 4 \frac{\text{kg } s^2}{\text{cm}}, \quad b = 40 \frac{\text{kg}}{\text{cm/s}}, \quad c = 10000 \frac{\text{kg}}{\text{cm}}.$$

Das gesuchte Zeitgesetz von Schwingweg bzw. Schwingungsgeschwindigkeit ist gegeben durch:

$$q = \widehat{q}\, e^{i\Omega t} \quad \text{bzw.} \quad \dot{q} = \widehat{\dot{q}}\, e^{i\Omega t}, \tag{196a}$$

wobei

$$\widehat{\dot{q}} = i\,\Omega\,\widehat{q} \ (\text{Gl. (178)}) \text{ und } \widehat{q} = \mathfrak{Y}_q\, \frac{\widehat{P}}{c} \ (\text{Gl. (171)}),$$

bzw.

$$\widehat{q} = Y_q\, e^{i\,\text{arc}\,\mathfrak{Y}_q}\, \frac{|\widehat{P}|}{c}\, e^{i\,\text{arc}\,\widehat{P}} \tag{196b}$$

ist.

Mit

$$\omega_0 = \sqrt{\frac{10000 \text{ kg/cm}}{4 \dfrac{\text{kg } s^2}{\text{cm}}}} = 50 \frac{1}{s} \ (\text{Gl. (131)}), \quad \eta = \frac{35}{50} = 0,7 \ (\text{Gl. (169)}),$$

$$\vartheta = \frac{b}{2\,a\,\omega_0} = \frac{40 \dfrac{\text{kg}}{\text{cm/s}}}{2 \cdot 4 \dfrac{\text{kg } s^2}{\text{cm}} \cdot 50 \dfrac{1}{s}} = 0,1 \ (\text{Gl. (135)})$$

folgt

$$Y_q = \frac{1}{\sqrt{(1 - \eta^2)^2 + (2\,\vartheta\,\eta)^2}} = \frac{1}{\sqrt{(1 - 0,7^2)^2 + (2 \cdot 0,1 \cdot 0,7)^2}} = 1,89 \ (\text{Gl. (173)}),$$

$$\text{arc } \mathfrak{Y}_q = -\psi = -\text{arc tg} \frac{2\,\vartheta\,\eta}{1 - \eta^2} = -\text{arc tg} \frac{2 \cdot 0,1 \cdot 0,7}{1 - 0,7^2} = -15,34°$$

$$(\text{Gl. (177) u. (179)}).$$

Damit ergibt sich mit (196a) und (196b)

$$q = \widehat{q}\, e^{i\Omega t} = 1,89\, e^{-i\,15,34°} \cdot \frac{600 \text{ kg}}{10000 \text{ kg/cm}}\, e^{i\,45°} \cdot e^{i\,35\,\frac{t}{[s]}}$$

und

$$\frac{q}{[\text{cm}]} = 0,1135\, e^{i\left(35\,\frac{t}{[s]} + 29,66°\right)},$$

bzw. in reeller Form

$$\frac{q}{[\text{cm}]} = 0,1135 \sin\left(35\,\frac{t}{[s]} + 29,66°\right).$$

Weiter folgt, unter Beachtung von $i = e^{i\,\frac{\pi}{2}} = e^{i\,90°}$

$$\dot{q} = i\,\Omega\,\widehat{q}\, e^{i\Omega t} = e^{i\,\frac{\pi}{2}}\, 35\frac{1}{s} \cdot 0,1135\, e^{i\left(35\,\frac{t}{[s]} + 29,66°\right)},$$

bzw.
$$\frac{\dot{q}}{[\text{cm/s}]} = 3,97 \sin\left(35\,\frac{t}{[\text{s}]} + 119,66°\right).$$

Zeigerdarstellung der Kräfte. Die bereits in Gl. (151) dargestellten Einzelkräfte

$$P_a = a\,\ddot{q}, \quad P_b = b\,\dot{q} \quad \text{und} \quad P_c = c\,q \tag{197}$$

sind proportional der Wegkoordinate q, bzw. deren zeitlichen Ableitungen. Die Kräfte können aber auch auf die Schwingungsgeschwindigkeit $v \equiv \dot{q}$ bezogen werden.

Wir gehen aus von der harmonischen Schwingung

$$v = \widehat{v}\,e^{i\Omega t}. \tag{198}$$

Aus der Definitionsgleichung $v = \dfrac{dq}{dt}$ folgt der Schwingweg zu

$$q = \int v\,dt = \int \widehat{v}\,e^{i\Omega t}\,dt = \frac{1}{i\Omega}\,\widehat{v}\,e^{i\Omega t}. \tag{199}$$

Gehen wir mit diesen Ausdrücken in die Gln. (197) ein, ergibt sich

$$\left.\begin{aligned}
P_a &\equiv \widehat{P}_a\,e^{i\Omega t} = a\,\ddot{q} \equiv a\,\dot{v} = i\Omega\,a\,\widehat{v}\,e^{i\Omega t}, \\
P_b &\equiv \widehat{P}_b\,e^{i\Omega t} = b\,\dot{q} \equiv b\,v = b\,\widehat{v}\,e^{i\Omega t}, \\
P_c &\equiv \widehat{P}_c\,e^{i\Omega t} = c\,q \equiv c\int v\,dt = \frac{1}{i\Omega}\,c\,\widehat{v}\,e^{i\Omega t}.
\end{aligned}\right\} \tag{200}$$

Die komplexen Amplituden der Einzelkräfte ergeben sich daraus zu

$$\widehat{P}_a = i\Omega\,a\,\widehat{v}, \quad \widehat{P}_b = b\,\widehat{v}, \quad \widehat{P}_c = \frac{1}{i\Omega\,1/c}\,\widehat{v}. \tag{201}$$

Aus diesen Ausdrücken kann die Phasenlage der Zeiger der Einzelkräfte unmittelbar abgelesen werden. Und zwar ist $\widehat{P}_b$ mit $\widehat{v}$ in Phase, $\widehat{P}_a$ ist gegenüber $\widehat{v}$ um $+ 90°$, und $\widehat{P}_c$ gegenüber $\widehat{v}$ um $- 90°$ phasenverschoben.

Die durch die Gl. (152) zum Ausdruck gebrachte Gleichgewichtsbeziehung geht mit $P_a = \widehat{P}_a\,e^{i\Omega t}$, $P_b = \widehat{P}_b\,e^{i\Omega t}$ und $P_c = \widehat{P}_c\,e^{i\Omega t}$ in die reine Amplitudenbeziehung

$$\widehat{P}_a + \widehat{P}_b + \widehat{P}_c = \widehat{P} \tag{202}$$

über. Nach dieser Gleichung muß die Summe der komplexen Amplituden der Teilkräfte gleich der komplexen Amplitude der Erregerkraft sein. Diese Beziehung kann in der komplexen Zahlenebene durch ein Zeigerdiagramm dargestellt werden (siehe Abb. 41). Um den Einfluß der Erregerkreisfrequenz Ω besser sichtbar zu machen, bilden wir den Quotienten der beiden Amplituden $\widehat{P}_a$ und $\widehat{P}_c$ nach Gl. (201) und erhalten

$$\frac{\widehat{P}_a}{\widehat{P}_c} = \frac{(i\Omega)^2}{c/a}$$

bzw. mit den Gln. (101) und (169)

$$\widehat{P}_a = -\eta^2\,\widehat{P}_c. \tag{203}$$

Das Minuszeichen in vorstehender Gleichung bedeutet, daß die Amplituden von $\widehat{P}_a$ und $\widehat{P}_c$ immer in *Gegenphase* sind. Weiters ersehen wir, daß für $\eta = 1$ die Beträge der beiden Amplituden $\widehat{P}_a$ und $\widehat{P}_c$ gleichgroß werden.

In Abb. 41 sind die Zeigerdiagramme für drei Werte von η, nämlich $0 < \eta < 1$, $\eta = 1$ und $1 < \eta < \infty$ gezeichnet.

Aus diesen Diagrammen können wir entnehmen:

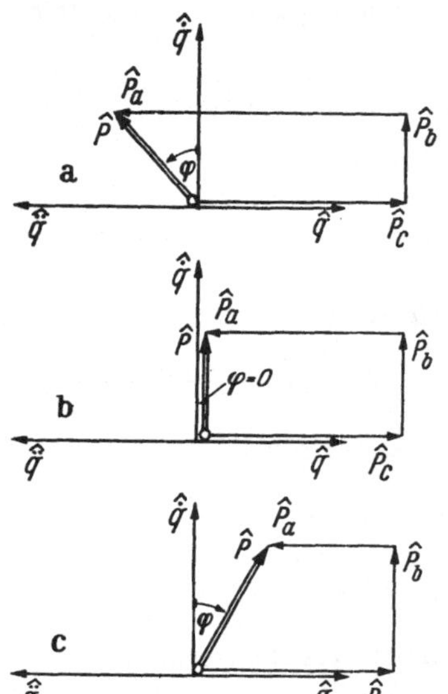

Abb. 41. Zeigerdarstellung der Kräfte a Krafteck für $\eta > 1$; b Krafteck für $\eta = 1$; c Krafteck für $\eta < 1$ (φ = negativ!)

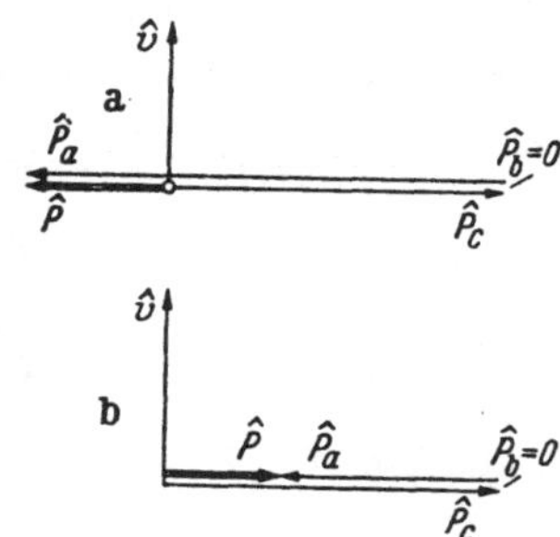

Abb. 42. Krafteck für einen resonanznahen Betriebszustand des ungedämpften Schwingers a Unterresonanter Betrieb ($\eta < 1$); b Überresonanter Betrieb ($\eta > 1$)

Im Unterresonanz-Bereich $0 < \eta < 1$ eilt der Zeiger der Erregerkraft $\widehat{P}$ dem Zeiger der Geschwindigkeit $\widehat{v}$ nach, der Phasenwinkel $\varphi \equiv \text{arc}\,\widehat{P} - \text{arc}\,\widehat{v}$ ist negativ.

Im Resonanzfall $\eta = 1$ ist $\varphi = 0$, die Zeiger $\widehat{P}$ und $\widehat{v}$ sind in Phase.

Im Überresonanz-Bereich $\eta > 1$ ist φ positiv, der Erregerkraft-Zeiger $\widehat{P}$ eilt dem Geschwindigkeitszeiger $\widehat{v}$ voraus.

Der Phasenverschiebungswinkel φ ergibt sich nach Abb. 41 aus

$$\tag{204}$$

$$\operatorname{tg}\varphi = \frac{|\widehat{P}_a| - |\widehat{P}_c|}{|\widehat{P}_b|} = \frac{(\eta^2 - 1)\,|\widehat{P}_c|}{|\widehat{P}_b|} = \frac{(\eta^2 - 1)\dfrac{1}{\Omega\,1/c}}{b} = \frac{\eta^2 - 1}{\Omega\,\dfrac{b}{2\,a}\,2\,\dfrac{a}{c}} = \frac{\eta^2 - 1}{2\,\vartheta\,\eta}.$$

Diese Gleichung stimmt mit der früher gefundenen Gl. (190) überein.

Wie wir aus Abb. 41 u. Gl. (203) entnehmen können, ist im Unterresonanz-Bereich $\eta < 1$ die Federkraftamplitude $\left|\widehat{P}_c\right|$ immer größer als die Massenkraftamplitude $\left|\widehat{P}_a\right|$, während im Überresonanz-Bereich immer $\left|\widehat{P}_a\right| > \left|\widehat{P}_c\right|$ ist. Damit erklärt sich der unstete Verlauf des Frequenzganges des Phasenwinkels φ beim ungedämpften Schwinger (Abb. 36 b). Mit $\vartheta = 0$ wird $\widehat{P}_b = 0$, das Kräftediagramm entartet. Abb. 42 zeigt das Diagramm der Einzelkräfte für $\vartheta = 0$ für zwei Kreisfrequenzen, die knapp unterhalb bzw. oberhalb der Kennkreisfrequenz ω_0 liegen. Wir können feststellen, daß wegen $\eta \approx 1$ die Einzelkräfte $\widehat{P}_a$ und $\widehat{P}_c$ fast gleich groß sind, so daß zur Aufrechterhaltung des Schwingungszustandes nur sehr kleine Erregerkräfte erforderlich sind, und daß mit zunehmender Frequenz beim Durchgang durch den Resonanzzustand ein Phasensprung von $180°$ auftritt.

10. Schwingungswiderstand

Definition. Wie wir den Gln. (201) entnehmen können, besteht Proportionalität zwischen den Amplituden der in einem linearen Schwingungsgebilde auftretenden Kräfte und den Schwingungsgeschwindigkeiten. Ganz allgemein können wir daher schreiben:

$$\widehat{P} = \Re\,\widehat{v}. \tag{205}$$

Den Proportionalitätsfaktor $\Re$ bezeichnet man als *Schwingungswiderstand*.

Linearer Schwinger mit 1 Freiheitsgrad. Setzen wir in Gl. (202) die Beziehungen nach den Gln. (201) ein, so erhalten wir

$$\widehat{P} = \left(i\,\Omega\,a + b + \frac{1}{i\,\Omega\,1/c}\right)\widehat{v}. \tag{206}$$

Gemäß der Definitionsgleichung (205) ergibt sich dann der Schwingungswiderstand für den masseerregten Schwinger nach Abb. 34a zu

$$\Re = i\,\Omega\,a + b + \frac{1}{i\,\Omega\,1/c}. \tag{206a}$$

Zwischen dem Schwingungswiderstand $\Re$ und der durch die Gl. (187) definierten komplexen Amplitude der bezogenen Schwingungsgeschwindigkeit besteht eine einfache Beziehung. Es gilt (mit $\widehat{v} \equiv \widehat{q}$)

$$\mathfrak{V}_{\dot{q}} = \sqrt{a\,c}\,\frac{\widehat{v}}{\widehat{P}}.$$

Nach $\dfrac{\widehat{P}}{\widehat{v}} \equiv \Re$ aufgelöst erhalten wir,

$$\Re = \frac{\sqrt{a\,c}}{\mathfrak{V}_{\dot{q}}}. \tag{207}$$

Damit ist der Schwingungswiderstand $\Re$ auf eine uns bereits bekannte Funktion zurückgeführt.

Sonderfälle. *Schwingungswiderstand einer Masse.* Besteht das Schwingungsgebilde aus einer Masse a allein (Abb. 43a), dann folgt aus Gl. (206a) mit $b = 0$, $c = 0$,

$$\Re_a = i\,\Omega\,a. \tag{208}$$

Der Schwingungswiderstand einer Masse a ist eine rein imaginäre Größe und kann in der komplexen Zahlenebene als Zeiger dargestellt werden (Abb. 43d).

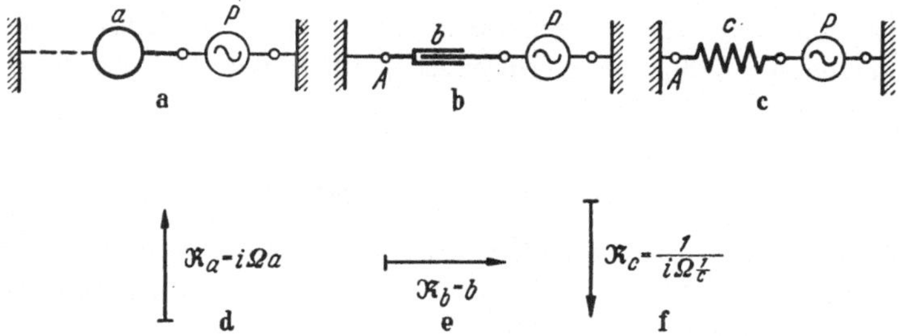

Abb. 43. Schwingungswiderstand
a Wechselkrafterregte Masse; b Wechselkrafterregtes Dämpfungsglied; c Wechselkrafterregte Feder; d) Schwingungswiderstand einer Masse; e) Schwingungswiderstand eines Dämpfungsgliedes; f Schwingungswiderstand einer Feder

Schwingungswiderstand eines Dämpfungsgliedes. Für die in Abb. 43b dargestellte Anordnung folgt aus Gl. (206a) mit $a = 0$ und $c = 0$

$$\Re_b = b. \tag{209}$$

Der Schwingungswiderstand eines Dämpfungsgliedes ist reell und *frequenzunabhängig*. Die Zeigerdarstellung zeigt Abb. 43e.

Schwingungswiderstand einer Feder. Für das Gebilde nach Abb. 43c folgt aus Gl. (206a) mit $a = 0$ und $b = 0$

$$\Re_c = \frac{1}{i\,\Omega\,1/c}\cdot \tag{210}$$

Der Widerstand einer Feder ist wieder rein imaginär, liegt aber in Gegenphase zu $\Re_a$ (Abb. 43f).

In den Abb. 43b und 43c waren die Befestigungspunkte A von Dämpfer und Feder als Festpunkte vorausgesetzt worden. Die vorstehend entwickelten Gleichungen behalten aber ihre Gültigkeit auch für den Fall, daß sich der Punkt A des Dämpfers bzw. der Feder selbst bewegt, wenn man unter der in der Definitionsgleichung (205) vorkommenden Geschwindigkeit $\hat{v}$ die *Relativgeschwindigkeit* versteht, mit der sich die beiden *Anschluß-Klemmen* des betrachteten Schaltungsgliedes — Dämpfer, bzw. Feder — gegeneinander bewegen.

Bei der Masse a entfällt diese Verallgemeinerung, da die Geschwindigkeit des Kraftangriffspunktes sowieso immer gegen das feste Bezugssystem — das Inertialsystem — zu beziehen ist (siehe Trägheitsgesetz!).

Bewegen sich beispielsweise die beiden Anschlußpunkte — die Klemmen — einer Feder mit den harmonischen Absolutgeschwindigkeiten $v_1 = \hat{v}_1\, e^{i\,\Omega t}$ und $v_2 = \hat{v}_2\, e^{i\,\Omega t}$ (Abb. 44), dann ergibt sich die Federkraft zu

$$\hat{P}_c \equiv \Re_c \cdot \hat{v}_c = \frac{1}{i\,\Omega\,1/c}\,(\hat{v}_2 - \hat{v}_1). \tag{211}$$

Wobei $\hat{v}_c = \hat{v}_2 - \hat{v}_1$ die Relativgeschwindigkeit der Federanschlußpunkte (Klemmen) ist, die aus den vorgegebenen Werten von $\hat{v}_1$ und $\hat{v}_2$ bestimmbar ist.

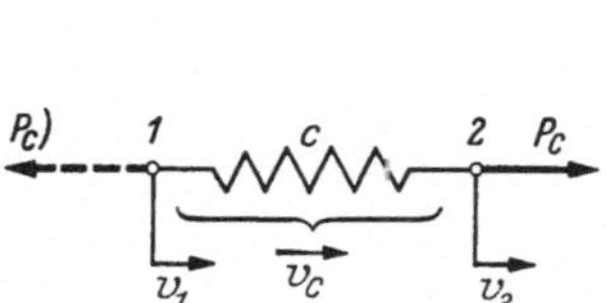

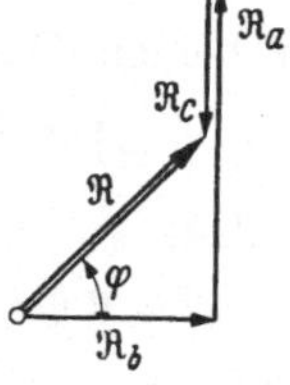

Abb. 44. Feder mit bewegten Klemmen   Abb. 45. Schwingungswiderstand eines Schwingungsgebildes nach Abb. 34

Betrachten wir rückschauend noch einmal die Gl. (206a), so erkennen wir, daß die rechte Seite der Gleichung die Summe der durch die Gln. (208) bis (210) definierten Einzelwiderstände $\Re_a$, $\Re_b$ und $\Re_c$ darstellt. Der Schwingungswiderstand eines gedämpften, masseerregten Schwingers nach Abb. 34a ergibt sich somit als Summe der Widerstände seiner Glieder. Diese Summenbildung kann in einem Zeigerdiagramm vorgenommen werden und ist in Abb. 45 dargestellt. Der Tangens des Phasenverschiebungswinkels φ ergibt sich aus dieser Konstruktion zu

$$\operatorname{tg}\varphi = \frac{|\Re_a| - |\Re_c|}{|\Re_b|} = \frac{\Omega\,a - \dfrac{1}{\Omega\,1/c}}{b} = \frac{\Omega^2\,\dfrac{a}{c} - 1}{2\,\Omega\,\dfrac{b}{2\,a}\dfrac{a}{c}} = \frac{\eta^2 - 1}{2\,\vartheta\,\eta},$$

in Übereinstimmung mit früher gefundenen Ergebnissen.

11. Überlagerung von harmonischen Schwingungen

Superpositionssatz. Ist q_1 die Lösung der linearen Diff.-Gleichung

$$a\,\ddot{q} + b\,\dot{q} + c\,q = P_{1t} \tag{212}$$

und q_2 die Lösung der Diff.-Gleichung

$$a\,\ddot{q} + b\,\dot{q} + c\,q = P_{2t}, \tag{213}$$

dann ist

$$q_3 = q_1 + q_2 \tag{214}$$

eine Lösung der Diff.-Gleichung

$$a\,\ddot{q} + b\,\dot{q} + c\,q = P_{1t} + P_{2t}. \tag{215}$$

Dies ist die Aussage des sogenannten *Superpositionssatzes*. Der Beweis läßt sich in folgender Weise erbringen. q_1 muß die Gl. (212) erfüllen. Somit gilt

$$a\,\ddot{q}_1 + b\,\dot{q}_1 + c\,q_1 = P_{1t}. \tag{216}$$

Da q_2 die Gl. (213) erfüllen muß, gilt ebenso

$$a\,\ddot{q}_2 + b\,\dot{q}_2 + c\,q_2 = P_{2t}. \tag{217}$$

Addition der beiden Gln. (216) u. (217) liefert

$$a\,(\ddot{q}_1 + \ddot{q}_2) + b\,(\dot{q}_1 + \dot{q}_2) + c\,(q_1 + q_2) = P_{1t} + P_{2t} \tag{218}$$

und mit Gl. (214)

$$a\,\ddot{q}_3 + b\,\dot{q}_3 + c\,q_3 = P_{1t} + P_{2t}. \tag{219}$$

D. h., der Lösungsansatz q_3 befriedigt die Gl. (215), $q_3 = q_1 + q_2$ ist somit in der Tat Lösung dieser Gleichung.

Wirken auf ein lineares Schwingungsgebilde zwei Wechselkräfte $P_1 = \widehat{P}_1\,e^{i\,\Omega_1 t}$ und $P_2 = \widehat{P}_2\,e^{i\,\Omega_2 t}$ verschiedener Größe und Frequenz, ergibt sich die Lösung des Schwingungsproblems als Summe jener Einzellösungen, die man erhält, wenn man die Wechselkräfte jeweils für sich allein wirken läßt.

Für einen Schwinger mit gegebenen Daten a, b und c lassen sich die zu den Kreisfrequenzen Ω_1 und Ω_2 gehörenden Vergrößerungensfunktionen $\mathfrak{Y}_1$ und $\mathfrak{Y}_2$ nach Gl. (172) oder aus Abb. 37 bestimmen. Die Zeitfunktion des Schwingungsweges, die Lösung des Problems, lautet dann mit Gl. (171)

$$q = q_1 + q_2 = \widehat{q}_1\,e^{i\,\Omega_1 t} + \widehat{q}_2\,e^{i\,\Omega_2 t} = \mathfrak{Y}_{q_1}\frac{\widehat{P}_1}{c}\,e^{i\,\Omega_1 t} + \mathfrak{Y}_{q_2}\frac{\widehat{P}_2}{c}\,e^{i\,\Omega_2 t} \tag{220}$$

bzw. in reeller Schreibweise:

$$q_t = Y_{q_1}\frac{P_{1\,\mathrm{max}}}{c}\sin\left(\Omega_1\,t + \mathrm{arc}\,\mathfrak{Y}_{q_1} + \mathrm{arc}\,\widehat{P}_1\right) \tag{221}$$

$$+ Y_{q_2}\frac{P_{2\,\mathrm{max}}}{c}\sin\left(\Omega_2\,t + \mathrm{arc}\,\mathfrak{Y}_{q_2} + \mathrm{arc}\,\widehat{P}_2\right).$$

Der Überlagerungssatz stützt sich auf die Linearität der Diff.-Gleichung (215). Seine Gültigkeit kann auf eine beliebige Anzahl von Einzelkräften erweitert werden. Dieser Tatbestand ist von großer technischer Bedeutung. Wie bereits in Abschn. 2 beschrieben, kann eine nach einem beliebigem Zeitgesetz verlaufende periodische Kraft mittels der FOURIER-Analyse in eine Summe harmonischer Teilkräfte zerlegt werden.

Zeigt daher die auf einen linearen Schwinger wirkende periodische Kraft unharmonischen Verlauf, bestimmt man mittels der FOURIER-Analyse ihre Harmonischen, sucht die zu den einzelnen Harmonischen gehörenden Einzellösungen, und bildet deren Summe. Ein Beispiel soll die Anwendung des Verfahrens erläutern.

Berechnungsbeispiel. Auf die Masse des im Berechnungsbeispiel auf Seite 55 angegebenen Schwingungsgebildes wirkt die Summe zweier Wechselkräfte $P = \widehat{P}_1\, e^{i\,\Omega_1 t} + \widehat{P}_2\, e^{i\,\Omega_2 t}$. Gesucht ist das Zeitgesetz des Schwingungsweges.

Angaben:

$$|\widehat{P}_1| = 600\ \text{kg}, \quad \text{arc}\ \widehat{P}_1 = 45°, \quad \Omega_1 = 35\ \frac{1}{\text{s}}\,,$$

$$|\widehat{P}_2| = 800\ \text{kg}, \quad \text{arc}\ \widehat{P}_2 = 30°, \quad \Omega_2 = 85\ \frac{1}{\text{s}}\,.$$

Es ist $q = q_1 + q_2$. Da die im Beispiel (Seite 56) angegebene Wechselkraft gleich der vorgegebenen Wechselkraft P_1 ist, können die Lösungen jenes Berechnungsbeispieles unverändert übernommen werden:

$$\frac{q_1}{[\text{cm}]} = 0{,}1135 \sin\left(35\,\frac{t}{[\text{s}]} + 29{,}66°\right).$$

Analog dazu errechnet sich mit

$$\eta_2 = \frac{85}{50} = 1{,}7\ \text{und}\quad \vartheta = 0{,}1$$

schließlich

$$Y_{q_2} = 0{,}5215, \quad \text{arc}\ \mathfrak{Y}_{q_2} = -\psi_2 = -169{,}8°$$

und

$$\frac{q_2}{[\text{cm}]} = 0{,}0417\, e^{i\left(85\,\frac{t}{[\text{s}]} - 139{,}8°\right)}, \ \text{bzw.}\ \frac{q_2}{[\text{cm}]} = 0{,}0417 \sin\left(85\,\frac{t}{[\text{s}]} - 139{,}8°\right).$$

Somit ist

$$\frac{q}{[\text{cm}]} = 0{,}1135 \sin\left(35\,\frac{t}{[\text{s}]} + 29{,}66°\right) + 0{,}0417 \sin\left(85\,\frac{t}{[\text{s}]} - 139{,}8°\right).$$

12. Arbeit und Leistung einer Wechselkraft

Definition. Eine mechanische Leistung ist definiert durch

$$N = P\,v, \tag{222}$$

wobei P die Kraft und v die Geschwindigkeit des Kraftangriffspunktes ist. Dabei wird vorausgesetzt, daß die Wirkrichtung der Kraft mit der Geschwindigkeitsrichtung zusammenfällt. Sind P und v die Momentanwerte von zeitlich veränderlichen Größen, dann ist auch N zeitlich veränderlich und wird als *Momentanleistung* bezeichnet.

Unserer Betrachtung werde harmonischer Verlauf von P und v zugrunde gelegt. Zwei Fälle wollen wir unterscheiden:

1. P und v besitzen gleiche Frequenz. Es sei

$$v_t = |\widehat{v}| \sin \Omega t \quad \text{und} \quad P_t = |\widehat{P}| \sin (\Omega t + \varphi). \tag{223}$$

Mit $\sin (\Omega t + \varphi) \equiv \sin \Omega t \cos \varphi + \cos \Omega t \sin \varphi$ geht Gl. (222) über in

$$N_{\text{Mom}} = |\widehat{P}|\,|\widehat{v}|\,(\sin^2 \Omega t \cdot \cos \varphi + \sin \Omega t \cos \Omega t \sin \varphi).$$

Mit den Identitäten $\sin^2 \Omega t \equiv \dfrac{1}{2}(1 - \cos 2\Omega t)$ und $\sin \Omega t \cos \Omega t \equiv \dfrac{1}{2}\sin 2\Omega t$ erhält man

$$N_{\text{Mom}} = \frac{1}{2}|\widehat{P}|\,|\widehat{v}|\,[\cos \varphi - (\cos 2\Omega t \cos \varphi - \sin 2\Omega t \sin \varphi)], \quad \text{bzw.}$$

$$N_{\text{Mom}} = \frac{1}{2}|\widehat{P}|\,|\widehat{v}|\,[\cos \varphi - \cos (2\Omega t + \varphi)]. \tag{224}$$

Die Momentanleistung ist in der Tat, wie wir aus der vorstehenden Gleichung ersehen können, zeitlich veränderlich. Ihre Größe schwankt zeitlich nach einer cos-Funktion mit der doppelten Frequenz der Erregerkraft um einen zeitlich unveränderlichen Wert $\dfrac{1}{2}|\widehat{P}|\,|\widehat{v}|\cos \varphi$ (Abb. 46).

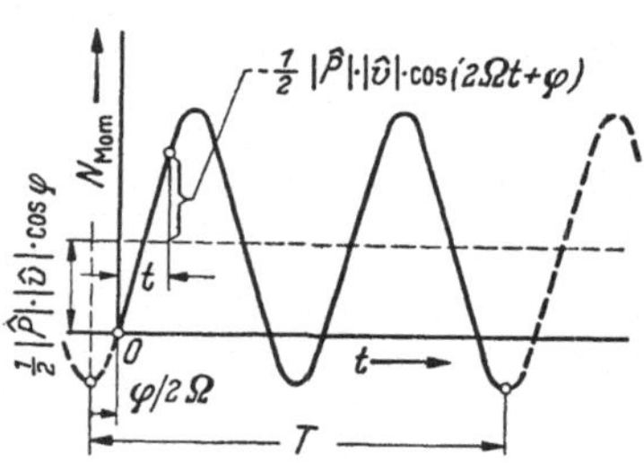

Abb. 46. Zeitlicher Verlauf der Momentanleistung

Die im Zeitelement dt geleistete Arbeit ist $dA = N_{\text{Mom}}\,dt$ und wird in Abb. 46 als Flächenstreifen von der Breite dt dargestellt. Die je Periode geleistete Arbeit A erscheint daher als Fläche unter der N_{Mom}-Linie. Diese Fläche ist dem Rechteck von der Länge T und der mittleren Höhe $\dfrac{1}{2}||\widehat{P}|\widehat{v}|\cos \varphi$ inhaltsgleich, so daß die Arbeit

$$A = \frac{1}{2}|\widehat{P}|\,|\widehat{v}|\cos \varphi \cdot T, \tag{225}$$

und die *mittlere* Leistung

$$N \equiv \frac{A}{T} = \frac{1}{2}|\widehat{P}|\,|\widehat{v}|\cos \varphi \tag{226}$$

ist.

Das gleiche Ergebnis liefert die mathematische Behandlung: Die je Periode geleistete Arbeit ist

$$A = \int\limits_0^T dA = \int\limits_0^T N_{\text{Mom}}\,dt. \tag{227}$$

Die im Mittel von der Erregerkraft abgegebene Leistung ergibt sich zu

$$N \equiv \frac{A}{T} = \frac{1}{2}|\widehat{P}|\,|\widehat{v}|\,\frac{1}{T}\int\limits_0^T [\cos \varphi - \cos (2\Omega t + \varphi)]\,dt. \tag{228}$$

Die Auswertung dieses Integrales liefert, wie man sich leicht überzeugen kann, das in Gl. (226) dargestellte Ergebnis.

Die Leistungsgleichung (226) kann geometrisch gedeutet werden. Wir stellen die komplexen Amplituden $\widehat{P}$ und $\widehat{v}$ in einem Zeigerdiagramm dar (Abb. 47), und zerlegen $\widehat{P}$ in zwei Komponenten, $\widehat{P}_{\mathrm{w}}$ und $\widehat{P}_{\mathrm{Bl}}$, wobei $\widehat{P}_{\mathrm{w}}$ parallel, und $\widehat{P}_{\mathrm{Bl}}$ senkrecht zu $\widehat{v}$ sei. Es ist

$$|\widehat{P}_{\mathrm{w}}| = |\widehat{P}|\cos\varphi \quad\text{und}\quad |\widehat{P}_{\mathrm{Bl}}| = |P|\sin\varphi. \quad (229)$$

Die Leistungsgleichung läßt sich dann in der Form

$$N = \frac{1}{2}|\widehat{P}_{\mathrm{w}}||\widehat{v}| \quad (230)$$

schreiben, die in folgender Weise ausgelegt werden kann:

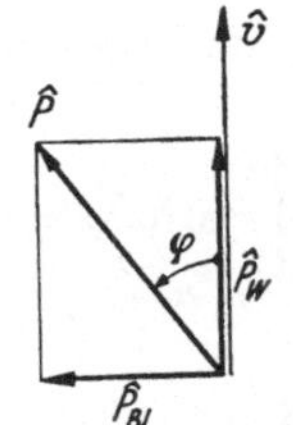

Abb. 47.
Wirkkomponente
und
Blindkomponente
einer Wechselkraft

Am Kraftangriffspunkt denken wir uns an Stelle der Wechselkraft $\widehat{P}$ die beiden Einzelkräfte $\widehat{P}_{\mathrm{w}}$ und $\widehat{P}_{\mathrm{Bl}}$ wirkend. Die von ihnen abgegebene mittlere Leistung ist $N = \frac{1}{2}|\widehat{P}_{\mathrm{w}}||\widehat{v}|$. Dies bedeutet, daß nur die Komponente $\widehat{P}_{\mathrm{w}} = \widehat{P}\cos\varphi$ Leistung abgibt, während die Komponente $\widehat{P}_{\mathrm{Bl}} = \widehat{P}\sin\varphi$ zur Leistungsabgabe nichts beiträgt.

Es besteht hierbei völlige Analogie zur elektrischen Leistung $N = U I \cos\varphi$ eines Wechselstromes. In Anlehnung an die in der Elektrotechnik übliche Terminologie bezeichnen wir:

$$P_{\mathrm{w}} = \widehat{P}\cos\varphi = \text{Wirkkomponente der Wechselkraft } \widehat{P}$$

$$\widehat{P}_{\mathrm{Bl}} = \widehat{P}\sin\varphi = \text{Blindkomponente der Wechselkraft } P$$

$$N = \frac{1}{2}|\widehat{P}||\widehat{v}|\cos\varphi = \frac{1}{2}|\widehat{P}_{\mathrm{w}}||\widehat{v}| = \text{Wirkleistung} \quad (231)$$

$$N_{\mathrm{Bl}} = \frac{1}{2}|\widehat{P}||\widehat{v}|\sin\varphi = \frac{1}{2}|\widehat{P}_{\mathrm{Bl}}||\widehat{v}| = \text{Blindleistung}$$

$$N_{\mathrm{Sch}} = \frac{1}{2}|\widehat{P}||\widehat{v}| = \text{Scheinleistung.}$$

Wie wir gesehen haben (Abb. 37), kann φ Werte zwischen $0°$ und $-90°$ bzw. $0°$ und $+90°$ annehmen. Das Vorzeichen von $\cos\varphi$ ist daher immer positiv, gleichgültig, ob φ positiv oder negativ ist. Wohl aber kann $\sin\varphi$ bei negativem φ negativ werden.

Physikalische Bedeutung der Blindkomponente. Zur Veranschaulichung der physikalischen Zusammenhänge betrachten wir zunächst eine einseitig befestigte Feder, an deren freiem Ende eine Wechselkraft $P = \widehat{P}\,e^{i\Omega t}$ angreift (Abb. 48a). Aus $P = c\,q$ folgt mit $q = \widehat{q}\,e^{i\Omega t}$:

$\widehat{P}\,e^{i\Omega t} = c\,\widehat{q}\,e^{i\Omega t}$ bzw. $\widehat{P} = c\,\widehat{q}$ als reine Amplitudenbeziehung. Da c eine reelle Zahl ist, ist $\widehat{q}$ mit $\widehat{P}$ in Phase. Die Geschwindigkeitsamplitude $\widehat{\dot{q}}$ ist gegenüber $\widehat{q}$ um $+90°$ phasenverschoben, φ beträgt daher $-90°$ (Abb. 48b). Die beim Zusammendrücken der Feder von der Wechselkraft geleistete Arbeit wird als Formänderungsarbeit gespeichert und wird beim Entspannen der Feder wieder an die Kraftquelle abgegeben, so daß im Mittel keine Arbeit zu leisten ist. Da $\widehat{P} \perp \widehat{v}$ ist, besitzt P nur eine Blindkomponente, die Wirkkomponente ist Null, so daß sich die Wirkleistung nach Gl. (230) zu Null ergibt.

Ähnliches gilt für eine an einer Masse a angreifende Wechselkraft nach Abb. 48c. Wegen $P = a\,\ddot{q}$ ist $\widehat{P} = -a\,\Omega^2\,\widehat{q}$; Wechselkraft- und Wegamplitude liegen in Gegenphase, der Phasenverschiebungswinkel φ beträgt $+90°$ (Abb. 48d). Auch hier ist keine Wirkkomponente vorhanden, die Wirkleistung ist Null, die Wechselkraft $\widehat{P}$ leistet im Mittel keine Arbeit.

Die Masse wird in stetig wiederkehrender Weise beschleunigt und verzögert. Die jeweils zum Beschleunigen aufgewendete Arbeit befindet sich in Form von kinetischer Energie in der Masse und wird beim Verzögern der Masse wieder an die Kraftquelle abgegeben, so daß im Mittel keine Zufuhr von Energie erfolgt.

Eine an einem System angreifende Wechselkraft besitzt also immer dann eine Blindkomponente, wenn Energiespeicher in Form von Federn oder Massen innerhalb des Systems vorhanden sind. Besitzt somit die Wechselkraft eine Blindkomponente, dann deutet dies immer auf das

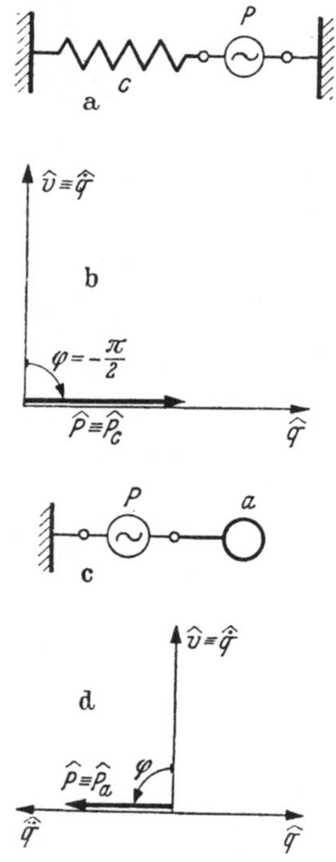

Abb. 48. Beispiele von Erregerkräften mit reiner Blindkomponente
a Wechselkraftquelle, an einer Feder angreifend; b Zeigerdiagramm zu a; c Wechselkraftquelle, an einer Masse angreifend; d Zeigerdiagramm zu c

Vorhandensein von Energiespeicher innerhalb des schwingenden Systems hin. Es kann aber auch der Fall eintreten, daß sich bei einer gewissen Frequenz die Speicherenergien von Federn und Massen beim Energieaustausch gerade kompensieren (die Blindleistungen von Federn und Massen besitzen verschiedene Vorzeichen!), so daß die Erregerkraft keine Blindleistung abzugeben braucht, der Phasenverschiebungswinkel φ daher Null wird. Dieser Fall tritt bei *Resonanz* ein.

Zusammenfassend können wir festhalten: Die Wirkkomponente der Erregerkraft leistet die Arbeit, die in nichtumkehrbarer Weise an das System abgegeben wird (Dämpfungsarbeit), während die Blindkomponente den Hin- und Rücktransport der zusätzlich erforderlichen Speicherenergien bewirkt.

Mit allem Nachdruck sei darauf hingewiesen, daß es sich bei den Größen Wirkkomponente bzw. Blindkomponente nicht etwa um Komponenten der Erregerkraft im Sinne der Statik, wie sie gewöhnlich auch als „Seitenkräfte" bezeichnet werden, handelt. Vielmehr wird stets vorausgesetzt, daß die geometrischen Wirkrichtungen der Momentanwerte von Erregerkraft P und Schwingungsgeschwindigkeit v stets zusammenfallen. Die Bezeichnung „Komponente" bezieht sich ausschließlich auf die Zerlegung der Wechselkraftamplitude in zwei Teilamplituden, also Einzel-Wechselkräfte, die zeitlich um 90° gegeneinander phasenverschoben sind, aber gleiche geometrische Wirkrichtungen besitzen.

2. Die Frequenzen von P und v sind verschieden groß, stehen aber in einem rationalen Verhältnis. Es sei

$$v = \widehat{v} \sin (\Omega_v\, t + \alpha) \quad \text{und} \quad P = \widehat{P} \sin \Omega_P\, t. \tag{232}$$

Die Momentanleistung ist dann

$$N_{\mathrm{mom}} = \left| \widehat{P} \right| \left| \widehat{v} \right| \sin \Omega_P\, t \cdot \sin (\Omega_v\, t + \alpha). \tag{233}$$

Substituieren wir

$$x = \Omega_P\, t, \tag{234}$$

dann ergibt sich nach leichter Umformung:

$$N_{\mathrm{mom}} = \left| \widehat{P} \right| \left| \widehat{v} \right| \left[\cos \alpha \cdot \sin x \cdot \sin \frac{\Omega_v}{\Omega_P} x + \sin \alpha \cdot \sin x \cos \frac{\Omega_v}{\Omega_P} x \right]. \tag{235}$$

Die während der Periodendauer der Wechselkraft $T = \dfrac{2\,\pi}{\Omega_P}$ geleistete Arbeit ist

$$A = \int_0^T N_{\mathrm{mom}}\, dt. \tag{236}$$

Durch Differenzieren der Gl. (234) erhalten wir

$$dt = \frac{1}{\Omega_P}\, dx. \tag{237}$$

Damit geht Gl. (236) über in

$$A = \left| \widehat{P} \right| \left| \widehat{v} \right| \left\{ \frac{\cos \alpha}{\Omega_P} \int_{x=0}^{x=\Omega_P T = 2\pi} \sin x \cdot \sin \frac{\Omega_v}{\Omega_P} x \cdot dx + \right.$$
$$\left. + \frac{\sin \alpha}{\Omega_P} \int_{x=0}^{x=\Omega_P T = 2\pi} \sin x \cdot \cos \frac{\Omega_v}{\Omega_P} x \cdot dx \right\}. \tag{238}$$

Ist der Quotient $\dfrac{\Omega_v}{\Omega_P}$ rational, d. h., läßt er sich durch den Quotienten zweier ganzer Zahlen m und n in der Form

$$\frac{\Omega_v}{\Omega_P} = \frac{m}{n} \tag{239}$$

ausdrücken, gehen die beiden Integrale in Gl. (238), wenn wir gleichzeitig die Integrationsgrenzen in zulässiger Weise 0 und $n\,2\,\pi$ setzen, in die Form

$$I_1 = \int\limits_0^{n\,2\pi} \sin x \sin \frac{m}{n} x\, dx \quad \text{bzw.} \quad I_2 = \int\limits_0^{n\,2\pi} \sin x \cos \frac{m}{n} x\, dx \tag{240}$$

über. Die Lösung des Integrals I_1 liefert

$$I_1 = \frac{\sin\left(1 - \dfrac{m}{n}\right)\cdot n\,2\,\pi}{2\left(1 - \dfrac{m}{n}\right)} - \frac{\sin\left(1 + \dfrac{m}{n}\right)\cdot n\,2\,\pi}{2\left(1 + \dfrac{m}{n}\right)} =$$

$$= \frac{n}{2}\left[\frac{\sin(n-m)\,2\,\pi}{n-m} - \frac{\sin(n+m)\,2\,\pi}{n+m}\right]. \tag{241}$$

Da m und n laut Voraussetzung ganze Zahlen sind, werden die Klammerausdrücke $(n-m)$ bzw. $(n+m)$ ebenfalls ganzzahlig. Der Sinus eines ganzzahligen Vielfachen von $2\,\pi$ ist aber Null, so daß das Integral I_1 den Wert Null annimmt.

Das Integral I_2 besitzt, wie sich in der gleichen Weise leicht nachprüfen läßt, ebenfalls den Wert Null.

Stehen also die Frequenzen der Wechselgrößen P und v in einem rationalen Verhältnis, dann wird im Mittel *keine* Arbeit, und damit keine Wirkleistung, an das schwingende System abgegeben.

Dieser Fall besitzt besondere Bedeutung, wenn eine nichtharmonische Wechselkraft auf ein mit der Grundwelle der Erregerkraft schwingendes lineares Gebilde einwirkt. Dann wird nur von der Grundwelle der Erregerkraft Wirkarbeit geleistet. Die Oberwellen der Erregerkraft übertragen keine Wirkleistung an den Schwinger. Dieses Ergebnis spielt bei Drehschwingungen an Kurbeltriebwerken eine bedeutende Rolle.

Berechnungsbeispiel. Der Antriebsmotor eines Wuchtförderers nach Abb. 49 nimmt bei der Drehzahl $n = 400\,\dfrac{1}{\text{Min}}$ eine Wirkleistung $N^* = 2{,}5\,\text{kW}$ auf. Die Leerlaufverluste des Antriebes wurden (bei festgehaltener Förderrinne) zu $N_0 = 0{,}5\,\text{kW}$ gemessen. Die Förderrinne mit Fördergut wiegt 2000 kg. Die Federkonstante der Aufhängefederung beträgt $c = 100\,\text{kg/cm}$. Der Schwingungsausschlag wurde zu $|\,\hat{q}\,| = q_{max} = 0{,}5\,\text{cm}$ ermittelt. Unter der Annahme, daß die Dämpfungskräfte geschwindigkeitsproportional sind, soll bestimmt werden:

1. Dämpfungskonstante b,
2. Dämpfungsgrad ϑ,
3. Amplitude der vom Antriebswerk übertragenen Erregerkraft,
4. Phasenwinkel φ $(\varphi = \text{arc}\,\hat{P} - \text{arc}\,\hat{q})$.

Zu 1. Nach Gl. (224) ist $N \equiv N^* - N_0 = \dfrac{1}{2} |\widehat{P}_w| \, |\widehat{v}|$.   Mit $|\widehat{v}| = \Omega |\widehat{q}|$

(aus Gl. (117)) und $\Omega = 2\pi f = 2\pi \, 400 \, \dfrac{1}{\text{Min}} = 41{,}9 \, \dfrac{1}{\text{s}}$ wird

$$|\widehat{P}_w| = \frac{2 \, (N^* - N_0)}{\Omega \, |\widehat{q}|} = \frac{2 \, (2{,}5 - 0{,}5) \, \text{kW}}{41{,}9 \, \dfrac{1}{\text{s}} \cdot 0{,}5 \, \text{cm}} = 1948 \, \text{kg}.$$

Da die Wirkleistung an reine Dämpfungswiderstände abgegeben wird, gilt

$$\widehat{P}_w \equiv \widehat{P}_b, \quad \text{d. h.} \quad |\widehat{P}_w| \equiv b \, |\widehat{\dot{q}}| = b \, \Omega \, |\widehat{q}|.$$

Daraus folgt

$$b = \frac{|\widehat{P}_w|}{\Omega \, |\widehat{q}|} = \frac{1948 \, \text{kg}}{41{,}9 \, \dfrac{1}{\text{s}} \cdot 0{,}5 \, \text{cm}} = 93 \, \frac{\text{kg}}{\text{cm/s}}.$$

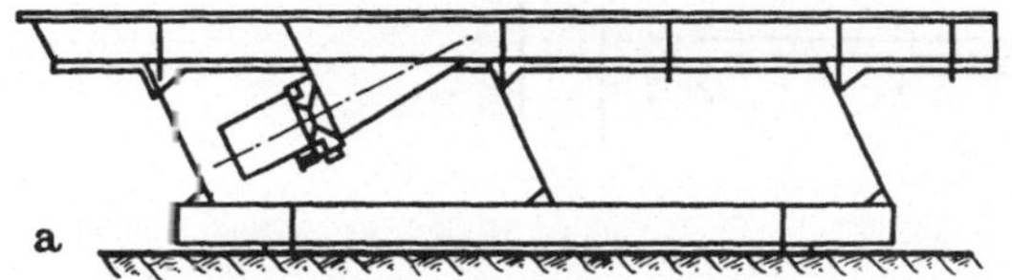

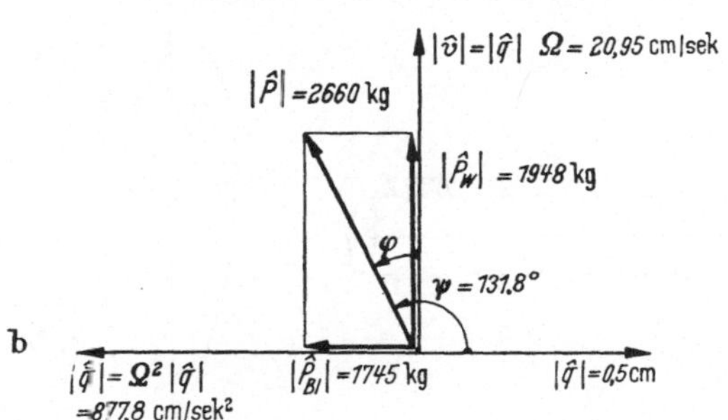

Abb. 49. Wuchtförderer
a Ansichtsskizze; b Zeigerdiagramm der Schwingungsgrößen

Zu 2. Nach Gl. (135) ist

$$\vartheta = \frac{b}{2\sqrt{a \, c}} = \frac{93 \, \dfrac{\text{kg s}}{\text{cm}}}{2 \sqrt{\dfrac{2000 \, \text{kg}}{981 \, \text{cm/s}^2} \cdot 100 \, \dfrac{\text{kg}}{\text{cm}}}} = 3{,}26.$$

Zu 3. Die Erregerkraft $|\widehat{P}|$ kann aus Gl. (164) berechnet werden. Einfacher und anschaulicher ist aber folgender Weg: Die Blindkomponente von $\widehat{P}$ ergibt sich nach Abb. 41 als Differenz von Massenkraft $\widehat{P}_a$ und Federkraft $\widehat{P}_c$ zu

$$|\widehat{P}_{Bl}| \equiv |\widehat{P}_a| - |\widehat{P}_c| = \Omega^2 a \, |\widehat{q}| - c \, |\widehat{q}| =$$

$$= \left[\left(41{,}9 \, \frac{1}{\text{s}}\right)^2 \frac{2000 \, \text{kg}}{981 \, \dfrac{\text{cm}}{\text{s}^2}} - 100 \, \frac{\text{kg}}{\text{cm}} \right] 0{,}5 \, \text{cm} = 1745 \, \text{kg}.$$

Dann errechnet sich nach Abb. 49b

$$|\widehat{P}| = \sqrt{|\widehat{P}_{\mathbf{w}}|^2 + |P_{\mathrm{Bl}}|^2} = \sqrt{1948^2 + 1745^2} = 2660\,\mathrm{kg}.$$

Zu 4. $\mathrm{tg}\,\varphi = \dfrac{|\widehat{P}_{\mathrm{Bl}}|}{|\widehat{P}_{\mathbf{w}}|} = \dfrac{1745}{1948} = 0{,}895$, daher $\varphi = +\,41{,}8°$.

13. Analoge Schwingungsgebilde

Drehschwingungsgebilde. Am freien Ende eines fest eingespannten Torsionsstabes sei nach Abb. 50a eine Drehmasse befestigt, deren Massenträgheitsmoment J, bezogen auf die Drehachse, gegeben sei.

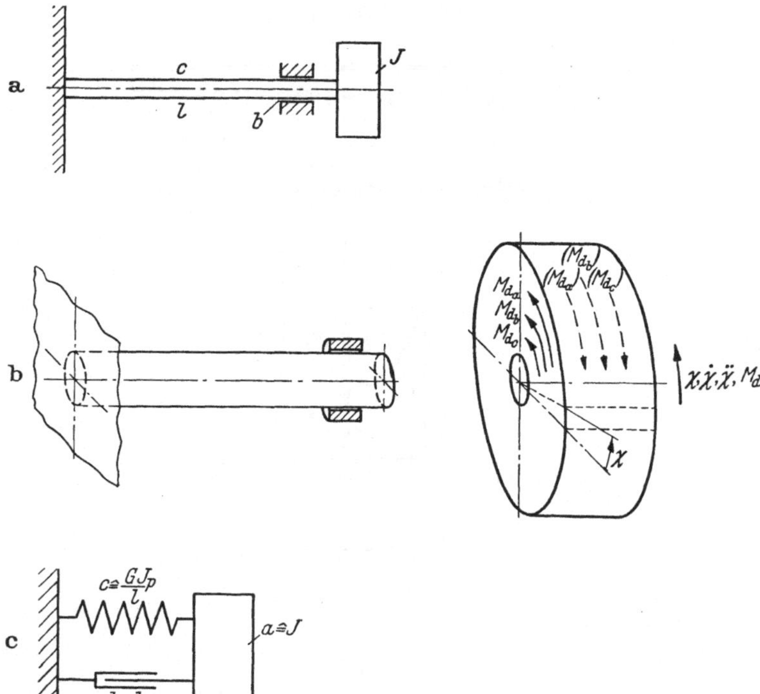

Abb. 50. Drehschwingungsgebilde
a Torsionsstab mit Endmasse; b Freigemachtes System; c Wirkplan des analogen Geradeaus-Schwingers

Wird die Drehmasse um den Winkel χ aus ihrer Gleichgewichtslage herausgedreht, dann entsteht im Torsionsstab ein der Auslenkung entgegenwirkendes Drehmoment. Das System enthält zwei Energiespeicher, nämlich einen Speicher für potentielle Energie (Drehfeder) sowie einen für kinetische Energie (Drehmasse), und ist daher schwingungsfähig.

In Abb. 50 b ist die Momentanlage der schwingenden Drehmasse zur Zeit t dargestellt. Die eingetragenen Zählpfeile geben die als positiv gewählten Wirkrichtungen der auftretenden Schwingungsgrößen (Winkel χ, Winkelgeschwindigkeit $\dot{\chi}$, Winkelbeschleunigung $\ddot{\chi}$ und Drehmoment M_d) an.

Auf die Drehmasse wirke ein Drehmoment $M_d = \widehat{M}_d \, e^{i\,\Omega\,t}$. Das zur Drehbeschleunigung der Drehmasse erforderliche Drehmoment bezeichnen wir als *Massen*-Drehmoment $M_{d\,a}$, das sich nach der Grundgleichung der Dynamik zu

$$M_{d_a} = J \, \ddot{\chi} \tag{242}$$

ergibt. Die bei der Verdrehung der Drehmasse auftretenden Reibungskräfte wollen wir geschwindigkeitsproportional voraussetzen. Das zur Überwindung dieser Kräfte erforderliche Drehmoment nennen wir *Dämpfungsmoment* M_{d_b}. Mit $b = $ Dämpfungskonstante gilt

$$M_{d_b} = b \, \dot{\chi} . \tag{243}$$

Schließlich wollen wir das zur Überwindung des Federrückdrehmomentes aufzuwendende Drehmoment mit Verdrillungs- oder *Federungsmoment* M_{d_c} bezeichnen.

Für einen zylindrischen Stab von der Länge l ergibt sich das Verdrillungsmoment aus Gl. (91) zu

$$M_{d_c} = \frac{GJ_p}{l} \cdot \chi, \tag{244}$$

mit $G = $ Gleitmodul,

$J_p = $ polares Flächenträgheitsmoment der Stabquerschnittsfläche,

$\chi = $ Drehwinkel, um den die Endquerschnitte des Stabes gegeneinander verdreht werden.

Zwischen M_{d_c} und χ besteht nach Gl. (244) Proportionalität.

Den Proportionalitätsfaktor $\dfrac{GJ_p}{l}$ bezeichnen wir als Federkonstante des Torsionsstabes (siehe Berechnungsbeispiel auf Seite 31), also

$$c = \frac{GJ_p}{l} .$$

Um die Gleichgewichtsbedingung für die schwingende Drehmasse anschreiben zu können, machen wir das System in der bekannten Weise frei (Abb. 50 b) und führen die gleichwertigen Bindungs-Drehmomente ein (Reaktionen gestrichelt gezeichnet). Bei der Drehbeschleunigung der Drehmasse tritt infolge der Trägheitswirkung ein Gegen-Drehmoment auf, das als „Reaktion" des Beschleunigungsmomentes M_{d_a} aufgefaßt werden kann (Entsprechung zur D'ALEMBERTschen Trägheitskraft), das wir deshalb in Abb. 50 b ebenfalls gestrichelt darstellen wollen. Der

Gleichgewichtssatz für die Drehmasse liefert dann

$$- M_{d_a} - M_{d_b} - M_{d_c} + M_d = 0. \tag{245}$$

Mit den Gln. (242) bis (244) folgt daraus

$$J\,\ddot{\chi} + b\,\dot{\chi} + c = \widehat{M}_d\,e^{i\,\Omega t}. \tag{246}$$

Dies ist die Diff.-Gleichung der erzwungenen Schwingung eines linearen, gedämpften Drehschwingungsgebildes mit 1 Freiheitsgrad. Sie stimmt formal mit der Schwingungsgleichung eines linearen, gedämpften Geradeaus-Schwingers von 1 Freiheitsgrad [Gl. (153)] überein. Daraus folgt die Gleichheit der Lösungen beider Diff.-Gleichungen.

Unter Beachtung der Entsprechungen

$$\boxed{\begin{aligned} M_d &\triangleq P, \quad \chi \triangleq q, \quad J \triangleq a, \\ GJ_p/l &\triangleq c, \quad G \triangleq E, \quad J_p \triangleq F \end{aligned}} \tag{247}$$

läßt sich daher einem Drehschwingungsgebilde nach Abb. 50a ein Geradeaus-Schwinger gemäß Abb. 50c zuordnen.

Da uns die Lösungsgleichungen eines solchen Schwingers bereits vollständig bekannt sind, lassen sich die Lösungen des Drehschwingungsproblems unter Beachtung der Entsprechungen nach (247) unmittelbar anschreiben.

Wir beschränken uns zunächst auf die Bestimmung der Kennkreisfrequenz ω_0 und der Amplitude des Drehschwingungsausschlages χ_{max} und erhalten aus den Gln. (131) und (164)

$$\omega_0 = \sqrt{\frac{\dfrac{GJ_p}{l}}{J}}, \tag{248}$$

bzw.

$$\chi_{max} = \frac{|\widehat{M}_d|}{\sqrt{\left(\dfrac{GJ_p}{l} - J\,\Omega^2\right)^2 + (b\,\Omega)^2}}. \tag{249}$$

Wesentlich vorteilhafter gestaltet sich auch hier das Rechnen mit den in Abschn. 9 angegebenen dimensionslosen Ausdrücken.

Ein Berechnungsbeispiel soll die Anwendung der Entsprechungen erläutern.

Berechnungsbeispiel. Gegeben sei ein einseitig eingespannter Torsionsstab, dessen freies, gelagertes Ende eine zylindrische Drehmasse m vom Durchmesser d_1 trägt (Abb. 50a). Im Lager treten geschwindigkeitsproportionale Dämpfungskräfte (Dämpfungskonstante b) auf.

Gesucht ist die Kennkreisfrequenz ω_0 und die Eigenkreisfrequenz ω_d.

Angaben:

$$d = 40\,\text{mm}; \quad d_1 = 350\,\text{mm}; \quad l = 600\,\text{mm};$$

$$m_2 = 0{,}8\,\frac{\text{kg}\,s^2}{\text{cm}}; \qquad G = 800\,000\,\frac{\text{kg}}{\text{cm}^2}; \qquad b = 641\,\frac{\text{kg cm}}{\text{rad/s}}.$$

Es ist

$$J_p = \frac{\pi \, d^4}{32} = \frac{\pi \cdot (4\,\text{cm})^4}{32} = 25{,}15 \text{ cm}^4$$

$$J = \frac{1}{2} m_2 \left(\frac{d_1}{2}\right)^2 = \frac{1}{2} \, 0{,}8 \, \frac{\text{kg s}^2}{\text{cm}} \cdot \left(\frac{35\,\text{cm}}{2}\right)^2 = 122{,}5 \text{ kg cm s}^2.$$

Mit

$$c \mathrel{\widehat{=}} \frac{G J_p}{l} = \frac{800000 \, \dfrac{\text{kg}}{\text{cm}^2} \cdot 25{,}15 \cdot \text{cm}^4}{60 \text{ cm}} = 0{,}335 \cdot 10^6 \, \frac{\text{kg cm}}{\text{rad}}$$

und

$$a \mathrel{\widehat{=}} J = 122{,}5 \, \frac{\text{kg cm s}^2}{\text{rad}}$$

folgt

$$\omega_0 = \sqrt{\frac{c}{a}} = \sqrt{\frac{0{,}335 \cdot 10^6 \text{ kg cm/rad}}{122{,}5 \text{ kg cm s}^2/\text{rad}}} = 52{,}3 \, \frac{1}{\text{s}} \; .$$

Weiter ist nach Gl. (135)

$$\vartheta = \frac{b}{2\sqrt{a\,c}} = \frac{641 \text{ kg cm s}}{2\sqrt{122{,}5\,\text{kg cm s}^2 \cdot 0{,}335 \cdot 10^6 \text{ kg cm}}} = 0{,}05.$$

Dann ist nach Gl. (138)

$$\omega_d = \omega_0 \sqrt{1 - \vartheta^2} = \omega_0 \sqrt{1 - 0{,}05^2} \approx \omega_0.$$

Da das System nur schwach gedämpft ist, folgt

$$\omega_d \approx \omega_0.$$

Berechnungsbeispiel. An der Drehmasse des vorhergehenden Beispiels greift ein periodisch wirkendes Drehmoment $M_d = \widehat{M}_d \, e^{i\,\Omega\,t}$ an, wobei $|\widehat{M}_d| = 500 \text{ kg cm}$, arc $\widehat{M}_d = 0$, und $\Omega = 68 \dfrac{1}{\text{s}}$ ist.

Gesucht: 1. Amplitude $|\widehat{\chi}|$ des Schwingungsausschlages,

2. Phasenverschiebungswinkel $\varphi \; (\equiv \text{arc } \widehat{M}_d - \text{arc } \widehat{\chi})$.

3. Gipfelfrequenz f_{Gi}, d. i. jene Frequenz, bei der die Schwingungsamplitude ihren Größtwert (bei $|\widehat{M}_d| = \text{const}!$) erreichen würde.

Zu 1. Mit $\eta = \dfrac{\Omega}{\omega_0} = \dfrac{68 \dfrac{1}{\text{s}}}{52{,}3 \dfrac{1}{\text{s}}} = 1{,}3$ und $\vartheta = 0{,}05$ folgt aus Gl. (173) u. (176)

$$Y_q = \frac{1}{\sqrt{(1 - 1{,}3^2)^2 + (2 \cdot 0{,}05 \cdot 1{,}3)^2}} = 1{,}425,$$

sowie

$$|\widehat{\chi}| \mathrel{\widehat{=}} |\widehat{q}| = \frac{|\widehat{P}|}{c} \, Y_q \mathrel{\widehat{=}} \frac{|\widehat{M}_d|}{c} \, Y_q = \frac{500 \text{ kg cm}}{0{,}335 \cdot 10^6 \, \dfrac{\text{kg cm}}{\text{rad}}} \cdot 1{,}425 = 2{,}125 \cdot 10^{-3} \text{ rad}.$$

Dieser Winkelamplitude entspricht eine Schwingwegamplitude, gemessen am Umfang der zyl. Drehmasse, von

$$|\widehat{q}| = |\widehat{\chi}| \cdot \frac{d_1}{2} = 2{,}125 \cdot 10^{-3} \cdot \frac{350 \text{ mm}}{2} = 0{,}372 \text{ mm}.$$

Zu 2. Nach Gl. (190) ist $\operatorname{tg} \varphi = \dfrac{1{,}3^2 - 1}{2 \cdot 0{,}05 \cdot 1{,}3} = 5{,}31$ und $\varphi = 79° \, 20'$. Da $\eta > 1$ bzw. φ positiv ist, liegt überresonanter Betrieb vor.

Zu 3. Aus Gl. (181a) folgt $\eta_{Gi} = \sqrt{1 - 2 \cdot 0{,}05^2} = 0{,}9975$; daraus

$$\Omega_{Gi} = \eta_{Gi}\, \omega_0 = 0{,}9975 \cdot 52{,}3 \, \frac{1}{s} = 52{,}169 \, \frac{1}{s}$$

und

$$f_{Gi} = \frac{\Omega_{Gi}}{2\,\pi} = 8{,}31 \text{ Hz.}$$

Physikalisches Pendel. Ein Körper von der Masse m sei nach Abb. 51a im Punkte O, in der Entfernung l vom Schwerpunkt S, reibungslos drehbar aufgehängt.

Bei der Verdrehung des Körpers aus der Gleichgewichtslage entsteht, von der Schwerkraft herrührend, ein Rückdrehmoment M_{d_c}. Wird der Körper losgelassen, führt er Schwingungen um seine Gleichgewichtslage aus.

Zur Zeit t befinde sich der Körper in der im Bild dargestellten Momentanlage. In bekannter Weise führen wir wieder Zählpfeile ein, die die positive Wirkrichtung der Schwingungsgrößen Drehwinkel, Winkelgeschwindigkeit, -beschleunigung und Drehmoment, angeben.

Das zur Drehbeschleunigung erforderliche Drehmoment ergibt sich zu

$$M_{d_a} = J \, \ddot{\chi}, \qquad (250)$$

mit $J = $ Massenträgheitsmoment ,bezogen auf die Drehachse durch O. Das durch Massenträgheitswirkung hervorgerufen gedachte Drehmoment kann als *Reaktion* des Massendrehmomentes M_{d_a} aufgefaßt werden und besitzt daher die Größe $- M_{d_a}$.

Bei der Drehbewegung der Masse entsteht eine Fliehkraft

$$Z = m \, l (\dot{\chi})^2, \qquad (251)$$

die im Schwerpunkt der Masse angreift.

Die Gleichgewichtsbedingungen der Mechanik lauten:

1. Summe aller Kräfte gleich Null, und

2. Summe aller Drehmomente, bezogen auf einen beliebigen Punkt der Ebene, gleich Null.

Verzichten wir auf die Bestimmung der im Aufhängepunkt O wirkenden Lagerkraft, kommen wir mit dem Drehmomentensatz allein aus, und erhalten mit O als Bezugspunkt und

$$M_{d_c} = G \cdot l \sin \chi = m \, g \, l \sin \chi, \qquad (252)$$

als das zur Auslenkung um den Winkel χ erforderliche Drehmoment, die Gleichgewichtsbedingung (siehe Abb. 51a)

$$- M_{d_a} - M_{d_c} = 0. \qquad (253)$$

Eingesetzt:

$$J \ddot{\chi} + m g l \sin \chi = 0,$$

bzw.

$$\ddot{\chi} + \frac{m g l}{J} \sin \chi = 0. \tag{254}$$

Dies ist die Diff.-Gleichung der Pendelschwingung. Diese Differentialgleichung ist *nichtlinear*, da das ableitungsfreie Glied nicht die unabhängig Veränderliche χ selbst, sondern eine trigonometrische, also nichtlineare Funktion dieser Veränderlichen enthält.

Wir können diese Gleichung linearisieren, wenn wir die Schwingungsbewegung auf kleine Winkelausschläge beschränken; dann gilt in erster Näherung

$$\sin \chi \approx \chi, \tag{255}$$

so daß die Gl. (254) übergeht in

$$\ddot{\chi} + \frac{m g l}{J} \chi = 0. \tag{256}$$

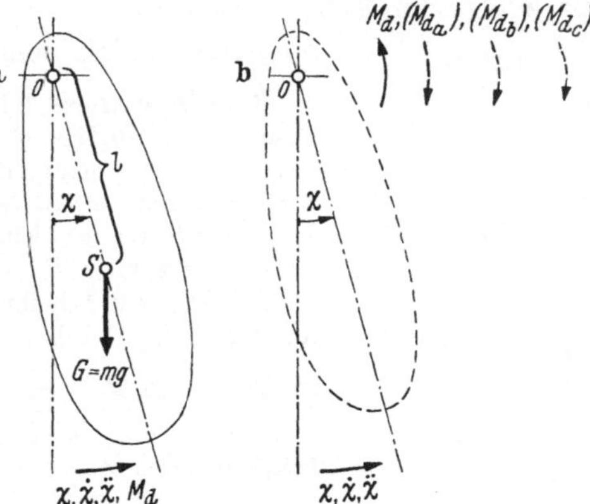

Abb. 51. Physikalisches Pendel
a Mechanische Anordnung; b System mit eingetragenen Wirkrichtungspfeilen

Diese Diff.-Gleichung stimmt wieder formal mit der Schwingungsgleichung eines linearen Geradeaus-Schwingers (Gl. (98)) überein, so daß wir unter Beachtung der Entsprechungen

$$\boxed{\chi \mathrel{\widehat{=}} q, \qquad J \mathrel{\widehat{=}} a, \qquad m g l \mathrel{\widehat{=}} c} \tag{257}$$

sofort die Lösung nach Gl. (101) übernehmen können:

$$\omega_0 = \sqrt{\frac{m g l}{J}}, \tag{258}$$

bzw.

$$T_0 \equiv \frac{2 \pi}{\omega_0} = 2 \pi \sqrt{\frac{J}{m g l}} = \text{Schwingungsdauer.} \tag{259}$$

Wirkt auf das Pendel ein harmonisch sich änderndes Drehmoment

$$M_d = \widehat{M}_d \, e^{i \Omega t}, \tag{260}$$

und werden Dämpfungseinflüsse wirksam, die als geschwindigkeitsproportional zu

$$M_{d_b} = b \, \dot{\chi} \tag{261}$$

angesetzt werden können, dann lautet die Gleichgewichtsbedingung (siehe Abb. 51b)

$$- M_{d_a} - M_{d_b} - M_{d_c} + M_d = 0, \tag{262}$$

die mit der Festsetzung nach Gl. (255) übergeht in die Form

$$J\,\ddot\chi + b\,\dot\chi + m\,g\,l\,\chi = \widehat{M}_d\,e^{i\Omega t}.\tag{263}$$

Auch hier zeigt sich vollkommene Übereinstimmung mit der Diff.-Gleichung (153) der erzwungenen gedämpften Schwingung, so daß mit den weiteren Entsprechungen

$$\boxed{b \triangleq b, \quad \widehat{M}_d \triangleq \widehat{P}}\tag{264}$$

die in Abschn. 9 angegebenen Gleichungen als Lösungen formal übernommen werden können.

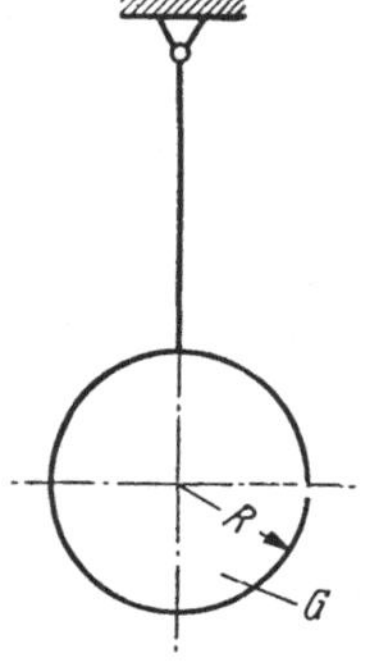

Abb. 52.
Fadenpendel

Berechnungsbeispiel — Fadenpendel. Eine zylindrische Scheibe vom Radius R und dem Gewicht G sei an einem gewichtslosen Faden l aufgehängt (Abb. 52). Die Entfernung des Scheibenmittelpunktes vom Aufhängepunkt sei l. Unter der Voraussetzung kleiner Schwingungsausschläge ist die Schwingungsdauer T_0 zu bestimmen.

Das Massenträgheitsmoment eines zyl. Körpers, bezogen auf die durch den Schwerpunkt S gehende Achse ergibt sich zu $J_0 = \dfrac{1}{2}\,m\,R^2$. Nach dem STEINERschen Satz ergibt sich das auf den Aufhängepunkt O bezogene Trägheitsmoment zu

$$J = J_0 + m\,l^2 = \left(\frac{1}{2}\,R^2 + l^2\right)m.\tag{265}$$

Somit ist nach Gl. (259)

$$T_0 = 2\,\pi\,\sqrt{\frac{J}{m\,g\,l}} = 2\,\pi\,\sqrt{\frac{l}{g}\left[1 + \frac{1}{2}\left(\frac{R}{l}\right)^2\right]}.\tag{266}$$

Mathematisches Pendel. Wird bei einem Fadenpendel nach Abb. 52

$$\frac{R}{l} \to 0,\tag{267}$$

d. h., kann man sich die Masse m im Punkte S vereinigt denken, spricht man von einem mathematischen Pendel, dessen Schwingungsdauer wegen Gl. (267) in

$$T_0 = 2\,\pi\,\sqrt{\frac{l}{g}}\tag{268}$$

übergeht.

Biegeträger als Federungsglied. *Einseitig eingespannter Balken konstanten Querschnittes.* Unter der Wirkung einer am freien Trägerende eines eingespannten Biegeträgers angreifenden Kraft P (Abb. 24) tritt eine Durchbiegung

$$q = \frac{P\,l^3}{3\,E\,J_d}\tag{269}$$

auf. Der Biegebalken stellt somit eine Feder dar, dessen Federkonstante sich zu

$$c \equiv \frac{P}{q} = \frac{3\,E\,J_d}{l^3}\tag{270}$$

ergibt. Dabei ist $J_{\ddot{a}}$ das äquatoriale Flächenträgheitsmoment des Trägerquerschnittes und E der Elastizitätsmodul. Trägt der Biegeträger an seinem freien Ende eine Masse m, dann ist das analoge Gebilde ein linearer Schwinger gemäß Abb. 27a, dessen Kennkreisfrequenz sich mit $a \triangleq m$ zu

$$\omega_0 = \sqrt{\frac{3\,E\,J_{\ddot{a}}}{m\,l^3}} \tag{271}$$

ergibt.

Voraussetzung ist hierbei, daß die Masse des Biegeträgers vernachlässigbar klein gegenüber der Masse m ist.

Frei aufliegender Balken. Wirkt auf den Biegeträger eine Kraft P, deren Abstände von den Auflagern l' und l'' sind (siehe Berechnungsbeispiel auf Seite 79), dann ergibt sich an der Kraftangriffsstelle eine Durchbiegung von

$$q = \frac{P}{E J_{\ddot{a}}} \frac{l^3}{3} \left(\frac{l'}{l}\right)^2 \left(\frac{l''}{l}\right)^2 . \tag{272}$$

Hierbei ist wieder $J_{\ddot{a}}$ das äquatoriale Flächenträgheitsmoment der Querschnittsfläche des Biegeträgers und E der Elastizitätsmodul des Trägerwerkstoffes.

Die Federkonstante ergibt sich in bekannter Weise zu

$$c \equiv \frac{P}{q} = \frac{3}{(l'/l)^2\,(l''/l)^2} \cdot \frac{E J_{\ddot{a}}}{l^3} . \tag{273}$$

Der Träger wirkt wie eine lineare Feder. Befindet sich an der Stelle, für die wir die Federkonstante ermittelten, eine Masse m, ergibt sich ein linearer Schwinger, dessen Kennkreisfrequenz

$$\omega_0 \equiv \sqrt{\frac{c}{m}} = \sqrt{\frac{3}{(l'/l)^2\,(l''/l)^2} \frac{E J_{\ddot{a}}}{m\,l^3}} \tag{274}$$

ist.

Dabei wird wieder vorausgesetzt, daß die Trägermasse gegenüber der Masse m vernachlässigt werden kann.

Bei einer allgemein vorgegebenen Trägerform, beispielsweise bei einem Träger auf mehreren Stützen und veränderlichem Querschnitt, geht man bei der Bestimmung der Federkonstanten in der gleichen Weise wie vorstehend geschildert vor, indem man nach den Regeln der Elastizitätslehre die unter einer angenommenen Belastung P auftretende Durchbiegung q am Kraftangriffspunkt ermittelt und den Quotienten $c \equiv \dfrac{P}{q}$ bestimmt.

Einflußzahlen. Bei der Berechnung massegekoppelter Schwingungsgebilde wird uns eine Aufgabenstellung entgegentreten, die wir ihres grundsätzlichen Charakters wegen schon an dieser Stelle behandeln wollen. Es geht dabei um folgende Fragestellung:

An der Stelle x_k eines Biegeträgers wirkt eine Kraft P_k. Zu bestimmen ist die an der Stelle x_i auftretende Durchbiegung q_i des Trägers (Abb. 53).

Die unter der Wirkung einer Belastung P_k auftretenden Durchbiegungen an den verschiedenen Stellen des Biegeträgers werden durch die Gleichung der elastischen Linie bestimmt.

Die Gleichung der elastischen Linie kann in der Form

$$q_i = \alpha_{ik}\, P_k \tag{275}$$

geschrieben werden. Der Proportionalitätsfaktor α_{ik} wird als *Einfluß-zahl* bezeichnet und ist eine Funktion der Abmessungen des Biegeträgers und der Bezugskoordinaten x_k und x_i, und hat, wie wir durch Vergleich mit Gl. (86) feststellen können, die physikalische Bedeutung des Kehrwertes einer Federkonstanten, den wir als *Nachgiebigkeit* bezeichneten. Aus bekannter Einflußzahl α_{ik} folgt daher die Federkonstante

$$c_{ik} = \frac{1}{\alpha_{ik}}. \tag{276}$$

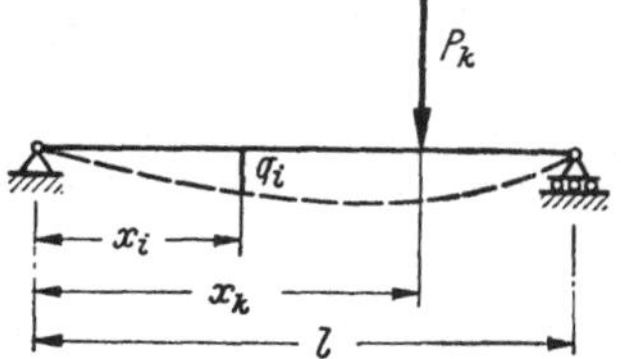

Abb. 53. Biegeträger mit Einzellast

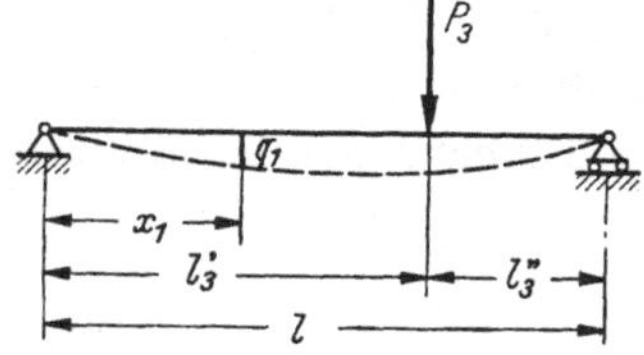

Abb. 54. Biegeträger zum Berechnungsbeispiel auf Seite 78

Der Reihenfolge der Indizes ist dabei besondere Beachtung zu schenken. In unserem Beispiel ist α_{ik} die Einflußzahl für die an der Stelle x_i von der an der Stelle x_k angreifenden Kraft P_k hervorgerufene Durchbiegung q_i.

Würde eine Kraft P_i an der Stelle x_i angreifen, ergäbe sich an der Stelle x_k eine Durchbiegung, die wir mit q_k bezeichnen wollen. Analog zu Gl. (275) folgt

$$q_k = \alpha_{ki}\, P_i. \tag{277}$$

Nach dem MAXWELLschen *Verschiebungssatz* [26] gilt nun die wichtige Beziehung

$$\alpha_{ik} = \alpha_{ki}. \tag{278}$$

Dies bedeutet:

Eine im Punkte x_k angreifende Kraft P ruft im Punkte x_i die gleiche Durchbiegung hervor, wie sie durch die gleichgroße, aber im Punkte x_i angreifende Kraft im Punkte x_k hervorrufen würde.

Berechnungsbeispiel. Gegeben sei ein freiaufliegender Biegeträger konstanten Querschnittes nach Abb. 54, mit $J_ä$ als äquatoriales Flächenträgheitsmoment.

Im Punkte $x_3 = l_3' = 0,8\,l$ greife die Belastungskraft P_3 an. Zu bestimmen ist die Einflußzahl α_{13} für die in $x_1 = 0,3\,l$ auftretende Durchbiegung q_1.

Die Gleichung der elastischen Linie für den frei aufliegenden Träger lautet [9] mit den in der Abbildung eingetragenen Bezeichnungen

$$q = \frac{1}{E J_{\ddot{a}}} \frac{(l_3' \cdot l_3'')^2}{6\,l} \left[2\frac{x}{l_3'} + \frac{x}{l_3''} - \frac{x^3}{(l_3')^2 l_3''} \right] \cdot P_3.$$

Daraus folgt mit $x = x_1 = 0,3\,l$ und $l_3'' = l - l_3' = 0,2\,l$:

$$\alpha_{13} = \alpha_{31} = \frac{q}{P_3} = \frac{1}{E J_{\ddot{a}}} \frac{(0,8\,l \cdot 0,2\,l)^2}{6\,l} \left[2\frac{0,3\,l}{0,8\,l} + \frac{0,3\,l}{0,2\,l} - \frac{(0,3\,l)^3}{(0,8\,l)^2\,0,2\,l} \right] = 0,0087\,\frac{l^3}{E J_{\ddot{a}}}.$$

14. Schwingungen in gaserfüllten Räumen

Zustandsänderung von Gasen. In einem allseits geschlossenen Gefäß vom Volum V_0 nach Abb. 55a sei ein Gas vom absoluten Druck p_0 eingeschlossen. Das Gefäß besitze einen zylindrischen Ansatz, in dem sich ein dichtender Kolben vom Querschnitt F reibungsfrei bewegen kann.

Auf den Kolben wirke außer der für die Erhaltung des Gleichgewichtes gegen den Innendruck erforderlichen Kraft $P_0 = p_0\,F$ zusätzlich eine Wechselkraft

$$P = \widehat{P}\,e^{i\Omega t},$$

bzw., bezogen auf die Flächeneinheit des Kolbens, ein Wechseldruck

$$p = \widehat{p}\,e^{i\Omega t} \quad \left(\text{mit} \quad \widehat{p} = \frac{\widehat{P}}{F} \right). \tag{279}$$

Gase sind zusammendrückbar. Bei Volumänderungen treten Druckänderungen auf, so daß gasgefüllte Räume wie elastische Federn wirken. Der massebehaftete Kolben wird daher unter der Wirkung der Wechselkraft Schwingungsbewegungen ausführen. Bewegt sich der Kolben um den Weg x nach rechts, dann wird das Gasvolum um $\Delta V = x \cdot F$ verkleinert und der Druck um Δp erhöht. Die dabei vom Gas durchlaufene Zustandsänderung kann mit guter Annäherung durch die Gleichung

$$p\,V^n = \text{const.} \tag{280}$$

ausgedrückt werden. Diese Zustandsänderung wird in der Thermodynamik als Polytrope bezeichnet. Der Polytropenexponent n kann bei nicht zu langsamen Zustandsänderungen zu

$$\varkappa = \frac{c_p}{c_v} \tag{281}$$

angenommen werden. D. h., man kann adiabate Zustandsänderung voraussetzen.

Aus der in Abb. 55b dargestellten Adiabaten ist ersichtlich, daß zwischen den Druckänderungen und den zugehörigen Volumänderungen keine Proportionalität besteht. Ein gaserfüllter Raum wirkt daher als *nichtlineare* Feder.

Beschränken wir unsere Betrachtung auf kleine Werte von Druck- und Volumänderungen, kann man, ohne einen zu großen Fehler zu begehen, die Adiabate durch ihre durch den Zustandspunkt Z_0 gelegte Tangente ersetzen. Dann gilt mit den in Abb. 55b eingetragenen Bezeichnungen

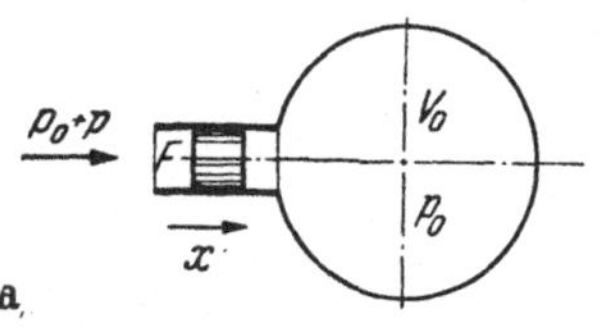

$$\Delta p = \Delta V \,|\mathrm{tg}\,\varepsilon| = \Delta V \,|\mathrm{tg}\,(180 - \alpha)|$$
$$= \Delta V \,|\mathrm{tg}\,\alpha| = \Delta V \left.\left|\frac{dp}{dV}\right|\right|_{\substack{V=V_0 \\ p=p_0}}. \qquad (282)$$

Die Steigung der Kurventangente erhalten wir durch Differentiation der Adiabatengleichung $p\,V^\varkappa = \mathrm{const}$:

$$\frac{dp}{dV}\,V^\varkappa + p\,\varkappa\,V^{\varkappa-1} = 0.$$

Daraus

$$\left.\left|\frac{dp}{dV}\right|\right|_{\substack{V=V_0 \\ p=p_0}} = \frac{\varkappa\,p_0}{V_0}. \qquad (283)$$

Dies in Gl. (282) eingesetzt, liefert

$$\Delta p = \frac{\varkappa\,p_0}{V_0}\,\Delta V. \qquad (284)$$

Kompressibilität, Elastizitätszahl. Der aus Gl. (284) folgende Quotient

$$K \equiv \frac{\Delta V}{\Delta p} = \frac{1}{\varkappa\,p_0}\,V_0 \qquad (285)$$

wird als *Kompressibilität* bezeichnet. Der Faktor $\dfrac{1}{\varkappa\,p_0}$ ist eine reine Zustandsgröße des Gases und wird als *Kompressibilitätszahl* β benannt. Somit gilt

$$\beta = \frac{1}{\varkappa\,p_0}, \qquad (286)$$

bzw.

$$K = \beta\,V_0. \qquad (287)$$

Schreibt man β in der aus Gl. (285) folgenden Form

$$\beta = \frac{\dfrac{\Delta V}{\Delta p}}{V_0}, \qquad (288)$$

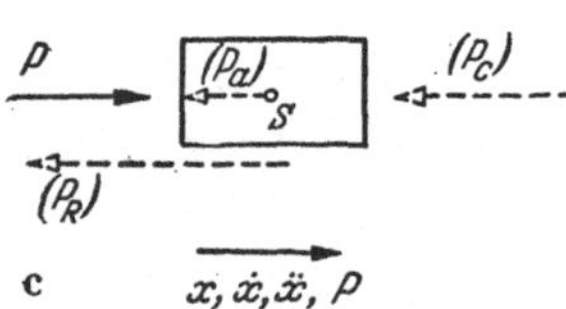

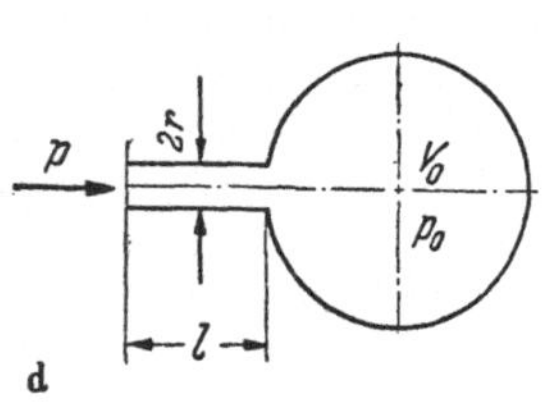

Abb. 55. Gasförmiger Körper als Federungsglied
a Räumliche Anordnung;
b Druck-Volumendiagramm für adiabate Zustandsänderung;
c Kräfte am Kolben; d HELMHOLTZscher Resonator

dann läßt sich folgende Deutung vornehmen:

Für einen prismatischen homogenen Körper vom Querschnitt F und der Länge l gilt das HOOKEsche Gesetz

$$\frac{\sigma}{E} = \frac{\Delta l}{l}. \tag{289}$$

Führen wir an Stelle der Spannung σ die Druckänderung Δp gegenüber dem Ruhedruck p_0 ein, dann folgt mit $lF = V_0 =$ Volum und $\Delta l F = \Delta V$ als Volumänderung des Körpers,

$$\frac{\Delta p}{E} = \frac{\Delta l F}{l F} \equiv \frac{\Delta V}{V_0} \tag{290}$$

bzw.

$$\frac{1}{E} = \frac{\dfrac{\Delta V}{\Delta p}}{V_0}. \tag{291}$$

Vergleichen wir dieses Ergebnis mit Gl. (288), so sehen wir, daß β die Bedeutung des Kehrwertes eines dem gasförmigen Körper zugeordneten *Elastizitätsmoduls* hat. Es gilt somit

$$E \equiv \frac{1}{\beta} = \varkappa \, p_0. \tag{292}$$

Mit Gl. (285) erhält man aus Gl. (284):

$$\Delta p = \frac{1}{k} \Delta V. \tag{293}$$

Schwingungsgleichung. Auf den schwingenden Kolben der Anordnung nach Abb. 55 wirken mit den in Abb. 55c eingetragenen Zählrichtungen außer der vom Ruhedruck herrührenden statischen Kraft P_0 vier dynamische Kräfte:

1. Erregerkraft $P = \widehat{P} e^{i\Omega t}$,
2. die vom Innendruck herrührende Kraft $(-P_c)$ als Reaktionskraft der Federungskraft

$$P_c = \Delta p \, F = \frac{1}{k} \Delta V \, F,$$

3. die Reaktionskraft der als geschwindigkeitsproportional vorausgesetzten Reibungskraft P_R,
4. die D'ALEMBERTsche Trägheitskraft als Reaktionskraft der Massenkraft des Kolbens $P_a = m \, \ddot{x}$.

$$\left. \begin{array}{c} \\ \\ \\ \\ \\ \\ \\ \end{array} \right\} \tag{294}$$

Die Gleichgewichtsbedingung lautet

$$P_a + P_R + P_c - P = 0.$$

Nach dem Einsetzen der Gln. (294) folgt

$$m \, \ddot{x} + P_R + \frac{1}{k} \Delta V \, F = \widehat{P} e^{i\Omega t}. \tag{295}$$

Für die Weiterrechnung erweist es sich als zweckmäßig, an Stelle der Wegkoordinate x das *Verdrängungsvolum*

$$\Delta V = x \cdot F \tag{296}$$

einzuführen, und mit *Drücken* an Stelle von Kräften zu rechnen. Eine entsprechende Umformung der Gl. (295) liefert mit $p_R = \dfrac{P_R}{F}$

$$m \frac{(F\,\ddot{x})}{F} + \frac{F\,p_R}{\Delta \dot{V}}\,\Delta \dot{V} + \frac{1}{K}\,\Delta V\,F = F\,\widehat{p}\,e^{i\,\Omega\,t},$$

bzw.

$$\frac{m}{F^2}\,\Delta \ddot{V} + \frac{p_R}{\Delta \dot{V}}\,\Delta \dot{V} + \frac{1}{K}\,\Delta V = \widehat{p}\,e^{i\,\Omega\,t}. \tag{297}$$

Diese Gleichung zeigt wieder formale Übereinstimmung mit der Diff.-Gleichung einer gedämpften, erzwungenen Schwingung nach Gl. (153) in Abschn. 9. Die dort gefundenen allgemeinen Beziehungen können daher auf den vorliegenden Fall angewendet werden, wenn dabei folgende Entsprechungen, die aus dem Vergleich der beiden Gln. (153) u. (297) folgen, beachtet werden:

$$\left.\begin{array}{ll} a \triangleq \dfrac{m}{F^2}, \quad b \triangleq \dfrac{p_R}{\Delta \dot{V}}, \quad c \triangleq \dfrac{1}{K} \equiv \dfrac{\varkappa\,p_0}{V_0}, \\[2ex] \widehat{q} \triangleq \Delta V \equiv x\,F, \qquad\qquad \widehat{P} \triangleq p. \end{array}\right\} \tag{298}$$

Dies bedeutet, daß die in Abb. 55a gegebene Anordnung durch einen linearen gedämpften Schwinger nach Abb. 34a symbolisch ersetzt werden kann.

HELMHOLTZscher Resonator. Entfernt man den Kolben aus dem Halse des in Abb. 55a dargestellten Gefäßes, dann übernimmt — unter der Voraussetzung, daß der Innendruck p_0 gleich dem Außendruck ist und daß im Gefäßinnern das gleiche Gas vorhanden ist wie im Außenraum — das im Gefäßhals eingeschlossene Gas die Rolle des schwingenden Kolbens, wenn von außen her ein Wechseldruck auf die Mündung des Gefäßhalses einwirkt. Man bezeichnet so ein Gebilde als HELMHOLTZschen *Resonator* (Abb. 55d).

Gebilde dieser Art besitzen in der technischen Akustik große Bedeutung. Wir wollen sie als *akustische Gebilde* bezeichnen:

Setzt man voraus, daß der Hals im Verhältnis zum Gefäß eng ist, so daß die Kompressibilität des dort eingeschlossenen Gasvolums vernachlässigt werden kann, behält die Gl. (297) volle Gültigkeit.

Bei kleinen Schwingungsamplituden kann man laminare Strömung im Gefäßhals annehmen. Nach dem HAGEN-POISEUILLEschen Gesetz ergibt sich der Druckabfall bei laminarer Strömung in einer Leitung vom

Radius r und von der Länge l — also der Reibungsdruck p_R — mit $\bar\eta$ als dynamischer Zähigkeit und $v_0 = \dfrac{\Delta V}{r^2\,\pi}$ als mittlere Geschwindigkeit des strömenden Mittels zu [10]

$$p_R = \frac{32\,\bar\eta\,l}{(2\,r)^2}\,v_0 = \frac{8\,\bar\eta\,l}{r^4\,\pi}\,\Delta\dot V\,. \tag{299}$$

Setzen wir dies in Gl. (297) ein, erhalten wir mit $F = r^2\,\pi$ und $m = \varrho\,F\,l$ (wobei $\varrho = \dfrac{\gamma}{g}$ ist) [1]

$$\frac{\varrho\,l}{r^2\,\pi}\,\Delta\ddot V + \frac{8\,\bar\eta\,l}{r^4\,\pi}\,\Delta\dot V + \frac{\varkappa\,p_0}{V_0}\,\Delta V = \widehat p\,e^{i\,\Omega t}\,. \tag{300}$$

Beim Vergleich mit Gl. (153) erhalten wir die endgültigen Entsprechungen

$$\tag{301}$$

$$\boxed{\;a \mathrel{\widehat=} \frac{\varrho\,l}{r^2\,\pi}\,,\quad b \mathrel{\widehat=} \frac{8\,\bar\eta\,l}{r^4\,\pi}\,;\quad c \mathrel{\widehat=} \frac{\varkappa\,p_0}{V_0}\,,\qquad \widehat q \mathrel{\widehat=} \Delta V \equiv r^2\,\pi \cdot x\,,\quad \widehat P \mathrel{\widehat=} \widehat p\;}$$

Sonderfall: Flüssigkeitserfüllte Räume. Befindet sich im Gefäß (und im Gefäßhals) eine Flüssigkeit an Stelle des Gases, dann liegen grundsätzlich die gleichen Verhältnisse vor, da ja auch Flüssigkeiten zusammendrückbar sind.

Die Kompressibilität einer Flüssigkeit wird durch die Krompressibilitätszahl β angegeben, die für die meisten technisch wichtigen Flüssigkeiten in Tabellenwerken angegeben sind [11]. Mit der Grundbeziehung (Gl. (287)) $K = \beta\,V_0$ geht die Schwingungsgleichung (297) über in

$$\frac{m}{F^2}\,\Delta\ddot V + \frac{p_R}{\Delta\dot V}\,\Delta\dot V + \frac{1}{\beta\,V_0}\,\Delta V = \widehat p\,e^{i\,\Omega t}\,. \tag{302}$$

Bis auf

$$c \mathrel{\widehat=} \frac{1}{\beta\,V_0} \tag{303}$$

gelten die gleichen Entsprechungen wie unter Gl. (298) bzw. (301) angegeben.

Berechnungsbeispiel. Gegeben sei ein Meßstutzen nach Abb. 56a. Die Anordnung sei mit atmosphärischer Luft vom Drucke p_0 und der Temperatur τ_0 erfüllt.

Zu berechnen sind die Ersatzgrößen a, b, c, die Kennkreisfrequenz ω_0, der Dämpfungsgrad ϑ und die Eigenkreisfrequenz ω_d.

Angaben:

$$p_0 = 760\ \text{Torr} \mathrel{\widehat=} 1{,}033\ \frac{\text{kg}}{\text{cm}^2}\,,\quad \tau_0 = 20^\circ\,\text{C},\quad \varkappa = 1{,}41,$$

$$2\,r = 4\ \text{mm},\quad l = 15\ \text{mm},\quad V_0 = 40\ \text{cm}^3,$$

$$\varrho_{\text{Luft}} = 1{,}23 \cdot 10^{-6}\,\frac{g\,s^2}{\text{cm}^4}\,,\quad \bar\eta = 0{,}185 \cdot 10^{-6}\,\frac{g\,s}{\text{cm}^2}\ [12].$$

---

[1] In Gl. (308) bedeutet m die bewegte Masse. Die schwingende Bewegung des im Gefäßhals eingeschlossenen Gases überträgt sich aber z. T. auch auf die vor den Mündungen des Halses befindliche Gasmasse; d. h., die schwingende Gasmasse ist größer als die im Gefäßhals eingeschlossene. Dies berücksichtigt man dadurch, daß man in $m = \varrho \cdot F \cdot l$ die Größe l größer als die Halslänge wählt (Mündungskorrektur).

Nach den Gln. (301) ist

$$a = \frac{1{,}23 \cdot 10^{-6}\,\dfrac{g\,s^2}{cm^4} \cdot 1{,}5\ cm}{(0{,}2\ cm)^2\,\pi} = 0{,}1468 \cdot 10^{-4}\,\frac{g\,s^2}{cm^5}\,,$$

$$b = \frac{8 \cdot 0{,}185 \cdot 10^{-6}\,\dfrac{g\,s}{cm^2} \cdot 1{,}5\ cm}{(0{,}2\ cm)^4 \cdot \pi} = 4{,}417 \cdot 10^{-4}\,\frac{g\,s}{cm^5}\,,$$

$$c = \frac{1{,}41 \cdot 1033\,\dfrac{g}{cm^2}}{40\ cm^3} = 36{,}41\,\frac{g}{cm^5}\,.$$

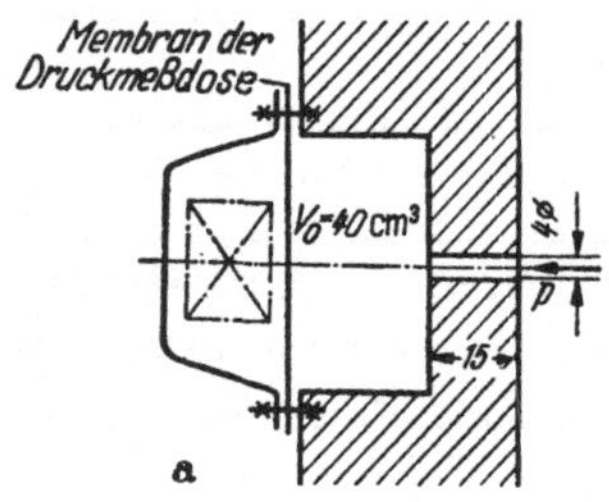

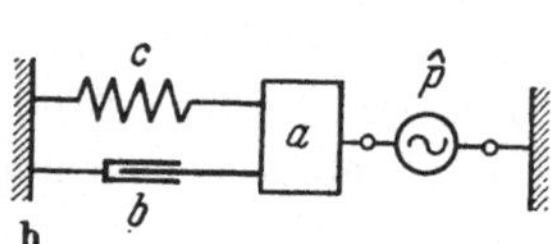

Abb. 56. Meßstutzen zum Berechnungsbeispiel
a Räumliche Anordnung; b Mechanisches Ersatzgebilde

Daraus folgt

$$\omega_0 \equiv \sqrt{\frac{c}{a}} = \sqrt{\frac{36{,}41\ g/cm^5}{0{,}1468 \cdot 10^{-4}\,\dfrac{g\,s^2}{cm^5}}} = 1571\,\frac{1}{s}\,.$$

Mit den Gl. (135) u. (138) ergibt sich

$$\vartheta \equiv \frac{b}{2\,a\,\omega_0} = \frac{4{,}417 \cdot 10^{-4}\,\dfrac{g\,s}{cm^5}}{2 \cdot 0{,}1468 \cdot 10^{-4}\,\dfrac{g\,s^2}{cm^5} \cdot 1571\,\dfrac{1}{s}} = 9{,}58 \cdot 10^{-3}$$

und

$$\omega_d \equiv \omega_0 \sqrt{1 - \vartheta^2} = 1571\,\frac{1}{s}\,\sqrt{1 - (9{,}58 \cdot 10^{-3})^2} \approx 1571\,\frac{1}{s}\,.$$

Abb. 56b zeigt das mechanische Ersatzgebilde des akustischen Schwingers.

Berechnungsbeispiel. An der rückwärtigen Wand des Meßstutzens gemäß Abb. 56a sei eine Druckmeßdose angeordnet. An der Mündung der engen Meßbohrung wirkt ein Wechseldruck p mit der Kreisfrequenz $\Omega = 1335\,\dfrac{1}{s}$. Gesucht ist die Größe des an der Meßdose zur Wirkung kommenden Wechseldruckes p_1.

Das den Meßraum V_0 ausfüllende Gasvolum wirkt als mechanische Feder. Der in V_0 auftretende Wechseldruck entspricht daher der Federkraft P_c in der mechanischen Entsprechung nach Abb. 56b.

Nach den Gln. (126) u. (171) folgt

$$\hat{p}_1 \mathrel{\widehat{=}} \hat{P}_c = c\,\hat{q} = c \cdot \mathfrak{Y}_q\,\frac{\hat{P}}{c} = \mathfrak{Y}_q\,\hat{P} \mathrel{\widehat{=}} \mathfrak{Y}_q\,\hat{p}\,. \tag{304}$$

Daraus folgt der Betrag $|\widehat{p}_1|$ nach Gl. (173)

$$|\widehat{p}_1| \equiv Y_q\,|\widehat{p}| = \frac{1}{\sqrt{(1-\eta^2)^2 + (2\,\vartheta\,\eta)^2}}\,|\widehat{p}|.$$

Aus Gl. (304) folgt $\mathrm{arc}\,\widehat{p}_1 = \mathrm{arc}\,\mathfrak{Y}_q + \mathrm{arc}\,\widehat{p}$. Daraus, und mit Gl. (174), berechnet sich der Phasenverschiebungswinkel zwischen dem Erregerdruck p und dem Anzeigedruck p_1 zu

$$\varphi_{p,\,p_1} \equiv \mathrm{arc}\,p - \mathrm{arc}\,p_1 = -\,\mathrm{arc}\,\mathfrak{Y}_q \equiv -\left(-\,\mathrm{arc\,tg}\,\frac{2\,\vartheta\,\eta}{1-\eta^2}\right) = \mathrm{arc\,tg}\,\frac{2\,\vartheta\,\eta}{1-\eta^2}.$$

Die Auswertung dieser Gleichungen liefert mit

$$\eta \equiv \frac{\Omega}{\omega_0} = \frac{1335\,\dfrac{1}{\mathrm{s}}}{1571\,\dfrac{1}{\mathrm{s}}} = 0{,}85$$

schließlich

$$|\widehat{p}_1| \equiv Y_q \cdot |\widehat{p}| = \frac{1 \cdot |\widehat{p}|}{\sqrt{(1-0{,}85^2)^2 + (2\cdot 9{,}58\cdot 10^{-3}\cdot 0{,}85)^2}} = 3{,}61\,|\widehat{p}|$$

und

$$\varphi_{p,\,p_1} \equiv \mathrm{arc\,tg}\,\frac{2\,\vartheta\,\eta}{1-\eta^2} = \mathrm{arc\,tg}\,\frac{2\cdot 9{,}58\cdot 10^{-3}\cdot 0{,}85}{1-0{,}85^2} = \mathrm{arc\,tg}\,0{,}0587$$

$$\varphi_{p,\,p_1} = 3^\circ\,22'.$$

Das Ergebnis zeigt, daß der mit der Kreisfrequenz $\Omega = 1335\,\dfrac{1}{\mathrm{s}}$ vor der Mündung der Meßbohrung wirkende Wechseldruck p stark verzerrt an der Meßdose zur Anzeige gelangt.

15. Reduktion von Massen und Federn

Massenreduktion. In der Technik sind schwingende Systeme meistens aus Hebeln, Rädertrieben und anderen mit Massen und Federungseigenschaften ausgestatteten Verbindungsgliedern aufgebaut. Um den Rechnungsgang klar und übersichtlich zu gestalten, führt man die gegebene Anordnung in ein möglichst einfach gebautes dynamisch gleichwertiges System, das sogenannte *Ersatzsystem*, über.

Dynamische Gleichwertigkeit bedeutet dabei, daß die Speicherenergien der beiden Systeme — ursprüngliche Anordnung und Ersatzsystem — gleich groß sind.

Einige Beispiele sollen den Sachverhalt klarstellen.

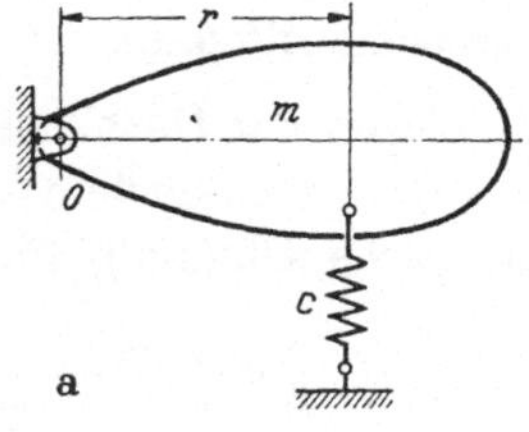

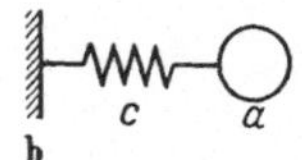

Abb. 57. Massenreduktion
a Pendel mit Feder;
b Ersatzsystem

Beispiel. Ein Körper sei um den Punkt O drehbar gelagert und werde durch eine Feder abgestützt (Abb. 57a). Das Ersatzsystem dieser Anordnung sei in Abb. 57b dargestellt. Zu bestimmen ist die Größe der Ersatzmasse a.

Wir wollen voraussetzen, daß der drehbar gelagerte Körper nur kleine Schwingungsbewegungen ausführe, so daß die Bewegung des Federangriffspunktes als geradlinig angesehen werden kann.

Mit den in Abb. 57 eingetragenen Bezeichnungen folgt aus der Gleichheit der kinetischen Energien von Masse und Ersatzmasse, mit J als Massenträgheitsmoment, bezogen auf die Drehachse O,

$$\frac{1}{2} J \dot{\chi}^2 = \frac{1}{2} a \, (r \, \dot{\chi})^2 \, .$$

Daraus ergibt sich die Ersatzmasse zu

$$a = \frac{J}{r^2}$$

Reduktion von Federn. An einem um den Punkt O drehbar angeordneten und als masselos vorausgesetzten Hebel sind drei Federn und eine Masse m angeordnet (Abb. 58a).

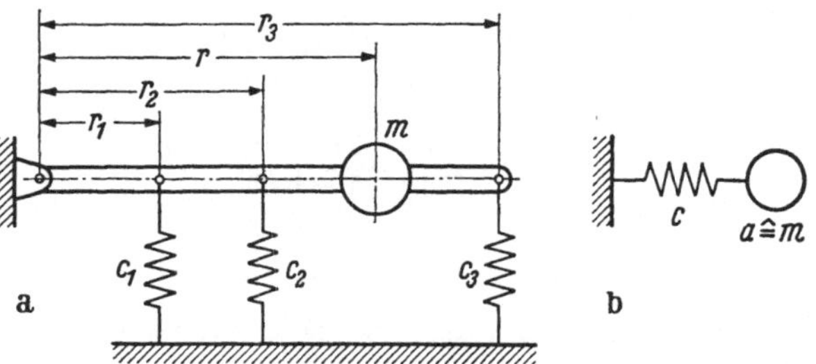

Abb. 58. Reduktion von Federn
a Mehrere an einer hebelgelagerten Masse angreifende Federn; b Ersatzsystem

Zu bestimmen ist die Federkonstante c der den drei Einzelfedern äquivalenten Ersatzfeder, die man sich an der Masse m angreifend denken kann; oder anders ausgedrückt: die drei Federn sind auf den Massenangriffspunkt A zu reduzieren.

Wegen der Gleichheit der Speicherenergien im Ursprungssystem und im reduzierten System — in diesem Falle sind es potentielle Energien — gilt (siehe Gl. (120)) für kleine Drehwinkel χ

$$\frac{1}{2} c \, (r \, \chi)^2 = \frac{1}{2} c_1 \, (r_1 \, \chi)^2 + \frac{1}{2} c_2 \, (r_2 \, \chi)^2 + \frac{1}{2} c_3 \, (r_3 \, \chi)^2 \, .$$

Daraus folgt die Federkonstante des Ersatzsystems nach Abb. 58b zu

$$c = \left(\frac{r_1}{r}\right)^2 c_1 + \left(\frac{r_2}{r}\right)^2 c_2 + \left(\frac{r_3}{r}\right)^2 c_3 \, .$$

Ein Sonderfall der Reduktion von Federn liegt dann vor, wenn

a) mehrere Federn an einem gemeinsamen Punkt angreifen und an allen Federn gleiche Federungswege auftreten. Man spricht dann von *parallel geschalteten* Federn.

b) mehrere Federn so angeordnet sind, daß sie alle die gleiche Kraft übertragen. Man spricht dann von einer *Reihenschaltung* der Federn.

Beispiel. *Parallelschaltung.* Abb. 59 zeigt eine Parallelschaltung von drei Federn. Da laut Voraussetzung gleichgroße Federwege vorhanden sind, folgt

$$P_c = P_{c1} + P_{c2} + P_{c3}, \quad \text{bzw.} \quad c \cdot q = (c_1 + c_2 + c_3)\, q\,.$$

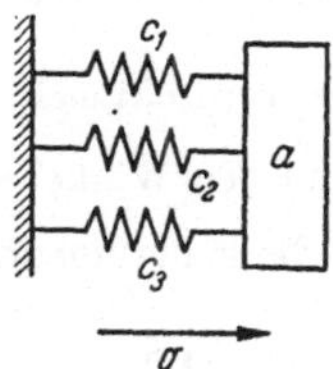

Die Federkonstante der Ersatzfeder ist dann

$$c = c_1 + c_2 + c_3\,.$$

Abb. 59. Parallelschaltung von Federn Abb. 60. Reihenschaltung von Federn

Beispiel. *Reihenschaltung.* In Abb. 60 ist eine Reihenschaltung von drei Federn dargestellt. Greift an der Masse m eine statische Kraft P_c an, dann muß diese Kraft von den einzelnen Federn an den Aufhängepunkt A weitergeleitet werden. Die an den einzelnen Federn auftretenden Federwege summieren sich zum Gesamtfederweg. Es gilt somit

$$q = q_1 + q_2 + q_3\,.$$

Mit der Definitionsgleichung $P_c = c\, q$ folgt daher mit $P_c = P_{c_1} = P_{c_2} = P_{c_3}$

$$\frac{P_c}{c} = \left(\frac{1}{c_1} + \frac{1}{c_2} + \frac{1}{c_3}\right) P_c\,,$$

und daraus

$$c = \frac{1}{1/c_1 + 1/c_2 + 1/c_3}\,,$$

oder, in einfacherer Schreibweise und als Merkform besser geeignet,

$$\frac{1}{c} = \frac{1}{c_1} + \frac{1}{c_2} + \frac{1}{c_3}\,.$$

Berechnungsbeispiel. Zu berechnen ist die Federkonstante der Ersatzfeder der Anordnung nach Abb. 61a, wenn $c_1 = 50$ kg/cm, $c_2 = 80$ kg/cm und $c_3 = 100$ kg/cm ist.

Zunächst bilden wir das Teil-Ersatzsystem nach Abb. 61b mit

$$c^* = \frac{1}{\left(\dfrac{1}{80} + \dfrac{1}{100}\right)\dfrac{\text{cm}}{\text{kg}}} = 44{,}4 \text{ kg/cm (Reihenschaltung!)}.$$

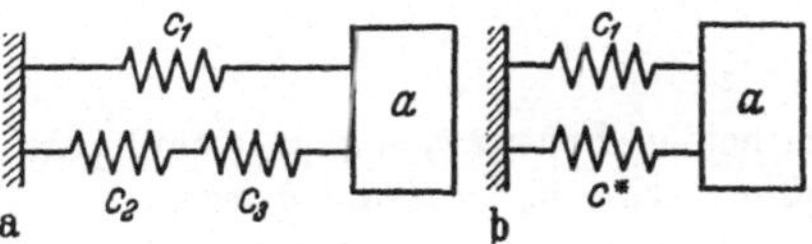

Abb. 61. Reduktion von Federn Abb. 62. Parallel geschaltete Federn
a Gegebenes System; b Teil-Ersatzsystem

Es liegt dann eine Parallelschaltung der beiden Federn c_1 und c^* vor, wofür sich die Federkonstante c der Ersatzfeder zu $c = (50 + 44{,}4)\,\dfrac{\text{kg}}{\text{cm}} = 94{,}4\,\dfrac{\text{kg}}{\text{cm}}$ ergibt.

Berechnungsbeispiel. Zu bestimmen ist die Kennkreisfrequenz des in Abb. 62 dargestellten linearen Schwingers, an dessen Masse zwei Federn angreifen.

Bei einer Auslenkung der Masse m erfahren beide Federn gleichgroße Verformungen, die beiden an der Masse angreifenden Federkräfte sind gleichgerichtet, addieren sich also, so daß eine *Parallel*schaltung der Federn vorliegt.

Damit ergibt sich die Kennkreisfrequenz ω_0 zu $\omega_0 = \sqrt{\dfrac{c_2 + c_1}{a}}$.

Berechnungsbeispiel. Gegeben ist ein Drehschwingungsgebilde nach Abb. 63a. Zu bestimmen ist die Kennkreisfrequenz ω_0.

Bei der Verdrehung der Drehmasse 1 um den Winkel χ_1 verdreht sich die Drehmasse 3 um $\chi_3 = \dfrac{r_1}{r_3}\chi_1$, während sich die Drehmasse 2 um den Winkel $\chi_2 = \dfrac{r_1}{r_2}\chi_1$ verdreht. Wir reduzieren die beiden Massen 2 und 3 sowie die Federung der Welle 2

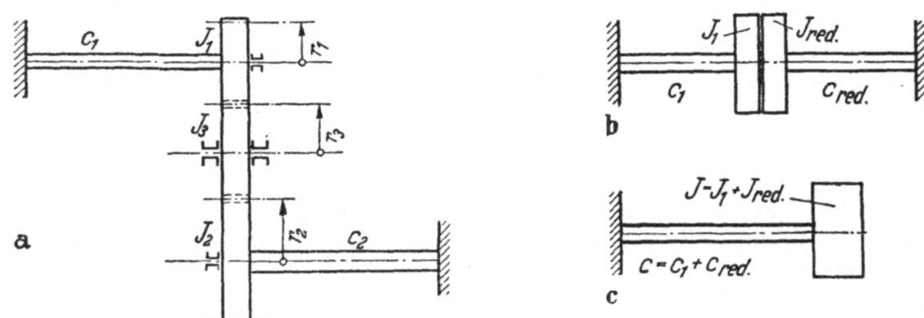

Abb. 63. Reduktion von Federn und Massen bei einem verzweigten
Drehschwingungsgebilde
a Gegebenes Drehschwingungsgebilde; b Reduziertes Drehschwingungsgebilde;
c Ersatzgebilde

auf die Achse der Welle 1, wobei wir mit J_red das Trägheitsmoment der reduzierten Drehmasse und mit c_red die reduzierte Federkonstante bezeichnen wollen. Es gelten die beiden Energiebeziehungen

$$\frac{1}{2}\, J_\text{red}\,\dot{\chi}_1^2 = \frac{1}{2}\, J_2 \left(\frac{r_1}{r_2}\dot{\chi}_1\right)^2 + \frac{1}{2}\, J_3 \left(\frac{r_1}{r_3}\dot{\chi}_1\right)^2$$

und

$$\frac{1}{2}\, c_\text{red}\,\chi_1^2 = \frac{1}{2}\, c_2 \left(\frac{r_1}{r_2}\chi_1\right)^2.$$

Daraus folgen die reduzierten Größen

$$J_\text{red} = \left(\frac{r_1}{r_2}\right)^2 J_2 + \left(\frac{r_1}{r_3}\right)^2 J_3$$

und

$$c_\text{red} = \left(\frac{r_1}{r_2}\right)^2 c_2.$$

Das Ersatzgebilde zeigt Abb. 63b. Die beiden Federn c_1 und c_red sind parallelgeschaltet und können zu der Ersatzgröße $c = c_1 + c_\text{red}$ zusammengezogen werden. Für das endgültig vorliegende Ersatzgebilde nach Abb. 63c folgt somit

$$\omega_0 = \sqrt{\frac{c_1 + \left(\dfrac{r_1}{r_2}\right)^2 c_2}{J_1 + \left(\dfrac{r_1}{r_2}\right)^2 J_2 + \left(\dfrac{r_1}{r_3}\right)^2 J_3}}.$$

Zu beachten ist, daß sich die beiden Systeme nach den Abbn. 63a u. 63b zwar energiemäßig entsprechen, nicht aber in bezug auf den Kraftfluß gleichwertig sind.

Dies folgt unmittelbar aus dem Vergleich der von den beiden Wellen c_2 und c_{red} an die Einspannstellen übertragenen Drehmomente.

Die Welle c_2 überträgt das Drehmoment

$$M_{d_2} = c_2 \cdot \chi_2 = c_2 \left(\frac{r_1}{r_2}\right) \chi_1,$$

während die Ersatzwelle c_{red} das Moment

$$M_{d_{red}} = c_{red}\, \chi_1 = c_2 \left(\frac{r_1}{r_2}\right)^2 \chi_1 = \frac{r_1}{r_2}\, M_{d2}$$

überträgt. Noch eindeutiger tritt diese Diskrepanz im Ersatzgebilde Abb. 63c hervor, da hier nur eine einzige Einspannstelle zur Ableitung des Kraftflusses an das Fundament vorhanden ist, während in der ursprünglichen Anordnung deren zwei vorhanden sind.

16. Federerregter Schwinger

Schwingungswiderstand. Wir betrachten einen ungedämpften Schwinger nach Abb. 64. Am Federfußpunkt A greife eine Kraftquelle $P = \widehat{P}\, e^{i\Omega t}$ an. Die von der Kraftquelle auf die Feder übertragene Kraft P wird in unveränderter Größe an die Masse a übertragen, so daß

$$\widehat{P} = \widehat{P}_c = \widehat{P}_a$$

ist. Im eingeschwungenen Zustande führt die Masse a eine harmonische Schwingung $q = \widehat{q}\, e^{i\Omega t}$ aus. Unter der Wirkung der von der Feder übertragenen Kraft P_c wird die Feder verformt, die Federenden — die „Klemmen" der Feder — bewegen sich relativ zueinander. Der Relativ-Federweg beträgt

$$q_c = q_A - q_a. \tag{305}$$

Die Absolutbewegung des Federfußpunktes A ergibt sich, wie man aus vorstehender Gleichungund aus Abb. 64 leicht feststellen kann, zu

$$q_A = q_a + q_c.$$

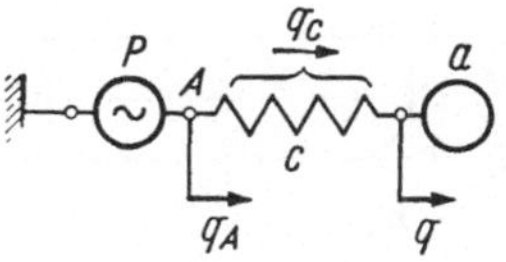

Differenzieren wir diese Gleichung nach der Zeit, so erhalten wir

$$\dot{q}_A \equiv v_A = \dot{q}_a + \dot{q}_c \equiv v_a + v_c,$$
$$\text{bzw.} \quad \widehat{v}_A = \widehat{v}_a + \widehat{v}_c. \tag{306}$$

Abb. 64
Federerregter Schwinger

Dabei ist v_c die Relativgeschwindigkeit, mit der sich die Federklemmen gegeneinander bewegen — die „*Federungsgeschwindigkeit*" — und v_A die Geschwindigkeit des Kraftangriffspunktes A.

Nach Abschn. 10 besteht Proportionalität zwischen den an den einzelnen Schaltelementen wirksamen Kräften und Geschwindigkeiten. Auf Grund der Gln. (205), (208) u. (210) können wir daher schreiben

$$\widehat{P}_a = i\,\Omega\, a\, \widehat{v}_a, \quad \text{bzw.} \quad \widehat{P}_c = \frac{1}{i\,\Omega\, 1/c}\, \widehat{v}_c.$$

Daraus ergibt sich

$$\widehat{v}_a = \frac{1}{i\,\Omega\,a}\,\widehat{P}_a, \quad \text{bzw.} \quad \widehat{v}_c = i\,\Omega\,\frac{1}{c}\,\widehat{P}_c. \tag{307}$$

Setzen wir diese Ausdrücke in Gl. (306) ein, ergibt sich mit $\widehat{P}_a = \widehat{P}_c = \widehat{P}$

$$\widehat{v}_A = \left(\frac{1}{i\,\Omega\,a} + i\,\Omega\,\frac{1}{c}\right)\widehat{P}. \tag{308}$$

Daraus folgt der Schwingungswiderstand des federerregten Schwingers, bezogen auf den Federfußpunkt A, gemäß Definitionsgleichung (205) zu

$$\tag{309}$$

$$\Re_A \equiv \frac{\widehat{P}}{\widehat{v}_A} = \frac{1}{\dfrac{1}{i\,\Omega\,a} + i\,\Omega\,1/c} = \frac{i\,\Omega\,a}{1 - \Omega^2\,\dfrac{a}{c}} = \frac{i\,\dfrac{\Omega}{\omega_0}\,a\,\omega_0}{1 - \left(\dfrac{\Omega}{\omega_0}\right)^2} = i\,\frac{\eta}{1-\eta^2}\,\sqrt{a\,c}.$$

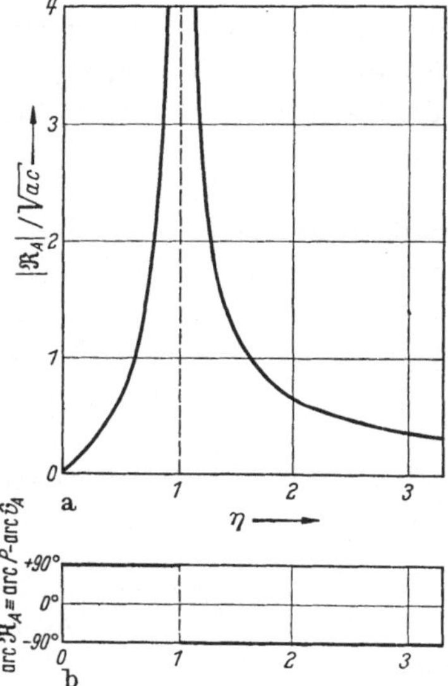

Frequenzgang des Schwingungswiderstandes. Der Schwingungswiderstand $\Re_A$ ist eine rein imaginäre Größe, dessen Betrag $|\Re_A|$ und Nullphasenwinkel arc $\Re_A$ aus Gl. (309) zu

$$|\Re_A| = \frac{\eta}{1-\eta^2}\,\sqrt{a\,c} \tag{310}$$

bzw.

$$\text{arc } \Re_A\,\big|_{\eta<1} = +\,\pi/2, \quad \text{bzw.}$$

$$\text{arc } \Re_A\,\big|_{\eta>1} = -\frac{\pi}{2} \tag{311}$$

folgen.

Der Frequenzgang der beiden Größen $\dfrac{|\Re_A|}{\sqrt{a\,c}}$ und arc $\Re_A$ ist in Abb. 65 dargestellt.

Abb. 65. Frequenzgang des Schwingungswiderstandes eines federerregten Schwingers. a Frequenzgang des bezogenen Betrages $\dfrac{|\Re_A|}{\sqrt{a\,c}}$; b Frequenzgang des Argumentes arc $\Re_A \equiv$ arc $\widehat{P} -$ arc $\widehat{v}_A$

Antiresonanz. Für $\eta = 1$ geht, wie man der Gl. (310) entnehmen kann, $|\Re_A| \to \infty$.

D. h., bei einem auf die Erregerkreisfrequenz Ω abgestimmten federerregten Schwinger besitzt die Schwingungsamplitude des Federfußpunktes A bei einer *endlich* großen Erregerkraft-Amplitude den Wert 0, denn nur dann ist $|\Re_A| \equiv \dfrac{|\widehat{P}|}{|\widehat{v}_A|} = \dfrac{|\widehat{P}|}{0} \to \infty$. Oder aber: zur Erzwingung *endlich* großer Schwingungsamplituden des Federfußpunktes A wäre eine *unendlich* große Erregerkraft-Amplitude erforderlich $\left(|\Re_A| = \dfrac{\infty}{|\widehat{v}_A|} \to \infty\right)$.

Diese Erscheinung bezeichnet man als *Antiresonanz*. Die Antiresonanz spielt bei gekoppelten Schwingungsgebilden eine große Rolle und wird insbesondere zur Tilgung von Schwingungen (dynamische Schwingungstilger) ausgenutzt.

Scheinbare Masse des federerregten Schwingers. Bringen wir die Gl. (309) auf die Form

$$\mathfrak{R}_A = \frac{i\,\Omega\,a}{1 - \Omega^2 \dfrac{a}{c}} = i\,\Omega \cdot \frac{a}{1 - \eta^2}, \tag{312}$$

so kann man $\mathfrak{R}_A$ als mechanischen Widerstand des auf den Federfußpunkt A reduzierten Feder-Masse-Systems nach Abb. 64 betrachten. Vergleichen wir obigen Ausdruck mit Gl. (208), so erkennen wir, daß das reduzierte Feder-Masse-System wie eine Masse von der Größe

$$a^* = \frac{a}{1 - \eta^2} \qquad \left(\text{mit } \eta = \frac{\Omega}{\sqrt{c/a}}\right), \tag{313}$$

die wir als *Ersatzmasse* des Systems bezeichnen wollen, auf die Kraftquelle wirkt (Abb. 66).

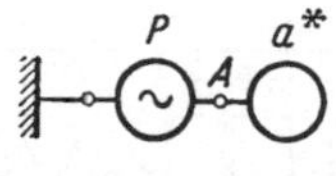

Abb. 66. Ersatzgebilde des federerregten Schwingers

Die Ersatzmasse c^* wird mit zunehmendem Frequenzverhältnis η größer und wächst bei $\eta = 1$ über alle Grenzen, so daß dann bei endlicher Größe der Erregerkraft kein Schwingungsweg auftreten kann (Antiresonanz).

Zu beachten ist, daß für $\eta > 1$, wenn also die Erregerkreisfrequenz Ω größer als die Kennkreisfrequenz $\omega_0 = \sqrt{\dfrac{c}{a}}$ ist, die Ersatzmasse a^* negativ wird. Negative Massen sind nicht realisierbar.

Bringen wir aber Gl. (312) auf die Form

$$\mathfrak{R}_A = \frac{1}{i\,\Omega\,\dfrac{\eta^2 - 1}{\Omega^2\,a}},$$

so erkennen wir beim Vergleich mit der Gleichung des Schwingungswiderstandes einer Feder, $\mathfrak{R}_c = \dfrac{1}{i\,\Omega\,1/c}$ (Gl. (210)), daß das auf den Feder-Fußpunkt A reduzierte federerregte System für Werte $\eta > 1$ wie eine *Feder* mit der (frequenzabhängigen) Federkonstanten

$$c^* = \frac{\Omega^2\,a}{\eta^2 - 1} = \frac{\dfrac{\Omega^2}{\omega_0^2}\,\omega_0^2\,a}{\eta^2 - 1} = \frac{c}{1 - \dfrac{1}{\eta^2}} \tag{314}$$

wirkt.

Scheinbare Masse einer Schwingerkette. So wie sich ein einfacher federerregter Schwinger auf eine Ersatzmasse zurückführen läßt, können auch allgemeine Schwingungsgebilde, etwa nach Art der in Abschn. 21 behandelten *Schwingerketten*, auf eine einzige Ersatzmasse zurückgeführt werden.

An Hand der in Abb. 67a dargestellten einfachen Schwingerkette, die aus drei durch Federn gekoppelte Einzelmassen besteht, wollen wir das Auffinden der Ersatzmasse kurz erläutern. Wir betrachten das Teilsystem $a_0 - c_1$ als federerregten Schwinger, dessen Ersatzmasse durch Gl. (313) zu

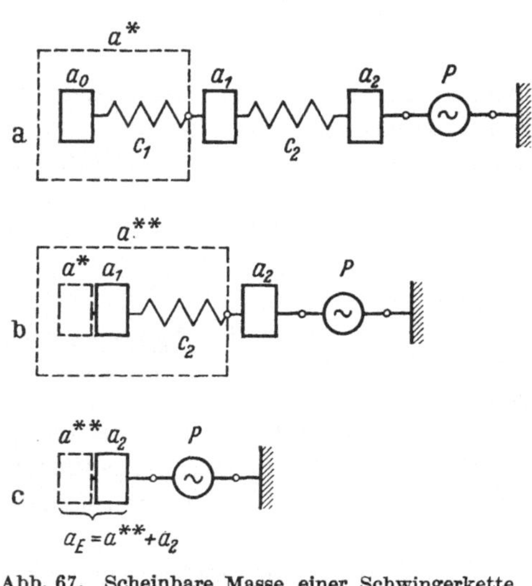

Abb. 67. Scheinbare Masse einer Schwingerkette
a Schwingerkette; b Teil-Ersatzgebilde;
c Ersatzgebilde

$$a* = \frac{a_0}{1 - \Omega^2 \dfrac{a_0}{c_1}} \qquad (315)$$

gegeben ist. Die Schwingerkette kann dann durch das System nach Abb. 67b dargestellt werden.

Das Teilsystem $(a_1 + a*) - c_2$ kann man wieder als federerregten Schwinger mit der Ersatzmasse

$$a** = \frac{a_1 + a*}{1 - \Omega^2 \dfrac{a_1 + a*}{c_2}} \qquad (316)$$

betrachten. Die Schwingerkette kann daher gemäß Abb. 69b u. 69c auf die Ersatzmasse

$$a_E = a_2 + a** \qquad (317)$$

zurückgeführt werden.

Besitzt die Schwingerkette mehr als 3 Massen, dann kann sie durch schrittweises Wiederholen des vorbeschriebenen Verfahrens ebenfalls auf eine einzelne Ersatzmasse a_E zurückgeführt werden.

Der Schwingungswiderstand $\Re$ einer Schwingerkette mit ν Massen ist dann gemäß Gl. (208) gegeben durch

$$\Re = i \Omega \, a_E . \qquad (318)$$

Drückt man den Schwingungswiderstand $\Re$ durch den Quotienten $\dfrac{\widehat{P}_\nu}{\widehat{v}_\nu}$ [Gl. (205)] aus, wobei $\widehat{P}_\nu$ die komplexe Amplitude der an der Masse $\widehat{a}_\nu$ angreifenden Wechselkraft, und $\widehat{v}_\nu = i \Omega \widehat{q}_\nu$ die komplexe Amplitude der Schwingungsgeschwindigkeit der Masse a_ν ist, so ergibt sich aus Gl. (318) die Ersatzmasse a_E bei *gegebenen* Größen $\widehat{P}_\nu =$ und $\widehat{v}_\nu \, i \Omega \widehat{q}_\nu$, zu

$$a_E = \frac{\Re}{i \Omega} = \frac{\widehat{P}}{i \Omega \widehat{v}_\nu} = - \frac{\widehat{P}_\nu}{\Omega^2 \widehat{q}_\nu} . \qquad (319)$$

Zu beachten ist, daß Vorzeichen und Größe der Ersatzmasse frequenzabhängig sind.

Die praktische Bedeutung des Begriffes der Ersatzmasse von Schwingerketten werden wir bei der Berechnung von Eigenschwingungszahlen von Drehschwingungsgebilden ersehen (Abschn. 21).

17. Offene Schwingungsgebilde

Grundbeziehungen. Ein Schwingungsgebilde, bei dem keine Bindungen mit dem festen Bezugssystem bestehen, wird als *offenes* Schwingungsgebilde bezeichnet. Die einfachste Form eines solchen Gebildes ist in Abb. 68a dargestellt. Es handelt sich um eine drehbar gelagerte Welle, die an ihren freien Enden je eine Drehmasse trägt. Das analoge Gebilde in Form eines Geradeaus-Schwingers zeigt Abb. 68b.

Gebilde dieser Art können freie Schwingungen ausführen. Ihre Kennkreisfrequenz wollen wir mit ω_0 bezeichnen.

Der weiteren Betrachtung legen wir einen Geradeaus-Schwinger gemäß Abb. 68b zugrunde.

Da laut Voraussetzung keine Bindungskräfte von außen her wirksam werden, muß der Gesamtschwerpunkt des Systems in Ruhe bleiben. Daraus folgt, daß die beiden Massen gegenphasig schwingen müssen, und daß die Massenkräfte $|\widehat{P}_{a_1}|$ und $|\widehat{P}_{a_2}|$ gleich groß sind. Es gilt daher

$$|\widehat{P}_{a_1}| = |\widehat{P}_{a_2}|.$$

Mit $\widehat{P}_a = i\,\omega_0\,a\,\hat{v}$ (Gl. (201)) folgt daraus mit $\hat{v} = i\,\omega_0\,\hat{q}$

$$\frac{|\hat{q}_1|}{|\hat{q}_2|} = \frac{a_2}{a_1}, \qquad (320)$$

d. h., die Schwingungswege der Massen verhalten sich umgekehrt wie die Massen.

Die beiden Federenden bewegen sich gegensinnig zueinander. *Ein* Punkt auf der Federachse wird daher in Ruhe bleiben (in Abb. 68c mit A bezeichnet).

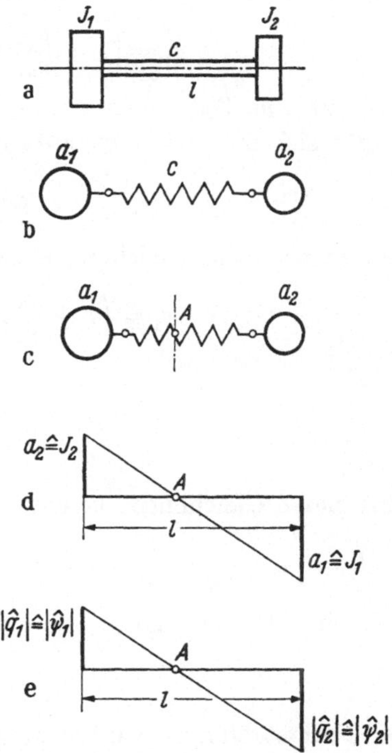

Abb. 68. Offene Schwingungsgebilde a Drehschwinger; b Analoger Geradeaus-Schwinger; c Aufteilung in zwei Einzelschwinger gleicher Kennfrequenz (A = Schwingungsknoten); d Aufsuchen des Schwingungsknotens; e Schwingungsform

Man kann sich die Feder im Punkte A fest eingespannt denken, so daß der offene Schwinger durch zwei Einzelschwinger, die die gleiche Kennkreisfrequenz besitzen, ersetzt werden kann. Bezeichnen wir mit c_1 und c_2 die Federkonstanten der Teilfedern, so gelten die Grundbeziehungen

$$\widehat{P}_{a_1} = c_1 \widehat{q}_1, \qquad \widehat{P}_{a_2} = c_2 \widehat{q}_2.$$

Wegen $\left|\widehat{P}_{a_1}\right| = \left|\widehat{P}_{a_2}\right|$ folgt daraus mit Gl. (320)

$$\frac{c_1}{c_2} = \frac{a_1}{a_2}. \tag{321}$$

Andererseits kann man die Gesamtfeder c als Reihenschaltung der beiden Teilfedern c_1 u. c_2 auffassen, so daß (siehe Beispiel auf Seite 87)

$$\frac{1}{c} = \frac{1}{c_1} + \frac{1}{c_2} \tag{322}$$

sein muß.

Durch Verknüpfung der beiden letzten Gleichugen erhalten wir die Federkonstanten der Teilfedern zu

$$c_1 = \left(1 + \frac{a_1}{a_2}\right) c, \qquad c_2 = \left(1 + \frac{a_2}{a_1}\right) c. \tag{323}$$

Besteht die Feder aus einem homogenen prismatischen Stab, dann ergibt sich die Federkonstante nach Gl. (94) zu

$$c = \frac{E\,F}{l}.$$

Setzen wir diese Gleichung in die Ausdrücke (323) ein, erhalten wir

$$\left.\begin{aligned} c_1 &= \left(1 + \frac{a_1}{a_2}\right) \frac{E\,F}{l} = \frac{E\,F}{\dfrac{l}{1 + a_1/a_2}} \\[2mm] c_2 &= \left(1 + \frac{a_2}{a_1}\right) \frac{E\,F}{l} = \frac{E\,F}{\dfrac{l}{1 + a_2/a_1}} \end{aligned}\right\} \tag{324}$$

Aus diesen Gleichungen können wir sofort die Längen der Teilfedern zu

$$l_1 = \frac{l}{1 + a_1/a_2} = \frac{a_2}{a_1 + a_2}\, l \quad \text{und} \quad l_2 = \frac{l}{1 + a_2/a_1} = \frac{a_1}{a_1 + a_2}\, l \tag{325}$$

ablesen. Daraus folgt

$$\frac{l_1}{l_2} = \frac{a_2}{a_1}. \tag{326}$$

Die Federstablänge l wird im umgekehrten Verhältnis der Massen unterteilt. Die gleiche Beziehung gilt für einen Drehschwinger, sowie für einen Geradeausschwinger, dessen Feder eine zylindrische Schraubenfeder der aktiven Länge l ist. Der Festpunkt A, man nennt ihn *Schwingungsknoten*, kann daher leicht konstruiert werden (siehe Abb. 68d). Da die

Federwege längs der Feder linear abnehmen, kann die *Schwingungsform* der Anordnung leicht gefunden werden, indem man die Schwingungsweg-Amplituden der Massen an den Stabenden senkrecht zur Stabachse aufträgt und durch eine Gerade verbindet (Abb. 68e).

Die Kennkreisfrequenz des Schwingers folgt mit Gl. (324) zu

$$\omega_0 = \sqrt{\frac{c_1}{a_1}} = \sqrt{\frac{1 + \frac{a_1}{a_2}}{a_1} \frac{EF}{l}} = \sqrt{\left(\frac{1}{a_1} + \frac{1}{a_2}\right)\frac{EF}{l}} . \tag{327}$$

Geht man vom Teilschwinger 2 aus, so erhält man mit $\omega_0 = \sqrt{\frac{c_2}{a_2}}$ den gleichen Ausdruck für ω_0.

III. Schwingungsgebilde mit mehreren Freiheitsgraden

Allgemeine Betrachtungen. Den in den vorhergehenden Abschnitten behandelten Schwingungsaufgaben lagen Gebilde von 1 Freiheitsgrad zugrunde. In den zugehörigen Schwingungsgleichungen kam stets nur *eine* unabhängige Lagekoordinate vor.

Bei Gebilden mit mehreren Freiheitsgraden — man spricht von *gekoppelten* Schwingungsgebilden oder kurz *Koppelgebilden* — sind zur vollständigen Kennzeichnung des Bewegungsablaufes mehrere voneinander unabhängige Lagekoordinaten — ihre Anzahl bestimmt den Freiheitsgrad der Anordnung — erforderlich.

Ist n die Anzahl der Freiheitsgrade, dann müssen n voneinander unabhängige Lagekoordinaten vorhanden sein, zu deren Bestimmung n Gleichungen erforderlich sind. Mathematisch bedeutet dies, daß bei der Berechnung von Koppelgebilden stets Systeme von Gleichungen aufzulösen sind.

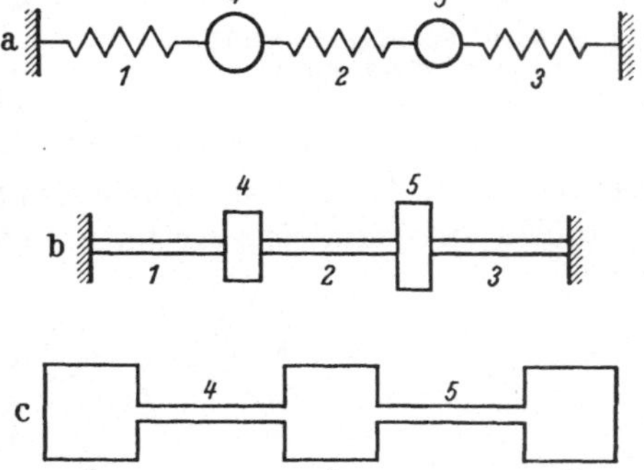

Abb. 69. Schwingungsgebilde mit 2 Freiheitsgraden
a Geradeaus-Schwinger; b Drehschwinger; c Akustisches Gebilde

In Ergänzung zu den bereits auf Seite 29 erwähnten Formen von Gebilden mit mehreren Freiheitsgraden seien an dieser Stelle ganz kurz noch einige kennzeichnende Beispiele angeführt.

Abb. 69 zeigt drei Formen dynamisch gleichwertiger Schwinger mit 2 Freiheitsgraden:

a) Geradeaus-Schwinger mit Einzelmassen und Federn,
b) Drehschwingungsgebilde mit einzelnen Drehmassen,
c) akustisches Gebilde.

Beispielsweise besitzt ein zur Zeichenebene symmetrisch ausgebildetes Maschinenfundament mit fest montierter Maschine 3 Freiheitsgrade (Lineare Verschiebungen in x- und in y-Richtung, Drehung um senkrechte Achse durch Schwerpunkt S).

Die Abb. 70 zeigt ein Fundament, auf dem eine Maschine federnd montiert ist. Da die Zusatzmasse (Maschine) relativ zum Fundament drehbar ist, sind 4 Freiheitsgrade vorhanden.

Ein räumlich bewegliches Fundament besitzt 6 Freiheitsgrade (Lineare Verschiebungen in 3 Achsenrichtungen und Drehungen um 3 Achsen).

Eine Hauptgruppe von Koppelgebilden größter technischer Wichtigkeit stellen die sog. *Schwingerketten* [13] dar.

Einige charakteristische Beispiele sind in Abb. 71 dargestellt.

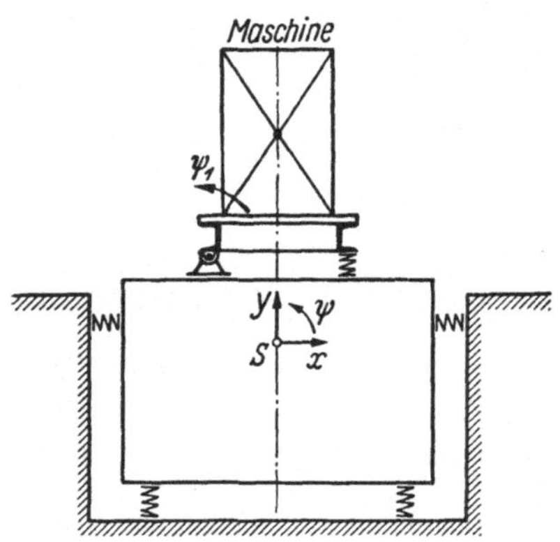

Abb. 70. Schwingungsgebilde mit 4 Freiheitsgraden

Abb. 71a zeigt eine sog. *unverzweigte* oder schlichte Kette, wie sie insbesondere bei Wellen mit Drehmassen vorkommt. Abb. 71b veranschaulicht eine *verzweigte* Kette, wie sie bei Rädertrieben mit Wellen-

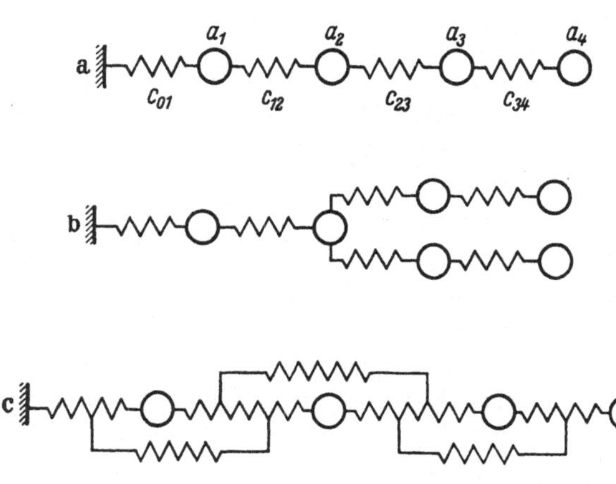

Abb. 71. Schwingerketten
a Unverzweigte Kette; b Verzweigte Kette; c Nebenschlüssige Kette

verzweigungen auftritt, und in Abb. 71c ist eine *nebenschlüssige* Kette gezeigt, die als Ersatzbild von gekröpften Kurbelwellen betrachtet werden kann.

Das kennzeichnende mechanische Verhalten von Koppelgebilden besteht darin, daß die Bewegungen jeder einzelnen Masse Rückwirkungen auf die anderen Massen ausüben.

Um einen Überblick über die auftretenden Probleme zu erhalten, werden wir zunächst die einfachste Form eines Koppelschwingers, einen Schwinger mit 2 Freiheitsgraden, betrachten.

18. Schwinger mit 2 Freiheitsgraden

Ungedämpfte Schwingungen. Wir betrachten das in Abb. 72a dargestellte Gebilde, auf dessen Massen Wechselkräfte

$$P_{01} = \widehat{P}_{01}\, e^{i\,\Omega\,t} \quad \text{und} \quad P_{02} = \widehat{P}_{02}\, e^{i\,\Omega\,t} \tag{328}$$

einwirken.

Zunächst führen wir Zählrichtungen für die positiven Wirkrichtungen der Wegkoordinaten und deren zeitlichen Ableitungen, sowie der Erreger-

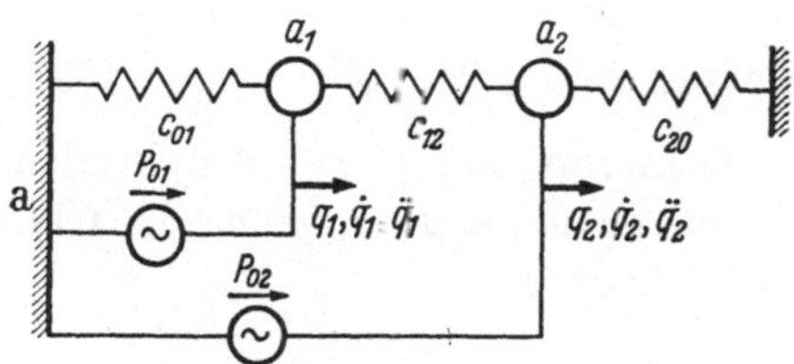

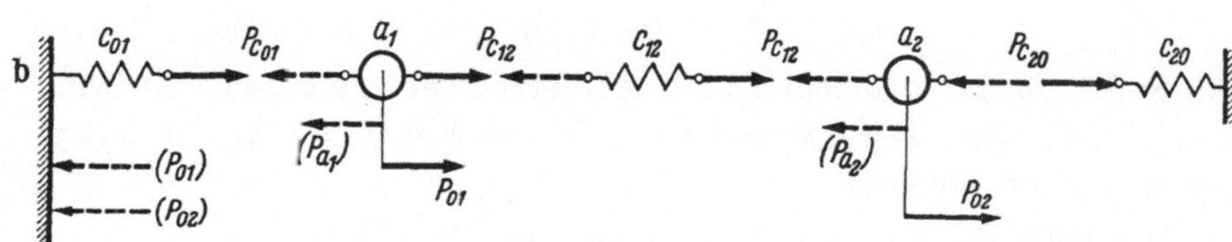

Abb. 72. Ungedämpfter Schwinger mit 2 Freiheitsgraden
a Wirkplan; b Freigemachtes System

kräfte P_{01} und P_{02}, ein. Dann lösen wir in bekannter Weise die körperhaften Bindungen der Massen und bringen die gleichwertigen Bindungskräfte an (siehe Abb. 72b).

Der zeichnerischen Darstellung der Kräfte wollen wir die bereits in den früheren Abschnitten verwendeten Bezeichnungen zugrunde legen.

Die an den in Abb. 72b dargestellten Einzelmassen angreifenden Kräfte müssen Gleichgewichtssysteme bilden. Es gilt somit

$$-P_{a_1} - P_{c_{01}} + P_{c_{12}} + P_{01} = 0 \tag{329}$$

und

$$-P_{a_2} - P_{c_{12}} - P_{c_{20}} + P_{02} = 0 \tag{330}$$

Die Einzelkräfte ergeben sich nach den bereits in den vorhergehenden Abschnitten festgelegten Definitionen zu

$$P_{a_1} = a_1 \ddot{q}_1, \quad P_{c_{01}} = c_{01}\, q_1, \quad P_{c_{12}} = c_{12}\,(q_2 - q_1), \quad P_{a_2} = a_2\, \ddot{q}_2,$$

$$P_{c_{20}} = c_{20}\, q_2 \tag{331}$$

Setzen wir diese Ausdrücke in die Gln. (329) und (330) ein, erhalten wir

$$a_1 \ddot{q}_1 + (c_{01} + c_{12})\, q_1 - c_{12}\, q_2 = P_{01}$$

$$a_2 \ddot{q}_2 + (c_{12} + c_{20})\, q_2 - c_{12}\, q_1 = P_{02}. \tag{332}$$

Es liegen 2 Differentialgleichungen mit 2 Veränderlichen vor. Wäre $c_{12} = 0$, würden wir zwei voneinander unabhängige Diff.-Gleichungen mit je 1 Unbekannten erhalten, d. h., es wären zwei getrennte, ungekoppelte Schwinger vorhanden.

Im vorliegenden Falle bildet die Feder das koppelnde Glied. Man bezeichnet diesen Fall als *Federkopplung*.

Mit dem Lösungsansatz

$$q_1 = \widehat{q}_1\, e^{i\,\Omega\, t} \quad \text{und} \quad q_2 = \widehat{q}_2\, e^{i\,\Omega\, t}, \tag{333}$$

wobei $\widehat{q}_1$ und $\widehat{q}_2$ die vorerst noch unbekannten komplexen Amplituden der Schwingungswege der beiden Massen a_1 und a_2 sind, gehen die Gln. (332) nach Abkürzen des Faktors $e^{i\,\Omega\, t}$ über in

$$(c_{01} + c_{12} - a_1 \Omega^2)\, \widehat{q}_1 \qquad\qquad - c_{12}\, \widehat{q}_2 = \widehat{P}_{01}$$

$$- c_{12}\quad \widehat{q}_1 + (c_{12} + c_{20} - a_2 \Omega^2)\, \widehat{q}_2 = \widehat{P}_{02}. \tag{334}$$

An Stelle von Diff.-Gleichungen liegen jetzt zwei algebraische Gleichungen vor, die ohne weiteres nach den beiden Unbekannten $\widehat{q}_1$ und $\widehat{q}_2$ aufgelöst werden können.

Mit Hilfe der Determinantentheorie erhalten wir

$$\widehat{q}_1 = \frac{D_1}{D} \quad \text{und} \quad \widehat{q}_2 = \frac{D_2}{D}, \tag{335}$$

wobei D_1, D_2 und D die aus den Koeffizienten des Gleichungssystems (334) gebildeten, nachstehend beschriebenen, Determinanten sind.

$$D_1 = \begin{vmatrix} \widehat{P}_{01} & - c_{12} \\ \widehat{P}_{02} & (c_{12} + c_{20} - a_2 \Omega^2) \end{vmatrix}; \quad D_2 = \begin{vmatrix} (c_{01} + c_{12} - a_1 \Omega^2) & \widehat{P}_{01} \\ - c_{12} & \widehat{P}_{02} \end{vmatrix}$$

$$D = \begin{vmatrix} (c_{01} + c_{12} - a_1 \Omega^2) & - c_{12} \\ - c_{12} & (c_{12} + c_{20} - a_2 \Omega^2) \end{vmatrix}. \tag{336}$$

Bevor wir auf nähere Einzelheiten der gefundenen Lösung eingehen, wollen wir zunächst die *Eigenfrequenz* des Systems bestimmen.

Freie ungedämpfte Schwingung. Unter freier Schwingung versteht man die Gesamtheit des Bewegungsvorganges, der nach einem einmaligen Anstoß eines gekoppelten Gebildes ohne weitere Einwirkung äußerer Kräfte selbsttätig abläuft.

Die im vorhergehenden Abschnitt abgeleiteten Bewegungsgleichungen und ihre Lösungen behalten auch für den Fall der freien Schwingungen ihre Gültigkeit, wenn man beachtet, daß sowohl $\widehat{P}_{01}$ als auch $\widehat{P}_{02}$ für diesen Fall Null sein müssen; d. h., das Gleichungssystem (334) geht in ein *homogenes* System über.

Unter dieser Voraussetzung werden die beiden Determinanten D_1 und D_2 identisch zu Null.

Die Lösungen nach Gl. (344) lauten dann

$$\widehat{q}_1 = \frac{0}{D} \quad \text{bzw} \quad \widehat{q}_2 = \frac{0}{D}. \tag{337}$$

Soll das homogene Gleichungssystem außer den trivialen Lösungen $\widehat{q}_1 = 0$ bzw. $\widehat{q}_2 = 0$ noch Lösungen endlicher Größe besitzen, muß die Nennerdeterminante D identisch Null werden, denn nur die Gleichung $\widehat{q} = \frac{0}{0}$ liefert endliche Werte von $\widehat{q}$.

Die Auswertung der in Gl. (335) angegebenen Nennerdeterminanten D ergibt, wenn wir gleichzeitig ω an Stelle von Ω schreiben,

$$D = (c_{01} + c_{12} - a_1 \omega^2)(c_{12} + c_{20} - a_2 \omega^2) - c_{12}^2. \tag{338}$$

Nach Ausmultiplizieren und Ordnen erhalten wir mit der Bedingung $D \equiv 0$ die sogenannte *Frequenzfunktion* $F(\omega^2)$, nämlich die Bestimmungsgleichung für jene Kreisfrequenzen, bei denen Eigenschwingungen mit Amplituden endlicher Größe auftreten können, zu

$$F(\omega^2) \equiv 0 = (\omega^2)^2 - \left(\frac{c_{01} + c_{12}}{a_1} + \frac{c_{12} + c_{20}}{a_2}\right) \omega^2 + \frac{c_{01} + c_{12}}{a_1} \frac{c_{12} + c_{20}}{a_2} - \frac{c_{12}^2}{a_1 a_2} \tag{339}$$

Zur Vereinfachung des Rechnungsganges führen wir folgende Setzungen ein:

$$\omega_{\mathrm{I}}^2 = \frac{c_{01} + c_{12}}{a_1}, \quad \frac{\dfrac{c_{12}}{a_1}}{\omega_{\mathrm{I}}^2} = \frac{c_{12}}{a_1 \dfrac{c_{01} + c_{12}}{a_1}} = \frac{1}{1 + \dfrac{c_{01}}{c_{12}}} = k_{12}$$

$$\omega_{\mathrm{II}}^2 = \frac{c_{12} + c_{20}}{a_2}, \quad \frac{\dfrac{c_{12}}{a_2}}{\omega_{\mathrm{II}}^2} = \frac{c_{12}}{a_2 \dfrac{c_{12} + c_{20}}{a_2}} = \frac{1}{1 + \dfrac{c_{20}}{c_{12}}} = k_{21}. \tag{340}$$

Damit erhalten wir

$$F(\omega^2) \equiv 0 = (\omega^2)^2 - (\omega_{\mathrm{I}}^2 + \omega_{\mathrm{II}}^2)\,\omega^2 + (1 - k_{12}\,k_{21})\,\omega_{\mathrm{I}}^2\,\omega_{\mathrm{II}}^2. \tag{341}$$

Für $k_{12}\, k_{21} = k^2$ gesetzt und nach ω^2 aufgelöst, ergibt

$$_1\omega_2^2 = \frac{1}{2}\,(\omega_{\mathrm{I}}^2 + \omega_{\mathrm{II}}^2) \pm \sqrt{\frac{1}{4}\,(\omega_{\mathrm{I}}^2 + \omega_{\mathrm{II}}^2)^2 - (1 - k^2)\,\omega_{\mathrm{I}}^2\,\omega_{\mathrm{II}}^2} \qquad (342)$$

Wir erhalten somit 2 Eigenfrequenzen, d. h. Eigenschwingungen können bei 2 verschieden großen Frequenzen bestehen.

Partialkreise. Die substituierten Größen ω_{I} und ω_{II} lassen sich physikalisch einfach deuten:

Es sind die Kennkreisfrequenzen jener Schwinger vom Freiheitsgrad 1, die wir erhalten, wenn wir im gekoppelten System nach Abb. 72a jeweils eine der beiden Massen festhalten. Diese Teilgebilde wollen wir *Partialkreise* des Koppelgebildes nennen.

Diesen Begriff wollen wir auch bei Koppelgebilden höherer Freiheitsgrade anwenden, so daß wir ganz allgemein sagen können: Die Partialkreise eines Koppelgebildes erhalten wir, wenn wir der Reihe nach jeweils alle Massen außer einer einzigen festgehalten denken. Beispielsweise besteht der 3. Partialkreis des Schwingers gemäß Abb. 71a aus der Masse a_3 und den beiden parallelgeschalteten Federn c_{23} und c_{34}, so daß $\omega_{\mathrm{III}}^2 = \dfrac{c_{23} + c_{34}}{a_3}$ wird.

Zeichnerische Ermittlung der Eigenfrequenzen. Die Lösungen der Frequenzfunktion $F(\omega^2) \equiv 0$ lassen sich mit Hilfe eines Verfahrens, das dem in der Festigkeitslehre verwendeten Rechenverfahren mit Hilfe des Mohrschen Spannungskreises entspricht, einfach bestimmen.

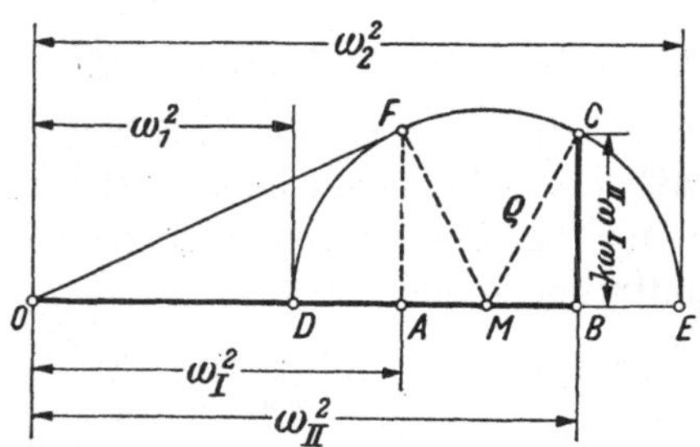

Abb. 73. Zeichnerische Ermittlung der Eigenwerte

Wir tragen (siehe Abb. 73) die Größen ω_{I}^2 und ω_{II}^2 als Strecken $\overline{OA}$ bzw. $\overline{OB}$ auf einer horizontalen Achse auf. Auf einer Senkrechten in B tragen wir die Strecke $\overline{BC} = k\,\omega_{\mathrm{I}}\,\omega_{\mathrm{II}}$ ab. Die Strecke $\overline{AB}$ wird halbiert.

Mit dem Halbierungspunkt M als Mittelpunkt schlagen wir einen Halbkreis durch C, der die Achse in den Punkten D und E schneidet. Die gesuchten Eigenwerte sind dann durch die Strecken $\overline{OD}$ und $\overline{OE}$ gegeben, d. h.

$$\omega_1^2 = \overline{OD} \quad \text{bzw.} \quad \omega_2^2 = \overline{OE}. \qquad (343)$$

Beweis:

Zunächst folgt aus Gl. (341) nach dem Satz von Vieta die Koeffizientenbeziehung

$$(\omega_{\mathrm{I}}^2 + \omega_{\mathrm{II}}^2) = \omega_1^2 + \omega_2^2, \qquad (1 - k)\,\omega_{\mathrm{I}}^2\,\omega_{\mathrm{II}}^2 = \omega_1^2 \cdot \omega_2^2. \qquad (344)$$

Aus Abb. 73 folgt:

$$1. \quad \overline{OM} = \frac{1}{2}\left(\overline{OD} + \overline{OE}\right) = \frac{1}{2}\left(\overline{OA} + \overline{OB}\right),$$

d. h.

$$\frac{1}{2}\left(\omega_1^2 + \omega_2^2\right) = \frac{1}{2}\left(\omega_I^2 + \omega_{II}^2\right)$$

2. Aus der Potenzeigenschaft von Kreisen folgt mit $\varrho^2 = \overline{MB}^2 + \overline{BC}^2$

$$\overline{OD} \cdot \overline{OE} = \overline{OF}^2$$

$$= \overline{OM}^2 - \varrho^2 = \left(\frac{\omega_I^2 + \omega_{II}^2}{2}\right)^2 - \left[\left(\frac{\omega_{II}^2 - \omega_I^2}{2}\right)^2 + (k\,\omega_I\,\omega_{II})^2\right]$$

$$\omega_1^2 \cdot \omega_2^2 = \omega_I^2\,\omega_{II}^2 - k^2\,\omega_I^2\,\omega_{II}^2 = (1 - k^2)\,\omega_I^2\,\omega_{II}^2$$

Vergleichen wir diese Ergebnisse mit den Gln. (344), so erkennen wir volle Übereinstimmung.

Diskussion der Lösung. 1. Das ungedämpfte gekoppelte Schwingungssystem mit 2 Freiheitsgraden besitzt 2 Eigenfrequenzen — wir wollen sie *Kennfrequenzen* nennen — bei denen Eigenschwingungen möglich sind.

2. Bei Federkopplung sind die Eigenwerte stets kleiner bzw. größer als die kleinsten bzw. größten Eigenwerte der Partialkreise, d. h. die Eigenfrequenzen sind gegenüber den Eigenfrequenzen der Partialkreise nach oben und nach unten hin verschoben.

3. Der Abstand der Eigenwerte des Koppelgebildes von den Eigenwerten der Partialkreise wird desto größer, je größer der Koppelfaktor k — je größer das Koppelglied c_{12} —, m. a. W., je stärker die Kopplung der beiden Partialkreise ist.

Für Koppelgebilde höherer Freiheitsgrade ergeben sich analoge Verhältnisse, so daß wir ganz allgemein sagen können: Kopplungen bewirken Eigenschwingungszahlen, die gegenüber denen der Partialkreise nach oben bzw. nach unten hin verschoben sind.

Diese Verschiebung läßt sich leicht erklären. Die erste der beiden Gleichgewichtsbeziehungen nach Gl. (334) geht für den kräftefreien Fall mit $\widehat{P}_{01} = 0$ und $\Omega = \omega =$ Kennkreisfrequenz über in

$$(c_{01} + c_{12} - a_1\,\omega^2)\,\widehat{q}_1 - c_{12}\,\widehat{q}_2 = 0.$$

Mit $\omega_I^2 = \dfrac{c_{01} + c_{12}}{a_1}$ folgt hieraus

$$\frac{\widehat{q}_1}{\widehat{q}_2} = \frac{\omega_I^2 - \omega^2}{\dfrac{c_{12}}{a_1}}.$$

Da ω zwei verschieden große Werte annehmen kann, ergeben sich zwei Werte für den Quotienten $\dfrac{\widehat{q}_1}{\widehat{q}_2}$. Mit den in Abb. 73 eingetragenen Bezeichnungen erhalten wir

$$\left(\frac{\widehat{q}_1}{\widehat{q}_2}\right)_1 = \frac{\overline{AO}-\overline{DO}}{c_{12}/a_1} = +\frac{\overline{AD}}{c_{12}/a_1} = +\,;$$

$$\text{bzw} \quad \left(\frac{\widehat{q}_1}{\widehat{q}_2}\right)_2 = \frac{\overline{AO}-\overline{EO}}{c_{12}/a_1} = -\frac{\overline{EA}}{c_{12}/a_2} = -\,.$$

Aus den Vorzeichen der Quotienten folgt:

Bei der Kennkreisfrequenz ω_1 schwingen die beiden Massen gleichphasig ($\widehat{q}_1$ ist mit $\widehat{q}_2$ in Phase), während bei der größeren Kennkreisfrequenz ω_2 die Massen gegenphasig schwingen ($\widehat{q}_1$ und $\widehat{q}_2$ liegen in Gegenphase). Dies läßt sich anschaulich herleiten.

Wir wollen die Masse a_1 in Abb. 74a bei festgehaltener Masse a_2 betrachten: a_1 schwingt dann mit ω_{I} (Partialkreisfrequenz). Nehmen wir einmal an, daß *beide* Massen mit ω_1 gleichphasig schwingen, dann wird die Koppelfeder c_{12} beim Schwingen nicht so stark gespannt wie vorher (der Federbefestigungspunkt an a_2 wird in der gleichen Richtung bewegt wie der an der Masse a_1), die Feder wirkt auf die Masse a_1 so, als ob sie „weicher" wäre, die Kennkreisfrequenz ω_1 muß daher kleiner als ω_{I} sein.

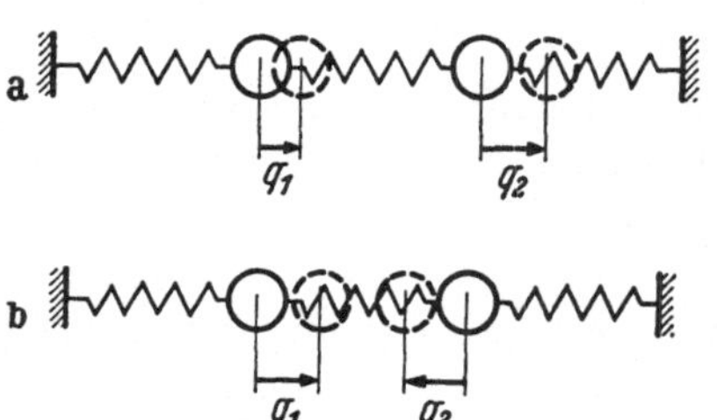

Abb. 74. Schwingungsformen eines Zweimassen-Koppelschwingers
a Gleichphasiges Schwingen der beiden Massen; b Gegenphasiges Schwingen der beiden Massen

Nun betrachten wir a_2 bei festgehaltener Masse a_1 (Partialkreis 2). Die Masse a_2 würde allein mit ω_{II} schwingen. Beide Massen sollen nun gegenphasig mit ω_2 schwingen (Abb. 74b). Da sich die Massen gegeneinander bewegen, wird die Koppelfeder beim Schwingen stärker gespannt als vorher, sie wirkt „steifer", die Kennkreisfrequenz ω_2 muß größer als ω_{II} sein.

Die beiden Massen des Koppelsystems können mit den Kennkreisfrequenzen ω_1 *oder* ω_2 oder aber, wegen der Gültigkeit des Superpositionsprinzipes mit ω_1 *und* ω_2 schwingen. Die Schwingungsgleichungen nehmen im letzten Falle die Form

$$q_1 = \widehat{q}_1{}' \, e^{i\,\omega_1 t} + \widehat{q}_1{}'' \, e^{i\,\omega_2 t}, \quad \text{bzw.} \quad \widehat{q}_2 = \widehat{q}_2{}' \, e^{i\,\omega_1 t} + \widehat{q}_2{}'' \, e^{i\,\omega_2 t}$$

an, wobei die Amplituden der Teilschwingungen durch die Anfangsbedingungen festgelegt sind. Aus den Gleichungen ersehen wir, daß der Schwingungsvorgang in Form von Schwebungen verläuft. Und zwar zeigt es sich, daß die Schwebungen der Einzelmassen um eine halbe Schwebungs-Periodendauer gegeneinander phasenverschoben sind. Wenn also die eine Masse ihre Größtamplitude erreicht, besitzt die Amplitude der anderen Masse einen Kleinstwert, d. h., zwischen den beiden Partialkreisen findet ein steter Energieaustausch statt.

Treten in den einzelnen Kreisen Dämpfungswirkungen auf, dann klingen die freien Schwingungen allmählich ab.

Ungedämpfte erzwungene Schwingung. Die in Gl. (334) dargestellten Bewegungsgleichungen gehen mit den Setzungen nach Gl. (340) über in die Formen

$$(\omega_{\mathrm{I}}^2 - \Omega^2)\,\widehat{q}_1 - \omega_{\mathrm{I}}^2\,k_{12}\,\widehat{q}_2 = \frac{\widehat{P}_{01}}{a_1}$$
$$- \omega_{\mathrm{II}}^2\,k_{21}\,\widehat{q}_1 + (\omega_{\mathrm{II}}^2 - \Omega^2)\,\widehat{q}_2 = \frac{P_{02}}{a_2}. \qquad (345)$$

Setzen wir nun noch

$$\varepsilon = \frac{\omega_{\mathrm{II}}}{\omega_{\mathrm{I}}}, \quad \text{sowie} \quad \eta = \frac{\Omega}{\omega_{\mathrm{II}}} \quad \text{und} \quad \frac{\Omega}{\omega_{\mathrm{I}}} = \frac{\omega_{\mathrm{II}}}{\omega_{\mathrm{I}}}\frac{\Omega}{\omega_{\mathrm{II}}} = \varepsilon\,\eta, \qquad (346)$$

und beachten wir, daß

$$a_1\,\omega_{\mathrm{I}}^2 = c_{01} + c_{12} \quad \text{sowie} \quad a_2\,\omega_{\mathrm{II}}^2 = c_{12} + c_{20}$$

ist, geht das Gleichungssystem (345) über in das dimensionslose System

$$(1 - \varepsilon^2\,\eta^2)\,\widehat{q}_1 - k_{12}\,\widehat{q}_2 = \frac{\widehat{P}_{01}}{c_{01} + c_{12}}, \qquad (347)$$
$$- k_{21}\,\widehat{q}_1 + (1 - \eta^2)\,\widehat{q}_2 = \frac{P_{02}}{c_{12} + c_{20}}.$$

Auflösung dieses Systems liefert

$$\widehat{q}_1 = \frac{(1 - \eta^2)\dfrac{\widehat{P}_{01}}{c_{01} + c_{12}} + k_{12}\dfrac{\widehat{P}_{02}}{c_{12} + c_{20}}}{(1 - \varepsilon^2\,\eta^2)\,(1 - \eta^2) - k_{12}\,k_{21}}, \qquad (348)$$

$$\widehat{q}_2 = \frac{(1 - \varepsilon^2\,\eta^2)\dfrac{\widehat{P}_{02}}{c_{12} + c_{20}} + k_{21}\dfrac{\widehat{P}_{01}}{c_{01} + c_{12}}}{(1 - \varepsilon^2\,\eta^2)\,(1 - \eta^2) - k_{12}\,k_{21}} \qquad (349)$$

Der Ausdruck in den Nennern der Brüche stellt die uns bereits bekannte Frequenzfunktion[1], und zwar jetzt in dimensionsloser Schreibweise, dar. Um die weiteren Untersuchungen der gefundenen Lösungen etwas einfacher zu gestalten, wollen wir in den nachfolgenden Betrachtungen stets

$$P_{02} = 0$$

setzen, d. h., es soll nur an der Masse a_1 eine Erregerkraft wirken.

Definieren wir als *bezogene* Amplituden

$$\mathfrak{Y}_{q_1} \equiv \frac{\widehat{q}_1}{\widehat{P}_{01}/(c_{01} + c_{12})} \quad \text{und} \quad \mathfrak{Y}_{q_2} \equiv \frac{\widehat{q}_2}{\widehat{P}_{01}/(c_{01} + c_{12})}, \qquad (350)$$

so erhalten wir aus den Gln. (348) u. (349) wegen $P_{02} = 0$ die dimensionslosen Ausdrücke

$$\mathfrak{Y}_{q_1} = \frac{1 - \eta^2}{(1 - \varepsilon^2\,\eta^2)\,(1 - \eta^2) - k_{12}\,k_{21}} \qquad (351)$$

$$\mathfrak{Y}_{q_2} = \frac{k_{21}}{(1 - \varepsilon^2\,\eta^2)\,(1 - \eta^2) - k_{12}\,k_{21}}. \qquad (352)$$

____

[1] Siehe Gln. (339) und (341).

Die rechten Seiten dieser Gleichungen stellen *reelle* Ausdrücke dar, die je nach Größe von η ein positives oder negatives Vorzeichen annehmen können. Dies bedeutet, daß die Wegamplituden $\widehat{q}_1$ bzw. $\widehat{q}_2$ mit der Erregerkraft-Amplitude $\widehat{P}_{01}$ immer *in Phase* oder in *Gegenphase* sein müssen [siehe Gln. (350)].

Stimmt die Erregerkraftfrequenz mit einer Kennfrequenz überein, wird die Frequenzfunktion $F(\eta^2)$ im Nenner der Brüche identisch zu Null. Der Frequenzgang von $\mathfrak{Y}_{q_1}$ bzw. $\mathfrak{Y}_{q_2}$ besitzt an den Stellen

$$\eta_1 = \frac{\omega_1}{\omega_{II}} \tag{353}$$

bzw.

$$\eta_2 = \frac{\omega_2}{\omega_{II}} \tag{354}$$

Pole, d. h., an den Stellen η_1 und η_2 wachsen die bezogenen Amplituden über alle Grenzen, es liegt *Resonanz* vor.

An der Stelle $\eta = 1$ wird $\mathfrak{Y}_{q_1}$ zu Null, d. h., trotz Vorhandenseins einer Erregerkraft endlicher Größe, wird die Schwingwegamplitude $\widehat{q}_1$ Null. Diese Erscheinung haben wir bereits als *Antiresonanz* kennengelernt. Dieser Fall tritt dann ein, wenn der Partialkreis 2 auf die Erregerkraft-Kreisfrequenz Ω abgestimmt ist (dies folgt aus $\eta \equiv \frac{\Omega}{\omega_{II}} = 1$).

Die angekoppelte Masse a_2 wirkt also bei richtiger Abstimmung auf die Masse a_1 als *Schwingungstilger*.

Den Verlauf des Frequenzganges der Größen $\mathfrak{Y}_{q_1}$ und $\mathfrak{Y}_{q_2}$ nach Betrag und Phase wollen wir an Hand eines Berechnungsbeispieles mit vorgegebenen Zahlenwerten zeichnerisch darstellen.

Berechnungsbeispiel. Für einen gekoppelten Schwinger nach Abb. 72a mit den Daten

$$a_1 = 6\,\frac{\text{kg s}^2}{\text{cm}}\,, \qquad a_2 = 3\,\frac{\text{kg s}^2}{\text{cm}}\,,$$

$$c_{01} = 13\,500\,\frac{\text{kg}}{\text{cm}}\,, \qquad c_{12} = 2700\,\frac{\text{kg}}{\text{cm}}\,, \qquad c_{20} = 0$$

ist der Frequenzgang von $\mathfrak{Y}_{q_1}$ und $\mathfrak{Y}_{q_2}$ zu bestimmen.

Nach den Gln. (340) ist

$$k_{12} = \frac{1}{1 + \dfrac{13\,500}{2700}} = \frac{1}{6}\,, \qquad k_{21} = \frac{1}{1 + \dfrac{0}{2700}} = 1\,,$$

sowie

$$\omega_I^2 = \frac{(13\,500 + 2700)\,\text{kg/cm}}{6\,\dfrac{\text{kg s}^2}{\text{cm}}} = 2700\,\frac{1}{\text{s}^2}\,, \qquad \omega_{II}^2 = \frac{(2700 + 0)\,\text{kg/cm}}{3\,\dfrac{\text{kg s}^2}{\text{cm}}} = 900\,\frac{1}{\text{s}^2}\,.$$

Nach Gl. (346) folgt

$$\varepsilon^2 = \frac{\omega_{II}^2}{\omega_I^2} = \frac{900}{2700} = \frac{1}{3}\,.$$

Die Frequenzfunktion $F(\eta^2)$ (Nenner der Gln. (348) u. (349)) lautet somit

$$F(\eta^2) = \left(1 - \frac{1}{3}\,\eta^2\right)(1 - \eta^2) - \frac{1}{6}\cdot 1,$$

bzw. ausmultipliziert und nullgesetzt:

$$(\eta^2)^2 - 4\,\eta^2 + 2{,}50 = 0.$$

Die Wurzeln dieser Gleichung folgen aus

$$\eta^2_{1,2} = 2 \pm \sqrt{4 - 2{,}5} \quad \text{zu} \quad \eta^2_1 = 0{,}775 \quad \text{und} \quad \eta^2_2 = 3{,}225.$$

Daher ist

$$\eta_1 = \sqrt{0{,}775} = 0{,}882 \quad \text{und} \quad \eta_2 = 1{,}795.$$

Resonanz besteht somit bei

$$\omega_1 = \eta_1\,\omega_{\mathrm{II}} = 0{,}882 \cdot \sqrt{900\ 1/\mathrm{s}^2} = 0{,}882 \cdot 30\ \frac{1}{\mathrm{s}} = 26{,}46\ \frac{1}{\mathrm{s}}$$

und

$$\omega_2 = \eta_2\,\omega_{\mathrm{II}} = 1{,}795 \cdot 30\ \frac{1}{\mathrm{s}} = 53{,}85\ \frac{1}{\mathrm{s}}\,.$$

Antiresonanz besteht bei $\eta = 1$, also bei der Kreisfrequenz

$$\omega_{AR} = 1 \cdot \omega_{\mathrm{II}} = 30\ \frac{1}{\mathrm{s}}\,.$$

Drücken wir die Frequenzfunktion $F(\eta^2)$ durch das Produkt ihrer Wurzelfaktoren aus, so gilt, wie sich leicht nachprüfen läßt,

$$F(\eta^2) \equiv \frac{1}{\varepsilon^2}\,(\eta^2 - \eta^2_1)\,(\eta^2 - \eta^2_2) = \frac{1}{3}\,(\eta^2 - 0{,}775)\,(\eta^2 - 3{,}225).$$

Damit erhalten wir die bezogenen Amplituden nach den Gln. (351) u. (352) zu

$$\mathfrak{Y}_{q_1} = \frac{3\,(1 - \eta^2)}{(\eta^2 - 0{,}775)\,(\eta^2 - 3{,}225)} \tag{355}$$

$$\mathfrak{Y}_{q_2} = \frac{3}{(\eta^2 - 0{,}775)\,(\eta^2 - 3{,}225)}\,. \tag{356}$$

In den Abbn. 75a, b und 75c, d ist die Abhängigkeit der Größen $\mathfrak{Y}_{q_1}$ und $\mathfrak{Y}_{q_2}$ nach Betrag und Argument über η als Abszisse aufgetragen.

An den Stellen η_1 und η_2 wachsen die Beträge Y_{q_1} und Y_{q_2} über alle Grenzen. Gleichzeitig tritt an diesen Stellen ein Phasensprung von 180° auf. Es besteht *Resonanz*.

Antiresonanz tritt bei $\eta = 1$ auf. Dabei ist aber nur die bezogene Amplitude $\mathfrak{Y}_{q_1}$ Null, die Amplitude der Masse a_2 besitzt eine *endliche* Größe. D. h., die Masse a_1 befindet sich vollkommen in Ruhe, nur die Masse 2 schwingt. Der Phasenwinkel $\psi_2 = \mathrm{arc}\ \widehat{P}_{01} - \mathrm{arc}\ \widehat{q}_2 \equiv \mathrm{arc}\ \dfrac{\widehat{P}}{\widehat{q}_2} = \mathrm{arc}\ \dfrac{1}{\mathfrak{Y}_{q_2}} = -\,\mathrm{arc}\ \mathfrak{Y}_{q_2}$ ist dann, wie man der Abb. 75d entnehmen kann, 180°.

Die auf die Masse a_1 wirkende Erregerkraft wird in jedem Augenblick durch die Federkraft $P_{c_{12}}$ des schwingenden Teilgebildes c_{12}, a_2 im Gleichgewicht gehalten.

Oder anders ausgedrückt[1]: die Ersatzmasse a^* des Teilgebildes c_{12}, a_2 ist bei Antiresonanz unendlich groß. Der Koppelschwinger kann als einfacher Schwinger mit der Masse $a = a_1 + a^*$ aufgefaßt werden (Abb. 76), dessen Schwingungsamplitude wegen $a = a_1 + a^* \to \infty$ zu Null wird.

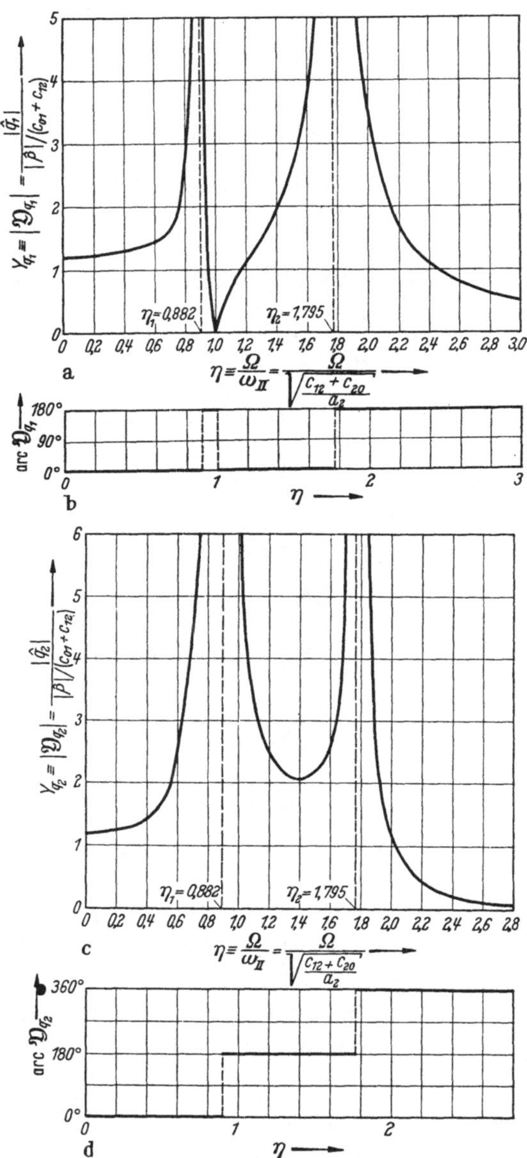

Abb. 75. Frequenzgang der bezogenen komplexen Schwingungsamplituden der erzwungenen ungedämpften Koppelschwingung
a und b $Y_{q_1} \equiv |\mathfrak{Y}_{q_1}|$ bzw. arc $\mathfrak{Y}_{q_1}$ für die Masse a_1;
c und d $Y_2 \equiv |\mathfrak{Y}_{q_2}|$ bzw. arc $\mathfrak{Y}_{q_2}$ für die Masse a_2

____

[1] Vergleiche Abschnitt 16, Seite 91.

Dieser Sachverhalt erklärt auch die bekannte Erscheinung, die in Gebäuden, auf Fahrzeugen und Schiffen oder an Maschinen öfter zu beobachten ist: Elastisch befestigte Gegenstände, wie Rohrleitungen, Konstruktionsteile, ja sogar ganze Decken- oder Wandkonstruktionen, führen beträchtliche Schwingungsbewegungen aus, ohne daß das Gebäude oder Fahrzeug selbst merkbar schwingt. Die betreffenden Bauteile sind angekoppelte Gebilde, die sich mit einer von außen einwirkenden Erregerschwingung kleinen Betrages in Resonanz befinden.

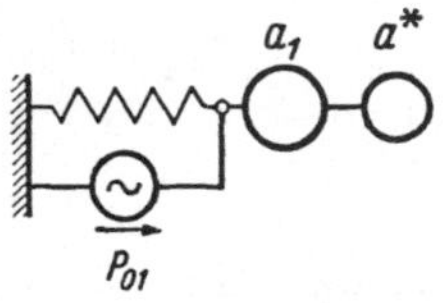

Gedämpfte erzwungene Schwingung. In den vorhergehenden Abschnitten haben wir gesehen, daß durch Ankoppeln von Hilfsmassen an ein Schwingungsgebilde — z. B. eine Maschine —

Abb. 76. Ersatzbild des Zweimassen-Koppelschwingers ($a^* = $ Ersatzmasse)

Schwingungen getilgt werden können. Dabei muß aber ein wesentlicher Nachteil in Kauf genommen werden: Mit der angekoppelten Zusatzmasse wird eine zusätzliche Resonanzfrequenz in das ursprüngliche Einmassen-System hineingebracht. Da die Tilgung nur bei einer einzigen Frequenz erfolgt, können beim An- und Auslaufen der Maschine immer noch gefährlich werdende Schwingungsausschläge auftreten, wenn die Resonanzfrequenzen durchlaufen werden.

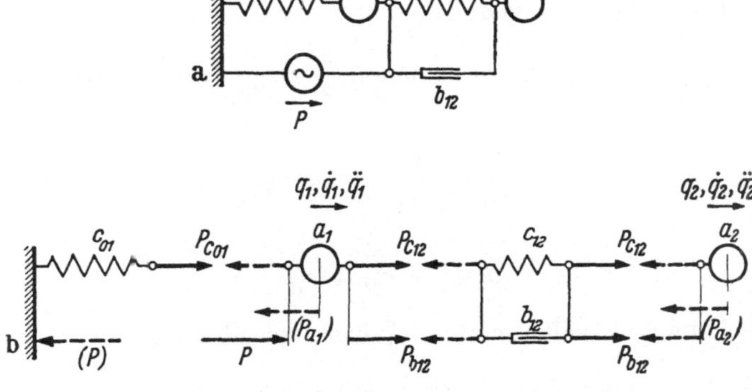

Abb. 77. Gedämpfter Zweimassen-Koppelschwinger
a Wirkplan; b Freigemachtes System

Zur Begrenzung dieser Ausschläge ordnet man meist zusätzliche Dämpfungsglieder an. Ein System dieser Art zeigt Abb. 77a. Mit den dort eingetragenen Bezeichnungen und Zählpfeilen können wir nach Freimachen des Systems in der uns bekannten Weise (Abb. 77b) die Gleichgewichtsbedingungen für die beiden Massen a_1 und a_2 unmittelbar anschreiben:

$$-P_{a_1} + P_{b_{12}} - P_{c_{01}} + P_{c_{12}} + P = 0,$$
$$-P_{a_2} - P_b - P_{c_{12}} = 0.$$

$$(357)$$

Mit

$$q_1 = \widehat{q}_1\, e^{i\,\Omega\, t}, \quad q_2 = \widehat{q}_2\, e^{i\,\Omega\, t} \tag{358}$$

und

$$P_{b_{12}} = b_{12}\, v_{21} = b_{12}\, (\dot{q}_2 - \dot{q}_1) = i\,\Omega\, b_{12}\, (\widehat{q}_2 - \widehat{q}_1)\, e^{i\,\Omega\, t},$$

d.h.

$$\widehat{P}_{b_{12}} = i\,\Omega\, b_{12} \cdot (\widehat{q}_2 - \widehat{q}_1) \tag{359}$$

und den Gln. (331) erhalten wir aus den Gln. (357), wenn wir gleichzeitig durch a_2 bzw. a_1 dividieren,

$$\left.\begin{aligned}
\left(\frac{c_{01} + c_{12}}{a_1} - \Omega^2 + i\,\Omega\,\frac{b_{12}}{a_1}\right)\widehat{q}_1 - \left(\frac{c_{12}}{a_1} + i\,\Omega\,\frac{b_{12}}{a_1}\right)\widehat{q}_2 &= \frac{\widehat{P}}{a_1} \\[2mm]
-\left(\frac{c_{12}}{a_2} + i\,\Omega\,\frac{b_{12}}{a_2}\right)\widehat{q}_1 + \left(\frac{c_{12}}{a_2} - \Omega^2 + i\,\Omega\,\frac{b_{12}}{a_2}\right)\widehat{q}_2 &= 0.
\end{aligned}\right\} \tag{360}$$

Mit den Setzungen in den Gln. (340) (wobei jedoch hier $c_{20} = 0$ ist), sowie

$$\left.\begin{aligned}
\alpha &= \frac{a_2}{a_1}, & \varepsilon^2 &= \frac{\omega_{II}^2}{\omega_I^2}, \\[2mm]
\vartheta &= \frac{b_{12}}{2\,a_2\,\omega_{II}}, & \eta &= \frac{\Omega}{\omega_{II}},
\end{aligned}\right\} \tag{361}$$

gehen die Gln. (360) wegen

$$\frac{b_{12}}{a_1} = \frac{b_{12}}{2\,a_2\,\omega_{II}} \cdot 2\,\frac{a_2}{a_1}\,\omega_{II} = 2\,\alpha\,\vartheta\,\omega_{II}, \frac{b_{12}}{a_2} = \frac{b_{12}}{2\,a_2\,\omega_{II}}\,2\,\omega_{II} = 2\,\vartheta\,\omega_{II}$$

und

$$\frac{\Omega}{\omega_I} = \frac{\Omega}{\omega_{II}}\,\frac{\omega_{II}}{\omega_I} = \varepsilon\,\eta$$

sowie

$$a_1\,\omega_I^2 = c_{01} + c_{12},$$

schließlich nach Dividieren mit ω_I^2 bzw. ω_{II}^2 über in

$$\left.\begin{aligned}
(1 - \varepsilon^2\,\eta^2 + i\,2\,\vartheta\,\alpha\,\varepsilon^2\,\eta)\,\widehat{q}_1 - (k_{12} + i\,2\,\vartheta\,\alpha\,\varepsilon^2\,\eta)\,\widehat{q}_2 &= \frac{\widehat{P}}{c_{01} + c_{12}} \\[2mm]
-(k_{21} + i\,2\,\vartheta\,\eta)\,\widehat{q}_1 + (1 - \eta^2 + i\,2\,\vartheta\,\eta)\,\widehat{q}_2 &= 0.
\end{aligned}\right\} \tag{362}$$

Die Auflösung dieses Gleichungssystems liefert die durch

$$\mathfrak{Y}_{q_1} = \frac{\widehat{q}_1}{\widehat{P}/(c_{01} + c_{12})} \quad \text{und} \quad \mathfrak{Y}_{q_2} = \frac{\widehat{q}_2}{\widehat{P}/(c_{01} + c_{12})} \tag{363}$$

definierten bezogenen komplexen Amplituden zu

$$\mathfrak{Y}_{q_1} = \frac{(1 - \eta^2) + i\,2\,\vartheta\,\eta}{\mathfrak{D}}, \tag{364}$$

$$\mathfrak{Y}_{q_2} = \frac{k_{21} + i\,2\,\vartheta\,\eta}{\mathfrak{D}}, \tag{365}$$

wobei $\mathfrak{D}$ die aus den komplexen Koeffizienten des Gleichungssystems (362) gebildete Determinante

$$\left.\begin{aligned}\mathfrak{D} = (1 - \varepsilon^2\,\eta^2 + i\,2\,\vartheta\,\alpha\,\varepsilon^2\,\eta)\,(1 - \eta^2 + i\,2\,\vartheta\,\eta)\\[4pt] - (k_{12} + i\,2\,\vartheta\,\alpha\,\varepsilon^2\,\eta)\,(k_{21} + i\,2\,\vartheta\,\eta)\end{aligned}\right\} \tag{366}$$

ist.

Die bezogenen Amplituden nach (364) u. (365) sind komplexe Größen. Ihre Beträge und Nullphasenwinkel in allgemeiner Form darzustellen ist umständlich und liefert unübersichtliche Ausdrücke. Wir wollen deshalb auf die weitere Ausrechnung verzichten. Es sei auf eine ausführliche Arbeit von COLLATZ [14] verwiesen.

Die charakteristischen Eigenschaften gedämpfter gekoppelter Schwingungen wollen wir jedoch an Hand eines Berechnungsbeispieles mit speziell gewählten Zahlenwerten aufzeigen.

Berechnungsbeispiel. Für das in Abb. 77a dargestellte gekoppelte Gebilde mit Dämpfer sind die bezogenen Amplituden $\mathfrak{Y}_{q_1}$ und $\mathfrak{Y}_{q_2}$ zu berechnen. Zu bestimmen sind weiter die komplexen Amplituden der Schwingungsausschläge q_1 und q_2, wenn an der Masse a_1 eine Wechselkraft $P = \widehat{P}\,e^{i\,\Omega\,t}$, mit $|\widehat{P}| = 1000$ kg und $\Omega = 37{,}5\,1/s$, angreift. Aufzuzeichnen ist der Frequenzgang von Betrag und Argument der bezogenen Amplitude $\mathfrak{Y}_{q_1}$.

Die Massen und Federn des Systems stimmen mit denen des im Beispiel auf Seite 104 durchgerechneten Gebildes überein.

Der Dämpfungsfaktor sei $b = 45\,\sqrt{10}\,\dfrac{\text{kg}}{\text{cm/s}} = 142{,}4\,\dfrac{\text{kg}}{\text{cm/s}}$.

Aus dem Berechnungsbeispiel (Seite 104) übernehmen wir:

$$\omega_\mathrm{I} = \sqrt{2700}\,\frac{1}{s} = 51{,}96\,\frac{1}{s}, \quad \omega_\mathrm{II} = \sqrt{900}\,\frac{1}{s} = 30\,\frac{1}{s}, \quad \varepsilon^2 = \frac{1}{3}, \quad k_{12} = \frac{1}{6},$$

$$k_{21} = 1, \quad \eta_1 = 0{,}882 \quad \text{und} \quad \eta_2 = 1{,}795.$$

Mit den Gln. (361) folgt

$$\alpha = \frac{a_2}{a_1} = \frac{3}{6} = \frac{1}{2}, \quad \text{und} \quad \vartheta = \frac{b_{12}}{2\,a_2\,\omega_\mathrm{II}} = \frac{45\,\sqrt{10}\,\dfrac{\text{kg}\cdot\text{s}}{\text{cm}}}{2\cdot 3\,\dfrac{\text{kg s}^2}{\text{cm}}\cdot 30\,\dfrac{1}{s}} = \frac{\sqrt{10}}{4} = 0{,}7906.$$

Damit erhalten wir aus den Gln. (364) u. (365)

$$\mathfrak{Y}_{q_1} = \frac{1 - \eta^2 + i\,\dfrac{\sqrt{10}}{2}\,\eta}{\mathfrak{D}} \quad \text{und} \quad \mathfrak{Y}_{q_2} = \frac{1 + i\,\dfrac{\sqrt{10}}{2}\,\eta}{\mathfrak{D}}, \tag{367}$$

mit

$$\mathfrak{D} = \left(1 - \frac{1}{3}\,\eta^2 + i\,\frac{\sqrt{10}}{12}\,\eta\right)\left(1 - \eta^2 + i\,\frac{\sqrt{10}}{2}\,\eta\right)$$

$$- \left(\frac{1}{6} + i\,\frac{\sqrt{10}}{12}\,\eta\right)\left(1 + i\,\frac{\sqrt{10}}{2}\,\eta\right).$$

Für $\Omega = 37,5\frac{1}{s}$ wird $\eta = \dfrac{\Omega}{\omega_{II}} = \dfrac{37,5}{30} = 1,25$. Damit wird $\mathfrak{D} = -0,4366 + i\,0,103$, und weiter

$$\mathfrak{Y}_{q_1} = \frac{1 - 1,25^2 + i\,\dfrac{\sqrt{10}}{2}\,1,25}{-0,4366 + i\,0,103} = 2,235 - i\,4,01 = 4,6\,e^{-i\,60,9°},$$

$$\mathfrak{Y}_{q_2} = \frac{1 + i\,\dfrac{\sqrt{10}}{2}\,1,25}{-0,4366 + i\,0,103} = -1,162 - i\,4,82 = 4,96\,e^{-i\,103,55°}.$$

Die Phasenverschiebungswinkel zwischen der Kraftamplitude und den Wegamplituden ergeben sich aus arc $\mathfrak{Y}_q \equiv$ arc $\widehat{q}$ − arc $\widehat{P}$ [siehe Gln. (363)] zu

$$\psi_1 \equiv \text{arc } \widehat{P} - \text{arc } \widehat{q}_1 = -\text{arc } \mathfrak{Y}_{q_1} = +\,60,9°$$

und

$$\psi_2 \equiv \text{arc } \widehat{P} - \text{arc } \widehat{q}_2 = -\text{arc } \mathfrak{Y}_{q_2} = +\,103,55°.$$

Die Beträge der Wegamplituden sind dann

$$|\widehat{q}_1| = \frac{|\widehat{P}|}{c_{01} + c_{12}}\,Y_{q_1} = \frac{1000\text{ kg}}{(13\,500 + 2700)\,\dfrac{\text{kg}}{\text{cm}}} \cdot 4,6 = 0,284\text{ cm},$$

$$|\widehat{q}_2| = \frac{|\widehat{P}|}{c_{01} + c_{12}}\,Y_{q_2} = \frac{1000\text{ kg}}{(13\,500 + 2700)\,\dfrac{\text{kg}}{\text{cm}}} \cdot 4,96 = 0,307\text{ cm}.$$

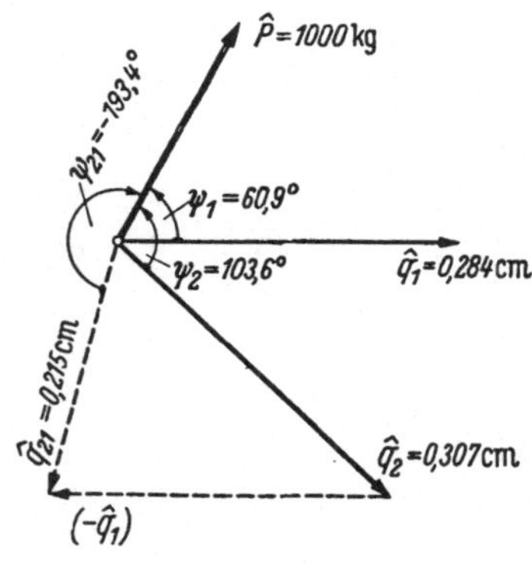

Abb. 78. Zeigerdiagramm zum Berechnungsbeispiel

Die Relativbewegung der Masse a_2, d. h. die an den Klemmen der Feder auftretende Relativbewegung q_{21}, gesehen von einem auf a_1 befindlich gedachten Beobachter, ergibt sich zu

$$q_{21} \equiv \widehat{q}_{21}\,e^{i\Omega t} = q_2 - q_1 = (\widehat{q}_2 - \widehat{q}_1)\,e^{i\Omega t}.$$

Daraus

$$\widehat{q}_{21} = \widehat{q}_2 - \widehat{q}_1.$$

Mit $\mathfrak{Y}_q \equiv \dfrac{\widehat{q}}{\widehat{P}/(c_{01} + c_{12})}$, folgt

$$\widehat{q}_{21} = (\mathfrak{Y}_{q_2} - \mathfrak{Y}_{q_1})\,\frac{\widehat{P}}{c_{01} + c_{12}} = [(-1,162$$

$$-\,i\,4,82) - (2,235 - i\,4,01)]\,\frac{1000\text{ kg }e^{\text{arc }\widehat{P}}}{16\,200\text{ kg/cm}}$$

$\widehat{q}_{21} = 0,2155\text{ cm }e^{i\,193,44° + \text{arc }\widehat{P}}$. Damit ergibt sich wegen arc $\widehat{q}_{21} = 193,44° + \text{arc }\widehat{P}$

$$|\widehat{q}_{21}| = 0,2155\text{ cm und }\psi_{21} \equiv \text{arc }\widehat{P} - \text{arc }\widehat{q}_{21} = -193,44°.$$

Abb. 78 zeigt das Zeigerdiagramm der Schwingungsgrößen $\widehat{q}_1, \widehat{q}_2, \widehat{q}_{21}$ und $\widehat{P}$.

Der in erster Linie interessierende Frequenzgang der bezogenen Amplitude $\mathfrak{Y}_{q_1}$ gemäß Gl. (364), nach Betrag und Phase, für verschieden große Werte des Dämpfungsgrades ϑ, also mit ϑ als Parameter, ist in Abb. 79 dargestellt[1].

Diskussion der Lösung. Aus der Darstellung in Abb. 79 kann das kennzeichnende Verhalten eines gedämpften gekoppelten Schwingungsgebildes mit zwei Freiheitsgraden unmittelbar wie folgt abgelesen werden:

1. Für $\vartheta > 0$ ergeben sich bei allen Frequenzen Amplituden endlicher Größe.

2. Bei kleinen Dämpfungsgraden ϑ besitzen die Linien $\vartheta = $ const *zwei* Gipfel. Die Gipfelwerte liegen nahe bei den Kennfrequenzen (ähnlich wie beim Schwinger mit 1 Freiheitsgrad). Der Talwert wird mit zunehmender Größe von ϑ angehoben.

3. Bei größeren Dämpfungsgraden ϑ (für das vorliegende Beispiel etwa für $\vartheta > \sqrt{10/7}$) enthalten die ϑ-Linien nur noch *einen* Gipfelwert, der Frequenzgang des Koppelschwingers ähnelt dem eines Schwingers mit *einem* Freiheitsgrad.

4. Im Falle extrem fester Reibungskopplung, $\vartheta \to \infty$ bzw. $b_{12} \to \infty$, wirkt das Dämpfungsglied wie eine starre Verbindung der beiden Massen, das Koppelgebilde geht in einen ungedämpften Schwinger von 1 Freiheitsgrad nach Abb. 27a über, dessen Kennkreisfrequenz sich nach Gl. (131) mit $a = a_1 + a_2$ und $c = c_{01}$ zu

$$\omega_\infty = \sqrt{\frac{c_{01}}{a_1 + a_2}}$$

ergibt.

Mit $\eta_\infty = \dfrac{\omega_\infty}{\omega_{II}}$ erhalten wir für unser Beispiel in dimensionsloser Schreibweise

$$\eta_\infty = \sqrt{\frac{\dfrac{c_{01}}{a_1 + a_2}}{\dfrac{c_{12}}{a_2}}} = \sqrt{\frac{c_{01}}{c_{12}} \frac{1}{1 + \dfrac{a_1}{a_2}}} = \sqrt{\frac{5}{3}} = 1{,}291.$$

Der Frequenzgang des Schwingungsweges bei starrerer Kopplung ($b_{12} \to \infty$), folgt aus Gl. (167) mit $b = 0$ zu

$$\widehat{q}_\infty = \frac{\widehat{P}}{c_{01}\left(1 - \dfrac{\Omega}{\dfrac{c_{01}}{a_1 + a_2}}\right)} = \frac{\dfrac{\widehat{P}}{c_{01}}}{1 - \dfrac{\Omega^2}{\omega_\infty^2}} \cdot \frac{\dfrac{1}{\omega_{II}^2}}{\dfrac{1}{\omega_{II}^2}} = \frac{\dfrac{\widehat{P}}{c_{01}} \dfrac{c_{01}}{a_1 + a_2} \dfrac{a_1}{c_{01} + c_{12}} \dfrac{\omega_I^2}{\omega_{II}^2}}{\dfrac{\omega_\infty^2}{\omega_{II}^2} - \dfrac{\Omega^2}{\omega_{II}^2}}$$

$$\widehat{q}_\infty = \frac{\dfrac{\widehat{P}}{c_{01} + c_{12}}}{\varepsilon^2(1 + \varkappa)(\eta_\infty^2 - \eta^2)}.$$

<hr>

[1] Die Wahl des Parameters ϑ als Bruchteil von $\sqrt{10}$ ergab sich aus rechentechnischen Gründen und besitzt keinerlei formale Bedeutung.

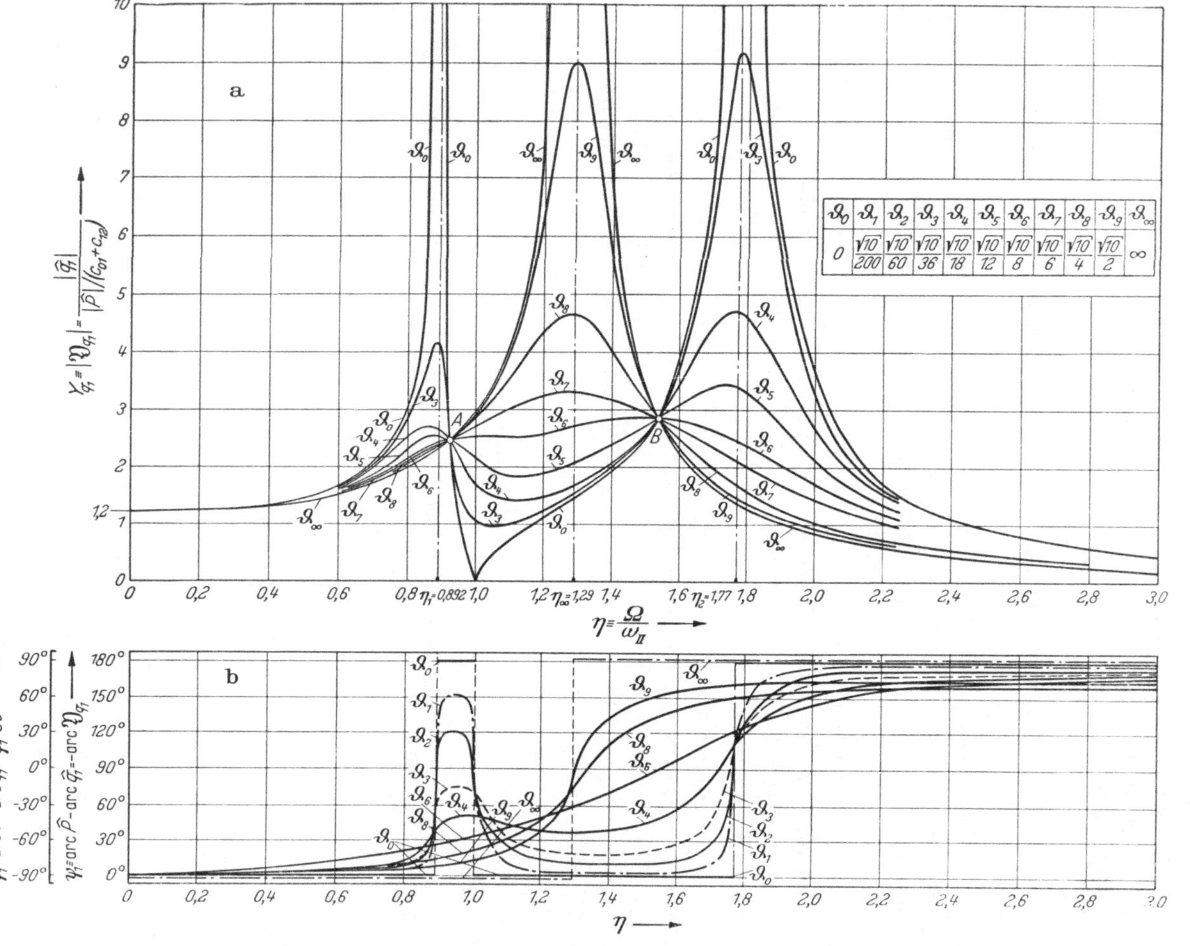

Abb. 79. Frequenzgang der bezogenen Amplitude $\mathfrak{Y}_{q_1}$ für den Koppelschwinger des Berechnungsbeispieles auf Seite 109 (mit ϑ als Parameter)

a Betrag $Y_{q_1} \equiv |\mathfrak{Y}_{q_1}| = \dfrac{|\widehat{q}_1|}{|\widehat{P}|/(c_{01}+c_{12})}$; b Phasenverschiebungswinkel $\varphi \equiv \arc \widehat{P} - \arc \widehat{q}_1$ bzw. $\psi \equiv \arc \widehat{P} - \arc \widehat{q}_1$

Daraus die bezogene Amplitude

$$\mathfrak{Y}_{q_\infty} \equiv \frac{\hat{q}_\infty}{\dfrac{\hat{P}}{c_{01} + c_{12}}} = \frac{1}{\varepsilon^2 (1 + \alpha)(\eta_\infty^2 - \eta^2)} = \frac{2}{\dfrac{5}{3} - \eta^2} . \tag{366 b}$$

5. Alle Linien $\vartheta = \text{const}$ gehen durch die beiden Festpunkte A und B. Diese Beziehung gilt ganz allgemein für jeden Zweimassen-Koppelschwinger

Die Koordinaten der Festpunkte können einfach bestimmt werden. A und B sind die Schnittpunkte der Linien $Y_{q_1 \vartheta = 0}$ und Y_{q_∞} und es gilt

$$Y_{q_1 \vartheta = 0} = Y_{q_\infty} \quad \text{bzw.} \quad |\mathfrak{Y}_{q_1}|_{\vartheta = 0} = |\mathfrak{Y}_{q_\infty}| .$$

Die bezogenen Amplituden $\mathfrak{Y}_{q_1 \vartheta = 0}$ und $\mathfrak{Y}_{q_\infty}$ sind reelle Größen [Gl. (355) u. (366 b)], die aber in den Bereichen, in denen ihre Beträge gleich groß sind, entgegengesetzte Vorzeichen besitzen ($\mathfrak{Y}_{q_1 \vartheta = 0}$ und $\mathfrak{Y}_{q_\infty}$ liegen in Gegenphase — siehe Abb. 79 b). Wir müssen daher obige Gleichung in der Form

$$- \mathfrak{Y}_{q_1 \vartheta = 0} = \mathfrak{Y}_{q_\infty}$$

schreiben. Mit den Gl. (355) u. (366 b) erhalten wir

$$- \frac{3(1 - \eta^2)}{(\eta^2 - 0{,}775)(\eta^2 - 3{,}225)} = \frac{2}{\dfrac{5}{3} - \eta^2} .$$

Umgeformt liefert dies

$$(\eta^2)^2 + 3{,}2\, \eta^2 + 2 = 0 .$$

Aufgelöst ergibt sich

$$\eta_A = 0{,}9229 \quad \text{und} \quad \eta_B = 1{,}5317 .$$

6. Der Betrag der bezogenen Schwingungsamplitude $\mathfrak{Y}_{q_1}$ erreicht sowohl bei sehr kleinen als auch bei großen Dämpfungsgraden ϑ beträchtliche Größe. Bei einem gewissen *optimalen* Dämpfungsgrad ϑ^*, der in unserem Beispiel einen zwischen $\vartheta = \dfrac{\sqrt{10}}{6}$ und $\vartheta = \dfrac{\sqrt{10}}{8}$ liegenden Wert besitzt (siehe Abb. 79a), erreicht der Gipfelwert des Frequenzganges einen Kleinstwert.

Soll die angekoppelte Masse a_2 zur Tilgung von Schwingungen der Masse a_1 dienen, dann arbeitet der Tilger mit optimaler Dämpfung am günstigsten, da dann beim Arbeiten über den ganzen Frequenzbereich höchstens dieser kleinstmögliche Gipfelwert der Resonanzlinie durchlaufen werden kann.

In der bereits zitierten Arbeit von COLLATZ [*14*] wird gezeigt, wie die Bestimmungsstücke c_{12} und b_{12} eines optimal gedämpften dynamischen Tilgers zu berechnen sind, wenn beim Arbeiten über den ganzen Frequenzbereich der Betrag der bezogenen Amplitude $\mathfrak{Y}_{q_1}$ einen vorgegebenen Wert $Y_{q_1}^*$ nicht überschreiten soll.

Für unser Berechnungsbeispiel ergibt die Rechnung nach COLLATZ[1] einen optimalen Wert für die Dämpfung von

$$b_{12}^* = 75,2\,\frac{\text{kg}}{\text{cm/s}} \quad \text{bzw.} \quad \vartheta^* = \frac{\sqrt{10}}{7,56}$$

und einen Optimalwert der bezogenen Amplitude von

$$|\mathfrak{Y}_{q_1}^*| = 2,935.$$

Wir ersehen die gute Übereinstimmung mit den in Abb. 79a dargestellten Ergebnissen.

7. *Phasenbeziehungen.* Als Resonanzzustand hatten wir jenen Schwingungszustand bezeichnet, bei dem die Erregerkraft-Amplitude mit der Amplitude der Schwingungsgeschwindigkeit des Kraftangriffspunktes in Phase ist, wenn also die Erregerkraft keine Blindleistung abzugeben braucht.

Der Phasenverschiebungswinkel zwischen Erregerkraft- und Geschwindigkeitsamplitude ergibt sich aus Gl. (363) mit $\widehat{\dot{q}}_1 = i\,\Omega\,\widehat{q}_1$ zu

$$\varphi_1 \equiv \text{arc }\widehat{P} - \text{arc }\widehat{\dot{q}}_1 = \text{arc }\widehat{P} - (\text{arc }\widehat{q}_1 + \pi/2) = -\,\text{arc }\mathfrak{Y}_{q_1} - \frac{\pi}{2}$$

$$= -\,\text{arc tg}\,\frac{\text{Im }(\mathfrak{Y}_{q_1})}{\text{Re }(\mathfrak{Y}_{q_1})} - \frac{\pi}{2}\,.$$

Der Frequenzgang dieses Winkels φ_1 ist in Abb. 79b mit ϑ als Parameter dargestellt. Die Nullstellen der Linien $\vartheta = \text{const}$ auf der Achse $\varphi_1 = 0$ geben daher nach obigem jene Frequenzverhältnisse η_{Res} an, bei denen sich das gekoppelte System im Resonanzzustand befindet.

Bei kleinen Dämpfungsgraden ϑ besitzen die Linien $\vartheta = \text{const}$ drei Nullstellen, und zwar in der Nähe der beiden Gipfelfrequenzen und der Talfrequenz. Den in der Nähe der Talfrequenz herrschenden Resonanzzustand, bei dem nur kleine Schwingungsamplituden auftreten, bezeichnet man als *Antiresonanz.* Mit größer werdender Dämpfung verschieben sich die Resonanzpunkte im Sinne einer gegenseitigen Annäherung. Übersteigt der Dämpfungsgrad ϑ einen bestimmten Wert, werden zwei der Nullstellen uneigentlich und es ist nur noch *eine* Resonanzstelle vorhanden, die sich mit zunehmender Dämpfung in den Be-

---

[1] Dabei ist auf die bei COLLATZ verwendete Bezeichnungsweise zu achten. Der Betrag der Vergrößerungsfunktion wird dort definiert durch $V^* = \dfrac{|\widehat{q}_1|}{|\widehat{P}|/c_{01}}$. Mit den unserer Berechnung zugrunde gelegten Bezeichnungen gilt somit

$$V^* \equiv \frac{|\widehat{q}_1|}{\dfrac{|\widehat{P}|}{c_{01}}} = \frac{c_{01}}{c_{01}+c_{12}}\,\frac{|\widehat{q}_1|}{\dfrac{|\widehat{P}|}{c_{01}+c_{12}}} = \frac{1}{1+\dfrac{c_{12}}{c_{01}}}\,Y_{q1}.$$

reich niedrigerer Frequenzen bis zu η_∞ hin verschiebt. Antiresonanz kann also nur bei *kleinen* Dämpfungsgraden auftreten.

Die Gipfelpunkte des Frequenzganges werden bei Frequenzen erreicht, die immer kleiner als die zugehörigen Kennfrequenzen sind. Bei kleinen Dämpfungsgraden ist die Abweichung sehr klein. In der Nähe der optimalen Dämpfung ist sie beträchtlich.

Ein Wort sei noch dem numerischen Auswertungsverfahren gewidmet. Sofern es sich um die Berechnung der Schwingungsgrößen bei einzelnen Frequenzen handelt, wird man die Auswertung der entsprechenden Gleichungen, beispielsweise Gln. (351) u. (352), rechnerisch vornehmen. Bei der Ermittlung des Frequenzganges einer Schwingungsgröße über den ganzen Frequenzbereich mit variierten Parametern ist es empfehlenswert, zeichnerische Lösungsverfahren heranzuziehen (siehe Abschnitt 21). Eine weitere Möglichkeit zur rationellen Gestaltung des Rechenvorganges liegt in der Verwendung von Rechenmaschinen zum Rechnen mit komplexen Zahlen. Dazu können Multipliziermaschinen mit nur *einem* Rechenwerk verwendet werden [15].

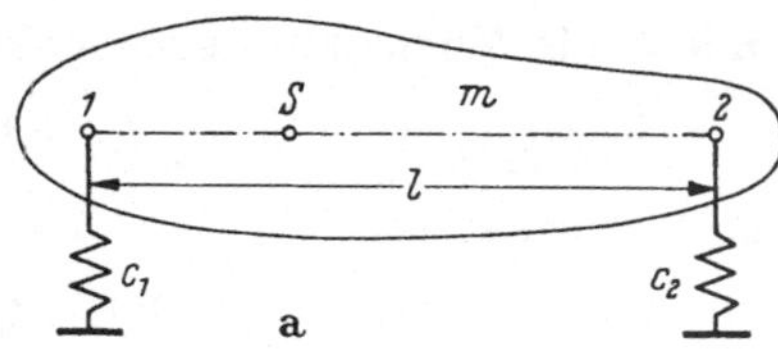

Kopplung von Längs- und Drehschwingungen. Wir betrachten die in Abb. 80a dargestellte, auf zwei Federn gelagerte Masse m, deren Massenträgheitsmoment, bezogen auf die durch den Schwerpunkt S gehende senkrechte Achse zur Zeichenebene, J sei.

An der Masse greife eine Wechselkraft $P = \widehat{P}\,e^{i\,\Omega\,t}$ und ein harmonisch sich änderndes Drehmoment

$$M_d = \widehat{M}_d\,e^{i\,\Omega\,t} \quad \text{an.}$$

Die Masse besitzt 2 Freiheitsgrade, da sie Längsbewegungen in Richtung der

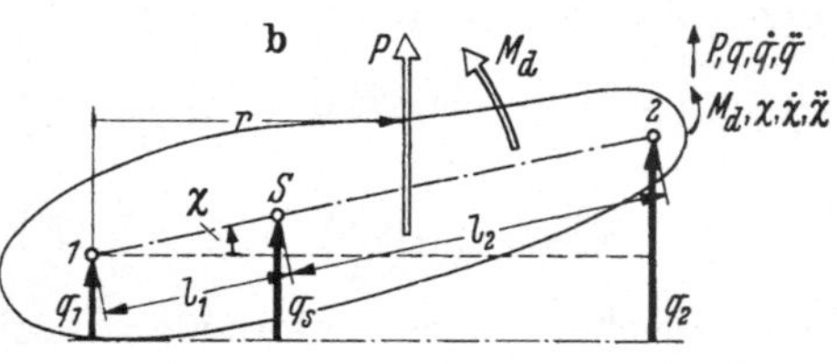

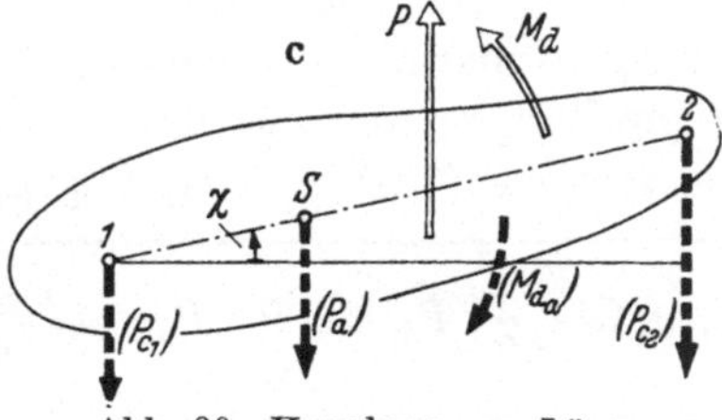

Abb. 80. Kopplung von Längs- und Drehschwingungen
a Zweifach gefederte Masse; b Ausgelenktes System; c Freigemachtes System

Federachsen sowie Drehbewegungen um ihre Schwerpunktachse ausführen kann. Die Anordnung kann als Ersatzsystem eines gefederten Fahrzeuges oder eines federgelagerten Maschinenfundamentes betrachtet werden.

8*

Bewegungsgleichungen. Mit den in Abb. 80 eingetragenen Bezeichnungen gelten folgende Beziehungen

$$\left.\begin{aligned}
q_1 &= q - l_1\,\chi & q_2 &= q + l_2\,\chi \\
P_{c_1} &= c_1\,q_1 = c_1\,(q - l_1\,\chi) & P_{c_2} &= c_2\,q_2 = c_2\,(q + l_2\,\chi) \\
P_a &= m\,\ddot{q} & M_{d_a} &= J\,\ddot{\chi}
\end{aligned}\right\} \tag{367}$$

Wählen wir die Schwerpunktskoordinaten q und χ als Lagekoordinaten, dann lauten die Gleichgewichtsbedingungen der Mechanik mit den in Abb. 80b eingetragenen Zählpfeilen für die positiv zu zählenden Wirkrichtungen der Kräfte, Momente und Lagekoordinaten samt ihren zeitlichen Ableitungen, wie wir dem freigemachten System in Abb. 80c entnehmen können, wie folgt

$$- P_a - P_{c_1} - P_{c_2} + P = 0, \tag{368}$$

sowie, mit S als Momentenbezugspunkt,

$$- M_{d_a} + P_{c_1}\,l_1 - P_{c_2}\,l_2 + P\,(r - l_1) + M_d = 0. \tag{369}$$

Mit dem Lösungsansatz

$$q = \widehat{q}\,e^{i\,\Omega\,t} \quad \text{und} \quad \chi = \widehat{\chi}\,e^{i\,\Omega\,t} \tag{370}$$

und den Gln. (367) folgt durch eine leichte Umformung und nach Abkürzen des gemeinsamen Faktors $e^{i\,\Omega\,t}$

$$\left.\begin{aligned}
(c_1 + c_2 - m\,\Omega^2)\,\widehat{q} - \left(c_1\frac{l_1}{l_2} - c_2\right)(\widehat{\chi}\,l_2) &= \widehat{P} \\
-\left(c_1\frac{l_1}{l_2} - c_2\right)\widehat{q} + \left(c_1\left(\frac{l_1}{l_2}\right)^2 + c_2 - \frac{J}{l_2^2}\,\Omega^2\right)(\widehat{\chi}\,l_2) &= \frac{r - l_1}{l_2}\,\widehat{P} + \frac{\widehat{M}_d}{l_2}
\end{aligned}\right\} \tag{371}$$

Diese Gleichungen zeigen formale Übereinstimmung mit den Gln. (334). D. h., das vorliegende System kann auf ein federgekoppeltes System nach Abb. 72a zurückgeführt werden. Die dafür gefundenen Lösungen können daher formal übernommen werden, wenn dabei die nachstehenden Entsprechungen, die aus dem Koeffizientenvergleich der beiden Gleichungssysteme (334) u. (371) folgen, eingehalten werden:

$$\boxed{\begin{aligned}
&\widehat{q}_1 \,\widehat{=}\, \widehat{q}, \quad \widehat{q}_2 \,\widehat{=}\, l_2\,\widehat{\chi}, \quad \widehat{P}_{01} \,\widehat{=}\, \widehat{P}, \quad \widehat{P}_{02} \,\widehat{=}\, \frac{r - l_1}{l_2}\,\widehat{P} + \frac{1}{l_2}\,\widehat{M}_d \\[4pt]
&a_1 \,\widehat{=}\, m, \quad a_2 \,\widehat{=}\, \frac{1}{l_2^2}\,J, \\[4pt]
&c_{01} + c_{12} \,\widehat{=}\, c_1 + c_2; \quad c_{12} \,\widehat{=}\, \frac{l_1}{l_2}\,c_1 - c_2, \quad c_{12} + c_{20} \,\widehat{=}\, \left(\frac{l_1}{l_2}\right)^2 c_1 + c_2, \\[4pt]
&\text{bzw.} \\[4pt]
&c_{01} \,\widehat{=}\, 2\,c_2 + \left(1 - \frac{l_1}{l_2}\right)c_1 \quad \text{und} \quad c_{20} \,\widehat{=}\, 2\,c_2 + \frac{l_1}{l_2}\left(\frac{l_1}{l_2} - 1\right)c_1.
\end{aligned}} \tag{372}$$

Zu beachten ist dabei, daß die Entsprechung von c_{12} je nach Größe des Quotienten l_1/l_2 auch negatives Vorzeichen annehmen kann. Dies ist beim Einsetzen in die Lösungsgleichungen zu berücksichtigen.

Im allgemeinen wird die zweifach gefederte Masse m (Abb. 80a) Koppelschwingungen, d. h. gleichzeitig Längs- und Drehschwingungen, ausführen. In den meisten Fällen ist dies, denken wir nur an Maschinenfundamente, unerwünscht, da dann trotz des Fehlens von Erregungs-Drehmomenten Drehschwingungen oft beträchtlicher Größe infolge der Kopplung auftreten können.

Für den Fall $c_{12} = 0$ werden die beiden Schwingungsgleichungen (371) voneinander unabhängig, die Schwingungen beeinflussen sich gegenseitig nicht mehr, das System ist *entkoppelt*. Dies ist der Fall, wenn

$$\frac{c_1}{c_2} = \frac{l_2}{l_1} \tag{374}$$

gewählt wird.

19. Schwingungsgebilde höheren Freiheitsgrades

Bewegungsgleichungen. Die Berechnung der Koppelschwingungen eines Gebildes mit mehreren Freiheitsgraden stimmt im grundsätzlichen mit den in den vorhergehenden Abschnitten beschriebenen Verfahren überein, so daß wir nur noch ganz kurz auf die allgemeinen Beziehungen einzugehen brauchen.

Unserer Darstellung wollen wir das in Abb. 81a gezeigte allgemeine Koppelgebilde zugrunde legen. Zunächst machen wir das System frei, d. h. wir lösen die Massen unter Einführung der entsprechenden Bindungskräfte von ihren körperhaften Bindungen. Die Abb. 81b zeigt das freigemachte System mit den Bindungskräften, wie sie sich durch die eingezeichneten Zählpfeile für die positiven Wirkrichtungen der Lagekoordinaten und Kräfte ergeben, wobei Reaktionskräfte gestrichelt dargestellt sind.

Wenn n Massen vorhanden sind, können wir n Gleichgewichtsbedingungen anschreiben, und erhalten so ein System von n linearen Gleichungen.

Da wir diese Art von Berechnungen in den zurückliegenden Abschnitten schon mehrfach durchgeführt haben, beschränken wir uns auf das Anschreiben einer einzigen Gleichgewichtsbeziehung.

Beispielsweise lautet die Gleichgewichtsbedingung für die Masse a_2, wie wir der Abb. 81b entnehmen können,

$$- P_{a_2} - P_{c_{12}} + P_{c_{23}} + P_{c_{24}} - P_{b_{02}} + P_{b_{24}} + P_{02} - P_{23} = 0, \tag{375}$$

wobei

$$\left.\begin{array}{l} P_{a_2} = a_2 \ddot{q}_2, \quad P_{c_{12}} = c_{12}(q_2 - q_1), \quad P_{c_{23}} = c_{23}(q_3 - q_2), \\[4pt] P_{c_{24}} = c_{24}(q_4 - q_2), \quad P_{b_{02}} = b_{02} q_2, \quad P_{b_{24}} = b_{24}(q_4 - q_2) \end{array}\right\} \tag{376}$$

ist. Mit

$$P_{02} = \widehat{P}_{02}\, e^{i\,\Omega\, t} \quad \text{und} \quad P_{23} = \widehat{P}_{23}\, e^{i\,\Omega\, t}, \tag{377}$$

sowie dem Lösungsansatz

$$\tag{378}$$

$$q_1 = \widehat{q}_1\, e^{i\,\Omega\, t}, \quad q_2 = \widehat{q}_2\, e^{i\,\Omega\, t}, \quad q_3 = \widehat{q}_3\, e^{i\,\Omega\, t} \quad \text{und} \quad q_4 = \widehat{q}_4\, e^{i\,\Omega\, t}$$

erhalten wir mit den Gln. (376) schließlich

$$-c_{12}\,\widehat{q}_1 + [(c_{12} + c_{23} + c_{24} - a_2\,\Omega^2) + i\,\Omega\,(b_{02} + b_{24})]\,\widehat{q}_2$$
$$-c_{23}\,\widehat{q}_3 - (c_{24} + i\,\Omega\,b_{24})\,\widehat{q}_4 = \widehat{P}_{02} - \widehat{P}_{23}. \tag{379}$$

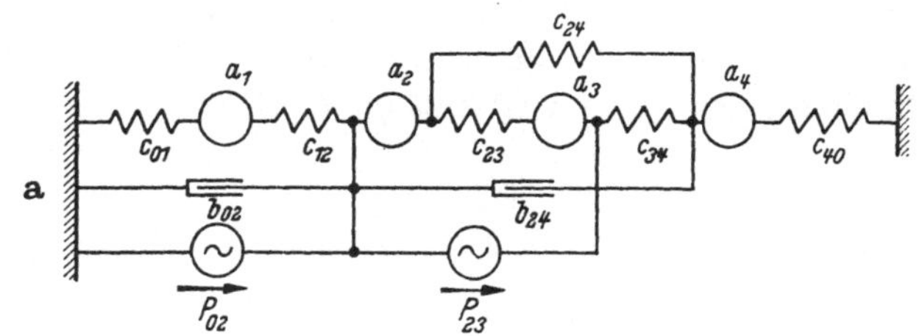

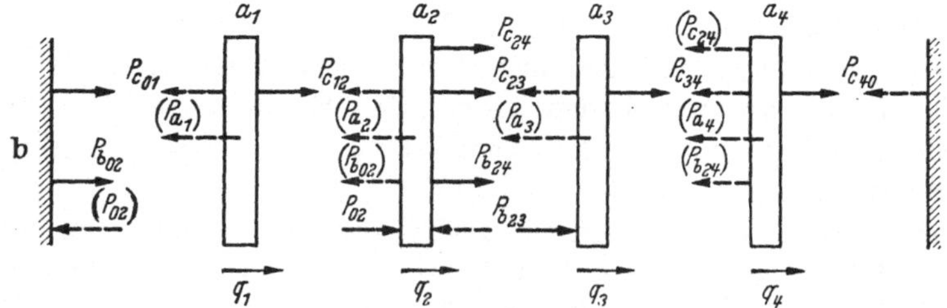

Abb. 81. Koppelgebilde mit 4 Freiheitsgraden
a Wirkplan; b Freigemachtes System

Aus den Gleichgewichtsbedingungen für die drei anderen Massen folgen ähnliche Gleichungen, so daß wir ein Gleichungssystem der Form

$$z_{11}\,\widehat{q}_1 + z_{12}\,\widehat{q}_2 + z_{13}\,\widehat{q}_3 + z_{14}\,\widehat{q}_4 = \widehat{P}_1$$
$$z_{21}\,\widehat{q}_1 + z_{22}\,\widehat{q}_2 + z_{23}\,\widehat{q}_3 + z_{24}\,\widehat{q}_4 = \widehat{P}_2$$
$$z_{31}\,\widehat{q}_1 + z_{32}\,\widehat{q}_2 + z_{33}\,\widehat{q}_3 + z_{34}\,\widehat{q}_4 = \widehat{P}_3$$
$$z_{41}\,\widehat{q}_1 + z_{42}\,\widehat{q}_2 + z_{43}\,\widehat{q}_3 + z_{44}\,\widehat{q}_4 = \widehat{P}_4 \tag{380}$$

bekommen. Die Beiwerte z_{ik} und die Amplituden der Kräfte $\widehat{P}_i$ sind im allgemeinen komplexe Größen, wobei die Indizes die folgende Bedeutung haben:

i gibt an, auf welche Masse der Gleichgewichtssatz angewendet wurde, und k kennzeichnet die Stellung des Beiwertes innerhalb der Gleichung. Beispielsweise ist nach Gl. (379) $z_{23} = -c_{23}$ und $\widehat{P}_2 = \widehat{P}_{02} - \widehat{P}_{23}$.

Mit Hilfe der Determinantenbeziehungen lösen wir das System nach den vier Lagekoordinaten auf und erhalten

$$\widehat{q_1} = \frac{D_1}{D}, \quad \widehat{q_2} = \frac{D_2}{D}, \quad \widehat{q_3} = \frac{D_3}{D}, \quad \widehat{q_4} = \frac{D_4}{D}, \tag{381}$$

allgemein $\widehat{q_k} = \dfrac{D_k}{D}$, mit

$$D = \begin{vmatrix} z_{11} & z_{12} & z_{13} & z_{14} \\ z_{21} & z_{22} & z_{23} & z_{24} \\ z_{31} & z_{32} & z_{33} & z_{34} \\ z_{41} & z_{42} & z_{43} & z_{44} \end{vmatrix}. \tag{382}$$

Die im allgemeinen komplexen Determinanten D_1, D_2, D_3, D_4, allgemein D_k, gehen in bekannter Weise aus der Nennerdeterminanten D hervor, indem man ihre Elemente z_{ik} der k-ten Spalte durch $\widehat{P_i}$ ersetzt.

Eigenwerte. Greifen am Koppelsystem *keine* Erregerkräfte an, dann werden alle $\widehat{P_i}$ und damit alle D_k identisch Null. Außer den trivialen Lösungen $\widehat{q_k} = 0$ besitzt das Gleichungssystem Lösungen endlicher Größe nur dann, wenn die Nennerdeterminante D verschwindet. Da D eine Funktion der Kreisfrequenz ist, stellt $D \equiv 0$ die Bestimmungsgleichung — die uns bereits bekannte *Frequenzfunktion* $F(\omega^2)$ — dar, aus der sich die *Eigenwerte*, die Quadrate jener Kreisfrequenzen, bei denen im Koppelgebilde Schwingungen endlicher Größe ohne Vorhandensein von Erregerkräften bestehen können, bestimmen lassen. Im allgemeinen besitzt ein n-Massensystem n Eigenwerte, bzw. $n - 1$, wenn es ein *offenes* System ist (siehe Abschn 21).

Das Auflösen vielgliedriger Determinanten, und noch dazu solcher mit komplexen Elementen, ist zeitraubend und äußerst mühevoll. Glücklicherweise sind in den meisten technisch wichtigen Fällen die Dämpfungskräfte von vernachlässigbarer Größenordnung, so daß man, ohne einen nennenswerten Fehler zu begehen, der Berechnung ein dämpfungsfreies System zugrunde legen kann.

Eine weitere wesentliche Vereinfachung des Rechnungsganges tritt dann ein, wenn das gekoppelte Schwingungsgebilde die Form einer *Schwingerkette* besitzt (Abschn. 21), da dann die Determinanten D und D_k sehr einfache Formen annehmen, die mit erträglichem Arbeitsaufwand zu lösen sind. Außerdem, und dies ist von ganz besonderer Bedeutung, kann dann die Lösung mit Hilfe von Näherungsverfahren, rechnerischer und zeichnerischer Art, verhältnismäßig einfach gefunden werden.

In den nachfolgenden Abschnitten (Biegeschwingungen und Drehschwingungen von Kurbelwellen in Kolbenmaschinen) werden wir uns mit Gebilden vorerwähnter Art näher befassen.

Biegeschwingungen. Wir betrachten einen zweifach gelagerten biegesteifen Träger über zwei Stützen nach Abb. 82, der die drei Einzelmassen a_1, a_2 und a_3 trägt. Die Eigenmasse des Biegeträgers sei gegenüber den Einzelmassen von vernachlässigbarer Größenordnung. Zwischen den Einzelmassen und dem festen Bezugssystem seien Dämpfungsglieder mit den Dämpfungsfaktoren b_1, b_2 und b_3 angeordnet und außerdem wirken die Wechselkräfte

$$P_1 = \widehat{P}_1 \, e^{i\Omega t}, \quad P_2 = \widehat{P}_2 \, e^{i\Omega t} \quad \text{und} \quad P_3 = \widehat{P}_3 \, e^{i\Omega t}. \tag{383}$$

Unter der Wirkung der Wechselkräfte wird der Träger Schwingungsbewegungen ausführen. Die Reaktionen der Massenbeschleunigungskräfte P_a und der Dämpfungskräfte P_b wirken dabei als zusätzliche Belastungskräfte auf den Biegeträger, so daß an jeder Masse drei Einzelkräfte angreifend

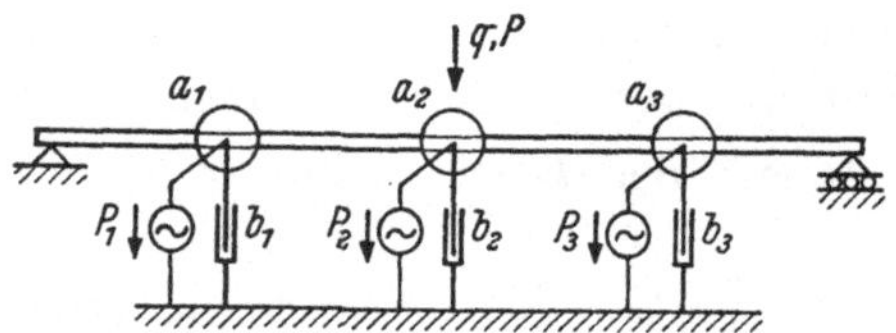

Abb. 82. Biegeschwingungsgebilde

gedacht werden können, deren Summen wir mit P_{I} bzw. P_{II} bzw. P_{III} bezeichnen wollen.

Mit den in Abb. 82 eingetragenen Zählpfeilen für die positiven Zählrichtungen der Lagekoordinaten der Massen und deren zeitlichen Ableitungen, sowie der äußeren Kräfte, erhalten wir mit den Definitionsgleichungen

$$P_a = a\,\ddot{q} \quad \text{und} \quad P_b = b\,\dot{q}$$

die Summenkräfte (die Reaktionskräfte sind $-P_a$ und $-P_b$)

$$P_{\mathrm{I}} = P_1 - a_1\,\ddot{q}_1 - b\,\dot{q}_1; \quad P_{\mathrm{II}} = P_2 - a_2\,\ddot{q}_2 - b_2\,\dot{q}_2, \quad P_{\mathrm{III}} = P_3 - a_3\,\ddot{q}_3 - b_3\,\dot{q}_3. \tag{384}$$

Die durch diese drei Einzelkräfte hervorgerufenen Durchbiegungen jener Trägerpunkte, an denen sich die Massen befinden, können mit Hilfe der Einflußzahlen leicht bestimmt werden.

Die von einer Last P_k an der Stelle i des Trägers hervorgerufene Durchbiegung ist $q_i = \alpha_{ik}\,P_k$ [siehe Gl. (275)]. Wirken mehrere Belastungskräfte gleichzeitig, dann summieren sich die Durchbiegungen (Gültigkeit des Superpositionsprinzips). Daher erhalten wir für die Durchbiegungen des Trägers an den Massenangriffsstellen

$$\left.\begin{aligned}
q_1 &= \alpha_{11}\,P_{\mathrm{I}} + \alpha_{12}\,P_{\mathrm{II}} + \alpha_{13}\,P_{\mathrm{III}} \\
q_2 &= \alpha_{21}\,P_{\mathrm{I}} + \alpha_{22}\,P_{\mathrm{II}} + \alpha_{23}\,P_{\mathrm{III}} \\
q_3 &= \alpha_{31}\,P_{\mathrm{I}} + \alpha_{32}\,P_{\mathrm{II}} + \alpha_{33}\,P_{\mathrm{III}}.
\end{aligned}\right\} \tag{385}$$

Mit dem Lösungsansatz

$$q_1 = \widehat{q}_1\, e^{i\,\Omega\,t}, \quad q_2 = \widehat{q}_2\, e^{i\,\Omega\,t} \quad \text{und} \quad q_3 = \widehat{q}_3\, e^{i\,\Omega\,t}$$

und den Gln. (383) und (384) erhalten wir durch Einsetzen in Gl. (385) nach einer leichten Umformung und Abkürzen des Zeitfaktors $e^{i\,\Omega\,t}$ die Amplitudenbeziehungen

$$\left.\begin{aligned}
&[1 + \alpha_{11}\,(-\,a_1\,\Omega^2 + i\,\Omega\,b_1)]\,\widehat{q}_1 + \alpha_{12}\,(-\,a_2\,\Omega^2 + i\,\Omega\,b_2)\,\widehat{q}_2 \\
&\qquad + \alpha_{13}(-\,a_3\,\Omega^2 + i\,\Omega\,b_3)\,\widehat{q}_3 = \alpha_{11}\widehat{P}_1 + \alpha_{21}\,\widehat{P}_2 + \alpha_{31}\,\widehat{P}_3 \\[1em]
&\alpha_{21}\,(-\,a_1\,\Omega^2 + i\,\Omega\,b_1)\,\widehat{q}_1 + [1 + \alpha_{22}\,(-\,a_2\,\Omega^2 + i\,\Omega\,b_2)\,\widehat{q}_2 \\
&\qquad + \alpha_{23}\,(-\,a_3\,\Omega^2 + i\,\Omega\,b_3)\,\widehat{q}_3 = \alpha_{21}\,\widehat{P}_1 + \alpha_{22}\,\widehat{P}_2 + \alpha_{23}\,\widehat{P}_3 \\[1em]
&\alpha_{31}\,(-\,a_1\,\Omega^2 + i\,\Omega\,b_1)\,\widehat{q}_1 + \alpha_{32}\,(-\,a_2\,\Omega^2 + i\,\Omega\,b_2)\,\widehat{q}_2 \\
&\qquad + [1 + \alpha_{33}\,(-\,a_3\,\Omega^2 + i\,\Omega\,b_3)\,\widehat{q}_3 = \alpha_{31}\,\widehat{P}_1 + \alpha_{32}\,\widehat{P}_2 + \alpha_{33}\,\widehat{P}_3.
\end{aligned}\right\} \quad (386)$$

Sind alle Daten des Schwingungssystems gegeben, dann lassen sich die unbekannten Schwingungsamplituden $\widehat{q}_1$, $\widehat{q}_2$ und $\widehat{q}_3$ aus dem Gleichungssystem berechnen. Auf die weitere Ausrechnung in allgemeiner Form wollen wir jedoch hier verzichten.

In jeder der drei obigen Gleichungen kommen alle Massen und alle Dämpfungsfaktoren vor. Man kann das Schwingungssystem als aus drei linearen Schwingungssystemen bestehend auffassen, die miteinander reibungs- und massengekoppelt sind.

Eigenwerte. Unter den Eigenwerten eines gekoppelten Systems versteht man, wie wir schon mehrfach ausgeführt haben, die Quadrate jener Kreisfrequenzen, bei denen im erreger- und dämpfungsfrei gedachten System Schwingungen endlicher Größe bestehen können.

Für diesen Fall erhalten wir die Schwingungsgleichungen unmittelbar aus dem Gleichungssystem (386), indem wir alle Erregerkräfte und alle Dämpfungsfaktoren Null setzen. An Stelle der Erregerkreisfrequenz Ω setzen wir ω und erhalten das homogene Gleichungssystem

$$\left.\begin{aligned}
(\alpha_{11}\,a_1\,\omega^2 - 1)\,\widehat{q}_1 + \alpha_{12}\,a_2\,\omega^2\,\widehat{q}_2 + \alpha_{13}\,a_3\,\omega^2\,\widehat{q}_3 &= 0 \\[0.5em]
\alpha_{21}\,a_1\,\omega^2\,\widehat{q}_1 + (\alpha_{22}\,a_2\,\omega^2 - 1)\,\widehat{q}_2 + \alpha_{23}\,a_3\,\omega^2\,\widehat{q}_3 &= 0 \\[0.5em]
\alpha_{31}\,a_1\,\omega^2\,\widehat{q}_1 + \alpha_{32}\,a_2\,\omega^2\,\widehat{q}_2 + (\alpha_{33}\,a_3\,\omega^2 - 1)\,\widehat{q}_3 &= 0.
\end{aligned}\right\} \quad (387)$$

Ein homogenes Gleichungssystem hat nur dann Lösungen endlicher Größe, wenn die aus den Beiwerten gebildete Determinante identisch zu Null wird. Wir dividieren zunächst das Gleichungssystem durch ω^2

und erhalten dann die Determinantenbeziehung

$$D \equiv \begin{vmatrix} \alpha_{11}\,a_1 - \dfrac{1}{\omega^2}, & \alpha_{12}\,a_2 & \alpha_{13}\,a_3 \\[2ex] \alpha_{21}\,a_1 & \alpha_{22}\,a_2 - \dfrac{1}{\omega^2} & \alpha_{23}\,a_3 \\[2ex] \alpha_{31}\,a_1 & \alpha_{32}\,a_2 & \alpha_{33}\,a_3 - \dfrac{1}{\omega^2} \end{vmatrix} = 0. \qquad (388)$$

Wäre der Biegeträger mit n Massen belegt gewesen, dann erhielten wir eine Determinante, die aus n Zeilen und n Spalten bestünde. Das Auflösen dieser Determinante lieferte dann eine Gleichung n-ten Grades in $\dfrac{1}{\omega^2}$ von der Form

$$(389)$$

$$\left(\frac{1}{\omega^2}\right)^n - K_1\left(\frac{1}{\omega^2}\right)^{n-1} + K_2\left(\frac{1}{\omega^2}\right)^{n-2} - \cdots + (-1)^{n-1}\,K_{n-1}\left(\frac{1}{\omega^2}\right)$$
$$+ (-1)^n\,K_n = 0.$$

Diese Gleichung entspricht der uns bereits bekannten Frequenzfunktion; sie wird als *charakteristische Gleichung* oder *Frequenzgleichung* bezeichnet.

Die Beiwerte K_i sind Funktionen der Einflußzahlen α_{ik} und der Massen a_i. Beispielsweise ist K_1 durch

$$K_1 = \alpha_{11}\,a_1 + \alpha_{22}\,a_2 + \alpha_{33}\,a_3 + \cdots \alpha_{nn}\,a_n \qquad (390)$$

gegeben, wie man sich durch Auflösen der Determinante leicht überzeugen kann.

Es läßt sich nachweisen, daß die Frequenzgleichung (389) immer n *reelle* Wurzeln besitzt, so daß ein n-Massensystem immer n reelle Eigenwerte besitzt.

Nach den bekannten Beziehungen, die zwischen den Koeffizienten einer ganzen rationalen Funktion und ihren Wurzeln bestehen [16], ergibt sich K_1 als Summe der Wurzeln $\dfrac{1}{\omega_i^2}$ der Gl. (389). Somit gilt

$$\frac{1}{\omega_1^2} + \frac{1}{\omega_2^2} + \cdots \frac{1}{\omega_n^2} = \alpha_{11}\,a_1 + \alpha_{22}\,a_2 + \cdots \alpha_{nn}\,a_n. \qquad (391)$$

Die Kennkreisfrequenzen ω_i, und noch mehr ihre Quadrate, wachsen mit zunehmender Ordnungszahl sehr rasch an, so daß

$$\omega_i^2 \gg \omega_1^2 \quad \text{bzw.} \quad \frac{1}{\omega_i^2} \ll \frac{1}{\omega_1^2} \quad (i = 2, 3, \ldots, n) \qquad (392)$$

ist.

Man kann daher die Glieder $\dfrac{1}{\omega_2^2}$, $\dfrac{1}{\omega_3^2}$, $\cdots \dfrac{1}{\omega_n^2}$ auf der linken Seite der Gl. (391) in erster Annäherung als vernachlässigbar klein gegenüber dem Glied $\dfrac{1}{\omega_1^2}$ ansehen und erhält die Näherungsform

$$\frac{1}{\omega_1^2} \approx \alpha_{11}\,a_1 + \alpha_{22}\,a_2 + \cdots \alpha_{nn}\,a_n. \tag{393}$$

Die Summanden auf der rechten Seite der Gleichung lassen sich mit $\alpha = \dfrac{1}{c}$ [Gl. (276)] in der Form

$$\frac{a_1}{c_{11}} = \frac{1}{\omega_I^2}, \quad \frac{a_2}{c_{22}} = \frac{1}{\omega_{II}^2}, \quad \cdots \frac{a_n}{c_{nn}} = \frac{1}{\omega_{(n)}^2} \tag{394}$$

schreiben. Sie stellen nichts anderes dar als die Kehrwerte der Quadrate der Eigenkreisfrequenzen von jenen Schwingungsgebilden, die man erhält, wenn jeweils eine jede Einzelmasse für sich allein an ihrem Platze am Biegeträger angeordnet gedacht wird. In dieser Schreibweise erhält man aus Gl. (393)

$$\frac{1}{\omega_1^2} = \frac{1}{\omega_I^2} + \frac{1}{\omega_{II}^2} + \cdots \frac{1}{\omega_{(n)}^2}. \tag{395}$$

Diese Näherungsgleichung wird in der Literatur als DUNKERLEYsche Formel bezeichnet und gestattet eine bequeme angenäherte Berechnung der *tiefsten* Eigenschwingungszahl eines Mehrmassen-Biegeschwingers. Dabei ist der so ermittelte Näherungswert immer *kleiner* als die wahre tiefste Eigenschwingungszahl.

Berechnungsbeispiel. Ein Biegeträger auf zwei Stützen, dessen Abmessungen mit denen des im Berechnungsbeispiel auf Seite 78 behandelten Trägers übereinstimmen mögen, trägt gemäß Abb. 83 drei Einzelmassen.

Zu berechnen sind:
1. Die exakten Werte der drei Eigenschwingungszahlen.
2. Die niedrigste Biege-Eigenschwingungszahl nach dem DUNKERLEYschen Verfahren.

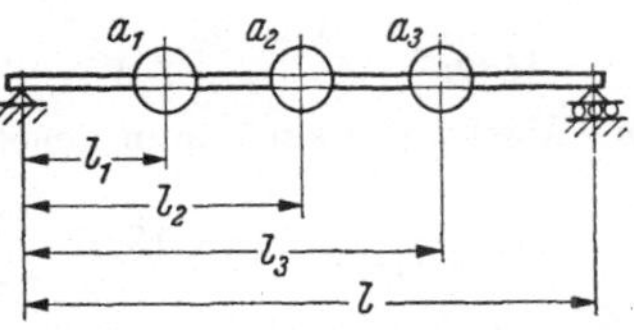

Abb. 83. Biegeträger mit 3 Einzelmassen

Angaben:

$$a_1 = 3\,\frac{\text{kg s}^2}{\text{cm}}, \qquad \frac{a_2}{a_1} = 1{,}4, \qquad \frac{a_3}{a_1} = 1{,}2,$$

$$l = 1500\,\text{mm}, \qquad \frac{l_1}{l} = 0{,}3, \qquad \frac{l_2}{l} = 0{,}5, \qquad \frac{l_3}{l} = 0{,}8,$$

$$E\,J_{\ddot{a}} = 5{,}2 \cdot 10^9\ \text{kg cm}^2.$$

Zu 1. Die Einflußzahlen berechnen wir nach dem im Berechnungsbeispiel auf Seite 78 angegebenen Verfahren und erhalten

$$\alpha_{11} = 0{,}0147\,\frac{l^3}{E\,J_{\ddot{a}}}, \quad \alpha_{22} = 0{,}02083\,\frac{l^3}{E\,J_{\ddot{a}}}, \qquad \alpha_{33} = 0{,}00853\,\frac{l^3}{E\,J_{\ddot{a}}},$$

$$\alpha_{12} = \alpha_{21} = 0{,}0165\,\frac{l^3}{E\,J_{\ddot{a}}}, \quad \alpha_{23} = \alpha_{32} = 0{,}01183\,\frac{l^3}{E\,J_{\ddot{a}}}, \quad \alpha_{13} = \alpha_{31} = 0{,}0087\,\frac{l^3}{E\,J_{\ddot{a}}}.$$

Damit folgt aus Gl. (388), wenn wir gleichzeitig a_1 bzw. $\tau^2 = \dfrac{a_1\,l^3}{E J_{\ddot{a}}}$ herausheben

$$D \equiv a_1 \begin{vmatrix} \alpha_{11} - \dfrac{1}{a_1\,\omega^2} & \alpha_{12}\dfrac{a_2}{a_1} & \alpha_{13}\dfrac{a_3}{a_1} \\[2ex] \alpha_{21} & \alpha_{22}\dfrac{a_2}{a_1} - \dfrac{1}{a_1\,\omega^2} & \alpha_{23}\dfrac{a_3}{a_1} \\[2ex] \alpha_{31} & \alpha_{32}\dfrac{a_2}{a_1} & \alpha_{33}\dfrac{a_3}{a_1} - \dfrac{1}{a_1\,\omega^2} \end{vmatrix}$$

$$= \dfrac{a_1\,l^3}{E J_{\ddot{a}}} \begin{vmatrix} 0{,}0147 - \dfrac{1}{(\tau\,\omega)^2} & 0{,}0165 \cdot 1{,}4 & 0{,}0087 \cdot 1{,}2 \\[2ex] 0{,}0165 & 0{,}02083 \cdot 1{,}4 - \dfrac{1}{(\tau\,\omega)^2} & 0{,}01183 \cdot 1{,}2 \\[2ex] 0{,}0087 & 0{,}01183 \cdot 1{,}4 & 0{,}00853 \cdot 1{,}2 - \dfrac{1}{(\tau\,\omega)^2} \end{vmatrix} \equiv 0.$$

Das Auflösen der Determinante liefert die Frequenzgleichung

$$\left[\dfrac{1}{(\tau\,\omega)^2}\right]^3 - 0{,}054107 \left[\dfrac{1}{(\tau\,\omega)^2}\right]^2 + 0{,}00014765\,\dfrac{1}{(\tau\,\omega)^2} - 0{,}000\,000\,0241 = 0.$$

Bei der Bestimmung der Wurzeln dieser kubischen Gleichung gehen wir zweckmäßigerweise so vor, daß wir zunächst eine Wurzel $\dfrac{1}{(\tau\,\omega_i)^2}$ mit Hilfe der Regula falsi oder mit Hilfe des NEWTONschen Näherungsverfahrens bestimmen[1] [17], dann die kubische Gleichung durch den Wurzelfaktor $\left(\dfrac{1}{(\tau\,\omega)^2} - \dfrac{1}{(\tau\,\omega_i)^2}\right)$ dividieren, und die so erhaltene quadratische Gleichung nach dem exakten Verfahren auflösen. Die auf diese Weise ermittelten Wurzeln lauten

$$\dfrac{1}{(\tau\,\omega_1)^2} = 0{,}05123, \quad \dfrac{1}{(\tau\,\omega_2)^2} = 0{,}0026991 \quad \text{und} \quad \dfrac{1}{(\tau\,\omega_3)^3} = 0{,}0001743.$$

Die Eigenwerte sind dann gegeben durch

$$\omega_1^2 = \dfrac{1}{0{,}05123 \cdot \tau^2} = 19{,}52\,\dfrac{E J_{\ddot{a}}}{a_1\,l^3}, \quad \omega_2^2 = 370{,}5\,\dfrac{E J_{\ddot{a}}}{a_1\,l^3} \quad \text{und} \quad \omega_3^2 = 5737\,\dfrac{E J_{\ddot{a}}}{a_1\,l^3}.$$

Daraus folgen die Kennkreisfrequenzen

$$\omega_1 = \sqrt{19{,}52}\,\sqrt{\dfrac{E J_{\ddot{a}}}{a_1\,l^3}} = 4{,}418\,\sqrt{\dfrac{5{,}2 \cdot 10^9 \cdot \text{kg cm}^2}{3\,\dfrac{\text{kg s}^2}{\text{cm}} \cdot (150\ \text{cm})^3}} = 100{,}13\,\dfrac{1}{\text{s}},$$

sowie

$$\omega_2 = 435{,}77\,\dfrac{1}{\text{s}} \quad \text{und} \quad \omega_3 = 1716{,}5\,\dfrac{1}{\text{s}}.$$

Zu 2. Zur Auswertung der DUNKERLEYschen Formel benötigen wir nur die Einflußzahlen

$$\alpha_{11} = 0{,}0147\,\dfrac{l^3}{E J_{\ddot{a}}}, \quad \alpha_{22} = 0{,}02083\,\dfrac{l^3}{E J_{\ddot{a}}} \quad \text{und} \quad \alpha_{33} = 0{,}00853\,\dfrac{l^3}{E J_{\ddot{a}}}.$$

---

[1] Außerordentlich zweckmäßig, insbesondere bei Gleichungen höheren Grades, ist das Lösungsverfahren nach HORNER (siehe [78]).

In die Gl. (393) eingesetzt, folgt

$$\frac{1}{\omega_1^2} = a_1\left(\alpha_{11} + \alpha_{22}\frac{a_2}{a_1} + \alpha_{33}\frac{a_3}{a_1}\right) = (0{,}0147 + 0{,}02083 \cdot 1{,}4 + 0{,}00853 \cdot 1{,}2)\frac{a_1\,l^3}{E\,J_{\ddot{a}}}$$

$$\omega_1^2 = \frac{1}{0{,}05410}\frac{E\,J_{\ddot{a}}}{a_1\,l^3} = 18{,}485\,\frac{E\,J_{\ddot{a}}}{a_1\,l^3}\;.$$

Daraus

$$\omega_1 = 4{,}299\;\sqrt{\frac{E\,J_{\ddot{a}}}{a_1\,l^3}} = 97{,}44\,\frac{1}{s}\;.$$

Vergleichen wir dieses Ergebnis mit dem exakten Wert $\omega_1 = 100{,}13\,\frac{1}{s}$, dann ersehen wir die gute Übereinstimmung. Der Fehler beträgt nur knapp -3%.

Biegeschwinger mit scheibenförmigen Massen. Das in den vorstehenden Abschnitten entwickelte Lösungsverfahren darf, streng genommen, nicht auf Biegeträger mit scheibenförmigen oder weit ausladenden Massen angewendet werden.

Begründung: Das System Biegeträger-Scheibenmasse in Abb. 84 besitzt zwei Freiheitsgrade, denn die Masse kann sowohl Bewegungen in Richtung senkrecht zur Trägerachse, als auch Drehbewegungen in der Zeichenebene ausführen.

Beim Durchbiegen des Biegeträgers wird die Scheibe im allgemeinen gleichzeitig kleine Verdrehungen erfahren, d. h., beim Schwingen des Systems werden *gekoppelte* Schwingungen auftreten. Da das System zwei Freiheitsgrade besitzt, treten zwei Eigenschwingungszahlen auf. Ähnliches gilt für Mehrmassensysteme; die Anzahl der Eigenschwingungszahlen wird verdoppelt.

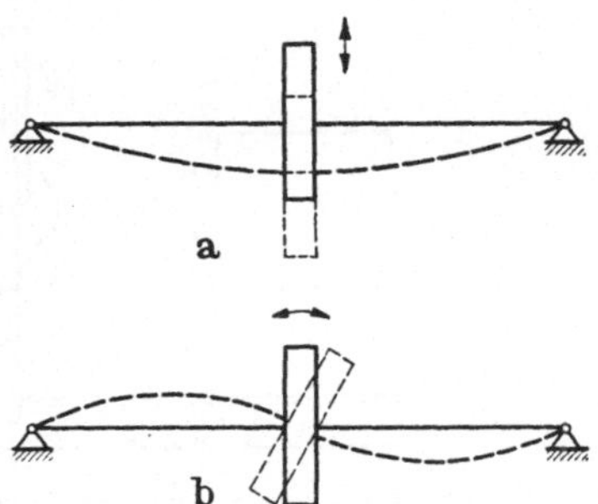

Abb. 84. Biegeschwinger mit scheibenförmiger Masse
a Die Scheibenmasse beschreibt eine reine Translationsbewegung; b Die Masse beschreibt eine reine Drehbewegung

Handelt es sich bei dem System um eine umlaufende Welle mit scheibenförmigen Massen, dann tritt eine weitere Komplikation auf, da Fliehkräfte und Kreiselwirkungen den Schwingungsverlauf beeinflussen.

Eine Behandlung dieser Probleme würde den Rahmen dieses Buches überschreiten. Es sei daher auf die entsprechende Fachliteratur verwiesen [18], [19].

Biegeträger mit kontinuierlicher Verteilung von Masse und Elastizität. Wir betrachten einen Biegeträger, der mit einer stetig verteilten Belastung, einer Streckenlast s, belastet sei (Abb. 85a). Die Streckenlast s sei als Funktion der Längenkoordinate x gegeben. Infolge der Formänderungen des Stabes treten Durchbiegungen auf, die wir mit q bezeichnen wollen.

Wir schneiden ein Stabelement von der Länge dx aus dem Biegeträger heraus, und bringen an den Schnittflächen an Stelle der inneren Spannungen statisch gleichwertige Biegemomente und Querkräfte an (Abb. 85c).

Herrscht an der Stelle x die Querkraft Q und das Biegemoment M_b, dann sind an einer benachbarten Stelle $x + dx$ die entsprechenden Werte $Q + dQ$ bzw. $M_b + dM_b$ vorhanden.

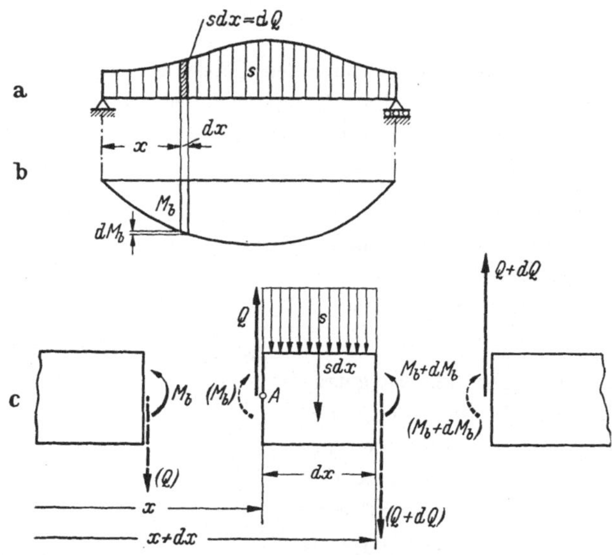

Abb. 85. Biegeträger mit kontinuierlicher Verteilung von Masse und Elastizität
a Träger mit Streckenlast; b Biegemomentenlinie c Herausgeschnittenes,
freigemachtes Stabelement;

Innerhalb eines Längenelementes dx kann man die M_b-Linie und die Q-Linie durch ihre Tangente ersetzen (Abb. 85b). Mit $\operatorname{tg}\alpha = \dfrac{\partial M_b}{\partial x}$ gilt

$$dM_b = \operatorname{tg}\alpha \cdot dx = \frac{\partial M_b}{\partial x}\,dx \quad \text{und analog} \quad dQ = \frac{\partial Q}{\partial x}\,dx. \qquad (396)$$

Da bei einem Schwingungsvorgang die Größen Q und M_b sowohl von der Lagekoordinate x als auch von der Zeit t abhängen, wollen wir durch die Schreibweise $\dfrac{\partial}{\partial x}$ zum Ausdruck bringen, daß die Differentiation *nur* nach x zu erfolgen hat (partielle Differentiation).

Die Änderungen von Querkraft und Biegemoment werden durch den auf das Längenelement dx entfallenden Anteil der Streckenlast im Betrage von $s \cdot dx$ hervorgerufen. Wenden wir auf das herausgeschnittene Trägerelement die Gleichgewichtssätze an, dann gilt (mit A als Momentenbezugspunkt):

$$- Q + s\, dx + \left(Q + \frac{\partial Q}{\partial x}\, dx\right) = 0,$$

sowie

$$-\left(M_b + \frac{\partial M_b}{\partial x}\, dx\right) + \left(Q + \frac{\partial Q}{\partial x}\, dx\right) dx + s\, dx \cdot \frac{dx}{2} + M_b = 0.$$

(397)

Unter Vernachlässigung der elementaren Glieder 2. Ordnung ergibt sich daraus

$$\frac{\partial Q}{\partial x} = - s \quad \text{und} \quad \frac{\partial M_b}{\partial x} = Q. \tag{398}$$

Differentiation der zweiten Gleichung nach x liefert $\dfrac{\partial^2 M_b}{\partial x^2} = \dfrac{\partial Q}{\partial x}$. Mit $\dfrac{\partial Q}{\partial x} = - s$ folgt daraus

$$s = - \frac{\partial^2 M_b}{\partial x^2}. \tag{399}$$

Zwischen den Größen M_b und q besteht die aus der Elastizitätslehre bekannte Beziehung [20]

$$\frac{\partial^2 q}{\partial x^2} = - \frac{M_b}{E\, J_{\ddot{a}}}. \tag{400}$$

Zweimaliges Differenzieren dieser Gleichung und Verknüpfung mit Gl. (399) liefert

$$\frac{\partial^4 q}{\partial x^4} = \frac{1}{E\, J_{\ddot{a}}}\, s. \tag{401}$$

Durch diese Differentialgleichung 4. Ordnung wird der Zusammenhang zwischen der an einem Trägerpunkt herrschenden Durchbiegung und der zugehörigen Streckenlast ausgedrückt.

Führt der Biegeträger Schwingungsbewegungen aus, dann treten an jedem Stabelement D'ALEMBERTsche Trägheitskräfte auf. Diese Kräfte sind über die ganze Trägerlänge stetig verteilt und können als Streckenbelastung aufgefaßt werden. Die Masse des in Abb. 85c dargestellten Stabelementes ergibt sich zu

$$dm = \varrho\, F\, dx, \tag{402}$$

mit $\varrho = \dfrac{\gamma}{g}$ und F als Trägerquerschnitt. Die auf das Massenelement dm entfallende D'ALEMBERTsche Trägheitskraft ist dann

$$dP_a = - dm\, \frac{\partial^2 q}{\partial t^2}.$$

Die auf die Längeneinheit bezogene Trägheitskraft — die Streckenlast s — folgt daraus zu

$$s = \frac{dP_a}{dx} = - \varrho\, F\, \frac{\partial^2 q}{\partial t^2}. \tag{403}$$

Setzen wir diesen Ausdruck in Gl. (401) ein, so erhalten wir

$$\frac{\partial^2 q}{\partial t^2} = - \frac{E\,J_{\ddot{a}}}{\varrho\,F}\,\frac{\partial^4 q}{\partial x^4}. \tag{404}$$

Diese partielle Differentialgleichung 4. Ordnung beschreibt den Schwingungsvorgang des Biegestabes[1].

Homogener Stab mit prismatischem Querschnitt. Für einen homogenen Stab prismatischen Querschnittes besitzen die Größen $E, J_{\ddot{a}}, F$ und ϱ konstante Werte. Wir setzen

$$k = \sqrt[4]{\frac{E J_{\ddot{a}}}{\varrho F}}. \tag{405}$$

Das Auflösen partieller Diff.-Gleichungen wird in der Weise vorgenommen, daß man Teillösungen — sogenannte *partikulare* Integrale — aufsucht, die die Diff.-Gleichung befriedigen. Die allgemeine Lösung ergibt sich dann als Linearkombination der partikularen Lösungen.

Das einfachste Verfahren zum Auffinden partikularer Lösungen besteht in der Methode der Trennung der Veränderlichen (BERNOULLIscher Ansatz), indem man q als Produkt je einer Funktion von x und von t allein ansetzt. Wir wollen harmonische Bewegung voraussetzen und schreiben daher in komplexer Schreibweise

$$q = y(x)\,e^{i\,\omega\,t}. \tag{406}$$

Dabei ist $y(x)$ eine Funktion von x allein, die man als *Amplitudenfunktion* bezeichnet. Mit diesem Ansatz gehen wir in die Diff.-Gl. (404) ein und erhalten nach Abkürzen des Zeitfaktors $e^{i\,\omega\,t}$

$$\frac{d^4 y(x)}{dx^4} = \frac{\omega^2}{k^4}\,y(x). \tag{407}$$

Durch diese Differentialgleichung, die nun eine gewöhnliche Diff.-Gleichung ist, wird die noch unbestimmte Amplitudenfunktion, die uns an jeder Stelle des Biegeträgers die Schwingungsamplitude angibt, festgelegt.

Mit dem Lösungsansatz

$$y(x) = A\,e^{v\,x} \tag{408}$$

erhalten wir durch Einsetzen in die Diff.-Gl. (407) die sogenannte *charakteristische Gleichung*

$$v^4\,A\,e^{v\,x} = \frac{\omega^2}{k^4}\,A\,e^{v\,x} \quad \text{bzw.} \quad v^4 = \frac{\omega^2}{k^4}, \tag{409}$$

---

[1] Diese Gleichung berücksichtigt *nicht* den Einfluß der Schubkräfte und der bei der Verdrehung der Stabquerschnitte an den einzelnen Stabelementen auftretenden Massenträgheitskräfte. Sie gilt daher im wesentlichen nur für verhältnismäßig schlanke Biegestäbe.

deren Wurzeln

$$\nu_1 = +\frac{\sqrt{\omega}}{k}; \quad \nu_2 = -\frac{\sqrt{\omega}}{k}; \quad \nu_3 = i\frac{\sqrt{\omega}}{k} \quad \text{und} \quad \nu_4 = -i\frac{\sqrt{\omega}}{k} \quad (410)$$

sind.

Die vollständige Lösung der Diff.-Gl. (404) lautet dann gemäß Gl. (406)

$$q = \left(A_1 e^{\frac{\sqrt{\omega}}{k}x} + A_2 e^{-\frac{\sqrt{\omega}}{k}x} + A_3 e^{i\frac{\sqrt{\omega}}{k}x} + A_4 e^{-i\frac{\sqrt{\omega}}{k}x}\right) e^{i\omega t}. \quad (411)$$

Da die Lösung komplex ist, muß sowohl ihr Realteil als auch ihr Imaginärteil für sich allein die Diff.-Gl. (404) erfüllen, d. h., beide Teile sind partikulare Lösungen. Durch Linearkombination von Real- und Imaginärteil der Gl. (411), erhalten wir

$$q = \left(A_1 e^{\frac{\sqrt{\omega}}{k}x} + A_2 e^{-\frac{\sqrt{\omega}}{k}x} + B_1 \sin\frac{\sqrt{\omega}}{k}x + B_2 \cos\frac{\sqrt{\omega}}{k}x\right)\cos\omega t$$
$$(412)$$

als vollständige Lösung der Diff.-Gleichung. Dabei sind A_1, A_2, B_1 und B_2 Integrationskonstanten, deren Größe durch die Randbedingungen des Problems bestimmt werden.

Die Amplitudenfunktion lautet somit gemäß Gl. (406)

$$y(x) = A_1 e^{\frac{\sqrt{\omega}}{k}x} + A_2 e^{-\frac{\sqrt{\omega}}{k}x} + B_1 \sin\frac{\sqrt{\omega}}{k}x + B_2 \cos\frac{\sqrt{\omega}}{k}x. \quad (413)$$

Wir ersehen aus dieser Lösung:

Die Trägerpunkte schwingen harmonisch und gleichphasig. Die Schwingungs-Amplitude ist eine Funktion der Koordinate x. Die Schwingungsform des Trägers wird durch die Amplitudenfunktion beschrieben. Die zu verschiedenen Zeiten bestehenden Schwingungsformen sind affine Kurven.

Homogener frei aufliegender Träger auf 2 Stützen. Für einen beiderseitig freiaufliegenden homogenen Träger von der Länge l sind die Randbedingungen wie folgt festgelegt:

1. Die Durchbiegungen in den Auflagerpunkten sind Null.

2. Die Biegemomente in den Trägerquerschnitten über den Auflagern müssen Null sein.

Somit lauten die Randbedingungen:

für $x = 0$ ist $y(0) = 0$ und (nach Gl. (400)) $y''(0) = 0$

für $x = l$ ist $y(l) = 0$ und $\qquad\qquad y''(l) = 0.$

Mit diesen Beziehungen folgt aus Gl. (413):

$$y(0) = (A_1 + A_2 + 0 + B_2) \equiv 0, \quad y''(0) = \frac{\omega}{k^2}(A_1 + A_2 - 0 - B_2) \equiv 0$$

$$y(l) = \left(A_1\, e^{\frac{\sqrt{\omega}}{k}\, l} + A_2\, e^{-\frac{\sqrt{\omega}}{k}\, l} + B_1 \sin\frac{\sqrt{\omega}}{k}\, l + B_2 \cos\frac{\sqrt{\omega}}{k}\, l\right) \equiv 0 \qquad (414)$$

$$y''(l) = \frac{\omega}{k^2}\left(A_1\, e^{\frac{\sqrt{\omega}}{k}\, l} + A_2\, e^{\frac{\sqrt{\omega}}{k}\, l} - B_1 \sin\frac{\sqrt{\omega}}{k}\, l - B_2 \cos\frac{\sqrt{\omega}}{k}\, x\right) \equiv 0.$$

Addition der beiden ersten Gleichungen liefert $A_1 + A_2 = 0$, bzw. $A_1 = -A_2$. Damit ergibt sich aus der ersten Gleichung: $B_2 = 0$.

Setzen wir in die beiden letzten Gleichungen $A_1 = -A_2$ ein und addieren sie, dann ergibt sich mit $B_2 = 0$ die Bedingungsgleichung

$$B_1 \sin\frac{\sqrt{\omega}}{k}\, l = 0. \qquad (415)$$

Aus dieser Gleichung folgt, daß das homogene Gleichungssystem (414) nur dann einen von Null verschiedenen Wert B_1 als Lösung liefert, wenn das Argument der Winkelfunktion den Wert π, 2π, ..., $n\pi$ besitzt.

D. h., Eigenschwingungen sind nur möglich, wenn

$$\frac{\sqrt{\omega}}{k}\, l = n\pi \text{, bzw. mit Gl. (405),}$$

$$\omega_n^2 = n^4 \frac{\pi^4\, E J_{\ddot{a}}}{\varrho\, l^4\, F},$$

bzw. $\omega_n = n^2 \dfrac{\pi^2}{l^2} \sqrt{\dfrac{E J_{\ddot{a}}}{\varrho\, F}}$ (416)

ist, mit $n = 1, 2, 3, \ldots$ als Ordnungszahl.

Schließlich folgt aus den beiden letzten Gleichungen in den Gln. (414):

$$A_1 = 0 \text{ und } A_2 = 0.$$

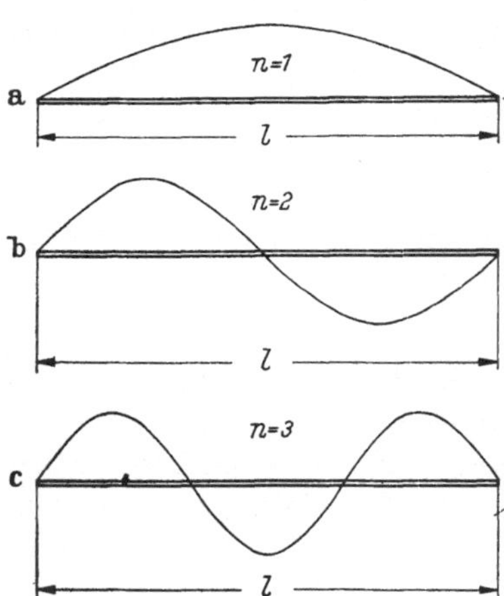

Abb. 86. Schwingungsformen 1. bis 3. Ordnung des freiaufliegenden homogenen Biegeträgers

Mit diesen Ergebnissen lautet die Amplitudenfunktion für $\omega = \omega_n$

$$y(x)_n = B_1 \sin\frac{n\pi}{l}\, x \quad \text{(mit } n \text{ als Ordnungszahl)}. \qquad (417)$$

Der schwingende Biegestab besitzt daher Sinuslinien als Schwingungsformen. In Abb. 86a–c sind die Schwingungsformen für $n = 1$, 2 und 3 dargestellt.

Als wichtigstes Ergebnis entnehmen wir der Gl. (416): Die Eigenschwingungszahlen des frei aufliegenden homogenen Biegestabes sind umgekehrt proportional dem Quadrat der Stablänge, sowie, die Schwingungszahlen der *Oberschwingungen* steigen nicht linear, sondern mit dem *Quadrat* der Ordnungszahlen.

Eigenwerte, Eigenfunktionen. Aufgaben, bei denen die Funktionswerte einer gesuchten Funktion am Rande eines Intervalles vorgegeben sind (im Beispiel des vorigen Abschnittes war der Rand der Intervalles durch die Auflagerpunkte gegeben), werden als *Randwertaufgaben* bezeichnet. In der Diff.-Gleichung des Schwingungsproblems kommt ω^2 als Parameter vor [siehe Gl. (407)]. Jene Werte von ω^2, bei denen die Lösungen der Diff.-Gleichung endliche Größe erhalten, werden als *Eigenwerte* bezeichnet.

Für den freiaufliegenden Biegeträger auf 2 Stützen lauten die Eigenwerte nach Gl. (416)

$$\omega_1^2 = \frac{\pi^4\,E\,J_{\ddot{a}}}{\varrho\,l^4\,F}, \qquad \omega_2^2 = \frac{2^4\,\pi^4\,E\,J_{\ddot{a}}}{\varrho\,l^4\,F}, \qquad \omega_3^2 = \frac{3^4\,\pi^4\,E\,J_{\ddot{a}}}{\varrho\,l^4\,F} \quad \text{usf.} \quad (418)$$

Die zugehörigen Lösungsfunktionen werden *Eigenfunktionen* genannt. Für den vorstehenden Fall ergeben sie sich nach Gl. (412) zu

$$e^{\frac{\sqrt{\omega_n}}{k}\,x}, \quad e^{-\frac{\sqrt{\omega_n}}{k}\,x}, \quad \sin\frac{\sqrt{\omega_n}}{k}\,x \quad \text{und} \quad \cos\frac{\sqrt{\omega_n}}{k}\,x. \quad (419)$$

Betrachten wir die in Gl. (413) dargestellte Amplitudenfunktion für die n-te Oberschwingung

$$(420)$$

$$y(x)_n = A_1\,e^{\frac{\sqrt{\omega_n}}{k}\,x} + A_2\,e^{-\frac{\sqrt{\omega_n}}{k}\,x} + B_1\sin\frac{\sqrt{\omega_n}}{k}\,x + B_2\cos\frac{\sqrt{\omega_n}}{k}\,x,$$

so sehen wir, daß sich die gesuchte Schwingungsform ganz allgemein als Linearkombination der Eigenfunktionen ergibt, wobei die auftretenden Integrationskonstanten so zu bestimmen sind, daß die Lösungsfunktion die vorgegebenen Randbedingungen erfüllt.

Da ein homogenes Gebilde unendlich viele Eigenwerte besitzt [siehe Gl. (416)], sind unendlich viele Eigenformen möglich.

Es läßt sich weiter zeigen [*23*], daß sich eine *beliebige* Funktion $f(x)$, die den Randbedingungen und gewissen Stetigkeitsforderungen genügt, nach den Eigenfunktionen eines Randwertproblems entwickelt werden kann, und zwar so, wie es ähnlich bei der bekannten FOURIER-Entwicklung nach sin- und cos-Funktionen durchgeführt wird.

Da sowohl die Sinus- als auch die Cosinusfunktion als Eigenfunktionen aufgefaßt werden können [siehe Gl. (419)], stellt die FOURIER-Entwicklung einen Sonderfall des allgemein geltenden Satzes über die Entwicklung nach Eigenfunktionen eines Eigenwertproblemes dar.

Berechnungsbeispiel. Zu bestimmen sind die Eigenwerte eines prismatischen homogenen Biegeträgers, der an einem Ende fest eingespannt, am anderen Ende frei aufliegend gelagert ist (Abb. 87a).

Die allgemeine Lösung der Diff.-Gleichung eines Biegeschwingers ist als Linearkombination der Eigenfunktionen durch die Amplitudenfunktion nach

Gl. (413) gegeben. Zur Bestimmung der Integrationskonstanten stehen folgende Randbedingungen zur Verfügung:

$$x = 0: \quad y(0) = 0 \quad \text{und} \quad y'(0) = 0 \quad \text{(horizontale Tangente)}$$
$$x = l: \quad y(l) = 0 \quad \text{und} \quad y''(l) = 0 \quad \text{(Biegemoment} = 0). \tag{421}$$

Aus Gl. (413) folgt damit

$$\left. \begin{aligned}
&0 = A_1 + A_2 + 0 + B_2 \\
&0 = A_1 e^{\frac{\sqrt{\omega}}{k} l} + A_2 e^{-\frac{\sqrt{\omega}}{k} l} + B_1 \sin \frac{\sqrt{\omega}}{k} l + B_2 \cos \frac{\sqrt{\omega}}{k} l \\
&0 = \frac{\sqrt{\omega}}{k} (A_1 - A_2 + B_1 - 0) \\
&0 = \frac{\omega}{k^2} A_1 e^{\frac{\sqrt{\omega}}{k} l} + A_2 e^{-\frac{\sqrt{\omega}}{k} l} - B_1 \sin \frac{\sqrt{\omega}}{k} l - B_2 \cos \frac{\sqrt{\omega}}{k} l.
\end{aligned} \right\} \tag{422}$$

Eliminieren wir aus diesem System von Bestimmungsgleichungen schrittweise die Konstanten A_1, A_2 und B_2, so erhalten wir schließlich, wie man sich durch Nachrechnen leicht überzeugen kann, die Bedingungsgleichung

$$B_1 \left[\frac{1 + \operatorname{tg} \dfrac{\sqrt{\omega}}{k} l}{e^{2\sqrt{\omega}/k}} - \left(1 - \operatorname{tg} \frac{\sqrt{\omega}}{k} l \right) \right] = 0. \tag{423}$$

Folgerten wir aus dieser Gleichung $B_1 = 0$, dann würden zwangläufig auch die anderen Konstanten zu Null werden. Endlich große Werte für die Konstanten ergeben sich nur, wenn der Klammerausdruck zu Null wird. D. h., nur bei ganz bestimmten Werten von ω^2, bei den *Eigenwerten*, sind freie Schwingungen endlicher Größe möglich.

Die Bestimmungsgleichung für die Eigenwerte, man nennt sie *Stammgleichung*, lautet somit

$$\frac{1 + \operatorname{tg} \dfrac{\sqrt{\omega}}{k} l}{e^{2\sqrt{\omega}/k}} - \left(1 - \operatorname{tg} \frac{\sqrt{\omega}}{k} l \right) = 0.$$

Nach einer leichten Umformung erhalten wir

$$\operatorname{tg} \frac{\sqrt{\omega}}{k} l = \frac{e^{\frac{\sqrt{\omega}}{k} l} - e^{-\frac{\sqrt{\omega}}{k} l}}{e^{\frac{\sqrt{\omega}}{k} l} + e^{-\frac{\sqrt{\omega}}{k} l}},$$

und weiter

$$\operatorname{tg} \frac{\sqrt{\omega}}{k} l = \operatorname{\mathfrak{T}g} \frac{\sqrt{\omega}}{k} l. \tag{424}$$

Die Bestimmung der Wurzeln dieser transzendenten Gleichung führt man zweckmäßig graphisch durch, indem man in einem rechtwinkligen Koordinatensystem die Funktionen $\operatorname{tg} \dfrac{\sqrt{\omega}}{k} l$ und $\operatorname{\mathfrak{T}g} \dfrac{\sqrt{\omega}}{k} l$ aufträgt. Die Abszissen der Schnittpunkte beider Kurven befriedigen die Gl. (424), und bestimmen die gesuchten Eigenwerte. Abb. 87b zeigt die Konstruktion, der wir die Wurzeln

$$\frac{\sqrt{\omega_1}}{k}\,l = 3{,}927, \quad \frac{\sqrt{\omega_2}}{k}\,l = 7{,}069, \quad \frac{\sqrt{\omega_3}}{k}\,l = 10{,}21, \quad \frac{\sqrt{\omega_n}}{k}\,l \approx \frac{\pi}{4} + n\pi$$

entnehmen können. Die Eigenwerte folgen daraus zu (siehe auch [21])

$$\omega_1^2 = \frac{3{,}927^4}{l^4} \cdot \frac{E\,J_{\ddot a}}{\varrho\,F}, \quad \omega_2^2 = \frac{7{,}069^4}{l^4}\,\frac{E\,J_{\ddot a}}{\varrho\,F}, \quad \dots \quad \omega_n^2 \approx \frac{(n+\tfrac14)^4\,\pi^4}{l^4}\,\frac{E\,J_{\ddot a}}{\varrho\,F}\,.$$

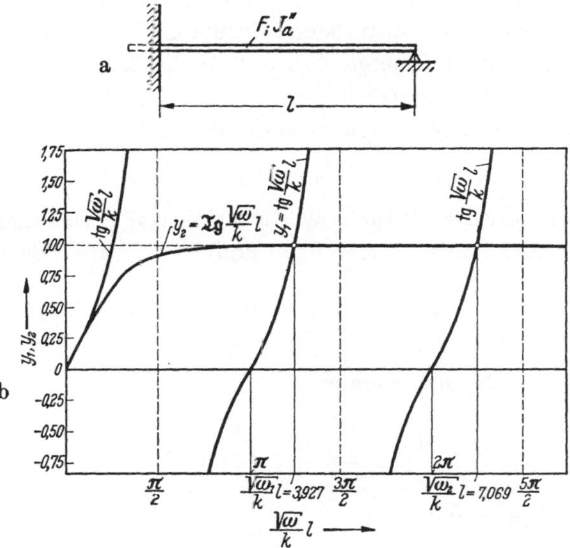

Abb. 87. Biegeträger des Berechnungsbeispiels auf Seite 131/133
a Anordnung; b Graphische Ermittlung der Eigenwerte gemäß Gl. (424)

RAYLEIGHsches Verfahren. Im Abschnitt 7 haben wir kurz dargelegt, daß beim Schwingen eines linearen ungedämpften Schwingers mit 1 Freiheitsgrad ein steter Energieaustausch stattfindet, und daß die Summe aus kinetischer und potentieller Energie eine zeitlich unveränderliche Größe ist.

Das RAYLEIGHsche Verfahren stellt eine Verallgemeinerung dieses Satzes auf Gebilde mit beliebig vielen Freiheitsgraden dar, und erweist sich bei der Berechnung kompliziert aufgebauter Schwingungsgebilde als äußerst fruchtbar.

Die Anwendung des Verfahrens wollen wir an Hand eines Berechnungsbeispieles kurz erläutern, wobei wir ein solches Beispiel wählen wollen, dessen exaktes Ergebnis wir bereits kennen, um Vergleiche über die Genauigkeit des Verfahrens anstellen zu können.

Zu bestimmen sei der erste Eigenwert des auf den Seiten 129/131 behandelten frei aufliegenden Biegeträgers.

Wir gehen davon aus, daß uns die Schwingungsform des Trägers noch unbekannt sei, und wählen willkürlich eine parabolische Form als Amplitudenfunktion, die die Randbedingungen $y(0) = 0$ und $y(l) = 0$ erfüllt. Ihre Gleichung lautet

$$y(x) = x\,(l - x)\,\frac{4\,y_{\mathrm{Max}}}{l^2}\,, \tag{425}$$

wobei y_{Max} die größte Durchbiegung in Trägermitte ist.

In Verallgemeinerung der Energieaussage nach Gl. (123) gilt: die bei Bewegungsumkehr, also beim Größtausschlag des Biegeträgers, gespeicherte potentielle Energie U_0 ist gleich der bei der größten Schwingungsgeschwindigkeit gespeicherten (wenn also die Schwingungsausschläge Null sind) kinetischen Energie W_0, d. h.

$$U_0 = W_0. \tag{426}$$

Die potentielle Energie ist im Träger in Form von Formänderungsarbeit gespeichert. Für einen Biegeträger ergibt sich die Formänderungsarbeit zu

$$U = \frac{1}{2} \int \frac{M_b^2}{E\,J_{\ddot{a}}}\,dx. \tag{427}$$

Mit Gl. (400) ergibt sich daraus

$$U = \frac{1}{2} \int E\,J_{\ddot{a}} \left(\frac{\partial^2 y}{\partial x^2}\right)^2 dx. \tag{428}$$

Aus Gl. (425) folgt $\qquad \dfrac{\partial^2 y}{\partial x^2} = -\,8\,\dfrac{y_{\mathrm{Max}}}{l^2}\,.$

Eingesetzt erhalten wir

$$U_0 = \frac{1}{2}\,E\,J_{\ddot{a}} \int\limits_0^l \left(-\,8\,\frac{y_{\mathrm{Max}}}{l^2}\right)^2 dx = 32\,E\,J_{\ddot{a}}\,\frac{y_{\mathrm{Max}}^2}{l^3}\,. \tag{429}$$

Bei harmonischer Bewegung $q = y \sin \omega t$ ergibt sich die Schwingungsgeschwindigkeit zu $v = \dot{q} = \omega\, y \cos \omega t$. Somit ist die maximale Geschwindigkeit $v_{\max} = \omega\, y$.

Damit erhalten wir die maximale kinetische Energie W_0 zu

$$W_0 = \frac{1}{2} \int v_{\max}^2\,dm = \frac{1}{2} \int\limits_0^l (\omega_1\, y)^2\, \varrho \cdot F \cdot dx = \omega_1^2\,\frac{\varrho\,F}{2} \int\limits_0^l y^2\,dx. \tag{430}$$

Mit der Amplitudenfunktion nach Gl. (425) folgt daraus

$$W_0 = \omega_1^2\,\frac{\varrho\,F}{2} \int\limits_0^l \left[x\,(l-x)\,\frac{4\,y_{\mathrm{Max}}}{l^2}\right]^2 dx = \frac{8}{30}\,\omega_1^2\,\varrho\,F\,\frac{y_{\mathrm{Max}}^2}{l}\,. \tag{431}$$

Gemäß Gl. (426) erhalten wir mit den Gln. (429) u. (431)

$$32\,E\,J_{\ddot{a}}\,\frac{y_{\mathrm{Max}}^2}{l^3} = \omega_1^2\,\frac{8}{30}\,\varrho\,F\,\frac{y_{\mathrm{Max}}^2}{l}\,.$$

Daraus ergibt sich

$$\omega_1^2 = \frac{120}{l^4}\frac{E\,J_{\ddot a}}{\varrho\,F} \to 1{,}2325\,\frac{\pi^4}{l^4}\frac{E\,J_{\ddot a}}{\varrho\,F}\,.$$

Vergleichen wir dieses Ergebnis mit dem exakten Wert nach Gl. (418) für $n=1$, so sehen wir, daß der genäherte Eigenwert um 23,25%, bzw. die sich daraus ergebende Eigenkreisfrequenz um etwa 11% ($\sqrt{1{,}2325}=1{,}110$) größer als der exakte Wert ist.

Der relativ große Fehler rührt davon her, daß die von uns gewählte Amplitudenfunktion den geforderten Randbedingungen nicht ganz entsprach. An den Auflagern müßte $M_b\big|_{\substack{x=0\\x=l}}=0$, d. h. $y''_{(0)}=0$ und $y''_{(l)}=0$ sein.

Aus der gewählten Funktion folgt aber $y''(x)=-\dfrac{8\,y_{\text{Max}}}{l^2}=\text{const.}$, d. h. $y''_{(0)}\neq 0$ und $y''_{(l)}\neq 0$. Approximierten wir die Biegeform des Trägers durch eine ganze rationale Funktion 3. Grades, dann lassen sich die geforderten Randbedingungen ohne weiteres einhalten. Eine Gleichung, die diese Forderungen erfüllt, gültig für $0\leq x\leq\dfrac{l}{2}$, lautet

$$y(x)=\left(1-\frac{3\left(\frac{2\,x}{l}\right)^2-\left(\frac{2\,x}{l}\right)^3}{2}\right)\cdot y_{\text{Max}}\,.$$

(Der Koordinatenursprung liegt in diesem Fall in Trägermitte!). Mit dieser Annahme würden wir mit dem soeben beschriebenen Rechnungsgang das Ergebnis

$$\omega^2=\frac{105\cdot 16}{17\,l^4}\frac{E\,J_{\ddot a}}{\varrho\,F}\to 1{,}0148\,\frac{\pi^4}{l^4}\cdot\frac{E\,J_{\ddot a}}{\varrho\,F}$$

erhalten.

Die Abweichung gegenüber dem exakten Wert des Eigenwertes beträgt nur noch 1,48%, während die Abweichung der Eigenkreisfrequenz nur $\sqrt{1{,}0148}\cdot 100=0{,}74\%$ beträgt.

Berechnungsbeispiel. Zu bestimmen ist der erste Eigenwert eines einseitig eingespannten Biegeträgers nach Abb. 88, an dessen freiem Ende eine Einzelmasse M angeordnet ist, wenn die Eigenmasse des Trägers *nicht* vernachlässigbar klein gegenüber der Einzelmasse ist. Die Berechnung soll mittels des RAYLEIGHschen Verfahrens erfolgen.

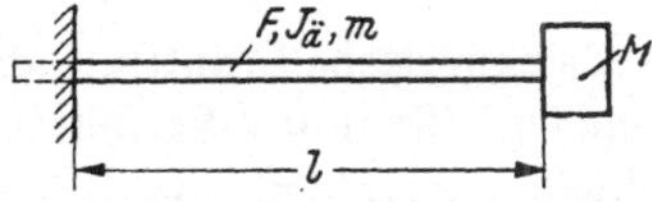

Abb. 88. Einseitig eingespannter Biegeträger mit Endmasse

Als Biegeform wählen wir die elastische Linie eines Freiträgers mit Einzellast am Ende. Ihre Gleichung lautet, wenn wir den Koordinatenursprung in die Einspannstelle legen, mit $y_{\text{Max}}=\dfrac{P\,l^3}{3\,E\,J_{\ddot a}}$ als maximale Durchbiegung am Trägerende, $y(x)=\dfrac{1}{2}\left(3\dfrac{x^2}{l^2}-\dfrac{x^3}{l^3}\right)\cdot y_{\text{Max}}$. Nach Gl. (427) ist

$$U_0=\frac{1}{2}\int_0^{\cdot} E\,J_{\ddot a}\left(\frac{\partial^2 y}{\partial x^2}\right)^2 dx=\frac{1}{2}\,E\,J_{\ddot a}\left(\frac{y_{\text{Max}}}{2}\right)^2\int_0^l\left(\frac{6}{l^2}\right)^2\left(1-\frac{x}{l}\right)^2 dx$$

$$=\frac{3}{2}\,\frac{E\,J_{\ddot a}}{l^3}\,y_{\text{Max}}^2\,.$$

Mit Gl. (430) erhalten wir die kinetische Energie der Trägermasse

$$W_{0_1} = \omega_1^2 \frac{\varrho F}{2} \int\limits_0^l y^2\, dx = \omega_1^2 \frac{\varrho F}{2} \int\limits_0^x \left[\frac{1}{2}\left(3\frac{x^2}{l^2} - \frac{x^3}{l^3}\right) y_{\text{Max}}\right]^2 dx$$

$$= \omega_1^2 \frac{33}{140}\, \frac{\varrho F\, l}{2}\, y_{\text{Max}}^2\,.$$

Die kinetische Energie der Einzelmasse M ergibt sich mit $v_{\max} = \omega_1\, y_{\text{Max}}$ zu

$$W_{0_2} = \frac{1}{2}\, M\, \omega_1^2\, y_{\text{Max}}^2\,.$$

Damit ergibt sich die gesamte kinetische Energie zu

$$W_0 = W_{0_1} + W_{0_2} = \left(\frac{33}{140}\, \frac{\varrho F\, l}{2} + \frac{1}{2}\, M\right) y_{\text{Max}}^2\, \omega_1^2\,.$$

Aus Gl. (426) folgt dann mit $\varrho F\, l = m$ (Masse des Biegeträgers)

$$\frac{3}{2}\, \frac{E J_{\ddot{a}}}{l^3}\, y_{\text{Max}}^2 = \frac{1}{2}\left(\frac{33}{140}\, m + M\right) y_{\text{Max}}^2\, \omega_1^2$$

und

$$\omega_1^2 = \frac{3\, E J_{\ddot{a}}}{\left(M + \dfrac{33}{140}\, m\right) l^3}\,.$$

Ohne Berücksichtigung der Eigenmasse des Trägers ergäbe sich der erste Eigenwert zu $\omega_1^2 = \dfrac{c}{M}$. Für den Freiträger ergibt sich die Federkonstante nach Gl. (90) zu $c = \dfrac{3\, E J_{\ddot{a}}}{l^3}$. Damit wird

$$\omega_1^2 = \frac{3\, E J_{\ddot{a}}}{M\, l^3}\,.$$

Vergleichen wir dieses Ergebnis mit dem obenstehenden Ausdruck, so sehen wir, daß sich die Eigenmasse des Biegeträgers auf die Eigenfrequenz so auswirkt wie eine Zusatzmasse von der Größe $\dfrac{33}{140}\, m$ am Ende des massefrei gedachten Biegeträgers.

Zeichnerische Ermittlung der Eigenfrequenzen von Biegeschwingungsgebilden (STODOLA-Verfahren). Die exakte Bestimmung der Eigenschwingungszahlen von Biegeträgern, die mehrfach gelagert sind, oder deren Querschnittsabmessungen über die Trägerlänge hin nicht konstant sind, mit Hilfe der in den vorhergehenden Abschnitten geschilderten Verfahren erfordert einen außerordentlich großen Aufwand an Rechenarbeit. In solchen Fällen verwendet man mit Vorteil zeichnerische Näherungsverfahren, deren Genauigkeit in den meisten technisch wichtigen Fällen vollkommen ausreichend ist.

Der grundlegende Gedanke des Verfahrens besteht in folgendem: Führt ein Biegeträger Schwingungsbewegungen aus, dann kommen an den einzelnen Massenelementen D'ALEMBERTsche Trägheitskräfte zur Wirkung. Die Masse eines Stabelementes von der Länge dx beträgt

$dm = \varrho\, F\, dx$. Die elementare Trägheitskraft ist dann

$$d(P_a)_t = -\, dm\, \ddot{q} = -\, \varrho\, F\, dx\, \ddot{q}. \tag{432}$$

Für eine harmonische Schwingungsgbewegung ergibt sich mit

$$q = y(x)\, \sin \omega\, t \tag{433}$$

$$d(P_a)_t = \varrho\, F\, \omega^2\, y(x)\, dx \cdot \sin \omega\, t. \tag{434}$$

Die Amplitude der elementaren Trägheitskraft erhalten wir daraus zu

$$dP_a = \omega^2\, \varrho\, F\, y(x)\, dx. \tag{435}$$

Die Amplitude der auf die Längeneinheit bezogenen Belastung, die Streckenlast $s(x)$ berechnet sich daraus zu

$$s(x) \equiv \frac{dP_a}{dx} = \omega^2\, \varrho\, F\, y(x). \tag{436}$$

Daraus folgt:

Die an einem Punkt des Trägers herrschende Streckenlast s ist proportional der dort vorhandenen Durchbiegung y. Die Biegeform des schwingenden Trägers ist daher gegeben durch jene elastische Linie, die sich unter der Wirkung einer zur Durchbiegung proportionalen Streckenlast ergibt.

Mit anderen Worten: Die Belastungslinie und die elastische Linie des Biegeträgers sind affine Kurven, die bei geeigneter maßstäblicher Darstellung als *kongruente* Linien erscheinen.

Diese Beziehung gilt auch dann, wenn am Biegeträger außer verteilten Massen punktförmig konzentrierte Massen vorhanden sind.

Nach dem bekannten MOHRschen Verfahren kann zu einer gegebenen Belastungslinie die elastische Linie eines Biegeträgers zeichnerisch ermittelt werden. Das Verfahren ist verhältnismäßig einfach und kann auch auf Biegeträger mit längs der Trägerachse veränderlichen Abmessungen angewendet werden.

Bei der zeichnerischen Behandlung einer Biegeschwingungs-Aufgabe geht man daher in folgender Weise vor:

Man wählt zunächst völlig willkürlich eine geeignet erscheinende Biegelinie. Diese Linie faßt man als Belastungslinie (Streckenlast) auf und konstruiert mit Hilfe des MOHRschen Verfahrens die elastische Linie des Biegeträgers. Stimmt der Verlauf dieser Linie mit der ursprünglich gewählten Biegelinie vollkommen überein, dann ist die durch die Gl. (436) zum Ausdruck kommende schwingungstechnische Zuordnung erfüllt und der Eigenwert kann aus einer Maßstabbetrachtung gefunden werden.

Im allgemeinen wird dieser Fall nicht eintreten, d. h., die konstruierte elastische Linie wird Abweichungen von der gewählten Biegelinie aufweisen. Man wiederholt dann das Verfahren, indem man die konstruierte elastische Linie als neue Belastungslinie auffaßt. Zeigt dann die neu konstruierte elastische Linie noch Abweichungen von der Belastungslinie, muß das Verfahren nochmals wiederholt werden, indem man nunmehr die zweite elastische Linie als Belastungslinie auffaßt.

Es läßt sich zeigen, daß das Verfahren konvergiert [*24*], d. h., nach genügend oftmaliger Durchführung des Verfahrens erhält man volle Übereinstimmung zwischen Belastungslinie und daraus konstruierter elastischer Linie. Im allgemeinen ergibt sich schon bei zweimaliger Durchführung des Verfahrens ein genügend genaues Ergebnis.

MOHR*sches Verfahren.* Die Durchführung des MOHRschen Verfahrens, das in allen technischen Handbüchern ausführlich beschrieben wird, wollen wir nur kurz besprechen.

Das Verfahren gründet sich auf die Aussage der beiden Gleichungen (399) und (400), die nach einer leichten Umformung wie folgt geschrieben werden können

$$\frac{d^2 M_b}{dx^2} = -s \tag{437}$$

$$\frac{d^2 (E J_{\ddot{a}} \cdot y)}{dx^2} = -M_b. \tag{438}$$

Die Gl. (437) kann mit Hilfe der aus der Festigkeitslehre her bekannten Seil- und Krafteckskonstruktion, die ein graphisches Integrationsverfahren darstellt, zeichnerisch ausgewertet werden. D. h., zu einer vorgegebenen Trägerbelastung kann die zugehörige Biegemomentenlinie zeichnerisch ermittelt werden. Die beiden Gln. (437) und (438) zeigen analogen Aufbau. Setzen wir

$$M_b = s^* \quad \text{und} \quad E J_{\ddot{a}} y = M_b^*,$$

d. h., fassen wir die zur Belastung s konstruierte M_b-Linie als neue Belastungslinie s^* auf, und konstruieren wir die zugehörige Biegemomentenlinie M_b^*, dann stellt diese wegen $M_b^* = E J_{\ddot{a}} y$ nichts anderes als die zur Belastung s gehörende Durchbiegungslinie (allerdings $E J_{\ddot{a}}$-fach überhöht) dar.

Die Anwendung des Verfahrens wollen wir an Hand eines Berechnungsbeispieles erläutern.

Berechnungsbeispiel. Für den in Abb. 89a dargestellten Turbinenläufer sei die tiefste Biege-Eigenschwingungszahl zeichnerisch zu ermitteln. Die Läuferwelle ist abgesetzt und trägt 4 Radscheiben vom Gewicht $G_1 = 500$ kg, $G_2 = 600$ kg, $G_3 = 700$ kg, $G_4 = 700$ kg, die als Einzelmassen aufgefaßt werden können. Die stete Massenbelegung der Welle denken wir uns (durch Unterteilung der Welle) durch einzelne Teilmassen ersetzt.

Da in unserem Falle diese Teilmassen gegenüber den Einzelmassen sehr klein sind, können wir sie, ohne einen nennenswerten Fehler zu begehen, vernachlässigen. Für die weitere Rechnung werden wir das in Abb. 89b dargestellte 4-Massensystem zugrunde legen.

Als Biegelinie wählen wir willkürlich eine Sinuslinie mit der größten Durchbiegung $y^*_{\text{Max}} = 1$ cm (Abb. 89c). Die unter den einzelnen Massen auftretenden

Werte der Durchbiegungen entnehmen wir der Abbildung zu

$$y_1^* = 0{,}8090 \text{ cm}, \quad y_2^* = 0{,}9511 \text{ cm}, \quad y_3^* = 1 \text{ cm}, \quad y_4^* = 0{,}9239 \text{ cm}. \qquad (439)$$

Durch den hochgestellten Index * wollen wir zum Ausdruck bringen, daß es sich um die gewählten Ausgangswerte handelt. Die bei der Wiederholung des Verfahrens auftretenden Größen gleicher Art werden dann mit hochgestellten, fortlaufend erweiterten Indizes gekennzeichnet.

Der Betrag der bei der Schwingungsbewegung $q = y \sin \omega t$ an einer Einzelmasse zur Wirkung kommenden D'ALEMBERTschen Trägheitskraft

$$(P_a) = - m\, \ddot{q}$$
$$= m\, \omega^2\, y \sin \omega t \qquad (440)$$

ergibt sich mit $m = \dfrac{G}{g}$ zu

$$P_a = \frac{\omega^2}{g} y\, G. \qquad (441)$$

Die Eigenkreisfrequenz ω ist uns noch unbekannt. Wir müssen sie daher willkürlich festsetzen und wählen zur Vereinfachung des Rechenvorganges

$$\omega^\circ = \sqrt{981}\,\frac{1}{s}. \qquad (442)$$

Damit erhalten wir die einzelnen Belastungskräfte

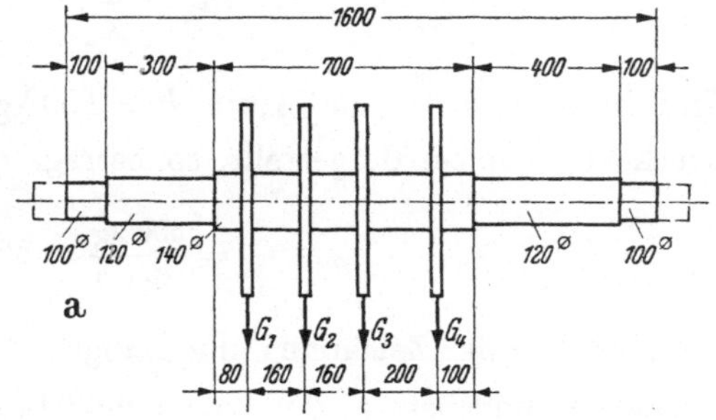

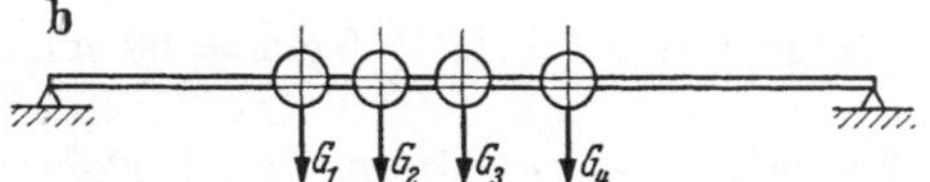

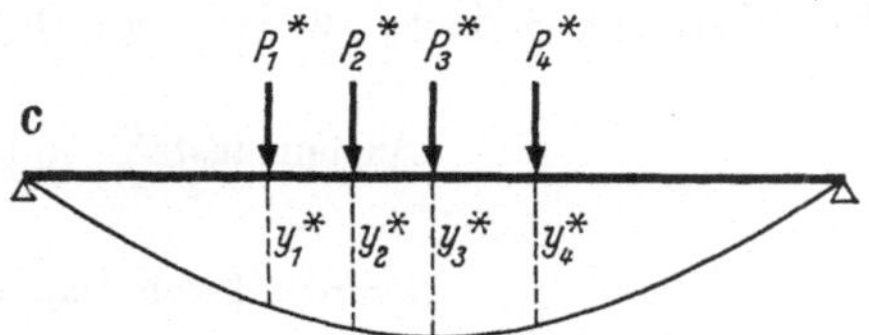

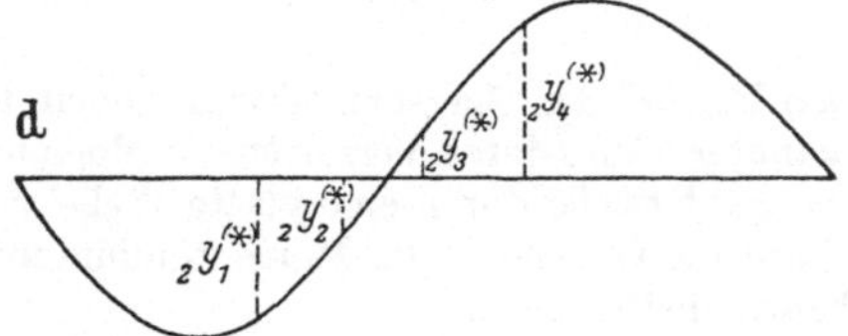

Abb. 89. Turbinenläufer
a Maßskizze; b Ersatzsystem; c Gewählte
1. Biegeform; d Gewählte 2. Biegeform

$$P_1^* = \frac{\omega^{\circ 2}}{g}\, y_1^*\, G_1 = \frac{981\,\dfrac{1}{s^2}}{981\,\dfrac{\text{cm}}{s^2}} \cdot 0{,}8090 \text{ cm} \cdot 500 \text{ kg} = 404{,}5 \text{ kg}$$

$$P_2^* = \frac{\omega^{\circ 2}}{g}\, y_2^*\, G_2 = \qquad 0{,}9511 \cdot 600 \text{ kg} = 570{,}7 \text{ kg} \qquad (443)$$

$$P_3^* = \frac{\omega^{\circ 2}}{g}\, y_3^*\, G_3 = \qquad 1 \cdot 700 \text{ kg} = 700 \text{ kg}$$

$$P_4^* = \frac{\omega^{\circ 2}}{g}\, y_4^*\, G_4 = \qquad 0{,}9239 \cdot 700 \text{ kg} = 646{,}7 \text{ kg}.$$

Zeichenmaßstäbe. Wird eine physikalische Größe Z in der Zeichnung durch eine Strecke von der Länge $\overline{Z}$ dargestellt, dann definieren wir den *Zeichenmaßstab* der Größe Z durch

$$\mu_Z = \frac{Z}{\bar{Z}} \, . \tag{444}$$

Wird beispielsweise eine Kraft $P = 500\ \text{kg}$ im Krafteck durch eine Strecke $\bar{P} = 10\ \text{cm}$ dargestellt, so beträgt der Kraftmaßstab

$$\mu_P \equiv \frac{P}{\bar{P}} = \frac{500\ \text{kg}}{10\ \text{cm}} = 50\ \frac{\text{kg}}{\text{cm}} \, .$$

Oder, wird in der Zeichnung eine Länge l durch eine Strecke $\bar{l} = 5\ \text{cm}$ dargestellt, und beträgt der Längenmaßstab $\mu_l = 12\ \frac{\text{cm}}{\text{cm}}$, so ergibt sich

die Länge $l \equiv \mu_l \bar{l} = 12\ \frac{\text{cm}}{\text{cm}}\ 5\ \text{cm} = 60\ \text{cm}.$

Durchführung des MOHRschen *Verfahrens.* Mit den in Gl. (443) angegebenen Einzelkräften zeichnen wir das in Abb. 90b und 90c dargestellte Krafteck-Seileck, wobei wir folgende Maßstäbe verwenden:

$$\text{Längenmaßstab} \quad \mu_l = \quad 5\ \frac{\text{cm}}{\text{cm}}$$

$$\text{Kräftemaßstab} \quad \mu_P = 150\ \frac{\text{kg}}{\text{cm}}$$

$$\text{Polweite} \qquad\quad h_1 = \quad 15\ \text{cm}.$$

Den Einfluß der Querschnittsänderungen des Biegeträgers berücksichtigen wir in bekannter Weise durch Verzerren der Momentenfläche (Seileckfläche), indem wir uns die Läuferwelle durch eine glatte Welle vom Durchmesser d_3 ersetzt denken, und dafür die Ordinaten der Momentenlinie mit dem Quotienten der zugehörigen Flächenträgheitsmomente

$$\frac{J_{\ddot{a}_3}}{J_{\ddot{a}_1}} = \left(\frac{d_3}{d_1}\right)^4 \quad \text{bzw.} \quad \frac{J_{\ddot{a}_3}}{J_{\ddot{a}_2}} = \left(\frac{d_3}{d_2}\right)^4 \quad \text{bzw.} \quad \frac{J_{\ddot{a}_3}}{J_{\ddot{a}_3}} = 1 \quad \text{bzw.} \quad \frac{J_{\ddot{a}_3}}{J_{a_4}} = \left(\frac{d_3}{d_4}\right)^4$$

überhöhen (Abb. 90c).

Die verzerrte Momentenfläche wird nun als neue Belastungsfläche aufgefaßt. Wir unterteilen die Fläche in Einzelflächen, deren Inhalte F_i wir bestimmen (in cm², aus der Zeichenfläche!), und die wir uns als in den Schwerpunkten der Teilflächen angreifend denken (Abb. 90c). Die F_i fassen wir nun als Kräfte auf, und konstruieren mit dem Flächenmaßstab $\mu_F = 8\ \frac{\text{cm}^2}{\text{cm}}$ und der Polweite $h_2 = 12\ \text{cm}$ das 2. Krafteck und das zugehörige 2. Seileck (Abb. 90d u. 90e).

Die 2. Seillinie stellt nun nichts anderes als die Biegelinie des mit den Einzelkräften P_1^*, P_2^*, P_3^* und P_4^* belasteten Biegeträgers dar.

Hätte die von uns anfangs gewählte Biegelinie y^* der wahren Biegeform entsprochen, dann müßte, bis auf einen Maßstabfaktor, völlige Übereinstimmung zwischen gewählter und konstruierter Biegelinie bestehen.

Die der Zeichnung entnommenen, unter den Kraftangriffspunkten vorhandenen Durchbiegungen $\bar{y}_i^{*\prime}$ sind mit den gewählten y_i^*-Werten in Tabelle 3 eingetragen. Vergleichen wir die in der gleichen Tabelle eingetragenen *reduzierten* Werte $y_i^{**} = \dfrac{\bar{y}_i^{*\prime}}{\dfrac{\bar{y}_3^{*\prime}}{[\mathrm{cm}]}}$ mit den y_i^*-Werten, so erkennen wir, daß noch kleine Abwei-

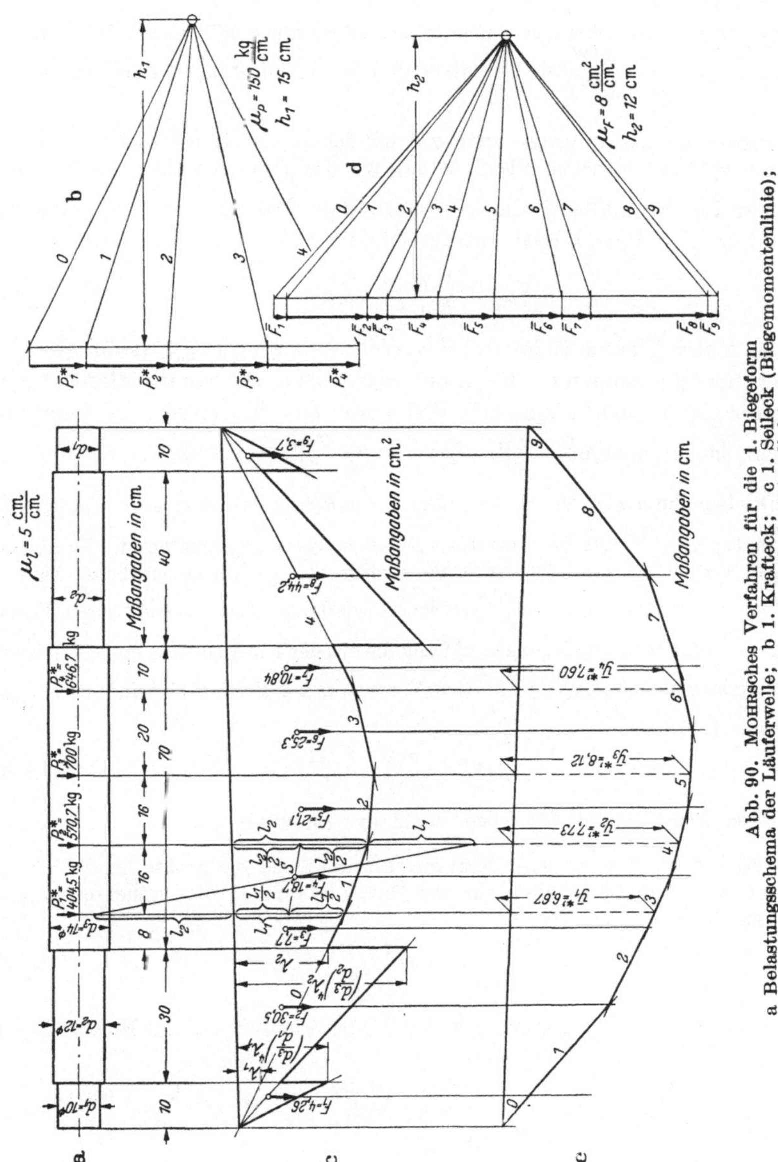

Abb. 90. Mohrsches Verfahren für die 1. Biegeform
a Belastungsschema der Läuferwelle; b 1. Krafteck; c 1. Seileck (Biegemomentenlinie); d 2. Krafteck; e 2. Seileck (Biegelinie)

chungen zwischen ihnen bestehen. Wir wiederholen daher das Verfahren und legen der Rechnung die ermittelten reduzierten Werte y_i^{**} als Durchbiegungen der Kraftangriffspunkte zugrunde. Mit Gl. (441) ergeben sich dann die neuen Belastungskräfte

$$P_1^{**} = \frac{\omega^2}{g}\, y_1^{**}\, G_1 = \frac{1}{cm}\, 0{,}823\ cm \cdot 500\ kg = 411\ kg, \qquad P_2^{**} = 0{,}952 \cdot 600\ kg$$

$= 571{,}2\ kg, \quad P_3^{**} = 1 \cdot 700\ kg = 700\ kg, \quad P_4^{**} = 0{,}936 \cdot 700\ kg = 655{,}2\ kg$. Die durch das neue Verfahren gewonnenen Durchbiegungen $\bar{y}_i^{**\prime}$ sowie die reduzierten Werte $y_i^{***} = \dfrac{\bar{y}_i^{**\prime}}{\dfrac{\bar{y}_3^{**\prime}}{[cm]}}$ sind ebenfalls in Tabelle 3 eingetragen. Die Übereinstimmung zwischen den Ausgangswerten y_i^{**} und den aus der Konstruktion folgenden Werten y_i^{***} ist zufriedenstellend, so daß wir das Verfahren abbrechen können.

Der Zeichenmaßstab für die nach dem MOHRschen Verfahren ermittelten Durchbiegungen beträgt (siehe [25])

$$\mu_y = \frac{h_1\, h_2}{E\, J_{\ddot{a}}}\mu_l^3\, \mu_P\, \mu_F\,, \tag{445}$$

wobei E der Elastizitätsmodul des Werkstoffes und $J_{\ddot{a}}$ das äquatoriale Flächenträgheitsmoment des Biegeträgers ist. Da wir die Berechnung für eine glatte, nicht abgesetzte Welle vom Durchmesser d_3 durchgeführt haben, ist in unserem Falle $J_{\ddot{a}} \equiv J_{\ddot{a}_3} = \dfrac{\pi\, d_3^4}{64}$ zu setzen.

Der Berechnung hatten wir die willkürlich gewählte Kreisfrequenz $\omega^\circ = \sqrt{981}\dfrac{1}{s}$ zugrunde gelegt. Wegen der Linearität zwischen Belastungskräften und Durchbiegungen werden daher bei der wirklichen Kreisfrequenz ω die tatsächlichen Durchbiegungen um den Faktor $\left(\dfrac{\omega}{\omega^\circ}\right)^2$ größer sein als die zeichnerisch ermittelten Werte. Da die gewählten Durchbiegungen y_i^{**} und die aus der Konstruktion folgenden wahren Durchbiegungen $\mu_y\, \bar{y}_i^{**\prime}\left(\dfrac{\omega}{\omega^\circ}\right)^2$ laut Voraussetzung gleich groß sein müssen, gilt (für $i = 1, 2, 3, 4$)

$$\mu_y\, \bar{y}_i^{**\prime}\left(\frac{\omega}{\omega^\circ}\right)^2 = y_i^{**}\,. \tag{446}$$

Diese Beziehung gilt für jeden Punkt der Biegelinie.

Beziehen wir uns auf jenen Kraftangriffspunkt, der die größte Durchbiegung erfährt (Punkt 3), so erhalten wir aus (446) mit $\omega \to \omega_1$ den gesuchten Eigenwert zu

$$\omega_1^2 = \frac{y_3^{**}}{\mu_y\, \bar{y}_3^{**\prime}}\, \omega^{\circ 2}\,. \tag{447}$$

Mit $E = 2\,100\,000\ \dfrac{kg}{cm^2}$ und den gewählten Abmessungen und Maßstäben ergibt sich

$$\mu_y = \frac{h_1\, h_2}{E\, J_{\ddot{a}_3}}\mu_l^3 \cdot \mu_P\, \mu_F = \frac{15\ cm \cdot 12\ cm}{2{,}1 \cdot 10^6\ \dfrac{kg}{cm^2} \cdot \dfrac{\pi\,(14\ cm)^4}{64}} \cdot 5^3 \cdot 150\ \frac{kg}{cm} \cdot 8\ \frac{cm^2}{cm} =$$

$$= 6{,}81808 \cdot 10^{-3}\ \frac{cm}{cm}\,. \tag{448}$$

Tabelle 3. *Ergebnisse des* Stodola-*Verfahrens (Berechnungsbeispiel Seite 138/144)*

		$i=1$	$i=2$	$i=3$	$i=4$	
	1	$\bar{y}_i^{*\prime}$	0,8090 cm	0,9511 cm	1 cm	0,9239 cm	gewählte Ausgangs-werte
	2	$\bar{y}_i^{*\prime}$	6,56 cm	7,62 cm	8,00 cm	7,495 cm	1. konstruierte Ergebniswerte
1. Biegeform	3	$y_i^{**} = \dfrac{\bar{y}_i^{*\prime}}{\bar{y}_3^{*\prime}/[\mathrm{cm}]}$	0,820 cm	0,952 cm	1 cm	0,937 cm	1. reduzierte Er-gebniswerte = neue Ausgangswerte
	4	$\bar{y}_i^{**\prime}$	6,65 cm	7,70 cm	8,1 cm	7,55 cm	2. konstruierte Ergebniswerte
	5	$y_i^{***} = \dfrac{\bar{y}_i^{**\prime}}{\bar{y}_3^{**\prime}/[\mathrm{cm}]}$	0,821 cm	0,951 cm	1 cm	0,931 cm	2. reduzierte Werte
	6	$_2y_i^{(*)}$	0,384 cm	0,348 cm	$-0,295$ cm	$-1,00$ cm	gewählte reduzierte Werte
	7	A_1		$-0,1357$			
	8	$_2\bar{y}_i^{*}$	0,995 cm	0,477 cm	$-0,159$ cm	$-0,873$ cm	bereinigte Werte
	9	$_2y_i^{*} = \dfrac{_2\bar{y}_i^{*}}{_2y_1^{*}/[\mathrm{cm}]}$	1 cm	0,479 cm	$-0,1599$ cm	$-0,877$ cm	reduzierte, bereinig-te Werte = Aus-gangswerte
	10	$P_i^{*} = \dfrac{\omega^{02}}{g}\,_2y_i^{*}\,G_i$	500 kg	287,4 kg	$-111,9$ kg	$-613,9$ kg	
	11	$_2\bar{y}_i^{*\prime}$	4,95 cm	2,60 cm	$-0,88$ cm	$-4,82$ cm	1. konstruierte Ergebniswerte
	12	$_2y_i^{(**)} = \dfrac{_2\bar{y}_i^{*\prime}}{_2\bar{y}_1^{*\prime}/[\mathrm{cm}]}$	1 cm	0,525 cm	$-0,178$ cm	$-0,974$ cm	1. reduzierte Werte
2. Biegeform	13	A_1		$-0,02275$			
	14	$_2\bar{y}_i^{**}$	1,0187 cm	0,5466 cm	$-0,155\,2$ cm	$-0,9528$ cm	bereinigte 1. Er-gebniswerte
	15	$_2y_i^{**} = \dfrac{_2\bar{y}_i^{**}}{_2y_1^{**}/[\mathrm{cm}]}$	1 cm	0,536 cm	$-0,1525$ cm	$-0,934$ cm	reduzierte, bereinig-te Werte = Aus-gangswerte
	16	$P^{**} = \dfrac{\omega^{02}}{g}\,_2y_i^{**}\,G_i$	500 kg	321,5 kg	$-106,8$ kg	-654 kg	
	17	$\bar{y}_{2i}^{**\prime}$	5,1 cm	2,67 cm	$-0,96$ cm	$-5,07$ cm	2. konstruierte Ergebniswerte
	18	$_2y_i^{(***)} = \dfrac{_2\bar{y}_i^{**\prime}}{_2\bar{y}_1^{**\prime}/[\mathrm{cm}]}$	1 cm	0,524 cm	$-0,1885$ cm	$-0,994$ cm	reduzierte 2. Ergebniswerte
	19	A_1		$-0,0291$			
	20	$_2\bar{y}_i^{***}$	1,0238 cm	0,5516 cm	$-0,1568$ cm	$-0,9637$ cm	bereinigte 2. Er-gebniswerte
	21	$_2y_i^{***} = \dfrac{_2\bar{y}_i^{***}}{_2y_1^{***}/[\mathrm{cm}]}$	1 cm	0,539 cm	$-0,153$ cm	$-0,939$ cm	reduzierte, bereinig-te 2. Ergebniswerte

Damit folgt

$$\omega_1^2 = \frac{1\ \text{cm}}{6{,}81808 \cdot 10^{-3}\ \frac{\text{cm}}{\text{cm}} \cdot 8{,}1\ \text{cm}} \cdot \left(\sqrt{981}\ \frac{1}{\text{s}}\right)^2 = 17\,763\ \frac{1}{\text{s}^2}\,,$$

bzw.

$$\omega_1 = 133{,}3\ \frac{1}{\text{s}}\,.$$

Vereinigung des Stodola- und Rayleighschen Verfahrens. Durch eine Verbindung der Verfahren nach Stodola und nach Rayleigh kann bei der zeichnerischen Ermittlung der Eigenschwingungszahl beträchtlich an Zeichenarbeit gespart werden. In unserem Berechnungsbeispiel hatten wir beim ersten Zwischenergebnis keine genügend genaue Übereinstimmung zwischen gewählter und konstruierter Biegelinie festgestellt und mußten deshalb das ganze Verfahren wiederholen. Da aber die beiden Biegelinien schon weitgehende Übereinstimmung zeigten, kann man annehmen, daß die konstruierte Biegelinie der wahren Biegeform ähnlich sein wird, so daß die Voraussetzungen für die Anwendung des Rayleighschen Rechenverfahrens gegeben sind.

Um die Vorteile aufzuzeigen, wollen wir die Eigenkreisfrequenz des im vorigen Berechnungsbeispiel behandelten Turbinenläufers nach diesem Verfahren berechnen.

In voller Übereinstimmung mit dem dort durchgeführten Rechnungsgang wählen wir eine Sinuslinie als Biegelinie (y_i^*), berechnen mit einer gewählten Eigenkreisfrequenz ω° die Belastungskräfte P_i^* und konstruieren mittels des Mohrschen Verfahrens die Biegeform $\bar{y}_i^{*\prime}$. Hätten wir die gleichen Maßstäbe wie dort gewählt, erhielten wir wieder die bereits in Tab. 3 angegebenen Durchbiegungen, nämlich $\bar{y}_1^{*\prime} = 6{,}56\ \text{cm}$, $\bar{y}_2^{*\prime} = 7{,}62\ \text{cm}$, $\bar{y}_3^{*\prime} = 8{,}0\ \text{cm}$ und $\bar{y}_4^{*\prime} = 7{,}495\ \text{cm}$. Bei der gesuchten Eigenkreisfrequenz ω treten die $(\omega/\omega^\circ)^2$fachen Werte der Durchbiegungen sowie der Belastungskräfte auf.

Nun bilden wir die Energieausdrücke U_0 und W_0. Aus der Elastizitätslehre ist uns bekannt: Die in einem durch Einzelkräfte belasteten Biegeträger gespeicherte potentielle Energie U_0, die Formänderungsarbeit, ist gleich der von den äußeren Kräften bei der elastischen Durchbiegung geleisteten Arbeit [27]. Daher ist mit Gl. (441)

$$U_0 = \frac{1}{2} \sum P_i\, y_i = \frac{1}{2} \sum \omega^2 \frac{G_i}{g}\, y_i^* \cdot \left(\frac{\omega}{\omega^\circ}\right)^2 \mu_y\, \bar{y}_i^{*\prime}\,. \tag{449}$$

Die in den Einzelmassen gespeicherte maximale kinetische Energie bei der wirklichen Kreisfrequenz ω ergibt sich, analog zu Gl. (124), zu

$$W_0 = \frac{1}{2} \sum \frac{G_i}{g} \left[\omega \cdot \left(\frac{\omega}{\omega^\circ}\right)^2 \mu_y\, \bar{y}^{*\prime}\right]^2\,. \tag{450}$$

Führen wir wieder die reduzierten Werte der Durchbiegungen ein, indem wir diese auf den Maximalwert $\bar{y}_{\text{Max}}^{*\prime}$ der konstruierten Biegelinie (in unserem Falle ist $\bar{y}_{\text{Max}}^{*\prime} \equiv \bar{y}_3^{*\prime}$) beziehen, erhalten wir aus $U_0 = W_0$

$$\frac{(\omega^\circ)^2}{g} \sum G_i\, y_i^* \, \frac{\bar{y}_i^{*\prime}}{\bar{y}_{\text{Max}}^{*\prime}/[\text{cm}]} \cdot \frac{\bar{y}_{\text{Max}}^{*\prime}}{[\text{cm}]} = \frac{\omega^2}{g}\, \mu_y \sum G_i \left(\frac{\bar{y}_i^{*\prime}}{\bar{y}_{\text{Max}}^{*\prime}/[\text{cm}]} \cdot \frac{\bar{y}_{\text{Max}}^{*\prime}}{[\text{cm}]}\right)^2 . \qquad (451)$$

Bezeichnen wir wieder die reduzierten Werte der konstruierten Biegelinie mit $\bar{y}_i^{**} \equiv \dfrac{\bar{y}_i^{*\prime}}{\bar{y}_{\text{Max}}^{*\prime}/[\text{cm}]}$, und beachten wir, daß in unserem Beispiel $\omega^\circ = \sqrt{981}\,\dfrac{1}{\text{s}}$ gewählt wurde, so folgt mit

$$\frac{\omega^{\circ 2}}{g} = \frac{981\,\dfrac{1}{\text{s}^2}}{981\,\dfrac{\text{cm}}{\text{s}^2}} = 1\,\frac{1}{\text{cm}}$$

schließlich der Eigenwert aus Gl. (451) zu

$$\omega^2 = \frac{g}{\mu_y\,\bar{y}_{\text{Max}}^{*\prime}} \, \frac{\Sigma\, G_i\, y_i^*\, y_i^{**}}{\Sigma\, G_i\, (y_i^{**})^2} . \qquad (452)$$

Mit den Angaben des Berechnungsbeispiels und den in der Tabelle 3 enthaltenen Werten der Durchbiegungen, sowie $\bar{y}_{\text{Max}}^{*\prime} \equiv \bar{y}_3^{*\prime}$, erhalten wir mit $\omega \to \omega_1$

$$\omega_1^2 = \frac{981\,\dfrac{\text{cm}}{\text{s}^2}}{6{,}81808 \cdot 10^{-3}\,\dfrac{\text{cm}}{\text{cm}} \cdot 8{,}0\ \text{cm}} \cdot$$

$$\cdot\frac{500 \cdot 0{,}8090 \cdot 0{,}823 + 600 \cdot 0{,}9511 \cdot 0{,}9520 + 700 \cdot 1 \cdot 1 + 700 \cdot 0{,}9239 \cdot 0{,}936}{500 \cdot 0{,}823^2 + 600 \cdot 0{,}9520^2 + 700 \cdot 1^2 + 700 \cdot 0{,}936^2} ,$$

$$\omega_1^2 = 17\,869\,\frac{1}{\text{s}^2} , \quad \text{bzw.} \quad \omega_1 = 133{,}7\,\frac{1}{\text{s}} . \qquad (453)$$

Die Übereinstimmung mit dem im vorigen Abschnitt berechneten Wert $\omega_1 = 133{,}3\,\dfrac{1}{\text{s}}$ ist also überraschend gut.

Besteht von vornherein eine genügend genaue Übereinstimmung zwischen den Werten y_i^* und y_i^{**}, dann nimmt der Quotient der Summen auf der rechten Seite der Gl. (452) den Wert ≈ 1 an. Es ergibt sich dann die Näherungsbeziehung

$$\omega^2 \approx \frac{g}{\mu_y\,\bar{y}_{\text{Max}}^{*\prime}} . \qquad (454)$$

In allen Fällen, bei denen es nicht auf allzu große Genauigkeit in der Bestimmung der Eigenfrequenz ankommt, kann man der Rechnung die unter der statischen Wirkung der Eigengewichte sich ergebende Biegelinie zugrunde legen und aus dieser Biegelinie die Durchbiegungen $\bar{y}_i$ der Kraftangriffspunkte entnehmen. Die Eigenkreisfrequenz bestimmt man dann nach der Näherungsgleichung (454), wobei $\bar{y}_{\text{Max}}$ den

Größtwert der abgelesenen $\bar{y}_i$-Werte darstellt[1].

Mit $\omega = 2\pi f$ folgt aus Gl. (454)

$$f \approx \frac{\sqrt{g}}{2\pi}\, \frac{1}{\sqrt{\mu_y\,\bar{y}_{\mathrm{Max}}}}\,. \tag{455}$$

Durch Einsetzen der Zahlenwerte für π und g erhalten wir schließlich die in allen technischen Handbüchern angegebene bekannte Näherungsgleichung (in der „zugeschnittenen Form") für die Eigenfrequenz

$$f \approx \frac{\sqrt{981\,\dfrac{\mathrm{cm}}{\mathrm{s}^2}}}{2\pi}\, \frac{1}{\sqrt{\mu_y\,\bar{y}_{\mathrm{Max}}}} \approx \frac{\sqrt{981\,\dfrac{\mathrm{cm}}{\left(\dfrac{1}{60}\,\mathrm{Min}\right)^2}}}{2\pi}\, \frac{1}{\sqrt{\mu_y\,\bar{y}_{\mathrm{Max}}}}\,,$$

bzw. mit $\mu_y \cdot \bar{y}_{\mathrm{Max}} \equiv y_{\mathrm{Max}}$

$$\frac{f}{\left[\dfrac{1}{\mathrm{Min}}\right]} \approx \frac{300}{\sqrt{\dfrac{y_{\mathrm{Max}}}{[\mathrm{cm}]}}}\,. \tag{456}$$

Der bei diesem Näherungsverfahren sich ergebende Fehler liegt bei den üblichen technischen Anordnungen in der Größenordnung von 5%, bewegt sich also in durchaus tragbaren Grenzen.

Biegeschwingungszahl 2. Ordnung. Zur Berechnung der Eigenschwingungszahlen 2. und höherer Ordnung sind zahlreiche Berechnungsverfahren, die sich zumeist auf das von RITZ [76] angegebene Verfahren stützen, entwickelt worden [28], [29].

Wir wollen die Berechnung nach dem im vorhergehenden Abschnitt behandelten Verfahren durchführen, das wir als Vereinigung des STODOLA- und RAYLEIGHschen Verfahrens bezeichnet haben. Der Rechnungsgang bleibt dabei grundsätzlich unverändert:

Es wird eine geeignete Biegeform gewählt, die Belastungskräfte werden ermittelt, und anschließend wird die zugehörige elastische Linie mit Hilfe des MOHRschen Verfahrens bestimmt.

Nun darf man aber, falls die gewählte Biegeform mit der dazugehörigen konstruierten Biegelinie nicht ganz übereinstimmt, das Verfahren nicht einfach wiederholen, da jetzt ein wichtiger Umstand störend zur Wirkung kommt.

Bei den Erläuterungen zur zeichnerischen Ermittlung der 1. Biege-Eigenschwingungszahl wiesen wir darauf hin, daß das STODOLA-Verfahren konvergiert, daß sich mit jeder Wiederholung des Verfahrens die konstruierte elastische Linie immer mehr der wahren Eigenform nähert. Dieses Konvergenzverhalten bezieht sich aber nur auf die 1. Eigenform. Wendet man das STODOLA-Verfahren zur Ermittlung der zweiten Eigenform an, so wird, da die anfangs gewählte Biegelinie ja immer von der

---

[1] y_{Max} ist nicht etwa die größte Durchbiegung der elastischen Linie an sich, sondern der Größtwert unter den Durchbiegungen, die an den Angriffspunkten der Belastungskräfte auftreten.

wahren Form abweichen wird, diese Abweichung mit jeder Wiederholung des Verfahrens größer, so daß man schließlich nach genügend oftmaliger Wiederholung wieder die erste Biegeform erhalten würde.

Auf Seite 131 erwähnten wir, daß eine beliebige Funktion, die die vorgegebenen Randbedingungen erfüllt, nach den Eigenfunktionen eines Randwertproblemes entwickelt werden kann. Eine vorgegebene Funktion $y(x)$ läßt sich darnach durch

$$y(x) = A_1 \,_1y(x) + A_2 \,_2y(x) + A_3 \,_3y(x) + \cdots \tag{457}$$

ausdrücken, wobei die Größen $_ny(x)$ Eigenfunktionen, und die Beiwerte A_n Konstante sind (durch den linksgestellten Index n soll die Ordnung der Eigenfunktion gekennzeichnet werden).

Wie wir ebenfalls erwähnten, drückt diese Gleichung eine Verallgemeinerung jener Beziehungen aus, die wir in spezieller Form bereits bei der FOURIER-Analyse kennengelernt haben.

Bei der Ableitung der Bestimmungsgleichungen für die FOURIER-Koeffizienten trafen wir (Seite 21) auf Integralgleichungen der Form

$$\int\limits_0^{2\pi} \cos m\,x \sin n\,x\,dx = 0 \quad \text{bzw.} \quad \int\limits_0^{2\pi} \cos m\,x \cos n\,x\,dx = 0.$$

Im Sinne der Ausführungen auf Seite 131 stellen die Funktionen $\cos m\,x$ und $\sin n\,x$ Eigenfunktionen m. bzw. n. Ordnung dar, während durch die Integrationsgrenzen die Intervallänge der Grundwelle angegeben wird.

Für Eigenwertprobleme von Stäben von der Länge l und der Massenbelegung $m(x) = \gamma \dfrac{F(x)}{g}$ gelten, dies sei ohne Beweisführung angegeben, analog aufgebaute Gleichungen der Form

$$\int\limits_0^l m(x) \cdot \,_my \cdot \,_ny \cdot dx = 0, \quad (m \neq n), \tag{458}$$

wobei $_my$ und $_ny$ Eigenfunktionen der m. bzw. n. Ordnung sind. Sind die Massen nicht gleichförmig verteilt, sondern punktförmig konzentriert am Stab angebracht, dann geht das Integral der Gl. (458) in die Summenform

$$\sum \frac{G_i}{g} \,_my \cdot \,_ny = 0, \quad (m \neq n), \tag{458a}$$

über.

Mit Hilfe dieser Beziehungen lassen sich die obengeschilderten Schwierigkeiten umgehen. Die Zusammenhänge wollen wir an Hand eines Berechnungsbeispiels aufzeigen.

Berechnungsbeispiel. Für den im Berechnungsbeispiel auf Seite 138 gegebenen Turbinenläufer sei die Eigenschwingungszahl 2. Ordnung zu bestimmen. Wir währen eine passende reduzierte Biegeform $_2y^{(*)}$ mit 1 Knotenpunkt (Abb. 89 d).

10*

Würden wir jetzt sofort das MOHRsche Verfahren anwenden, so vergrößerten sich die bestehenden Abweichungen von der wahren Biegeform. Wir „bereinigen" daher die gewählte Biegelinie von der etwa darin vorkommenden 1. Biegeform, die uns aus dem vorherigen Berechnungsbeispiel in guter Annäherung (wir bezeichneten die reduzierten Werte mit y_i^{***}) bekannt ist, in folgender Weise:

Für unseren Fall geht Gl. (457) über in

$$_2y^{(*)} = A_1\,_1y^{***} + A_2\,_2y + A_3\,_3y + \cdots.$$

Erfahrungsgemäß sind die Beiwerte A_n höherer Ordnungszahl viel kleiner als A_1 und A_2, so daß sie in erster Näherung vernachlässigt werden können. Setzen wir noch willkürlich $A_2 = 1$, so erhalten wir

$$_2y^{(*)} = A_1\,_1y^{***} + _2\overline{y}^{*}. \tag{459}$$

Die Schreibweise $_2\overline{y}^{*}$ soll andeuten, daß es sich wegen der Vernachlässigung der Glieder höherer Ordnungszahl um einen Näherungswert der wirklichen 2. Eigenform handelt.

Die Auflösung dieser Gleichung liefert die „bereinigte", nichtreduzierte Biegeform

$$_2\overline{y}^{*} = _2y^{(*)} - A_1 \cdot _1y^{***}. \tag{460}$$

Gehen wir mit diesem Ergebnis in die Gl. (458a) ein, ergibt sich

$$\sum \frac{G_i}{g}\,_1y_i^{***} \cdot (_2y_i^{(*)} - A_1\,_1y_i^{***}) = 0, \qquad (i = 1 \cdots 4).$$

Die Auflösung dieser Gleichung liefert den Beiwert

$$|A_1 = \frac{\Sigma\, G_i \cdot _1y_i^{***} \cdot _2y_i^{(*)}}{\Sigma\, G_i\,(_1y_i^{***})^2}. \tag{461}$$

Mit den der gewählten reduzierten Biegeform nach Abb. 89d entnommenen Werten

$$\left.\begin{array}{ll} _2y_1^{(*)} = 0{,}884\ \text{cm}, & _2y_3^{(*)} = -\,0{,}295\ \text{cm}, \\[2mm] _2y_2^{(*)} = 0{,}348\ \text{cm}, & _2y_4^{(*)} = -\,1{,}00\ \text{cm}, \end{array}\right\} \tag{462}$$

und den in Tabelle 3 (5. Zeile) eingetragenen reduzierten Durchbiegungen $_1y_i^{***} \equiv y_i^{***}$ der 1. Biegeform erhalten wir

$$A_1 = \frac{500 \cdot 0{,}821 \cdot 0{,}884 + 600 \cdot 0{,}951 \cdot 0{,}348 + 700 \cdot 1 \cdot (-\,0{,}295) + 700 \cdot 0{,}931 \cdot (-\,1)}{500 \cdot 0{,}821^2 + 600 \cdot 0{,}951^2 + 700 \cdot 1^2 + 700 \cdot 0{,}931^2}$$

$$A_1 = -\,0{,}1358. \tag{463}$$

Mit Gl. (460) berechnen wir die „bereinigten" Werte der gewählten 2. Biegeform:

$$_2\overline{y}_1^{*} = _2y_1^{(*)} - A_1\,_1y_1^{***} = 0{,}884\ \text{cm} - (-\,0{,}1358) \cdot 0{,}821\ \text{cm} = 0{,}995\ \text{cm}$$

$$_2\overline{y}_2^{*} = _2y_2^{(*)} - A_1\,_1y_2^{***} = 0{,}348\ \text{cm} - (-\,0{,}1358) \cdot 0{,}951\ \text{cm} = 0{,}477\ \text{cm}$$

$$_2\overline{y}_3^{*} = _2y_3^{(*)} - A_1\,_1y_3^{***} = -\,0{,}295\ \text{cm} - (-\,0{,}1358) \cdot 1\ \text{cm} = -\,\mathbf{0{.}159}\ \text{cm}$$

$$_2\overline{y}_4^{*} = _2y_4^{(*)} - A_1\,_1y_4^{***} = -\,1\ \text{cm} - (-\,0{,}1358) \cdot 0{,}931\ \text{cm} = -\,0{,}873\ \text{cm}.$$

Diese Werte tragen wir mit den Werten der gewählten Biegelinie in Tabelle 3 ein und bestimmen gleichzeitig die *reduzierten* Werte

$$_2y_i^{*} = \frac{_2\overline{y}_i^{*}}{_2\overline{y}_{\text{Max}}^{*}} \quad \text{(mit } _2\overline{y}_{\text{Max}}^{*} = _2\overline{y}_1^{*} = 0{,}995\ \text{cm)} \text{ der bereinigten \textbf{Biegeform.}}$$

$$[\text{cm}]$$

Mit den reduzierten Werten und der gewählten Kreisfrequenz $\omega^0 = \sqrt{981}\,\dfrac{1}{s}$ bestimmen wir die Belastungskräfte nach Gl. (441)

$$P_1^* = \frac{\omega^{0\,2}}{g}\,_2y_1^*\,G_1 = \frac{981\,\dfrac{1}{s^2}}{981\,\dfrac{cm}{s^2}} \cdot 1\,cm \cdot 500\,kg = 500\,kg$$

$$P_2^* = \frac{\omega^{0\,2}}{g}\,_2y_2^*\,G_2 = \frac{1}{cm} \cdot 0{,}479\,cm \cdot 600\,kg = 287{,}4\,kg$$

$$P_3^* = \frac{\omega^{0\,2}}{g}\,_2y_3^*\,G_3 = \frac{1}{cm}\,(-\,0{,}1599\,cm) \cdot 700\,kg = -\,111{,}9\,kg$$

$$P_4^* = \frac{\omega^{0\,2}}{g}\,_2y_4^*\,G_4 = \frac{1}{cm}\,(-\,0{,}877\,cm) \cdot 700\,kg = -\,613{,}9\,kg.$$

Mit diesen Kräften belasten wir den Biegeträger und ermitteln mit Hilfe des MOHRschen Verfahrens die Biegelinie $_2\bar{y}^{*\prime}$. In den Abbn. 91b bis 91e ist die Konstruktion dargestellt. Die dabei verwendeten Maßstäbe und Polweiten sind

$$(464)$$

$$\mu_l = \frac{10\,cm}{3\,cm}, \quad \mu_P = 30\,\frac{kg}{cm}, \quad \mu_F = 3\,\frac{cm^2}{cm}, \quad h_1 = 17\,cm, \quad h_2 = 25\,cm.$$

Damit errechnet sich der Zeichenmaßstab für die elastische Linie [Gl. (445)] zu

$$\mu_y = \frac{h_1\,h_2}{E\,J_{\ddot{a}_s}}\,\mu_l^3\,\mu_P\,\mu_F \tag{465}$$

$$= \frac{17\,cm \cdot 25\,cm}{2{,}1 \cdot 10^6\,\dfrac{kg}{cm^2} \cdot \dfrac{\pi}{64}\,(14\,cm)^4}\left(\frac{10}{3}\right)^3 \cdot 30\,\frac{kg}{cm} \cdot 3\,\frac{cm^2}{cm} = 0{,}357739 \cdot 10^{-3}\,\frac{cm}{cm}.$$

Die der konstruierten Biegelinie entnommenen Durchbiegungen $_2y_i^{*\prime}$ der Kraftangriffspunkte mit den zugehörigen reduzierten Werten

$$_2y_i^{(**)} = \frac{_2\bar{y}_i^{*\prime}}{\dfrac{_2\bar{y}_{\mathrm{Max}}^{*\prime}}{[cm]}} \quad \text{(mit } _2\bar{y}_{\mathrm{Max}}^{*\prime} \equiv {_2\bar{y}_1^{*\prime}} = 4{,}95\,cm)$$

tragen wir in Tabelle 3 ein.

Da durch das MOHRsche Verfahren die noch immer vorhanden gewesenen kleinen Abweichungen von der wahren Biegeform weiter verstärkt wurden, müssen wir die Ergebnisse $_2y_i^{(**)}$ „bereinigen". Der durch Gl. (461) definierte Beiwert A_1 ergibt sich für den neuen Fall zu

$$A_1 = \frac{\Sigma\,G_i\,_1y_i^{***} \cdot {_2y_i^{(**)}}}{\Sigma\,G_i\,_1y_i^{***\,2}}.$$

Die Auswertung dieser Gleichung liefert

$$A_1 = -\,0{,}02275.$$

Die bereinigten Werte berechnen sich [analog zu Gl. (460)], aus

$$_2\overline{y_i^{**}} = {}_2y_i^{(**)} - A_{1\,1}y_i^{***} \, .$$

Die Ergebnisse $_2\overline{y_i^{**}}$ und ihre reduzierten Werte

$$_2y_i^{**} = \frac{_2\overline{y_i^{**}}}{\dfrac{_2\overline{y_{\mathrm{Max}}^{**}}}{[\mathrm{cm}]}} \qquad (\text{mit } {}_2\overline{y_{\mathrm{Max}}^{**}} \equiv {}_2\overline{y_1^{**}} = 1{,}0187 \text{ cm})$$

sind in Tabelle 3 (Zeile 15) eingetragen.

Die Übereinstimmung zwischen den Ausgangswerten $_2y_i^{*}$ und den Ergebnissen $_2y_i^{**}$ ist, wie wir aus dem Vergleich der Zeilen 9 und 15 ersehen können, noch nicht zufriedenstellend. Wir wiederholen daher das Verfahren mit den $_2y_i^{**}$ als Ausgangswerten. Die Belastungskräfte berechnen wir wieder analog zu Gl. (441):

$$P_i^{**} = \frac{\omega^{\mathrm{o}2}}{g}\,_2y_i^{**} \cdot G_i, \quad \text{mit} \quad \omega^{\mathrm{o}2} = 981\,\frac{1}{\mathrm{s}^2}\,.$$

Die Ergebnisse zeigt Tabelle 3 (Zeile 16).

Mit den gleichen Zeichenmaßstäben und Polweiten wie vorher liefert das neue MOHRsche Verfahren, das wir aus Platzgründen nicht darstellen wollen, die in Zeile 17 der Tabelle 3 eingetragenen Durchbiegungswerte $_2\bar{y}_i^{**\prime}$. Mit den zugehörigen reduzierten Werten

$$_2y_i^{(***)} = \frac{_2\bar{y}_i^{**\prime}}{\dfrac{_2\bar{y}_{\mathrm{Max}}^{**\prime}}{[\mathrm{cm}]}} \qquad (\text{wobei } {}_2\bar{y}_{\mathrm{Max}}^{**\prime} \equiv {}_2\bar{y}_1^{**\prime} = 5{,}1 \text{ cm})$$

berechnen wir nun den Beiwert

$$A_1 = \frac{\Sigma\, G_i\,_1y_i^{***} \cdot {}_2y_i^{(***)}}{\Sigma\, G_i\,_1y_i^{***2}} \qquad \text{(siehe Zeile 19 der Tabelle),}$$

ermitteln analog zu Gl. (460) die bereinigten Werte

$$_2\overline{y_i^{***}} = {}_2y_i^{(***)} - A_1 \cdot {}_1y_i^{***} \qquad \text{(siehe Zeile 20 der Tabelle),}$$

sowie die zugehörigen reduzierten bereinigten Werte

$$_2y_i^{***} = \frac{_2\overline{y_i^{***}}}{\dfrac{_2\overline{y_{\mathrm{Max}}^{***}}}{[\mathrm{cm}]}} \qquad (\text{mit } {}_2\overline{y_{\mathrm{Max}}^{***}} \equiv {}_2\overline{y_1^{***}} = 1{,}0238 \text{ cm, siehe Zeile 21 der Tabelle).}$$

Vergleichen wir diese Ergebnisse mit den Ausgangswerten $_2y_i^{**}$, so erkennen wir zufriedenstellende Übereinstimmung, so daß die Werte $_2y_i^{***}$ als gute Annäherung der 2. Eigenform betrachtet werden können.

Die Berechnung des Eigenwertes kann nun nach Gl. (447), oder unter Zugrundelegung des RAYLEIGHschen Verfahrens, das eine größere Genauigkeit liefert, nach Gl. (452) erfolgen.

Mit den unserem Beispiel zugrunde gelegten Bezeichnungen liefern die Gln. (447) bzw. (452) mit $\omega \to \omega_2$

$$\omega_2^2 = \frac{_2y_{\mathrm{Max}}^{**}}{\mu_{v2}\bar{y}_{\mathrm{Max}}^{**\prime}}\,\omega^{\mathrm{o}2}, \tag{466}$$

bzw.

$$\omega_2^2 = \frac{g}{\mu_v\,_2\bar{y}_{\mathrm{Max}}^{**\prime}}\,\frac{\Sigma\, G_i\,_2y_i^{**}\,_2y_i^{***}}{\Sigma\, G_i\,({}_2y_i^{***})^2}\,. \tag{467}$$

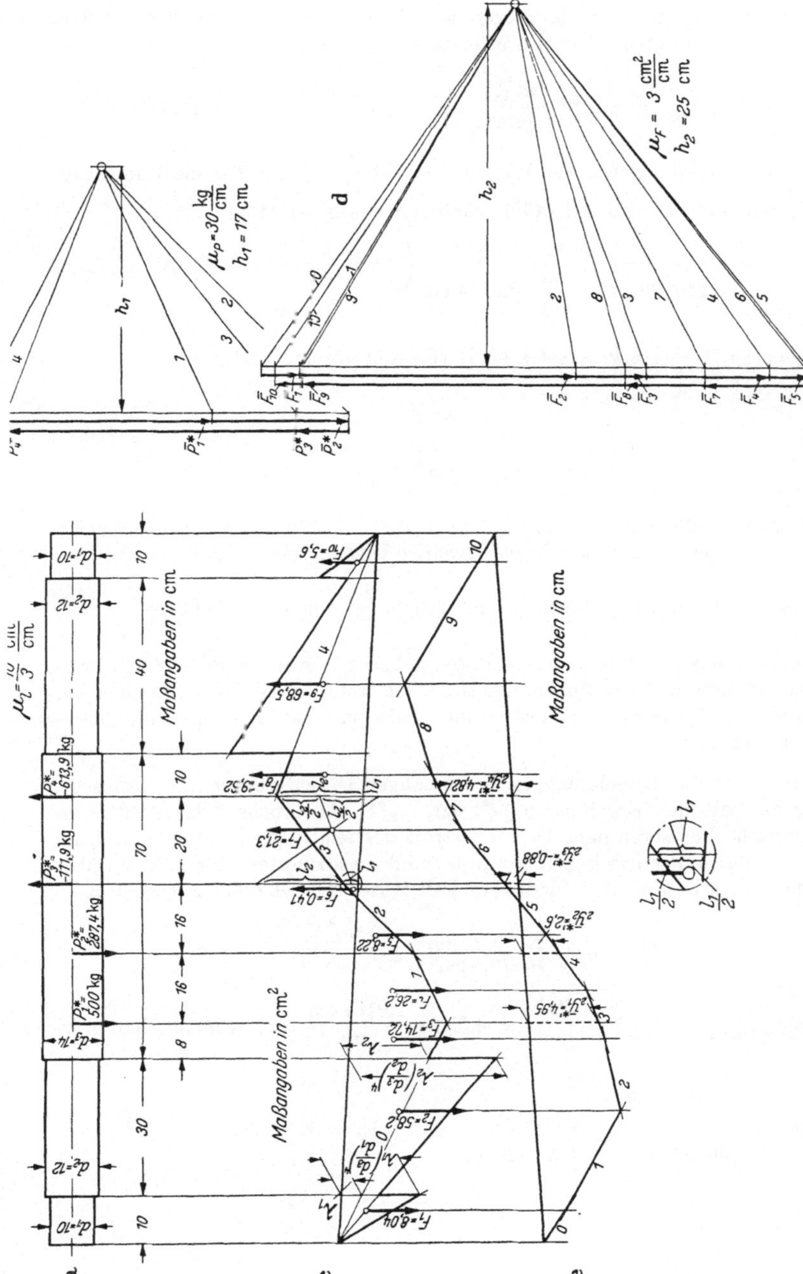

Abb. 91. Mohrsches Verfahren für die 2. Biegeform
a Belastungsschema; b 1. Krafteck; c 1. Seileck (Biegemomentenlinie); d 2. Krafteck; e 2. Seileck (Biegelinie)

In diesen beiden Gleichungen bedeutet $_2\bar{y}_{\mathrm{Max}}^{**\prime}$ gemäß Herleitung den aus der Zeichnung zu entnehmenden Größtwert der unter den Belastungskräften auftretenden Durchbiegungen. Da die Biegelinie die unbereinigten Werte liefert, müssen wir auf den bereinigten Wert umrechnen, und erhalten

$$\left(_2\bar{y}_{\mathrm{Max}}^{**\prime}\right)_{\text{bereinigt}} = {}_2\bar{y}_{\mathrm{Max}}^{**\prime}\,\frac{_2\overline{y_{\mathrm{Max}}^{***}}}{[\mathrm{cm}]} = 5{,}1\,\mathrm{cm}\cdot\frac{1{,}0238\,\mathrm{cm}}{\mathrm{cm}} = 5{,}2214\,\mathrm{cm}.$$

Mit dem ursprünglich gewählten Wert $\omega^{\circ 2} = 981\,\frac{\mathrm{cm}}{\mathrm{s}^2}$, den in Tabelle 3 eingetragenen Werten und m_y nach Gl. (465) erhalten wir aus Gl. (466)

$$\omega_2^2 = \frac{1\,\mathrm{cm}}{0{,}357739\cdot 10^{-3}\,\frac{\mathrm{cm}}{\mathrm{cm}}\cdot 5{,}2214\,\mathrm{cm}}\left(\sqrt{981}\,\frac{1}{\mathrm{s}}\right)^2 = 525189{,}16\,\frac{1}{\mathrm{s}^2} \qquad (468)$$

und $\omega_2 = 724{,}70\,\frac{1}{\mathrm{s}}$ bzw. aus Gl. (467) (RAYLEIGHsches Verfahren),

$$\omega_2^2 = \frac{981\,\frac{\mathrm{cm}}{\mathrm{s}^2}}{0{,}357739\cdot 10^{-3}\,\frac{\mathrm{cm}}{\mathrm{cm}}\,5{,}2214\,\mathrm{cm}}\cdot$$

$$\cdot\frac{500\cdot 1\cdot 1 + 600\cdot 0{,}536\cdot 0{,}5516 + 700\cdot 0{,}1525\cdot 0{,}1530 + 700\cdot 0{,}934\cdot 0{,}939}{500\cdot 1^2 + 600\cdot 0{,}5516^2 + 700\cdot 0{,}1530^2 + 700\cdot 0{,}939^2},$$

$$\omega_2^2 = 525189{,}16\,\frac{1}{\mathrm{s}^2}\cdot 0{,}9935 = 521775{,}43\,\frac{1}{\mathrm{s}^2}\;\text{und}\;\omega_2 = 722{,}34\,\frac{1}{\mathrm{s}}. \qquad (469)$$

Der Wert des aus den Summenausdrücken gebildeten Bruches in Gl. (467) [siehe Gl. (469)] ist nahezu 1, da wir bei der zweiten Durchführung des MOHRschen Verfahrens eine weitgehende Übereinstimmung zwischen gewählter und konstruierter Biegelinie erzielten.

Hätten wir die Berechnung nach einmaliger Durchführung des MOHRschen Verfahrens (mit den Ergebnissen $_2\bar{y}_i^{*\prime}$ bzw. $_2y_i^{**}$) abgebrochen, dann liefert das RAYLEIGHsche Verfahren nach Gl. (452), trotz der relativ großen, bis zu $12^0/_0$ reichenden Abweichungen zwischen gewählter und konstruierter Biegelinie ein überraschend genaues Ergebnis. In diesem Fall lautet die Gl. (452) mit $\omega \to \omega_2$

$$\omega_2^2 = \frac{g}{\mu_y\,\left(_2\bar{y}_{\mathrm{Max}}^{*\prime}\right)_{\text{bereinigt}}}\,\frac{\Sigma\,G_i\,_2y_i^*\,_2y_i^{**}}{\Sigma\,G_i\,(_2y_i^{**})^2}\cdot$$

Mit $\left(_2\bar{y}_{\mathrm{Max}}^{*\prime}\right)_{\text{bereinigt}} = {}_2\bar{y}_{\mathrm{Max}}^{*\prime}\cdot\frac{\overline{y_{\mathrm{Max}}^{**}}}{[\mathrm{cm}]} = 4{,}95\,\mathrm{cm}\,\frac{1{,}0187\,\mathrm{cm}}{\mathrm{cm}} = 5{,}0426\,\mathrm{cm}$ erhalten wir

$$\omega_2^2 = \frac{981\,\frac{\mathrm{cm}}{\mathrm{s}^2}}{0{,}357739\cdot 10^{-3}\,\frac{\mathrm{cm}}{\mathrm{cm}}\,5{,}0426\,\mathrm{cm}}\,0{,}957818 = 520872{,}21\,\frac{1}{\mathrm{s}^2}\quad\text{und}$$

$$\omega_2 = 721{,}71\,\frac{1}{\mathrm{s}}.$$

Die Abweichung gegenüber dem genaueren Wert $\omega_2 = 722{,}34\,\frac{1}{\mathrm{s}}$ [Gl. (469)] ist also sehr gering.

Mehrfach gelagerte Wellen. Die Berechnung der Eigenwerte, insbesondere der höherer Ordnungszahl, mehrfach gelagerter und mit mehreren Einzelmassen besetzter Wellen mit Hilfe des vorbeschriebenen Verfahrens wird außerordentlich mühevoll und unübersichtlich.
In solchen Fällen geht man zweckmäßig zu Berechnungsverfahren über, wie sie in den bereits zitieren Arbeiten [28] und [29] beschrieben sind. Eine Zusammenfassende und ausführliche Darstellung des gesamten Gebietes findet sich bei HOLBA [75].

20. Kritische Drehzahl umlaufender Wellen

Die mathematische Behandlung und die Ableitung der grundlegenden Beziehungen, die das Verhalten umlaufender Wellen mit aufgesetzten Scheiben kennzeichnen, stellt ein schwieriges Problem der technischen Mechanik dar. Um langwierige und verwickelte Untersuchungen zu vermeiden, wollen wir das grundsätzliche Verhalten umlaufender Wellen an Hand eines Beispieles einfachster Art aufzeigen. Für das Studium der tieferen Zusammenhänge sei auf die entsprechende Literatur [19], [30] verwiesen.

Wir betrachten eine zweifach gelagerte Welle kreisförmigen Querschnittes, die eine rotationssymmetrische Scheibe trage (Abb. 92). Um den Einfluß der Schwerkraft auszuschalten, denken wir uns die Welle senkrechtstehend. Da trotz sorgfältigster Montage kleine Exzentrizitäten der aufgezogenen Scheibe unvermeidlich sind, wird der Schwerpunkt S der Scheibe im allgemeinen um ein Maß e außermittig liegen.

Beim Umlauf der Welle mit der Winkelgeschwindigkeit Ω entsteht eine Fliehkraft P_Ω, unter deren Wirkung die Welle durchgebogen wird. Es liegt somit ein (umlaufender) Biegeträger vor, der mit einer Einzellast P_Ω belastet ist.

Bezeichnen wir mit $\alpha \equiv \dfrac{1}{c}$ die Einflußzahl (siehe Abschnitt 13) für die Durchbiegung der Welle am Ort der aufgezogenen Scheibe, so besteht zwischen der Belastung P_Ω und der Durchbiegung y die Beziehung

$$y = \alpha\, P_\Omega. \tag{470}$$

Die Fliehkraft ergibt sich mit den in Abb. 92 eingetragenen Bezeichnungen zu

$$P_\Omega = m\,(y + e)\,\Omega^2. \tag{471}$$

Damit geht Gl. (471) über in

$$y = \alpha\, m\,(y + e)\,\Omega^2. \tag{472}$$

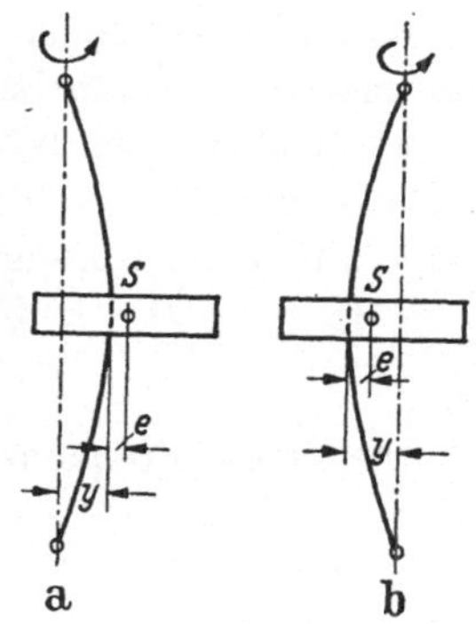

Abb. 92. Biegeform einer umlaufenden Welle mit Einzelmasse
a Unterkritischer Lauf; b Überkritischer Lauf

Nach y aufgelöst erhalten wir wegen $\alpha = \dfrac{1}{c}$

$$y = \frac{m\,\Omega^2\,e}{c - m\,\Omega^2} = \frac{1}{\dfrac{c/m}{\Omega^2} - 1}\,e. \qquad (473)$$

Die Durchbiegung y ist der Exzentrizität e proportional. Obzwar e im allgemeinen immer sehr klein sein wird, kann die Durchbiegung y für den Fall

$$\frac{c}{m} = \Omega^2 \qquad (474)$$

theoretisch über alle Grenzen wachsen. In Wirklichkeit werden die Durchbiegungen infolge des Anlaufens der Welle an seitliche Begrenzungen oder Anschläge nur endliche Werte annehmen können, aber es besteht die große Gefahr, daß durch die entstehende Laufunruhe und die Wärmeentwicklung beim Anlaufen und Schleifen (z. B. Turbinenläufer) die umlaufende Anordnung zerstört wird.

Für den Fall eines vollkommen ausgewuchteten Läufers, wenn also $e = 0$ wird, geht die Gl. (473) bei $\dfrac{c}{m} = \Omega^2$ in die unbestimmte Form $y = \dfrac{0}{0}$ über. Die Welle befindet sich im labilen Gleichgewicht und kann durch die geringste zufällige Erschütterung, die beispielsweise durch die Nachgiebigkeit des Ölfilms in den Lagern entstehen könnte, unzulässig große Durchbiegungen annehmen.

Der Ausdruck $\sqrt{\dfrac{c}{m}}$ hat die Bedeutung der Kennkreisfrequenz ω_0 des aus der Scheibenmasse m und der biegesteifen Welle bestehenden Biegeschwingers.

Kritischer Zustand. Der „kritische Zustand“ der Welle, bei der die Auslenkungen gefährlich große Werte annehmen können, wird nach Gl. (474) also dann bestehen, wenn die Winkelgeschwindigkeit Ω der umlaufenden Welle mit der Kennkreisfrequenz ω_0 der als Biegeschwinger aufgefaßten Anordnung übereinstimmt, wenn also

$$\Omega = \omega_0$$

ist.

Die dieser Frequenz entsprechende Umlaufdrehzahl

$$n = \frac{\omega_0}{2\,\pi} \qquad (475)$$

wird als *kritische Drehzahl* bezeichnet.

Dieser Tatbestand gilt analog für mehrfach gelagerte und mit mehreren Massen besetzte Wellen.

Die Abhängigkeit der Durchbiegung y nach Gl. (473) von der Umlauf-Winkelgeschwindigkeit Ω zeigt Abb. 93. Im unterkritischen Bereich $(\Omega/\omega_0 < 1)$ wird die Durchbiegung y mit zunehmendem Wert $\dfrac{\Omega}{\omega_0}$ größer und übersteigt bei $\dfrac{\Omega}{\omega_0} = 1$ alle Grenzen. Im überkritischen Bereich $\left(\dfrac{\Omega}{\omega_0} > 1\right)$ werden die Durchbiegungen wieder kleiner. Das dabei auftretende negative Vorzeichen von y bedeutet, daß die umlaufende biegesteife Welle die in Abb. 92b dargestellte Biegeform annimmt. Es läßt sich nachweisen [30], daß bei dieser Biegeform im überkritischen Bereich stabiler Betriebszustand herrscht; es tritt eine Art Selbstzentrierung auf.

Aus diesem Grunde bildet man Wellen, die mit sehr hoher Betriebsdrehzahl umlaufen müssen, sehr biegeweich aus, so daß die Eigenfrequenz sehr weit unter der Betriebsdrehzahl, bzw. die Betriebsdrehzahl sehr weit über der Eigenfrequenz liegt. Allerdings muß dafür Sorge getragen werden, daß beim Hochfahren bzw. beim Auslauf der Welle

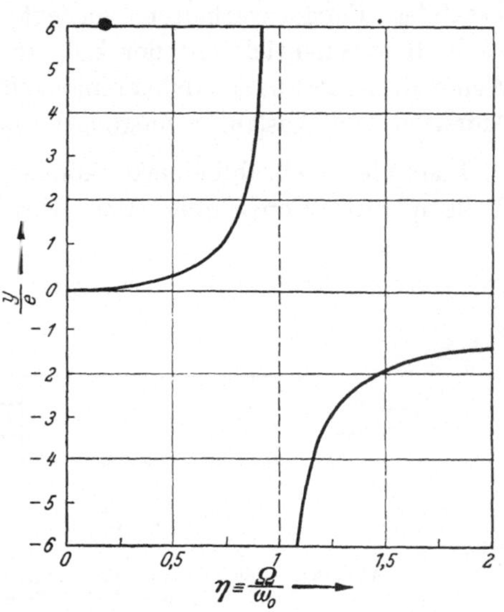

Abb. 93. Durchbiegung y der umlaufenden Welle in Abhängigkeit von der Umlaufgeschwindigkeit

der kritische Drehzahlbereich, bei dem gefährlich große Auslenkungen auftreten können, sehr rasch durchlaufen wird.

Instabiles Verhalten. Durch Reibungseinflüsse besonderer Art (Werkstoffdämpfung, Reibungserscheinungen im Ölfilm der Lager, Nachgiebigkeit des Ölpolsters im Lager) können manchmal Instabilitäten im Betrieb bei überkritischen Drehzahlen auftreten [24], so daß besondere Maßnahmen zur Erreichung der Laufruhe ergriffen werden müssen.

Bei der Behandlung der Biegeschwingungen erwähnten wir den Einfluß ausladender Massen und Scheiben auf die Größe der Eigenfrequenzen. In ähnlicher Weise tritt eine Beeinflussung der kritischen Drehzahl durch Scheiben bei umlaufenden Wellen auf. Jedoch gestalten sich die Vorgänge infolge der hier noch zusätzlich auftretenden Kreiselwirkungen recht verwickelt, so daß wir an dieser Stelle nur auf die bereits erwähnte Fachliteratur verweisen können.

Wenn die umlaufende Welle eine Querschnittsform mit zwei verschieden großen Hauptträgheitsachsen besitzt, wenn sie also nicht rotationssymmetrisch ausgebildet ist, dann ergeben sich, je nachdem welche Hauptträgheitsachse in der Biegeebene liegt, zwei verschieden große Biege-Eigenschwingungszahlen und demgemäß zwei verschiedene kritische Drehzahlen. Die Abb. 94 zeigt als Beispiel einer Welle dieser Art den Läufer eines Turbogenerators. Wichtig in betrieblicher Hinsicht ist es, daß im Bereich zwischen diesen beiden kritischen Drehzahlen instabiles Betriebsverhalten *vorliegt; d. h., kleine Störbewegungen wachsen exponentiell mit der Zeit an und gefährden die Anordnung. Wellen dieser Art haben daher einen kritischen Drehzahl*bereich*, der beim Anfahren und Auslaufen möglichst rasch durchlaufen werden muß.

Instabile Drehzahlbereiche können ebenfalls auftreten, wenn die Welle nichtrotationssymmetrische Scheiben trägt [*32*].

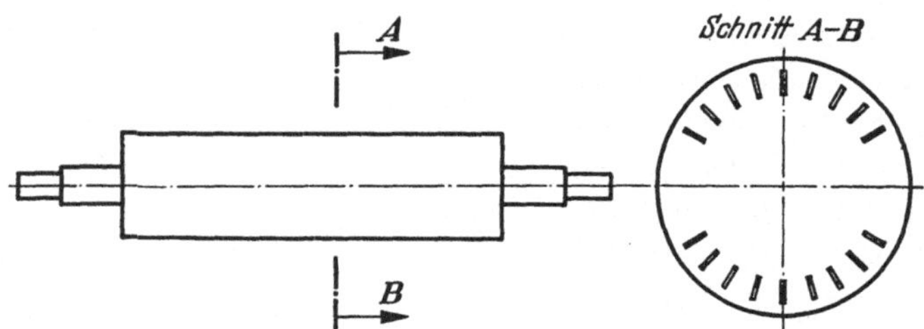

Abb. 94. Beispiel für eine nichtrotationssymmetrische Welle
(Läufer eines Turbogenerators)

Die experimentelle Bestimmung der kritischen Drehzahl ausgeführt vorliegender Wellen wird zweckmäßigerweise im Einbauzustand durch Hochfahren der Drehzahl bis zum Erreichen des kritischen Zustandes, der sich durch starke Laufunruhe bemerkbar macht, vorgenommen.

Einfacher, und ohne die Maschine zu gefährden, ist es, die kritische Drehzahl aus den aus einem Biegeschwingungsversuch ermittelten Biegeschwingungs-Eigenfrequenzen zu bestimmen, indem man etwa den stillstehenden, eingebauten Läufer mittels einer exzentrisch an der Welle angebrachten kleinen umlaufenden Unwucht zu Biegeschwingungen erregt und die Resonanzfrequenzen ermittelt.

Bei der Auswertung dieser Ergebnisse ist aber eine gewisse Vorsicht geboten, da die Einspannwirkung der Lager im Stillstand eine ganz andere ist als die, die sich durch die hydrodynamischen Wirkungen des Ölfilms im Betriebszustand ergibt, so daß die gemessene Eigenschwingungszahl nicht mit der wirklichen kritischen Drehzahl übereinstimmen wird. Aus dem gleichen Grunde ist die bei einem Auslaufversuch ermittelte kritische Drehzahl stets kleiner als die im Beharrungsbetrieb sich einstellende kritische Drehzahl [*40*].

Schließlich wäre noch zu bemerken, daß durch die im Betrieb auftretende Nachgiebigkeit der Lager die Größe der kritischen Drehzahl ebenfalls stark beeinflußt werden kann.

Berechnungsbeispiel. Zu berechnen ist die kritische Drehzahl 1.und 2.Ordnung des in Abb. 89a dargestellten Turbinenläufers.

Für diesen Läufer berechneten wir im Beispiel auf den Seiten 144 u. 152 die Biege-Eigenkreisfrequenzen zu

$$\omega_1 = 133{,}3\,\frac{1}{s}, \quad \text{bzw.} \quad \omega_2 = 722{,}34\,\frac{1}{s}.$$

Aus Gl. (475) folgen damit die kritischen Drehzahlen 1. und 2. Ordnung zu

$$n_1 = \frac{\omega_1}{2\,\pi} = \frac{133{,}32\,\frac{1}{s}}{2\,\pi} = 21{,}22\,\frac{1}{s} = 1273\,\frac{1}{\text{Min}},$$

bzw.

$$n_2 = \frac{\omega_2}{2\,\pi} = \frac{722{,}34\,\frac{1}{s}}{2\,\pi} = 114{,}96\,\frac{1}{s} = 6897{,}84\,\frac{1}{\text{Min}}.$$

21. Drehschwingungen an Kurbelwellen von Kolbenkraftmaschinen

Drehkraft-Harmonische. Kurbelwellen sind drehelastische Gebilde. Da an den Kurbelzapfen Massen (Pleuelstange und Kolben) angelenkt sind, entsteht durch die Verknüpfung von Federn und Massen ein schwingungsfähiges System.

Tangentiell zum Kurbelkreis wirken an den einzelnen Kurbelzapfen von den Arbeitskolben herrührende Kräfte zeitlich veränderlicher Größe in periodischer Folge.

Periodisch wirkende Kräfte kann man mit Hilfe der FOURIER-Analyse als Summe harmonischer Teilkräfte darstellen, deren Frequenz ganzzahlige Vielfache der Frequenz der Grundschwingung sind, und die wir kurz als *Drehkraft-Harmonische* bezeichnen wollen.

Die an den Kurbelzapfen angreifenden harmonischen Drehkräfte regen das Feder-Masse-System zu erzwungenen Drehschwingungen an. Da Kurbelwellen angenähert als lineare gekoppelte Schwingungsgebilde betrachtet werden können, gilt das Superpositionsgesetz, d. h., die Schwingungsform ergibt sich als Überlagerung jener Teilschwingungsformen, die jede einzelne Erregerkraft für sich allein hervorrufen würde.

Im allgemeinen sind die Schwingungswege vernachlässigbar klein. Tritt jedoch der Fall ein, daß die Frequenz einer Drehkraft-Harmonischen mit einer Kennfrequenz des Kurbelwellensystems übereinstimmt, dann tritt Resonanz auf, die Schwingungswege, und damit die Drehbeanspruchungen der Bauteile, werden sehr groß und können die Betriebssicherheit der Anlage gefährden.

Jene Drehzahlen, bei denen Resonanz eintritt, werden als *kritische Drehzahlen* bezeichnet.

Um das Problem einer rechnerischen Behandlung zugänglich zu machen, muß das kompliziert aufgebaute dynamische System des Kurbeltriebwerkes auf ein einfaches Ersatzsystem zurückgeführt werden. Ein passendes Ersatzsystem stellt die unverzweigte, offene Schwingerkette (Abb. 71a) dar.

Ermittlung der Kenngrößen des Ersatzsystems. a) *Federn*. Die mathematische Behandlung des elastischen Verhaltens einer Kurbelwelle ist äußerst schwierig und nur unter Zugrundelegung stark vereinfachender Annahmen durchführbar. Die sich bietenden Schwierigkeiten sind unmittelbar bei der Betrachtung der in Abb. 95a dargestellten Kurbel zu erkennen, wenn wir annehmen, daß ein am linken Lagerzapfen angreifendes Drehmoment durch die Kurbel hindurch nach rechts hin

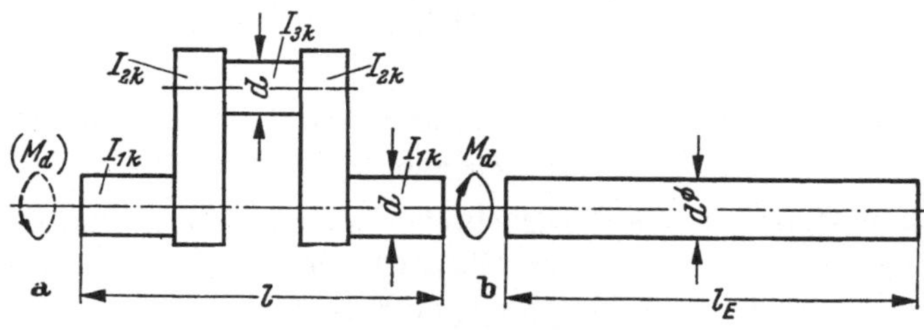

Abb. 95. Kurbelwelle
a Einzelkurbel; b Elastisch gleichwertige Ersatzwelle

übertragen werden soll. Alle Bauteile werden auf Verdrehung beansprucht und entsprechend verformt. Außerdem treten aber in den Kurbelwangen und im Kurbelzapfen durch Biegebeanspruchungen verursachte Verformungen auf, die zu einer zusätzlichen gegenseitigen Verdrehung der Kurbelzapfen führen. Diese Einflüsse lassen sich mathematisch kaum richtig erfassen, da die normalen Biegegleichungen für die kurzen gedrungenen Körperformen nicht gelten.

Bei der Berechnung des elastischen Verhaltens von Kurbelwellen muß man daher weitgehend auf Erfahrungswerte zurückgreifen. Als Ersatzsystem der Kurbel führt man meist eine *glatte Welle* ein, deren Durchmesser gleich dem Lagerzapfendurchmesser, und deren Länge — die Ersatzlänge l_E — nach Erfahrungswerten zu

$$0,95\,l < l_E < 1,10\,l \tag{476}$$

gewählt wird (siehe Abb. 95b). Und zwar gilt die untere Grenze für kleine Kurbeln mit steifen Wangen, während die obere mehr für große Kurbeln mit verhältnismäßig biegsamen Wangen gilt. Kurbelwellen, bei denen die Kurbelzapfen kleiner als die Lagerzapfen sind, und deren Wangen schlank, leicht und gut abgerundet sind, verhalten sich elastischer als vorstehender Ungleichung entspricht, so daß die Ersatzlänge l_E bis zu 50 % größer gewählt werden muß. Jedoch müssen sich auch diese Annahmen immer auf Erfahrungen an ähnlich gebauten Kurbelwellen gründen.

Eine große Anzahl von Näherungs- und Interpolationsformeln zur Bestimmung des elastischen Verhaltens gekröpfter Wellen finden sich bei GRAMMEL, GEIGER, C. CARTER und W. A. TUPLIN (siehe Übersicht und Literaturnachweis in [33]).

Reduktion zylindrischer Wellenabschnitte. Die mit der Kurbelwelle gekuppelten Wellenabschnitte verschiedener Durchmesser werden für gewöhnlich ebenfalls durch glatte durchlaufende Wellen vom Durchmesser des Kurbelzapfens ersetzt. Die reduzierte Länge l_{red} einer solchen Welle vom Durchmesser d und der Länge l folgt aus der geforderten Gleichheit der Federkonstanten von wirklicher und reduzierter Welle [siehe Gl. (92)]

$$\frac{G J_p}{l} = \frac{G J_{p\,\mathrm{red}}}{l_{\mathrm{red}}} \tag{477}$$

zu

$$l_{\mathrm{red}} = \frac{J_p}{J_{p\,\mathrm{red}}}\, l, \tag{478}$$

wobei $J_p = \dfrac{\pi\, d^4}{32}$ und $J_{p\,\mathrm{red}}$ das polare Flächenträgheitsmoment der Bezugswelle ist.

Bei genuteten Wellen wird der Berechnung des Flächenträgheitsmomentes der dem genuteten Querschnitt eingeschriebene Durchmesser zugrunde gelegt (Abb. 96).

Bezüglich der Bestimmung der reduzierten Längen von kegeligen Wellenabschnitten und Wellenenden mit aufgekeilten Kupplungen sei auf SCHRÖN [34] und Hütte I [33] verwiesen.

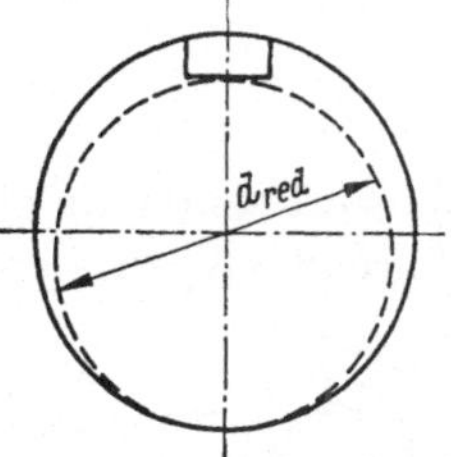

Abb. 96. Gleichwertiger Durchmesser einer genuteten Welle

b) *Massen.* Die Drehschwingungen des Kurbelwellensystems sind der Umlaufbewegung der Kurbelwelle (Winkelgeschwindigkeit Ω!) überlagert. Wie man der Abb. 97 entnehmen kann, ist die Beteiligung der an den Kurbelzapfen angelenkten Massen von Pleuel, Kolbenbolzen und Kolben an der zusätzlichen Schwingungsbewegung des Kurbelzapfens je nach Momentanlage des Kurbelzapfens verschieden groß:

Abb. 97a. In Kurbelstellung 1 ist die Schwingungsgeschwindigkeit des Kolbens gleich der des Kurbelzapfens.

Abb. 97b. In der Kurbelstellung 2 beteiligt sich die Kolbenmasse überhaupt nicht an der Schwingungsbewegung des Kurbelzapfens, und die Pleuelstange beschreibt eine reine Pendelbewegung.

Die kinetische Schwingungsenergie von Pleuel und Kolben ändert sich daher periodisch mit der Lage des Kurbelzapfens. Damit ändert sich aber auch die Größe der auf den Kurbelzapfen reduzierten Masse des Ersatzschwingers. Es liegt somit ein Schwingungsgebilde vor, dessen Massen (bei mehreren Kurbeln!) sich periodisch mit der Umlaufszeit der rotierenden Kurbelwelle ändern. Der Schwingungsvorgang wird deshalb nicht rein harmonisch verlaufen. Lineare Schwingungsgebilde, bei denen die Speicher (in unserem Falle Speicher kinetischer Energie) zeitlich veränderliche Größe besitzen, werden als *rheolineare* Schwinger bezeichnet.

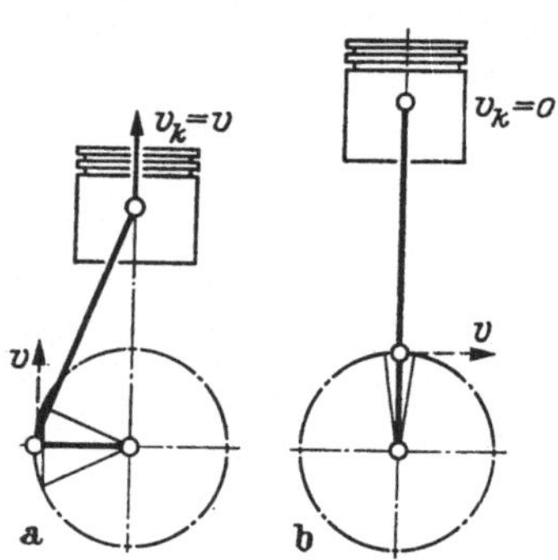

Abb. 97. Übertragung von Kurbelschwingungen auf den Kolben einer Kolbenkraftmaschine
a Volle Übertragung der Schwingungsbewegung;　b Keine Übertragung der Schwingungsbewegung

Zur Vereinfachung des Rechnungsganges legt man dem Ersatzsystem eine *konstante* Masse mittlerer Größe zugrunde, die in folgender Weise bestimmt wird:

Man zerlegt die Masse m_{Pl} der Pleuelstange im Verhältnis ihrer Schwerpunktsabstände (siehe Abb. 98) mit $s = s_1 + s_2$ in

$$m'_{Pl} = \frac{s_2}{s}\, m_{Pl} \quad \text{und} \quad m''_{Pl} = \frac{s_1}{s}\, m_{Pl}. \tag{479}$$

m'_{Pl} wird als umlaufende, am Kurbelzapfen befestigte, Masse aufgefaßt, während m''_{Pl} zu den hin- und hergehenden Massen von Kolben m_K und Kolbenbolzen (m_{KZ}) hinzugeschlagen wird. Die Hälfte der so ermittelten gesamten hin- und hergehenden Massen denkt man sich ebenfalls umlaufend und am Kurbelzapfen befestigt.

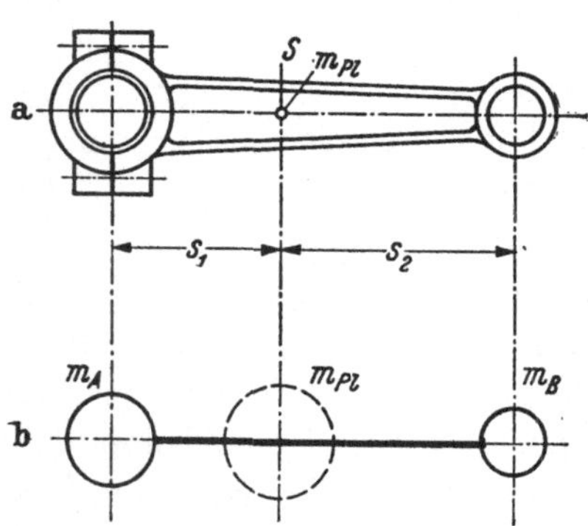

Abb. 98. Massenzerlegung bei der Pleuelstange

Bezeichnen wir mit J_{1K}, J_{2K} und J_{3K} die Massenträgheitsmomente von Lagerzapfen, Kurbelwange und Kurbelzapfen, bezogen auf die Achse der Kurbelwelle, so erhalten wir das Massenträgheitsmoment der Gesamtanordnung (des reduzierten Ersatz-Systems) für *eine* Kurbel (siehe Abb. 95a u. 98) zu

$$J = 2\,J_{1K} + 2\,J_{2K} + J_{3K} + r^2\left[\frac{s_2}{s}\,m_{Pl} + \frac{1}{2}\left(m_K + m_{KZ} + \frac{s_1}{s}\,m_{Pl}\right)\right]. \tag{480}$$

Die auf den Kurbelradius reduzierte Gesamtmasse des Ersatzsystems
beträgt dann
$$(481)$$
$$m_{\text{red}} = \frac{2\,(J_{1\text{K}} + J_{2\text{K}}) + J_{3\text{K}}}{r^2} + \frac{s_2}{s}\,m_{\text{Pl}} + \frac{1}{2}\left(m_{\text{K}} + m_{\text{KZ}} + \frac{s_1}{s}\,m_{\text{Pl}}\right).$$

Berechnungsbeispiel. Zu bestimmen sind die Ersatzgrößen des Kurbeltriebwerkes einer Sechszylinder-Schiffsmaschine mit folgenden Kenndaten:

Drehzahl	$130\,\dfrac{1}{\text{Min}}$
Zylinderabstand ($=$ Kurbellänge l)	93,5 cm
Lagerzapfendurchmesser	30 cm
Kurbelkreisradius	$r =$ 35 cm
Gewichte:	
Kolben + Kreuzkopfzapfen	$G_{\text{K}} + G_{\text{KZ}} =$ 1100 kg
Pleuelstange	$G_{\text{Pl}} =$ 650 kg
Schwerpunktabstände des Pleuels:	
	$s_{1\,\text{Pl}} =$ 0,46 s
	$s_{2\,\text{Pl}} =$ 0,54 s
Massenträgheitsmoment der Kurbel	
$2\,(J_{1\text{K}} + J_{2\text{K}}) + J_{3\text{K}}$	$=$ 1088 kg cm s².

Die Massenträgheitsmomente der mit
der Kurbelwelle gekuppelten Drehmassen
von Gebläse (J_0), Steuerungstriebwerk(J_7),
Schwungrad (J_8) und des Generators (J_9)
mit den auf den Lagerzapfendurchmesser
$d_{\text{red}} = 30$ cm reduzierten Längen der
zugehörigen Wellenabschnitte sind (siehe
Abb. 99):

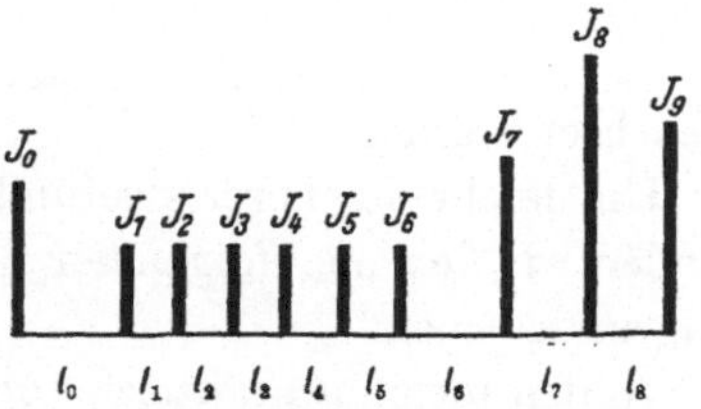

$J_0 = 3500$ kg cm s², $J_7 = 3000$ kg cm s²,
$J_8 = 67\,000$ kg cm s², $J_9 = 18\,000$ kg cm s²

Abb. 99. Ersatzsystem des Kurbel-
wellentriebwerkes für das Berechnungsbeispiel $(l_1 = l_2 = \cdots = l_5 = l_E)$

$$l_0 = 130 \text{ cm}, \quad l_6 = 72 \text{ cm}, \quad l_7 = 35 \text{ cm}, \quad l_8 = 30 \text{ cm}.$$

Nach Gl. (479) sind

$$m'_{\text{Pl}} = \frac{0{,}54\,s}{s}\,\frac{650\,\text{kg}}{g} = \frac{1}{g}\,351 \text{ kg}, \quad m''_{\text{Pl}} = \frac{0{,}46\,s}{s}\,\frac{650\,\text{kg}}{g} = \frac{1}{g}\,299 \text{ kg}.$$

Somit ist

$$m_{\text{osz}} = m''_{\text{Pl}} + m_{\text{K}} + m_{\text{KZ}} = \frac{1}{g}\,(299 + 1100)\text{ kg} = \frac{1}{g}\,1399 \text{ kg},$$

und [Gl. (480)] $J_1 = J_2 = \cdots = J_6 =$

$$= 1088 \text{ kg cm s}^2 + (35 \text{ cm})^2 \cdot \frac{1}{981\,\dfrac{\text{cm}}{\text{s}^2}}\left(351 + \frac{1}{2}\,1399\right)\text{kg} = 2400 \text{ kg cm s}^2.$$

Die Ersatzlänge l_E der Kurbel werde auf Grund vorliegender Erfahrungswerte zu

$$l_E = 0{,}973 \cdot l = 0{,}973 \cdot 93{,}5 \text{ cm} = 91 \text{ cm}$$

gewählt.

Damit ist das Ersatzsystem des Kurbeltriebwerkes vollständig festgelegt.
Üblicherweise stellt man das so gefundene Ersatzsystem durch ein Streckendiagramm

dar, in dem die auf einen reduzierten Durchmesser d_{red} bezogenen elastischen Längen und die Massenträgheitsmomente als Strecken erscheinen (siehe Abb. 99).

Bestimmung der Eigenwerte von Schwingerketten. Sogenannte Schwingerketten sind gekoppelte Mehrmassensysteme von besonders einfachem Aufbau. Die Abb. 100a zeigt als Beispiel eine Schwinger-

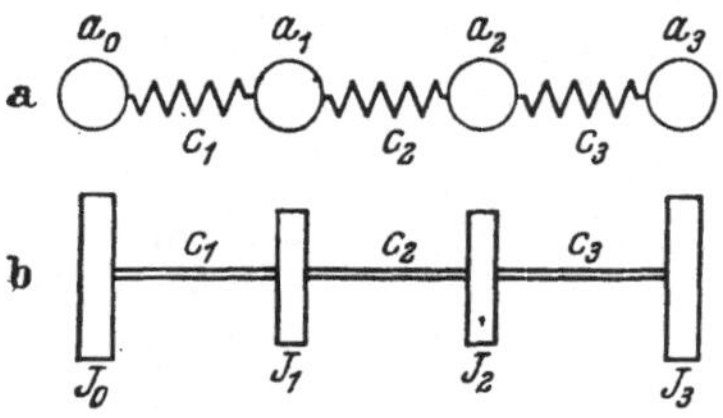

kette, bestehend aus 4 einzelnen federgekoppelten Massen, die Geradeaus-Schwingungen ausführen können.

Nach unseren früheren Erläuterungen (Abschnitt 13) besteht Analogie zwischen Geradeausschwingern und Drehschwingungsgebilden; d. h., die Schwingungsgleichungen, sowie deren Lösungen, für die in den

Abb. 100. Analoge Schwingungsgebilde
a Geradeaus-Schwinger; b Analoges
Drehschwingungsgebilde

Abbn. 100a und 100b dargestellten beiden Schwingungsgebilde stimmen formal überein, wenn die Entsprechungen [Gln. (247)]

$$\boxed{q \mathrel{\widehat{=}} \chi, \quad a \mathrel{\widehat{=}} J, \quad c \mathrel{\widehat{=}} \frac{GJ_p}{l}, \quad P \mathrel{\widehat{=}} M_d} \tag{482}$$

beachtet werden.

Um leicht auf bereits gefundene Lösungen zurückgreifen zu können, wollen wir den nachfolgenden Berechnungen stets Geradeaus-Schwinger zugrunde legen.

In den meisten praktisch vorkommenden Fällen sind die Dämpfungskräfte verhältnismäßig klein, so daß man die Gebilde als dämpfungsfrei betrachten kann.

Die Bewegungsgleichungen für die freie ungedämpfte Schwingung einer Schwingerkette können leicht in der bereits beschriebenen Weise gefunden werden:

Das System wird unter Einführung der entsprechenden Bindungskräfte freigemacht. Auf jede Einzelmasse kommt der Gleichgewichtssatz der Mechanik zur Anwendung. Wir erhalten damit ein System linearer homogener Differentialgleichungen, das mit den Setzungen $q_i = \widehat{q_i}\, e^{i\omega t}$ in ein System linearer *algebraischer* Gleichungen übergeht. Mittels der Determinantentheorie finden wir dann die Größen der Schwingungsamplituden $\widehat{q_i}$ [siehe Gl. (381)]. Da das Gleichungssystem homogen ist, sind die Determinanten im Zähler der Brüche Null; Schwingungen endlicher Größe können nur dann bestehen, wenn die Nennerdeterminante D zu Null wird. Diese Bedingung liefert die Frequenzfunktion $F(\omega^2)$, die eine ganze rationale Funktion in ω^2 ist, deren Wurzeln die gesuchten Eigenwerte des Schwingungsproblems sind.

Bei einem Vielmassensystem, wie es bei Kurbeltriebwerken fast immer vorliegt, wird das Auflösen der Nenner-Determinante D und das Bestimmen der Wurzeln der Frequenzfunktion äußerst umständlich und mühevoll.

Es ist eine große Anzahl von Lösungsverfahren entwickelt worden [35], von denen wir kurz die wichtigsten erläutern wollen.

Lösungsverfahren nach W. A. Tuplin. Bei diesem Verfahren wird die Frequenzgleichung des Systems unmittelbar mit Hilfe von Rekursionsgleichungen bestimmt, so daß das umständliche Auflösen der Determinante entfällt. Wir betrachten eine offene Schwingerkette mit $n + 1$ Massen und n Federn im Eigenschwingungszustand (Abb. 101a). Für die willkürlich herausgegriffene i-te Masse gilt dann mit den in Abb. 101c eingetragenen Bezeichnungen:

$$\left(-\widehat{P}_{a_i} - \widehat{P}_{c_i} + \widehat{P}_{c_{i+1}}\right) e^{i\omega t} = 0.$$

Daraus folgt

$$\widehat{P}_{a_i} = \widehat{P}_{c_{i+1}} - \widehat{P}_{c_i}. \tag{483a}$$

Analog dazu ergibt sich für die $(i-1)$-te Masse

$$\widehat{P}_{a_{i-1}} = \widehat{P}_{c_i} - \widehat{P}_{c_{i-1}}. \tag{483b}$$

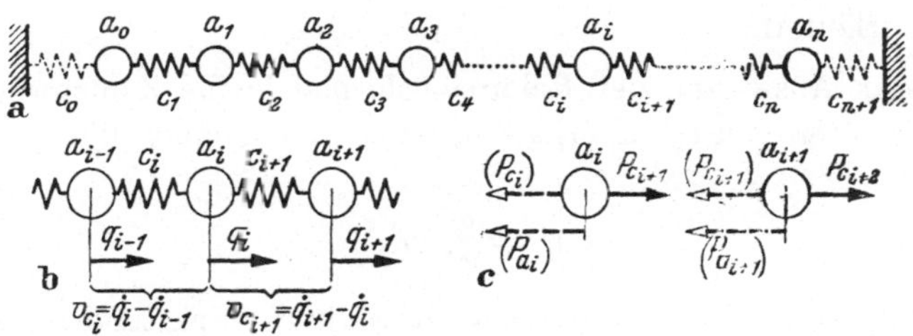

Abb. 101. Zum Verfahren nach Tuplin: Grundbeziehungen bei einer Schwingerkette
a Schwingerkette; b Betrachtung der i-ten Masse; c Kräftespiel

Der Verformungsweg der i-ten Feder (die relative Verschiebung der beiden Anschlußklemmen der Feder) ergibt sich nach Abb. 101b zu

$$q_{c_i} = q_i - q_{i-1}. \tag{484}$$

Differentiation dieser Gleichung nach der Zeit und Abkürzen des Faktors $e^{i\Omega t}$ liefert mit $q_i = \widehat{q}_i\, e^{i\omega t}$ die komplexe Amplitude der Geschwindigkeit, mit der sich die Federklemmen relativ zueinander bewegen,

$$\widehat{v}_{c_i} \equiv \widehat{q}_{c_i} = \widehat{q}_i - \widehat{q}_{i-1} \equiv \widehat{v}_{a_i} - \widehat{v}_{a_{i-1}}. \tag{485}$$

Zwischen der an einem Schwingungsglied angreifenden Kraft und der an den Anschlußklemmen dieses Gliedes herrschenden (Relativ-)Geschwindigkeit besteht Proportionalität, die wir in Abschnitt 10 durch das Widerstandsgesetz

$$\widehat{P} = \Re\,\widehat{v}$$

zum Ausdruck brachten ($\Re$ = Schwingungswiderstand). Es gilt somit

$$\widehat{P}_a = \Re_a\,\widehat{v}_a \quad \text{und} \quad \widehat{P}_c = \Re_c\,\widehat{v}_c. \tag{486}$$

Mit diesen Beziehungen geht Gl. (485) über in

$$\frac{\widehat{P}_{c_i}}{\Re_{c_i}} = \frac{\widehat{P}_{a_i}}{\Re_{a_i}} - \frac{\widehat{P}_{a_{i-1}}}{\Re_{a_{i-1}}}. \tag{487}$$

Mit den Gln. (483) und den nach den Gln. (208) u. (210) geltenden Widerstandsbeziehungen (mit $i = \sqrt{-1}$)

$$\Re_a = i\,\omega\,a \quad \text{bzw.} \quad \Re_c = \frac{1}{i\,\omega\,\dfrac{1}{c}}$$

geht Gl. (487) über in

$$\widehat{P}_{c_i}''\,i\,\omega\,\frac{1}{c_i} = \frac{\widehat{P}_{c_{i+1}} - \widehat{P}_{c_i}}{i\,\omega\,a_i} - \frac{\widehat{P}_{c_i} - \widehat{P}_{c_{i-1}}}{i\,\omega\,a_{i-1}}.$$

Auflösung nach $\widehat{P}_{c_{i+1}}$ liefert die gesuchte Rekursionsformel

$$\widehat{P}_{c_{i+1}} = \widehat{P}_{c_i}\left(1 + \frac{a_i}{a_{i-1}} - \frac{a_i}{c_i}\,\omega^2\right) - \frac{a_i}{a_{i-1}}\,\widehat{P}_{c_{i-1}}. \tag{488}$$

Die Anwendung dieser Gleichung wollen wir an Hand eines Berechnungsbeispieles erläutern.

Um beim Auswerten der Rekursionsformel kleine Zahlenwerte für die Koeffizienten von ω^2 zu erhalten, ist es zweckmäßig, die neue Veränderliche

$$\eta^2 = \frac{a^*}{c^*}\,\omega^2 \tag{489}$$

einzuführen, wobei die Reduktionswerte a^* und c^* passend zu wählen sind. Mit dieser Setzung geht Gl. (488) über in

$$\widehat{P}_{c_{i+1}} = \widehat{P}_{c_i}\left(1 + \frac{a_i}{a_{i-1}} - \frac{a_i}{a^*}\,\frac{c^*}{c_i}\,\eta^2\right) - \frac{a_i}{a_{i-1}}\,\widehat{P}_{c_{i-1}}. \tag{490}$$

Berechnungsbeispiel. Die Eigenwerte des in Abb. 102a dargestellten Drehschwingungsgebildes sind nach dem Verfahren von Tuplin zu bestimmen.

Angaben:

$$J_0 \mathrel{\widehat{=}} a_0 = 1{,}4 \text{ kg cm s}^2$$
$$J_1 \mathrel{\widehat{=}} a_1 = 0{,}8 \text{ kg cm s}^2$$
$$J_2 \mathrel{\widehat{=}} a_2 = 0{,}6 \text{ kg cm s}^2$$
$$J_3 \mathrel{\widehat{=}} a_3 = 0{,}3 \text{ kg cm s}^2$$

$$l_1 = 100 \text{ cm}, \quad l_2 = 200 \text{ cm}, \quad l_3 = 150 \text{ cm},$$

$$d_{\text{red}} = 40 \text{ mm}, \quad G\,J_p = 8 \cdot 10^5\,\frac{\text{kg}}{\text{cm}^2}\,\frac{\pi\,(4\text{ cm})^4}{32} = 20{,}112 \cdot 10^6 \text{ kg cm}^2.$$

Mit $c = \dfrac{G\,J_p}{l}$ folgt:

$$c_1 = \frac{20{,}122 \cdot 10^6 \text{ kg cm}^2}{100 \text{ cm}} = 20{,}112 \cdot 10^4\,\frac{\text{kg cm}}{\text{rad}}, \quad c_2 = \frac{100}{200}\,c_1 = \frac{1}{2}\,c_1$$

$$c_3 = \frac{100}{150}\,c_1 = \frac{2}{3}\,c_1.$$

Als Reduktionswerte wählen wir $a^* = a_3$ und $c^* = c_3$.

Der dem vorgegebenen System analoge Geradeaus-Schwinger ist in Abb. 102b dargestellt. Da es ein offenes Gebilde ist, die Endmassen also nicht mit dem festen Bezugssystem ver-
bunden sind, können keine Kräfte gegen das Bezugssystem wirksam
werden. Wir berücksichtigen dies, indem wir die Federkonstanten c_0
und c_4 Null setzen (Abb. 102b), woraus $\widehat{P}_{c_0} \equiv 0$ und $\widehat{P}_{c_4} \equiv 0$ folgt.

Nun wenden wir die Rekur-
sionsgleichung auf die einzelnen Massen an und erhalten:

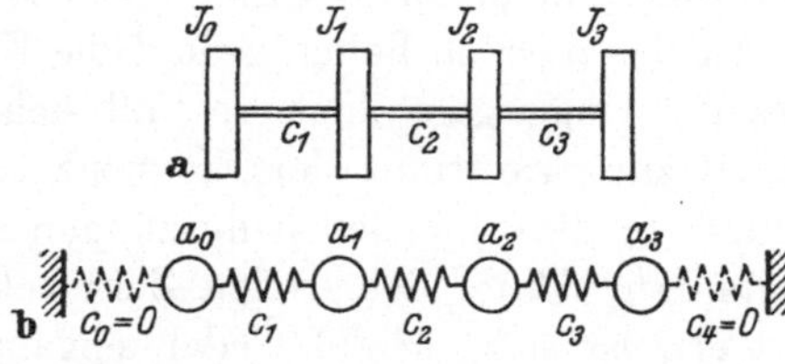

Abb. 102. Schwingungsgebilde zum Berechnungsbeispiel
a Gegebenes Drehschwingungsgebilde;
b Analoger Geradeaus-Schwinger

$$i = 1:\ \widehat{P}_{c_2} = \widehat{P}_{c_1}\left(1 + \frac{0,8}{1,4} - \frac{0,8}{0,3}\frac{\frac{2}{3}}{1}\eta^2\right) - 0 = \widehat{P}_{c_1}\left(\frac{2,2}{1,4} - \frac{16}{9}\eta^2\right),$$

$$i = 2:\ \widehat{P}_{c_3} = \widehat{P}_{c_2}\left(1 + \frac{0,6}{0,8} - \frac{0,6}{0,3}\frac{\frac{2}{3}}{\frac{1}{2}}\eta^2\right) - \frac{0,6}{0,8}\widehat{P}_{c_1} = \widehat{P}_{c_2}\left(\frac{7}{4} - \frac{8}{3}\eta^2\right) - \frac{3}{4}\widehat{P}_{c_1},$$

$$i = 3:\ \widehat{P}_{c_4} \equiv 0 = \widehat{P}_{c_3}\left(1 + \frac{0,3}{0,6} - \frac{0,3}{0,3}\frac{\frac{2}{3}}{\frac{2}{3}}\eta^2\right) - \frac{0,3}{0,6}\widehat{P}_{c_2} = \widehat{P}_{c_3}\left(\frac{7}{4} - \eta^2\right) - \frac{1}{2}P_{c_2}.$$

Nun können wir $\widehat{P}_{c_2}$ und $\widehat{P}_{c_3}$ durch fortschreitendes Einsetzen eliminieren:

$$\widehat{P}_{c_2} = \left(\frac{2,2}{1,4} - \frac{16}{9}\eta^2\right)P_{c_1},$$

$$\widehat{P}_{c_3} = \left(\frac{2,2}{1,4} - \frac{16}{9}\eta^2\right)\widehat{P}_{c_1}\cdot\left(\frac{7}{4} - \frac{8}{3}\eta^2\right) - \frac{3}{4}\widehat{P}_{c_1} = \left(2 - \frac{460}{63}\eta^2 + \frac{128}{27}\eta^4\right)\widehat{P}_{c_1},$$

$$\widehat{P}_{c_4} \equiv 0 = \left(2 - \frac{460}{63}\eta^2 + \frac{128}{27}\eta^4\right)\widehat{P}_{c_1}\left(\frac{7}{4} - \eta^2\right) - \frac{1}{2}\left(\frac{2,2}{1,4} - \frac{16}{9}\eta^2\right)\widehat{P}_{c_1}.$$

Ausmultiplizieren und Ordnen der letzten Gleichung liefert schon die Frequenzfunktion

$$0 = (\eta^2)^3 - 3,0402\,(\eta^2)^2 + 2,54465\,\eta^2 - 0,46708.$$

Die Wurzeln dieser Gleichung lauten

$$\eta_1^2 = 0,2546,\quad \eta_2^2 = 1,07039,\quad \eta_3^2 = 1,71555.$$

Aus Gl. (489) erhalten wir mit $a^* \equiv a_3$ und $c^* \equiv c_3$ die Eigenwerte

$$\omega^2 = \frac{c^*}{a^*}\,\eta^2$$

zu

$$\omega_1^2 = \frac{\frac{2}{3}\,20,122\cdot 10^4\ \mathrm{kg\ cm}}{0,3\ \mathrm{kg\ cm\ s^2}}\cdot 0,2546 = 113\,640\,\frac{1}{\mathrm{s^2}}$$

und analog

$$\omega_2^2 = 478\,390\,\frac{1}{\mathrm{s^2}}\quad \mathrm{bzw.}\quad \omega_3^2 = 766\,750\,\frac{1}{\mathrm{s^2}}.$$

Numerische Lösungsverfahren. Bei einer größeren Zahl von Massen ist auch nach dem Verfahren von TUPLIN die Bestimmung der Frequenzfunktion und deren Wurzeln recht mühevoll und umständlich.

In den meisten Fällen genügt die Kenntnis der kleinsten Eigenwerte des Schwingungsgebildes, so daß sich der Aufwand an Berechnungsarbeit zur Ermittlung der Frequenzgleichung und ihrer Wurzeln nicht lohnt. In diesen Fällen benutzt man mit Vorteil numerische Lösungsverfahren. Unter der großen Zahl bekannter Lösungsverfahren dieser Art erweist sich ein auf Gedankengängen von HOLZER beruhendes und später von GÜMBEL und TOLLE weiter ausgearbeitetes Verfahren als besonders zweckmäßig.

Verfahren nach HOLZER. Wir betrachten eine offene Schwingerkette mit $\lambda + 1$ Massen. An der Endmasse a_λ greife eine Wechselkraft $P = \widehat{P}\, e^{i\,\Omega\,t}$ gegebener Frequenz an. Das System, das wir als dämpfungsfrei annehmen wollen, wird erzwungene ungedämpfte Schwingungen ausführen. Die Größe der Erregerkraftamplitude $|\widehat{P}|$ werde so bemessen, daß die Schwingwegamplitude der Anfangsmasse a_0 gerade $|\widehat{q_0}| = 1$ cm beträgt. Wird die Erregerfrequenz geändert, dann werden im allgemeinen zu verschieden großen Frequenzen verschieden große Erregerkräfte erforderlich sein, um den Wert $|\widehat{q_0}| = 1$ cm aufrechtzuerhalten.

Stimmt die Erregerfrequenz mit einer Eigenfrequenz (= Kennfrequenz) des Systemes überein, dann wird die Amplitude $|\widehat{P}|$ der Erregerkraft Null sein, denn das Kennzeichen einer Eigenschwingung besteht ja darin, daß Schwingungen endlicher Größe *ohne* Vorhandensein äußerer Erregerkräfte aufrechterhalten werden können.

Nach HOLZER geht man in der Weise vor, daß man zu verschieden großen Erregerfrequenzen die erforderliche Größe der Erregerkraft bestimmt, und die Ergebnisse in einem Koordinatensystem über der Erregerkreisfrequenz aufträgt. Die Schnittpunkte der so erhaltenen Kurve — die Erregerkraftkurve (sie wird auch als Restkraftkurve bezeichnet) - - mit der Abszissenachse bestimmen dann die Eigenkreisfrequenzen.

Bestimmung der Erregerkraft. Das von der Erregerkraft P zu Schwingungen angeregte System können wir als ein einheitliches Gebilde auffassen (siehe Abb. 103a). Die Federkräfte P_{c_i} können als innere Kräfte des Systems aufgefaßt werden, da sie stets paarweise, gleichgroß und entgegengesetzt gerichtet, vorkommen und so sich nach außen hin aufheben. Nur die D'ALEMBERTschen Trägheitskräfte erscheinen als äußere Kräfte, deren Reaktionen im Inertialsystem liegend betrachtet werden können. Die Gleichgewichtsbedingung für das Gesamtsystem lautet somit

$$P - \sum_{i=0}^{i=\lambda} P_{a_i} = 0. \tag{491}$$

Mit $P = \widehat{P}\, e^{i\,\Omega t}$, $P_{a_i} = a_i\,\ddot{q}_i$ sowie $q_i = \hat{q}_i\, e^{i\,\Omega t}$ folgt

$$\widehat{P} = -\sum_{i=0}^{i=\lambda} a_i\,\Omega^2\,\hat{q}_i. \tag{492}$$

Die Schwingungsamplituden $|\hat{q}_i|$ der einzelnen Massen können wir schrittweise berechnen, da uns die Amplitude der Anfangsmasse laut Annahme mit $|\hat{q}_0| = 1$ cm bekannt ist.

Zu diesem Zwecke denken wir uns das System an der $(\mu + 1)$-ten Feder aufgeschnitten (Abb. 103 b). Soll der Schwingungszustand unverändert aufrecht erhalten bleiben, müssen wir die Federkraft $\widehat{P}_{c_{\mu+1}}$ als äußere Kraft anbringen. Für das links von der Schnittstelle gelegene

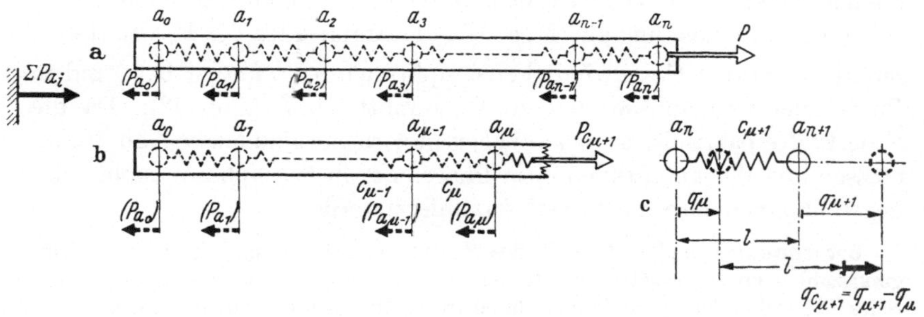

Abb. 103. Zum Verfahren nach HOLZER
a Erreger-Wechselkraft einer Schwingerkette; b Erreger-Wechselkraft der aufgeschnittenen Schwingerkette; c Wegbeziehungen zwischen zwei benachbarten Massen

Teilsystem gilt daher analog zu Gl. (492)

$$\widehat{P}_{c_{\mu+1}} = -\sum_{i=0}^{i=\mu} a_i\,\Omega^2\,\hat{q}_i. \tag{493}$$

Zwischen der Federkraft $\widehat{P}_{c_{\mu+1}}$ und der Amplitude des Federweges $\hat{q}_{c_{\mu+1}} = \hat{q}_{\mu+1} - \hat{q}_\mu$ einer Feder (siehe Abb. 103 c) besteht die Beziehung

$$\widehat{P}_{c_{\mu+1}} = c_{\mu+1}\,\hat{q}_{c_{\mu+1}} \equiv c_{\mu+1}\,(\hat{q}_{\mu+1} - \hat{q}_\mu). \tag{494}$$

Setzen wir diesen Ausdruck in Gl. (493) ein, so erhalten wir

$$c_{\mu+1}\,(\hat{q}_{\mu+1} - \hat{q}_\mu) = -\sum_{i=0}^{i=\mu} a_i\,\Omega^2\,\hat{q}_i. \tag{495}$$

Nach der Amplitude $\hat{q}_{\mu+1}$ aufgelöst, folgt

$$\hat{q}_{\mu+1} = \hat{q}_\mu - \frac{\sum_{0}^{\mu} a_i\,\Omega^2\,\hat{q}_i}{c_{\mu+1}}. \tag{496}$$

Mit Hilfe dieser Gleichung kann die Schwingwegamplitude einer Masse berechnet werden, wenn die Amplituden aller links von dieser Masse liegenden Massen bekannt sind. Die Gl. (496) stellt eine Rekursionsformel dar, mit der man, von der willkürlich gewählten Amplitude $\widehat{q}_0 = 1$ cm der Masse a_0 ausgehend, die Amplituden der einzelnen nachfolgenden Massen schrittweise berechnen kann. Sind alle Werte $\widehat{q}_i$ berechnet, dann kann die Erregerkraft $\widehat{P}$ (sie wird auch Restkraft genannt) nach Gl. (492) bestimmt werden. Die Berechnung wird zweckmäßigerweise in Tabellenform durchgeführt.

Ein Wort wäre noch den Phasenlagen der komplexen Amplituden $\widehat{q}_i$ zu widmen. Das vorliegende Schwingungssystem haben wir als dämpfungsfrei vorausgesetzt. Diese Voraussetzung ist bei den in Betracht kommenden Anordnungen fast immer angenähert erfüllt. Innerhalb des Systems können daher keine Wirkleistungen auftreten. Alle auftretenden Kräfte geben nur Blindleistung ab. M. a. W., die Amplituden der Kräfte stehen senkrecht zu den Geschwindigkeitsamplituden $\dot{\widehat{q}}_i = i\,\omega\,\widehat{q}_i$, bzw. sind in Phase oder Gegenphase zu den Wegamplituden $\widehat{q}_i$ (Abb. 42). Da die Federkräfte paarweise an je zwei Massen wirksam sind (siehe Abb. 101b), müssen alle Wegamplituden $\widehat{q}_i$ *in* Phase oder in *Gegen*phase zueinander liegen, können also *algebraisch* summiert werden.

Berechnungsbeispiel. Mit Hilfe des HOLZER-Verfahrens sind die Eigenschwingungszahlen erster, zweiter und dritter Ordnung des in Berechnungsbeispiel auf Seite 161 behandelten Schiffsmaschinen-Kurbeltriebwerkes zu berechnen.

Da es sich im vorliegenden Falle um ein Drehschwingungsgebilde handelt, sind die Entsprechungsgleichungen (482) zu beachten. Die Erregerkraft hat daher die Bedeutung eines Drehmomentes, während die Amplituden $\widehat{q}_i$ Drehwinkel (Einheit = 1 rad) entsprechen. Aus formalen Gründen wollen wir aber die in den Gln. (491) bis (496) verwendeten Zeichen und Bezeichnungen beibehalten. Mit anderen Worten, wir legen der Berechnung den analogen Geradeausschwinger zugrunde.

Zunächst wählen wir eine in der Größenordnung der zu erwartenden Eigenkreisfrequenz liegende Erregerkreisfrequenz

$$\Omega = 100\,\frac{1}{\mathrm{s}}\,,$$

und die Schwingwegamplitude der Masse $a_0 \triangleq J_0$ zu

$$\widehat{q}_0 \triangleq 1 \text{ rad.}$$

Die Bestimmungsstücke des Kurbeltriebwerkes entnehmen wir dem Berechnungsbeispiel auf Seite 161 und tragen sie in die Spalten 1 und 6 der Tab. 4 ein.

Die Federkonstanten c_i der Wellenabschnitte ergeben sich gemäß Gl. (92) zu

$$c_i = \frac{G\,J_p}{l_i} = \frac{G\,\dfrac{\pi\,d_{\mathrm{red}}^4}{32}}{l_i}\,.$$

Mit dem Schubmodul $G = 800\,000$ kg/cm² und dem im Beispiel gewählten reduzierten Wellendurchmesser (= Lagerzapfendurchmesser)

$$d_{\mathrm{red}} = 30 \text{ cm}$$

$$\text{Tabelle 4}$$

$$\Omega = 100\,\frac{1}{\text{s}}\,, \qquad\qquad \Omega^2 = 10^4\,\frac{1}{\text{s}^2}$$

	1	2	3	4	5	6	7	8
	J_i	$J_i\,\Omega^2$	$\widehat{q_i}$	$J_i\,\Omega^2\,\widehat{q_i}$	$\Sigma\,J_i\,\Omega^2\,\widehat{q_i}$	l_i	$\dfrac{1}{c_i}$	$\dfrac{1}{c_i}\,\Sigma\,J_i\,\Omega^2\,\widehat{q_i}$
	kg cm s^2	kg cm	rad	kg cm	kg cm	cm	$\dfrac{\text{rad}}{\text{kg cm}}$	rad
0	3500	$3,5 \cdot 10^7$	$1,000000$	$3,500000 \cdot 10^7$	$3,500000 \cdot 10^7$	130	$2,043475 \cdot 10^{-9}$	$0,071522$
1	2400	$2,4 \cdot 10^7$	$0,928478$	$2,228347 \cdot 10^7$	$5,728347 \cdot 10^7$	91	$1,430433 \cdot 10^{-9}$	$0,081940$
2	2400	$2,4 \cdot 10^7$	$0,846538$	$2,031691 \cdot 10^7$	$7,760038 \cdot 10^7$	91	$1,430433 \cdot 10^{-9}$	$0,111002$
3	2400	$2,4 \cdot 10^7$	$0,735536$	$1,765286 \cdot 10^7$	$9,525324 \cdot 10^7$	91	$1,430433 \cdot 10^{-9}$	$0,136253$
4	2400	$2,4 \cdot 10^7$	$0,599283$	$1,438279 \cdot 10^7$	$10,963603 \cdot 10^7$	91	$1,430433 \cdot 10^{-9}$	$0,156827$
5	2400	$2,4 \cdot 10^7$	$0,442456$	$1,061894 \cdot 10^7$	$12,025497 \cdot 10^7$	91	$1,430433 \cdot 10^{-9}$	$0,172017$
6	2400	$2,4 \cdot 10^7$	$0,270439$	$0,649054 \cdot 10^7$	$12,674551 \cdot 10^7$	72	$1,131771 \cdot 10^{-9}$	$0,143447$
7	3000	$3,0 \cdot 10^7$	$0,126992$	$0,380976 \cdot 10^7$	$13,055527 \cdot 10^7$	35	$0,550166 \cdot 10^{-9}$	$0,071827$
8	67000	$67,0 \cdot 10^7$	$0,055165$	$3,696055 \cdot 10^7$	$16,751582 \cdot 10^7$	30	$0,471571 \cdot 10^{-9}$	$0,078996$
9	18000	$18,0 \cdot 10^7$	$-0,023831$	$-0,428960 \cdot 10^7$	$16,322622 \cdot 10^7$			

$$-\,|\widehat{P}| \;\triangleq\; 163,23 \cdot 10^6 \text{ kg cm}$$

ergibt sich

$$\frac{1}{c_i} = 1,57190 \cdot 10^{-7}\left[\frac{\text{rad}}{\text{kg cm}^2}\right] \cdot l_i.$$

(Siehe Spalte 7 der Tab. 4.)

Zur Verdeutlichung des Rechenvorganges in Tab. 4, nach dem die Auswertung vorzunehmen ist, und der ja nichts anderes als eine schrittweise Auswertung der Gl. (496) darstellt, diene das in Abb. 104 dargestellte Rechenschema.

$\Omega = \ldots\ldots 1/\text{sek}$
$\Omega^2 = \ldots\ldots 1/\text{sek}^2$
1   2   3   4   5   6   7   8
I_i $I_i\,\Omega^2$ $\widehat{q_i}$ $I_i\,\Omega^2\widehat{q_i}$ $\Sigma\,I_i\,\Omega^2\widehat{q_i}$ l_i $\frac{1}{c_i}=\frac{l_i}{G I_p}$ $\frac{1}{c_i}\Sigma I_i\,\Omega^2\widehat{q_i}$
0   ①₀   ①₀·Ω²=②₀   ③₀ =1   ②₀·1=④₀   ④₀=⑤₀   ⑥₀   ⑦₀   ⑦₀·⑤₀=⑧₀
1   ①₁   ①₁·Ω²=②₁   ③₀-⑧₀=③₁   ②₁·③₁=④₁   ④₀+④₁=⑤₁   ⑥₁   ⑦₁   ⑦₁·⑤₁=⑧₁
2   ①₂   ①₂·Ω²=②₂   ③₁-⑧₁=③₂   ②₂·③₂=④₂   ⑤₁+④₂=⑤₂   ⑥₂   ⑦₂   ⑦₂·⑤₂=⑧₂

Abb. 104. Rechenschema zur Durchführung des HOLZER-Verfahrens

Die Größe $-\,\Sigma\,J_i\,\Omega^2\,\widehat{q_i}$ in Zeile 9, Spalte 5 der Tab. 4 stellt nach Gl. (492) die Entsprechung der Erregerkraftamplitude $\widehat{P}$ dar. Das Ergebnis $\widehat{P} \triangleq -\,163,23 \cdot 10^6$ kg cm tragen wir über $\Omega = 100\,\dfrac{1}{\text{s}}$ in das in Abb. 105 dargestellte Erregerkraftdiagramm ein.

Das Berechnungsverfahren wird mit passend geänderten Werten von Ω wiederholt. Die Ergebnisse (Erregerkraft $\widehat{P}$) werden in das Diagramm in Abb. 105 eingetragen und durch einen stetigen Linienzug verbunden. Die Schnittpunkte der so erhaltenen „Erregerkraftlinie" (bzw. Restkraftlinie) mit der Abszissenachse ergeben die Eigenkreisfrequenzen

$$\omega_1 = 112{,}5\,\frac{1}{\mathrm{s}}\,, \quad \omega_2 = 301{,}8\,\frac{1}{\mathrm{s}} \quad \text{und} \quad \omega_3 = 385{,}9\,\frac{1}{\mathrm{s}}\,.$$

Da nur die Schnittpunkte der Erregerkraftlinie mit der Abszissenachse gesucht werden, interessiert nur der Verlauf der Kurve in der Nähe der Abszissen-Schnittpunkte.

Zeichnerische Lösungsverfahren. Von den vielen Verfahren, die zur zeichnerischen Lösung von Schwingungsaufgaben entwickelt worden sind [35], eignet sich das BARANOW-Verfahren [36, 37] besonders gut

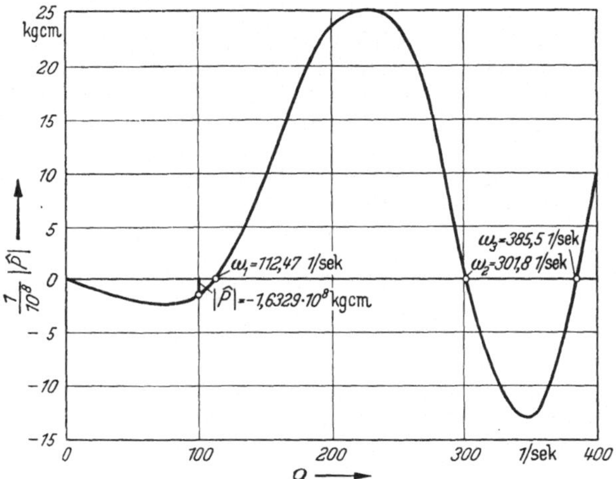

Abb. 105. Erregerkraft- bzw. Restkraftdiagramm
zum Berechnungsbeispiel auf Seite 168

zur Bestimmung der Eigenwerte von Schwingerketten und liefert bei einem überraschend geringen Arbeitsaufwand in einem Zuge alle Eigenwerte der Schwingerkette.

Das Verfahren gründet sich auf den Gedanken der Aufteilung der Schwingerkette in Einzelschwinger, wie er erstmalig von FÖPPL und WYDLER (siehe [35]) vorgeschlagen wurde.

Verfahren nach G. BARANOW. Die Massen einer gegebenen offenen Schwingerkette mit $\lambda + 1$ Massen nach Abb. 106a denkt man sich so zerlegt, daß λ offene Zwei-Massen-Systeme entstehen. Die Aufteilung wird so vorgenommen, daß die Eigenwerte der so entstandenen Einzelschwinger alle gleich groß sind. Beschreiben die Einzelschwinger Eigenschwingungen, dann befindet sich zwischen je zwei Massen ein Knoten. Da alle Teilschwinger mit der gleichen Frequenz schwingen, besteht kein Unterschied in der Lage der Schwingungsknoten gegenüber jener Lage, die sich bei der Eigenschwingung des ungeteilten Schwingers ergeben würde. Der Eigenwert eines Teilschwingers stellt somit den *höchsten* Eigenwert der Schwingerkette dar.

Die Aufteilung der Massen kann sehr einfach nach einem zeichnerischen Verfahren von E. Rausch (siehe [35]), das wir am Schlusse dieser Betrachtungen bringen wollen, vorgenommen werden. Nehmen wir an, wir hätten diese Aufteilung (Abb. 106b) bereits durchgeführt. Nun bildet man eine völlig *neue* Schwingerkette, die sog. *reduzierte Form*, die 1 Masse weniger enthält als das ursprüngliche System. Die neuen Einzelmassen der reduzierten Form werden an jene Stellen gesetzt, an denen sich die Schwingungsknoten der höchsten Eigenform befinden (Abb. 106c). Ihre Größen ergeben sich als Summen der beiden Einzelmassen jenes Teilschwingers, in dessen Bereich der betreffende Schwingungsknoten liegt. Der Drillungsfaktor $G J_p$ der ursprünglichen Welle gilt unverändert auch für die reduzierte Form.

Die neu gewonnene Schwingerkette kann nach dem gleichen Verfahren wieder in Teilschwinger mit gleichen Eigenwerten zerlegt werden, wobei wieder die Knotenpunkte der Einzelschwinger den Knotenpunkten des ungeteilten Systems entsprechen (Abb. 106d).

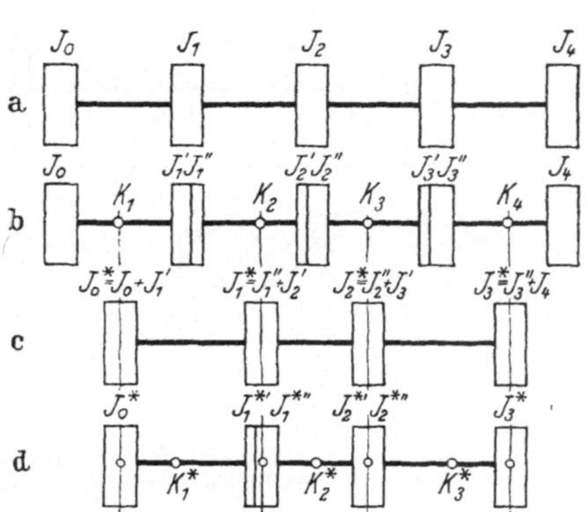

Abb. 106. Zum Verfahren nach Baranow
a Offene Schwingerkette; b Zerlegung in Teilschwinger; c Reduzierte Form der Schwingerkette;   d Zerlegung der reduzierten Form in Teilschwinger

Von G. Baranow (siehe [37], S. 189 und [62]) wurde der Nachweis erbracht, daß der höchste Eigenwert der reduzierten Form dem Eigenwert $(\lambda - 1)$-ter Ordnung des Ursprungssystems entspricht, und weiter, daß die Lage der Knotenpunkte des reduzierten Systems mit der Lage der Knotenpunkte der $(\lambda - 1)$-ten Eigenform des Ursprungssystems übereinstimmt.

Wiederholen wir das Verfahren, indem wir die *reduzierte* Form als Ausgangssystem wählen, so erhalten wir die 2. reduzierte Form des Ursprungssystems, das den Eigenwert und die Knotenpunkte der Schwingungsform $(\lambda - 2)$-ter Ordnung des Ursprungssystems liefert.

Die weitere Wiederholung des Verfahrens führt schließlich auf einen einzigen Zwei-Massen-Schwinger als $(\lambda - 1)$-te reduzierte Form, durch die der Eigenwert und die Knotenpunktlage der Grundschwingung gegeben ist.

Bevor wir zur Besprechung der praktischen Durchführung des BARANOW-Verfahrens übergehen, wollen wir zunächst die erwähnte Grundaufgabe behandeln:

Zeichnerische Bestimmung des Eigenwertes und der Knotenpunktlage eines Zwei-Massen-Systems nach E. RAUSCH. Ein Zwei-Massen-System nach Abb. 107a sei durch seine Bestimmungsstücke vollständig gegeben. Wir fassen nun die Massen $a_0 \triangleq J_0$ und $a_1' \triangleq J_1'$ als Kräfte auf und zeichnen mit der Polweite h eine Krafteck (Abb. 107b). Die hierzu gewählten Zeichenmaßstäbe[1] bezeichnen wir mit μ_J und μ_l. In bekannter Weise zeichnen wir das zugehörige Seileck (Abb. 107c).

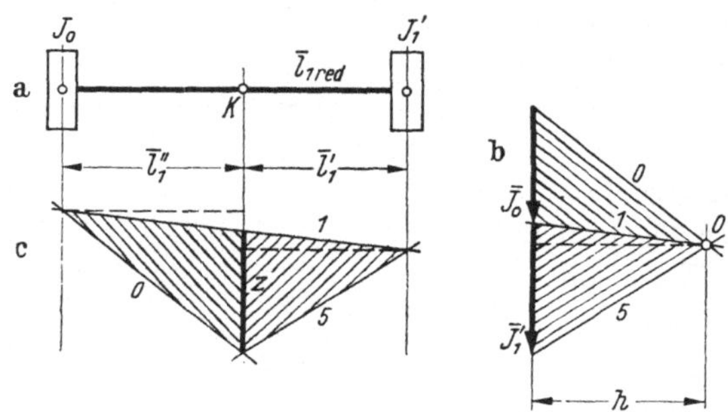

Abb. 107. Zum Verfahren nach RAUSCH
a Zweimassen-System; b Krafteck; c Seileck

Die in den Abb. 107b und c gleichartig schraffierten Dreiecke sind einander ähnlich und es gelten daher die Proportionalitäten

$$\frac{z}{\overline{l}_1'} = \frac{\overline{J}_1'}{h} \quad \text{und} \quad \frac{z}{\overline{l}_1''} = \frac{\overline{J}_0}{h}. \tag{497}$$

Daraus folgt

$$\frac{1}{\overline{J}_0'\,\overline{l}_1''} = \frac{1}{\overline{J}_1'\,\overline{l}_1'}. \tag{498}$$

Erweitern wir diese Gleichung mit dem Ausdruck $\dfrac{G J_p}{\mu_J\,\mu_l}$, so folgt

$$\frac{\dfrac{G J_p}{\mu_l\,\overline{l}_1''}}{\mu_J\,\overline{J}_0} = \frac{\dfrac{G J_p}{\mu_l\,\overline{l}_1'}}{\mu_J\,\overline{J}_1'}, \tag{499}$$

bzw. unter Beachtung der Definitionsbeziehung nach Gl. (444)

$$\frac{\dfrac{G J_p}{l_1''}}{J_0} = \frac{\dfrac{G J_p}{l_1'}}{J_1'}. \tag{500}$$

Die Ausdrücke auf den beiden Seiten der Gleichung stellen die Quadrate von Eigenkreisfrequenzen jener Schwingungsgebilde dar, die entstehen,

---

[1] Definition der Zeichenmaßstäbe: siehe Seite 139.

wenn die Drehmassen J_0 bzw. J_1' an einseitig eingespannten Torsionsstäben der Länge l_1'' bzw. l_1' angeordnet wären, wenn also in der Anordnung der Abb. 107a der Punkt K fest eingespannt wäre. Die Gleichheit dieser beiden Frequenzen bedeutet, daß K der *Schwingungsknoten* der Welle ist, wenn das System freie Schwingungen ausführt.

Der Eigenwert des Zwei-Massen-Systems ergibt sich aus Gl. (500) zu

$$\omega^2 = \frac{\dfrac{G J_p}{l_1''}}{J_0} . \tag{501}$$

Mit der aus Gl. (497) folgenden Beziehung

$$\bar{l}_1'' = \frac{z\,h}{J_0} \quad \text{bzw.} \quad \frac{l_1''}{\mu_l} = \frac{z\,h}{\dfrac{J_0}{\mu_J}} \tag{502}$$

erhalten wir

$$\omega^2 = \frac{G J_p}{\mu_l\,\mu_J\,h \cdot z} \quad \left(\text{wobei} \quad J_p = \frac{\pi\,d_{\text{red}}^4}{32} \text{ ist}\right). \tag{503}$$

Die Eigenkreisfrequenz ist somit durch die Größe der aus dem Seileck der Abb. 107c zu entnehmenden Strecke z bestimmt.

Berechnungsbeispiel. — Durchführung des BARANOW-Verfahrens. Mit Hilfe des BARANOW-Verfahrens sollen die Eigenwerte des bereits im Berechnungsbeispiel auf Seite 164 rechnerisch behandelten und in Abb. 102a dargestellten offenen Vier-Massen-Drehschwingungsgebildes bestimmt werden.

Das Ersatzsystem des Schwingers zeichnen wir mit dem Längenmaßstab $\mu_l = 15\,\dfrac{\text{cm}}{\text{cm}}$ maßstäblich auf (Abb. 108a). Die Massenträgheitsmomente der 4 Drehmassen fassen wir als Kräfte auf und zeichnen mit dem „Kraft"-Maßstab $\mu_J = 0{,}125\,\dfrac{\text{kg cm s}^2}{\text{cm}}$ das Krafteck Abb. 108d, sowie das Seileck Abb. 108e.

Durch die Seileckpunkte A und B zeichnen wir nun die Seillinien 5 und 6 (in der Abb. 108e gestrichelt gezeichnet), deren Lage so gewählt wird (durch mehrmaliges Probieren zu finden), daß die drei dick ausgezogenen Abschnitte z_3 gleich groß werden. Dann gilt:

Die Strecke z_3 ist ein Maß für den Eigenwert 3. Ordnung, und es ist, analog zu Gl. (503),

$$\omega_3^2 = \frac{G J_p}{\mu_l\,\mu_J\,h\,z_3} . \tag{504}$$

Der Beweis für diese Behauptung ist einfach zu führen: Wir übertragen die Seillinien 5 und 6 in das Krafteck Abb. 108d. Die Seillinie 5 teilt die „Kraft" $\bar{J}_1$ in die beiden Anteile $\bar{J}_1'$ und $\bar{J}_1''$, bzw. Seillinie 6 teilt $\bar{J}_2$ in $\bar{J}_2'$ und $\bar{J}_2''$. Man kann die Anordnung als aus drei nebeneinander bestehenden Zwei-Massen-Systeme mit den Massen $J_0 - J_1'$, $J_1'' - J_2'$ und $J_2'' - J_3$ auffassen. Die den einzelnen Teilschwingern zugeordneten Seilecke (in der Abb. 108e schraffiert dargestellt) mit den zugehörigen Kraftecken entsprechen voll und ganz der in der Abb. 107 dargestellten Konstruktion. D. h., die Strecken z_3 bestimmen nach Gl. (503) die Eigenwerte der Teilschwinger. Wegen der Gleichheit der drei Abschnitte z_3 besitzen alle drei Teilschwinger den gleichen Eigenwert, der somit gleich dem Eigenwert 3. Ordnung des vorgegebenen Systems ist.

Nun denken wir uns die beiden Drehmassen eines jeden Teilschwingers in den zugehörigen Knotenpunkten vereinigt und erhalten die 1. reduzierte Form (Abb. 108b). Das diesem Drei-Massen-System zugeordnete Seileck besteht aus den gleichen Linien wie das Seileck in Abb. 108d. Nun wiederholen wir das vorher durchgeführte Verfahren, indem wir durch den Seileckpunkt C den Seilstrahl 7 so hindurchlegen, daß die beiden Abschnitte z_2 gleich groß werden. Dann gilt analog

$$\omega_2^2 = \frac{G\,J_p}{\mu_l\,\mu_J\,h\,z_2}\,.\tag{505}$$

Die beiden Drehmassen jedes Teil-Drehschwingers werden nun wieder in den zugehörigen Knotenpunkten K_1^* bzw. K_2^* vereinigt und ergeben die zweite reduzierte Form

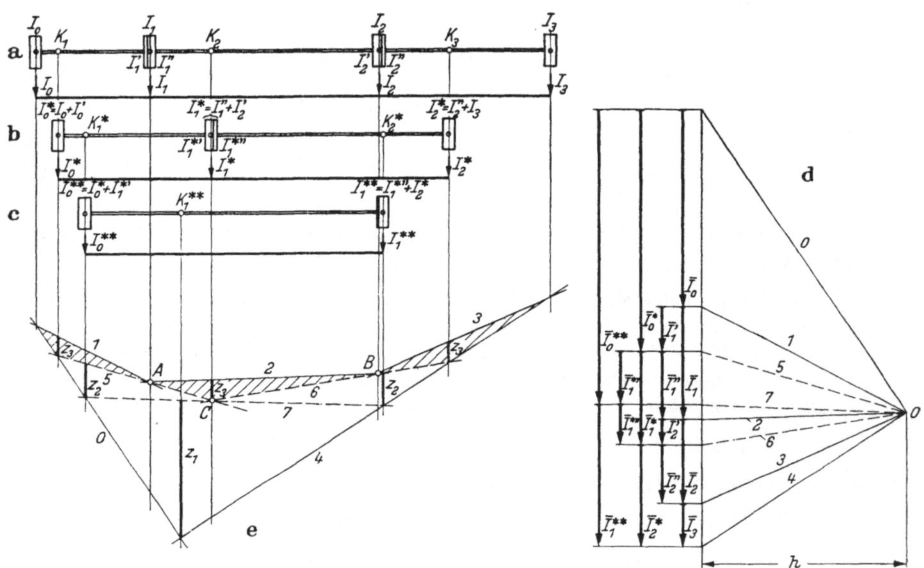

Abb. 108. BARANOW-Verfahren
a Offene Viermassen-Schwingerkette; b 1. reduzierte Form;
c 2. reduzierte Form; d Krafteck; e Seileck

(Abb. 108c), in unserem Falle ein Zwei-Massen-System. Die Lage des Knotenpunktes K_1^{**} ist durch den Schnittpunkt der Seilstrahlen 0 und 4 gegeben. Der Eigenwert ω_1^2 ist wieder durch die unmittelbar der Zeichnung zu entnehmende Strecke z_1 gegeben zu

$$\omega_1^2 = \frac{G\,J_p}{\mu_l\,\mu_J\,h\,z_1}\,.\tag{506}$$

Bei der praktischen Durchführung des Verfahrens braucht man sich um die Zerlegung der Massen und ihre Wiedervereinigung in den Knotenpunkten der Teilschwinger nicht zu kümmern. Man zeichnet das Seileck, und beginnt ganz mechanisch mit dem Einzeichnen der Ergänzungsseilstrahlen, durch deren Schnittpunkte die Strecken z_i herausgeschnitten werden.

Die Größen der Strecken z_1, z_2 und z_3 ergeben sich aus der Zeichnung zu

$$z_1 = 7,88 \text{ cm}, \quad z_2 = 1,87 \text{ cm und } z_3 = 1,16 \text{ cm}.$$

Mit den gewählten Zeichenmaßstäben $\mu_l = 15 \dfrac{\text{cm}}{\text{cm}}$ und $\mu_J = 0{,}125 \dfrac{\text{kg cm s}^2}{\text{cm}}$, der Polweite $h = 12$ cm, sowie $G = 800\,000$ kg/cm² und

$$J_p = \frac{\pi\, d_{\text{red}}^4}{32} = \frac{\pi\,(4\ \text{cm})^4}{32} = 25{,}14\ \text{cm}^4$$

erhalten wir die Eigenwerte 1. bis 3. Ordnung nach den Gln. (504) bis (506)

$$\omega_1^2 = \frac{800\,000\ \dfrac{\text{kg}}{\text{cm}^2}\cdot 25{,}14\ \text{cm}^4}{15\ \dfrac{\text{cm}}{\text{cm}}\cdot 0{,}125\ \dfrac{\text{kg cm s}^2}{\text{cm}}\cdot 12\ \text{cm}\cdot 7{,}88\ \text{cm}} = 113\,435\ \frac{1}{\text{s}^2}$$

und analog

$$\omega_2^2 = 478\,004\ \frac{1}{\text{s}^2}, \quad \omega_3^2 = 770\,575\ \frac{1}{\text{s}^2}.$$

Vergleichen wir diese Werte mit den rechnerisch ermittelten Ergebnissen des Berechnungsbeispiels auf Seite 165, so erkennen wir gute Übereinstimmung.

Eigenschwingungsform. *Rechnerische Lösung.* Die Eigenschwingungsform einer Schwingerkette ist durch die Größe der Schwingungsamplituden der einzelnen Massen bestimmt. Bei bekannter Eigenfrequenz, die etwa mit Hilfe eines der vorstehend beschriebenen Verfahren bestimmt wurde, lassen sich die Amplituden der einzelnen Drehmassen mit Hilfe der Rekursionsformel (496), beginnend mit $\widehat{q}_0 \triangleq 1$ rad, in Form einer HOLZER-Tabelle berechnen.

Zeichnerische Lösung. Die Eigenschwingungsform einer Schwingerkette ist durch die Lage ihrer Schwingungsknoten festgelegt. Das im vorigen Abschnitt beschriebene Verfahren nach RAUSCH-BARANOW liefert die Knotenpunkte, und damit auch die Schwingungsform, für die höchste Eigenschwingungszahl.

Nach einem von H. SCHAEFER [62] (siehe auch [38], S. 156) angegebenen Verfahren läßt sich aus der Eigenschwingungsform höchster Ordnung einer mit μ Massen besetzten Schwingerkette, die als 1. reduzierte Form (nach BARANOW) einer mit $\mu + 1$ Massen besetzten Schwingerkette betrachtet werden kann, die Eigenschwingungsform eben dieses $\mu + 1$-Massensystems bestimmen.

Ausgehend von der reduzierten Form höchster Ordnung, die als ein Zwei-Massen-System erscheint, und deren Eigenschwingungsform leicht angegeben werden kann, läßt sich durch eine „Transformation" von „unten nach oben" die Eigenschwingungsform der jeweils nächst höheren Ordnungszahl bestimmen. Nähere Einzelheiten können der zitierten Arbeit entnommen werden.

Schwingerkette mit Verzweigung. Bei Mehrmotoren-Antrieben oder bei Mehrwellen-Schiffsschrauben-Antrieben findet man oftmals Systeme mit Energie-Verzweigungen. Die Abb. 109a zeigt beispielsweise ein Schiffsmaschinen-Triebwerk, bei dem die Schiffsschraube über ein Getriebe von einer Kolbenkraftmaschine angetrieben wird.

Bei der Bestimmung der Eigenwerte dieses Drehschwingungsgebildes geht man in folgender Weise vor: Zunächst ermittelt man das *Ersatzsystem*, indem man die Ersatzmassen des Kurbeltriebwerkes (s. Beispiel auf Seite 161) und die auf den Kurbelwellendurchmesser d_{red} reduzierten Längen der Wellenabschnitte ermittelt. Das Ersatzsystem sei in Abb. 109b dargestellt.

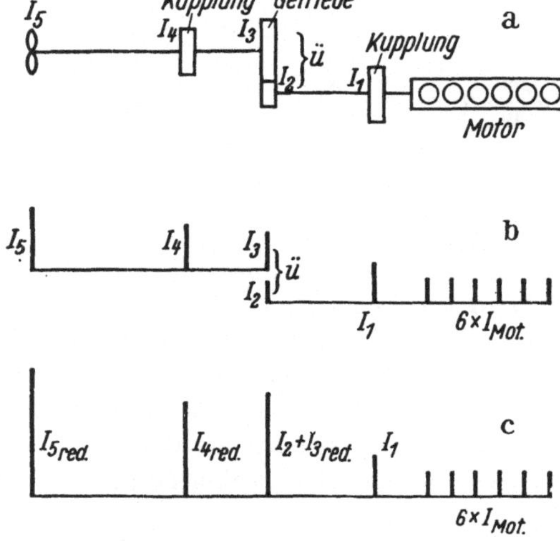

Abb. 109. Schwingerkette mit Verzweigung
a Schiffsmaschinentriebwerk mit 1 Abzweig; b Ersatzsystem, bei dem die Wellenabschnitte auf den Kurbelwellendurchmesser bezogen sind; c Ersatzsystem, bei dem die Wellenabschnitte und die Drehmassen auf die Kurbelwelle reduziert sind

Die Amplituden der Schwingungswege der Getriebe-Drehmassen J_2 und J_3 stehen in einem festen Verhältnis

$$\frac{\widehat{q}_3}{\widehat{q}_2} = \ddot{u} \tag{507}$$

zueinander[1], mit $\ddot{u} = \dfrac{r_2}{r_3}$ als Übersetzungsverhältnis des Getriebes. Die durch das Getriebe bedingte Verschiedenheit der Amplituden der Schwingungswege und -geschwindigkeiten ist bei der Berechnung recht lästig. Es empfiehlt sich, die Massen und Federungszahlen des Abzweiges auf die Hauptwelle zu reduzieren. Dann kann man sich die reduzierte Abzweigwelle mit der Hauptwelle direkt, oder über ein Getriebe mit dem Übersetzungsverhältnis $\ddot{u} = 1$, gekuppelt denken.

Die Schwingungswege und die -geschwindigkeiten der Massen der *reduzierten* Welle betragen das $\dfrac{1}{\ddot{u}}$-fache der *wirklichen* Werte. Da bei der Reduktion die kinetischen (Massen) und potentiellen (Federn)

---

[1] Gemäß Festsetzung auf Seite 162 sind $\widehat{q}_2$ bzw. $\widehat{q}_3$ laut Entsprechungsgleichungen (247) die komplexen Amplituden der Drehwinkel der Drehmassen J_2 bzw. J_3.

Schwingungsenergien erhalten bleiben müssen, folgen die reduzierten Größen aus den Energiebeziehungen

$$\frac{1}{2}\, J_{\mathrm{red}_i}\left(\frac{|\widehat{q}_i|}{\ddot{u}}\right)^2 = \frac{1}{2}\, J_i\, |\widehat{q}_i|^2 \tag{508}$$

bzw.

$$\frac{1}{2}\, c_{\mathrm{red}_i}\left(\frac{|\widehat{q}_i|}{\ddot{u}} - \frac{|\widehat{q}_{i-1}|}{\ddot{u}}\right)^2 = \frac{1}{2}\, c_i\,(|\widehat{q}_i| - |\widehat{q}_{i-1}|)^2. \tag{509}$$

Die Klammerausdrücke auf den beiden Seiten der letzten Gleichung stellen in allgemeiner Form den Verformungsweg der zwischen der $(i-1)$-ten und der i-ten Masse angeordneten Feder c_i dar (Abb. 110). Analog zu Gl. (122) bedeuten die Ausdrücke der Gl. (509) die bei der Verformung in den Federn gespeicherte potentielle Energie.

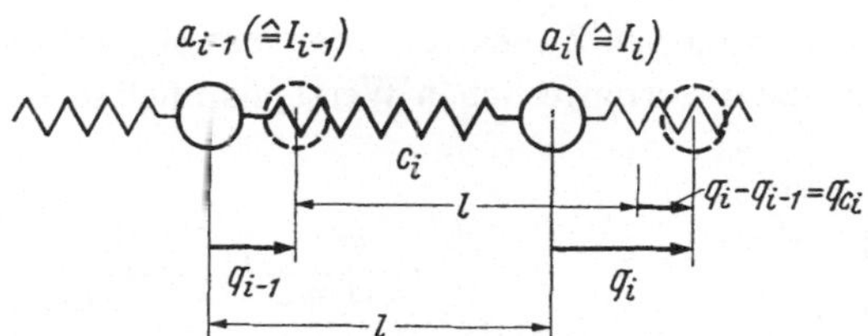

Abb. 110. Verformung einer Feder innerhalb der Schwingerkette

Aus den Gln. (508) und (509) ergeben sich die reduzierten Größen

$$J_{i_{\mathrm{red}}} = \ddot{u}^2\, J_i \equiv \left(\frac{r_2}{r_3}\right)^2 J_i, \qquad c_{i_{\mathrm{red}}} = \ddot{u}^2\, c_i \equiv \left(\frac{r_2}{r_3}\right)^2 \cdot c_i. \tag{510}$$

Abb. 109c zeigt das reduzierte System, dessen Eigenwerte in bekannter Weise (beispielsweise nach TUPLIN, HOLZER oder BARANOW) berechnet werden können.

Bei der Bestimmung der Eigenschwingungsform ist darauf zu achten, daß die ermittelten Schwingungsamplituden der reduzierten Massen *reduzierte* Werte darstellen. Die *wirklichen* Amplituden haben den $\ddot{u}$-fachen Wert.

Schwingerkette mit mehreren Verzweigungen. Besitzt das Drehschwingungs-System mehrere Verzweigungen, etwa nach Art der Abb. 111a, dann ist das Berechnungsverfahren etwas umständlicher.

Zunächst reduziert man die Drehmassen und Federungswerte der Zweigwellen auf die Hauptwelle, und denkt sich die reduzierten Wellen durch ein Getriebe mit dem Übersetzungsverhältnis $\ddot{u} = 1$ mit der Hauptwelle gekuppelt (Abb. 111b).

Dann wird eine passende Kreisfrequenz Ω gewählt und mittels des in Abschn. 16 beschriebenen Verfahrens die *Ersatz*-Drehmassen der beiden Zweigwellen-Systeme ermittelt. Da diese Massen mit $ü = 1$ mit der Hauptwelle gekuppelt sind, also die gleichen Schwingungswege wie die Hauptwelle beschreiben, können die beiden Ersatzmassen mit der Drehmasse J_2 des Getriebes (Abb. 111c) zu einer einzigen Drehmasse $J_2^* = J_2 + J_{E_1} + J_{E_2}$ zusammengezogen werden (auf Vorzeichen der berechneten Ersatzmassen achten!). Für die nun vorliegende einfache Schwingerkette nach Abb. 111d kann das Erregerkraft-Diagramm nach HOLZER in bekannter Weise bestimmt werden. Zu beachten ist dabei, daß zu jedem gewählten Wert der Kreisfrequenz Ω die Werte der Ersatzmassen J_{E_1} bzw. J_{E_2} neu berechnet werden müssen.

Befinden sich auf den Zweigwellen eine größere Zahl von Drehmassen, dann ist es vorteilhafter, die Ersatzmassen mit Hilfe der Gl. (319) zu bestimmen.

Man berechnet zu diesem Zweck für jede Abzweigwelle eine HOLZER-Tabelle, aus der man die erforderlichen Werte, nämlich die an der letzten

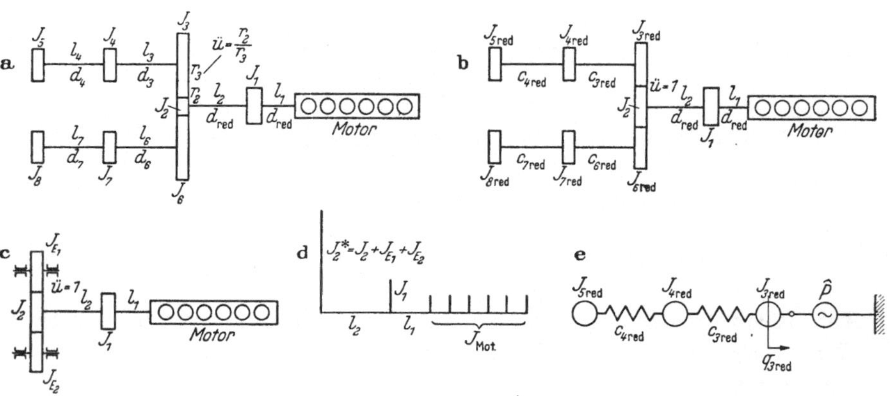

Abb. 111. Schwingerkette mit 2 Abzweigen
a Schiffsmaschinentriebwerk; b Reduziertes Ersatzsystem (Drehmassen und Wellenabschnitte auf Kurbelwelle reduziert); c Ersatz der Abzweigwellen durch ihre Ersatzmassen; d Ersatzsystem e Analoges System einer Zweigwelle

Drehmasse (für das in Abb. 111 gezeigte Beispiel sind es die Getrieberad-Drehmassen J_{3red} und J_{6red}) wirkende Erregerkraft $\widehat{P}$ und die dort herrschende Wegamplitude $\widehat{q}$, entnehmen kann.

Das Verfahren soll an Hand eines einfachen Berechnungsbeispieles kurz beschrieben werden.

Berechnungsbeispiel. Gegeben sei ein Schiffstriebwerk mit 2 Zweigwellen gemäß Abb. 111a. Zu bestimmen ist die am Ende der Hauptwelle angeordnet zu denkende Ersatz-Drehmasse J_2^*, wenn die Erreger-Kreisfrequenz a) $\Omega = 40\ 1/s$ bzw. b) $\Omega = 100\ 1/s$ beträgt.

Angaben:

$$J_2 = \qquad 1000 \text{ kg cm s}^2, \quad d_{\text{red}} = 30 \text{ cm (Kurbelwellendurchmesser)},$$

$$J_3 = J_6 = \quad 4000 \text{ kg cm s}^2, \quad d_3 = d_4 = d_6 = d_7 = 35 \text{ cm},$$

$$J_4 = J_7 = \quad 2500 \text{ kg cm s}^2, \quad l_3 = l_6 = 70 \text{ cm}, \quad l_4 = l_7 = 600 \text{ cm},$$

$$J_5 = J_8 = 23000 \text{ kg cm s}^2, \quad G J_p = 800000 \frac{\text{kg}}{\text{cm}^2} \frac{\pi \, (30 \text{ cm})^4}{32} = 63{,}62 \cdot 10^9 \text{ kg cm}^2,$$

$$\ddot{u} = \frac{r_2}{r_3} = \frac{1}{5} = 0{,}2.$$

Federkonstanten der Zweigwellen-Abschnitte:

$$c_3 = c_6 = G \frac{\pi}{32} d_{\text{red}}^4 \left(\frac{d_3}{d_{\text{red}}}\right)^4 \frac{1}{l_3} = \frac{G \frac{\pi d_3^4}{32}}{l_3}, \quad c_4 = c_7 = \frac{G \frac{\pi}{32} d_4^4}{l_4}.$$

Führen wir den auf den Kurbelwellendurchmesser d_{red} bezogenen Wert $J_p = \frac{\pi}{32} d_{\text{red}}^4$ ein, folgt

$$c_3 = c_6 = G J_p \left(\frac{d_3}{d_{\text{red}}}\right)^4 \frac{1}{l_3}, \quad c_4 = c_7 = G J_p \left(\frac{d_4}{d_{\text{red}}}\right)^4 \frac{1}{l_4}.$$

Reduktion auf die Hauptwelle liefert [Gln. (51)]:

$$c_{3\text{red}} = c_{6\text{red}} = \ddot{u}^2 c_3 = \ddot{u}^2 \cdot G J_p \cdot \left(\frac{d_3}{d_{\text{red}}}\right)^4 \frac{1}{l_3}$$

$$= 0{,}2^2 \cdot 63{,}62 \cdot 10^9 \text{ kg cm}^2 \cdot \left(\frac{35}{30}\right)^4 \frac{1}{70 \text{ cm}} = \frac{10^7}{1{,}2727} \frac{\text{kg cm}}{\text{rad}},$$

und analog

$$c_4 = c_7 = \ddot{u}^2 G J_p \left(\frac{d_4}{d_{\text{red}}}\right)^4 \frac{1}{l_3} = \frac{10^7}{0{,}14848} \frac{\text{kg cm}}{\text{rad}}, \text{ sowie}$$

$$J_{3\text{red}} = J_{6\text{red}} = \ddot{u}^2 J_3 = 0{,}2^2 \cdot 4000 \text{ kg cm s}^2 = 160 \text{ kg cm s}^2,$$

$$J_{4\text{red}} = J_{7\text{red}} = \ddot{u}^2 J_4 = 0{,}2^2 \cdot 2500 \text{ kg cm s}^2 = 100 \text{ kg cm s}^2,$$

$$J_{5\text{red}} = J_{8\text{red}} = \ddot{u}^2 J_5 = 0{,}2^2 \cdot 23000 \text{ kg cm s}^2 = 920 \text{ kg cm s}^2.$$

a) $\Omega = 40 \frac{1}{\text{s}}$. Das Ersatzsystem einer Zweigwelle[1] zeigt Abb. 111e. Mit $\widehat{q}_{5\text{red}} = 1$ rad und $\Omega = 40 \frac{1}{\text{s}}$ berechnen wir die in Tab. 5 dargestellte HOLZER-Tabelle, der wir die Werte $- \widehat{P} \triangleq 1{,}8039 \cdot 10^6$ kg cm und $\widehat{q}_{3\text{red}} \triangleq 0{,}7889$ rad entnehmen. Nach Gl. (319) errechnet sich die Ersatzmasse der Zweigwelle 1 zu

$$J_{E_1} \triangleq \frac{- \widehat{P}}{\Omega^2 \, \widehat{q}_{3\text{red}}} = \frac{1{,}8039 \cdot 10^6 \text{ kg cm}}{\left(40 \frac{1}{\text{s}}\right)^2 \cdot 0{,}7889 \text{ rad}} = 1429{,}22 \text{ kg cm s}^2.$$

---

[1] Die in den beschriebenen Verfahren nach TUPLIN, HOLZER und BARANOW für den Geradeausschwinger entwickelten Beziehungen gelten analog für Drehschwingungsgebilde. Aus formalen Gründen behalten wir die Bezeichnungen $\widehat{q}$ und $\widehat{P}$ bei, verstehen darunter aber Drehwinkel bzw. Drehmomente.

Wegen des gleichartigen Aufbaues der beiden Zweigwellen ist $J_{E_1} = J_{E_2}$, so daß sich die Gesamt-Ersatzmasse J_2^* nach Abb. 111d zu

$$J_2^* = J_2 + 2\,J_{E_1} = (1000 + 2 \cdot 1429{,}22)\ \text{kg cm s}^2 = 3856{,}44\ \text{kg cm s}^2$$

ergibt.

b) $\Omega = 100\,\dfrac{1}{\text{s}}$. Mit $\Omega = 100\,\dfrac{1}{\text{s}}$ liefert die Berechnung mittels HOLZER-Tabelle

$-\widehat{P} = 8{,}541 \cdot 10^6\ \text{kg cm}$ und $\widehat{q}_{3\text{red}} = -0{,}3051\ \text{rad}$. Damit folgt

$$J_{E_1} = J_{E_2} = \frac{8{,}541 \cdot 10^6\ \text{kg cm}}{\left(100\,\dfrac{1}{\text{s}}\right)^2 (-0{,}3051\ \text{rad})} = -2800\ \text{kg cm s}^2 ,$$

sowie

$$J_2^* = [1000 + 2\,(-2800)]\ \text{kg cm s}^2 = -4600\ \text{kg cm s}^2 .$$

Bei der Berechnung der HOLZER-Tabelle für das in Abb. 111d dargestellte Ersatzsystem ist also J_2^* mit dem Wert $-4600\ \text{kg cm s}^2$ in die Rechnung einzuführen.

Tabelle 5

	J_i	$J_i\,\Omega^2$	q_i	$J_i\,\Omega^2\,q_i$	$\Sigma\,J_i\,\Omega^2\,q_i$	$\dfrac{1}{c_i}$	$\dfrac{1}{c_i}\Sigma\,J_i\,\Omega^2\,q_i$
	kg cm s^2	kg cm	rad	kg cm	kg cm	$\dfrac{\text{rad}}{\text{kg cm}}$	rad
5	920	$1{,}472 \cdot 10^6$	$1{,}00000$	$1{,}472\ \cdot 10^6$	$1{,}4720\ \cdot 10^6$	$1{,}27270 \cdot 10^{-7}$	$0{,}18734$
4	100	$0{,}160 \cdot 10^6$	$0{,}81266$	$0{,}13003 \cdot 10^6$	$1{,}60200\ \cdot 10^6$	$0{,}14848 \cdot 10^{-7}$	$0{,}02379$
3	160	$0{,}256 \cdot 10^6$	$0{,}78887$	$0{,}20195 \cdot 10^6$	$1{,}80395\ \cdot 10^6$		

Die Kopfzeile der Tabelle enthält $\Omega = 40\,\dfrac{1}{\text{s}}$, $\Omega^2 = 1600\,\dfrac{1}{\text{s}^2}$.

$$\widehat{q}_{3\text{red}} = 0{,}78887\ \text{rad} \qquad -\widehat{P} = 1{,}8039 \cdot 10^6\ \text{kg cm}$$

$$J_{E_1} = J_{E_2} = \frac{-\widehat{P}}{\Omega^2\,\widehat{q}_{3\,\text{red}}} = \frac{1{,}8039 \cdot 10^6\ \text{kg cm}}{1600\,\dfrac{1}{\text{s}^2}\,0{,}78887\ \text{rad}} = 1429{,}22\ \text{kg cm s}^2$$

22. Kritische Drehzahlen von Kolbenkraftmaschinen

Drehkraft-Diagramm. Eine auf den Kolben einer Kolbenkraftmaschine wirkende Kraft P wird über die Pleuelstange auf den Kurbelzapfen übertragen. Die tangential zum Kurbelkreis wirkende Komponente der Pleuelstangenkraft wird als *Tangentialkraft* oder *Drehkraft* bezeichnet.

Zu einem vorgegebenen Arbeitsdiagramm einer Kolbenkraftmaschine läßt sich das Tangential- oder Drehkraft-Diagramm mittels des in Abb. 112 dargestellten bekannten Verfahrens einfach bestimmen.

Besonders zu achten ist auf die Art des Betriebsverfahrens (Viertakt oder Zweitakt).

Abb. 113 zeigt das Arbeitsdiagramm einer Kolbenkraftmaschine. Das zugehörige Drehkraftdiagramm für 4-Takt-Betrieb zeigt Abb. 114b. Arbeitete jedoch die Maschine nach dem 2-Takt-Verfahren, ergäbe sich das in Abb. 114a dargestellte Drehkraftdiagramm. Der wesentliche Unterschied zwischen beiden Diagrammen besteht in der Dauer eines Arbeitsspieles. Während bei der 2-Takt-Maschine ein volles Arbeitsspiel innerhalb einer einzigen Umdrehung der Kurbelwelle durchlaufen wird, werden bei der Viertakt-Maschine deren zwei dazu benötigt.

Arbeitet die Maschine *doppeltwirkend,* so erhält man das Drehkraftdiagramm durch Summieren der für die beiden Kolbenseiten maßgebenden Drehkraftdiagramme (Phasenverschiebung beachten!).

Mit Hilfe der FOURIER-Analyse können die Harmonischen der periodisch wirkenden Drehkräfte — die *Drehkraft-Harmonischen* — ermittelt werden, deren Frequenzen durch ganzzahlige Vielfache der Grundfrequenz gegeben sind. Bezeichnen wir mit der Ordnungszahl k die Ordnungszahl einer Harmonischen, dann beträgt deren Frequenz den k-fachen Wert der Grundfrequenz.

Beim Zweitaktmotor stimmt die Frequenz der Grundwelle mit der Kurbelwellendrehzahl n (Frequenz = Anzahl der Arbeitsspiele je Zeiteinheit) überein, d. h.

$$f = n, \text{ bzw. } \omega = 2\pi n, \qquad (511)$$

und die Frequenz der k-ten Harmonischen beträgt

$$f_k = k \cdot n, \qquad \text{bzw.}$$
$$\omega_k = k \cdot 2\pi n. \qquad (512)$$

Beim Viertaktmotor besitzt die Frequenz der Grund-

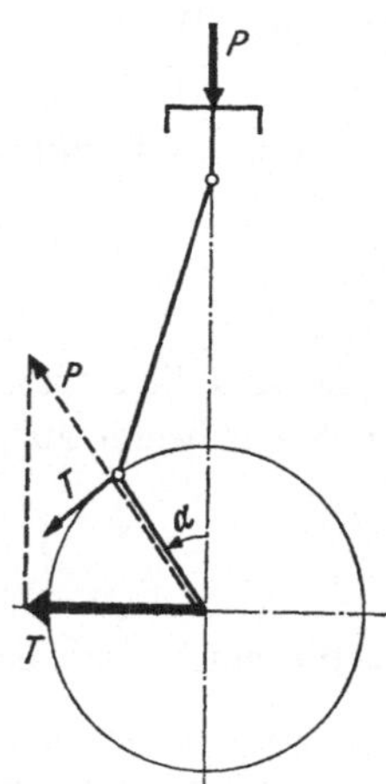

Abb. 112. Ermittlung der Tangentialkraft T (P = Kolbenkraft)

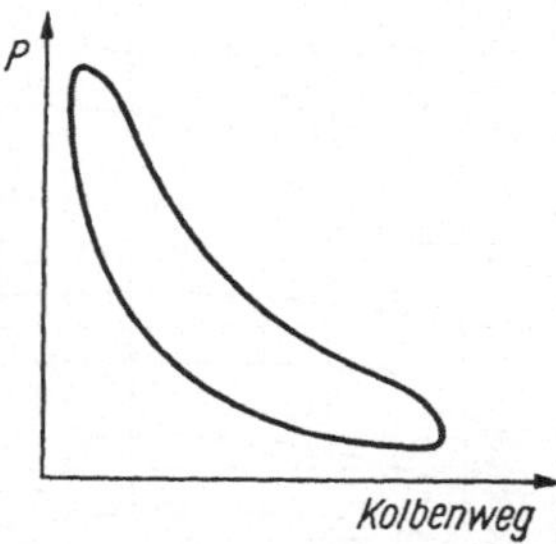

Abb. 113. Indikatordiagramm einer Verbrennungskraftmaschine

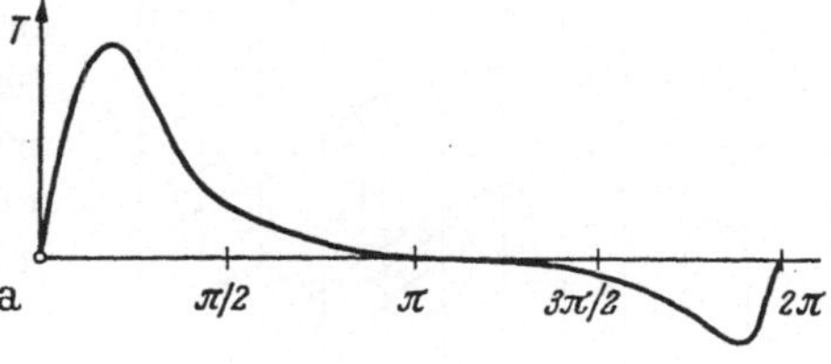

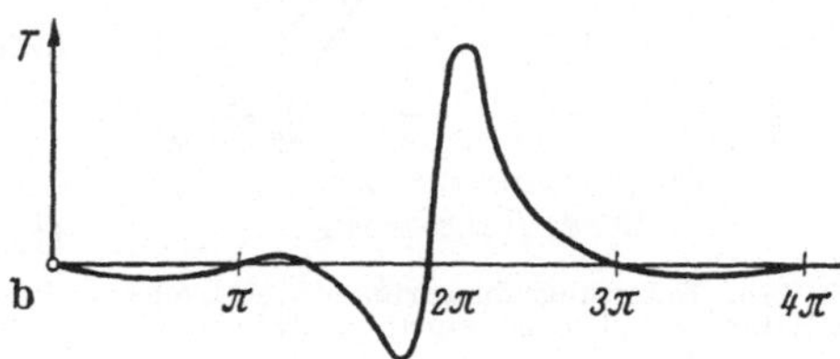

Abb. 114. Drehkraftdiagramm (Tangentialkraft-) a Zweitaktmotor; b Viertaktmotor

welle den Wert

$$f = \frac{n}{2}, \quad \text{bzw.} \quad \omega = \pi n, \tag{513}$$

während die Frequenz der k-ten Harmonischen

$$f_k = k\,\frac{n}{2}, \quad \text{bzw.} \quad \omega_k = k\,\pi\,n \tag{514}$$

beträgt.

Es ist üblich, die Ordnungszahlen der Harmonischen auf die Drehzahl der Kurbelwelle zu beziehen, und man definiert als Ordnungszahl

$$o = \frac{2\,k}{i}, \quad \text{mit} \quad \begin{matrix} i = 2 \text{ bei Zweitakt} \\ i = 4 \text{ bei Viertakt.} \end{matrix} \tag{515}$$

Aus diesem Grunde ergeben sich beim Viertaktbetrieb gebrochene Zahlen als Ordnungszahlen der Drehkraft-Harmonischen.

Mit der Festsetzung nach Gl. (515) gehen die Gln. (511) bis (514) über in die allgemeinen Beziehungen:

Frequenz der Grundwelle

$$f = \frac{2}{i}\,n \quad \text{bzw.} \quad \omega = 2\,\pi\,\frac{2}{i}\,n \tag{516}$$

Frequenz der k-ten

Harmonischen $f_k = \dfrac{2\,k}{i}\,n = o\,n$

bzw. $\quad \omega_k = 2\,\pi\,o\,n.$ (517)

Abhängigkeit der Drehkraftharmonischen von der Maschinenbelastung. Das Kolbenkraftdiagramm (Arbeitsdiagramm) einer Maschine hängt nach Form und Größe von der Belastung der Maschine ab, so daß die Amplituden der Drehkraft-Harmonischen nach Größe und Phasenlage lastabhängig sind.

In Abb. 115 sind die Beträge der Amplituden der Drehkraft-Harmonischen in Abhängigkeit des Maschinen-Belastungsgrades für eine Viertaktmaschine üblicher Bauart dargestellt. Man

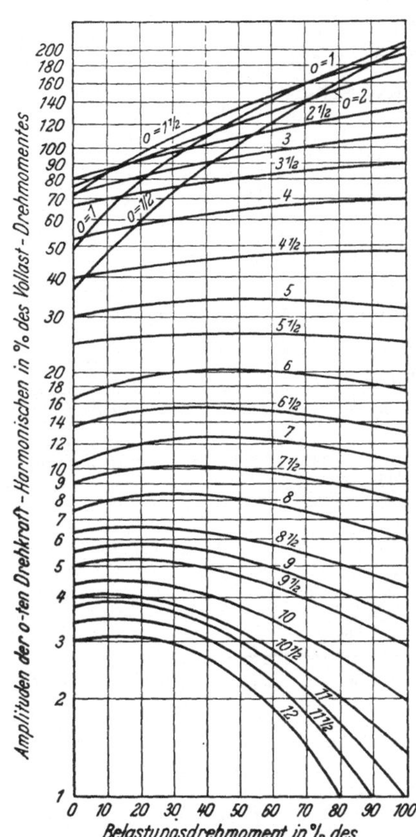

Abb. 115. Belastungsabhängigkeit der Drehkraft-Harmonischen bei einem Viertaktmotor

$$o = \frac{k}{2} = \text{Ordnungszahl der } k\text{-ten Harmonischen}$$

ersieht daraus, daß die Harmonischen hoher Ordnungszahlen noch beachtlich stark zur Wirkung kommen, und daher bei der Ermittlung der kritischen Drehzahlen berücksichtigt werden müssen.

Kritische Drehzahlen. Stimmt die Frequenz einer Drehkraftharmonischen mit einer der Eigenfrequenzen des Kurbelwellensystems überein, dann liegt Resonanz vor. Theoretisch genügen dann Erregerkräfte kleinster Größenordnung zur Aufschaukelung von Eigenschwingungen. Tritt diese Frequenzübereinstimmung bei der k-ten Drehkraft-Harmonischen und der Eigenschwingung ν-ter Ordnung auf, dann gilt

$$f_k = f_\nu.$$

Mit Gl. (517) folgt daraus die kritische Drehzahl ν-ter Ordnung, k-ten Grades zu

$$n_{\nu,\,k} = \frac{f_\nu}{o}. \tag{518}$$

Da eine offene Schwingerkette von $\lambda + 1$ Massen λ Eigenfrequenzen besitzt, und, wie wir aus Abb. 115 sehen, die Drehkraft-Harmonischen bis zu verhältnismäßig hohen Ordnungszahlen hin merkbar wirksam sind, ergäbe sich theoretisch eine sehr große Anzahl kritischer Drehzahlen.

Glücklicherweise besitzen jedoch nicht alle der durch die Gl. (518) bestimmten Werte der kritischen Drehzahl den gleichen Grad an Gefährlichkeit.

Um diesen Umstand klären zu können, wollen wir zunächst noch einmal einen linearen Schwinger mit 1 Freiheitsgrad betrachten. Im Abschn. 9 stellten wir fest, daß die Größe der Schwingungsamplitude durch die Erregerkraft und die Dämpfung festgelegt ist, und daß Gleichheit zwischen der von der Erregerkraft abgegebenen Wirkleistung und der am Dämpfungsglied auftretenden Wirkleistung besteht.

Bei Resonanz ergibt sich der Sonderfall, daß die Blindkomponente der Erregerkraft zu Null wird, die Erregerkraft also in Phase mit der Schwingungsgeschwindigkeit ist und daher nur reine Wirkleistung abgibt.

Weiters erkannten wir in Abschn. 12, daß die von einer harmonischen Wechselkraft an ein harmonisch schwingendes Gebilde abgegebene Wirkleistung *Null* ist, wenn die Frequenzen von Wechselkraft und Schwingungsbewegung *verschieden groß* sind.

Für die Einzylinder-Kolbenkraftmaschine bedeutet dies, daß nur jene Drehkraft-Harmonische im Mittel Arbeit an das Schwingungs-System abgibt, deren Frequenz mit der Schwingungsfrequenz übereinstimmt. Dies bedeutet, daß bei der Bestimmung der von den erregenden Drehkraft-Harmonischen an das im Resonanzzustand schwingende Kurbelwellen-System abgegebenen Leistung nur jeweils eine einzige Drehkraft-Harmonische zu berücksichtigen ist.

Bei einer Mehrzylinder-Maschine sind die Kurbeln gegeneinander versetzt angeordnet. Daher erfolgen die Zündungen in einer durch die Zündfolge und die Kurbelversetzung festgelegten zeitlichen Reihenfolge hintereinander.

6-Zylinder-4-Takt-Maschine. Betrachten wir beispielsweise die in Abb. 116 dargestellte Kurbelwelle einer 6-Zylinder-4-Takt-Maschine. Die Zündfolge sei durch 1,5,3,6,2,4 gegeben. Wie aus Abb. 116a ersichtlich ist, erfolgt somit nach je

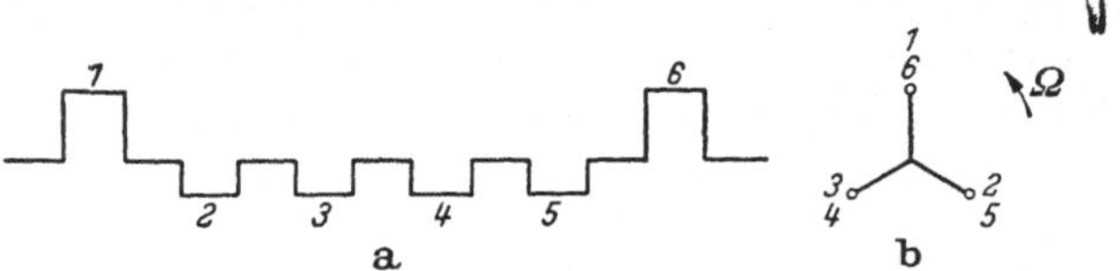

Abb. 116. Kurbelwelle eines 6-Zylinder-Viertaktmotors

einer Drittel Kurbelwellen-Umdrehung eine Zündung. D. h., die Drehkraft-Diagramme, und damit die Drehkraft-Harmonischen, der einzelnen Kurbeln sind um $^1/_3$ der Dauer einer Kurbelwellenumdrehung, also um $\dfrac{1}{3}\dfrac{1}{n}$, zeitlich gegeneinander phasenverschoben. Bezeichnen wir diese Nacheilzeit mit τ, so gilt

$$\tau = \frac{1}{3}\frac{1}{n}. \tag{519}$$

Bei der zeichnerischen Darstellung von Wechselgrößen in Form von Zeigerdiagrammen wird eine zeitliche Verschiebung von der Größe τ durch den Phasenverschiebungswinkel $\psi = \omega\,\tau$ dargestellt.

Die Frequenz der k-ten Drehkraftharmonischen beträgt nach Gl. (514)

$$f_k = \frac{k}{2}\,n.$$

Der Phasenwinkel, um den die k-ten Drehkraft-Harmonischen je zweier Kurbeln, deren Zündungen hintereinander erfolgen, gegeneinander verschoben sind, ergibt sich damit zu

$$\psi_k = \omega_k\,\tau = 2\,\pi\,\frac{k}{2}\,n\cdot\frac{1}{3}\frac{1}{n} = \frac{\pi}{3}\,k. \tag{520}$$

Damit sind die Phasenlagen der den einzelnen Kurbelzapfen zugeordneten Drehkraftharmonischen gleicher Ordnungszahl festgelegt.

Die Abb. 117 zeigt die Phasenlage der den einzelnen Kurbeln zugeordneten Drehkraftharmonischen gleicher Ordnungszahl für die Werte $k = 1$ bis 6, bzw. $k = 7$ bis 12, bzw. $k = 13$ bis 18, usw. Zu beachten ist dabei, daß jedem einzelnen Zeigerdiagramm eine andere, durch die Ordnungszahl k festgelegte Frequenz [siehe Gl. (514)] zugeordnet ist!

Wenn wir nun Rückschlüsse auf die Größe der bei einer bestimmten kritischen Drehzahl sich einstellenden Schwingungsamplitude ziehen wollen, müssen wir die Summe der von den einzelnen Drehkraft-Harmonischen gleicher Ordnungszahl abgegebenen Leistungen bestimmen.

Analog zu den bei einem Schwinger mit 1 Freiheitsgrad im Resonanzzustand geltenden Beziehungen gilt auch für ein gekoppeltes Schwingungsgebilde:

Im Resonanzfall wirkt das System auf eine erregende Wechselkraft wie ein reiner Widerstand, d. h., die Blindkomponente der Erregerkraft ist Null, die Amplituden von Erregerkraft und Schwingungsgeschwindigkeit sind in Phase, der Phasenverschiebungswinkel $\varphi = \mathrm{arc}\,\widehat{P} - \mathrm{arc}\,\widehat{v}$ ist Null.

Sowie:

Die Schwingungsamplituden der Massen des gekoppelten Gebildes stellen sich in solcher Größe ein, daß die Summe der an den Dämpfungsgliedern auftretenden Wirkleistungen gleich der Summe der von den einzelnen Erregerkräften abgegebenen Wirkleistungen ist.

Die von einer Drehkraft-Harmonischen H an den ihr zugehörigen schwingenden Kurbelzapfen abgegebene Wirkleistung ist gegeben durch

$$N = \frac{1}{2}\,|\widehat{H}| \cdot |\widehat{v}| \cdot \cos \varphi_{H,v}, \quad \text{mit} \quad |\widehat{v}| = \omega_\nu\,|\widehat{q}|. \tag{521}$$

Dabei ist $\widehat{q}$ die Schwingungsamplitude des Kurbelzapfens, und ω_ν die Eigenkreisfrequenz der ν-ten Ordnung (wobei $f_k = f_\nu$ ist!).

Die über den Kurbelzapfen in das System eingespeiste Gesamtleistung beträgt somit, wenn wir die Summierung über die Gesamtzahl aller Kurbeln vornehmen (wobei der Index i die laufende Zahl der Kurbeln bedeutet),

$$N = \frac{1}{2}\,\omega_\nu \sum |\widehat{H}_i| \cdot |\widehat{q}_i| \cdot \cos \varphi_{H_i,q_i}. \tag{522}$$

Die in dieser Gleichung vorkommenden Amplituden $\widehat{q}_i$ können wir aus einer für $\Omega = \omega_\nu$ berechneten HOLZER-Tabelle entnehmen und sind daher bekannte Größen. Die Größe der Drehkraft-Amplituden nehmen wir willkürlich zu $|\widehat{H}_i| \triangleq 1$ kg cm an, da wir nur eine relative Bewertung des Gefährlichkeitsgrades der einzelnen kritischen Drehzahlen vornehmen wollen.

Als Unbekannte verbleiben uns nur noch die Phasenverschiebungswinkel $\varphi_{H_i,\,q_i}$. Da das Schwingungssystem sehr schwach gedämpft ist, werden alle Massen annähernd gleichphasig, bzw. gegenphasig schwingen; d. h., alle Amplituden der Schwingwege liegen in einer einzigen Wirkungslinie, die wir beispielsweise in der Abb. 117 ($k = 1$) unter dem vorläufig noch unbekannten Winkel χ eintragen können.

Ein Ausdruck der Form $|\widehat{H}_i|\,|\widehat{q}_i|\cos \varphi_{H_i,\,q_i}$ kann als Komponente eines Zeigers der Größe $\widehat{H}_i\,|\widehat{q}_i|$ in Richtung von $\widehat{q}_i$ aufgefaßt werden. Die Summe in Gl. (522) erscheint daher als Summe von einzelnen Komponenten in $\widehat{q}_i$-Richtung. Anstatt die Komponenten einzeln zu berechnen und dann zu addieren, kann man zunächst die geometrische Summe aller Zeiger $\widehat{H}_i\,|\widehat{q}_i|$ bilden, und dann erst deren Komponente in Richtung von $\widehat{q}_i$ bestimmen.

Da die Gesamtleistung im Resonanzfall eine reine Wirkleistung sein muß, bedeutet dies, daß die Summe der Zeiger $\widehat{H}_i\,|\widehat{q}_i|$ in die Wirkrichtung von $\widehat{v}_i$, also senkrecht zur Wirkrichtung der $\widehat{q}_i$ fallen muß, und gleichzeitig ein Maß für die Gesamt-Wirkleistung ist. Dies bedeutet aber nichts anderes, als daß die Größe des Summenzeigers selbst das gesuchte Maß für die Gefährlichkeit der betreffenden kritischen Drehzahl darstellt.

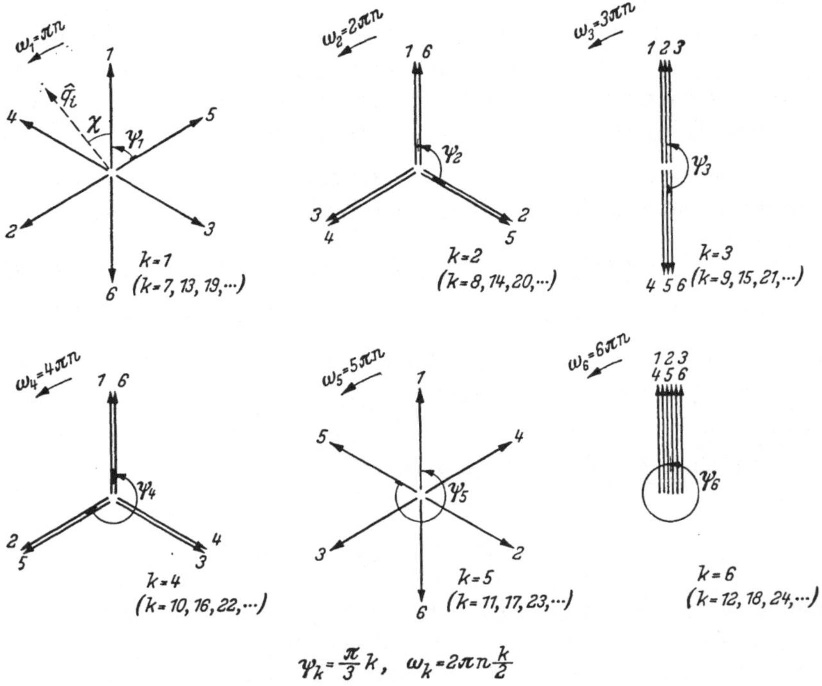

Abb. 117. Phasenlage der den einzelnen Kurbeln zugeordneten Drehkraft-Harmonischen für die verschiedenen Ordnungszahlen $o = \dfrac{k}{2}$

Berechnungsbeispiel. Zu bestimmen sind die kritischen Drehzahlen, sowie deren Grad an Gefährlichkeit, für die im Berechnungsbeispiel auf Seite 168 angegebene Verbrennungskraftmaschine, wenn diese nach dem Viertakt-Verfahren arbeitet.

Aus den Gln. (515) und (518) folgt wegen $i = 4$: $o = k/2$ bzw. $n_{v,k} = \dfrac{f_v}{k/2}$. Für die Eigenfrequenzen 1. und 2. Ordnung erhalten wir mit den dem Beispiel entnommenen Werten $\omega_1 = 112{,}47\,\dfrac{1}{\text{s}}$ bzw. $\omega_2 = 301{,}76\,\dfrac{1}{\text{s}}$ die kritischen Drehzahlen

$$n_{1,k} = \frac{\dfrac{1}{2\pi}112{,}47\,\dfrac{1}{\text{s}}}{k/2} = \frac{2144}{k}\,\frac{1}{\text{Min}} \quad \text{bzw.} \quad n_{2,k} = \frac{\dfrac{1}{2\pi}301{,}76\,\dfrac{1}{\text{s}}}{k/2} = \frac{5760}{k}\,\frac{1}{\text{Min}}. \tag{523}$$

Gefährlichkeitsgrad. Mit Hilfe des HOLZER-Verfahrens berechnen wir für die Eigenkreisfrequenzen $\omega_1 = 112{,}47\,\dfrac{1}{s}$ bzw. $\omega_2 = 301{,}76\,\dfrac{1}{s}$ die Schwingungsamplituden $\widehat{q_i}$ der einzelnen Kurbelzapfen. Die Ergebnisse zeigt Tab. 6.

Tabelle 6

	q_1	q_2	q_3	q_4	q_5	q_6
$\nu = 1$	0,9098	0,8073	0,6697	0,5031	0,3148	0,1108
$\nu = 2$	0,3485	−0,2160	−0,7130	−0,9872	−0,9528	−0,6206

Tabelle 7

	S_1	S_2	S_3	S_4	S_5	S_6
$\nu = 1$	0,55	0,14	1,46	0,13	0,55	3,32
$\nu = 2$	0,616	1,25	1,98	1,25	0,605	3,14

Nach dem vorgeschilderten Verfahren bestimmen wir nun die Summengrößen $S_{\nu,k} = \sum \widehat{H}_i\,|\widehat{q}_i|$, wobei wir die Amplituden aller Drehkraft-Harmonischen zu $|\widehat{H}_i| = 1$ kg cm annehmen. Die Ergebnisse tragen wir in Tab. 7 ein. Die Abb. 118 veranschaulicht die Durchführung des Verfahrens für das Wertepaar $\nu = 2$, $k = 5$ (bzw. 11, 17, 23, ...).

Der Ermittlung der Summen $S_{\nu,k}$ liegen gleichgroße Amplituden aller Drehkraft-Harmonischen (laut Voraussetzung: $|\widehat{H}_i| = 1$) zugrunde. In Wirklichkeit werden aber die Amplituden mit größer werdender Ordnungszahl $o = \dfrac{k}{2}$, wie man der Abb. 115 entnehmen kann, immer kleiner.

Wir wollen unserer Betrachtung die vollausgelastete Maschine (d. h., Belastungsdrehmoment = Vollastdrehmoment) zugrunde legen. Aus der Abb. 115, die wir für unseren Fall geltend annehmen wollen, ersehen wir dann, daß sich die Amplituden der Drehkraftharmonischen der Ordnungszahlen $o = {}^1\!/_2$, 1, $1^1\!/_2$, 2, $2^1\!/_2$,

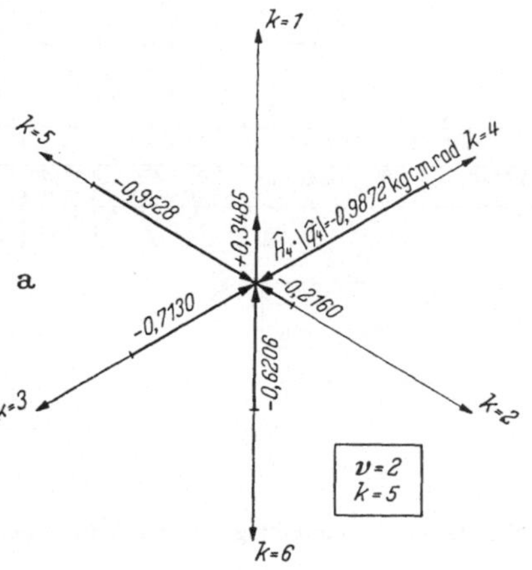

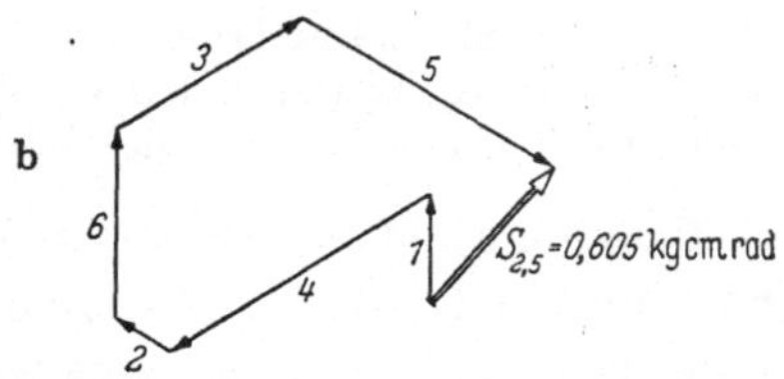

Abb. 118. Ermittlung des Gefährlichkeitsgrades $S_{\nu k}$ für $\nu = 2$, $k = 5$

3, ... (bzw. $k = 1, 2, 3, 4, 5, 6, 7, 8, 9, ...$) wie die Prozentzahlen 205, 210, 195, 175, 135, 110, 90, 70, 48, ... verhalten. Diesen Einfluß berücksichtigen wir, indem wir die ermittelten Summenwerte $S_{\nu,k}$ im Verhältnis der vorstehenden

Prozentzahlen reduzieren. Die so berechneten, für die relative Gefährlichkeit der einzelnen kritischen Drehzahlen wirklich maßgebenden Größen, wir wollen sie mit $S^*_{\nu,k}$ bezeichnen, ergeben sich mithin zu

$$S^*_{1,1} = 2{,}05 \cdot S_{1,1} = 1{,}13 \quad \text{bzw.} \quad S^*_{2,1} = 2{,}05 \cdot S_{2,1} = 1{,}26$$

$$S^*_{1,2} = 2{,}10 \cdot S_{1,2} = 0{,}295 \qquad S^*_{2,2} = 2{,}10 \cdot S_{2,2} = 2{,}62$$

$$S^*_{1,3} = 1{,}95 \cdot S_{1,3} = 2{,}84 \qquad S^*_{2,3} = 1{,}95 \cdot S_{2,3} = 3{,}86.$$

$$\text{usw.} \qquad\qquad\qquad \text{usw.}$$

In Abb. 119 sind die so berechneten Größen $S^*_{\nu,k}$ als Strecken über den durch die Gln. (523) bestimmten kritischen Drehzahlen aufgetragen. Wir ersehen, daß jene kritischen Drehzahlen, die gefährlich werden könnten, von der mit $n = 130$ 1/Min angegebenen Betriebsdrehzahl genügend weit abliegen.

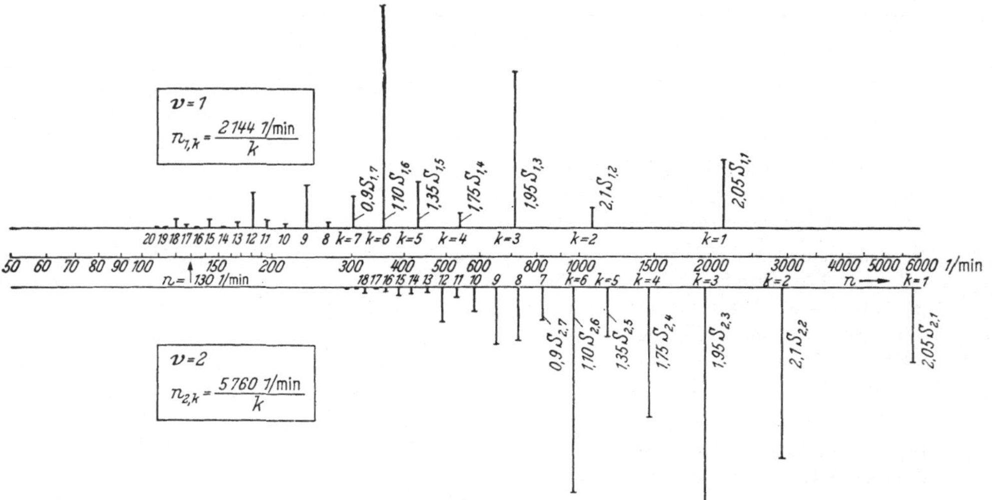

Abb. 119. Gefährlichkeitsgrade $S^*_{\nu k}$, aufgetragen über den zugehörigen kritischen Drehzahlen

Von den unterhalb der Betriebsdrehzahl liegenden kritischen Drehzahlen besitzt nur die zur 18. Drehkraftharmonischen gehörende nennenswerte Bedeutung. Es ist dafür Sorge zu tragen, daß der in ihrer Umgebung liegende Drehzahlbereich beim Anfahren und Abstellen der Maschine genügend rasch durchlaufen wird.

Besonders einfach gestaltet sich die Untersuchung, wenn die Schwingungsamplituden der Kurbelzapfen untereinander fast gleich groß sind, wenn also die Kurbelwelle also Ganzes, wie ein in sich starrer Körper schwingt. Ein Schwingungszustand dieser Art kann auftreten, wenn eine Maschine mit Schwungrad über eine lange elastische Welle mit einer schweren Drehmasse gekuppelt ist. Die Abb. 120 zeigt als Beispiel die Schwingungsform 1. Ordnung (1 Schwingungsknoten vorhanden) einer Schiffsmaschinen-Anlage.

Wegen $\widehat{q_1} \approx \widehat{q_2} \approx \widehat{q_3} \approx \widehat{q_4} \approx \cdots$ folgt

$$\Sigma \widehat{H}_i \, |\widehat{q_i}| \approx |\widehat{q_i}| \, \Sigma \widehat{H}_i,$$

Aus der symmetrischen Anordnung der Zeiger der Drehkraft-Harmonischen (Abb. 117) folgt unmittelbar

$$k = 1, 2, 3, 4, 5: \quad |\widehat{q_i}| \, \Sigma \widehat{H}_i \approx 0$$

und

$$k = 6: \qquad |\widehat{q_i}| \, \Sigma H_i \approx 6 \, |\widehat{q_i}| \, \widehat{H}_i.$$

Dies bedeutet, daß unter den gegebenen Voraussetzungen nur die durch die Drehkraft-Harmonische 6. Ordnung bestimmte kritische Drehzahl

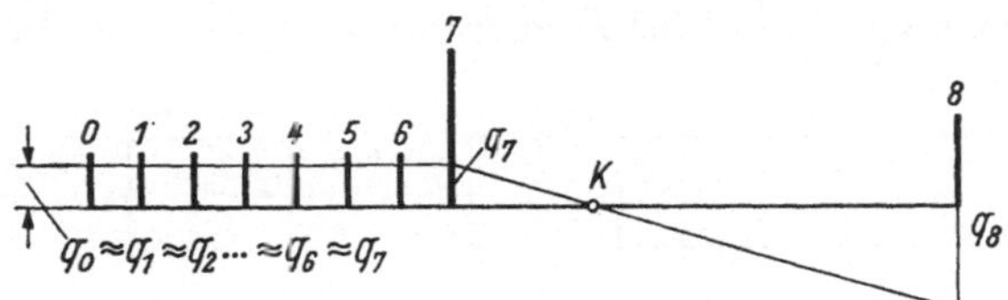

Abb. 120. Schwingungsform 1. Ordnung einer Schiffsmaschinen-Anlage mit langer elastischer Schraubenwelle

gefährlich große Schwingungen hervorrufen kann. Diese Aussage gilt aber nur für die Eigenschwingungszahl 1. Ordnung, denn bei einer Eigenschwingung höherer Ordnungszahl treten mehr als 1 Schwingungsknoten auf, so daß die vorausgesetzte Bedingung, ungefähre Gleichheit aller Kurbelzapfen-Schwingungsamplituden, nicht mehr erfüllt ist.

IV. Schwingungsgebilde mit kontinuierlicher Verteilung von Masse und Elastizität — Homogene Schwingungsgebilde

23. Längsschwingungen

Bewegungsgleichungen. Wir betrachten einen homogenen, stabförmigen, prismatischen Körper vom Querschnitt F und der Länge l, dessen Elastizitätsmodul E und spezifische Masse $\varrho = \dfrac{\gamma}{g}$ gegeben sei.

Da dieser Körper mit Massen und Elastizitäten behaftet ist, bildet er ein schwingungsfähiges Gebilde.

Der Körper befinde sich im Schwingungszustand. Wir betrachten zur Zeit t ein in Abb. 121a dargestelltes, von den Querschnitten 1—1 und 2—2 begrenztes Stabelement von der Länge dx. Während des Schwingungsvorganges wird das Massenelement $dm = \varrho \, F \, dx$ eine Fortschreitbewegung ausführen und außerdem eine Verkürzung erfahren.

Nach der elementaren Zeit dt werden die begrenzenden Querschnitte die Lage $1'-1'$ bzw. $2'-2'$ erreicht haben. Den zur Zeit t innerhalb des Zeitelementes dt zurückgelegten Weg des Querschnittes $1-1$ — wir wollen ihn als Augenblickswert der *Verschiebung* nennen — bezeichnen wir mit q.

Die Verschiebung des Querschnittes $2-2$ beträgt dann $q - dq$ (s. Abb. 121a). Nun denken wir uns das Stabelement aus dem Körper herausgeschnitten und bringen an Stelle der inneren Spannungen die Druckkräfte P und $P + dP$ an (Abb. 121b). Innerhalb des Massenelementes wirkt die D'ALEMBERTsche Trägheitskraft als Reaktion der Beschleunigungskraft $P_a = dm\,\dot{v}$, mit $v = \dot{q}$ als Momentanwert der Bewegungsgeschwindigkeit der Elementarmasse dm. Sowohl q als auch

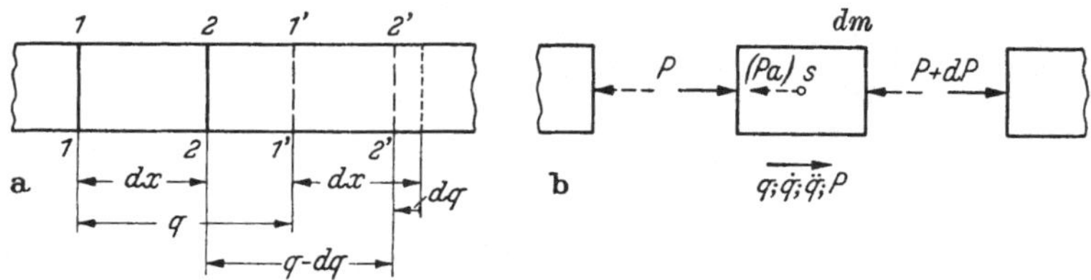

Abb. 121. Längsschwingungen eines Stabes mit kontinuierlicher Verteilung
von Masse und Elastizität
a Schwingender Stab; b Herausgeschnittenes Stabelement

P werden sich stetig über die Stablänge ändern. Für kleine Abstände dx können wir den Verlauf der Funktionen $q(x)$ und $P(x)$ durch ihre Tangenten ersetzen und erhalten dann

$$dq = \frac{\partial q}{\partial x}\,dx \quad \text{und} \quad dP = \frac{\partial P}{\partial x}\,dx. \tag{524}$$

Da q und P auch zeitlich veränderlich sind, handelt es sich um Funktionen *zweier* Veränderlichen. Durch die Schreibweise $\dfrac{\partial}{\partial x}$ soll zum Ausdruck gebracht werden, daß beim Differenzieren nach *einer* Veränderlichen die *andere* dabei als vorübergehend konstant zu betrachten ist (partielle Differentiation).

Die Gleichgewichtsbeziehung für das Massenelement dm in Abb. 121b lautet

$$+ P - P_a - (P + dP) = 0. \tag{525}$$

Mit $P_a = m\dfrac{\partial v}{\partial t} = \varrho\,F\,dx\,\dfrac{\partial^2 q}{\partial t^2}$ und den Gln. (524) folgt daraus

$$-\frac{\partial P}{\partial x} = \varrho\,F\,\frac{\partial^2 q}{\partial t^2}. \tag{526}$$

Zwischen der Längenänderung $- dq = - \dfrac{\partial q}{\partial x}\,dx$ des Stabelementes von der Länge dx und der Belastungskraft P besteht nach dem HOOKEschen

Gesetz $\dfrac{\sigma}{E} = \dfrac{\Delta l}{l}$ die Proportionalität:

$$\frac{\dfrac{P}{F}}{E} = \frac{-\dfrac{\partial q}{\partial x}\, dx}{dx}\,.$$

Daraus ergibt sich

$$- P = E\,F\,\frac{\partial q}{\partial x}\,. \tag{527}$$

Differenzieren wir diese Gleichung nach x und setzen den so erhaltenen Ausdruck $-\dfrac{\partial P}{\partial x} = E\,F\,\dfrac{\partial^2 q}{\partial x^2}$ in Gl. (526) ein, erhalten wir

$$\frac{\partial^2 q}{\partial t^2} = \frac{E}{\varrho}\,\frac{\partial^2 q}{\partial x^2}\,. \tag{528}$$

Wird diese Gleichung nach t differenziert, und setzen wir für $\dfrac{\partial q}{\partial t} \equiv v$, so folgt

$$\frac{\partial^2 v}{\partial t^2} = \frac{E}{\varrho}\,\frac{\partial^2 v}{\partial x^2}\,. \tag{529}$$

Eine weitere Beziehung erhalten wir dadurch, daß wir Gl. (526) nach x, und Gl. (527) zweimal nach t differenzieren (wobei wir wieder für $\dfrac{\partial q}{\partial t} \equiv v$ setzen):

$$- \frac{\partial^2 P}{\partial x^2} = \varrho\,F\,\frac{\partial^2 v}{\partial x\,\partial t} \qquad \text{bzw.} \qquad - \frac{\partial^2 P}{\partial t^2} = E\,F\,\frac{\partial^2 v}{\partial x\,\partial t}\,.$$

Eliminieren wir aus diesen Gleichungen $\dfrac{\partial^2 v}{\partial x\,\partial t}$, ergibt sich

$$\frac{\partial^2 P}{\partial t^2} = \frac{E}{\varrho}\,\frac{\partial^2 P}{\partial x^2}\,. \tag{530}$$

Aus der Betrachtung der drei Gleichungen (528), (529) und (530) ersehen wir, daß die drei Schwingungsgrößen q, v und P ein und dieselbe Differentialgleichung, die eine *partielle* Diff.-Gleichung 2. Ordnung ist, erfüllen. Durch diese partielle Diff.-Gleichung wird der Schwingungszustand des homogenen stabförmigen Körpers beschrieben. Sie wird als *Wellengleichung* bezeichnet.

Wellenwiderstand. Aus den vorstehend abgeleiteten Gleichungen kann eine bemerkenswerte Beziehung abgeleitet werden:

Wir differenzieren die Gl. (526) einmal, die Gl. (527) zweimal nach der Zeit t und erhalten mit $v \equiv \dfrac{\partial q}{\partial t}$

$$- \frac{\partial^2 P}{\partial x\,\partial t} = \varrho\,F\,\frac{\partial^2 v}{\partial t^2}\,, \quad \text{bzw.} \quad - \frac{\partial^2 v}{\partial x\,\partial t} = \frac{1}{E\,F}\,\frac{\partial^2 P}{\partial t^2}\,. \tag{531}$$

Diese beiden Gleichungen können durch Vertauschen der Größen P und v ineinander übergeführt werden. Daraus folgt, daß sich P und v

nur durch einen konstanten Faktor unterscheiden können. Setzen wir

$$P = Z\,v, \tag{532}$$

so folgt durch Einsetzen in die Gln. (531)

$$-Z\,\frac{\partial^2 v}{\partial x\,\partial t} = \varrho\,F\,\frac{\partial^2 v}{\partial t^2}, \quad \text{bzw.} \quad -\frac{\partial^2 v}{\partial x\,\partial t} = \frac{1}{E\,F}\,Z\,\frac{\partial^2 v}{\partial t^2}.$$

Dividieren der beiden Gleichungen liefert $Z = \dfrac{\varrho\,F}{\dfrac{1}{E\,F}\,Z}$ und daraus

$$Z = F\sqrt{\varrho\,E}. \tag{533}$$

Die durch die Gl. (532) ausgedrückte Beziehung entspricht formal dem uns bereits bekannten Widerstandsgesetz. Den durch Gl. (533) definierten Proportionalitätsfaktor Z bezeichnet man daher als *Wellenwiderstand* des homogenen Schwingers [siehe auch Gl. (146)].

Schnelle. In der technischen Physik ist es üblich, die Schwingungsgeschwindigkeit $v \equiv \dot{q}$ als *Schnelle* zu bezeichnen.

Bevor wir mit der Auflösung der vorstehend abgeleiteten Differentialgleichungen beginnen, wollen wir zunächst noch zwei Fälle behandeln, deren Lösungen auf den gleichen Typus von Diff.-Gleichungen führen.

24. Schwingungen in Gas- und Flüssigkeitssäulen

Bezeichnungen. Im Grundsätzlichen besteht kein Unterschied im Schwingungsverhalten von Gasen und Flüssigkeiten gegenüber homogenen festen Körpern, solange die Schwingungsamplituden klein sind, denn auch in gasförmigen und flüssigen Körpern sind Masse und Elastizität stetig verteilt vorhanden.

Es ist jedoch zweckmäßig, an Stelle der über den ganzen Querschnitt F eines prismatischen gaserfüllten Körpers wirkenden Druckkraft P mit dem Drucke $p = \dfrac{P}{F}$ zu rechnen. Da bei Gasen und Flüssigkeiten die auftretenden Druckschwingungen stets einem mittleren Druck p_0 — dem *Ruhedruck* — überlagert sind, wollen wir unter dem Druck p den dem konstanten Ruhedruck überlagerten, zeitlich veränderlichen, und durch die *Schwingungen* hervorgerufenen Druck verstehen.

Wellengleichung. Dividieren wir die Gl (530) durch F und setzen wir gleichzeitig für den Elastizitätsmodul die in Gl. (292) angegebene Beziehung $E = \varkappa\,p_0$ bzw. $E = \dfrac{1}{\beta}$ ein, erhalten wir wegen $\dfrac{P}{F} = p$

$$\frac{\partial^2 p}{\partial t^2} = \frac{\varkappa\,p_0}{\varrho_0}\,\frac{\partial^2 p}{\partial x^2} \quad \text{bzw.} \quad \frac{\partial^2 p}{\partial t^2} = \frac{1}{\beta\,\varrho}\,\frac{\partial^2 p}{\partial x^2}. \tag{534}$$

Strömung. Die für die Schnelle geltende Differentialgleichung entspricht völlig der Gl. (529). Um aber Übereinstimmung mit den in Abschnitt 14 hergeleiteten Entsprechungen zwischen mechanischen und akustischen Gebilden zu erhalten, führen wir auch hier an Stelle des Schwingungsweges q das Verdrängungsvolumen $\Delta V = F \cdot q$ ein, dessen zeitliche Änderung wir als *Strömung* S bezeichnen wollen. Die Definitionsgleichung für die Strömung lautet dann

$$S \equiv (\dot{\Delta V}) = F\,\dot{q} = F\,v. \tag{535}$$

Erweitern wir die Gl. (529) mit F und wird gleichzeitig die für E geltende Beziehung (292) eingesetzt, erhalten wir mit Gl. (535)

$$\frac{\partial^2 S}{\partial t^2} = \frac{\varkappa\,p_0}{\varrho_0}\frac{\partial^2 S}{\partial x^2} \quad \text{bzw.} \quad \frac{\partial^2 S}{\partial t^2} = \frac{1}{\beta\,\varrho}\frac{\partial^2 S}{\partial x^2}. \tag{536}$$

Wellenwiderstand. Dividieren wir die Definitionsgleichung (532) durch F, dann erhalten wir wegen $\dfrac{P}{F} = p$

$$p = \frac{Z}{F}\,v.$$

Mit $v = \dfrac{S}{F}$ [Gl. (535)] folgt daraus

$$p = \frac{Z}{F^2}\,S. \tag{537}$$

Setzen wir den in Gl. (533) für einen homogenen Körper angegebenen Wert $Z = F\sqrt{\varrho\,E}$ ein, folgt

$$p = \frac{\sqrt{\varrho\,E}}{F}\,S. \tag{538}$$

Zwischen Druck p und Strömung S besteht somit ebenfalls Proportionalität, in formaler Übereinstimmung mit dem durch Gl. (532) definierten Widerstandsgesetz. Den Ausdruck

$$Z_{\text{akust}} = \frac{\sqrt{\varrho\,E}}{F} \tag{539}$$

bezeichnen wir daher als *Wellenwiderstand* des prismatischen akustischen Körpers. Führen wir für E die in Gl. (292) angegebenen Beziehungen ein, erhalten wir

$$Z_{\text{akust}} = \frac{\sqrt{\varrho_0\,\varkappa\,p_0}}{F}, \quad \text{bzw.} \quad Z_{Fl} = \frac{\sqrt{\varrho/\beta}}{F}. \tag{539a}$$

Vergleichen wir die in diesem Abschnitt entwickelten Gleichungen (534), (536) und (539) mit den Gln. (530), 529) und (533), so erkennen wir unter Beachtung der Entsprechungen

$$\boxed{\begin{array}{c} p \,\widehat{=}\, P, \quad S \,\widehat{=}\, v, \\[2mm] \varkappa\,p_0 \,\widehat{=}\, E \quad \text{bzw.} \quad \dfrac{1}{\beta} \,\widehat{=}\, E, \quad Z_{\text{akust}} \,\widehat{=}\, \dfrac{1}{F^2}\,Z_{\text{mech}} \end{array}} \tag{540}$$

vollständige formale Übereinstimmung. Daraus folgt: Zwischen den Lösungen der Schwingungsgleichungen akustischer Gebilde bzw. homogener fester Körper besteht formale Übereinstimmung.

25. Drehschwingungen

Elastisches Verhalten eines Torsionsstabes. Unserer Betrachtung legen wir einen homogenen zylindrischen Stab unbegrenzter Länge zugrunde, dessen Masse und Verdrehungssteifigkeit über die Stablänge stetig verteilt seien.

Infolge der Elastizität des Stabes können die einzelnen Stabelemente gegenseitige Verdrehungsbewegungen ausführen, deren Größe sich im allgemeinen längs der Stabachse stetig ändern wird. Innerhalb eines jeden Stabquerschnittes werden Torsionsspannungen auftreten, die mit den durch Massenträgheitswirkung an den einzelnen Massenelementen entstehenden Drehmomenten im Gleichgewicht sein müssen. Weiters ist aus der Elastizitätslehre bekannt, daß Proportionalität zwischen dem Verdrehungswinkel $\Delta\chi$, um den sich zwei benachbarte Stabquerschnitte gegeneinander verdrehen, und dem dort wirkenden Drehmoment M_d besteht.

Um die Bewegungsgleichungen aufstellen zu können, denken wir uns ein Stabelement von der Länge dx aus dem Stab herausgeschnitten. Wir bringen an den Schnittflächen an Stelle der dort wirkenden Torsions-

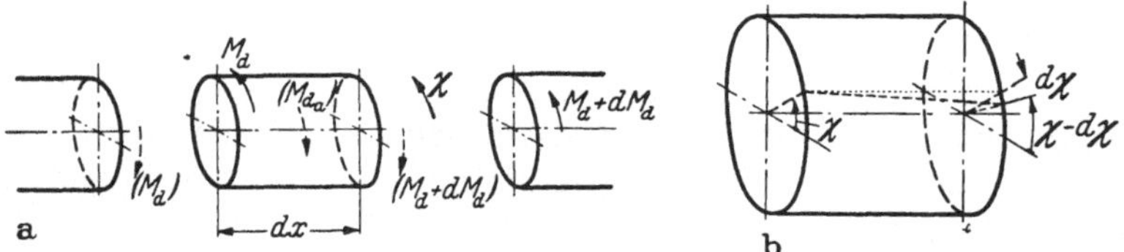

Abb. 122. Drehschwingungen eines Stabes mit kontinuierlicher Verteilung
von Masse und Elastizität
a Aufgeschnittener Stab; b Winkelbeziehungen am verformten Stabelement

spannungen entsprechende äußere Belastungsmomente M_d bzw. $M_d + dM_d$ an (Abb. 122).

Da wir stetigen Verlauf von M_d und χ voraussetzen können, setzen wir

$$dM_d = \frac{\partial M_d}{\partial x}\,dx \quad \text{und} \quad d\chi = \frac{\partial \chi}{\partial x}\,dx. \tag{541}$$

Gleichgewichtsbeziehung. Mit den in Abb. 122 eingetragenen Bezeichnungen gilt

$$M_d - M_{d_a} - (M_d + dM_d) = 0. \tag{542}$$

Mit $M_{d_a} = J'\,dx\,\ddot{\chi}$, wobei $J' = \dfrac{J}{l}$ das auf die Längeneinheit bezogene Massenträgheitsmoment des zylindrischen Stabes bedeutet, folgt daraus wegen $dM_d = \dfrac{\partial M_d}{\partial x}\,dx$:

$$-\frac{\partial M_d}{\partial x} = J' \frac{\partial^2 \chi}{\partial t^2}. \tag{543}$$

Das Massenträgheitsmoment J eines zylindrischen Körpers, bezogen auf seine Achse, ist definiert durch $J = \int dm\, r^2$. Hierin bedeutet dm die Masse eines elementaren Prismas von der Länge l des zylindrischen Körpers und dem Querschnitt dF. Beziehen wir das Massenträgheitsmoment auf die Längeneinheit des Körpers, ergibt sich mit $\varrho = \dfrac{\gamma}{g}$ und J_p als polares Flächenträgheitsmoment der Stab-Querschnittsfläche, bezogen auf ihren Schwerpunkt,

$$J' \equiv \frac{J}{l} = \frac{\int \varrho\, dF\, l\, r^2}{l} = \varrho \int dF\, r^2 = \varrho\, J_p. \tag{544}$$

Elastizitätsbeziehung. Bei einem Torsionsstab von der Länge l besteht zwischen Verdrehungswinkel $\varDelta\chi$ und Belastungsmoment M_d die Beziehung (s. Abschn. 13)

$$\frac{\varDelta\chi}{l} = \frac{M_d}{G\,J_p}, \tag{545}$$

wobei J_p das polare Flächenträgheitsmoment und G der Schubmodul ist.

Bei dem in Abb. 122 b dargestellten Stabelement der Länge dx wird der rechtsgelegene Querschnitt gegen den linken Querschnitt um $-d\chi \equiv \dfrac{\partial \chi}{\partial x} dx$ verdreht. Analog zu Gl. (545) gilt daher $\dfrac{-d\chi}{dx} = \dfrac{M_d}{G\,J_p}$. Daraus folgt

$$-M_d = G\,J_p \frac{\partial \chi}{\partial x}. \tag{546}$$

Mit $J' = \varrho\,J_p$ [Gl. (544)] erhalten wir daraus

$$-\frac{\partial M_d}{\partial x} = \varrho\,J_p \frac{\partial^2 \chi}{\partial t^2}. \tag{547}$$

Wellengleichung. Auch zwischen den Gln. (546) bzw. (547) und (526) bzw. (527) besteht formale Übereinstimmung. Beachten wir die bereits in (247) aufgestellten Entsprechungen

$$\boxed{\begin{aligned} M_d &\;\widehat{=}\; P, & J_p &\;\widehat{=}\; F \\ \chi &\;\widehat{=}\; q, & G &\;\widehat{=}\; E, \end{aligned}} \tag{548}$$

so können die für die Längsschwingungen des homogenen Stabes gefundenen Beziehungen unmittelbar auf das homogene Torsions-Schwingungsgebilde übertragen werden. Analog zu den Gln. (529), (530), (532) und (533) erhalten wir somit

$$\frac{\partial^2 \dot\chi}{\partial t^2} = \frac{G}{\varrho} \frac{\partial^2 \dot\chi}{\partial x^2}, \qquad \frac{\partial^2 M_d}{\partial^2 t^2} = \frac{G}{\varrho} \frac{\partial^2 M_d}{\partial x^2} \tag{549}$$

$$M_d = Z\,\dot\chi, \qquad\qquad Z = J_p \sqrt{\varrho\,G}. \tag{550}$$

26. Lösung der Wellengleichung

Die Wellengleichungen der Größen P und v bzw. M_d und $\dot{\chi}$ sind partielle Differentialgleichungen vom gleichen Typus, die wir in der allgemeinen Form

$$\frac{\partial^2 u}{\partial t^2} = w^2 \, \frac{\partial^2 u}{\partial x^2} \tag{551}$$

schreiben können [1].

Allgemeine Lösung. Die allgemeine Lösung dieser Diff.-Gleichung lautet, wie man sich durch unmittelbares Einsetzen überzeugen kann,

$$u = f_1(x - w\,t) + f_2(x + w\,t). \tag{552}$$

Hierbei sind $f_1(x - w\,t)$ und $f_2(x + w\,t)$ zunächst beliebige, von den Randbedingungen und der Zeit t abhängige Funktionen.

Zur Klarstellung der physikalischen Aussage dieser Lösungsgleichung betrachten wir einen homogenen Stab unendlich großer Länge, bei dem ein nach rechts gerichteter Bewegungsimpuls, etwa durch zentrisches Anschlagen eines gedachten Ringwulstes an der Stelle 1–1 (Abb. 123a), eingeleitet wird. Die Verteilung der Geschwindigkeit $v = f(x)$ der einzelnen Stabelemente längs der Stabachse zur Zeit $t = 0$ sei in Abb. 123b dargestellt.

Der zeitliche Ablauf des Vorganges wird durch die Gl. (552) beschrieben. Ohne Beweis führen wir vorläufig an, daß durch die vorliegenden Randbedingungen (unendlich langer Stab) das zweite Glied auf der rechten Seite der Gl. (552) zu Null wird.

Besitzt die zur Zeit $t = 0$ an der Stelle x_0 herrschende Geschwindigkeit den Wert v_0, dann folgt die an der gleichen Stelle x_0 zur Zeit t_1 vorhandene Geschwindigkeit aus Gl. (552) wegen der Voraussetzung $f_2(x + w\,t) = 0$ zu

$$v_{t_1} = f(x_0 - w\,t_1).$$

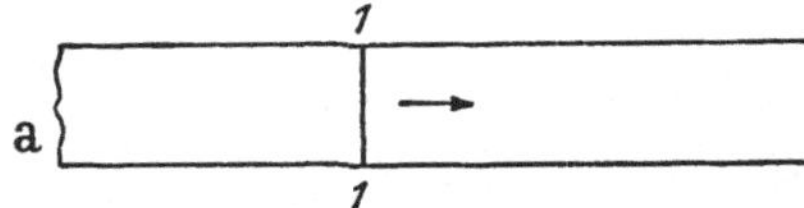

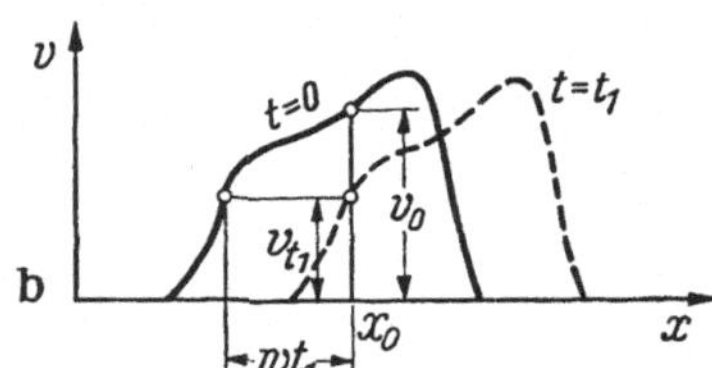

Abb. 123. Unbegrenzt langer Stab
a Einleitung eines Impulses;
b Impulsform

D. h., an der Stelle x_0 herrscht zur Zeit t_1 die gleiche Geschwindigkeit, wie sie zur Zeit $t = 0$ an der Stelle $x_1 = x_0 - w\,t_1$ geherrscht hat. Da

---

[1] Diese Gleichung gilt für den dämpfungsfreien Fall. Unter Berücksichtigung der innerhalb des stabförmigen Körpers auftretenden Dämpfungskräfte geht Gl. (551) über in

$$\frac{\partial^2 u}{\partial t^2} = w^2 \frac{\partial^2 u}{\partial x^2} + r \, \frac{\partial^3 u}{\partial x^2 \partial t} \, ,$$

mit r als Dissipationszahl (siehe [73]).

diese Überlegung für alle Punkte der vorgegebenen Kurve gilt, ergibt sich die zur Zeit t_1 herrschende Geschwindigkeitsverteilung längs des Stabes durch Verschieben der vorgegebenen Geschwindigkeitsverteilungslinie um den Betrag $w\,t_1$ nach rechts.

Die Größe w stellt somit die Geschwindigkeit dar, mit der sich die in den Ringwulst eingeleitete Störung in Form einer Verdichtungswelle fortpflanzt. Durch $f(x - w\,t)$ wird daher eine nach rechts (in $+\,x$-Richtung) in den Stab einlaufende Welle dargestellt. Analog dazu stellt die Funktion $f(x + w\,t)$ eine in $-\,x$-Richtung, also nach links in den Stab mit der Geschwindigkeit w einlaufende Welle dar.

Wellengeschwindigkeit. Die Geschwindigkeit, mit der sich eine Störung innerhalb eines homogenen Gebildes fortpflanzt, wird als *Wellengeschwindigkeit* bezeichnet. Ihr Quadrat kann unmittelbar der den Vorgang beschreibenden partiellen Diff.-Gleichung entnommen werden [siehe Gl. (551)].

Für die von uns behandelten Fälle gilt für

$$
\left.
\begin{array}{l}
\text{Längsschwin-} \\
\text{gungsgebilde}
\end{array}
\left\{
\begin{array}{lll}
\text{Feste Körper} & w = \sqrt{\dfrac{E}{\varrho}} & \text{(Gl. (529))} \\[2ex]
\text{Gasförmige Körper} & w = \sqrt{\dfrac{\varkappa\,p_0}{\varrho_0}} & \text{(Gl. (536))} \\[2ex]
\text{Flüssige Körper} & w = \dfrac{1}{\sqrt{\beta\,\varrho}} & \text{(Gl. (536))}
\end{array}
\right.
\right\}
\qquad (553)
$$

$$
\text{Drehschwingungsgebilde} \qquad w = \sqrt{\dfrac{G}{\varrho}} \quad \text{(Gl. (549))}
$$

27. Harmonische Schwingungen

Komplexe Amplituden von Kraft und Geschwindigkeit. Wir erregen den in Abb. 124a dargestellten Stab an der Stelle $x = 0$ mit einer harmonisch verlaufenden Wechselkraft $P_0 = \widehat{P}_0\,e^{i\,\Omega\,t}$. Die in den Stab einlaufende Druckwelle besitzt wegen des harmonischen Kraftverlaufes Sinusform. In Abb. 124b ist die Druckkraftverteilung längs des Stabes zu

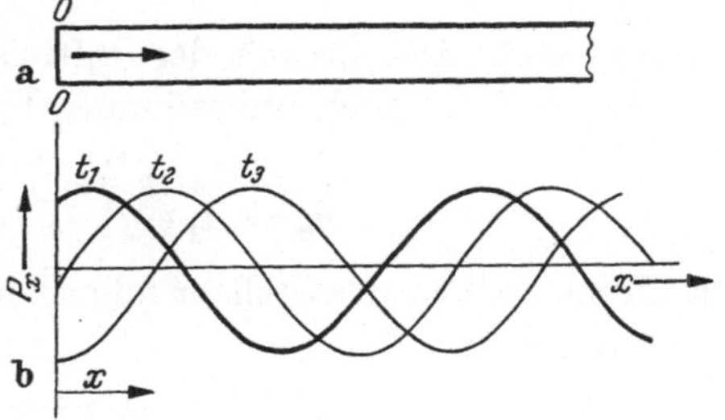

Abb. 124. Fortschreitende harmonische Welle im unbegrenzt langen Stab
a Stab; b Örtliche Verteilung der Schwingungsgröße längs des Stabes zu verschiedenen Zeiten

verschiedenen Zeiten t_1, t_2 und t_3 angedeutet.

Den an der Stelle x des Stabes herrschenden Momentanwert der Druckkraft bezeichnen wir mit P_x. Wegen der zeitlich harmonisch verlaufenden Erregerkraft werden auch die Druckkräfte P_x zeitlich harmonisch verlaufen, so daß wir

$$P_x = \widehat{P}\, e^{i\,\Omega\, t} \qquad (554)$$

ansetzen können. Da die Druckkräfte längs des Stabes verschieden groß sein werden, ist die komplexe Amplitude $\widehat{P}_x$ der Druckkraft eine Funktion in x.

Die Größe P_x, sie ist eine Funktion in x *und* in t, muß die Diff.-Gl. (551) erfüllen. Mit dem Lösungsansatz nach Gl. (554) erhalten wir

$$-\Omega^2\, \widehat{P}_x = w^2\, \frac{\partial^2 \widehat{P}_x}{\partial x^2}. \qquad (555)$$

Da die komplexe Amplitude $\widehat{P}_x$ nur noch eine Funktion der einzigen Veränderlichen x ist, brauchen die partiellen Diff.-Zeichen nicht mehr geschrieben werden, so daß Gl. (555) eine gewöhnliche homogene lineare Diff.-Gleichung 2. Ordnung

$$\frac{d^2 \widehat{P}_x}{dx^2} + \left(\frac{\Omega}{w}\right)^2 \widehat{P}_x = 0 \qquad (556)$$

ist.

Mit dem Lösungsansatz

$$\widehat{P}_x = A\, e^{\mu\, x} \qquad (557)$$

erhalten wir aus (556) die *charakteristische* Gleichung

$$\mu^2 + \left(\frac{\Omega}{w}\right)^2 = 0, \qquad (558)$$

deren Wurzeln durch

$$\mu_1 = i\,\frac{\Omega}{w} \quad \text{und} \quad \mu_2 = -\,i\,\frac{\Omega}{w} \qquad (559)$$

gegeben sind. Die Lösung der Diff.-Gl. (556) lautet somit, wenn A_1 und A_2 vorläufig noch unbestimmte Integrationskonstanten sind,

$$\widehat{P}_x = A_1\, e^{i\,\frac{\Omega}{w}\, x} + A_2\, e^{-i\,\frac{\Omega}{w}\, x}. \qquad (560)$$

Die Druckkraft an der Stelle x folgt damit nach Gl. (554) in komplexer Schreibweise zu

$$P_x \equiv \widehat{P}_x\, e^{i\,\Omega\, t} = A_1\, e^{i\,\frac{\Omega}{w}\,(x + w\,t)} + A_2\, e^{-i\,\frac{\Omega}{w}\,(x - w\,t)}. \qquad (561)$$

Ihr Momentanwert ergibt sich daraus zu

$$P_{x_t} \equiv \mathrm{Im}\left(\widehat{P}_x\, e^{i\,\Omega\, t}\right) = A_1 \sin\frac{\Omega}{w}\,(x + w\,t) - A_2 \sin\frac{\Omega}{w}\,(x - w\,t). \qquad (562)$$

Mit Hilfe der Gl. (526) läßt sich aus der Verteilung der Druckkraft die Geschwindigkeitsverteilung längs des Stabes bestimmen. Integrieren wir diese Gleichung nach der Zeit t, und setzen wir für $\dfrac{dq}{dt} = v$ und für P_x den durch Gl. (561) bestimmten Ausdruck ein, erhalten wir

$$v_x = -\frac{1}{\varrho\,F}\int \frac{\partial P_x}{\partial x}\,dt = \frac{1}{\varrho\,w\,F}\left(- A_1\,e^{\,i\,\frac{\Omega}{w}\,(x\,+\,w\,t)} + A_2\,e^{\,-\,i\,\frac{\Omega}{w}\,(x\,-\,w\,t)}\right). \tag{563}$$

Nun ist

$$Z = \varrho\,w\,F = \varrho\,\sqrt{\frac{E}{\varrho}}\,F = F\sqrt{\varrho\,E} \tag{564}$$

der *Wellenwiderstand* des homogenen Gebildes [Gl. (533)]. Damit erhalten wir aus Gl. (563) die komplexe Amplitude der Geschwindigkeit zu

$$\widehat{v}_x = \frac{1}{Z}\left(- A_1\,e^{\,i\,\frac{\Omega}{w}\,x} + A_2\,e^{\,-\,i\,\frac{\Omega}{w}\,x}\right). \tag{565}$$

Vergleichen wir das in Gl. (562) dargestellte Ergebnis mit den Ausführungen über die allgemeine Lösung der Diff.-Gl. (551), so erkennen wir vollkommene Übereinstimmung. Jedoch liegt hier ein Sonderfall vor: Wegen der harmonischen Erregung gehen die allgemeinen Funktionen $f(x \pm w\,t)$ in die Sonderformen $\sin \dfrac{\Omega}{w}(x \pm w\,t)$ über.

Aus der Betrachtung der Lösungsgleichung (562) erkennen wir weiter, daß sich die an der Stelle $x = 0$ eingeleitete Erregerkraft in Form zweier gegenläufiger Wellen von Sinusform durch den Stab hin fortpflanzt. Die durch die Verformung der Stabteilchen entstehende Schwingungsgeschwindigkeit wird ebenfalls in zwei gegenläufig fortschreitenden Wellen weitergeleitet (Gl. (563)),

Die Größen der Amplituden A_1 und A_2 der fortschreitenden Wellen hängen von den Randbedingungen des Problems ab.

Wellenlänge. Die den Momentanwert der Schwingungsgröße P_x darstellende Gl. (562) ist eine periodische Zeitfunktion. Der Wert der in dieser Gleichung enthaltenen Winkelfunktionen ändert sich nicht, wenn sich deren Argumente um 2π ändern.

An einer bestimmten Stelle x des Stabes wird daher jeweils nach der Zeit t, für die

$$\frac{\Omega}{w}\,w\,T = 2\pi, \quad \text{bzw.} \quad T = \frac{2\pi}{\Omega} \tag{566}$$

ist, immer wieder der gleiche Schwingungszustand herrschen. Die fortschreitenden Wellen legen in dieser Zeit T einen Weg

$$\lambda = w\,T = 2\pi\,\frac{w}{\Omega} \tag{567}$$

zurück, den man als *Wellenlänge* der Schwingung bezeichnet.

Reflexion von Wellen. Besitzt der Stab eine endliche Länge, dann wird die auf das Stabende auflaufende Welle reflektiert und läuft als fortschreitende Welle wieder in den Stab zurück.

Die Lösungsgleichung (552) berücksichtigt bereits diesen Tatbestand. Die beiden dort auftretenden gegenläufigen Wellen stellen die einlaufende, bzw. reflektierte Welle dar. Beide Wellen überlagern sich. Die Größe der Amplitude der reflektierten Welle hängt von den am Stabende herrschenden Randbedingungen ab.

Überlagerung von einfallender und reflektierter Welle. Wir betrachten einen homogenen Stab, der nach links hin unbegrenzt lang sei (Abb. 125).

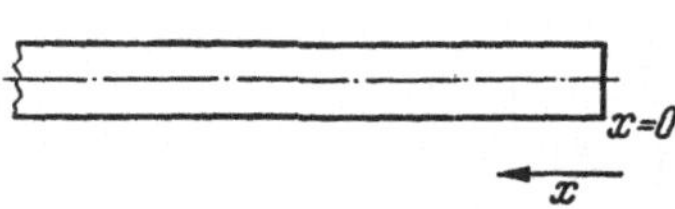

Abb. 125. Unendlich langer Stab, einseitig begrenzt

Den Ursprung des Koordinatensystems legen wir in das Stabende. Die positive Zählrichtung der Lagekoordinaten x werde nach *links* gerichtet gewählt.

Wir nehmen an, daß von *links* her eine harmonische Druckwelle mit der Amplitude A_1 in den Stab einlaufe. Ihre Gleichung lautet (Fortpflanzung in $-x$-Richtung!):

$$P_{x_{\text{ein}}} = A_1\, e^{i\frac{\Omega}{w}(x+wt)}. \tag{568}$$

Am Stabende tritt Reflexion auf. Die reflektierte Welle, deren Amplitude A_2 sei, läuft nach links hin in den Stab zurück. Ihre Gleichung lautet (Fortpflanzung in $+x$-Richtung!):

$$P_{x_{\text{refl}}} = A_2\, e^{-i\frac{\Omega}{w}(x-wt)}. \tag{569}$$

Die beiden Wellen überlagern sich. Die an einer Stelle x zur Zeit t herrschende Gesamtdruckkraft P_x ergibt sich als Summe der Momentanwerte der Druckkräfte der einlaufenden bzw. reflektierten Welle, wie es Gl. (560) darstellt. Die als Folge der Druckwellen im elastischen Medium des Stabes entstehenden Geschwindigkeitswellen überlagern sich ebenfalls. Der Rechnungsgang zur Bestimmung der Geschwindigkeitsamplitude entspricht völlig dem, den wir bereits behandelt haben, so daß wir die Gl. (565) unmittelbar übernehmen können.

Die positive Zählrichtung der in dieser Gleichung angegebenen Geschwindigkeit $v_x \equiv \dfrac{dx}{dt}$ *ist durch die nach links gerichtete* $+x$-*Richtung festgelegt. Formal richtiger, vor allem in bezug auf den Energietransport der Schwingung, ist es, die positive Zählrichtung der Geschwindigkeit in Fortschreitrichtung der einfallenden Welle, im vorliegenden Falle also nach rechts hin, in* $-x$-*Richtung, zu wählen.*

Wir kehren daher die Vorzeichen in Gl. (565) um und erhalten die beiden Gleichungen

$$\widehat{P}_x = A_1\, e^{i\frac{\Omega}{w}x} + A_2\, e^{-i\frac{\Omega}{w}x} \tag{570}$$

$$\widehat{v}_x = \frac{1}{Z}\left(A_1\, e^{i\frac{\Omega}{w}x} - A_2\, e^{-i\frac{\Omega}{w}x}\right). \tag{571}$$

Die für das Stabende, den *Ausgang* des *Wellenleiters*, gültigen komplexen Amplituden von Druckkraft und Schwingungsgeschwindigkeit, wir wollen sie mit $\widehat{P}_A$ bzw. $\widehat{v}_A$ bezeichnen, erhalten wir aus den Gln. (570) und (571), wenn wir für $x = 0$ setzen:

$$\left.\begin{aligned} \widehat{P}_A &= A_1 + A_2 \\ \widehat{v}_x &= \frac{1}{Z}\,(A_1 - A_2). \end{aligned}\right\} \tag{572}$$

Die Auflösung des Gleichungssystems nach A_1 und A_2 liefert

$$A_1 = \frac{1}{2}\,(\widehat{P}_A + Z\,\widehat{v}_A) \quad \text{und} \quad A_2 = \frac{1}{2}\,(\widehat{P}_A - Z\,\widehat{v}_A). \tag{573}$$

Dies in die Gln. (570) und (571) eingesetzt, liefert, unter Beachtung der EULERschen Gleichung [Gl. (29)],

$$\widehat{P}_x = \widehat{P}_A \cos\frac{\Omega}{w}\,x + i\,Z\,\widehat{v}_A \sin\frac{\Omega}{w}\,x \tag{574}$$

$$\widehat{v}_x = \widehat{v}_A \cos\frac{\Omega}{w}\,x + i\,\frac{\widehat{P}_A}{Z}\sin\frac{\Omega}{w}\,x. \tag{575}$$

Damit sind die an einer Stelle x herrschenden komplexen Amplituden von Druckkraft und Schwingungsgeschwindigkeit durch die am Stabausgang herrschenden Amplituden $\widehat{P}_A$ und $\widehat{v}_A$ ausgedrückt. Da diese durch die Randbedingungen des Stabes, also durch die Art der Fesselung des Stabendes (beispielsweise frei beweglich oder starr gefesselt) festgelegt sind, ist damit die Verteilung von Druckkraft und Geschwindigkeit längs des Stabes eindeutig gegeben.

Wird an der Stelle $x = l$ der Stab zerschnitten (Abb. 126), und sorgt man durch Anordnung einer äußeren Erregerquelle dafür, daß die an

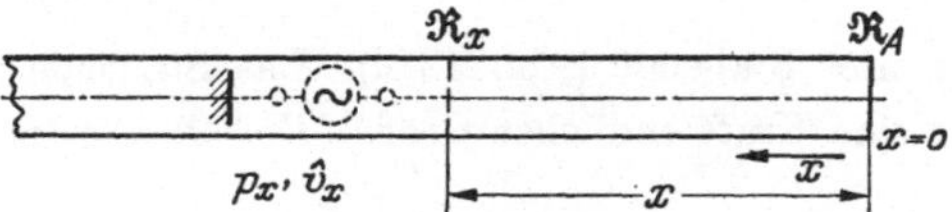

Abb. 126. Aufgeschnitten gedachter, einseitig unbegrenzt langer Stab
($\Re_x$ = Schwingungswiderstand an der Schnittstelle)

der Schnittstelle vorhanden gewesenen Werte von Frequenz, Druckkraft und Geschwindigkeit erhalten bleiben, ändert sich nichts an der Verteilung von $\widehat{P}_x$ und $\widehat{v}_x$ im Inneren des Stabes. Dies bedeutet nichts anderes, als daß damit der Schwingungszustand eines Stabes von der endlichen Länge l bekannt ist.

Für den „Eingang" eines Stabes von der endlichen Länge l erhalten wir dann aus den Gln. (574) und (575) mit $x = l$:

$$\widehat{P}_E = \widehat{P}_A \cos\frac{\Omega}{w}\,l + i\,Z\,\widehat{v}_A \sin\frac{\Omega}{w}\,l \tag{576}$$

$$\widehat{v}_E = \widehat{v}_A \cos\frac{\Omega}{w}\,l + i\,\frac{\widehat{P}_A}{Z}\sin\frac{\Omega}{w}\,l. \tag{577}$$

Ausgangswiderstand. Die am Stabende, dem *Stabausgang*, herrschenden Größen $\widehat{P}_A$ und $\widehat{v}_A$ werden durch die Randbedingungen festgelegt. Den Quotienten

$$\Re_A \equiv \frac{\widehat{P}_A}{\widehat{v}_A} \tag{578}$$

wollen wir als *Ausgangswiderstand* bezeichnen.

Beispiele. 1. Einzelmasse M am freien Stabende (Abb. 127a). Die Größen $\widehat{P}_A$ und $\widehat{v}_A$ sind durch das Widerstandsgesetz $\Re_A = \dfrac{\widehat{P}_A}{\widehat{v}_A}$ miteinander verknüpft. Für eine Masse ist der Schwingungswiderstand durch Gl. (208) gegeben. Es gilt $\Re_A = i\,\Omega\,M$.

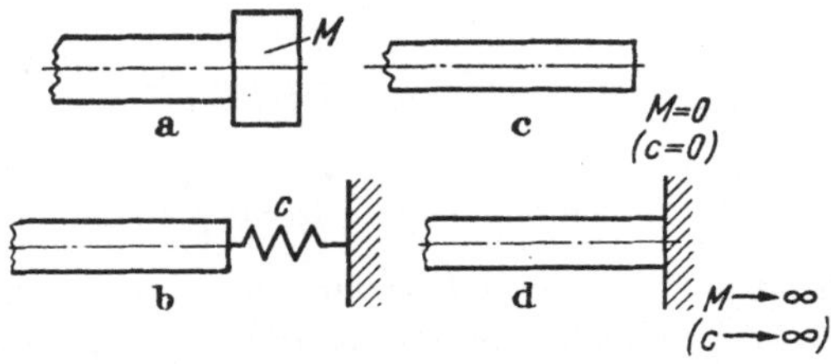

Abb. 127. Beispiele für die Fesselung eines Stabendes
a Einzelmasse M am Stabende; b Federgefesseltes Stabende; c Frei bewegliches
Stabende; d Fest eingespanntes Stabende

2. Federgefesseltes Stabende (Abb. 127b). Der Schwingungswiderstand einer Feder ist durch Gl. (210) gegeben. Damit erhalten wir $\Re_A = \dfrac{1}{i\,\Omega\,1/c}$.

3. Frei bewegliches Stabende (Abb. 127c). Da das freie Stabende keine Kraft übertragen kann, wohl aber frei beweglich ist $(\widehat{v}_A \neq 0)$, gilt $\Re_A \equiv \dfrac{\widehat{P}_A}{\widehat{v}_A} = \dfrac{0}{\widehat{v}_A} = 0$.

4. Fest eingespanntes Stabende (Abb. 127d). Das Stabende ist unbeweglich $(\widehat{v}_A = 0)$, kann aber eine Kraft endlicher Größe $(\widehat{P} \neq 0)$ übertragen. Daher ist

$$\Re_A \equiv \frac{\widehat{P}_A}{\widehat{v}_A} = \frac{\widehat{P}_A}{0} \to \infty.$$

Eingangswiderstand. Der Eingangswiderstand wird analog definiert durch

$$\Re_E = \frac{\widehat{P}_E}{\widehat{v}_E}. \tag{579}$$

Dividieren wir die beiden Gln. (576), (577) durcheinander, erhalten wir mit (578) und (579)

$$\Re_E = Z \cdot \frac{\dfrac{R_A}{Z}\cos\dfrac{\Omega}{w}l + i\sin\dfrac{\Omega}{w}l}{\cos\dfrac{\Omega}{w}l + i\dfrac{\Re_A}{Z}\sin\dfrac{\Omega}{w}l} = Z\,\frac{\dfrac{\Re_A}{Z} + i\,\mathrm{tg}\,\dfrac{\Omega}{w}l}{1 + i\dfrac{\Re_A}{Z}\mathrm{tg}\,\dfrac{\Omega}{w}l}. \tag{580}$$

Beispiel. Zu bestimmen ist der Eingangswiderstand eines Stabes von der Länge l, dessen Ende frei beweglich ist.

Mit $\Re_A = 0$ (siehe 3. Beispiel auf Seite 202), erhalten wir aus Gl. (580)

$$\Re_E = i\,Z\,\mathrm{tg}\,\frac{\Omega}{w}\,l. \tag{581}$$

$\Re_E$ ist rein imaginär. Für verschieden lange Stäbe veranschaulicht die Abb. 128 die Abhängigkeit des Imaginärwertes $\mathrm{Im}\left(\dfrac{\Re_E}{Z}\right) = \mathrm{tg}\,\dfrac{\Omega}{w}\,x$ vom Argument $\dfrac{\Omega}{w}\,x$.

Die Größe $\mathrm{Im}\left(\dfrac{\Re_E}{Z}\right)$ verläuft periodisch und kann positiv oder negativ werden.

Vergleichen wir (581) mit der Beziehung $\Re = i\,\Omega\,a$ [Gl. (208)], so erkennen wir, daß ein homogener Stab von der Länge l auf die am Stabeingang angeordnet

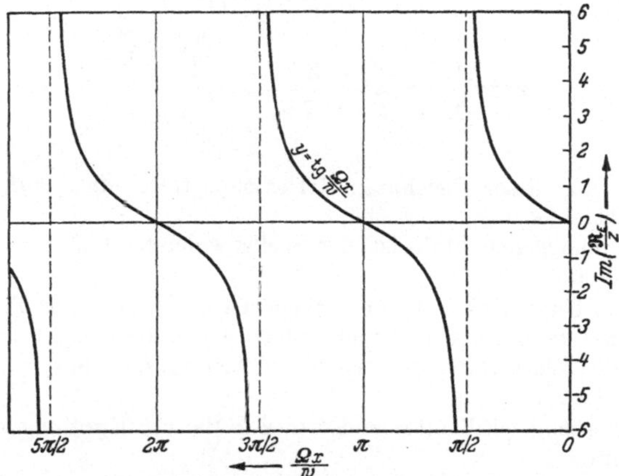

Abb. 128. Imaginärwert des Schwingungswiderstandes $\Re_E\,(\equiv \Re_x)$ des in Abb. 126 dargestellten aufgeschnittenen Stabes in Abhängigkeit von der Länge $l = x$

gedachte Erregerquelle wie eine starre Einzelmasse der Größe

$$a^* = \frac{Z}{\Omega}\,\mathrm{tg}\,\frac{\Omega}{w}\,l \tag{582}$$

wirkt.

In jenen Bereichen, in denen $\mathrm{tg}\,\dfrac{\Omega}{w}\,l$ negativ ist, erhalten wir einen negativen Wert für die Ersatzmasse a^*. Bringen wir aber (581) in die Form

$$\Re_E = -\cfrac{1}{i\,\Omega\,\cfrac{1}{\Omega\,Z\,\mathrm{tg}\,\dfrac{\Omega}{w}\,l}}, \tag{583}$$

dann erkennen wir beim Vergleich mit $\Re_c = \dfrac{1}{i\,\Omega\,1/c}$ [Gl. (210)], daß in jenen Bereichen, in denen $\mathrm{tg}\,\dfrac{\Omega}{w}\,l$ negativ wird, der Stab auf die Erregerquelle wie eine *Feder* mit der Federkonstanten

$$c^* = \Omega\,Z\,\mathrm{tg}\,\frac{\Omega}{w}\,l \tag{584}$$

wirkt.

Auf Grund der Gl. (580) können wir ganz allgemein formulieren:

Ein homogener Stab endlicher Länge wirkt als *Widerstandstransformator*. Der am Stabausgang vorhandene Ausgangswiderstand $\Re_A$ wird in den am Stabeingang wirkenden Eingangswiderstand $\Re_E$ transformiert.

Reflexionsgrad. Die Amplituden von einlaufender und reflektierter Welle werden durch die Gln. (573) bestimmt.

Der Quotient der Amplituden von reflektierter und einlaufender Welle wird als RAYLEIGHscher *Reflexionsgrad r* bezeichnet.

Aus den Gln. (573) folgt mit $\Re_A = \dfrac{\widehat{P}_A}{\widehat{v}_A}$

$$r \equiv \frac{A_2}{A_1} = \frac{\widehat{P}_A - Z\,\widehat{v}_A}{\widehat{P}_A + Z\,\widehat{v}_A} = \frac{\dfrac{\Re_A}{Z} - 1}{\dfrac{\Re_A}{Z} + 1}. \tag{585}$$

Wir ersehen aus dieser Gleichung: Reflexionen treten dann auf, wenn $r \neq 0$, bzw. $\Re_A \neq Z$ ist.

Für einen homogenen Stab ist der Wellenwiderstand Z durch Gl. (564) zu $Z = F\sqrt{\varrho E}$ gegeben.

Da man jede Unstetheitsstelle des Stabes als das Ende eines Teilgebietes des Stabes betrachten kann, folgt, daß immer dort, wo unstete Änderungen des Stabquerschnittes, der Werkstoffdichte, oder des Elastizitätsmoduls, vorhanden sind, Reflexionen auftreten.

Diese Erscheinung wird unter anderem zur Werkstoffprüfung mittels Ultraschalles ausgenutzt.

28. Eigenwerte von homogenen Schwingungsgebilden

Grundbeziehungen. Ist die von einer Wechselkraftquelle an ein schwingendes System abgegebene Leistung eine reine Wirkleistung (d. h., ist die Blindkomponente der Erregerkraft Null, s. Abschn. 12), wenn also Erregerkraft und Schwingungsgeschwindigkeit des Kraftangriffspunktes in Phase sind, dann befindet sich das System im Resonanzzustand.

Ist das Schwingungssystem dämpfungsfrei, dann wird bei allen Frequenzen die Wirkkomponente der Erregerkraft zu Null. Im Resonanzzustand ist in diesem Falle sowohl die Blindkomponente als auch die Wirkkomponente Null, d. h., die Erregerkraft selbst ist Null.

Wegen $\widehat{P} = 0$ wird dann der auf den Kraftangriffspunkt bezogene Schwingungszustand des Gebildes ebenfalls zu Null $\left(\Re \equiv \dfrac{\widehat{P}}{\widehat{v}} = \dfrac{0}{\widehat{v}} = 0\right)$.

Da es gleichgültig ist, an welcher Masse des schwingenden ungedämpften Gebildes man sich eine Erregerkraft von der Größe Null angreifend denkt, folgt, daß der auf einen *beliebigen* Massenpunkt des Systems bezogene Schwingungswiderstand im Resonanzzustand stets Null sein muß.

Homogener Stab mit freien Enden. Die Eigenwerte eines prismatischen homogenen Stabes mit freibeweglichen Enden von der Länge l (Abb. 129) seien zu bestimmen.

Am linken Stabende denken wir uns eine Erregerkraftquelle angeordnet. Der Ausgangswiderstand $\Re_A$ am rechten Stabende ist Null (siehe 3. Beispiel auf S. 202). Der Eingangswiderstand folgt damit nach Gl. (580), wenn wir gleichzeitig ω an Stelle Ω schreiben, zu

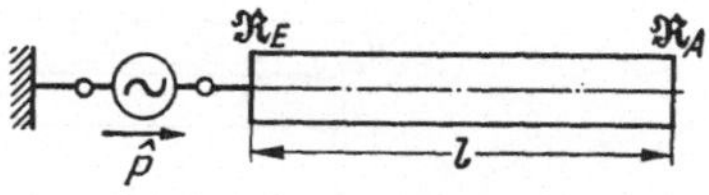

$$\Re_E = Z \frac{0 + i \sin \dfrac{\omega}{w} l}{\cos \dfrac{\omega}{w} l + 0} = i Z \operatorname{tg} \frac{\omega}{w} l .$$

Abb. 129. Harmonisch erregter Stab von endlicher Länge

Im Resonanzfall muß $\Re_E = 0$ sein. Die Bestimmungsgleichung für die Eigenwerte lautet somit

$$0 = \operatorname{tg} \frac{\omega}{w} l . \tag{586}$$

Die Argumente

$$\frac{\omega_\mu}{w} l = 0 + \mu \pi, \quad \text{mit} \quad \mu = 1, 2, 3, 4, \ldots \text{ als Ordnungszahl} \tag{587}$$

erfüllen diese Bedingungsgleichung. Damit folgen die *Kennkreisfrequenzen*, oder *Eigenkreisfrequenzen* ω zu

$$\omega_\mu = \mu \pi \frac{w}{l} \quad (\mu = 1, 2, 3, \ldots) . \tag{588}$$

Mit dem durch Gl. (567) definierten Begriff der Wellenlänge $\lambda = w T$ ist wegen $\omega T = 2\pi$,

$$\omega_\mu = 2 \pi \frac{w}{\lambda} . \tag{589}$$

Gleichsetzung der Gln. (588) und (589) liefert $\mu \dfrac{w}{l} \pi = \dfrac{2\pi}{\lambda} w$ und daraus

$$l = \mu \frac{\lambda}{2} \quad (\mu = 1, 2, 3, \ldots) . \tag{590}$$

Dies bedeutet: Resonanz tritt stets dann auf, wenn die Stablänge ein ganzzahliges Vielfache der halben Wellenlänge ist.

Für den Resonanzfall folgen die Größen der Amplituden von Druckkraft und Schwingungsgeschwindigkeit längs der Stablänge aus den Gln. (574) und (575) wegen $\widehat{P}_A = \Re_A \widehat{v}_A = 0 \cdot \widehat{v}_A = 0$ und $\dfrac{\Omega}{w} x \to \omega \dfrac{x}{w} = \mu \dfrac{w}{l} \pi \dfrac{x}{w} = \mu \dfrac{x}{l} \pi$ zu

$$\left.\begin{aligned} \widehat{P}_x &= i Z \widehat{v}_A \sin \mu \frac{x}{l} \pi \\[2mm] \widehat{v}_x &= \widehat{v}_A \cos \mu \frac{x}{l} \pi \end{aligned}\right\} \mu = 1, 2, 3, \ldots \tag{591}$$

Die Verteilung der Amplituden $|\widehat{P}_x|$ längs des Stabes bei den Eigenwerten
der Ordnungszahlen $\mu = 1, 2, 3$ zeigt Abb. 130b. Man ersieht daraus
den sinusförmigen Verlauf der Amplituden, sowie, daß die Stablänge stets
ein ganzzahliges Vielfaches der halben Wellenlänge ist. Ferner, daß die
Randbedingungen $|\widehat{P}_A| = |\widehat{P}_E| = 0$ immer erfüllt sind.

Schwingungsknoten. Der Momentanwert der Schwingungsgeschwindigkeit eines Stabpunktes in der Entfernung x vom Stabende ergibt sich

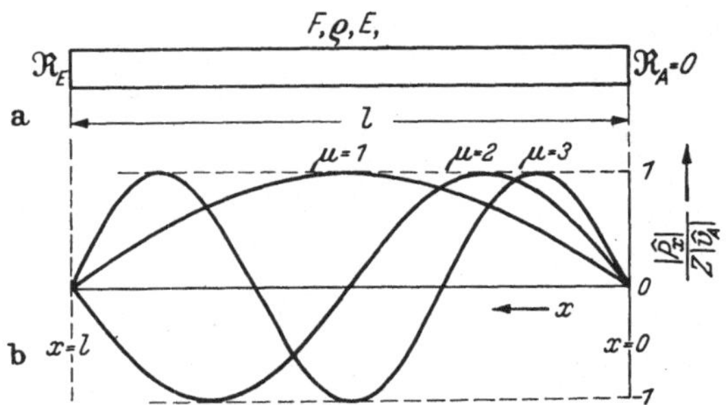

Abb. 130. Homogener Stab mit freien Enden bei Resonanz
a Stab; b Schwingungsamplitude der Normalkraft, Verteilung längs der Stabachse

für den im vorstehenden Beispiel behandelten Stab mit freien Enden,
der Eigenschwingungen ausführt [siehe Gl. (591)], zu

$$v_x = \mathrm{Im}\,(\widehat{v_x}\,e^{i\,\omega\,t}) = \widehat{v_A}\,\cos\mu\frac{x}{l}\pi \cdot \sin\omega\,t. \tag{592}$$

An jenen Stellen x, für die die Winkelfunktion $\cos\mu\frac{x}{l}\pi$ identisch zu
Null wird, befinden sich die Stabteilchen dauernd in Ruhe. Diese Stellen
werden als *Knotenpunkte* oder *Schwingungsknoten* bezeichnet.

Ihre Lage folgt aus

$$\cos\mu\frac{x}{l}\pi = 0. \tag{593}$$

Diese Gleichung wird von den Argumenten

$$\mu\frac{x}{l}\pi = \frac{\pi}{2} + k\pi$$

erfüllt. Daraus ergibt sich

$$x = \frac{1+2k}{\mu}\,\frac{l}{2} \tag{594}$$

mit $k = 1, 2, 3, \ldots (\mu - 1)$ als Ordnungszahl.

Anzahl der Freiheitsgrade. Die Bedingungsgleichung (586) besitzt
unendlich viele Lösungen, d. h., der homogene Stab besitzt unendlich
viele Eigenwerte. Dieses Ergebnis kann physikalisch leicht gedeutet
werden: Ein homogener Stab kann als Grenzfall einer aus unendlich

vielen elementaren Einzelmassen und Einzelfedern aufgebauten Schwingerkette betrachtet werden. Da ein offenes $n + 1$-Massensystem n Freiheitsgrade besitzt, erhalten wir für den Grenzfall $n + 1 \to \infty$ unendlich viele Freiheitsgrade, und somit unendlich viele Eigenwerte.

Homogener Stab mit Einzelmasse am freien Stabende. Ein homogener prismatischer Stab trage an einem seiner Enden eine punktförmig konzentrierte Einzelmasse M (Abb. 131a). An dem freien Stabende denken wir uns eine Erregerkraftquelle angeordnet. Der Eingangswiderstand $\Re_E$ der Anordnung ist durch Gl. (580) gegeben. Der Ausgangswiderstand $\Re_A$ beträgt $\Re_A = i \, \Omega \, M$ (1. Beispiel S. 202). Die Resonanzbedingung $\Re_E \equiv 0$ liefert damit, wenn wir $\Omega \to \omega$ setzen,

$$0 = Z \, \frac{\dfrac{i \, \omega \, M}{Z} \cos \dfrac{\omega}{w} l + i \sin \dfrac{\omega}{w} l}{\cos \dfrac{\omega}{w} l + \dfrac{i \, \omega \, M}{Z} \sin \dfrac{\omega}{w} l} \, . \tag{595}$$

Da der Nenner des Bruches stets endlich groß ist (außer $M \to \infty$), wird die Gl. (595) nur erfüllt, wenn der Zähler zu Null wird.

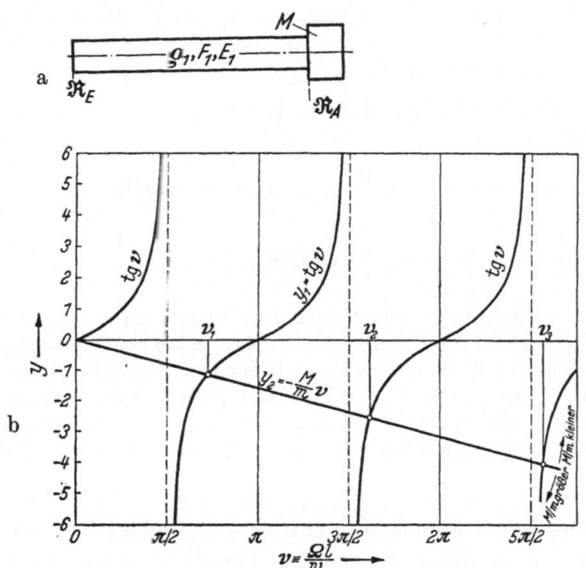

Abb. 131. Homogener Stab mit Einzelmasse M und freiem Stabende;
a Stab; b Graphische Lösung der transzendenten Gleichung tg $v = - \dfrac{M}{m} v$

Erweitern wir die rechte Seite der Gleichung $Z = \varrho \, w \, F$ [Gl. (564)] mit der Stablänge l so erhalten wir mit $\varrho \, F \, l = m = $ Masse des homogenen Stabes

$$Z = \frac{w}{l} m. \tag{596}$$

Damit geht die Bedingungsgleichung (595) über in

$$\operatorname{tg} \frac{\omega\, l}{w} = - \frac{M}{m}\, \frac{\omega\, l}{w}\,. \tag{597}$$

Die Auflösung dieser transzendenten Gleichung wird am zweckmäßigsten graphisch vorgenommen. Über $v = \dfrac{\omega\, l}{w}$ als Abszisse tragen wir die Funktionen $y_1 = \operatorname{tg} v$ und $y_2 = - \dfrac{M}{m}\, v$ auf (Abb. 131b). Die Abszissen v_μ der Schnittpunkte beider Funktionen sind Lösungen der Gl. (597).

Aus den Argumenten

$$v_\mu \equiv \frac{\omega_\mu\, l}{w} \quad (\text{mit } \mu = \text{Ordnungszahl})$$

folgen die Kennkreisfrequenzen zu

$$\omega_\mu = v_\mu \frac{w}{l}\,.$$

Aus der Abb. 131b ersehen wir weiter: Für verschieden große Werte $\dfrac{M}{m}$ ändert sich die Steigung der Geraden $y_2 = - \dfrac{M}{m} v$.

Für die beiden Grenzfälle $M = 0$ (freies Stabende) bzw. $M \to \infty$ (eingespanntes Stabende), erhalten wir:

$$\left.\begin{aligned}
M &= 0: v_\mu = \mu\, \pi \ \text{bzw.}\ \omega_\mu = \mu\, \pi\, \frac{w}{l}\, [\text{siehe auch Gl. (588)}]\\
M &\to \infty: v_\mu = \frac{\pi}{2} + \mu\, \pi \ \text{bzw.}\ \omega_\mu = \left(\frac{\pi}{2} + \mu\, \pi\right) \frac{w}{l}
\end{aligned}\right\}
\begin{aligned}
&\mu = 1, 2, 3, \ldots\\
&= \text{Ordnungszahl.}
\end{aligned}$$

Wird an einem *freien* Stabende eine Einzelmasse angeordnet, so werden die Kennfrequenzen herabgesetzt. Und zwar um so mehr, je höher die Ordnungszahl der Kennfrequenz ist. Bei Eigenschwingungen hoher Ordnungszahl wirkt daher eine verhältnismäßig kleine Masse am Stabende fast wie eine feste Einspannung. Da eine Verkleinerung von ω die Wellenlänge $\lambda \equiv w T = 2\pi\, w/\omega$ vergrößert, ruft eine Zusatzmasse am freien Stabende eine scheinbare Verlängerung des Stabes hervor.

Zusammengesetzte homogene Schwingungsgebilde. Ist ein Schwingungsgebilde aus mehreren homogenen Gebilden zusammengesetzt, so lassen sich die Eigenwerte mit Hilfe des Widerstandsbegriffes nach dem gleichen Verfahren, wie vorstehend mehrfach beschrieben, ermitteln. Dies soll an Hand eines einfachen Beispiels kurz erläutert werden.

Ein Stab, bestehend aus zwei zylindrischen Körpern verschiedener Abmessungen und verschiedenen Werkstoffes, trage an einem freien Ende eine Einzelmasse M (Abb. 132). Zu bestimmen sind die Eigenwerte der longitudinalen Schwingung.

Wir denken uns eine Erregerquelle an M angreifend. Der zylindrische Körper 1 ist ein *Wellenleiter*, der an seinem rechten Ende mit dem Ausgangswiderstand $\Re_{A1} = 0$ (freies Ende) belastet ist. Sein Eingangswiderstand $\Re_{E1}$ [bestimmt durch Gl. (580)] wirkt als Belastung auf den Ausgang des Wellenleiters 2 (Körper 2), d. h., $\Re_{E1}$ ist gleichzeitig Ausgangswiderstand des Wellenleiters 2. Somit gilt $\Re_{A2} \equiv \Re_{E1}$.

$\Re_{A_2}$ wird durch den Wellenleiter 2 in den Eingangswiderstand $\Re_{E_2}$ transformiert [Gl. (580)]. Die Erregerquelle wird nun durch 2 Widerstände belastet: den von der Masse M herrührenden Widerstand $\Re_M = i \, \Omega \, M$ und den Eingangswiderstand $\Re_{E_2}$. Der Gesamtwiderstand beträgt daher $\Re = \Re_M + \Re_{E_2}$.

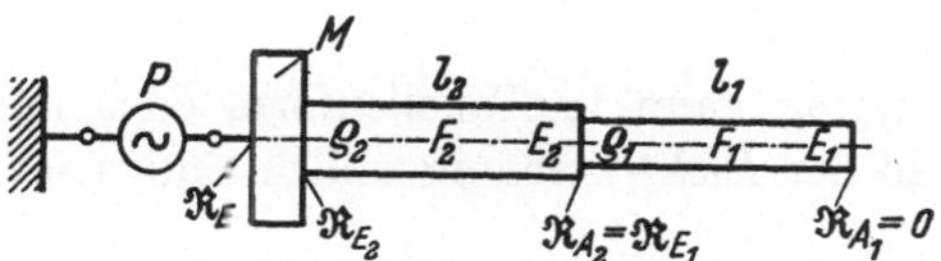

Abb. 132. Zusammengesetztes homogenes Schwingungsgebilde

Im Resonanzzustand muß $\Re$ identisch zu Null werden.

Mit den gegebenen Abmessungen und Werkstoffgrößen F_1, F_2, l_1, l_2, ϱ_1, ϱ_2 und E_1, E_2 lassen sich nach den Gln. (533) u. (553) die Kennwerte

$$Z_1 = F_1 \sqrt{\varrho_1 E_1} \,, \quad Z_2 = F_2 \sqrt{\varrho_2 E_2} \quad \text{bzw.} \quad w_1 = \sqrt{\frac{E_1}{\varrho_1}} \quad \text{und} \quad w_2 = \sqrt{\frac{E_2}{\varrho_2}}$$

berechnen.

Aus der Transformationsgleichung (580) erhalten wir mit $\Re_{A_1} = 0$:

$$\Re_{E_1} = i \, Z_1 \operatorname{tg} \frac{l_1}{w_1} \, \Omega. \tag{598}$$

Wegen $\Re_{A_2} \equiv \Re_{E_1}$ ergibt sich dann weiter [Gl. (580)]

$$\Re_{E_2} = \frac{i Z_1 \operatorname{tg} \dfrac{l_1}{w_1} \, \Omega + i Z_2 \operatorname{tg} \dfrac{l_2}{w_2} \, \Omega}{1 + i \dfrac{i Z_1 \operatorname{tg} \dfrac{l_1}{w_1} \, \Omega}{Z_2} \operatorname{tg} \dfrac{l_2}{w_2} \, \Omega} \,. \tag{599}$$

Die Resonanzbedingung $\Re = \Re_M + \Re_{E_2} \equiv 0$ liefert mit $\Omega \to \omega$ und mit den Setzungen

$$\frac{l_1}{w_1} \omega = v, \quad \frac{l_2}{w_2} \omega = \frac{l_2}{l_1} \frac{w_1}{w_2} v \tag{600}$$

schließlich

$$\frac{w_1}{l_1} \frac{M}{Z_2} v \left(\frac{Z_1}{Z_2} \operatorname{tg} v \cdot \operatorname{tg} \frac{l_2}{l_1} \frac{w_1}{w_2} v - 1 \right) = \frac{Z_1}{Z_2} \operatorname{tg} v + \operatorname{tg} \frac{l_2}{l_1} \frac{w_1}{w_2} v. \tag{601}$$

Die Auflösung dieser transzendenten Gleichung erfolgt am zweckmäßigsten wieder in der Weise, daß man die auf den beiden Gleichungsseiten stehenden trigonometrischen Funktionen über v als Abszisse aufzeichnet und zum Schnitt bringt. Die Schnittpunktsabszissen geben die Lösungen v_μ an, aus denen sich die Kennkreisfrequenzen zu $\omega_\mu = \dfrac{w_1}{l_1} v_\mu$, mit μ als Ordnungszahl der Eigenschwingungen, ergeben (siehe Berechnungsbeispiel auf Seite 210).

Bei einer größeren Zahl von Einzelgebilden erfordert die allgemeine Durchführung des Rechnungsganges, Aufstellen der Resonanzbedingung und Bestimmung der Lösungen, einen zu großen mathematischen Aufwand. Man geht dann zweckmäßig in der Weise vor, daß man in Analogie zum HOLZER-Verfahren den Schwingungswiderstand $\Re$, den das Gebilde auf eine angreifend gedachte Erregerkraftquelle ausübt, für verschiedene passend gewählte Erregerkreisfrequenzen Ω bestimmt und über Ω als Abszisse aufträgt. Die Schnittpunkte der so erhaltenen Widerstandslinie mit der Abszissenachse liefern die Eigenkreisfrequenzen ω_μ.

Die Durchrechnung kann in Tabellenform oder mittels Kreisdiagramme, wie sie in der Elektrotechnik üblich sind, leicht durchgeführt werden.

29. Analoge Schwingungsgebilde

Grundbeziehungen. Die in den vorstehenden Abschnitten für die Längsschwingungen in homogenen prismatischen Körpern abgeleiteten Beziehungen können auf Grund der in den Abschn. 13 und 14 nachgewiesenen Analogiebeziehungen formal auf *Drehschwingungsgebilde* und auf Längsschwingungen in *gas- und flüssigkeitserfüllten Räumen* angewendet werden, wenn die in den Gln. (548), (553) und (540) angeführten, und in Tab. 8 nochmals zusammenfassend dargestellten Entsprechungen beachtet werden.

Einige Berechnungsbeispiele sollen die Anwendung der Analogiebeziehungen erläutern.

Berechnungsbeispiel. Zu bestimmen sind die Kennkreisfrequenzen 1. bis 3. Ordnung des in Abb. 133a dargestellten homogenen Drehschwingungsgebildes.

Angaben:
$$d_1 = 257 \text{ mm}, \quad d_2 = 210 \text{ mm}, \quad l_1 = 4000 \text{ mm}, \quad l_2 = 5000 \text{ mm},$$
$$\gamma_1 = \gamma_2 = 7,85 \text{ kg/dm}^3, \quad G_1 = G_2 = 80\,000 \text{ kg/cm}^2.$$

Das in Abb. 132 dargestellte Gebilde geht mit $M = 0$ in die vorliegende Anordnung über. Wir können daher die durch Gl. (601) ausgedrückte Resonanzbedingung mit $M = 0$ sofort übernehmen und erhalten

$$0 = \frac{Z_1}{Z_2} \operatorname{tg} \nu + \operatorname{tg} \frac{l_2}{l_1} \frac{w_1}{w_2} \nu, \quad \text{wobei} \quad \nu = \frac{\omega}{w_1} l_1. \tag{602}$$

Mit $J_p = \dfrac{\pi\, d^4}{32}$ und $Z = J_p \sqrt{\varrho\, G}$ [Gl. (550)] folgt wegen $\varrho_1 = \varrho_2$ und $G_1 = G_2$:

$$\frac{Z_1}{Z_2} = \frac{J_{p1}}{J_{p2}} = \left(\frac{d_1}{d_2}\right)^4 = \left(\frac{257}{210}\right)^4 = 2,25,$$

sowie nach Gl. (553)

$$w_1 = w_2 = \sqrt{\frac{G}{\varrho}} = \sqrt{\frac{800\,000 \text{ kg/cm}^2}{\dfrac{7,85 \text{ kg/1000 cm}^3}{981 \text{cm/s}^2}}} = 3,16 \cdot 10^5 \frac{\text{cm}}{\text{s}}.$$

Damit erhalten wir aus Gl. (602): $\operatorname{tg} \nu = -\dfrac{1}{2,25} \operatorname{tg} \dfrac{5}{4} \nu.$

Tabelle 8. *Mechanische Entsprechungen*

<table>
<tr><td rowspan="2"></td><td rowspan="2"></td><td colspan="3">Längsschwingungen</td><td>Dreh-Schwingungen</td></tr>
<tr><td>Feste Körper</td><td>Gasförmige K.</td><td>Flüssige K.</td><td>Feste Körper</td></tr>
<tr><td rowspan="7">Gebilde mit Einzelmassen</td><td>a</td><td>m</td><td colspan="2">$\dfrac{m}{F^2}$</td><td>J_p</td></tr>
<tr><td>b</td><td>b</td><td colspan="2">$\dfrac{8\,\bar{\eta}\,l\,\pi}{F^2}$</td><td>$b$</td></tr>
<tr><td>c</td><td>c</td><td>$\dfrac{\varkappa p_0}{V_0}$</td><td>$\dfrac{1}{\beta V_0}$</td><td>$c$</td></tr>
<tr><td>q</td><td>q</td><td colspan="2">$\Delta V = F \cdot x$</td><td>χ</td></tr>
<tr><td>v</td><td>v</td><td colspan="2">$S \equiv (\Delta \dot{V}) = F\,\dot{x}$</td><td>$\dot{\chi}$</td></tr>
<tr><td>P</td><td>P</td><td colspan="2">p</td><td>M_d</td></tr>
<tr><td>$\mathfrak{R}$</td><td>$\dfrac{\widehat{P}}{\widehat{v}}$</td><td colspan="2">$\dfrac{\widehat{p}}{\widehat{S}}$</td><td>$\dfrac{\widehat{M}_d}{\widehat{\dot{\chi}}}$</td></tr>
<tr><td rowspan="7">Homogene Gebilde</td><td>E</td><td>E</td><td>$\varkappa p_0$</td><td>$\dfrac{1}{\beta}$</td><td>G</td></tr>
<tr><td>F</td><td>F</td><td>F</td><td>F</td><td>J_p</td></tr>
<tr><td>ϱ</td><td>$\dfrac{\gamma}{g}$</td><td>$\dfrac{\gamma}{g}$</td><td>$\dfrac{\gamma}{g}$</td><td>$\dfrac{\gamma}{g}$</td></tr>
<tr><td>$a' = \dfrac{a}{l}$</td><td>ϱF</td><td>$\dfrac{\varrho}{F}$</td><td>$\dfrac{\varrho}{F}$</td><td>ϱJ_p</td></tr>
<tr><td>$\alpha' = \dfrac{\alpha}{l} = \dfrac{1}{cl}$</td><td>$\dfrac{1}{EF}$</td><td>$\dfrac{F}{\varkappa p_0}$</td><td>$\beta F$</td><td>$\dfrac{1}{GJ_p}$</td></tr>
<tr><td>w</td><td>$\sqrt{\dfrac{E}{\varrho}}$</td><td>$\sqrt{\dfrac{\varkappa p_0}{\varrho}}$</td><td>$\sqrt{\dfrac{1}{\beta\varrho}}$</td><td>$\sqrt{\dfrac{G}{\varrho}}$</td></tr>
<tr><td>Z</td><td>$F\sqrt{\varrho E} = \varrho w F$</td><td>$\dfrac{1}{F}\sqrt{\varrho\varkappa p_0} \equiv \dfrac{\varrho w}{F}$</td><td>$\dfrac{1}{F}\sqrt{\dfrac{\varrho}{\beta}} = \dfrac{\varrho w}{F}$</td><td>$J_p\sqrt{\varrho G} = \varrho w J_p$</td></tr>
</table>

Diese Gleichung lösen wir graphisch auf, indem wir die trigonometrischen Funktionen $\operatorname{tg} v$ und $-\dfrac{1}{2{,}25}\operatorname{tg}\dfrac{5}{4}v$ aufzeichnen und miteinander zum Schnitt bringen (Abb. 133b). Die Schnittpunktsabszissen sind die gesuchten Lösungen. Wir erhalten $v_1 = 1{,}3399$, $v_2 = 2{,}9074$ u. $v_3 = 4{,}0413$, ... Daraus folgt mit $\omega = \dfrac{w_1}{l_1}v$:

$$\omega_1 = \frac{3{,}16 \cdot 10^5 \,\frac{\text{cm}}{\text{s}}}{400\ \text{cm}} \cdot 1{,}3399 = 1059\,\frac{1}{\text{s}}, \text{ sowie } \omega_2 = 2297\,\frac{1}{\text{s}} \text{ und } \omega_3 = 3193\,\frac{1}{\text{s}}.$$

Berechnungsbeispiel. In Abb. 134a ist eine Druckluftleitung, an deren einem Ende ein Ausgleichsgefäß V_1 angeordnet ist, schematisch dargestellt. Die lufterfüllte Leitung vom Volum $V_L = F\,l$ stellt ein homogenes Schwingungsgebilde dar. Die Abmessungen des Ausgleichsgefäßes sind klein gegenüber der Rohrleitungslänge l, es wirkt daher auf das Leitungsende wie eine Feder mit der Federkonstanten $c = \dfrac{\varkappa\, p_0}{V_1}$ [Gl. (298)], mit V_1 als Volum des Ausgleichsgefäßes.

Zu bestimmen sind die Kennkreisfrequenzen 1. bis 3. Ordnung.

Angaben:

$$d = 50\ \text{mm}, \quad l = 25\ \text{m}, \quad V_1 = 50\ \text{dm}^3, \quad p_0 = 5\ \text{ata}, \quad t_0 = 20^\circ\ \text{C}, \quad \varkappa = 1{,}41.$$

Der Berechnung können wir das in Abb. 134b dargestellte Ersatzgebilde zugrunde legen (eingespannter Stab mit federgefesseltem Ende).

Wir denken uns eine Erregerkraftquelle am rechten Stabende angreifend. Am eingespannten Stabende, dem Stabausgang, können wir uns an Stelle der Einspannung eine unendlich große Masse angeordnet denken. Der Ausgangswiderstand $\Re_A$

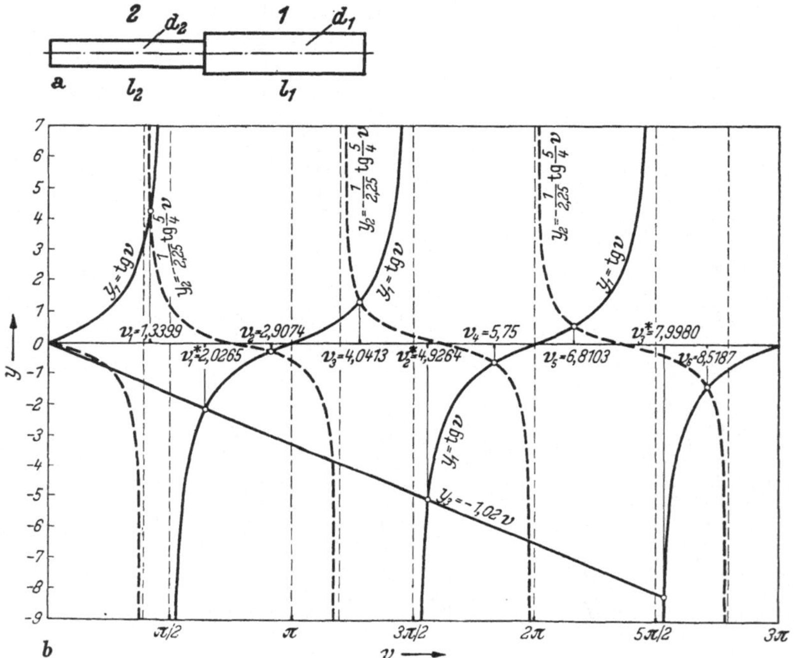

Abb. 133. Homogenes Gebilde zum Berechnungsbeispiel
a Darstellung des Gebildes; b Graphische Lösung der transzendenten Gleichung
$$\operatorname{tg} v = -\frac{1}{2{,}25} \operatorname{tg} \frac{5}{4} v$$
(Die mit eingezeichnete Gerade $y_3 = -1{,}02\, v$ gehört zum Berechnungsbeispiel auf Seite 213)

ist dann unendlich groß. Der Eingangswiderstand des Stabes ergibt sich damit aus Gl. (580), die wir leicht umformen, zu

$$\Re_E = \frac{1 + i\,\dfrac{Z}{\Re_A}\operatorname{tg}\dfrac{\Omega}{w}l}{\dfrac{1}{\Re_A} + i\,\dfrac{1}{Z}\operatorname{tg}\dfrac{\Omega}{w}l} = \frac{1 + 0}{0 + i\,\dfrac{1}{Z}\operatorname{tg}\dfrac{\Omega}{w}l} = \frac{1}{i\,\dfrac{1}{Z}\operatorname{tg}\dfrac{\Omega}{w}l}.$$

Auf die Erregerkraftquelle wirkt dann (Abb. 134c) die Summe der Widerstände $\Re_E$ und $\Re_C = \dfrac{1}{i\,\Omega\,1/c}$ [von der Feder herrührend, siehe Gl. (210)]. Die Resonanzbedingung $\mathfrak{R} = \mathfrak{R}_E + \mathfrak{R}_C \equiv 0$ geht dann, wenn wir wieder ω an Stelle von Ω schreiben, über in

$$\frac{1}{i\frac{1}{Z}\,\mathrm{tg}\,\frac{\omega}{w}\,l} + \frac{1}{i\,\omega\,1/c} = 0\,.$$

Mit $c = \dfrac{\varkappa\,p_0}{V_1}$ und $Z = \dfrac{\sqrt{\varrho_0\,\varkappa\,p_0}}{F}$ [Gl. (539a)] folgt daraus, wenn wir gleichzeitig mit l

erweitern, $-\dfrac{\omega}{\sqrt{\dfrac{\varkappa\,p_0}{\varrho_0}}}\,l\,\dfrac{V_1}{l\,F} = \mathrm{tg}\,\dfrac{\omega}{w}\,l$. Führen wir das Leitungsvolum $V_L = F \cdot l$ ein,

beachten dabei, daß $\sqrt{\dfrac{\varkappa\,p_0}{\varrho_0}} = w$ ist [Gl. (553)], und setzen wir $v = \dfrac{\omega}{w}\,l$, ergibt sich

$-\dfrac{V_1}{V_L}\,v = \mathrm{tg}\,v$. Mit $\dfrac{V_1}{V_L} = \dfrac{50\ \mathrm{dm}^3}{250\ \mathrm{dm}\cdot\dfrac{(0,5\ \mathrm{dm})^2\,\pi}{4}} = 1{,}02$ folgt dann $-\,1{,}02\,v = \mathrm{tg}\,v$

Die Auflösung dieser Gleichung führen wir zeichnerisch in der bereits vorliegenden Abb. 133b durch (siehe Gerade $y_3 = -\,1{,}02\,v$).

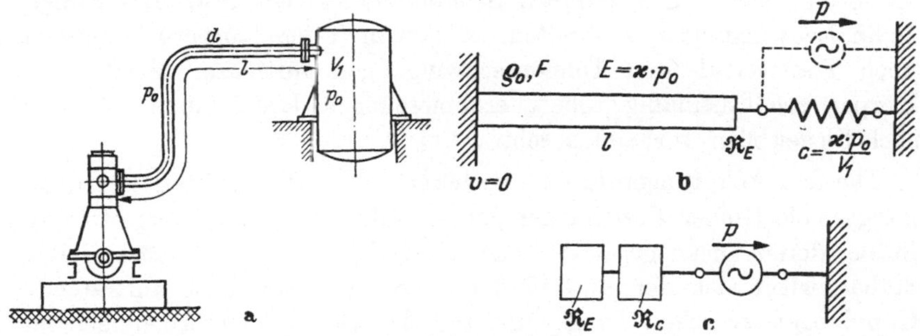

Abb. 134. Druckluftleitung
a Räumliche Anordnung; b Mechanisches Ersatzgebilde; c Reduziertes Ersatzgebilde

Wir erhalten:

$$v_1 \equiv v_1^* = 2{,}0265,\quad v_2 \equiv v_2^* = 4{,}9264\quad\text{und}\quad v_3 \equiv v_3^* = 7{,}9980.$$

Die Dichte ϱ_0 der Luft berechnen wir nach den bekannten Beziehungen aus der Thermodynamik zu

$$\varrho_0 = \frac{\gamma_0}{g} = \frac{1}{g}\,\frac{p_0}{R\,T_0},\quad\text{mit}\quad R = 29{,}27\,\frac{\mathrm{m\,kg}}{\mathrm{kg\,°K}}\quad\text{und}\quad T_0 = 273 + t_0\,.$$

Die Wellengeschwindigkeit ist dann nach Gl. (553)

$$w = \sqrt{\frac{\varkappa\,p_0}{\varrho_0}} = \sqrt{\varkappa\,g\,R\,T_0} = \sqrt{1{,}41\cdot 9{,}81\,\frac{\mathrm{m}}{\mathrm{s}}\,29{,}27\,\frac{\mathrm{m\,kg}}{\mathrm{kg\,°K}}\,(273+20)\,°\mathrm{K}} = 345\,\frac{\mathrm{m}}{\mathrm{s}}\,.$$

Damit ergeben sich die gesuchten Kennkreisfrequenzen

$$\omega_1 = \frac{w}{l}\,v_1 = \frac{345\,\dfrac{\mathrm{m}}{\mathrm{s}}}{25\,\mathrm{m}}\,2{,}0265 = 28{,}0\,\frac{1}{\mathrm{s}}\,,$$

sowie

$$\omega_2 = 68{,}0\,\frac{1}{\mathrm{s}}\quad\text{und}\quad \omega_3 = 110{,}4\,\frac{1}{\mathrm{s}}\,.$$

Der Abb. 133b entnehmen wir weiter:

Ist das Volum V_1 des Ausgleichsgefäßes Null, d. h. liegt eine abgeschlossene Rohrleitung vor, fällt die Gerade $y_3 = -\dfrac{V_1}{V_L}\,v$ in die Abszissenachse; die Lösungen lauten $v_\mu = \pi,\ 2\,\pi,\ 3\,\pi \cdots \mu\,\pi$; die Wellenlänge ergibt sich zu $\lambda_\mu \equiv w\,T \equiv w\dfrac{2\,\pi}{\omega} \equiv 2\,\pi\dfrac{l}{v} = \dfrac{2}{\mu}\,l = 2\,l,\ l,\ \dfrac{2}{3}\,l \cdots$. Mit zunehmendem Volum V_1 werden die v-Werte kleiner, die Wellenlängen größer; d. h., durch das am Leitungsende angeordnete Volumen V_1 wird die Leitung scheinbar *verlängert*.

Für den Extremwert $V_1 \to \infty$ — offenes Leitungsende — erhalten wir $v = \dfrac{\pi}{2}$, $\dfrac{3}{2}\,\pi,\ \dfrac{5}{2}\,\pi, \ldots = (1 + 2\,\mu)\dfrac{\pi}{2}$ und $\lambda = \dfrac{4}{1 + 2\,\mu}\,l = 4\,l,\ \dfrac{4}{3}\,l,\ \dfrac{4}{5}\,l \cdots$.

30. Gültigkeitsbereich der abgeleiteten Beziehungen

Feste Körper. Während sich in Flüssigkeiten und Gasen nur *eine* Art elastischer Wellen, nämlich Kompressionswellen, also reine Longitudinalschwingungen, ausbreiten, können in festen Körpern außerdem noch Transversal- und Torsionsschwingungen auftreten. Besitzt der Körper verhältnismäßig große Querabmessungen, dann können außerdem noch Biegewellen vorhanden sein.

Die den Ableitungen in den vorhergehenden Abschnitten zugrunde gelegten elastischen Beziehungen gelten praktisch nur für langgestreckte Stäbe, deren Dicke gegenüber der Wellenlänge klein ist. Bei dicken Stäben wirkt sich der Einfluß der *Querkontraktion* sowie auftretende Kopplungen zwischen Längs- und radialen Dehnungsschwingungen im Sinne einer Verkleinerung der Wellengeschwindigkeit aus (siehe Literaturnachweis bei L. BERGMANN [*11*] Seite 241 u. 242). Dieser Einfluß macht sich aber erst bei verhältnismäßig großen Frequenzen bemerkbar, so daß die unter den geschilderten Vernachlässigungen abgeleiteten Gleichungen für alle in Frage kommenden technischen Anordnungen genügend genaue Ergebnisse liefern.

Gase. Der Ableitung der Schwingungsgleichungen haben wir die in der technischen Akustik übliche Vereinfachung — Ersatz der $p - v$-Linie des Gases durch ihre Tangente — zugrunde gelegt. Die Gültigkeit der entwickelten Lösungen beschränkte sich daher von vornherein auf kleine Amplituden von Wechseldruck und -geschwindigkeit.

Experimentell wurde jedoch nachgewiesen [*39*], daß der Geltungsbereich dieser Gleichungen trotz der vorgenommenen groben Vernachlässigungen bemerkenswert weit reicht, und daß sich mit Hilfe dieser Gleichungen insbesondere das Resonanzverhalten technischer Anordnungen, wie gasgefüllte Rohrleitungen mit Ausgleichsgefäßen und mehrfachen Verzweigungen, beachtlich gut und mit hinreichender Genauigkeit bestimmen läßt. Die Übereinstimmung zwischen Rechnung und Versuch wurde bis zu Wechseldrücken $|\widehat{p}| \lesssim 0{,}185\,p_0$ (bis $0{,}2\,p_0$), mit p_0 als Ruhedruck, nachgewiesen, wobei der Ruhedruck Werte bis zu $p_0 = 4$ ata erreichte.

Bei der Bestimmung der Wellengeschwindigkeit w ist besonders sorgfältig auf die Temperatur des Gases zu achten; es können, je nachdem, ob es sich um durchströmte Rohrleitungen oder um tote Räume handelt, oftmals beträchtliche Temperaturunterschiede längs der Anordnung vorhanden sein.

V. Elektrische Analogie

Elektrische Schaltungen. Der Bewegungsablauf eines mechanischen Schwingungsgebildes von n Freiheitsgraden kann durch ein System simultaner Diff.-Gleichungen beschrieben werden. Für den Fall geschwindigkeitsproportionaler Dämpfung, linearer Federungskennlinien und bei Beschränkung auf kleine Schwingungsamplituden besteht das Gleichungssystem aus n linearen Diff.-Gleichungen 2. Ordnung. In der theoretischen Elektrotechnik läßt sich das Verhalten elektrischer Netzwerke ebenfalls durch Systeme linearer Diff.-Gleichungen 2. Ordnung beschreiben. Aus dieser formalen Gegebenheit lassen sich Analogiebeziehungen zwischen elektrischen Netzwerken und mechanischen Schwingungsgebilden aufstellen. Die erste geschlossene Darstellung über die Analyse mechanischer Gebilde, insbesondere akustischer Art, mit Hilfe elektrisch-mechanischer Analogiebetrachtungen wurde von HÄHNLE [41], später, und ausführlicher, von HECHT [42] und anderen (siehe ausführliches Literaturverzeichnis bei LANDER [43]) durchgeführt.

31. Grundbeziehungen

Elektrische Schaltungen. Wirkt an den Klemmen einer elektrischen Schaltung eine (zeitlich veränderliche) elektrische Spannung U, dann wird im allgemeinen ein Strom I fließen[1]. Für die elementaren Schaltungsgebilde: OHMscher Widerstand R, eine Wicklung mit der Induktivität L, und einem Kondensator mit der Kapazität C, bestehen zwischen Spannung und Strom die bekannten Beziehungen [44]:

$$U_R = R\,I_R, \quad U_L = L\frac{dI_L}{dt}, \quad U_C = \frac{1}{C}\int I_C\,dt, \qquad (603)$$

bzw.

$$I_R = \frac{1}{R}\,U_R, \quad I_L = \frac{1}{L}\int U_L\,dt, \quad I_C = C\frac{dU_C}{dt}. \qquad (604)$$

---

[1] In Abweichung zu den in der Elektrotechnik üblichen Bezeichnungen sollen U und I die *Momentanwerte* von Spannung und Strom sein, da bei der dort üblichen Bezeichnungsweise der Momentanwerte (u und i) die Gefahr der Verwechslung mit der EULERschen Zahl $i = \sqrt{-1}$ besteht.

Zur Lösung von Netzwerkaufgaben stehen die bekannten KIRCHHOFF-schen Regeln zur Verfügung:

a) *Maschenregel* (Schleifensatz). In einer geschlossenen Leiterschleife (Masche) ist die Summe der eingeprägten elektromotorischen Kräfte (Spannungen) gleich der Summe der an den einzelnen Schaltelementen wirksamen treibenden Spannungen (treibende Spannung = Produkt aus Widerstand und Strom).

b) *Knotenregel.* In einem Stromverzweigungspunkt (Knoten) ist die Summe aller Ströme Null. Bei der Summierung sind zufließende bzw. abfließende Ströme mit entgegengesetzten Vorzeichen einzusetzen.

Die Anwendung dieser Grundbeziehungen wollen wir an zwei Schaltungen einfachster Art aufzeigen.

1. *Reihenschaltung* von L, R und C. Für die in Abb. 135a dargestellte Schaltung gilt

$$I_L = I_R = I_C = I, \tag{605}$$

sowie (Schleifensatz!)

$$U_L + U_R + U_C = U. \tag{606}$$

Mit den Gln. (603) folgt daraus

$$L\frac{dI}{dt} + RI + \frac{1}{C} \int I\, dt = U. \tag{607}$$

2. *Parallelschaltung* von C, R und L. Wie wir der Abb. 135b entnehmen können, liegen alle Schaltelemente an der gleichen Spannung. Daher gilt

$$U_C = U_R = U_L = U. \tag{608}$$

Nach der Knotenregel ergibt sich

$$I_C + I_R + I_L = I. \tag{609}$$

Mit den Gln. (604) folgt daraus

$$C\frac{dU}{dt} + \frac{1}{R}U + \frac{1}{L}\int U\, dt = I, \tag{610}$$

Mechanische Gebilde. a) *Gleichgewichtsbeziehungen.* Die in einem linearen gedämpften Schwingungsgebilde nach Abb. 136a geltende Gleichgewichtsbeziehung wird durch

$$P_a + P_b + P_c = P \tag{611}$$

[siehe Gl. (152)] ausgedrückt. Mit den Gln. (200),

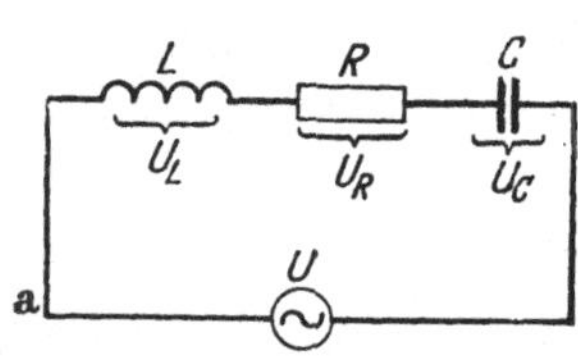

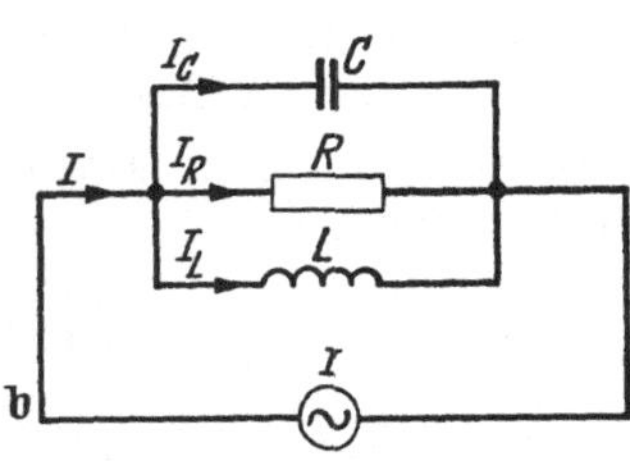

Abb. 135. Elektrische Schaltungen. a Reihenschaltung von R, L und C; b Parallelschaltung von R, L und C

$$P_a = a\frac{dv_a}{dt}, \quad P_b = b\, v_b, \quad P_c = c \int v_c\, dt, \tag{612}$$

und wegen

$$v = v_a = v_b = v_c \qquad (613)$$

erhalten wir

$$a \frac{dv}{dt} + b\,v + c \int v\,dt = P. \qquad (614)$$

b) *Geschwindigkeitsbeziehungen.* Wir betrachten einen geschwindigkeitserregten linearen gedämpften Schwinger nach Abb. 136b. Die Schwingungswege von Geschwindigkeitsquelle v bzw. Masse a bezeichnen wir mit q_F bzw. q_1. Die *relativen* Verschiebungen der Anschlußpunkte der Feder bzw. des Dämpfungsgliedes seien q_c bzw. q_b. Die von der Geschwindigkeitsquelle auf die Feder ausgeübte Kraft P wird in unveränderter Größe durch die Feder und das Dämpfungsglied hindurch auf die Masse a übertragen (Reihenschaltung!), d. h.

$$P_a = P_b = P_c = P. \qquad (615)$$

Unter der Wirkung der Kraft P werden Feder und Dämpfungsglied zusammengedrückt, d. h., q_c und q_b sind *negativ* (Verkürzungen).

Mit den in Abb. 136c eingetragenen Bezeichnungen können wir unmittelbar die geometrische Lagebeziehung anschreiben:

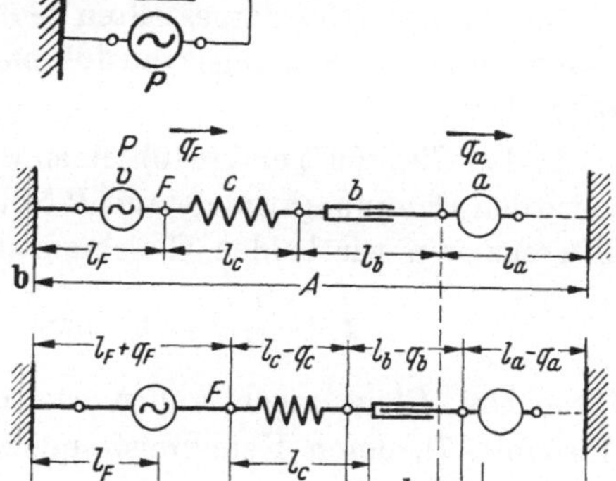

Abb. 136. Gedämpfte lineare Schwinger mit 1 Freiheitsgrad
a Masseerregter Schwinger, Feder mit parallelgeschaltetem Dämpfungsglied; b Federerregter Schwinger mit in Reihe geschaltetem Dämpfungsglied; c Wegbeziehungen beim federerregten Schwinger

$$A = l_F + q_F + l_c - q_c + l_b - q_b + l_a - q_a. \qquad (616)$$

Differenzieren wir diesen Ausdruck nach der Zeit, so folgt mit $\dot{q}_F \equiv v$, da die Längen l_F, l_a, l_b und l_c konstante Größen sind,

$$v_c + v_b + v_a = v. \qquad (617)$$

Entwickeln wir die Grundgleichungen

$$P_a = a \frac{dv_a}{dt}, \quad P_b = b\,v_b, \quad P_c = c \int v_c\,dt \quad [\text{Gln. (200)}] \qquad (618)$$

nach den Geschwindigkeiten, erhalten wir

$$v_a = \frac{1}{a} \int P_a\,dt, \quad v_b = \frac{1}{b} P_b, \quad v_c = \frac{1}{c} \frac{dP_c}{dt}. \qquad (619)$$

Dies in Gl. (617) eingesetzt, liefert mit Gl. (615)

$$\frac{1}{c}\frac{dP}{dt} + \frac{1}{b}P + \frac{1}{a}\int P\,dt = v\,. \tag{620}$$

Analogie-Betrachtung. Vergleichen wir die für elektrische bzw. mechanische Gebilde entwickelten Gleichungen, etwa (607) und (614) bzw. (610) und (620), so können wir formale Übereinstimmung ihres Aufbaues feststellen.

Dies bedeutet, daß in beiden Systemen gleiche Lösungen bestehen. Der zeitliche Verlauf der Ströme und Spannungen im elektrischen System stimmt daher mit dem zeitlichen Bewegungs- und Kraftverlauf im mechanischen System überein.

Die in Abb. 135 dargestellten Gebilde sind schwingungsfähig und können Eigenschwingungen ausführen. Dies ergibt sich aus folgender Betrachtung:

In den Gln. (607) und (610) setzen wir die erregenden Größen U und I, sowie den Dämpfungswiderstand R Null. Um die Integrale zu beseitigen, differenzieren wir beiden Gleichungen und erhalten

$$\ddot{I} + \frac{1}{LC}I = 0 \quad \text{bzw.} \quad \ddot{U} + \frac{1}{LC}U = 0\,. \tag{621}$$

Diese Diff.-Gleichungen stellen harmonische Schwingungen dar (siehe Abschnitt 7), deren Kennkreisfrequenz

$$\omega_0 = \frac{1}{\sqrt{LC}} \tag{622}$$

ist. Der physikalische Grund für den Ablauf des Eigenschwingungsvorganges in einem einmalig erregten elektrischen System besteht darin, daß ein steter Energie-Austausch zwischen den Speichern Induktivität bzw. Kapazität (in Form von magnetischer bzw. elektrischer Energie) erfolgt.

32. Homogene Gebilde

Elektrische Gebilde. Die formale Übereinstimmung der Schwingungsgleichungen mechanischer und elektrischer Gebilde beschränkt sich nicht nur auf Anordnungen, die aus einzelnen, punktförmig konzentriert angeordnet zu denkenden Elementen aufgebaut sind. Sie besteht auch bei homogenen Gebilden, also Anordnungen mit steter Verteilung von Masse und Elastizität bzw. Induktivität und Kapazität.

Dies sei an einem einfachen Beispiel einer verlustfreien elektrischen Doppelleitung aufgezeigt.

Eine Doppelleitung besteht aus zwei voneinander isolierten Leitern, die in verhältnismäßig geringem Abstand voneinander angeordnet sind (siehe symbolische Darstellung in Abb. 137c). Jedes Leiterelement der Länge dx besitzt eine Induktivität dL und, im Zusammenwirken mit einem entsprechenden Element des zweiten Leiters, eine Kapazität dC.

Die Verteilung von Strom und Spannung wird sich bei einem instationärem Vorgang längs des Leiters zeitlich stetig ändern. Schaltungstechnisch können wir die Leitung durch eine Schaltung gemäß Abb. 137a ersetzt denken. Wir greifen einen Knoten heraus (Abb. 137b). Der

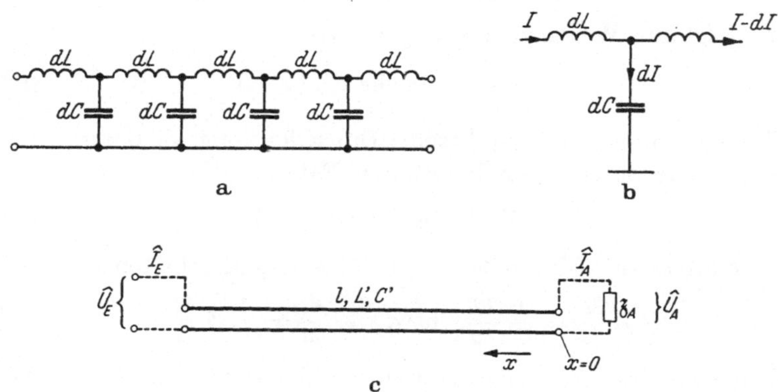

Abb. 137. Homogenes elektrisches Gebilde — Elektrische Doppelleitung
a Kettenleiter als Ersatzbild einer Doppelleitung; b Stromverteilung in einem Knoten der Schaltung; c Symbolische Darstellung der Doppelleitung

(abfließende) Zweigstrom I_C ruft eine Ladungsänderung am Kondensator dC hervor. Es gilt [siehe Gln. (604)]

$$I_C = dC \frac{dU}{dt}. \tag{623}$$

Bezeichnen wir mit C' und L' die auf die Längeneinheit der Doppelleitung bezogenen Werte der Kapazität bzw. Induktivität, so gilt

$$dC = C'\, dx \quad \text{bzw.} \quad dL = L'\, dx. \tag{624}$$

Mit $I_c = -dI$ und $dC = C'\, dx$ folgt[1] aus Gl. (623)

$$-\frac{\partial U}{\partial t} = \frac{1}{C'} \frac{\partial I}{\partial x}. \tag{625}$$

Der auf das Längenelement dx entfallende Spannungsabfall $-dU$ entsteht an der vom Strome I durchflossenen Induktivität dL. Er ist

$$-dU = dL \frac{dI}{dt} \quad \text{[siehe Gl. (603)]}.$$

Mit $dL = L'\, dx$ folgt daraus

$$-\frac{\partial I}{\partial t} = \frac{1}{L'} \frac{\partial U}{\partial x}. \tag{626}$$

---

[1] Zufolge der abfließenden Ströme I_C wird der durch die Induktivitäten hindurchfließende Strom I kleiner. Daher Stromänderung $dI =$ negativ.

Wellengeschwindigkeit und Wellenwiderstand des elektrischen homogenen Gebildes. Differenzieren wir Gl. (625) nach t und Gl. (626) nach x, bzw. Gl. (625) nach x und Gl. (626) nach t, dann erhalten wir, wenn wir die Ausdrücke $\dfrac{\partial^2 I}{\partial x\,\partial t}$ bzw. $\dfrac{\partial^2 U}{\partial x\,\partial t}$ eliminieren, zwei Gleichungen, die der Gl. (551) völlig analog sind:

$$\frac{\partial^2 U}{\partial t^2} = \frac{1}{L'\,C'}\,\frac{\partial^2 U}{\partial x^2} \quad \text{bzw.} \quad \frac{\partial^2 I}{\partial t^2} = \frac{1}{L'\,C'}\,\frac{\partial^2 I}{\partial x^2}\,. \qquad (627\,\text{a, b})$$

Daraus folgt die Wellengeschwindigkeit zu

$$w = \frac{1}{\sqrt{L'\,C'}} \quad [\text{siehe Gl. (551)}]. \qquad (628)$$

Die Größen U und I erfüllen dieselbe Diff.-Gleichung, sie unterscheiden sich daher nur durch einen konstanten Faktor. Wir setzen

$$U = Z \cdot I \quad [\text{siehe Gl. (532)}], \qquad (629)$$

gehen damit in die Gln. (625) und (626) ein, und erhalten

$$-Z\,\frac{\partial I}{\partial t} = \frac{1}{C'}\,\frac{\partial I}{\partial x} \quad \text{bzw.} \quad -\frac{\partial I}{\partial t} = \frac{1}{L'}\,Z\,\frac{\partial I}{\partial t}\,.$$

Dividieren wir diese Gleichungen durcheinander, so folgt der *Wellenwiderstand Z* daraus zu

$$Z = \sqrt{\frac{L'}{C'}}\,. \qquad (630)$$

Vergleich mit mechanischen homogenen Gebilden. Vergleichen wir die Gln. (627) mit den Gln. (529) und (530), so erkennen wir wieder formale Übereinstimmung.

Zwischen homogenen mechanischen Gebilden und homogenen elektrischen Gebilden besteht somit ebenfalls Analogie.

Für harmonische Schwingungen in homogenen elektrischen Gebilden erhalten wir demnach die Lösungsgleichungen analog zu den Gln. (574) und (575):

$$\left.\begin{aligned}
\widehat{U}_x &= \widehat{U}_A \cos\frac{\Omega}{w}\,x + i\,Z\,\widehat{I}_A \sin\frac{\Omega}{w}\,x \\[2mm]
\widehat{I}_x &= \widehat{I}_A \cos\frac{\Omega}{w}\,x + i\,\frac{\widehat{U}_A}{Z} \sin\frac{\Omega}{w}\,x\,.
\end{aligned}\right\} \qquad (631)$$

Dabei bedeuten $\widehat{U}_x$ und $\widehat{I}_x$ die komplexen Amplituden von Spannung und Strom an der Stelle x des Leiters (gemessen vom Leitungsende), während $\widehat{U}_A$ und $\widehat{I}_A$ die entsprechenden Werte am Leitungsausgang sind (siehe Abb. 137 c).

Dividieren wir die beiden Gleichungen durcheinander, und setzen wir $x = l$, sowie

$$\mathfrak{Z}_A = \frac{\widehat{U}_A}{\widehat{I}_A} = \textit{Ausgangswiderstand}, \qquad (632)$$

erhalten wir den *Eingangswiderstand* $\mathfrak{Z}_E$ einer endlich langen Doppelleitung von der Länge l analog der Gl. (580) zu

$$\mathfrak{Z}_E = Z\,\frac{\dfrac{\mathfrak{Z}_A}{Z} + i\,\mathrm{tg}\,\dfrac{\Omega}{w}\,l}{1 + i\,\dfrac{\mathfrak{Z}_A}{Z}\,\mathrm{tg}\,\dfrac{\Omega}{w}\,l}\,. \tag{633}$$

33. Entsprechungen

Vorteil der Analogie-Betrachtung. Die Umwandelbarkeit eines vorgegebenen mechanischen Gebildes in ein analoges elektrisches Gebilde gestattet es, die Lösung einer mechanischen Schwingungsaufgabe durch formale Anwendung der in großer Fülle in der theoretischen Elektrotechnik ausgearbeiteten Lösungsverfahren vorzunehmen.

Es sei, um nur ein Beispiel zu nennen, auf die großen Vorteile hingewiesen, die sich durch die Verwendung graphischer Verfahren, insbesondere der Zeigerdiagramme, bieten.

Oftmals treten Aufgabenstellungen auf, die eine Umkehrung der bisher behandelten Fragestellungen bedeuten; wenn nämlich Schwingungsgebilde zu bemessen sind, deren Frequenzverhalten durch das geforderte Betriebsverhalten festgelegt ist, wie dies beispielsweise in der technischen Akustik (Bemessung von Schalldämpfern mit Filtereigenschaften) der Fall ist, oder wenn es sich darum handelt, hochempfindliche Meßgeräte (beispielsweise in Flugzeugen oder Fahrzeugen) mit Hilfe elastischer Mittel so aufzustellen, daß von außen her einwirkende Störschwingungen bestimmter Frequenzen vom Gerät ferngehalten werden [46].

Auch in der Meßtechnik, beim Messen von Drucken in Gasen und Flüssigkeiten, treten oftmals ähnliche Aufgabenstellungen auf, wenn es sich etwa darum handelt, nachzuprüfen, inwieweit Meßstutzen und Meßleitungen die Genauigkeit einer Meßwertanzeige beeinflussen können (siehe Berechnungsbeispiel auf Seite 84 sowie [45]).

Für fast alle diese Fälle stehen in der Vierpol- und Siebschaltungstheorie der theoretischen Elektrotechnik eine große Zahl fertig ausgearbeiteter Lösungen für das Auffinden von Schaltungen bestimmten Frequenzverhaltens zur Verfügung, so daß eine zeitsparende, rationelle Lösung mechanischer Schwingungsprobleme ermöglicht wird.

Nicht zuletzt sei noch erwähnt, daß es möglich ist, das Verhalten mechanischer Schwingungsgebilde modellmäßig mit Hilfe analoger elektrischer Schaltungen einfach, und in den einzelnen Schaltungselementen vielseitig abwandelbar, zu untersuchen. Durch Veränderung eines Parameters der Schaltung lassen sich leicht serienmäßige Untersuchungen zum Auffinden optimaler Lösungen durchführen.

Besonders wertvoll erweisen sich die Modellverfahren bei Untersuchungen an nichtlinearen Schwingungsgebilden, die der mathematischen Behandlung meist nur schwer zugänglich sind.

Die festgestellte formale Übereinstimmung der für elektrische bzw. mechanische Gebilde entwickelten Gleichungen gestattet es, *zwei* Arten von Entsprechungen aufzustellen.

Linear-Entsprechung. Erfolgt die Zuordnung der Gleichungen nach der in Tab. 9a eingetragenen Weise, dann gelten, wie man sich durch Vergleich der sich entsprechenden Gleichungen leicht überzeugen kann, die Entsprechungen

$$P \mathrel{\hat=} U, \quad \hat v \mathrel{\hat=} I$$
$$a \mathrel{\hat=} L, \quad b \mathrel{\hat=} R, \quad c \mathrel{\hat=} C, \quad \varrho F \mathrel{\hat=} L', \quad E F \mathrel{\hat=} \frac{1}{C'}. \tag{634}$$

Tabelle 9
Zuordnung der Schwingungsgleichungen

a) Linear-Entsprechung

	Schwinger mit diskreten Elementen					Homogener Schwinger	
mech. Syst.	Gl. (614)	Gl. (620)	Gl. (613)	Gl. (611)	Gl. (612)	Gl. (530)	Gl. (529)
elektr. Syst.	Gl. (607)	Gl. (610)	Gl. (605)	Gl. (606)	Gl. (603)	Gl. (627a)	Gl. (627b)

b) Reziprok-Entsprechung

	Schwinger mit diskreten Elementen					Homogener Schwinger	
mech. Syst.	Gl. (614)	Gl. (620)	Gl. (617)	Gl. (611)	Gl. (618)	Gl. (530)	Gl. (529)
elektr. Syst.	Gl. (610)	Gl. (607)	Gl. (606)	Gl. (609)	Gl. (604)	Gl. (627b)	Gl. (627a)

Für zeitlich harmonisch sich ändernde Größen

$$U = \widehat{U}\, e^{i\Omega t}, \quad I = \widehat{I}\, e^{i\Omega t}, \quad P = \widehat{P}\, e^{i\Omega t} \quad \text{und} \quad v = \hat v\, e^{i\Omega t},$$

deren komplexe Amplituden $\widehat{U}, \widehat{I}, \widehat{P}$ und $\hat v$ seien, gehen die für eine elektrische Reihenschaltung von $R - L - C$ (Abb. 135a) bzw. für einen masseerregten Schwinger nach Abb. 136a geltenden Gln. (707) bzw. (614) über in

$$\left(i\Omega L + R + \frac{1}{i\Omega C}\right)\widehat{I} = \widehat{U}, \quad \text{bzw.} \quad \left(i\Omega a + b + \frac{1}{i\Omega\, 1/c}\right)\hat v = \widehat{P}. \tag{635}$$

Die Glieder in den Summenausdrücken haben die Bedeutung von Widerständen.

Durch die vorstehende Entsprechung wird somit jedem mechanischen Widerstand ein analoger elektrischer Widerstand zugeordnet.

Die Gl. (614) drückt eine Gleichgewichtsbeziehung aus. Sie besagt, daß die algebraische Summe aller an einem Punkt (Masse a) angreifenden

Kräfte Null ist. Sie kann daher als Ausdruck einer mechanischen *Knotenregel* gelten.

Die Gl. (607) drückt das Spannungsgleichgewicht in der in Abb. 135a dargestellten geschlossenen Stromschleife aus, ist also Ausdruck der elektrischen *Schleifenregel*.

Als Kennzeichen der Linear-Entsprechung können wir daher verallgemeinernd feststellen:

Jedem mechanischen *Knoten* wird eine elektrische *Schleife*, bzw. jeder mechanischen *Schleife* wird ein elektrischer *Knoten* zugeordnet; sowie: jedem mechanischen *Widerstand* entspricht ein elektrischer *Widerstand*, und umgekehrt (Widerstände entsprechen sich *linear*).

Reziprok-Entsprechung. Außer der vorbesprochenen und in Tab. 9a angeführten Zuordnung ist noch eine zweite Art der Zuordnung der formal übereinstimmenden Gleichungen möglich. Sie ist in Tab. 9b angedeutet. Die daraus folgenden Entsprechungen lauten:

$$\boxed{\begin{array}{c} P \triangleq I, \quad v \triangleq U, \\[2mm] a \triangleq C, \quad b \triangleq \dfrac{1}{R}, \quad c \triangleq \dfrac{1}{L}, \quad \varrho F \triangleq C', \quad E F \triangleq \dfrac{1}{L'}. \end{array}} \tag{636}$$

Für zeitlich harmonisch sich ändernde Größen U, I, P und v gehen die Entsprechungsgleichungen (610) bzw. (614) über in

$$\left(i\,\Omega\,C + \frac{1}{R} + \frac{1}{i\,\Omega\,L} \right) \widehat{U} = \widehat{I}, \tag{637}$$

bzw.

$$\left(i\,\Omega\,a + b + \frac{1}{i\,\Omega\,1/c} \right) \widehat{v} = \widehat{P}. \tag{638}$$

Die Summenglieder in Gl. (637) haben die Bedeutung von elektrischen Leitwerten (Leitwert = Reziprokwert des Widerstandes), während die entsprechenden Glieder in Gl. (638) die Bedeutung von mechanischen Widerständen besitzen. Durch die Reziprok-Entsprechung werden also mechanische Widerstände in elektrische Leitwerte (= Reziprokwerte von Widerständen, daher die Benennung Reziprok-Entsprechung) und umgekehrt, übergeführt.

Die Gl. (610) bzw. (637) ist Ausdruck der elektrischen Knotenregel. Wie bereits erwähnt, kann die Gl. (614) bzw. (638) als Ausdruck einer mechanischen Knotenregel aufgefaßt werden, so daß durch die Reziprok-Entsprechung einem *mechanischen Knoten* ein *elektrischer Knoten*, und umgekehrt, zugeordnet wird.

Wenn wir uns nochmals kurz die Ableitung der Gl. (620) für den geschwindigkeitserregten Schwinger vergegenwärtigen, so erkennen wir, daß sie eine Beziehung über die an den Klemmen der einzelnen Schaltungselemente einer Anordnung auftretenden Geschwindigkeiten aus-

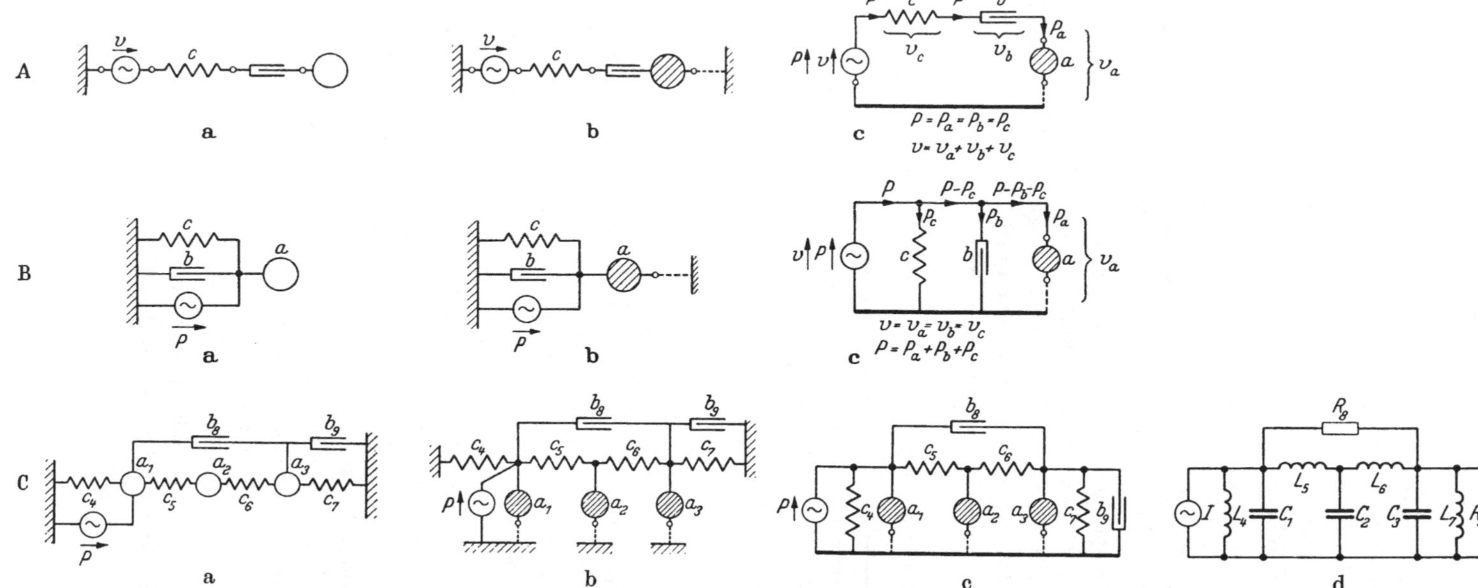

Abb. 138. Aufsuchen des mechanischen Schaltbildes aus gegebenem Wirkplan

A Federerregter Schwinger; B Masseerregter Schwinger; C Allgemeines Koppelgebilde; a = Wirkplan; b = mechanisches Schaltbild, c = umgezeichnetes Schaltbild; C, d = Reziprok-analoges elektrisches Schaltbild zu Abb. C_c (siehe S. 229)

drückt. Da eine Anordnung immer eine geschlossene Schleife bildet (siehe den Masseschluß in Abb. 136b), kann die Gl. (620) als Ausdruck eines *mechanischen Schleifensatzes* gedeutet werden, so daß durch die Zuordnung der Gln. (620) und (607) (siehe Tab. 9b) einer *mechanischen Schleife* eine *elektrische Schleife*, und umgekehrt, entspricht.

Die vorstehenden Betrachtungen können auf beliebig gestaltete Anordnungen erweitert werden, so daß ganz allgemein gilt:

Durch die Reziprok-Entsprechung werden Widerstände in Leitwerte, Knoten in Knoten und Schleifen in Schleifen umgewandelt.

Mechanische Schaltbilder — Schaltbild-Synthese. *Sonderstellung der Masse.* Eine träge Masse nimmt unter den mechanischen Schaltungselementen eine Sonderstellung ein.

Die Gültigkeit der mechanischen Maschenregel verlangt das Vorhandensein von *Relativ*geschwindigkeiten zwischen den Anschlußklemmen eines Schaltungsgliedes. Da die Massen eines aus diskreten Elementen aufgebauten Schwingungsgebildes als starr vorausgesetzt werden, können zwischen deren Anschlußklemmen keine Relativgeschwindigkeiten auftreten.

Nach dem Trägheitsgesetz $P_a = a\ddot{q}$ muß die zeitliche Änderung der Wegkoordinate der Masse, d. h. die Geschwindigkeit, gegen das *feste* Bezugssystem (Inertialsystem) gemessen werden. Dieser Besonderheit der Masse können wir nun dadurch Rechnung tragen, daß wir eine Masse immer nur mit einer *einzigen* Anschlußklemme mit den übrigen Elementen des Schwingungsgebildes verbinden, und mit einer zweiten Klemme — einem *fiktiven* Punkt der Masse — die Verbindung zum ruhenden Bezugssystem herstellen [*43*]. Den fiktiven Charakter dieser Verbindung drücken wir durch gestrichelte Darstellung aus (Abb. 136b).

Durch diese Einführung haben wir gleichzeitig einen Schritt zur Aufstellung mechanischer Schaltbilder getan. Während die bisherige Darstellung von Schwingungsgebilden nur Aufschluß über die geometrisch-kinematische Verknüpfung der einzelnen Teilgebilde gab, und der Verlauf von Kräften und Geschwindigkeiten nur mittelbar zum Ausdruck kam, lassen sich aus einer *Schaltbild*-Darstellung zusätzlich eindeutige Aussagen über den Kraftfluß und die Geschwindigkeitsverteilung unmittelbar ablesen (siehe Abb. 138). Ein mechanisches Schaltbild ist einem elektrischen Schaltbild völlig gleichwertig, denn auch dieses bringt außer der geometrischen Verknüpfung der Schaltelemente die Verteilung von Strömen und Spannungen unmittelbar zum Ausdruck.

Beispiele. Die Abbn. 138a, b, c zeigen die Entwicklung des mechanischen Schaltbildes aus der symbolischen Darstellung eines Schwingungsgebildes für drei verschiedene Gebilde einfachster Art. Über die Umwandlung selbst ist nichts Weiteres zu sagen, da alle Einzelheiten aus den Abbildungen zu entnehmen sind.

Anwendung auf analoge mechanische Gebilde. *Drehschwingungsgebilde.* Die Anwendung der Schaltbild-Synthese auf Drehschwingungsgebilde zeigt Abb. 139. Das Gebilde besteht aus einer offenen 3-Massen-Schwingerkette, an deren mittlerer Dreh-Masse J_2 eine weitere Drehmasse J_3 über eine elastische Hohlwelle c_6 angekoppelt ist. An J_3 greife eine Drehkraft-Quelle M_d an. Zunächst zeichnen wir das Ersatzgebilde der Anordnung in Form eines analogen Geradeaus-Schwingers auf (Abb. 139b). Die Kenndaten des Ersatzgebildes sind durch die Entsprechungsgleichungen (247) gegeben. Dann zeichnen wir die fiktiven

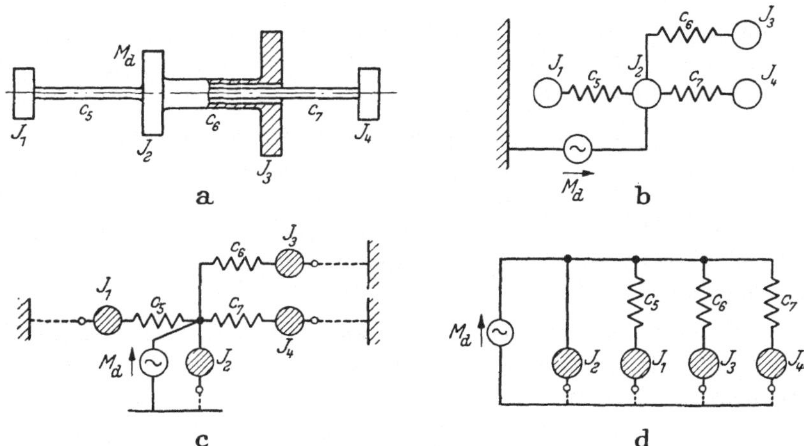

Abb. 139. Mechanisches Schaltbild eines Drehschwingungsgebildes
a Drehschwingungsgebilde; b Mechanischer Wirkplan des analogen
Geradeaus-Schwingers; c Mechanisches Schaltbild; d Umgezeichnetes Schaltbild

Klemmen der Massen und ihre Verbindungen zum festen Bezugssystem (Abb. 139c).

Damit ist das mechanische Schaltbild des Drehschwingungsgebildes gegeben. Der besseren Übersichtlichkeit wegen zeichnen wir es um und bringen es in die in Abb. 139d dargestellte Form.

Homogene Gebilde. Einen homogenen prismatischen Stab kann man sich aus einer Folge von elementaren Massen, die durch elementare Federn verbunden sind, aufgebaut denken (Abb. 140). Man kann ihn als Extremfall einer offenen Schwingerkette mit unendlich vielen, unendlich kleinen Massen betrachten.

Das mechanische Schaltbild einer Schwingerkette ist sehr einfach zu finden, denn wir brauchen nur die fiktiven Verbindungen zwischen den Massen und dem festen Bezugssystem einzuzeichnen (Abb. 140c).

Entsprechend den für homogene elektrische Gebilde eingeführten Größen C' und L' wollen wir für mechanische homogene Gebilde ebenfalls die auf die Längeneinheit bezogenen Werte der Gesamtmasse m und der

Gesamt-Nachgiebigkeit α einführen. Es sei

$$a' = \frac{m}{l} \quad \text{bzw.} \quad \alpha' = \frac{\alpha}{l}. \tag{639}$$

1. *Feste Körper.* Mit $m = \varrho\,F\,l$ und $\alpha \equiv \dfrac{1}{c} = \dfrac{l}{E\,F}$ [(Gln. (88) bzw. (94)] folgt

$$a' = \varrho\,F \quad \text{bzw.} \quad \alpha' \equiv \frac{1}{c'} = \frac{1}{E\,F}. \tag{640}$$

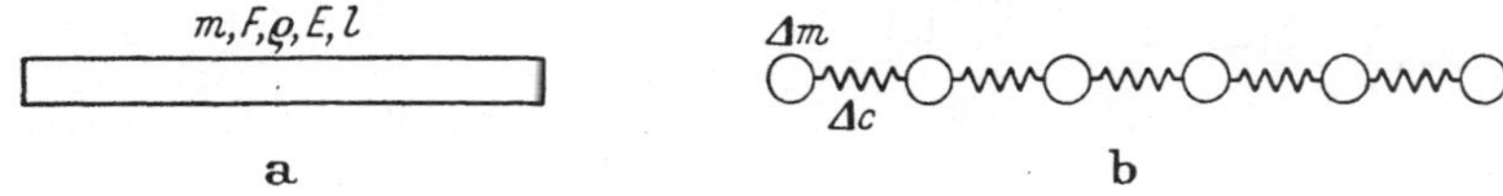

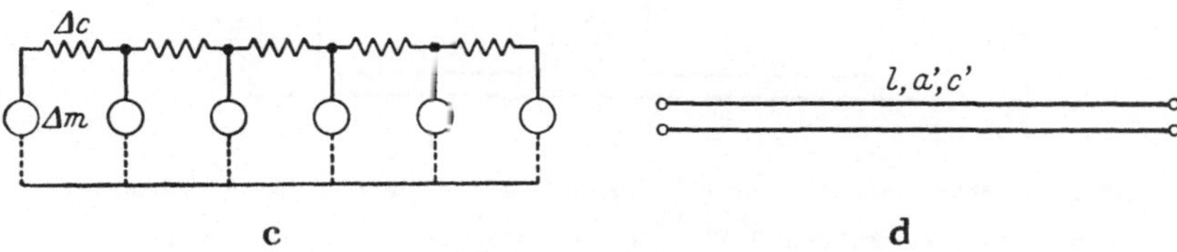

Abb. 140. Homogener prismatischer Stab
a geometrische Form des Stabes; b Schwingerkette als Ersatzgebilde des Stabes;
c Mechanisches Schaltbild der Schwingerkette; d Symbolische Schaltbilddarstellung

Mit $Z = F\,\varrho\,w$ [Gl. (564)] ergibt sich

$$Z = a'\,w. \tag{641}$$

2. *Akustisches Gebilde.* Mit den Gln. (298)

$$a \mathrel{\widehat{=}} \frac{m}{F^2} = \frac{\varrho\,F\,l}{F^2} = \frac{\varrho\,l}{F}, \quad \text{bzw.} \quad \alpha \equiv \frac{1}{c} \mathrel{\widehat{=}} \frac{V}{\varkappa\,p_0} = \frac{F\,l}{\varkappa\,p_0}$$

erhalten wir

$$a' = \frac{\varrho}{F}, \quad \text{bzw.} \quad \alpha' \equiv \frac{1}{c'} = \frac{F}{\varkappa\,p_0}. \tag{642}$$

Aus $Z_{\text{akust.}} = \dfrac{\sqrt{\varrho\,E}}{F}$ [Gl. (539)] folgt mit $w = \sqrt{\dfrac{E}{\varrho}}$ [Gln. (553)]

$$Z = \frac{\varrho\,w}{F} = a'\,w. \tag{643}$$

Der einfacheren Darstellung wegen wollen wir das mechanische Schaltbild eines homogenen Gebildes in symbolisierter Form als *Doppelleitung* (siehe Abb. 140d) darstellen, der man die kennzeichnenden Größen $a' = \varrho\,F$, $c' \equiv \dfrac{1}{\alpha'} = E\,F$ und l einschreibt.

Beispiel. Aufzuzeichnen ist das mechanische Schaltbild des in Abb. 141a dargestellten Drehschwingungsgebildes.

Zunächst zeichnen wir unter Beachtung der Entsprechungsgleichungen (247) das dem Drehschwingungsgebilde entsprechende Gebilde eines Geradeaus-Schwingers auf (Abb. 141b). Die Einspannung am linken Ende der Anordnung ersetzen wir dabei durch eine ∞ große Einzelmasse. Dann führen wir die fiktiven Verbindungen der Einzelmassen mit dem festen Bezugssystem ein, und zeichnen die homogenen Gebilde in Doppelleiterform. Damit ist das mechanische Schaltbild bestimmt (Abb. 141c).

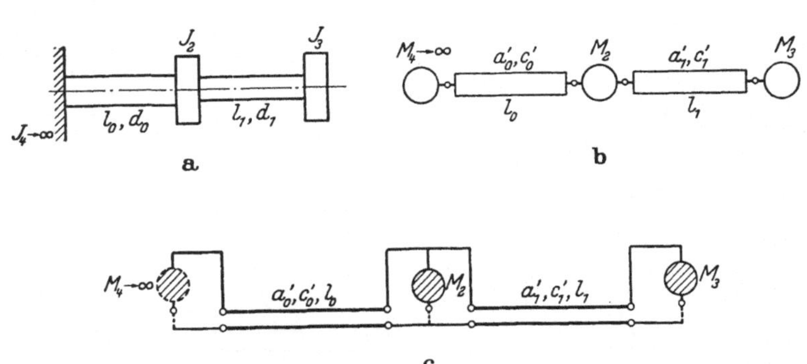

Abb. 141. Mechanisches Schaltbild eines homogenen Drehschwingungsgebildes mit Einzel-Drehmassen
a Drehschwingungsgebilde; b Wirkplan des analogen Geradeaus-Schwingers; c Mechanisches Schaltbild

Die Größen der Schaltungsgebilde ergeben sich aus den Entsprechungsgleichungen (247) und den Gln. (640) zu

$$\left.\begin{array}{l}M_2 \triangleq J_2, \quad M_3 \triangleq J_3, \quad a_0' \triangleq \varrho_0 \, J_{p_0}, \quad a_1' \triangleq \varrho_1 \, J_{p_1} \\[1mm] c_0' \triangleq G_0 \, J_{p_0}, \quad c_1' \triangleq G_1 \, J_{p_1}, \quad \text{mit} \quad J_{p_0} = \frac{\pi}{32} d_0^4, \quad J_{p_1} = \frac{\pi}{32} d_1^4, \\[1mm] \varrho_0 = \frac{\gamma_0}{g}, \quad \varrho_1 = \frac{\gamma_1}{g} \text{ sowie } G_0 \text{ bzw. } G_1 \end{array}\right\} \qquad (644)$$

als Schubmoduli der Werkstoffe der Körper 0 und 1.

Duale Schaltungen. Durch die aufgezeigten Entsprechungen werden Zuordnungen zwischen mechanischen und elektrischen Gebilden vorgenommen. In den Schaltbildern der sich entsprechenden Gebilde bestehen bestimmte Gesetzmäßigkeiten, die wir, kurz wiederholend, in der einfachen Form:

Reziprok-Entsprechung:
mech. Knoten → el. Knoten, mech. Schleife → el. Schleife,
Linear-Entsprechung:
mech. Knoten → el. Schleife, mech. Schleife → el. Knoten,

anschreiben können.

Reziprok-Entsprechung. Wegen der Zuordnung Knoten→Knoten, bzw. Schleife→Schleife, besitzt das Schaltbild eines elektrischen Gebildes, das einem mechanischen Gebilde reziprok zugeordnet ist, den gleichen

Aufbau wie das mechanische Schaltbild des mechanischen Gebildes. Gemäß den Entsprechungsgleichungen (636) werden dabei Massen in Kapazitäten, Federn in Induktivitäten, Dämpfungsglieder in OHMsche Widerstände, Kraftquellen in Stromquellen, und Geschwindigkeitsquellen in Spannungsquellen umgewandelt.

Beispiel. Zu dem in Abb. 138Ca dargestellten mechanischen Gebilde ist das nach der Reziprok-Entsprechung zugeordnete elektrische Gebilde anzugeben.

Wir gehen von Abb. 138Cc aus und zeichnen ein neues gleichartig aufgebautes Schaltbild auf, wobei wir die in den einzelnen Schaltzweigen angeordneten mechanischen Schaltungsglieder gemäß den Entsprechungsleichungen (636) in elektrische Glieder umwandeln. Das Ergebnis zeigt Abb. 138Cd.

Linear-Entsprechung. Die Zuordnung Knoten—Schleife bzw. Schleife—Knoten führt auf Gebilde, deren Schaltbilder verschiedenartigen Aufbau zeigen.

In der Elektrotechnik werden Schaltungen, die ineinander übergeführt werden können, wenn man Knoten in Schleifen bzw. Schleifen in Knoten umwandelt, und bei denen die Widerstände der einen Schaltung gleich sind den Leitwerten der entsprechenden Glieder der anderen Schaltung, als *duale*, *inverse*, oder *widerstandsreziproke* Schaltungen bezeichnet [47].

In zwei zueinander dualen Schaltungen muß das OHMsche Gesetz gelten. Zwischen den Strömen, Spannungen und Scheinwiderständen entsprechender Gebilde gilt daher, wenn wir mit $\mathfrak{Z}$ ganz allgemein einen Scheinwiderstand (*Impedanz*) in komplexer Schreibweise bezeichnen,

$$\widehat{U} = \mathfrak{Z}\,\widehat{I}, \tag{645}$$

bzw. im dualen Schaltbild

$$\widehat{U}* = \mathfrak{Z}*\,\widehat{I}*. \tag{646}$$

Mit der Dualitätsbedingung $\mathfrak{Z}* = \dfrac{1}{\mathfrak{Z}}$ geht die Gl. (646) über in

$$\widehat{I}* = \mathfrak{Z}\,\widehat{U}*. \tag{647}$$

Aus dem Vergleich der Entsprechungsgleichungen (645) und (647) folgt $U* \triangleq \widehat{I}$ bzw. $I* \triangleq \widehat{U}$, d. h., *Ströme* werden in *Spannungen*, *Spannungen* in *Ströme* dual umgewandelt.

Dual-Konstante. Die vorstehende Zuordnung kann verallgemeinert werden.

Erweitern wir die Gl. (645) mit D (= Konstante), dann erhalten wir, bei unverändert gültigem OHMschen Gesetz,

$$\frac{\widehat{U}}{D} = \frac{\mathfrak{Z}}{D^2}\left(D\,\widehat{I}\right). \tag{648}$$

Schreiben wir die Gl. (646) in der Form

$$\widehat{I}* = \frac{1}{\mathfrak{Z}*}\,\widehat{U}* ,$$ (649)

so liefert der Vergleich der so umgeformten Entsprechungsgleichungen (648) und (649) die dualen Zuordnungen

$$\boxed{\widehat{U}* \;\hat{=}\; D\,\widehat{I}, \quad \widehat{I}* \;\hat{=}\; \frac{\widehat{U}}{D}, \quad \mathfrak{Z}* \;\hat{=}\; \frac{D^2}{\mathfrak{Z}}.}$$ (650)

Durch die Einführung des Erweiterungsfaktors D, man bezeichnet ihn als *Dual-Konstante*, wird jedem Schaltungsgebilde eine unendlich große Zahl untereinander ähnlicher dualer Gebilde zugeordnet.

Wird die Dualitätsbeziehung $\mathfrak{Z}* = \dfrac{D^2}{\mathfrak{Z}}$ auf die drei Schaltungselemente R, L und C angewendet, folgt

$$\left. \begin{aligned} &1)\; R\colon\; \mathfrak{Z}* \;\hat{=}\; \frac{D^2}{R} \equiv R* \\[2mm] &2)\; L\colon\; \mathfrak{Z}* \;\hat{=}\; \frac{D^2}{i\,\Omega\,L} = \frac{1}{i\,\Omega \cdot L/D^2} \equiv \frac{1}{i\,\Omega\,C*} \\[2mm] &3)\; C\colon\; \mathfrak{Z}* \;\hat{=}\; \frac{D^2}{1/i\,\Omega\,C} = i\,\Omega \cdot D^2\,C \equiv i\,\Omega\,L* \end{aligned} \right\}$$ (650a)

Aus den Gln. (650a) ist ersichtlich:

Zu 1: $\mathfrak{Z}*$ ist ein Oнмscher Widerstand.
Zu 2: $\mathfrak{Z}*$ ist ein kapazitiver Scheinwiderstand.
Zu 3: $\mathfrak{Z}*$ ist ein induktiver Scheinwiderstand.

Daher gelten die Dual-Entsprechungen:

$$\boxed{R* \;\hat{=}\; \frac{D^2}{R}, \quad C* \;\hat{=}\; \frac{L}{D^2}, \quad L* \;\hat{=}\; D^2 C}$$ (651)

Aus diesen Entsprechungsgleichungen entnehmen wir: Oнмsche Widerstände werden in Oнмsche, induktive in kapazitive und kapazitive in induktive Widerstände umgewandelt. In Tab. 10 sind die dualen Entsprechungen zusammenfassend dargestellt.

Frequenzverhalten dualer Gebilde. Die Kennkreisfrequenz einer Reihenschaltung von R, L und C, bzw. einer Parallelschaltung aus diesen Gebilden, be-

Tabelle 10
Duale elektrische Gebilde
(D = Dualkonstante)

R	$\longrightarrow$	$R* = D^2 \dfrac{1}{R}$
L	$\longrightarrow$	$C* = \dfrac{1}{D^2} L$
C	$\longrightarrow$	$L* = D^2 C$
U	$\longrightarrow$	$I* = \dfrac{1}{D} U$
I	$\longrightarrow$	$U* = D\,I$
Schleife	$\rightleftarrows$	*Knoten*

trägt [Gl. (622)]

$$\omega_0 = \frac{1}{\sqrt{LC}}\,.$$

Die gleichen Beziehungen gelten für die dualen Gebilde, daher muß

$$\omega_0^* = \frac{1}{\sqrt{L^* C^*}}$$

sein.

Wegen $L^* \,\hat{=}\, D^2\, C$ bzw. $C^* = \dfrac{L}{D^2}$ erhalten wir

$$\omega_0^* = \frac{1}{\sqrt{D^2\, C \cdot \dfrac{L}{D^2}}} = \frac{1}{\sqrt{LC}} = \omega_0\,.$$

Daraus folgt ganz allgemein, die Kennfrequenzen eines elektrischen Gebildes verhalten sich gegenüber dualen Umwandlungen invariant.

Kennt man daher die Kennfrequenzen (Eigenfrequenzen) eines Gebildes, sind damit gleichzeitig die Kennfrequenzen des dazu dualen Gebildes gegeben.

Homogene Leitung. Das Schaltbild einer homogenen Leitung ergibt sich als Grenzfall (unendlich viele, unendlich kleine Schaltungselemente) der in Abb. 137a dargestellten Schaltung eines *Kettenleiters*. Die duale Umwandlung eines Kettenleiters liefert, wie man sich leicht überzeugen kann, wieder einen Kettenleiter (Abb. 142). Die beiden zueinander dualen Schaltungen unterscheiden sich nur in ihren Eingangs- bzw. Ausgangselementen. Dieser Unterschied erreicht für den Grenzfall unendlich vieler, unendlich kleiner Schaltelemente eine vernachlässigbare Größenordnung. Eine homogene Leitung ($L'\,C'$) wird daher durch duale Zuordnung wieder in eine homogene Leitung ($L^{*\prime}$, $C^{*\prime}$) gleicher Länge

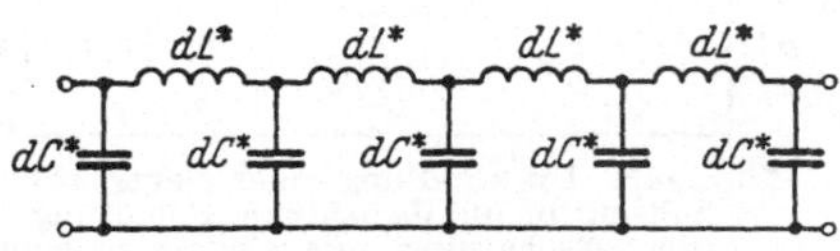

Abb. 142. Kettenleiter, dual zu dem in Abb. 137a dargestellten Kettenleiter

übergeführt. Nach den in Tab. 10 angeführten dualen Entsprechungen ergibt sich

$$dC^* \,\hat{=}\, \frac{dL}{D^2} \quad \text{bzw.} \quad dL^* \,\hat{=}\, D^2\, dC.$$

Mit $dL = L'\,dx,\ dC = C'\,dx,\ dL^* = L^{*\prime}\,dx,\ dC^* = C^{*\prime}\,dx$ [Gln. (624)] folgt daraus

$$\boxed{\;C^{*\prime} = \frac{1}{D^2}\, L' \quad \text{bzw.} \quad L^{*\prime} = D^2\, C'\,.\;} \qquad (652)$$

Aufsuchen des dualen Gebildes. Die Aufgabe, zu einem gegebenen Gebilde allgemeinster Art das dazu duale Gebilde zu bestimmen, ist nicht ganz einfach, und nur mit einer gewissen Erfahrung auf schaltungstechnischem Gebiet zu lösen. Für eine bestimmte Klasse von Netzwerken, die alle hier in Frage stehenden Gebilde umfaßt, ist ein Verfahren bekannt, das die Umwandlung eines Schaltbildes in das dazu duale in rein schematischer Weise durchzuführen gestattet [48]. An Hand eines Beispiels werde es erläutert.

Beispiel. Zu der in Abb. 138Cd dargestellten elektrischen Schaltung ist die dazugehörige duale Schaltung zu bestimmen.

Die Schaltung besteht aus 7 Maschen. Dazu rechnet noch der Außenraum als 8. Masche. Die duale Schaltung wird daher 8 Knoten besitzen.

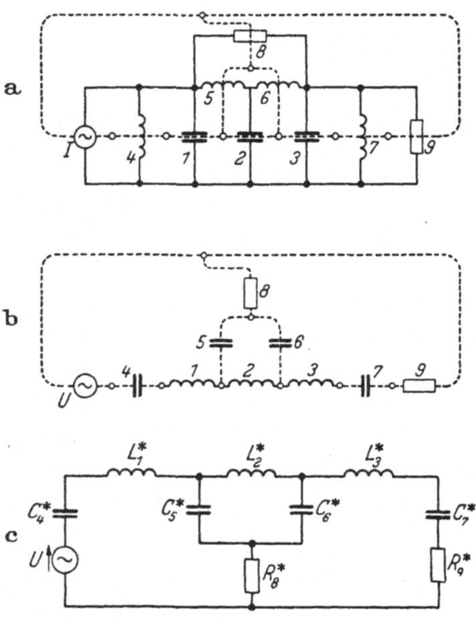

Wir zeichnen in jede Masche (und in den Außenraum) je einen Knoten und verbinden benachbarte Knoten so miteinander, daß jene Schaltelemente, die den zu den verbundenen Knoten gehörenden Maschen gemeinsam sind, je einmal von den Verbindungslinien gekreuzt werden (gestrichelte Linien in Abb. 143a). Durch diese Linien ist die Form des gesuchten Schaltbildes gegeben. An den Kreuzungsstellen werden dann die dualen Schaltgebilde gemäß den in Tab. 10 angeführten Entsprechungen eingetragen (Abb 143b)· Aus Gründen der Übersichtlichkeit zeichnen wir diese Schaltung um und erhalten die in Abb. 143c dargestellte endgültige Form des dualen Schaltbildes.

Abb. 143. Umwandlung einer elektrischen Schaltung in die dazu duale Schaltung a Ausgangsschaltung mit eingezeichneten Knoten und Maschenlinien; b Duale Schaltung; c Umgezeichnetes duales Schaltbild

Aufsuchen eines nach der Linear-Entsprechung zugeordneten Gebildes. Mit Hilfe der Dualität gestaltet sich das Aufsuchen eines elektrischen Schaltbildes, das nach der Linear-Entsprechung einem gegebenen mechanischen Schaltbild zugeordnet sein soll, verhältnismäßig einfach.

Wir bestimmen zunächst das nach der Reziprok-Entsprechung zugeordnete Schaltbild, und wandeln es nach dem vorstehend beschriebenen Verfahren in das dazu duale Schaltbild um. Das Aufzeichnen des Zwischenstadiums, das elektrische Schaltbild der Reziprok-Entsprechung, können wir einsparen, wenn wir das Umwandlungsverfahren unmittelbar auf das mechanische Schaltbild anwenden und dabei die Entsprechungsgleichungen (634) beachten.

Diese Entsprechungsgleichungen sind, zusammen mit den für die Reziprok-Entsprechung geltenden, in Tab. 11 zusammengefaßt eingetragen.

Tabelle 11
Mechanisch-elektrische Entsprechungen

Mechanische Gebilde	Elektrische Gebilde (D = Dualkonstante)	
	Linear-Entsprechung	Reziprok-Entsprechung
Knoten	Schleife	Knoten
Schleife	Knoten	Schleife
Widerstand	Widerstand	Leitwert
Leitwert	Leitwert	Widerstand
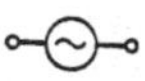 P	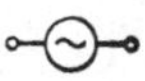 $U \triangleq D P$	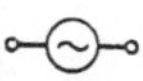 $I \triangleq \dfrac{1}{D} P$
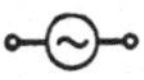 v	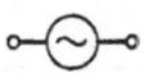 $I \triangleq \dfrac{1}{D} v$	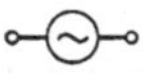 $U \triangleq D v$
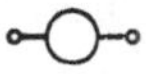 a	 $L \triangleq D^2 a$	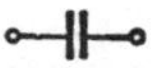 $C \triangleq \dfrac{1}{D^2} a$
 b	 $R \triangleq D^2 b$	$R \triangleq D^2 \dfrac{1}{b}$
 c	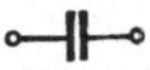 $C \triangleq \dfrac{1}{D^2}\dfrac{1}{c}$	 $L \triangleq D^2 \dfrac{1}{c}$
$a' \equiv \dfrac{a}{l}$	$L' \equiv \dfrac{L}{l} \triangleq D^2 a'$	$C' \equiv \dfrac{C}{l} \triangleq \dfrac{1}{D^2} a'$
$c' \equiv \dfrac{1}{\alpha'};\ \alpha' \equiv \dfrac{\alpha}{l} = \dfrac{1}{cl}$	$C' \equiv \dfrac{C}{l} \triangleq \dfrac{1}{D^2}\dfrac{1}{c'}$	$L' \equiv \dfrac{L}{l} \triangleq D^2 \dfrac{1}{c'}$
$w = \sqrt{\dfrac{c'}{a'}}$	$w \equiv \sqrt{\dfrac{1}{L'C'}} \triangleq \sqrt{\dfrac{c'}{a'}}$	$w \equiv \sqrt{\dfrac{1}{L'C'}} \triangleq \sqrt{\dfrac{c'}{a'}}$
$Z = \sqrt{c'a'}$	$Z \equiv \sqrt{\dfrac{L'}{C'}} \triangleq D^2 \sqrt{c'a'}$	$Z \equiv \sqrt{\dfrac{L'}{C'}} \triangleq D^2 \dfrac{1}{\sqrt{c'a'}}$

(Linke Randbeschriftung der unteren vier Zeilen: Homogene Gebilde*)*

Beispiel. Zu dem in Abb. 138Ca dargestellten mechanischen Gebilde ist das nach der Linear-Entsprechung zugeordnete elektrische Gebilde aufzusuchen.

Das mechanische Schaltbild zeigt Abb. 138Cc. Die nach der Reziprok-Entsprechung zugeordnete elektrische Schaltung haben wir bereits im Beispiel auf Seite 229 bestimmt und in Abb. 138Cd dargestellt. Die dazu duale Schaltung haben wir ebenfalls bereits bestimmt (Beispiel auf Seite 232). Sie ist in Abb. 143c gezeichnet.

Beispiel. An den Drehmassen J_2 und J_3 des in Abb. 141a dargestellten Drehschwingungs-Gebildes greifen „Drehmomenten‘‘-Quellen $M_{d_2} = \widehat{M}_{d_2}\, e^{i \Omega t}$ bzw. $M_{d_3} = \widehat{M}_{d_3}\, e^{i \Omega t}$ an. Zu bestimmen ist das nach der Linear-Entsprechung zugeordnete elektrische Schaltungsgebilde. Wir zeichnen in das in Abb. 141c dargestellte mechanische Schaltbild (siehe Beispiel auf Seite 227) die Erregerquellen ein und bestimmen das reziprok zugeordnete elektrische Schaltbild (Abb. 144a). Dann tragen wir in die Mitte einer jeden Schaltungsschleife und im Außenraum je einen Knotenpunkt ein, und ziehen, gestrichelt gezeichnet, die Verbindungslinien der Knoten gemäß des vorbeschriebenen Umwandlungsverfahrens (Abb. 144a). Dabei behandeln wir die homogene Leitung als einheitliches Gebilde, dessen Dualform wir unmittelbar (gestrichelt) einzeichnen können. Durch den gestrichelten Linienzug ist die Form des gesuchten Schaltbildes gegeben. An den Kreuzungsstellen mit den Schaltungsgebilden tragen wir deren duale Entsprechungen (siehe Tab. 10) ein, und erhalten die in Abb. 144b dargestellte Schaltung. Durch Umzeichnen

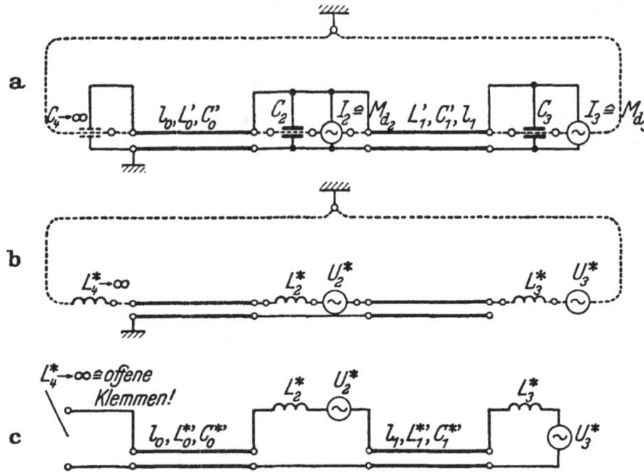

Abb. 144. Elektrische Linear-Entsprechung zum Drehschwingungsgebilde nach Abb. 141a
a Reziprokschaltbild mit Erregerquelle sowie eingezeichneten Knoten und Maschenlinien; b Duale Schaltung; c Umgezeichnetes Schaltbild

ergibt sich das in Abb. 144c gezeichnete endgültige Schaltbild. Die Größe der Schaltungselemente erhalten wir mit Hilfe der im Beispiel auf Seite 227 angegebenen Entsprechungsgleichungen (644) und den in Tab. 11 aufgeführten Zuordnungen zu

$$L_4^* \stackrel{\triangle}{=} M_4 \, D^2 \to \infty \ \text{(offene Klemmen)},$$

$$L_2^* \stackrel{\triangle}{=} M_2 \, D^2 \stackrel{\triangle}{=} J_2 \, D^2, \quad L_3^* \stackrel{\triangle}{=} M_3 \, D^2 \stackrel{\triangle}{=} J_3 \, D^2,$$

$$L_0^{*\prime} \stackrel{\triangle}{=} a_0' \, D^2 \stackrel{\triangle}{=} \varrho_0 \, J_{p0} \, D^2,$$

$$C_0^{*\prime} \stackrel{\triangle}{=} \frac{1}{c_D'} \frac{1}{D^2} \stackrel{\triangle}{=} \frac{1}{G_0 J_{p0}} \frac{1}{D^2}, \quad L_1^{*\prime} \stackrel{\triangle}{=} \varrho_1 \, J_{p1} \, D^2,$$

$$C_1^{*\prime} \stackrel{\triangle}{=} \frac{1}{G_1 J_{p1}} \frac{1}{D^2} \quad \widehat{U}_2 \stackrel{\triangle}{=} D \, \widehat{P}_2 \stackrel{\triangle}{=} D \, \widehat{M}_{d_2}, \quad \widehat{U}_3 \stackrel{\triangle}{=} D \, \widehat{M}_{d_3}.$$

Wahl der Entsprechungsart. Zweck der Entsprechungen ist es, die in mechanischen Gebilden bestehende Kraft- und Geschwindigkeitsverteilung an Hand von elektrischen Schaltbildern unter formaler Anwendung der in der theoretischen Elektrotechnik ausgearbeiteten Lösungsmethoden zu berechnen, oder modellmäßig meßtechnisch zu erfassen.

Die Allgemeingültigkeit des Analogiebegriffes erfährt infolge der Sonderstellung der trägen Masse eine Einschränkung. Beispielsweise ist es nicht möglich, zwei Massen im Sinne der Schaltungstheorie in Reihe zu schalten. Betrachten wir die in Abb. 145a dargestellten, miteinander fest verbundenen Massen a_1 und a_2, so erkennen wir, daß eine von links her eingeleitete Kraft P nicht mit voller Größe auf jede einzelne Masse zur Wirkung kommt. Auf a_1 wirkt $a_1\dfrac{dv}{dt}$, während an a_2 $P - a_1\dfrac{dv}{dt}$ angreift. Die Massenkräfte sind ungleich P, aber die Geschwindigkeiten beider Massen sind der festen Verbindung wegen gleich groß. Es liegt daher eine *Parallelschaltung* vor, die wir in der in Abb. 145b gezeigten Art aufzeichnen können.

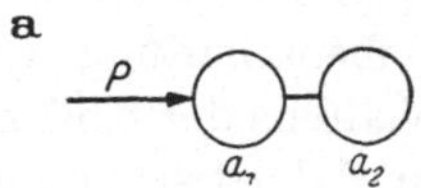

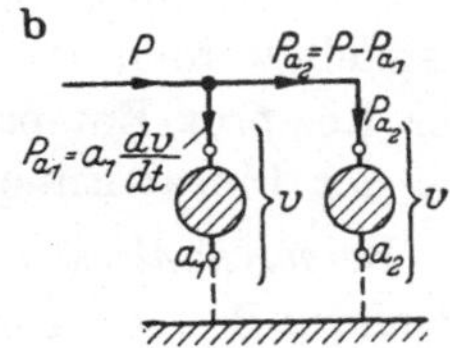

Abb. 145. Parallel ge-
schaltete Massen
a Mechanische Anord-
nung; b Mechanisches
Schaltbild

Parallelschaltungen von Induktivitäten lassen sich deshalb nach der Linear-Entsprechung *nicht* in mechanische Gebilde umwandeln. Ebenso unmöglich ist es, Reihenschaltungen von Kapazitäten nach der Reziprok-Entsprechung in mechanische Gebilde überzuführen.

Elektrische Schaltungen in entsprechende mechanische Gebilde umzuwandeln gelingt daher nicht in allen Fällen [*43*].

Bei Gebilden, die aus gas- und flüssigkeitserfüllten Räumen aufgebaut sind, wir wollen sie allgemein als a k u s t i s c h e Gebilde bezeichnen, bestehen Einschränkungen anderer Art. Die Abb. 146a zeigt ein einfaches Beispiel. Auf die drei Massen m_1, m_2 und m_3 wirkt der gleiche, in der Kammer V_0 vorhandene Wechseldruck p; die Geschwindigkeiten der einzelnen Massen sind jedoch voneinander unabhängig. Im Sinne der von uns festgelegten Schaltungstechnik liegt damit eine (mechanische)

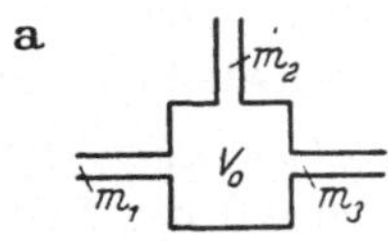

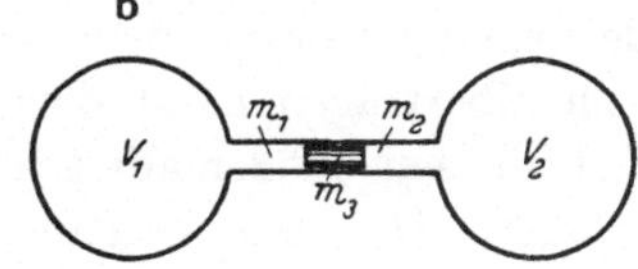

Abb. 146. Akustische Gebilde
a Reihenschaltung von Massen;
b Parallelschaltung von Massen

Reihenschaltung von Massen vor. Auch eine *Parallelschaltung* von Massen ist ohne weiteres durchführbar, wie wir der Abb. 146b entnehmen können. In dem engen Verbindungskanal zweier gaserfüllter Kammern ist eine kleine kolbenförmige Masse m_3 angeordnet. Die links und rechts des Kolbens im Kanal vorhandenen Gasmengen, deren Zusammendrückbarkeiten im Verhältnis zu der der beiden Kammern vernachlässigbar klein sind, können als Einzelmassen m_1, m_2 aufgefaßt werden. Beim Schwingen besitzen die drei Massen gleiche Geschwindigkeiten, es liegt somit *Parallelschaltung* vor.

Dafür lassen sich aber *Parallelschaltungen* von akustischen *Federn* nicht realisieren. Dies folgt aus nachstehender Betrachtung:

Die Kammer V_4 des beispielsweise in Abb. 147b$_2$ dargestellten Gebildes werde durch eine Zusatzkammer V_4' vergrößert. Der Kehrwert der Federkonstanten beträgt dann [Gl. (301)]

$$\frac{1}{c} = \frac{V_4 + V_4'}{\varkappa\, p_0} = \frac{V_4}{\varkappa\, p_0} + \frac{V_4'}{\varkappa\, p_0} = \frac{1}{c_4} + \frac{1}{c_4'}\,.$$

Wir ersehen (siehe Seite 78), die beiden Kammern wirken wie eine Reihenschaltung von Federn. Da eine andere Art des Zusammenschaltens der beiden Kammern nicht besteht, gibt es keine Parallelschaltung akustischer Federn.

Soll also eine elektrische Schaltung in ein akustisches Gebilde umgewandelt werden, dann sind Parallelschaltungen von Induktivitäten bei der Reziprok-Entsprechung bzw. Reihenschaltungen von Kapazitäten bei der Linear-Entsprechung nicht realisierbar[1].

Bei *mechanischen Schwingungsgebilden* interessieren in erster Linie die *absoluten* Bewegungen der Massen. Ins Elektrische umgesetzt heißt dies, daß die der Geschwindigkeit der Massen entsprechenden elektrischen Größen alle gegen ein festes, *gemeinsames* Bezugssystem gemessen werden müssen. Diese Forderung erfüllt nur die *Reziprok-Entsprechung*, da im entsprechenden Schaltbild alle den Massen entsprechenden Kapazitäten einheitlich „geerdet“ sind, somit die an ihnen liegenden Spannungen ($\triangleq$ Geschwindigkeiten) alle einheitlich auf „Erde“ bezogen sind.

In *akustischen Gebilden* liegen die Verhältnisse etwas anders. Im Vordergrund des Interesses steht für gewöhnlich der zeitliche Verlauf der Drucke in den Kammern der Anordnung, insbesondere deren Änderungen gegenüber dem statischen Druck der Umgebung. Ins Elektrische übertragen heißt dies, daß die den *Federkräften* entsprechenden elektrischen Größen alle gegen ein fester Bezugssystem gemessen werden müssen. Dies läßt sich nur mit der *Linear-Entsprechung* erreichen, da im entsprechenden Schaltbild die den Federn entsprechenden Kapazitäten geerdet, und daher alle kapazitiven Spannungen ($\triangleq$ Federkräfte) auf einheitliches Potential (Erde) bezogen sind.

Aus diesen Gründen erscheint es zweckmäßig, für Gebilde, die aus festen Körpern aufgebaut sind, die Reziprok-Entsprechung, und für akustische Gebilde die Linear-Entsprechung anzuwenden.

Umwandlungsverfahren für akustische Gebilde. Das zu einem akustischen Gebilde nach der Linear-Entsprechung zugeordnete elektrische

---

[1] Aus diesem Grunde ist beispielsweise die Schaltbilddarstellung eines akustischen Hochpasses, bei der Reihenschaltungen von Kapazitäten auftreten, falsch (siehe: ROCARD — Dynamique Générale des Vibrations, und TRENDELENBURG — Akustik).

Gebilde kann sehr einfach und rein schematisch bestimmt werden. Ein einfaches Beispiel soll dies kurz erläutern.

Gegeben sei das in Abb. 147a dargestellte gekoppelte akustische Gebilde. Auf die Mündung des nach außen hin offenen Halses der Kammer V_0 wirke ein Wechseldruck $p = \widehat{p}\, e^{i\Omega t}$.

Die in den kurzen engen *Verbindungskanälen* eingeschlossenen Gasmengen können als starre Einzelmassen betrachtet werden, solange deren Zusammendrückbarkeit vernachlässigbar klein gegenüber der der Kammern sind.

Reibungsfreie Anordnung. Große gaserfüllte Räume vom Volum V wirken wie Einzelfedern mit der Federkonstanten

$$c = \frac{\varkappa\, p_0}{V},$$ während als starr anzusehende Gasmengen wie Einzelmassen der Größe $a = \dfrac{m}{F^2}$ [Gln. (298)] wirken.

Nach der Linear-Entsprechung werden Federn in Kapazitäten vom Betrage $C = \dfrac{1}{D^2}\dfrac{1}{c} = \dfrac{1}{D^2}\dfrac{V}{\varkappa\, p_0}$, Massen in Induktivitäten der Größe $L = D^2 a = D^2 \dfrac{m}{F^2}$ und Kräfte

[$P \triangleq p$, siehe Gln. (298)] in Spannungen $U = D\,P \triangleq D\,p$ (siehe Tab. 8 bzw. 11) umgewandelt (mit $D = $ Dualkonstante).

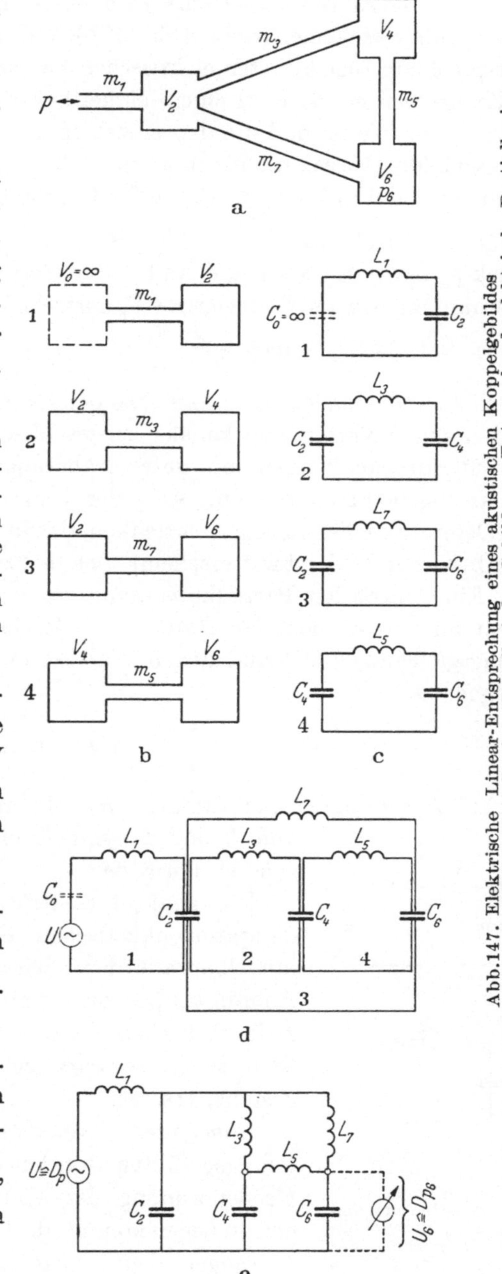

Abb. 147. Elektrische Linear-Entsprechung eines akustischen Koppelgebildes

a Akustisches Gebilde; b Akustische Partialkreise (Tonpilze) des Gebildes; c Entsprechende elektrische Partialkreise; d Zusammengefügte elektrische Partialkreise; e Umgezeichnetes elektrisches Schaltbild

Wir zerlegen das akustische Gebilde in Einzelgebilde, wir wollen sie *Partialkreise* nennen (siehe Abb. 147b), und bilden die nach der Linear-Entsprechung zugeordneten elektrischen Partialkreise (Abb. 147c). Diese Kreise werden dann zu einem einheitlichen Schaltbild zusammengefügt, in der Weise, daß die den einzelnen Kreisen gemeinsamen Schaltungsgebilde (Kapazitäten) zusammenfallen (Abb. 147d). Durch Umzeichnen ergibt sich das in Abb. 147e dargestellte endgültige Schaltbild.

Soll beispielsweise der in der Kammer V_6 herrschende Wechseldruck p_6 bestimmt werden, dann lautet die analoge elektrische Aufgabe: Bestimmung der am Kondensator C_6 herrschenden Wechselspannung U_6 (siehe Abb. 147e), wobei $p_6 \triangleq \dfrac{U_6}{D}$ ist.

Reibungsbehaftete Anordnung. Die bei der Schwingungsbewegung des in den engen Verbindungskanälen eingeschlossenen Gases auftretenden Reibungsdrücke können mit guter Näherung geschwindigkeitsproportional angenommen werden. An jeder Einzelmasse m kann man sich ein Dämpfungsglied angeordnet denken, das in der Linear-Entsprechung als OHMscher Widerstand erscheint, der in Reihe zur Masse geschaltet ist. Ein elektrischer Partialkreis nimmt dann die in Abb. 148a gezeigte Form an, wobei sich der OHMsche Widerstand gemäß der Entsprechungsgleichung (301) und den in Tab. 11 angegebenen dualen Beziehungen zu

$$R = D^2\, b = D^2 \frac{8\,\bar\eta\, l}{r^4\,\pi} \qquad (D = \text{Dualkonstante}) \tag{654}$$

ergibt. Aus Gründen der Einfachheit stellt man eine Reihenschaltung von R und L symbolisch in der in Abb. 148b gezeigten Form dar.

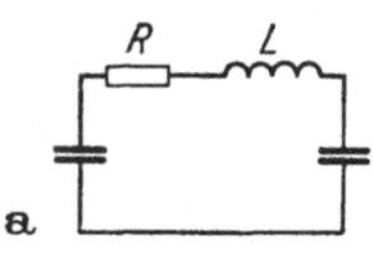

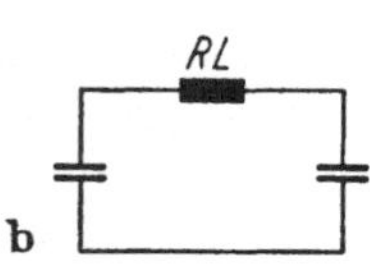

Abb. 148. Elektrischer Partialkreis mit Dämpfungswiderstand a Reihenschaltung von R und L; b Symbolische Darstellung der Reihenschaltung $R-L$

Das analoge elektrische Schaltbild eines gedämpften akustischen Gebildes geht daher unmittelbar aus dem Schaltbild der ungedämpften Anordnung hervor, indem man die Induktivitäten L durch Reihenschaltungen von R und L, symbolisch durch schwarz gezeichnete Kästchen dargestellt, ersetzt.

Homogenes akustisches Gebilde. Bei ausgedehnten gasgefüllten Rohrleitungen, deren Länge in die Größenordnung der Wellenlänge der Schwingungen zu liegen kommt, darf die Elastizität der in den Leitungen eingeschlossenen Gasmassen nicht mehr vernachlässigt werden. Anordnungen dieser Art müssen als homogene Gebilde mit steter Verteilung von Masse und Elastizität behandelt werden.

Das mechanische Schaltbild eines homogenen stabförmigen Gebildes haben wir symbolisch in Form einer Doppelleitung dargestellt, die dann bei der Linear-Entsprechung wieder als Doppelleitung erscheint.

Wir wollen den in Abb. 147b/2 dargestellten Tonpilz $V_2 - m_3 - V_4$ betrachten. Ohne Berücksichtigung der Zusammendrückbarkeit der Masse m_3 ergibt sich das in Abb. 147c/2 gezeichnete Schaltbild. Soll die Zusammendrückbarkeit von m_3 berücksichtigt werden, brauchen wir nur die Induktivität L_3 zu unterteilen und Kapazitäten (Federn) gegen „Erde" einzuzeichnen (Abb. 149a). Den so erhaltenen homogenen Leiter stellen wir durch eine Doppelleitung dar (Abb. 149b).

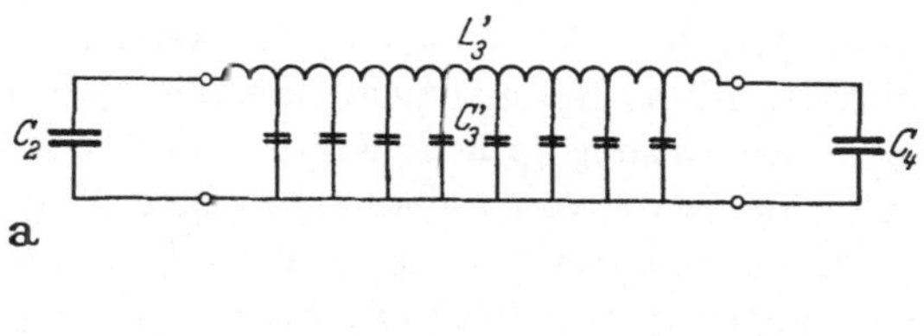

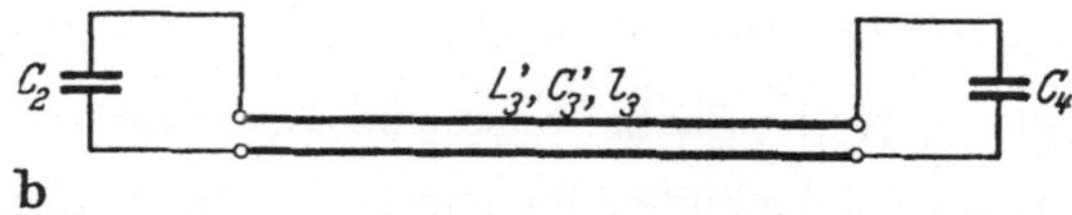

Abb. 149. Homogene Verbindungsleitung eines Tonpilzes
a Darstellung als Kettenleiter; b Darstellung als Doppelleitung

Ihre Kenngrößen erhalten wir zu

und

$$L_3' = \frac{L_3}{l_3} = \frac{D^2 \frac{m_3}{F_3^2}}{l_3} = D^2 \frac{\varrho\, l_3 F_3}{l_3 F_3^2} = D^2 \frac{\varrho}{F_3}$$

$$C_3' = \frac{C_3}{l_3} = \frac{\frac{1}{D^2} \frac{V_3}{\varkappa\, p_0}}{l_3} = \frac{1}{D^2} \frac{F_3 l_3}{\varkappa\, p_0 l_3} = \frac{1}{D^2} \frac{F_3}{\varkappa\, p_0},$$

$$(655)$$

mit $p_0 = $ Ruhedruck, $F_3 = \frac{d_3^2 \pi}{4}$, $\varrho = \frac{\gamma}{g}$ ($\gamma = $ spez. Gewicht d. Gases), $\varkappa = $ Adiabatenexponent, $D = $ Dualkonstante.

Die so erhaltenen elektrischen Partialkreise werden dann in der beschriebenen Weise entsprechend dem Aufbau des akustischen Gebildes zu einem Gesamtschaltbild zusammengefügt.

34. Resonanz

Gedämpftes System. Resonanz liegt dann vor, wenn die von einer harmonisch wirkenden Erregerkraftquelle an einen schwingenden Punkt eines Schwingungssystems abgegebene Leistung eine reine Wirkleistung ist. Dies ist der Fall, wenn Erregerkraft und Schwingungsgeschwindigkeit des Kraftangriffspunktes in Phase sind.

Mathematisch formuliert lautet daher die Resonanzbedingung für das mechanische System

$$\varphi \equiv \operatorname{arc} \widehat{P} - \operatorname{arc} \widehat{v} = 0. \tag{657}$$

Für die analogen elektrischen Schaltungen ergibt sich dann

$$\varphi \equiv \operatorname{arc} \widehat{U} - \operatorname{arc} \widehat{I} = 0. \tag{658}$$

Resonanz liegt also dann vor, wenn im analogen elektrischen Gebilde die Zeiger von Eingangsstrom und Eingangsspannung in Phase sind.

Ungedämpftes System. Bei einem ungedämpften allgemeinen Schwingungsgebilde wird bei Resonanz ein einmal eingeleiteter Schwingungsvorgang ohne Einwirkung äußerer Kräfte aufrechterhalten. D. h., die Antriebskraft einer etwa vorhandenen, auf eine Masse wirkenden Erregerquelle (= Geschwindigkeitsquelle!) wird im Resonanzfall zu Null. Der auf den Kraftangriffspunkt bezogene Schwingungswiderstand des schwingenden Gebildes wird dann gemäß der Definitionsgleichung $\Re = \dfrac{\widehat{P}}{\widehat{v}}$ ebenfalls zu Null. Da bei einem im Resonanzzustand schwingenden dämpfungsfreien Gebilde eine jede von außen zugängliche Masse

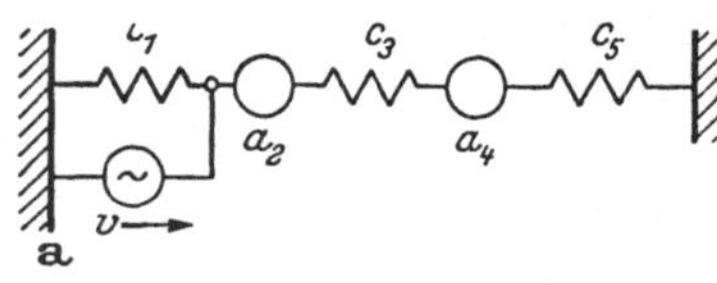

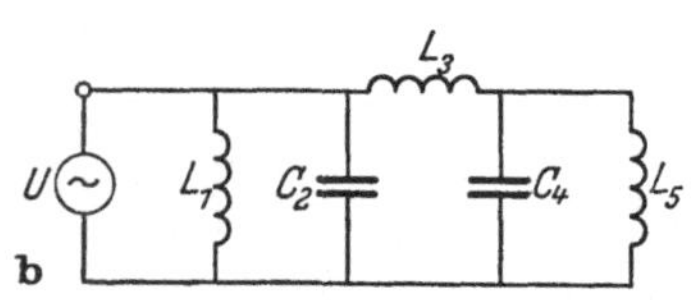

Abb. 150. Mechanisches Koppelgebilde
a Wirkplan mit Geschwindigkeitsquelle;
b Reziprok-entsprechende elektrische Schaltung mit Spannungsquelle

des Gebildes als Angriffspunkt einer Geschwindigkeitsquelle, derenKraftwirkung Null ist, betrachtet werden kann, ist es gleichgültig, auf welche Masse des Gebildes die Resonanzbedingung $\Re = 0$ angewendet wird.

Mechanische Gebilde bei Reziprok-Entsprechung. Die Abb. 150a zeigt ein einfaches gekoppeltes Gebilde mit einer Geschwindigkeitsquelle. Da die Erregerquelle nur an *einem* Punkt des Gebildes angreift, muß ihre zweite Klemme „geerdet" sein. Im analogen elektrischen Schaltbild

nach der Reziprok-Entsprechung wird die Geschwindigkeitsquelle in eine einseitig geerdete Spannungsquelle umgewandelt (Abb. 150b).

Mit $P \mathrel{\widehat{=}} I$ und $v \mathrel{\widehat{=}} U$ erhalten wir für den Resonanzfall ($\widehat{P} = 0$) den elektrischen Eingangswiderstand, den das analoge Gebilde auf die Erregerquelle ausübt, zu

$$\mathfrak{Z} = \frac{\widehat{U}}{\widehat{I}} \mathrel{\widehat{=}} \frac{\widehat{v}}{\widehat{P}} = \frac{\widehat{v}}{0} \to \infty. \tag{659}$$

Führen wir den Leitwert $\mathfrak{G} = \dfrac{1}{\mathfrak{Z}}$ ein, so folgt

$$\mathfrak{G} \equiv \frac{\widehat{I}}{\widehat{U}} \,\widehat{=}\, \frac{\widehat{P}}{\widehat{v}} = \frac{0}{\widehat{v}} = 0. \tag{660}$$

D. h., bei Resonanz wird der elektrische Eingangsleitwert des analogen elektrischen Gebildes, gemessen zwischen einer einem beliebigen Massenpunkt entsprechenden (nicht geerdeten) Klemme der Schaltung und „Erde", zu Null.

Akustische Gebilde bei Linear-Entsprechung. Ein akustisches Gebilde kann in einfacher Weise dadurch zu Schwingungen angeregt werden, daß man mit Hilfe eines hin- und hergehenden Kolbens eine Verdrängungswirkung auf eine Kammer des Gebildes ausüben läßt. Die Abb. 151a zeigt ein Beispiel dieser Art.

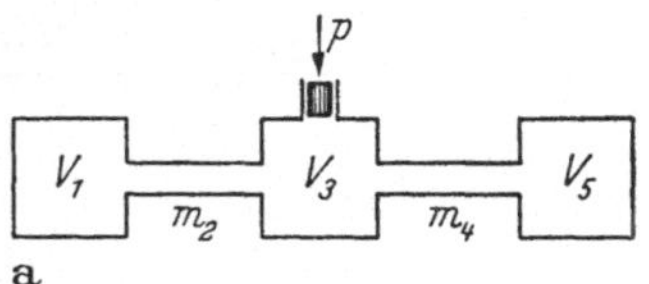
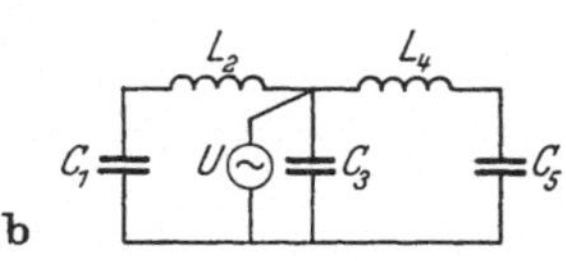

Abb. 151. Schwingungserregung eines akustischen Gebildes mittels Verdrängungungskolbens (= Kraftquelle)
a Akustisches Gebilde; b Linearentsprechende elektrische Schaltung mit Spannungsquelle

Eigenschwingungen liegen dann vor, wenn die zur Aufrechterhaltung des Schwingungszustandes erforderlichen Schwingwege des Kolbens unendlich klein, also praktisch Null, sein können. D. h., wenn

$$F\,\widehat{v} \equiv \widehat{S} \,\widehat{=}\, \widehat{I} = 0 \quad \text{und} \quad \widehat{p} \equiv \frac{\widehat{P}}{F} \,\widehat{=}\, \widehat{U} \neq 0 \text{ ist.}$$

Im elektrischen Schaltbild der Linear-Entsprechung erscheint der Erregerkolben (= Kraftquelle!) als *Spannungs*quelle, die einseitig geerdet ist und parallel zu der der Feder entsprechenden Kapazität liegt (Abb. 151b).

Die Resonanzbedingung $\widehat{I} = 0$ ergibt den Eingangswiderstand zu

$$\mathfrak{Z} \equiv \frac{\widehat{U}}{\widehat{I}} = \frac{\widehat{U}}{0} \to \infty, \tag{661}$$

bzw., wenn wir den Leitwert $\mathfrak{G} = \dfrac{1}{\mathfrak{Z}}$ einführen,

$$\mathfrak{G} \equiv \frac{\widehat{I}}{\widehat{U}} = \frac{0}{\widehat{U}} = 0. \tag{662}$$

Die Resonanzbedingung bei Linear-Entsprechung lautet somit:

Ist der Eingangs*leitwert* des entsprechenden elektrischen Gebildes, gemessen zwischen einem nicht geerdeten Punkt einer beliebigen Kapazität (als Federentsprechung) und „Erde" Null, dann liegt Resonanz vor.

Wir ersehen: In beiden Entsprechungen gelten gleichlautende Resonanzbedingungen.

1. Berechnungsbeispiel. Gegeben sei eine gasgefüllte Leitung mit Abzweigungen und Ausgleichsgefäßen nach Abb. 152a, die mit einem Gas bekannter Eigenschaften (Adiabatenexponent $\varkappa$ und Gaskonstante R seien gegeben) vom Drucke p_0 erfüllt sei[1]. Zu bestimmen ist die Frequenzfunktion.

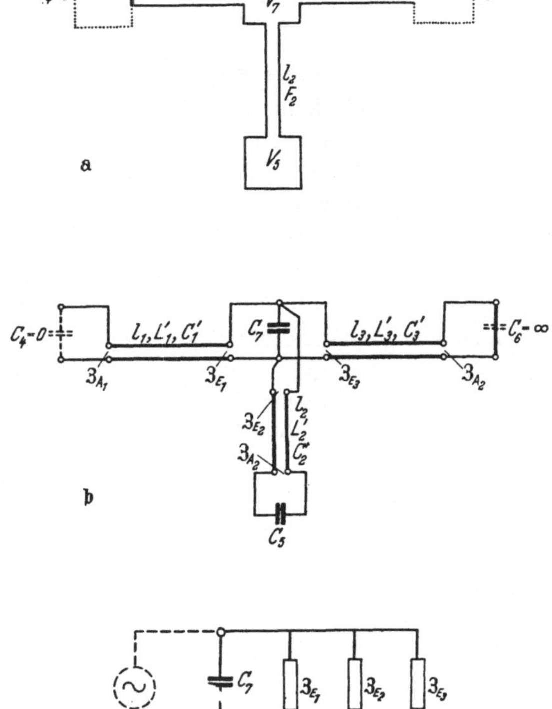

Abb. 152. Gaserfüllte Leitung mit Abzweigungen und Ausgleichsgefäßen
a Akustisches Gebilde; b Linear-entsprechende elektrische Schaltung;
c Ersatzbild der Schaltung b

Zunächst zeichnen wir das analoge elektrische Schaltbild (Linear-Entsprechung) der gegebenen akustischen Anordnung auf (siehe Abb. 152b). Es stellt im wesentlichen eine Parallelschaltung von 3 homogenen Leitungen und der Kapazität C_7 dar (Abb. 152c).

---

[1] Das akustische Gebilde nach Abb. 152a ist der unter [39] zitierten Arbeit von K. GROTH entnommen. In der dort angegebenen Frequenzgleichung befindet sich ein Vorzeichenfehler. Außerdem gilt die dortselbst angegebene Lösung nur für den Sonderfall gleichgroßer Rohrquerschnitte ($f_a = f_b = f_c$).

Die Kapazitäten an den Leitungsausgängen errechnen sich nach den in Tab. 11 angegebenen Entsprechungsgleichungen $C = \dfrac{1}{D^2}\dfrac{1}{c}$ mit $c = \dfrac{\varkappa\, p_0}{V}$ als Federkonstante einer eine Leitung abschließende Kammer zu $C = \dfrac{1}{D^2}\dfrac{V}{\varkappa\, p_0}$. Mit $V_4 = 0$ und $V_6 = \infty$ folgt, wenn wir der Einfachheit halber die Dualkonstante $D = 1$ setzen,

$$C_4 = 0, \quad C_5 = \frac{V_5}{\varkappa\, p_0}, \quad C_6 = \infty, \quad C_7 = \frac{V_7}{\varkappa\, p_0}.$$

Die Ausgangswiderstände der homogenen Leitungen sind gegeben durch

$$\mathfrak{Z}_{A_1} \equiv \frac{1}{i\,\Omega\,C_4} = \infty, \quad \mathfrak{Z}_{A_2} \equiv \frac{1}{i\,\Omega\,C_5} = \frac{\varkappa\, p_0}{i\,\Omega\,V_5} \quad \text{und} \quad \mathfrak{Z}_{A_3} \equiv \frac{1}{i\,\Omega\,C_6} = 0.$$

Die auf die Leitungseingänge transformierten Eingangswiderstände $\mathfrak{Z}_E$ ergeben sich nach Gl. (580) (mit $\mathfrak{R}_A \to \mathfrak{Z}_A$) zu

$$\mathfrak{Z}_{E_1} = Z_1 \frac{1 + i\,\dfrac{Z}{\mathfrak{Z}_{A_1}}\,\mathrm{tg}\,\nu_1}{\dfrac{Z}{\mathfrak{Z}_{A_1}} + i\,\mathrm{tg}\,\nu_1} = Z_1 \frac{1}{i\,\mathrm{tg}\,\nu_1}, \quad \mathfrak{Z}_{E_2} = Z_2 \frac{\dfrac{\varkappa\, p_0}{i\,\Omega\,V_5}\dfrac{1}{Z_2} + i\,\mathrm{tg}\,\nu_2}{1 + i\,\dfrac{\varkappa\, p_0}{i\,\Omega\,V_5}\dfrac{1}{Z_2}\,\mathrm{tg}\,\nu_2},$$

$$\mathfrak{Z}_{E_3} = Z_3\, i\,\mathrm{tg}\,\nu_3, \quad \text{mit} \quad \nu_1 = \frac{\Omega}{w}\,l_1, \quad \nu_2 = \frac{\Omega}{w}\,l_2,$$

$\nu_3 = \dfrac{\Omega}{w}\,l_3$, sowie nach Gl. (539a) $Z_1 = \dfrac{\sqrt{\varrho\,\varkappa\, p_0}}{F_1} = \dfrac{\varrho\,w}{F_1}$, $Z_2 = \dfrac{\varrho\,w}{F_2}$, $Z_3 = \dfrac{\varrho\,w}{F_3}$ und

$$w = \sqrt{\frac{\varkappa\, p_0}{\varrho}} \quad [\text{Gl. (553b)}].$$

Nun ersetzen wir die homogenen Leitungen durch ihre Eingangswiderstände und erhalten damit die in Abb. 152c dargestellte vereinfachte Form des Schaltbildes. Der Eingangsleitwert $\mathfrak{G}$ der Schaltung (Parallelschaltung!) ergibt sich dann für eine an den Klemmen von C_7 angeordnet gedachte Erregerquelle zu

$$\mathfrak{G} = \frac{1}{\mathfrak{Z}_7} + \frac{1}{\mathfrak{Z}_{E_1}} + \frac{1}{\mathfrak{Z}_{E_2}} + \frac{1}{\mathfrak{Z}_{E_3}}.$$

Mit den vorstehend angeführten Ausdrücken erhalten wir mit der Resonanzbedingung $\mathfrak{G} = 0$, und wenn gleichzeitig $\Omega \to \omega$ gesetzt wird,

$$i\,\omega\,\frac{V_7}{\varkappa\, p_0} + \frac{1}{Z_1}\,i\,\mathrm{tg}\,\frac{\omega\,l_1}{w} + \frac{1}{Z_2}\,\frac{1 + \dfrac{\varkappa\, p_0}{\omega\,V_5}\dfrac{1}{Z_2}\,\mathrm{tg}\,\dfrac{\omega\,l_2}{w}}{-\,i\,\dfrac{\varkappa\, p_0}{\omega\,V_5}\dfrac{1}{Z_2} + i\,\mathrm{tg}\,\dfrac{\omega\,l_2}{w}} + \frac{1}{Z_3}\,\frac{1}{i\,\mathrm{tg}\,\dfrac{\omega\,l_3}{w}} = 0.$$

Durch eine leichte Umformung und Einsetzen der Ausdrücke für die Wellenwiderstände Z_1, Z_2 und Z_3 erhalten wir schließlich die gesuchte Frequenzgleichung

$$\frac{\omega\,V_7}{w\,F_1} + \mathrm{tg}\,\frac{\omega\,l_1}{w} + \frac{F_2}{F_1}\,\frac{\dfrac{\omega\,V_5}{w\,F_2} + \mathrm{tg}\,\dfrac{\omega\,l_2}{w}}{1 - \dfrac{\omega\,V_5}{w\,F_2}\,\mathrm{tg}\,\dfrac{\omega\,l_2}{w}} - \frac{F_3}{F_1}\,\mathrm{cotg}\,\frac{\omega\,l_3}{w} = 0, \qquad (663)$$

die man zweckmäßigerweise graphisch lösen wird.

2. Berechnungsbeispiel. Zu bestimmen ist die Frequenzfunktion des in Abb. 153 dargestellten Gebildes.

16*

Es handelt sich um einen Sonderfall der in Abb. 152a vorliegenden Anordnung. Mit $F_1 = 0$ und $F_3 = 0$ erhalten wir aus Gl. (663) die gesuchte Frequenzgleichung zu

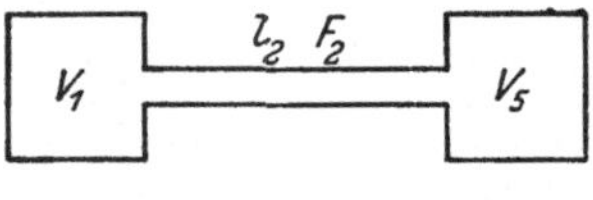

$$\frac{\omega V_7}{w F_2} + \frac{\dfrac{\omega V_5}{w F_2} + \mathrm{tg}\,\dfrac{\omega l_2}{w}}{1 - \dfrac{\omega V_5}{w F_2}\,\mathrm{tg}\,\dfrac{\omega l_2}{w}} = 0.$$

Abb. 153. Akustisches Gebilde zum
2. Berechnungsbeispiel auf Seite 243

3. Berechnungsbeispiel. Die bereits im Berechnungsbeispiel auf Seite 109 für das in Abb. 77 dargestellte Koppelgebilde rechnerisch ermittelten Größen $\widehat{q_1}$, $\widehat{q_2}$, $\widehat{q_{21}} = \widehat{q_2} - \widehat{q_1}$, sowie deren Phasenlagen in bezug auf die Erregerkraft-Amplitude $\widehat{P}$, sollen an Hand des analogen elektrischen Reziprok-Schaltbildes graphisch mit Hilfe eines Zeigerdiagrammes bestimmt werden.

Angaben:

$$\widehat{P} = 1000\ \mathrm{kg},\ \Omega = 37{,}5\ 1/\mathrm{s},\ c_{01} = 13500\ \frac{\mathrm{kg}}{\mathrm{cm}},\ c_{12} = 2700\ \frac{\mathrm{kg}}{\mathrm{cm}},\ a_1 = 6\ \frac{\mathrm{kg\ s^2}}{\mathrm{cm}},$$

$$a_2 = 3\ \frac{\mathrm{kg\ s^2}}{\mathrm{cm}},\quad b_{12} = 142{,}4\ \frac{\mathrm{kg\ s}}{\mathrm{cm}}.$$

Das reziprok-analoge Schaltbild des Koppelgebildes zeigt Abb. 154a. Mit der vorläufig noch unbestimmten Dualkonstanten D erhalten wir auf Grund der in Tab. 11 angeführten Entsprechungsgleichungen die Wechselstromwiderstände der einzelnen Schaltelemente zu

$$\Omega L_{01} = \Omega \cdot D^2 \frac{1}{c_{01}} = 37{,}5\,\frac{1}{\mathrm{s}} \cdot D^2 \frac{1}{13\,500}\,\frac{\mathrm{cm}}{\mathrm{kg}} = 2{,}78 \cdot 10^{-3} \cdot D^2\,\frac{\mathrm{cm}}{\mathrm{s\ kg}},$$

$$\Omega L_{12} = \Omega D^2 \frac{1}{c_{12}} = 37{,}5\,\frac{1}{\mathrm{s}}\,D^2 \frac{1}{2700}\,\frac{\mathrm{cm}}{\mathrm{kg}} = 13{,}9 \cdot 10^{-3} \cdot D^2\,\frac{\mathrm{cm}}{\mathrm{s\ kg}},$$

$$\frac{1}{\Omega C_1} = \frac{1}{\Omega \cdot a_1/D^2} = \frac{D^2}{37{,}5\,\dfrac{1}{\mathrm{s}} \cdot 6\,\dfrac{\mathrm{kg \cdot s^2}}{\mathrm{cm}}} = 4{,}44 \cdot 10^{-3} \cdot D^2\,\frac{\mathrm{cm}}{\mathrm{s\ kg}},$$

$$\frac{1}{\Omega C_2} = \frac{1}{\Omega a_2/D^2} = \frac{D^2}{37{,}5\,\dfrac{1}{\mathrm{s}} \cdot 3\,\dfrac{\mathrm{kg \cdot s^2}}{\mathrm{cm}}} = 8{,}88 \cdot 10^{-3} \cdot D^2\,\frac{\mathrm{cm}}{\mathrm{s\ kg}},$$

$$R = D^2 \frac{1}{b_{12}} = D^2 \frac{1}{142{,}4\ \mathrm{kg\ s/cm}} = 7{,}02 \cdot 10^{-3} \cdot D^2\,\frac{\mathrm{cm}}{\mathrm{s\ kg}}.$$

Zwischen den Punkten E und F der Schaltung nehmen wir willkürlich eine elektrische Spannung $\widehat{U}_{EF} \triangleq \widehat{v}_{EF} = 1\,\frac{\mathrm{cm}}{\mathrm{s}}$ an[1]. Mit den im Schaltbild eingetragenen Bezeichnungen erhalten wir:

$$|\widehat{I_1}| = \frac{\widehat{U}_{EF}}{\Omega L_{12}} \triangleq \frac{1\,\dfrac{\mathrm{cm}}{\mathrm{s}}}{13{,}9 \cdot 10^{-3}\,D^2\,\dfrac{\mathrm{cm}}{\mathrm{s\ kg}}} = 72\,\frac{1}{D^2}\ \mathrm{kg}\quad (\widehat{I_1}\ \text{eilt der Spannung}\ \widehat{U}_{EF}\ \text{um}\ 90^\circ\ \text{nach!}),$$

$$|\widehat{I_2}| = \frac{\widehat{U}_{EF}}{R} \triangleq \frac{1\,\dfrac{\mathrm{cm}}{\mathrm{s}}}{7{,}02 \cdot 10^{-3}\,D^2\,\dfrac{\mathrm{cm}}{\mathrm{s\ kg}}} = 142{,}5\,\frac{1}{D^2}\ \mathrm{kg}\quad (\widehat{I_2}\ \text{mit}\ \widehat{U}_{EF}\ \text{in Phase}).$$

---

[1] Der Kürze wegen sprechen wir von Strom und Spannung. Darunter sollen aber die komplexen Amplituden (bzw. ihre Beträge) dieser Größen verstanden werden.

Nach dem Knotensatz ergibt sich der Strom $\widehat{I}_3$ als geometrische Summe von $\widehat{I}_1$ und $\widehat{I}_3$ (siehe Zeigerdiagramm in Abb. 154b) zu $|\widehat{I}_3| \,\widehat{=}\, 160\,\dfrac{1}{D^2}\,\dfrac{\text{Vskg}}{\text{cm}}$. Die zwischen den Punkten F und G herrschende elektrische Spannung $\widehat{U}_{C_2}$ beträgt nach

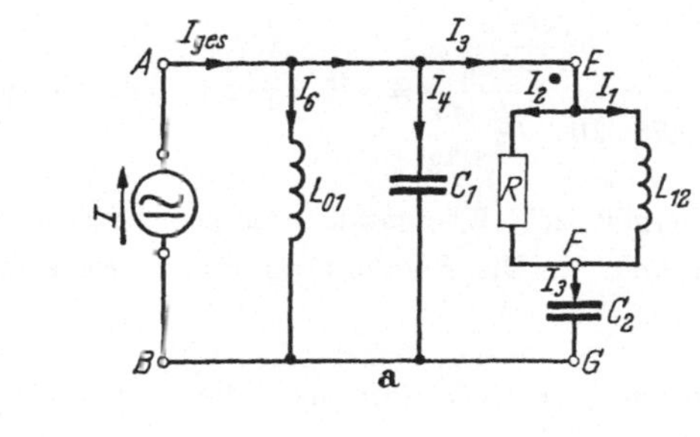

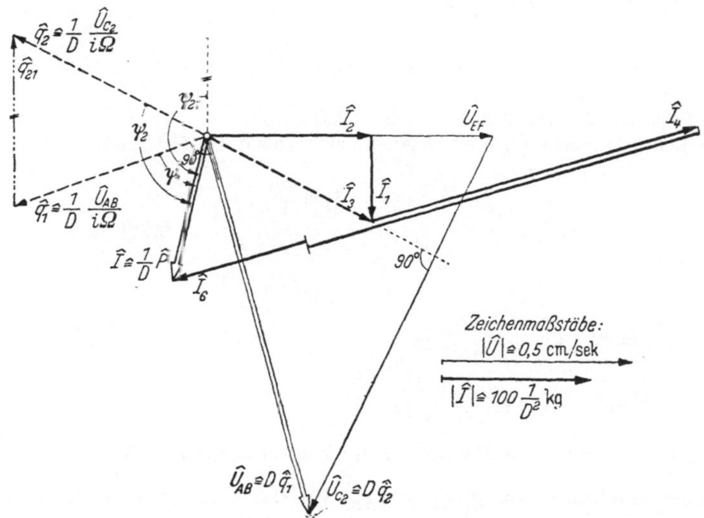

Abb. 154. Berechnung von Schwingungsgrößen mit Hilfe der analogen elektrischen
Schaltung (3. Berechnungsbeispiel Seite 244)
a Elektrische Reziprok-Schaltung zum Koppelgebilde Abb. 77; b Zeigerdiagramm
der analogen elektrischen Größen

dem erweiterten Ohmschen Gesetz der Wechselstromtechnik

$$|\widehat{U}_{C_2}| = \frac{1}{\Omega\,C_2}\,|\widehat{I}_3| \,\widehat{=}\, 8{,}88 \cdot 10^{-3}\,D^2\,\frac{\text{cm}}{\text{s kg}} \cdot 160\,\frac{1}{D^2}\,\text{kg} = 1{,}421\,\frac{\text{cm}}{\text{s}}\,.$$

(U_{C_2} eilt dem Strome $\widehat{I}_3$ um 90° nach!).

Die Gesamtspannung $\widehat{U}_{AB}$ berechnet sich nach dem Schleifensatz als geometrische Summe von $\widehat{U}_{EF}$ und $\widehat{U}_{C_2}$. Die Summierung führen wir im Zeigerdiagramm durch und erhalten $|\widehat{U}_{AB}| \,\widehat{=}\, 1{,}32\,\dfrac{\text{cm}}{\text{s}}$. Die Ströme $\widehat{I}_4$ und $\widehat{I}_6$ ergeben sich nach dem Ohmschen Gesetz zu

$$|\widehat{I_4}| = \frac{|\widehat{U}_{AB}|}{1/\Omega\, C_1} \;\triangleq\; \frac{1{,}32\,\frac{\mathrm{cm}}{\mathrm{s}}}{4{,}44 \cdot 10^{-3} \cdot D^2\,\frac{\mathrm{cm}}{\mathrm{s\,kg}}} = 297\,\frac{1}{D^2}\,\mathrm{kg}$$

$(\widehat{I_4}$ eilt der Spannung $\widehat{U}_{AB}$ um $90°$ voraus),

$$|\widehat{I_6}| = \frac{|\widehat{U}_{AB}|}{\Omega\, L_{01}} \;\triangleq\; \frac{1{,}32\,\frac{\mathrm{cm}}{\mathrm{s}}}{2{,}78 \cdot 10^{-3}\, D^2\,\frac{\mathrm{cm}}{\mathrm{s\,kg}}} = 475\,\frac{1}{D^2}\,\mathrm{kg}$$

$(\widehat{I_6}$ eilt der Spannung $\widehat{U}_{AB}$ um $90°$ nach).

Der Gesamtstrom $\widehat{I}$ ergibt sich (Knotensatz!) als geometrische Summe der drei Einzelströme $\widehat{I_3}$, $\widehat{I_4}$ und $\widehat{I_6}$. Die Summierung ergibt (siehe Zeigerdiagramm) $|\widehat{I}| \triangleq 124 \cdot \frac{1}{D^2}\,\mathrm{kg}$.

Da der Gesamtstrom $\widehat{I}$ nach der Reziprok-Entsprechung der Erregerkraft $\widehat{P}$ entspricht, gilt wegen $\widehat{I} \triangleq \frac{1}{D}\,\widehat{P}$

$$124\,\frac{1}{D^2}\,\mathrm{kg} = \frac{1}{D}\,1000\,\mathrm{kg}.$$

Daraus folgt die Dualkonstante zu $D = 0{,}124$.

Die Schwingungsamplituden ergeben sich [nach Gl. (184) und Tab. 11] zu:

$$|\widehat{q_1}| = \left|\frac{\widehat{v_1}}{i\,\Omega}\right| \;\triangleq\; \frac{\left|\dfrac{\widehat{U}_{AB}}{i}\right| \dfrac{1}{D}}{\Omega} = \frac{1{,}32\,\dfrac{\mathrm{cm}}{s}\,\dfrac{1}{0{,}124}}{37{,}5\,\,1/s} = 0{,}284\,\mathrm{cm},$$

$$|\widehat{q_2}| = \left|\frac{\widehat{v_2}}{i\,\Omega}\right| \;\triangleq\; \frac{\left|\dfrac{\widehat{U}_{C_2}}{i}\right| \dfrac{1}{D}}{\Omega} = \frac{1{,}421\,\dfrac{\mathrm{cm}}{s}\,\dfrac{1}{0{,}124}}{37{,}5\,\,1/s} = 0{,}306\,\mathrm{cm},$$

$$|\widehat{q_{21}}| = |\widehat{q_2} - \widehat{q_1}| \;\triangleq\; \frac{1}{\Omega\,D}\left|\frac{\widehat{U}_{C_2} - \widehat{U}_{AB}}{i}\right|.$$

Divisionen mit i bedeuten Drehungen des Zeigers des Dividenten um $-\frac{\pi}{2}$. Die komplexen Amplituden von $\widehat{q_1}$, $\widehat{q_2}$ bzw. $\widehat{q_{21}}$ eilen daher den Spannungszeigern $\widehat{U}_{AB}$, $\widehat{U}_{C_2}$ bzw. $\widehat{U}_{C_2} - \widehat{U}_{AB}$ um je $\pi/2$ nach. Dabei ist zu beachten, daß $\widehat{U}_{AB} - \widehat{U}_{C_2} = -\widehat{U}_{EF}$ ist (siehe Abb. 154b). Damit erhalten wir

$$|\widehat{q_{21}}| = \frac{1}{\Omega\,D}\left|\frac{\widehat{U}_{EF}}{i}\right| = \frac{1\,\dfrac{\mathrm{cm}}{\mathrm{s}}}{37{,}5\,\dfrac{1}{\mathrm{s}} \cdot 0{,}124} = 0{,}215\,\mathrm{cm}.$$

Weiter entnehmen wir dem Zeigerdiagramm

$$\psi_1 \equiv \operatorname{arc}\widehat{P} - \operatorname{arc}\widehat{q_1} \triangleq \operatorname{arc}\widehat{I} - (\operatorname{arc}\widehat{U}_{AB} - \pi/2) = 60{,}7°,$$

$$\psi_2 \equiv \operatorname{arc}\widehat{P} - \operatorname{arc}\widehat{q_2} \triangleq \operatorname{arc}\widehat{I} - (\operatorname{arc}\widehat{U}_{C_2} - \pi/2) = 103{,}6°,$$

$$\psi_{21} \equiv \operatorname{arc}\widehat{P} - \operatorname{arc}\widehat{q_{21}} \triangleq \operatorname{arc}\widehat{I} - [\operatorname{arc}(-\widehat{U}_{EF}) - \pi/2] = 166{,}2° = -193{,}8°.$$

Die ermittelten Größen stimmen vollkommen mit den im Berechnungsbeispiel auf Seite 109 berechneten überein.

VI. Entstörung von Schwingungen
35. Dämpfung von Schwingungen

Entstehung von Schwingungen. Unbeabsichtigte, und damit störende Schwingungen können auf vielfältige Weise entstehen. Von den möglichen Ursachen wollen wir ganz kurz die wichtigsten anführen.

Erregung durch Massenträgheitswirkung. Durch Massenträgheitswirkung hervorgerufene Wechselkräfte treten auf bei hin- und hergehenden Massen (beispielsweise bei Kolbenkraftmaschinen mit nicht vollkommen durchgeführtem Massenausgleich) sowie bei nicht vollkommen ausgewuchteten umlaufenden Körpern (Fliehkraftwirkungen). Unwuchten und damit Fliehkraftwirkungen können auch durch Wärmeverziehungen umlaufender Körper (z. B. Dampfturbinenläufer) entstehen.

Erregung durch Reibungsvorgänge. Bei *trockener* Reibung ist die auftretende Reibungskraft abhängig von der Relativgeschwindigkeit zwischen den reibenden Flächen. Aber im Gegensatz zur flüssigen Reibung wird die Reibungskraft mit zunehmender Relativgeschwindigkeit kleiner (siehe Abb. 155).

Das bekannteste Beispiel einer Schwingungserregung dieser Art stellt die Violinsaite dar. Bei der Bewegung des über die Saite hinwegstreichenden Bogens wird die Saite infolge der dabei auftretenden Reibungskraft mitgenommen und soweit ausgelenkt, bis ihre Rückstellkraft gleich der mitnehmenden Reibungskraft wird. Dann schnellt die Saite unter dem weiterstreichenden Bogen zurück. Bei der Rückbewegung ist die Relativgeschwindigkeit zwischen Saite

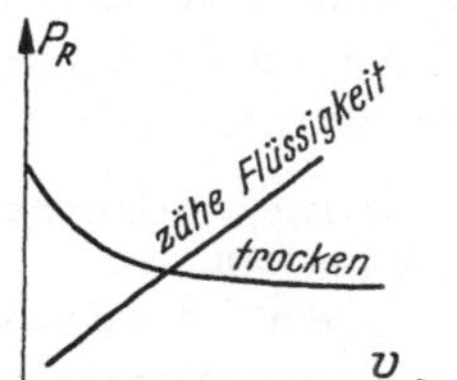

Abb. 155. Geschwindigkeitsabhängigkeit der Reibungskraft P_R

und Bogen größer als beim Hingang, die dabei vom Bogen ausgeübte, nun bremsend wirkende Reibungskraft ist jedoch kleiner als beim Hingang. Innerhalb einer Schwingungsperiode erfährt daher die Saite eine Energiezufuhr, die Schwingung wird angefacht und aufrechterhalten.

Viele technische Erscheinungen können auf diesen Vorgang zurückgeführt werden. Beispiele: Rattern des Drehstahles bei Werkzeugmaschinen, Erregen von Torsionsschwingungen infolge Lagerreibung bei kleinen Drehzahlen (kein Ölfilm vorhanden, trockene Reibung), das Knarren von Gelenken und Zapfen (Türangel) u. a. m.

Erregung durch aerodynamische Kräfte. Bei der Umströmung von Körpern durch Gase und Flüssigkeiten treten dynamische Kraftwirkungen in Form von Ablenkkräften quer zur Anströmrichtung auf, die den umströmten Körper zu Schwingungen anregen können.

Ein besonderer Effekt, der Schwingungen gefährlich hoher Frequenzen erregen kann, wird durch Wirbelablösungen hervorgerufen. Infolge von Strömungsinstabilitäten treten Grenzschichtablösungen in rhythmischer Folge auf, und zwar abwechselnd auf beiden Seiten des umströmten Körpers (KÁRMÁNsche Wirbelstraßen), verbunden mit periodischen Kraftwirkungen quer zur Anströmrichtung, die schwingungsanfachend wirken können (siehe Abb. 156).

Zwischen den Körperabmessungen, der Anströmgeschwindigkeit v und der Frequenz f der Anfachkräfte besteht eine feste Beziehung, die beispielsweise für einen zylindrischen Körper vom Durchmesser d die Form $\dfrac{f\,d}{v} \approx 0{,}22$ besitzt.

Erscheinungen dieser Art treten sehr häufig auf. Als Beispiele seien genannt:

Elektrische Freileitungen, hohe Schornsteine (insbesondere schlanke und elastische Blechschornsteine), weitgespannte Hängebrücken mit elastisch wirkender Fahrbahn (Tacoma-Brücke [49]), Flügel und Ruder bei Flugzeugen, sowie Periskoprohre von Unterseebooten u. a. m.

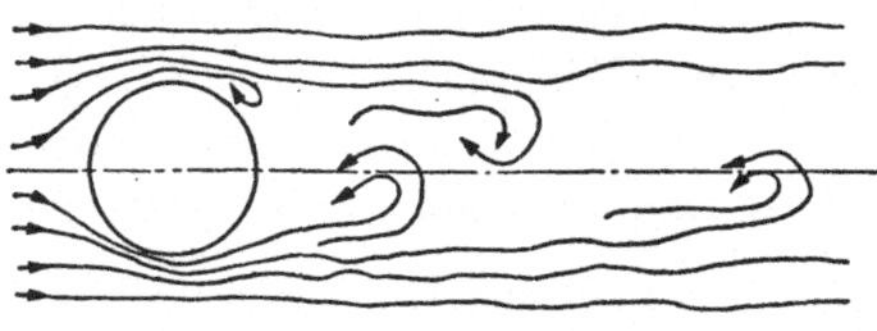

Abb. 156. KÁRMÁNsche Wirbelstraße

Arten der Entstörung. *Aktive Entstörung.* Als aktive Entstörung bezeichnet man jene Maßnahmen, durch die verhindert werden soll, daß die von einer Störquelle erzeugten Schwingungen an die Umgebung abgeleitet werden. Die Entstörung wird an der Erregerquelle vorgenommen.

Beispiel. Schwingungsisolierung von großen Kolbenkraftmaschinen, Pressen oder Stanzen.

Passive Entstörung. Von passiver Entstörung spricht man dann, wenn eine Maschine oder ein Instrument so aufgestellt werden soll, daß die am Aufstellungsort herrschenden Schwingungen von der Anordnung ferngehalten werden.

Beispiele. Aufstellen von Präzisionswaagen und -instrumenten in Laboratorien, Anbringung von empfindlichen Meßgeräten in Flugzeugen, Aufstellen von Genauigkeits-Werkzeugmaschinen (Schleif- und Hohnmaschinen) in Werkstätten, usw.

Aktive Entstörung. *Federnde Lagerung.* Das Fundament der störenden Maschine wird federnd gelagert (mittels Schraubenfedern oder Gummipuffer), so daß auf den Untergrund nur die Federkraft P_c übertragen wird [50], [51]. Die Gesamtmasse (Maschine + Fundament) macht man möglichst groß, die Federkonstante der federnden Unterlage möglichst klein, so daß die Kennkreisfrequenz $\omega_0 = \sqrt{\dfrac{c}{a}}$ viel kleiner als die Kreisfrequenz der Störkraft wird. Das System arbeitet dann weit im überresonanten Bereich $\left(\eta \equiv \dfrac{\Omega}{\omega_0} \gg 1\right)$, so daß die Schwingungsausschläge sowie die Federungswege, und damit die auf den Untergrund übertragenen Kräfte, ebenfalls klein sind (siehe Abb. 37).

Nachteilig ist, daß beim Anfahren und beim Abstellen der Maschine der Resonanzbereich der Anordnung durchfahren werden muß. Zur

Begrenzung der sonst übergroß werdenden Schwingungsausschläge müssen Anschläge vorgesehen werden.

Federnde Lagerung mit Dämpfungsglied. Der vorgeschilderte Nachteil, Auftreten großer Schwingungsausschläge beim Durchlaufen des Resonanzgebietes, kann durch Anbringen von Dämpfungsgliedern vermieden werden (Abb. 157). Die Dämpfer können als flüssigkeitsgefüllte Zylinder mit Kolben und Drosselöffnung, oder, viel einfacher, in Form von federbelasteten Reibbacken (Abb. 158) ausgebildet sein.

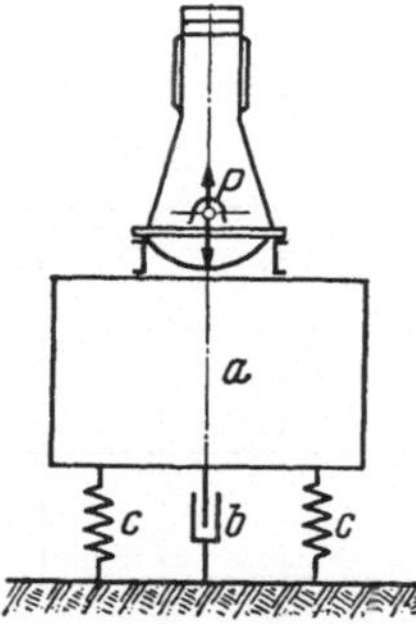

Abb. 157. Gefedertes Maschinenfundament mit Dämpfungsglied

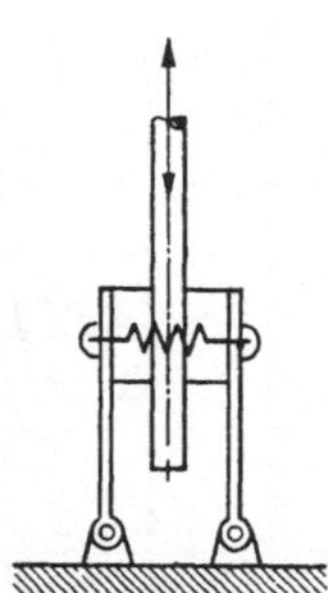

Abb. 158. Dämpfer mit federgespannten Reibbacken

Wie wir der Abb. 157 entnehmen können, wird auf den Untergrund außer der Federkraft P_c noch zusätzlich die Dämpfungskraft P_b übertragen. Die insgesamt übertragene Kraft ist

$$P_U = P_b + P_c. \tag{664}$$

Bei harmonischer Erregerkraft $P = \widehat{P}\, e^{i\Omega t}$ läßt sich $\widehat{P}_U$ mit den Gln. (151) und (184) und den Setzungen in den Gln. (131), (132) und (135) in die nachstehende Form bringen:

$$\widehat{P}_U = \widehat{P}_b + \widehat{P}_c = b\,\widehat{\dot{q}} + c\,\widehat{q} = (1 + i\,2\,\vartheta\,\eta)\,c\,\widehat{q} \tag{665}$$

bzw.

$$\left|\widehat{P}_U\right| = c\,|\widehat{q}|\,\sqrt{1 + (2\,\vartheta\,\eta)^2}. \tag{666}$$

Der Betrag der erregenden Störkraft $\widehat{P}$ ist durch die Gln. (171) und (173) gegeben:

$$\left|\widehat{P}\right| = \frac{c\,|\widehat{q}|}{Y_c} = c\,|\widehat{q}|\,\sqrt{(1 - \eta^2)^2 + (2\,\vartheta\,\eta)^2}. \tag{667}$$

Durch Quotientenbildung erhalten wir die dimensionslose Beziehung

$$Y_{P_U} \equiv \frac{|\widehat{P}_U|}{|\widehat{P}|} = \frac{\sqrt{1 + (2\,\vartheta\,\eta)^2}}{\sqrt{(1 - \eta^2)^2 + (2\,\vartheta\,\eta)^2}}. \tag{668}$$

Die Abb. 159 zeigt den Frequenzgang von Y_{P_U} (die Abhängigkeit zwischen Y_{P_U} und η). Wir ersehen:

Im überresonanten Bereich $(\eta > \sqrt{2})$ wird die an den Untergrund übertragene Kraft mit zunehmendem Dämpfungsgrad ϑ *größer*, und damit die Wirksamkeit der Schwingungsisolierung *kleiner*.

Durchlässigkeit. Den Quotienten $\dfrac{|\widehat{P}_U|}{|\widehat{P}|} \equiv Y_{P_U}$ bezeichnet man gewöhnlich als *Durchlässigkeit*. Diese gibt an, welcher Anteil der Erregerkraft P an den Untergrund weitergeleitet wird.

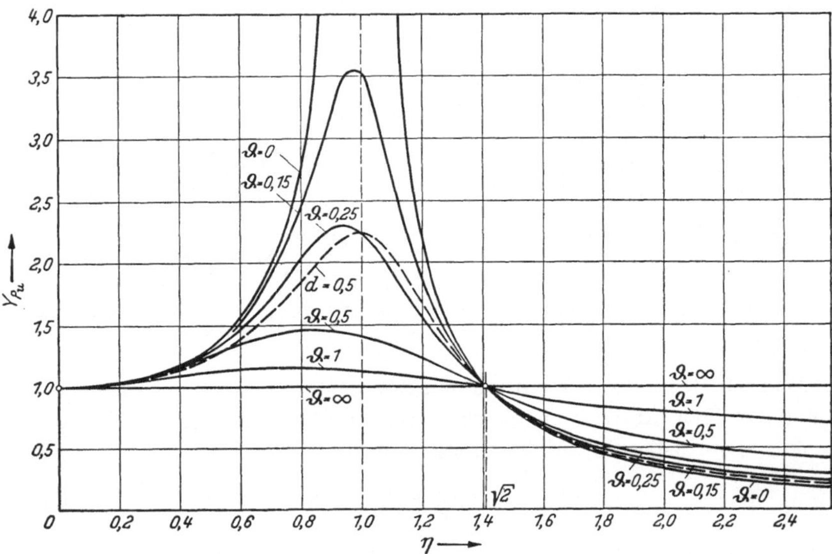

Abb. 159. Frequenzgang der an den Fundament-Untergrund übertragenen Kraft
(Die gestrichelt eingezeichnete Linie $d = 0,5$ wird im 37. Abschnitt erläutert)

Dämmung oder Dämmungseffekt. Darunter wird der Quotient

$$\frac{|\widehat{P}| - |\widehat{P}_U|}{|\widehat{P}|} = 1 - \frac{|\widehat{P}_U|}{|\widehat{P}|} \equiv 1 - Y_{P_U}$$

verstanden. Er wird meist in Prozenten angegeben, und ist ein Maß für die Güte der Schwingungsisolierung. Er gibt an, um welchen Betrag die an den Untergrund weitergeleitete Kraft kleiner als die Erregerkraft P ist.

Aus der Abb. 159 ist ersichtlich, daß nur bei Frequenzverhältnissen $\eta > \sqrt{2}$ eine Dämmwirkung vorhanden ist, und daß eine Vergrößerung des Frequenzverhältnisses über den Wert $\eta = 3$ hinaus zu keiner wesentlichen Verbesserung des Schwingungsisoliervermögens führt.

Für eine dämpfungsfreie Anordnung ($\vartheta = 0$) ergeben sich Durchlässigkeit und Dämmung zu

$$\frac{|\widehat{P}_U|}{|\widehat{P}|}\Big|_{\vartheta=0} = \frac{1}{|1-\eta^2|} = \frac{1}{\eta^2-1} \qquad (\eta^2 > \sqrt{2}),$$

bzw.

$$\frac{|\widehat{P}|-|\widehat{P}_U|}{|\widehat{P}|}\Big|_{\vartheta=0} = 1 - \frac{1}{|1-\eta^2|} = \frac{\eta^2-2}{\eta^2-1} \qquad (\eta^2 > \sqrt{2}).$$

Ein **wichtiger Sonderfall** von Schwingungsisolierung tritt dann auf, wenn beispielsweise Maschinen, bei denen kurzzeitig und stoßartig wirkende Fundamentkräfte auftreten (Pressen, Stanzen), in den Geschossen von Bauwerken aufzustellen sind. Die Decken (Trägerroste oder Stahlbetondecken) sind verhältnismäßig stark elastisch und mit Massebelegung versehen, stellen somit schwingungsfähige Gebilde dar. In Verbindung mit den federnd gelagerten Maschinenmassen entstehen gekoppelte Gebilde nach Art der Abb. 160. Durch die kurzzeitig wirkenden Belastungsstöße werden Eigenschwingungen angeregt. Aufgabe der Schwingungsberechnung ist es, die Masse des Maschinen-Fundamentes und dessen federnde Unterlage so zu bemessen, daß unzulässig große Schwingungswege vermieden werden, oder gar Schwebungen, verbunden mit großen Amplituden der Maschinenschwingung, auftreten.

Aufgabenstellungen dieser Art werden ausführlich von CREDE [46] behandelt.

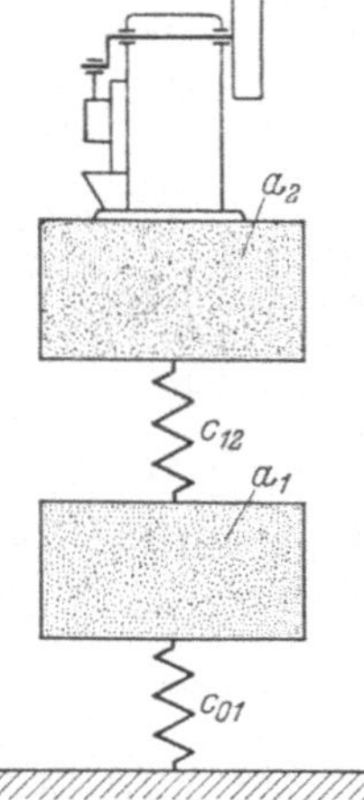

Abb. 160. Auf nachgiebiger Unterlage (Deckenkonstruktion) federnd gelagertes Maschinenfundament

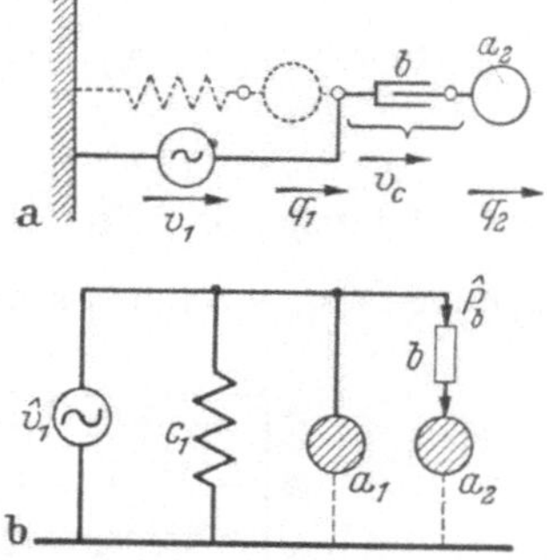

Abb. 161. Dämpfer mit Hilfsmasse a Wirkplan des geschwindigkeitserregten Dämpfers; b Elektrische Reziprok-Schaltung

Dämpfer mit Hilfsmasse. In jenen Fällen, bei denen kein fester Bezugspunkt für das Anbringen eines Dämpfers zur Verfügung steht (beispielsweise bei umlaufenden Wellen), kann man den Dämpfer gegen eine Hilfsmasse arbeiten lassen (siehe Abb. 161a). Der Dämpfer stützt sich hierbei nicht mehr gegen ein festes Bezugssystem, sondern gegen eine träge Masse a_2 (Seismische Masse) ab. Die Dämpfungskraft $P_b = b\,v_b$ ist dann immer gleich der Beschleunigungskraft $P_{a_2} = a_2\,\ddot{q}_2$.

Setzen wir geschwindigkeitsproportionale Dämpfung voraus, so ergibt sich für eine harmonische Schwingung $v_1 = \widehat{v}_1\, e^{i\Omega t}$ aus dem in Abb. 161b dargestellten mechanischen Schaltbild der Anordnung auf Grund der Widerstandsbeziehungen nach den Gln. (201) und mit $\widehat{P}_b = \widehat{P}_{a_2}$,

$$\widehat{v}_1 = \widehat{v}_b + \widehat{v}_{a_2} = \frac{\widehat{P}_b}{\mathfrak{R}_b} + \frac{\widehat{P}_{a_2}}{\mathfrak{R}_{a_2}} = \widehat{P}_b\left(\frac{1}{b} + \frac{1}{i\,\Omega\,a_2}\right). \tag{669}$$

Nach der Dämpfungskraft $\widehat{P}_b$ aufgelöst, erhalten wir

$$\widehat{P}_b = \frac{\widehat{v}_1}{\dfrac{1}{b} + \dfrac{1}{i\,\Omega\,a_2}}. \tag{670}$$

Die Dämpfungskraft $\widehat{P}_b$ ist frequenzabhängig.

Wird $\Omega \to \infty$, dann wirkt die Hilfsmasse a_2 wie ein *fester* Bezugspunkt ($\mathfrak{R}_{a_2} \equiv i\,\Omega\,a_2 \to \infty$), und es wird

$$\widehat{P}_{b\,(\Omega\to\infty)} = \widehat{P}_{b\,\text{Fest}} \equiv b\,\widehat{v}_1. \tag{671}$$

Durch Quotientenbildung erhalten wir aus den Gln. (670) und (671) die *bezogene* Dämpfungskraft

$$\mathfrak{D}_{P_b} \equiv \frac{\widehat{P}_b}{\widehat{P}_{b\,\text{Fest}}} = \frac{1}{1 + \dfrac{1}{i\,\Omega\,a_2/b}}$$

$$\text{bzw.}\quad Y_{P_b} \equiv |\mathfrak{D}_{P_b}| = \frac{|\widehat{P}_b|}{|\widehat{P}_b|_{\text{Fest}}} = \frac{1}{\sqrt{1 + \dfrac{1}{\Omega^2}\left(\dfrac{b}{a_2}\right)^2}}. \tag{672}$$

Die Abb. 162 zeigt den Frequenzgang von Y_{P_b}. Wir ersehen daraus: Bei kleinen Frequenzen, etwa bei $\Omega\dfrac{a_2}{b} < 1$, d. h., bei $\Omega < \dfrac{b}{a_2}$, wird die

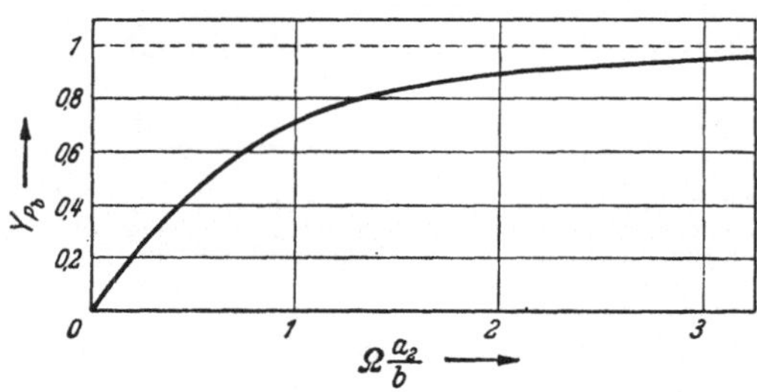

Abb. 162. Frequenzgang der bezogenen Dämpferkraft des geschwindigkeitserregten Dämpfers mit Hilfsmasse nach Abb. 161a

Dämpfungswirkung gegenüber der Anordnung mit festem Dämpfer-Befestigungspunkt klein und verschwindet bei $\Omega = 0$. Die Anordnung mit Hilfsmasse wirkt dann erst nennenswert dämpfend, wenn die Erreger-

Kreisfrequenz Ω größer als die *untere Grenzkreisfrequenz* $\Omega_{uGr} \equiv \dfrac{b}{a_2}$ wird.

Bauliche Ausführung. Bei der baulichen Ausführung der Dämpfer kann man trockene oder flüssige Reibung zugrunde legen.

Dämpfer mit trockener Reibung. Das Reibglied kann etwa die in Abb. 158 gezeigte Form besitzen. Im allereinfachsten Falle genügt es (bei horizontaler Anbringung), eine lose Hilfsmasse auf die schwingende Unterlage aufzulegen (Abb. 163). Im Extremfalle kann man sogar, wenn es sich um kleine Schwingungsamplituden hoher Frequenz handelt, wie sie bei Körperschall auftreten, viele kleine Einzelmassen, etwa in Form von losem körnigen Werkstoff (Sand, Eisenkörner u. ä.), verwenden, die in kleinen taschenartigen Behältern an der zu bedämpfenden Anordnung angebracht werden, wie es beispielsweise mit großem

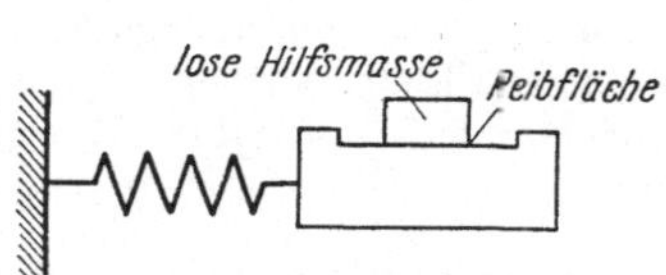

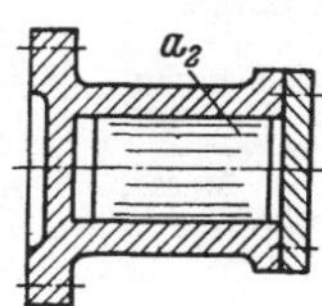

Abb. 163. Reibungsdämpfung mit Hilfe einer lose aufliegenden Hilfsmasse

Abb. 164. Viskositäts-Schwingungsdämpfer mit Hilfsmasse
a_2 = Hilfsmasse

Erfolg zum Entdröhnen von Straßenbahn-Scheibenrädern verwendet wurde [*56*].

Dämpfer mit flüssiger Reibung. Dämpfer dieser Bauart, man bezeichnet sie als Viskositäts-Schwingungsdämpfer, können besonders klein und gedrängt gebaut werden. Die Abb. 164 zeigt ein Beispiel. In einem allseits geschlossenen, mit einer hochviskosen Flüssigkeit, meist Silikonöl (Viskosität temperaturunabhängig!), gefüllten Zylinder ist ein frei beweglicher massiver Kolben (Hilfsmasse a_2) mit kleinem Durchmesserspiel eingebaut. Das Gehäuse wird am schwingenden Körper befestigt. Unter der Massenträgheitswirkung des Kolbens wird die Flüssigkeit durch den als Drosselöffnung wirkenden engen Ringspalt zwischen Zylinder und Kolben hindurchgepreßt und erzeugt hierbei die dämpfende Reibungskraft.

Besonders kleine Bauformen werden erhalten, wenn der Kolben aus einer spezifisch besonders schweren Metalllegierung hergestellt wird.

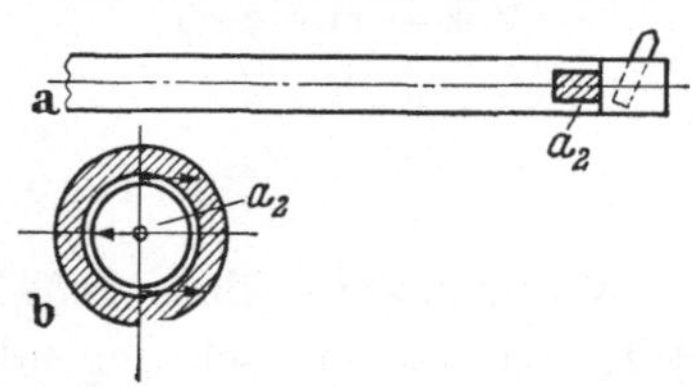

Abb. 165. Beispiel einer Bohrstange mit Viskositäts-Schwingungsdämpfer
a Bohrstange mit Dämpfer;
b Schnitt durch den Dämpfer
a_2 = Hilfsmasse

Ein Beispiel zeigt Abb. 165. Es handelt sich um einen in eine Bohrstange von 25 mm ∅ eingebauten Schwingungsdämpfer zum Entstören der vom Bohrmesser selbsterregten oder von außen her übertragenen Schwingungen. Die zylindrische Hilfsmasse a_2 ist mit kleinstem Spiel (0,075 mm!) eingepaßt, und schwingt in Querrichtung. Die Reibungswirkung entsteht an den Stirnseiten des Kolbens und in den längs zweier Mantellinien entstehenden Drosselspalten (siehe Abb. 165b).

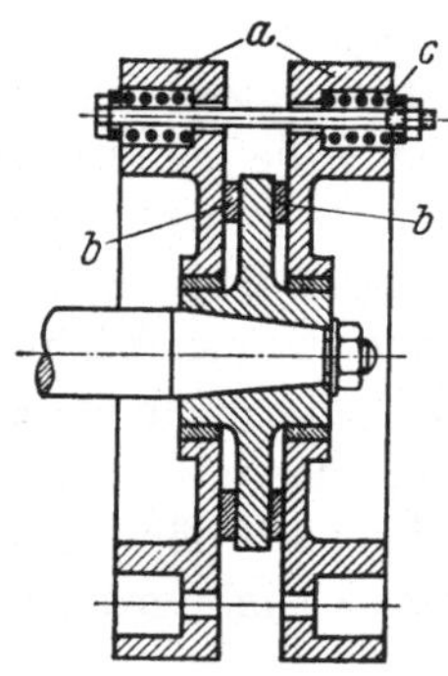

Abb. 166. Drehschwingungsdämpfer (LANCHESTER-Dämpfer)
a = Seismische Masse,
b = Reibfläche,
c = Spannfedern

Drehschwingungsdämpfer. Die Dämpfung von Drehschwingungen kann nach den gleichen vorerwähnten Grundsätzen erfolgen.

Zwei Beispiele seien kurz angeführt, die sich beide auf die in Abb. 161 dargestellte Form zurückführen lassen.

Der bekannte LANCHESTER-Dämpfer benutzt trockene Reibung (Abb. 166).

Bei dem in Abb. 167 dargestellten Dämpfer wird Flüssigkeitsreibung angewendet (Viskositäts-Drehschwingungsdämpfer). In einem dicht verschlossenen ringförmigen Gehäuse ist eine frei bewegliche ringförmige Hilfsmasse mit allseits kleinem Spiel angeordnet. Der Zwischenraum ist mit zäher Flüssigkeit (Silikonöl) ausgefüllt.

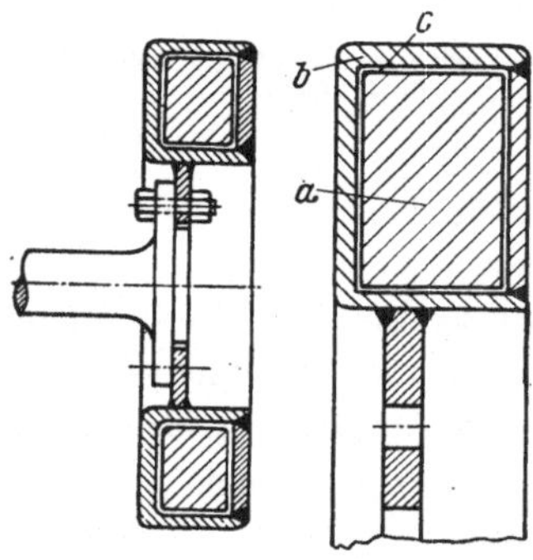

Abb. 167. Viskositäts-Drehschwingungsdämpfer
a = Seismische Masse, b = Gehäuse,
c = Viskose Flüssigkeit

Die Dämpfer werden an die zu bedämpfende Welle (Kurbelwellen von Kolbenkraftmaschinen) angeflanscht, und laufen mit dieser gleichförmig um. Sind an der Befestigungsstelle Torsionsschwingungen genügend hoher Frequenz und Amplitude vorhanden, dann treten infolge der Massenträgheitswirkung Relativgeschwindigkeiten zwischen dem Dämpfergehäuse und der beweglichen Masse auf. Die dabei entstehenden Reibungskräfte wirken dämpfend auf das System.

36. Tilgung von Schwingungen

Wirkungsweise eines Schwingungstilgers. Durch Ankoppeln einer Hilfsmasse an ein schwingendes System läßt sich eine Schwingungsentstörung erzielen. Die Masse a_1 in Abb. 168a werde von einer Wechselkraftquelle $P = \widehat{P}\,e^{i\Omega t}$ zu Schwingungen erregt. Die angekoppelte Hilfsmasse a_2 stellt mit der Feder c_2 ein *federerregtes* Schwingungsgebilde dar, das durch eine Ersatzmasse $a^* = \dfrac{a_2}{1 - \dfrac{\Omega^2}{c_2/a_2}}$ [Gl. (313)] ersetzt gedacht werden kann. Stimmt die Erregerkreisfrequenz Ω mit der Kennkreisfrequenz $\omega_{0_2} = \sqrt{\dfrac{c_2}{a_2}}$ des Hilfssystems überein, tritt *Antiresonanz* auf, die Ersatzmasse a^* nimmt den Wert $a^* \to \infty$ an. Die Erregerkraft P arbeitet dann scheinbar auf eine unendlich große Masse, der Schwingweg wird zu Null, die Masse a_1 befindet sich in Ruhe. Damit wird auch die von der Feder c_1 an den Untergrund übertragene Federkraft $\widehat{P}_{c1} = c_1 \widehat{q}_1$ zu Null. Es wird vollkommene Entstörung erzielt.

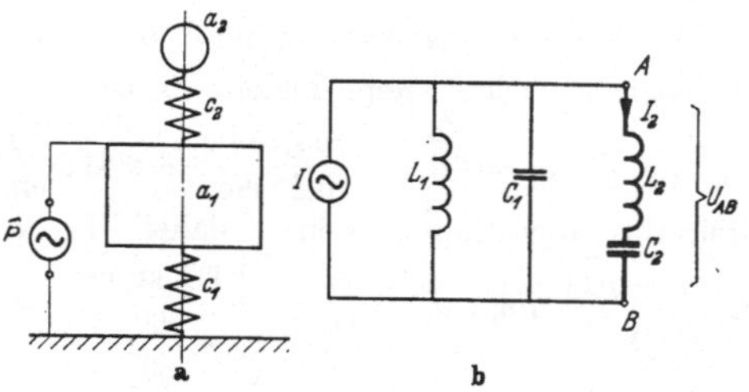

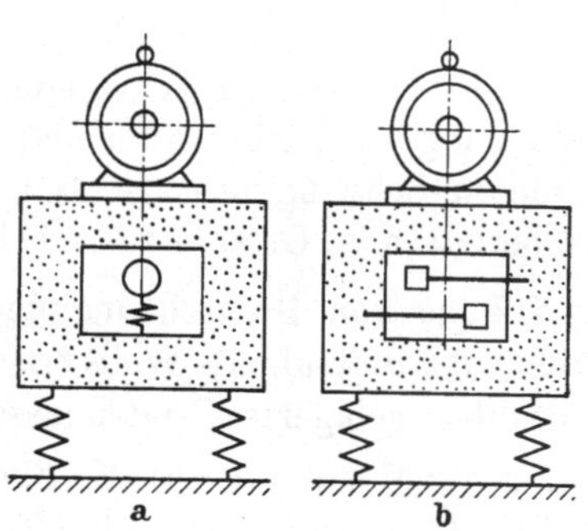

Abb. 168. Schwingungstilgung mit Hilfe einer angekoppelten Hilfsmasse
a Mechanischer Wirkplan; b Elektrische Reziprok-Schaltung

Zum gleichen Ergebnis gelangen wir durch Betrachtung des Schwingungsvorganges im elektrischen Reziprok-Schaltbild Abb. 168 b. Der Scheinwiderstand des Hilfszweiges $L_2 - C_2$,

$$\mathfrak{Z}_2 = i\,\Omega\,L_2 + \frac{1}{i\,\Omega\,C_2} = \frac{1}{i\,\Omega\,C_2}\,(1 - \Omega^2\,L_2\,C_2),$$

wird bei $\Omega^2 = \dfrac{1}{L_2\,C_2}$ zu Null. Es tritt *Reihenresonanz* auf [Gl. (622)]. Der $L_2 - C_2$-Zweig wirkt für die Stromquelle als Kurzschluß $(\mathfrak{Z}_2 = 0)$, zwischen den Schaltungspunkten A und B kann keine Spannung bestehen $(U_{AB} = \mathfrak{Z}_2\,I_2 = 0)$; wegen der Entsprechung $\widehat{U}_{AB} \mathrel{\widehat{=}} \widehat{v}_1$ bedeutet dies: die Schwingungsgeschwindigkeit $\widehat{v}_1$ ist Null, die Masse a_1 ist in Ruhe.

Bauliche Ausbildung des Tilgers. Die Abbn. 169 zeigen zwei Anwendungsbeispiele, bei denen die Hilfsmassen mit Schraubenfedern (Abb. 169a) bzw. mit Biegefedern (Abb. 169b) angekoppelt sind.

Abb. 169. Beispiele für die Anbringung von Schwingungstilger
a Hilfsmasse an Schraubenfeder aufgehängt; b Hilfsmassen mit Biegefedern

Berechnungsbeispiel. Zu bestimmen sind Masse a_2 und Federkonstante c_2 eines dämpfungsfreien Tilgers, der die Schwingungen eines Maschinenfundamentes tilgt, die durch die Unwucht eines mit der Drehzahl $n = 960$ 1/Min umlaufenden Maschinenläufers hervorgerufen werden. Die Masse von Fundament + Maschine sei $a_1 = 3$ kg s²/cm, die Federkonstante der Fundamentauflagerung betrage $c_1 = 1875$ kg/cm. Die Schwingungsamplitude des Fundamentes wurde zu $|\widehat{q}_1| = 0{,}3$ mm gemessen. Die Schwingungsamplitude der Hilfsmasse a_2 soll $|\widehat{q}_2| = 2{,}5$ mm betragen.

$$\text{Mit } |\widehat{P_a}| = \Omega^2 a_1 |\widehat{q_1}| = \left(2\pi \frac{960}{60} \frac{1}{s}\right)^2 3 \frac{\text{kg s}^2}{\text{cm}} \cdot 0{,}03 \text{ cm} = 909 \text{ kg} \quad \text{und} \quad |\widehat{P_c}|$$

$$= c_1 |\widehat{q_1}| = 1875 \frac{\text{kg}}{\text{cm}} \cdot 0{,}03 \text{ cm} = 56{,}25 \text{ kg ergibt sich die Amplitude der Erreger-}$$

kraft $|\widehat{P}| = |\widehat{P_a}| - |\widehat{P_c}| = 852{,}75$ kg (siehe Abb. 42b).

Bei vollständiger Tilgung muß die Erregerkraft $\widehat{P}$ mit der Federkraft $\widehat{P_{c_2}}$ ein Gleichgewichtssystem bilden; es ist somit $|\widehat{P_{c_2}}| = |\widehat{P}|$. Daraus folgt mit

$$\widehat{P_{c_2}} = c_2 \widehat{q_2} \colon c_2 = \frac{|\widehat{P}|}{|\widehat{q_2}|} = \frac{852{,}75 \text{ kg}}{0{,}25 \text{ cm}} = 3411 \frac{\text{kg}}{\text{cm}}. \text{ Der Tilger muß auf die Betriebs-}$$

drehzahl abgestimmt sein; daher ist $\omega_{0_2} = \Omega$. Mit $\Omega = 2\pi n$ und

$$\omega_{0_2} = \sqrt{\frac{c_2}{a_2}} \text{ folgt } a_2 = \frac{c_2}{\Omega_2} = \frac{3411 \text{ kg/cm}}{\left(2\pi \frac{960}{60} \frac{1}{s}\right)^2} = 0{,}337 \frac{\text{kg s}^2}{\text{cm}}.$$

Nachteile des vorbeschriebenen Tilgers. Wie bereits in Abschn. 18 erwähnt, wirkt die angekoppelte Masse nur bei einer bestimmten Frequenz tilgend. Durch die Ankopplung erhält das Gesamtsystem zusätzlich einen Freiheitsgrad, so daß sich für die vorbeschriebene Anordnung 2 Resonanzfrequenzen ergeben. Tilger dieser Art sind daher nur für jene Fälle geeignet, in denen eine feste, unveränderliche Betriebsdrehzahl vorhanden ist. Beim Anfahren und Abstellen der Maschine ist darauf zu achten, daß der kritische Drehzahlbereich rasch durchfahren wird.

Zur Begrenzung der Schwingungsausschläge beim Durchfahren der kritischen Drehzahlbereiche kann man Dämpfungsglieder anbringen. Man erhält dann das in Abb. 77a dargestellte Koppelgebilde. Eine vollkommene Tilgung der Schwingungen ist dann aber bei *keiner* Frequenz mehr möglich (siehe Abb. 79a). Eine ausführliche Behandlung der Resonanz-Schwingungstilger findet sich bei GEISLINGER [52] (siehe auch die bereits a. a. O. zitierte Arbeit von COLLATZ [14]).

Tilgung von Drehschwingungen. *Fliehkraftpendel.* Eine mit der Drehzahl n umlaufende Welle trage eine Scheibe S, an der eine im Zapfen Z drehbar gelagerte Pendelmasse m angeordnet ist (siehe Abb. 170a).

An der Masse m greift die Fliehkraft (Zentrifugalkraft) $P_z = m h \Omega^2$ an (mit $\Omega = 2\pi n$ als Winkelgeschwindigkeit der umlaufenden Welle). Erfährt die Scheibe S eine kurzzeitig wirkende Drehbeschleunigung $\ddot{\chi}$, so bleibt die Pendelmasse m infolge der Massenträgheitswirkung relativ zur Scheibe zurück. Die von der Pendelstange an den Drehzapfen Z übertragene Kraft P_z^* übt ein Drehmoment $M_d = P_z^* \cdot r^*$ auf die Scheibe aus, das der Drehbeschleunigung der Welle entgegenwirkt (Abb. 170b).

Pendelanordnungen der vorgeschilderten Art können daher zum Dämpfen von Drehschwingungen verwendet werden.

Mathematische Behandlung. Wir wollen annehmen, daß der gleichförmigen Drehbewegung (Winkelgeschwindigkeit Ω) der umlaufenden

Welle eine harmonische Drehschwingungs-Bewegung, deren Zeitgesetz

$$\chi = \widehat{\chi}\, e^{i\,\omega\,t} \tag{673}$$

(mit $\widehat{\chi}$ als komplexer Amplitude, im Bogenmaß gemessen, und ω als Kreisfrequenz) laute, überlagert sei. Der Pendelzapfen führt dann kleine Schwingungsbewegungen aus, die das Pendel zu einer erzwungenen Schwingung anregen.

Auf die in Abb. 170c dargestellte (punktförmig vereinigt gedachte) Masse m wirken die folgenden Kräfte:

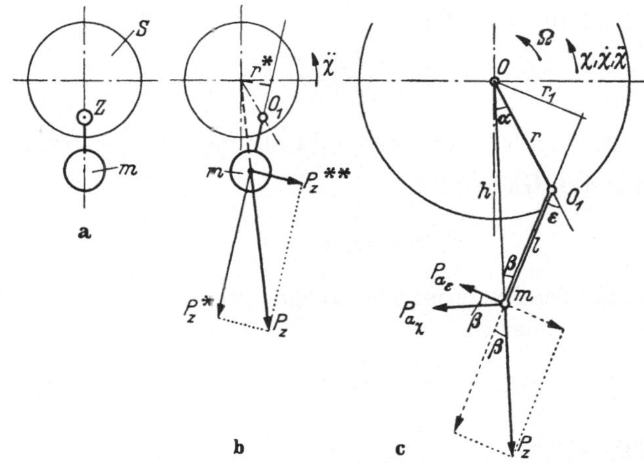

Abb. 170. Tilgung von Drehschwingungen mit Hilfe einer Pendelanordnung
a Fliehkraftpendel; b Ausgelenktes Pendel; c Kräftespiel am schwingenden,
umlaufenden Pendel

1. Zentrifugalkraft, von Drehbewegung herrührend, $P_z = m\,h\,\Omega^2$.

2. D'ALEMBERTsche Trägheitskraft, herrührend von der überlagerten Schwingungsbewegung, $P_{a_\chi} = m\,h\,\ddot{\chi}$.

3. D'ALEMBERTsche Trägheitskraft, herrührend von der Pendelbewegung relativ zur Scheibe S, $P_{a_\varepsilon} = m\,l\,\ddot{\varepsilon}$.

4. Corioliskraft, $P_C = 2\,m\,l\,\dot{\varepsilon}\,\dot{\chi}$.

5. Zentrifugalkraft, herrührend von der Relativbewegung des Pendels, $P_z^* = m\,l\,\dot{\varepsilon}^2$.

6. Ein Reibungsmoment, hervorgerufen durch die in der Zapfenlagerung auftretende Relativbewegung.

Unter der Voraussetzung kleiner Schwingungsbewegungen des Pendels nehmen die unter 4 bis 6 angeführten Kräfte vernachlässigbar kleine Werte an, so daß wir nur die Kräfte P_z, P_{a_χ} und P_{a_ε} zu berücksichtigen brauchen.

Mit den in Abb. 170c eingetragenen Bezeichnungen und Zählrichtungen erhalten wir als Gleichgewichtsbedingung für die Pendelmasse m die Gleichung

$$P_z \sin \beta - P_{a_\varepsilon} - P_{a_\chi} \cos \beta = 0. \tag{674}$$

Aus dem Dreieck OO_1m entnehmen wir die Winkelbeziehung

$$\frac{l}{h} = \frac{\sin \alpha}{\sin (180 - \varepsilon)}, \quad \text{bzw.} \quad \frac{l}{h} = \frac{\sin \alpha}{\sin \varepsilon}, \tag{675}$$

sowie

$$\beta = \varepsilon - \alpha. \tag{676}$$

Da es sich laut Voraussetzung um kleine Winkel handelt, gilt mit genügender Genauigkeit

$$h \approx r + l, \quad \cos \beta \approx 1, \quad \sin \beta \approx \beta \quad \text{und} \quad \sin \varepsilon \approx \varepsilon, \tag{677}$$

so daß die Gl. (675) in die Form

$$\frac{l}{h} = \frac{\alpha}{\varepsilon} \tag{678}$$

übergeht. Mit der daraus folgenden Beziehung $\alpha = \dfrac{l}{h}\,\varepsilon$ sowie $h = r + l$ erhalten wir aus Gl. (676)

$$\beta = \varepsilon - \frac{l}{h}\,\varepsilon = \frac{r}{r+l}\,\varepsilon. \tag{679}$$

Damit, und mit den Näherungsgleichungen (677) geht die Gleichgewichtsbeziehung (674) über in

$$m\,(r+l)\,\Omega^2 \cdot \frac{r}{r+l}\,\varepsilon - m\,l\,\ddot{\varepsilon} - m\,(r+l)\,\ddot{\chi} \cdot 1 = 0. \tag{680}$$

Umformung liefert

$$\ddot{\varepsilon} + \frac{r}{l}\,\Omega^2\,\varepsilon = \frac{r+l}{l}\,\ddot{\chi}. \tag{681}$$

In dieser Diff.-Gleichung ist $\ddot{\chi}$ durch die als bekannt vorausgesetzte Störschwingung nach Gl. (673) gegeben. Die Gl. (681) stellt somit die Diff.-Gleichung einer erzwungenen Schwingung dar. Das mit der Winkelgeschwindigkeit Ω umlaufende Fliehkraftpendel verhält sich daher gegenüber auftretenden Drehschwingungen der Welle wie ein ungedämpfter linearer Schwinger, dessen Kennkreisfrequenz wir der Gl. (681) zu

$$\omega_0 = \sqrt{\frac{r}{l}}\,\Omega \tag{682}$$

entnehmen können.

Mit dem Lösungsansatz

$$\varepsilon = \widehat{\varepsilon}\, e^{i\omega t}$$

[mit ω = Kreisfrequenz der Erregerschwingung nach Gl. (673)] und der Gl. (673) folgt durch Einsetzen in (681), nach Abkürzen des gemeinsamen Faktors $e^{i\omega t}$,

$$-\omega^2\,\widehat{\varepsilon} + \frac{r}{l}\,\Omega^2\,\widehat{\varepsilon} = \frac{r+l}{l}\,(-\omega^2\,\widehat{\chi}),$$

und weiter

$$\widehat{\varepsilon} = \frac{r+l}{l} \; \frac{1}{1-\frac{r}{l}\left(\frac{\Omega}{\omega}\right)^2} \; \widehat{\chi} \, . \tag{683}$$

Das vom Pendel auf die Scheibe rückwirkende Drehmoment[1] ergibt sich nach Abb. 170c zu

$$\widehat{M}_d = (\widehat{P}_z \cos\beta + \widehat{P}_{a_\chi} \sin\beta)\, r \sin\varepsilon \approx (\widehat{P}_z \cdot 1 + 0)\, r\,\widehat{\varepsilon}\, .$$

Mit $P_z \approx m\,(r+l)\,\Omega^2$ und Gl. (683) erhalten wir endlich

$$\widehat{M}_d = \frac{m\,(r+l)^2}{\dfrac{l}{r}\left(\dfrac{\omega}{\Omega}\right)^2 - 1} \; \omega^2\,\widehat{\chi}\, . \tag{684}$$

Antiresonanz. Wird die Erregerkreisfrequenz ω gleich der Kennkreisfrequenz $\omega_0 = \sqrt{\dfrac{r}{l}}\;\Omega$ des Fliehkraftpendels [Gl. (682)], dann verschwindet der Nenner des Bruches auf der rechten Seite der Gl. (684) und es gilt: Zur Erzeugung eines Schwingungsausschlages $\widehat{\chi}$ endlicher Größe müßte ein unendlich großes Drehmoment wirksam sein, bzw., bei endlicher Größe des erregenden Drehmomentes $\widehat{M}_d$ wird der Schwingungsausschlag $\widehat{\chi}$ Null, wie man durch Auflösen der Gl. (684) nach $\widehat{\chi}$ sofort ersieht.

Das auf die Erregerkreisfrequenz ω abgestimmte Fliehkraftpendel wirkt somit als Schwingungstilger.

Die Eigenkreisfrequenz eines Fliehkraftpendels ist aber [siehe Gl. (682)] *keine konstante* Größe, sondern ist proportional der Winkelgeschwindigkeit Ω der umlaufenden Welle.

Aber gerade dieses Verhalten ist beim Tilgen von Drehschwingungen bei Kolbenkraftmaschinen erforderlich.

Wie wir in Abschnitt 22 gesehen haben, sind die Kreisfrequenzen der schwingungserregenden Drehkraft-Harmonischen stets ein ganzzahliges Vielfaches der Winkelgeschwindigkeit der umlaufenden Kurbelwelle. Da die einzelnen Harmonischen einen verschiedenen Grad von Gefährlichkeit besitzen, stimmt man das Fliehkraftpendel auf die Frequenz der am gefährlichsten erscheinenden Drehkraft-Harmonischen ab.

Ist o die Ordnungszahl der gefährlichsten Drehkraft-Harmonischen, dann erhalten wir mit $\omega = 2\pi\, o\, n = o\,\Omega$ die Abstimmbedingung

$$\sqrt{\frac{r}{l}}\;\Omega = o\,\Omega \quad \text{bzw.} \quad \sqrt{\frac{r}{l}} = o\, . \tag{685}$$

Konstruktive Gestaltung. Der vorstehenden Ableitung haben wir ein mathematisches Pendel zugrunde gelegt. Bildet man ein physikalisches Pendel als Doppelstangenpendel aus, dann beschreiben alle Punkte der

---

[1] Wenn kurz von Drehmoment und Schwingungsausschlag gesprochen wird, so sind darunter die komplexen Amplituden dieser Größen zu verstehen.

Pendelmasse Kreisbahnen, die Anordnung wirkt ebenso wie ein mathematisches Pendel (Abb. 171a).

Eine geschickte und raumsparende Gestaltung, die für den Einbau in Kurbelwellen von Verbrennungskraftmaschinen besonders gut geeignet ist, zeigt das bekannte TAYLOR-Pendel nach Abb. 171b, das im wesentlichen mit der zuerst von SARAZIN und CHILTON angegebenen

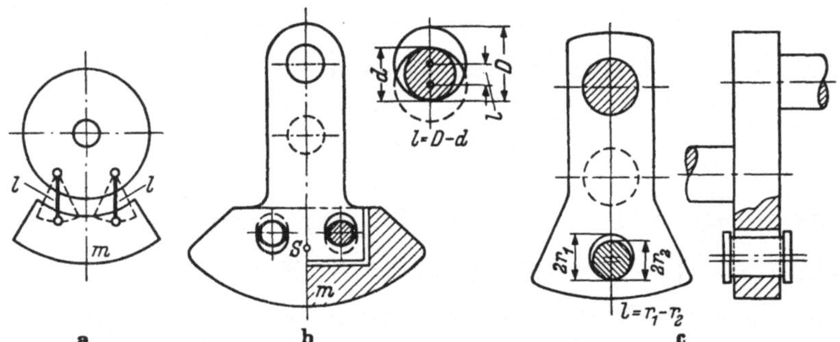

a   b   c

Abb. 171. Konstruktive Gestaltung der Drehschwingungs-Tilger
a Doppelstangen-Fliehkraftpendel; b TAYLOR-Pendel (wirksame Pendellänge $l = D - d$);
c Als Pendel wirkender Wälzkörper

Form übereinstimmt. Eine weitere Ausführungsmöglichkeit zeigt die Abb. 171c.

Da die Tilger an den Kurbelwangen einzubauen sind, werden die an den Kurbelzapfen angreifenden schwingungserregenden Störkräfte am Ort ihrer Entstehung getilgt.

Meistens werden nicht *alle* Kurbeln mit Tilgern versehen. Dann können aber, wie sich nachstehend leicht zeigen läßt, neue kritische Drehzahlen entstehen:

Ohne Tilger ergibt sich bei der kritischen Drehzahl eine Schwingungsform der Kurbelwelle, bei der sich die Schwingungsknoten, die ja als Einspannstellen aufgefaßt werden können, im allgemeinen innerhalb der als Drehfedern wirksamen Wellenabschnitte befinden. Ein Tilger erzwingt aber einen Schwingungsknoten am Ort seines Einbaues, also an einer Kurbel. Die Kurbelwelle wird dadurch in Teilgebilde unterteilt, deren Federlängen zum Teil anders sind, als sie bei der Eigenschwingungsform ohne Tilger vorhanden waren, so daß sich neue Resonanzfrequenzen ergeben müssen (siehe Literaturnachweis bei BIEZENO-GRAMMEL [53]).

Durch das hin- und herschwingende Pendel wird aber nicht nur ein (tilgendes) Drehmoment auf die Kurbelwelle übertragen, sondern auch eine Einzelkraft. Während sich ihre in Richtung $O\,O_1$ fallende Komponente zeitlich nicht wesentlich ändert, stellt ihre zu $O\,O_1$ senkrechte Komponente eine zeitlich harmonisch verlaufende Wechselkraft dar, durch die die Kurbelwelle zu Biegeschwingungen angeregt werden kann.

37. Werkstoffdämpfung

Verhalten des Werkstoffes bei wechselnder Beanspruchung. Bei der
Formänderung elastischer Körper treten innere Spannungen auf. Der
Zusammenhang zwischen Formänderungsgröße und Spannung kann in
bekannter Weise in einem Spannungs-Dehnungs-Schaubild dargestellt
werden. Die so veranschaulichte Beziehung gilt aber nur für *statische*
Belastungen, wenn also zur Ausbildung des Spannungszustandes eine
genügend große Zeit zur Verfügung steht. Wirken die Belastungen
kurzzeitig, oder ändern sie sich dauernd, so treten Erscheinungen auf,
die man als *elastische Nachwirkung* bezeichnet.

Belastet man etwa einen prismatischen, stabförmigen Körper mit
einer zeitlich veränderlichen Kraft, die stetig bis zu einem Größtwert

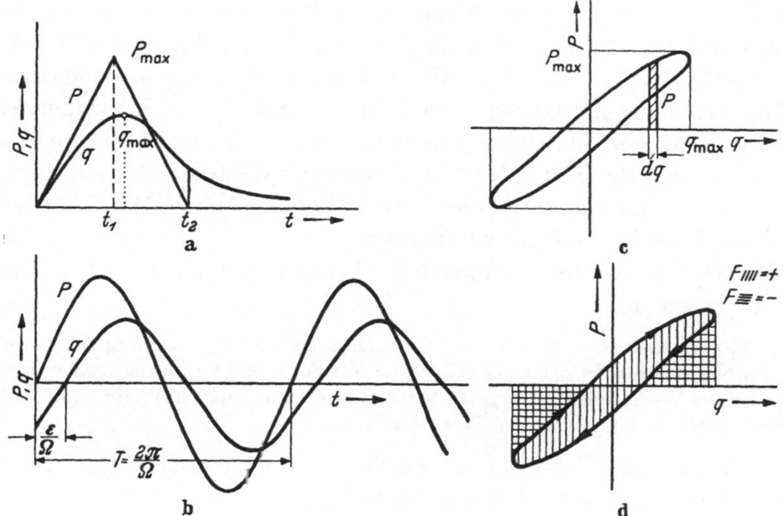

Abb. 172. Werkstoffdämpfung
a Zeitlicher Verlauf der Verformungsgröße bei an- und abschwellender Belastung;
b Zeitlicher Verlauf der Verformungsgröße bei harmonisch verlaufender Belastung;
c Hysterese-Schleife; d Arbeit beim Durchlaufen einer Periode

ansteigt und anschließend wieder stetig auf Null abklingt, so zeigt die sich
einstellende Verformungsgröße einen zeitlichen Verlauf, wie dies die
Abb. 172a zum Ausdruck bringt. Zur Zeit t_2 ist trotz des Verschwindens
der Belastung immer noch eine Restverformung vorhanden, die erst
im Laufe der Zeit allmählich abklingt.

Unterwirft man den Körper einer Belastung, die sich zeitlich *harmonisch* um einen konstanten Mittelwert ändert, dann nimmt das Zeit-
diagramm die in Abb. 172b dargestellte Form an. Der zeitliche Verlauf
der Verformungsgröße entspricht im wesentlichen dem der Belastung,
aber es besteht eine gewisse Phasenverschiebung zwischen beiden.

Tragen wir zusammengehörige Werte von P und q in einem rechtwinkligen Koordinatensystem ($P - q$-Schaubild) auf, so erhalten wir einen geschlossenen, schleifenförmigen Linienzug, wie dies Abb. 172c veranschaulicht.

Die von der Belastungskraft P bei einer elementaren Änderung der Verformungsgröße q geleistete Arbeit ist durch das Produkt $P\,dq$, das als elementarer Flächenstreifen in Abb. 172c erscheint, gegeben. Die beim Durchlaufen einer Belastungsperiode geleistete Arbeit entspricht daher der Fläche unter der Schleife. Die einzelnen Flächenanteile besitzen verschiedene Vorzeichen (je nach dem Vorzeichen von P bzw. dq) und heben sich teilweise auf (siehe Abb. 172d). Wir ersehen, daß nur ein Teil der bei der Verformung des Körpers eingespeisten Energie bei der Entlastung rückgewonnen wird. Die von der Schleife eingeschlossene Fläche stellt jene Energie dar, die je Periode aufgewendet werden muß, um die durch Werkstoffdämpfung aufgebrauchte, und in Wärme umgesetzte Energie zu decken. Wechselbeanspruchte Körper sind daher Energieverzehrer und können deshalb zur Dämpfung von Schwingungen herangezogen werden. Rein äußerlich gesehen, besteht eine gewisse Ähnlichkeit mit der bekannten Erscheinung der Hysteresis ferromagnetischer Stoffe. Aus diesem Grunde bezeichnet man die in Abb. 172c dargestellte Schleife als *Hysterese-Schleife.*

Die Größe der Dämpfungsarbeit, bezogen auf einen Belastungszyklus, hängt ab

1. vom Werkstoff — 2. von der Art der Beanspruchung — 3. vom Größtwert (der Amplitude) der Verformungsgröße — 4. von Form und Größe des beanspruchten Gebildes — 5. von der Temperatur und der „Vorgeschichte" (in bezug auf technologische Behandlung) des Werkstoffes.

Völlig analoge Verhältnisse bestehen bei Beanspruchungen durch Schubspannungen bzw. Torsionsspannungen.

Werkstoffdämpfung tritt bei allen Stoffen, mehr oder weniger stark ausgeprägt, auf. Unter den metallischen Werkstoffen ist es insbesondere Gußeisen, bei dem dieser Effekt verhältnismäßig stark in Erscheinung tritt (daher Verwendung zu Kurbelwellen von Verbrennungskraftmaschinen; da sie stark dämpfend wirken, sind sie weniger schwingungsgefährdet).

Besonders stark ausgeprägt ist die Dämpfung bei hochelastischen Stoffen wie Gummi (auch Kork), sowie plastisch-elastischen Werkstoffen, wie sie neuerdings in Form von hochpolymer vernetzten Kunststoffen stark in den Vordergrund treten.

Bauteile aus diesen Stoffen wirken sowohl federnd als auch dämpfend, stellen somit eine Verknüpfung von Feder und Dämpfungsglied dar. Anordnungen in Form von einfachen prismatischen Klötzen, beispielsweise nach Abb. 173a, zeichnen sich durch große Dämpfungswirkung bei gleichzeitig gedrängter Bauform aus und werden in neuerer Zeit bevorzugt zur Schwingungsisolierung von Maschinen und Geräten angewendet.

Dämpfung durch Scherwirkung. Ein Dämpfungseffekt außerordentlicher Wirksamkeit, der zwar nicht unmittelbar zum Begriff der Werkstoffdämpfung gerechnet werden kann, den wir aber seiner Wichtigkeit wegen an dieser Stelle mit anführen wollen, tritt bei der Verformung von Bauteilen auf, deren tragende Elemente durch Schweißen, Nieten oder Verschrauben zusammengefügt sind. Den Vorgang wollen wir ganz kurz an Hand eines einfachen Beispiels veranschaulichen:

Ein einseitig eingespannter Biegeträger bestehe aus zwei übereinandergeschichteten Lamellen (Abb. 174), die am freien Trägerende miteinander verschweißt sind. Bei einer durch Schwingungen hervorgerufenen Verformung des Trägers treten Gleitbewegungen zwischen den beiden Lamellen auf. Die entstehenden Reibungskräfte wirken dämpfend (der gleiche Sachverhalt liegt bei den geschichteten Blattfedern von Automobilen vor). Durch bewußte Ausnutzung dieses Effektes beim Aufbau von geschweißten Tragkonstruktionen (beispielsweise Ständer von Werkzeugmaschinen, Drehbankbetten u. a. m.) lassen sich bemerkenswert starke Dämpfungswirkungen erzielen [54].

Verlustwinkel. Der in Abb. 172b dargestellte zeitliche Verlauf der Verformungsgröße q kann bei den meisten technisch wichtigen Stoffen mit genügender Genauigkeit durch eine Sinuslinie approximiert werden. Mit den in der Abbildung eingetragenen Bezeichnungen gilt dann:

$$P = \widehat{P}\, e^{i\omega t} \quad \text{und} \quad q = \widehat{q}\, e^{(\Omega t - \varepsilon)}, \qquad (686)$$

bzw. in reeller Schreibweise

$$P = |\widehat{P}| \sin \Omega t \quad \text{und}$$

$$q = |\widehat{q}| \sin (\Omega t - \varepsilon). \qquad (687)$$

Die Abb. 175a zeigt das Zeigerdiagramm der Größen $\widehat{P}$ und $\widehat{q}$. Eliminieren wir aus den Gln. (687) die Zeit t, d. h., stellen wir den Vorgang in einem $P - q$-Schaubild dar, so erhalten wir, wie man sich durch Nachrechnen leicht überzeugen

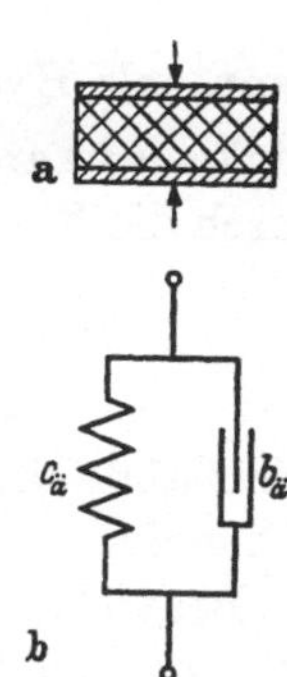

Abb. 173. Gummi-Federblock a Bauform für Druck-Zug-Belastung; b Mechanischer Wirkplan

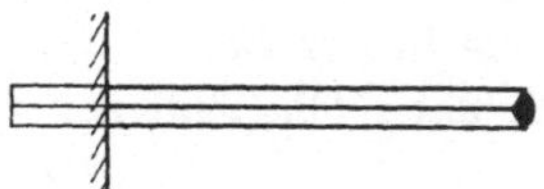

Abb. 174. Geschichteter Biegeträger

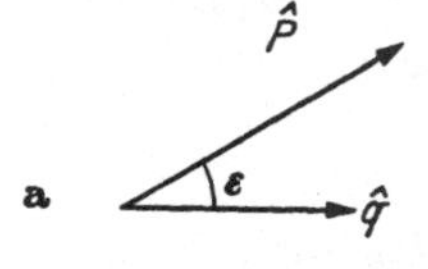

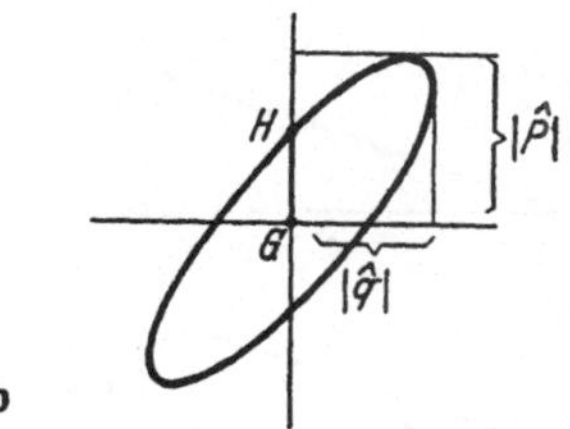

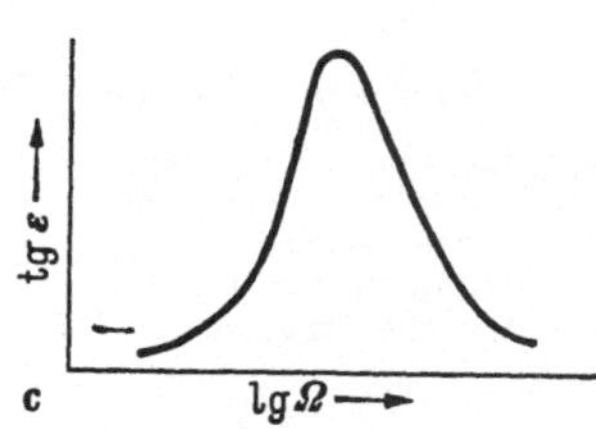

Abb. 175. Verlustwinkel ε a Zeigerdiagramm der Amplituden von Belastungskraft und Verformungsgröße; b Ellipse als Hysterese-Schleife; c Frequenzabhängigkeit des Verlustwinkels ε

kann, als Hysterese-Schleife eine Ellipse (Abb. 175b). Der Nacheil-winkel $\varepsilon \equiv \mathrm{arc}\,\widehat{P} - \mathrm{arc}\,\widehat{q}$, er wird als *Verlustwinkel* bezeichnet, ist durch die Ellipsenabmessungen gegeben, und folgt aus

$$\sin \varepsilon = \frac{\overline{GH}}{|\widehat{P}|}.$$

Die Größe des Verlustwinkels ε ist im allgemeinen von der Frequenz abhängig.

Bei vielen technisch verwendeten Stoffen (Metalle, Kork und Gummi) ist ε innerhalb eines weiten Frequenzbereiches konstant.

Bei hochpolymeren Stoffen besteht jedoch eine außerordentlich starke Frequenzabhängigkeit, wie dies beispielsweise die Abb. 175c zeigt. Außerdem ist noch ein starker Temperatureinfluß vorhanden.

Dämpfungsarbeit. Die je Periode in Wärme umgesetzte Dämpfungs-arbeit ($\triangleq$ Fläche der Hysterese-Schleife) ist gleich der von der Kraft-quelle in der Zeit T (= Periodendauer) geleisteten Arbeit. Sie ergibt sich nach Gl. (226) zu

$$A_T = \frac{1}{2}\,|\widehat{P}|\,|\widehat{v}|\,\cos \varphi_{P,v} \cdot T.$$

Mit $\varphi_{P,v} = \varphi_{P,q} - 90 = \varepsilon - 90$, sowie $T = \dfrac{2\pi}{\Omega}$ und $|\widehat{v}| = \Omega\,|\widehat{q}|$ er-halten wir

$$A_T = \pi\,|\widehat{P}| \cdot |\widehat{q}| \cdot \sin \varepsilon. \tag{688}$$

Äquivalentes Ersatzgebilde. Zerlegen wir die komplexe Amplitude $\widehat{P}$ der Kraft P gemäß Abb. 176a in die bei-den Komponenten

$$\widehat{P}_{b_{\ddot{a}}} = \widehat{P} \sin \varepsilon$$

und

$$\widehat{P}_{c_{\ddot{a}}} = \widehat{P} \cos \varepsilon, \tag{689}$$

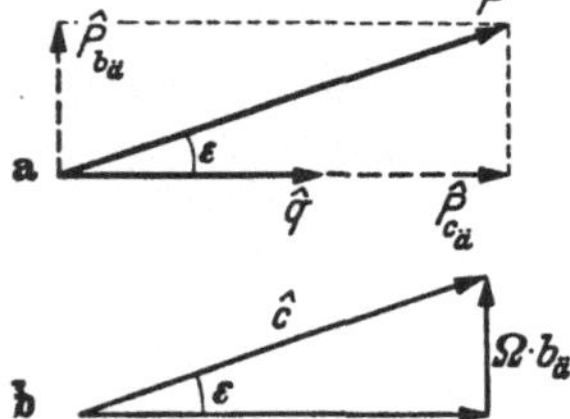

Abb. 176. Äquivalentes Ersatz-gebilde
a Zeigerdiagramm; b Zusam-menhang zwischen dem dyna-mischen Federbeiwert $\widehat{c}$ und den Größen $b_{\ddot{a}}$, $c_{\ddot{a}}$ des äquiva-lenten Ersatzgebildes

so können wir das dämpfende Gebilde durch eine äquivalente Parallelschaltung einer Feder und eines Dämpfungsgliedes mit geschwindigkeitsproportionaler Dämp-fung ersetzt denken, wie dies Abb. 173b zeigt. Die Kenndaten dieses Gebildes folgen aus den Grundbeziehungen:

$$b_{\ddot{a}} \equiv \frac{|\widehat{P}_{b_{\ddot{a}}}|}{|\widehat{v}|} = \frac{|\widehat{P}|\sin \varepsilon}{|\widehat{q}|\,\Omega}$$

und

$$c_{\ddot{a}} \equiv \frac{|\widehat{P}_{c_{\ddot{a}}}|}{|\widehat{q}|} = \frac{|\widehat{P}|\cos \varepsilon}{|\widehat{q}|}. \tag{690}$$

Einen Quotienten der Form $\dfrac{\widehat{P}}{\widehat{q}}$ hatten wir bereits in Abschn. 9 als *dynamischen Federbeiwert* $\widehat{c}$ kennengelernt. Für den vorliegenden Fall geht er über in die Form

$$\widehat{c} \equiv \frac{\widehat{P}}{\widehat{q}} = \frac{|\widehat{P}|\; e^{i\,\mathrm{arc}\,\hat{P}}}{|\widehat{q}|\; e^{i\,\mathrm{arc}\,\hat{q}}} = \frac{|\widehat{P}|}{|\widehat{q}|}\, e^{i\,(\mathrm{arc}\,\hat{P} - \mathrm{arc}\,\hat{q})} = \frac{|\widehat{P}|}{|\widehat{q}|}\, e^{i\varepsilon}. \tag{691}$$

Der Quotient $\left|\dfrac{\widehat{P}}{\widehat{q}}\right|$ stellt daher den Betrag $|\widehat{c}|$ des dynamischen Federbeiwertes dar. Er ist bei den meisten Stoffen im wesentlichen *unabhängig* von der Frequenz Ω.

Mit dieser Beziehung erhalten wir aus den Gln. (690):

$$b_{\ddot{a}} = \frac{|\widehat{c}|\sin\varepsilon}{\Omega} \quad \text{und} \quad c_{\ddot{a}} = |\widehat{c}|\cos\varepsilon. \tag{692}$$

Die Abb. 176b veranschaulicht diese Zusammenhänge.

Durch Verknüpfung der beiden vorstehenden Gleichungen können wir $|\widehat{c}|$ eliminieren, und erhalten die äquivalente Dämpfungskonstante

$$b_{\ddot{a}} = \frac{c_{\ddot{a}}\,\mathrm{tg}\,\varepsilon}{\Omega}. \tag{693}$$

$b_{\ddot{a}}$ ist frequenzabhängig, und wird mit zunehmender Frequenz *kleiner*.

Verlustfaktor oder relative Dämpfung. Außer dem insbesondere in der technischen Physik verwendeten Begriff des Verlustwinkels ε wird noch die sogenannte *relative Dämpfung* oder der *Verlustfaktor* zur Kennzeichnung des Dämpfungsverhaltens angewendet. Beide Größen werden definiert durch

$$d = \frac{1}{2\,\pi}\, \frac{\text{Dämpfungsarbeit je Periode}\, A_T}{\text{maximale Speicherenergie}\, U_0}. \tag{694}$$

Leider besteht keine einheitliche Festsetzung für den Begriff der maximalen Speicherenergie[1]. Allgemein wird diese durch die Gl. (122) definiert. Je nachdem, ob man den dynamischen Federbeiwert $|\widehat{c}|$ oder aber die äquivalente Federkonstante nach Gl. (692) zugrunde legt, erhält man mit der Grundbeziehung $\widehat{P}_c = c\,\widehat{q}$:

$$U_0 = \frac{1}{2}\,|\widehat{c}|\,|\widehat{q}|^2 = \frac{1}{2}\,|\widehat{P}|\,|\widehat{q}|, \quad \text{bzw.}$$

$$U_0 = \frac{1}{2}\,|\widehat{c_{\ddot{a}}}|\,|\widehat{q}|^2 = \frac{1}{2}\,|\widehat{P}_{c_{\ddot{a}}}|\,|\widehat{q}| = \frac{1}{2}\,|\widehat{P}|\,|\widehat{q}|\cos\varepsilon.$$

Damit erhalten wir aus (694) mit Gl. (688)

$$d = \sin\varepsilon \quad \text{bzw.} \quad d = \mathrm{tg}\,\varepsilon.$$

---

[1] Für den technischen Werkstoff Weichgummi siehe: DIN 53513, Bestimmung der Dämpfung aus der Hysterese-Schleife.

Im Hinblick auf das zugrunde gelegte Ersatzgebilde nach Abb. 173b ist es formal richtiger, mit dem Werte $c_{\ddot{a}}$ zu rechnen. Unseren weiteren Betrachtungen wollen wir daher stets die relative Dämpfung

$$d = \operatorname{tg} \varepsilon \tag{695}$$

zugrunde legen. Damit geht Gl. (693) über in

$$b_{\ddot{a}} = \frac{c_{\ddot{a}}\, d}{\Omega}. \tag{696}$$

Komplexer Modul. Zur Beschreibung der dynamisch-elastischen Eigenschaften eines Werkstoffes verwendet man den sogenannten *dynamischen Elastizitätsmodul*, kurz *komplexer Modul* genannt, den wir mit $\widehat{E}$ bezeichnen wollen.

In Analogie zu Gl. (94) läßt sich für einen homogenen prismatischen Körper die Definitionsgleichung

$$\widehat{c} = \frac{\widehat{E}\, F}{l} \tag{696a}$$

anschreiben. Daraus folgt

$$\tag{696b}$$

$$\widehat{E} = \frac{l}{F}\, \widehat{c} = \frac{l}{F}\, |\widehat{c}|\, e^{i\varepsilon} = \frac{l}{F}\, |\widehat{c}|\, \cos \varepsilon + i\, \frac{l}{F}\, |\widehat{c}|\, \sin \varepsilon \equiv E' + i\, E''.$$

Dann gilt für einen homogenen prismatischen Körper

$$c_{\ddot{a}} \equiv |\widehat{c}|\, \cos \varepsilon = \frac{E'\, F}{l}, \quad \text{sowie} \quad d = \frac{E''}{E'} \quad (\text{wobei} \quad d \equiv \operatorname{tg} \varepsilon). \tag{696c}$$

Schwingungsgebilde mit 1 Freiheitsgrad. Das Frequenzverhalten eines linearen, geschwindigkeitsproportional gedämpften Schwingers mit 1 Freiheitsgrad haben wir bereits in Abschn. 9 kennengelernt. Ist die Masse des Schwingers auf Federungsblöcken, in denen Werkstoffdämpfung auftritt, gelagert, wird wegen der Frequenzabhängigkeit des Dämpfungsfaktors $b_{\ddot{a}}$ eine Änderung im Frequenzverhalten herbeigeführt.

Handelt es sich beispielsweise um eine schwingungsisoliert aufgestellte Maschine nach Abb. 157, so interessiert in erster Linie der Frequenzgang $\mathfrak{Y}_{P_u}$ der an den Fundament-Untergrund übertragenen Wechselkraft P_u.

$Y_{P_u} \equiv |\mathfrak{Y}_{P_u}| \equiv \dfrac{|\widehat{P}_u|}{|\widehat{P}|}$ wird durch die Gl. (668) bestimmt. Der darin

vorkommende Dämpfungsgrad ϑ ist durch Gl. (135) zu $\vartheta = \dfrac{b}{2\, a\, \omega_0}$ definiert. Mit der äquivalenten Dämpfungskonstanten nach Gl. (696), sowie den analogen Beziehungen $\dfrac{c_{\ddot{a}}}{a} = \omega_0^2$ und $\dfrac{\Omega}{\omega_0} = \eta$ erhalten wir den *äquivalenten Dämpfungsgrad*

$$\vartheta_{\ddot{a}} = \frac{b_{\ddot{a}}}{2\, a\, \omega_0} = \frac{\dfrac{c_{\ddot{a}}}{\Omega}\, d}{2\, a\, \omega_0} = \frac{d}{2\, \eta}. \tag{697}$$

Dies in Gl. (668) eingesetzt, liefert

$$Y_{P_u} = \frac{\sqrt{1 + d^2}}{\sqrt{(1 - \eta^2)^2 + d^2}} \; . \tag{698}$$

Der Frequenzgang von Y_{P_u} ist für den Wert $\vartheta_{\ddot{a}} = \dfrac{0{,}25}{\eta}$, entsprechend $d = 0{,}5$, in die Abb. 159, die den Frequenzgang von Y_{P_u} bei geschwindigkeitsproportionaler Dämpfung angibt, mit eingezeichnet. Wir erkennen, daß im wesentlichen übereinstimmendes Frequenzverhalten vorliegt, daß aber im überresonanten Bereich die an den Untergrund übertragene Kraft $\widehat{P}_u \equiv Y_{P_u} \cdot \widehat{P}$ bei Werkstoffdämpfung kleiner ist als bei geschwindigkeitsproportionaler Dämpfung.

Dämpfer mit Hilfsmasse. Wird bei dem in Abb. 161 dargestellten Dämpfer mit Hilfsmasse an Stelle eines geschwindigkeitsproportionalen Dämpfungsgliedes ein Federungsblock angeordnet, bei dem Werkstoffdämpfung auftritt, dann erhält man das in Abb. 177a dargestellte Ersatzsystem. Das Frequenzverhalten dieser Anordnung wollen wir an Hand des analogen elektrischen Reziprok-Schaltbildes herleiten (Abb. 177b). Mit den durch die Werkstoffeigenschaften und Größenabmessungen des Federungsblockes gegebenen Größen $c_{\ddot{a}}$ und d, bzw. $b_{\ddot{a}} = \dfrac{c_{\ddot{a}}\, d}{\Omega}$, ergeben sich die elektrischen Schaltungsglieder nach den in Tab. 11 angegebenen Entsprechungen mit $D = 1$ (Dualkonstante) zu

$$C \mathrel{\widehat{=}} a_2, \quad L \mathrel{\widehat{=}} \frac{1}{c_{\ddot{a}}} \quad \text{und} \quad R \mathrel{\widehat{=}} \frac{1}{b_{\ddot{a}}} = \frac{\Omega}{c_{\ddot{a}}\, d} \tag{699}$$

(zu beachten: R ist frequenzabhängig!).

Der mechanische Schwingungswiderstand $\Re$, den die Dämpferanordnung auf eine im Fußpunkt F angreifende Erregerquelle ausübt, ergibt sich als Entsprechung des elektrischen Leitwertes, also des Reziprokwertes des Gesamtwiderstandes $\mathfrak{Z}$ der Schaltung. Aus dem Schaltbild folgt

$$\mathfrak{Z} = \mathfrak{Z}_{LR} + \mathfrak{Z}_C = \frac{1}{1/i\,\Omega\,L + 1/R} + \frac{1}{i\,\Omega\,C} \; .$$

Setzen wir die in (699) angegebenen Beziehungen ein, erhalten wir mit

$$\omega_0 = \sqrt{\frac{c_{\ddot{a}}}{a_2}} \quad \text{und} \quad \eta = \frac{\Omega}{\omega_0} \tag{700}$$

schließlich

$$\Re = \frac{1}{\mathfrak{Z}} = \frac{(-d + i)\,\eta}{1 - \eta^2 + i\,d}\sqrt{a_2\, c_{\ddot{a}}} \; . \tag{701}$$

Wird der Fußpunkt F mit der Geschwindigkeit $\widehat{v}_F = i\,\widehat{q}_F\Omega$ bewegt, dann muß die Kraft $\widehat{P}_F = \Re\,\widehat{v}_F$ wirksam sein. Mit den Gln. (701) und

(700) erhalten wir

$$\widehat{P}_F = \frac{(1 + i\,d)\,\eta^2}{\eta^2 - 1 - i\,d}\,c_{\ddot{a}}\,q_F\,.\qquad(702)$$

Die komplexe Größe $c_{\ddot{a}}(1 + i\,d)$ stellt den dynamischen Federbeiwert $\widehat{c}$ des verwendeten Federkörpers dar, wie wir sofort ersehen, wenn wir Betrag $c_{\ddot{a}}\sqrt{1+d^2}$ und Argument arc $c_{\ddot{a}}(1 + i\,d)$ mit den in Abb. 176b eingezeichneten Größen vergleichen. Mit den Gln. (692) und (693) erhalten wir

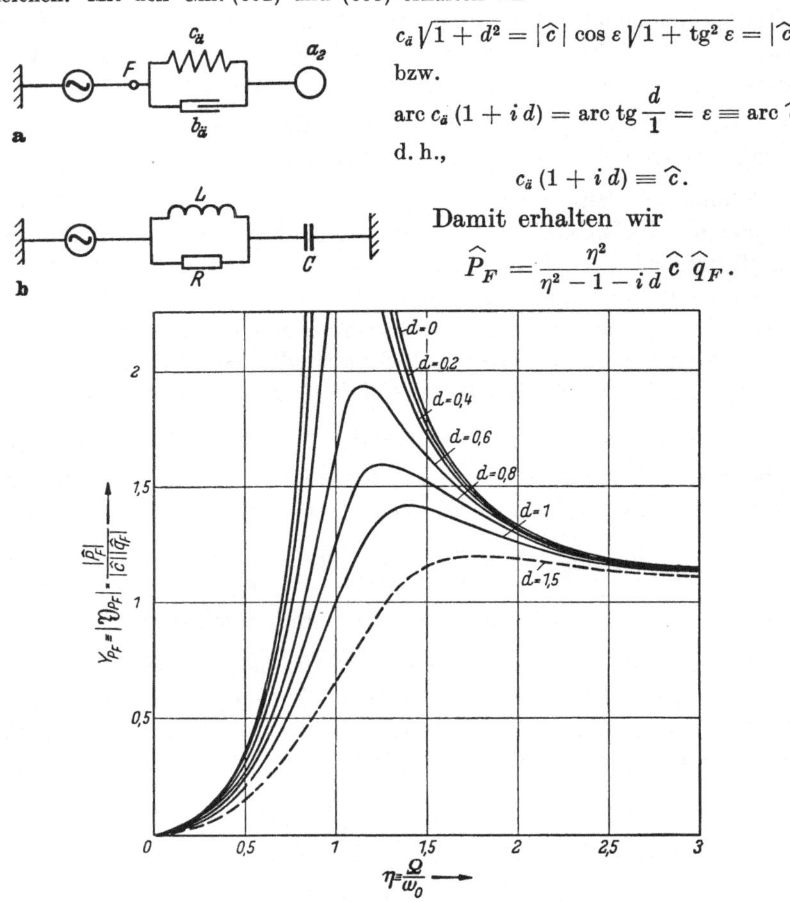

$$c_{\ddot{a}}\sqrt{1 + d^2} = |\widehat{c}|\cos\varepsilon\sqrt{1 + \mathrm{tg}^2\,\varepsilon} = |\widehat{c}|$$

bzw.

$$\mathrm{arc}\,c_{\ddot{a}}(1 + i\,d) = \mathrm{arc\ tg}\,\frac{d}{1} = \varepsilon \equiv \mathrm{arc}\,\widehat{c},$$

d. h.,

$$c_{\ddot{a}}(1 + i\,d) \equiv \widehat{c}\,.$$

Damit erhalten wir

$$\widehat{P}_F = \frac{\eta^2}{\eta^2 - 1 - i\,d}\,\widehat{c}\,\widehat{q}_F\,.$$

Abb. 177. Federungsblock mit Hilfsmasse
a Mechanischer Wirkplan; b Elektrische Reziprok-Schaltung; c Frequenzgang
der bezogenen Dämpferkraft

Mit der Setzung

$$\mathfrak{Y}_{P_F} \equiv \frac{\widehat{P}_F}{\widehat{c}\,\widehat{q}_F} = \textit{bezogene Dämpferkraft}\qquad(703)$$

erhalten wir

$$\mathfrak{Y}_{P_F} = \frac{\eta^2}{\eta^2 - 1 - i\,d}\,,\qquad(704)$$

bzw.

$$Y_{P_F} \equiv |\mathfrak{Y}_{P_F}| \equiv \frac{|\widehat{P}_F|}{|\widehat{c}|\,|\widehat{q}_F|} = \frac{\eta^2}{\sqrt{(\eta^2-1)^2 + d^2}} \qquad (705)$$

und

$$\text{arc } \mathfrak{Y}_{P_F} \equiv \text{arc } \widehat{P}_F - \text{arc } \widehat{q}_F - \text{arc } \widehat{c} \equiv \psi - \varepsilon = \text{arc tg} \frac{d}{1-\eta^2}. \qquad (706)$$

Der Frequenzgang des Betrages Y_{P_F} der bezogenen Dämpfungskraft nach Gl. (705) ist in Abb. 177c dargestellt[1].

Wir ersehen, daß sich bei großen Werten des Verlustfaktors ($d \approx 1$) keine ausgeprägten Resonanzüberhöhungen zeigen, und daß von $\eta > 1,5$ ab die bezogene Dämpfungskraft nahezu frequenzunabhängig verläuft.

Durch die Verwendung plastisch-elastischer Medien (insbesondere hochpolymer vernetzte Natur- oder Kunststoffe) zum Aufbau der Federungskörper lassen sich sehr große Werte des Dämpfungsgrades d erreichen [55]. Die Federungs-Dämpfungselemente können damit sehr klein gehalten werden und lassen sich baulich gut unterbringen. Ein Beispiel für die Anbringung von Dämpfungselementen mit Hilfsmasse an einer Wälzfräsmaschine zeigt die Abb. 178.

Entdröhnung. Bei Maschinen mit großflächigen ebenen Begrenzungswänden (beispielsweise Getriebekästen, Ständer von Werkzeugmaschinen) treten bei gewissen Frequenzen der auftretenden Störkräfte (Zahnrad-Eingriffskräfte, Schnittdrücke oder Unwuchten) lästige Resonanzerscheinungen auf. Die massebelegten, biegeweichen ebenen Wände wirken schwingungstechnisch wie federerregte Schwinger. Bei Resonanz ergeben sich große Schwingungsamplituden, verbunden mit störender Schallabstrahlung (Dröhnen der Wände).

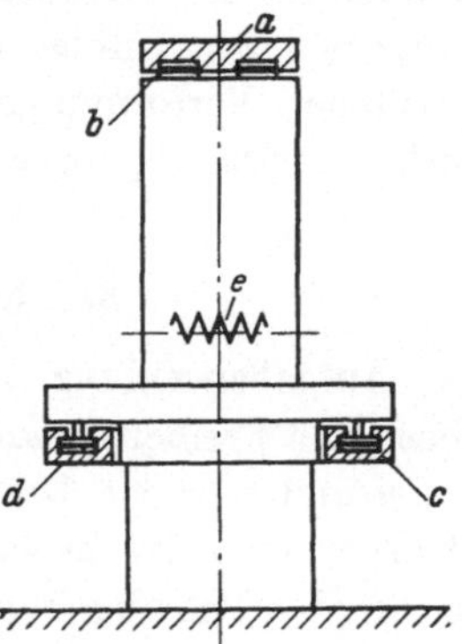

Abb. 178. Fräsmaschine mit Dämpfungsblöcken und Hilfsmasse ([55])
Gestelldämpfer: a = Hilfsmasse, b = Federblock; Tischdämpfer: c = ringförmige Hilfsmasse, d = Federblöcke; e = Fräser

Durch Verstimmen der Anordnung lassen sich die Eigenfrequenzen aus dem Bereich der Störfrequenzen verschieben. Es bestehen zwei Möglichkeiten:

1. Änderung der Steifigkeit. Durch Einschweißen von Verstärkungen in der Nähe der Schwingungs-Knotenlinien wird die Eigenfrequenz erhöht. Schwächung der Wandstärke der Platten oder Anbringung von Aussparungen (Bohrungen) in der Nähe der Knotenlinien setzt die Steifigkeit der Anordnung herab, die Eigenfrequenz wird erniedrigt.

---

[1] Die Berechnung des Frequenzganges nach Gl. (705) erfolgte unter der Voraussetzung, daß die relative Dämpfung (Verlustfaktor d) unabhängig von der Frequenz ist. Diese Voraussetzung gilt jedoch nur für einen bestimmten Frequenzbereich.

2. Änderung der Massebelegung. Bringt man in den Schwingungsbäuchen Zusatzmassen an, so wird die Eigenfrequenz kleiner. Wird die Wandstärke in der Nähe der Schwingungsbäuche verkleinert (durch Wegfräsen oder Anbohren), so erhöht sich die Eigenfrequenz. Über neuere wirksame Maßnahmen ähnlicher Art im Schiffsbau berichten Kuhl [70] und Cremer [71].

Antidröhnmittel. Blechkonstruktionen (beispielsweise Karosserien von Kraftfahrzeugen und Eisenbahnfahrzeugen) werden dadurch entdröhnt, daß man auf ihrer Oberfläche dünne Beläge (in Form von Anstrichen) aus geeigneten Kunststoffen mit entsprechenden mineralischen Bindemitteln aufbringt, bei denen eine starke Werkstoffdämpfung auftritt [72]. Infolge der durch die Schwingungsbewegungen hervorgerufenen Verformungen treten im Belag starke Dämpfungswirkungen auf, die Schwingungsamplituden bleiben klein.

38. Entkoppeln von Freiheitsgraden

Aufgabenstellung. Ein im Raume allseits frei beweglicher Körper besitzt 6 Freiheitsgrade (Verschiebungen in den Richtungen der Achsen x, y und z, sowie Drehungen um dieselben). Wirkt auf einen solchen Körper eine Wechselkraft allgemeinster Wirkrichtung und Lage ein, so werden Schwingungsbewegungen in allen 6 Freiheitsgraden auftreten.

Technische Anordnungen sind stets, mehr oder weniger stark federnd, auf einen festen Untergrund gelagert. Da die Reaktionen der Auflagerkräfte in die Gleichgewichtsbetrachtung als äußere Kräfte eingehen, läßt es sich durch eine geschickte Gestaltung der Auflagerung erreichen, daß bei vorgegebenen Störkräften der Bewegungszustand auf einzelne Freiheitsgrade beschränkt bleibt. Diese Maßnahme bezeichnet man als *Entkoppeln der Freiheitsgrade.*

Diesen Sachverhalt wollen wir uns an Hand eines einfachen Beispiels veranschaulichen.

Die Abb. 179a zeigt ein federnd gelagertes Maschinenfundament. Die Anordnung besitze eine Symmetrieebene parallel zur Zeichenebene, so daß 3 Freiheitsgrade vorliegen (Verschiebungen in x- und y-Richtung, sowie Drehungen um die z-Achse). Das System führe Eigenschwingungen aus. Der zur Zeit t herrschende Schwingungszustand sei in Abb. 179b dargestellt. Mit den eingetragenen Bezeichnungen, und bei Beschränkung auf kleine Drehbewegungen ($\sin \chi \approx \chi$, bzw. $\cos \chi \approx 1$), gilt

$$\left.\begin{aligned}
x_1 &\approx x + h\,\chi \quad \text{bzw.} \quad P_{c\,x_1} \approx c_{x_1}\,(x + h\,\chi),\\
x_2 &\approx x + h\,\chi \quad \text{bzw.} \quad P_{c\,x_2} \approx c_{x_2}\,(x + h\,\chi),\\
y_1 &\approx y - l_1\,\chi \quad \text{bzw.} \quad P_{c\,y_1} \approx c_{y_1}\,(y - l_1\,\chi),\\
y_2 &\approx y + l_2\,\chi \quad \text{bzw.} \quad P_{c\,y_2} \approx c_{y_2}\,(y + l_2\,\chi).
\end{aligned}\right\} \tag{707}$$

Mit den Massenbeschleunigungskräften $P_{a_x} = a\,\ddot{x}$ und $P_{a_y} = a\,\ddot{y}$ (mit $a =$ Gesamtmasse) bzw. dem Drehmoment $M_{d_a} = J\,\ddot{\chi}$ (mit $J =$ Massenträgheitsmoment der Gesamtanordnung, bezogen auf die durch den Schwerpunkt S gehende Achse z), und den in Abb. 179c eingetragenen Bezeichnungen und Zählrichtungen erhalten wir die 3 Gleichgewichtsbedingungen

$$- P_{ax} - 2\,P_{c\,x_1} - 2\,P_{c\,x_2} = 0, \qquad - P_{ay} - 2\,P_{c\,y_1} - 2\,P_{c\,y_2} = 0 \qquad \text{und}$$

$$- M_{d_a} - 2\,(P_{c\,x_1} + P_{c\,x_2})\,h + 2\,P_{c\,y_1}\,l_1 - 2\,P_{c\,y_2}\,l_2 = 0.$$

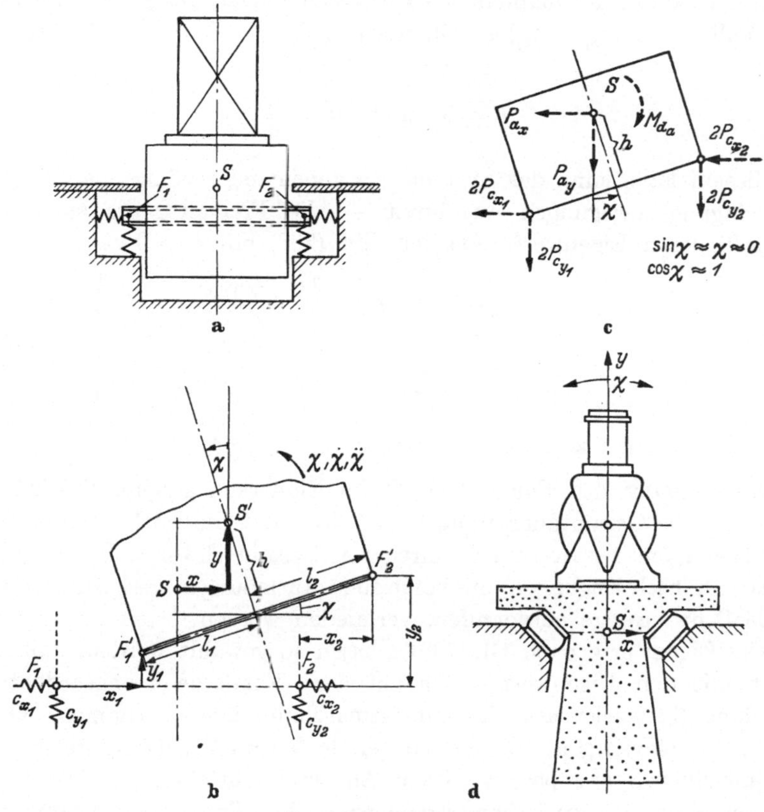

Abb. 179. Maschinenfundament
a Federnd gelagertes Fundament; b Momentanlage des schwingenden Fundamentes; [c Kräftespiel am schwingenden Fundament; d Entkoppeltes Maschinenfundament
(Siehe Lürenbaum [57])

Einsetzen der Beziehungen nach (707) und Ordnen liefert

$$\left.\begin{aligned}
&a\,\ddot{x} + 2\,(c_{x_1} + c_{x_2})\,x + 2\,(c_{x_1} + c_{x_2})\,h\,\chi = 0, \\
&a\,\ddot{y} + 2\,(c_{y_1} + c_{y_2})\,y + 2\,(c_{y_2}\,l_2 - c_{y_1}\,l_1)\,\chi = 0, \\
&J\,\ddot{\chi} + 2\,[(c_{x_1} + c_{x_2})\,h^2 + c_{y_1}\,l_1^2 + c_{y_2}\,l_2^2]\,\chi \\
&\qquad + 2\,(c_{x_1} + c_{x_2})\,h\,x + 2\,(c_{y_2}\,l_2 - c_{y_1}\,l_1)\,y = 0.
\end{aligned}\right\} \quad (708)$$

Diese drei Differentialgleichungen sind nicht unabhängig voneinander. Wird beispielsweise das System durch einen einmaligen äußeren

Anstoß zu Drehschwingungen angeregt, dann ist diese Drehschwingung nicht für sich allein beständig, sondern regt auch noch Schwingungen in x- und y-Richtung an, da in den beiden ersten Gleichungen Glieder mit χ vorkommen.

Unabhängig voneinander werden die Bewegungen in den drei Freiheitsgraden dann, wenn das System der simultanen Diff.-Gleichungen in drei voneinander unabhängige Diff.-Gleichungen übergeht. Dies ist der Fall, wenn $(c_{x_1} + c_{x_2})\, h = 0$, sowie $c_{y_2}\, l_2 - c_{y_1}\, l_1 = 0$ wird. Daraus folgt

$$h = 0 \quad \text{und} \quad \frac{c_{y_1}}{c_{y_2}} = \frac{l_2}{l_1}.$$

In diesem Falle kann das System drei voneinander völlig unabhängige Schwingungsbewegungen ausführen — die Freiheitsgrade sind *entkoppelt*, deren Eigenwerte aus den Gln. (708) mit $h = 0$ zu

$$\omega_{0x}^2 = \frac{2\,(c_{x_1} + c_{x_2})}{a}, \quad \omega_{0y}^2 = \frac{2\,(c_{y_1} + c_{y_2})}{a}$$

und

$$\omega_{0\chi}^2 = 2\,\frac{c_{y_1}\, l_1^2 + c_{y_2}\, l_2^2}{J} \tag{709}$$

abgelesen werden können.

Abstimmung der Fundierung. Beim Einwirken äußerer Störkräfte wird man die Gesamtanordnung so gestalten, daß die Wirkungslinie der Resultierenden der Störkräfte durch den Gesamtschwerpunkt verläuft, so daß Drehschwingungen, die bei großen Ausladungen verhältnismäßig große Schwingwege hervorrufen, vermieden werden.

Die Eigenwerte nach Gl. (709) müssen so gewählt werden, daß sie nicht mit den Eigenwerten der auf dem Fundament angeordneten Maschine (beispielsweise Kolbenkraftmaschine) übereinstimmen. Oftmals ist es schwierig, die Eigenwerte gerade den zur Verfügung stehenden Frequenzlücken anzupassen. Beim An- und Abstellen der Maschine müssen dann die kritischen Frequenzen der Fundamentschwingung durchlaufen werden. Um nicht drei kritische Einzelbereiche durchlaufen zu müssen, legt man die Fundierung so aus, daß die durch die Gln. (709) bestimmten Eigenwerte gleich groß werden [57]. Dies ist der Fall, wenn

$$c_{x_1} + c_{x_2} = c_{y_1} + c_{y_2}, \quad \text{sowie} \quad \frac{J}{a} = \frac{c_{y_1}\, l_1^2 + c_{y_2}\, l_2^2}{c_{y_1} + c_{y_2}} \quad \text{ist.}$$

Wegen $\dfrac{c_{y_1}}{c_{y_2}} = \dfrac{l_2}{l_1}$ folgt daraus $\dfrac{J}{a} = l_1\, l_2.$

Die Abb. 179d zeigt ein Beispiel eines nach diesen Gesichtspunkten ausgelegten Maschinenfundamentes. Als Federungskörper dienen Federblöcke aus Gummi, die auf Druck und Scherung beansprucht werden.

VII. Messung von Schwingungen

39. Relative Messung von Schwingungsgrößen

Eine harmonische Schwingung ist durch die Angabe ihrer Merkmale: Amplitude, Frequenz und Nullphasenwinkel, vollständig bestimmt. Führt ein Schwingungsgebilde erzwungene Schwingungen aus, dann ist zur vollständigen Beschreibung des Vorganges auch noch die Kenntnis des zeitlichen Verlaufes der erregenden Kräfte erforderlich.

Die Schwingungsmeßtechnik befaßt sich daher im wesentlichen mit der Messung von Wegen, Geschwindigkeiten, Beschleunigungen, Kräften, Frequenzen und Phasenwinkeln.

Eine erschöpfende Übersicht über die verschiedenen Bauarten von mechanischen Schwingungsmeßgeräten, geordnet nach ihrer geschichtlichen Entwicklung, findet sich bei STEUDING [58].

Wir wollen uns an dieser Stelle im wesentlichen nur mit jenen in neuerer Zeit fast ausschließlich verwendeten Geräten befassen, bei denen die mechanische Meßgröße in eine ihr proportionale elektrische Größe umgewandelt und mit Hilfe elektrischer Mittel verstärkt zur Anzeige gebracht wird.

Die Vorteile der elektrischen Meßverfahren sind:

1. Das die mechanische Schwingungsgröße aufnehmende Glied, als Aufnehmer oder Geber bezeichnet, kann klein und leicht gebaut werden, so daß die mechanische Rückwirkung auf das Meßobjekt (der Geber wirkt als Zusatzmasse!) klein gehalten werden kann.

2. Durch Anwendung elektronischer Verstärker wird die Meßempfindlichkeit groß.

3. Fernmessung und Registrierung, auch mehrerer Größen zugleich, ist leicht möglich.

Wegmessung. *Mechanisch wirkende Geräte.* Die Bewegung des schwingenden Meßobjektes wird mittels Taststiftes und einem Hebelsystem stark vergrößert auf einem mit konstanter Geschwindigkeit sich bewegenden Schreibstreifen aufgezeichnet. Die Abb. 180 zeigt die Prinzipskizze eines solchen Gerätes.

Elektrische Verfahren. a) *Induktives Meßverfahren.* Der Taststift des Gebers trägt einen kleinen zylindrischen Körper aus ferromagne-

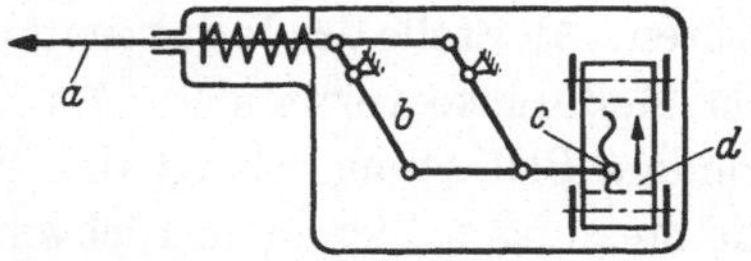

Abb. 180. Wegmesser mit mechanischen Übertragungsgliedern
a = Taststift, b = Übertragungshebel, c = Schreibstift, d = bewegtes Wachspapier

tischem Werkstoff (z. B. weiches Eisen) — Tauchanker b —, der sich im magnetischen Feld zweier Wicklungen c und d befindet (Abb. 181a). Die Wicklungen bilden die Zweige einer Wechselstrommeßbrücke

(Abb. 181b). Die Brücke wird mit Wechselspannung hoher Frequenz gespeist (Trägerfrequenz-Verfahren) und ist so abgeglichen, daß in der Nulllage des Tauchankers keine Spannung in der Brückendiagonale AB wirksam ist. Lageänderungen des Tauchankers verändern die Induktivitäten der beiden Wicklungen im entgegengesetzten Sinne, die Brücke wird verstimmt, und es tritt in der Diagonale AB eine Wechselspannung von der Frequenz der eingespeisten Spannung (Trägerfrequenz) auf. Sie wird verstärkt, gleichgerichtet, und in einem Instrument (Zeigerinstrument oder Oszillograph) zur Anzeige gebracht.

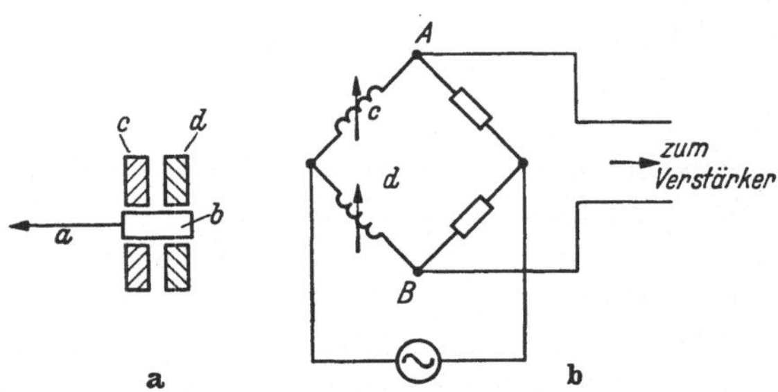

Abb. 181. Induktiver Wegmesser (Trägerfrequenzverfahren)
a Induktiver Geber, a = Taststift, b = Tauchanker, c und d = elektrische Wicklungen;
b Elektrische Meßbrücke

Vorteile: Die mechanische Rückwirkung auf das Meßobjekt ist wegen der kleinen Masse von Taststift und Tauchanker klein. Trägerfrequente Geräte sind für statische Messungen geeignet und können statisch geeicht werden.

Nachteile: Es muß ein feststehender Bezugspunkt zur Befestigung des Gebergehäuses zur Verfügung stehen. Ist kein Festpunkt vorhanden (z. B. beim Messen in bewegten Fahrzeugen, oder beim Messen von Maschinenschwingungen, wenn das Fundament und der Untergrund mitschwingt), können nur Relativbewegungen gemessen werden.

b) *Kapazitives Meßverfahren.* Das Verfahren entspricht im grundsätzlichen vollkommen dem vorstehend beschriebenen induktiven Verfahren. An Stelle der Induktivitäten werden Kapazitäten in den Zweigen der Meßbrücke verwendet. Als Meßfühler dient ein Kondensator. Besondere Bedeutung erlangt das Verfahren für Meßaufgaben, bei denen die Messung vollkommen rückwirkungsfrei (z. B. bei sehr kleinen Meßobjekten) sein soll, oder wo Schwingungsbewegungen rotierender Teile (z. B. umlaufende Wellen) berührungsfrei gemessen werden sollen.

In diesen Fällen dient das (metallische) Meßobjekt selbst als die eine Elektrode des Kondensators, so daß der eigentliche Meßfühler nur aus einer einzelnen Meßelektrode besteht, die das Meßobjekt nicht berührt.

Die Abb. 182 zeigt als Beispiel das Prinzipschaltbild einer Anordnung zum Messen der Querschwingungen einer umlaufenden Drehbankspindel.

Vorteilig ist auch hier die Möglichkeit, statische Messungen durchführen zu können.

Als Nachteile dieser Anordnung wäre anzuführen, daß

1. nur Relativverschiebungen meßbar sind, und

2. die Meßwertanzeige nicht linear zur Abstandsänderung der Elektroden des Kondensators ist (die Kapazität eines Kondensators ist verkehrt proportional dem Plattenabstand), so daß das. am Oszillographen-Bildschirm angezeigte Schwingungsbild entzerrt werden muß, falls eine quantitative Meßauswertung erforderlich ist.

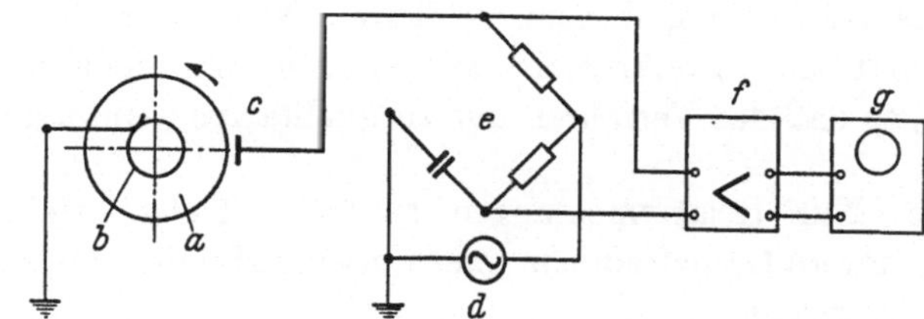

Abb. 182. Kapazitive Wegmessung (Trägerfrequenzverfahren)
a = umlaufendes Meßobjekt, b = Schleifring mit Bürste, c = Meßelektrode,
d = Spannungsquelle (Trägerfrequenz), e = Meßbrücke, f = Verstärker,
g = Oszillograph

Messung von Geschwindigkeiten. a) *Mit Hilfe geschwindigkeitsfühlender Meßsysteme.* Versieht man den Taststift eines Gebers mit einer Wicklung (Abb. 183a), die sich im Felde eines Permanentmagneten befindet — Tauchspule —, so werden bei Bewegungen des Taststiftes elektrische

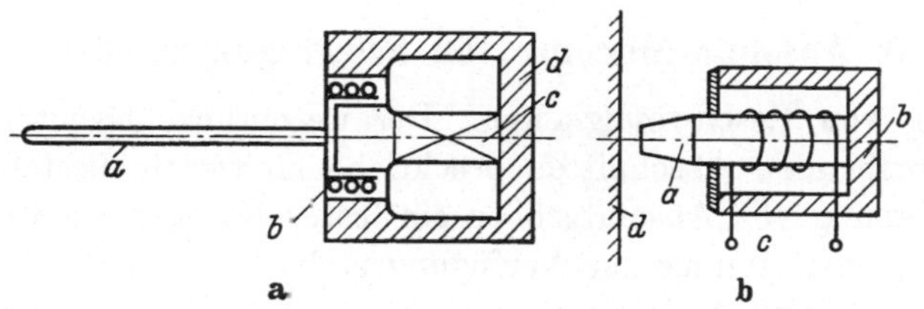

a   b

Abb. 183. Elektro-dynamischer Geschwindigkeitsmesser
a Tauchspulgerät, a = Taststift, b = Tauchspule, c = Permanentmagnet, d = magnetischer Rückschluß (Eisenjoch); b Magnetischer Geschwindigkeitsmesser zum rückwirkungsfreien Messen, a = Permanentmagnet, b = magnetischer Rückschluß (Eisenjoch),
c = Wicklung, d = Meßobjekt

Spannungen in der Wicklung induziert. Diese Spannungen sind gemäß dem MAXWELLschen Gesetz der Elektrizitätslehre proportional der Geschwindigkeit der Relativbewegung zwischen Wicklung und magnetischem Feld. Diese Spannungen werden verstärkt und von einem Instrument (Zeigerinstrument oder Oszillograph) angezeigt.

Auch hier läßt sich die Messung rückwirkungsarm vornehmen, da die mitschwingenden Massen von Taststift und Wicklung klein sind.

Durch eine kleine Abwandlung im Aufbau des Gebers läßt sich vollkommen rückwirkungsfreies Messen durchführen, indem man das Meßobjekt in den magnetischen Kreis des Gebers einbezieht (Abb. 183 b). Handelt es sich um ein Meßobjekt aus nichtferromagnetischem Werkstoff, so genügt es, an der Stelle L ein kleines Eisenplättchen von etwa 0,1 mm Dicke anzubringen. Die durch die Schwingungsbewegungen hervorgerufenen Abstandsänderungen rufen Änderungen in der Stärke des magnetischen Flusses hervor. Die dadurch in der Wicklung induzierten elektrischen Spannungen sind ein Maß für die Schwingungsgeschwindigkeit.

Allerdings besteht bei diesem Verfahren Nichtlinearität zwischen Meßanzeige und Luftspaltstärke, und somit eine Amplitudenabhängigkeit der Anzeige, so daß das Verfahren nur zu qualitativen Untersuchungen geeignet ist.

Nachteile: Nur Relativmessungen möglich. Tiefste Meßfrequenz ist durch die untere Grenzfrequenz (meist etwa 5 Hz) des elektronischen Verstärkers festgelegt.

b) *Mit Hilfe wegfühlender Meßsysteme.* Die Geschwindigkeit ist als zeitliche Änderung des Weges definiert. Die Schwingungsgeschwindigkeit kann daher auch mit einem „wegfühlenden" Gerät gemessen werden, indem man die von diesem Gerät gelieferte Meßwertanzeige einer laufenden Differentiation unterwirft. Bei Geräten mit elektrischer Anzeige kann die Differentiation sehr leicht mit Hilfe einfach aufgebauter elektrischer Schaltungen [*59, 60*] durchgeführt werden.

40. Absolute Messung von Schwingungsgrößen

Messung von Geschwindigkeiten. Der wesentliche Nachteil der in den vorhergehenden Abschnitten beschriebenen Geräte besteht darin, daß zur Messung von Absolutgrößen ein festes Bezugssystem erforderlich ist, das nicht immer zur Verfügung steht.

Einen Ausweg bietet hier die Anwendung des seismischen Prinzips, indem man eine Hilfsmasse geeigneter Größe federnd an das Gehäuse des Gebers ankoppelt (Abb. 184 a). Das Gehäuse wird auf das schwingende Meßobjekt gesetzt. Die Hilfsmasse a stellt einen federerregten Schwinger dar und wird über das Gehäuse M zu Schwingungen angeregt. Zwischen Hilfsmasse und Gehäuse ist ein meßfühlendes System d (meist geschwindigkeitsfühlend ausgebildet) angeordnet. Der Meßfühler wertet demnach nicht die zu messende Schwingungsgröße, sondern die zwischen Gehäuse und Hilfsmasse vorhandene Relativgröße $v_c = v_A - v_a$, bzw. $q_c = q_A - q_a$ aus. Um festzustellen, inwieweit aus der gemessenen Relativgröße v_c bzw. q_c auf die zu messende Größe v_A bzw. q_A rückgeschlossen werden kann, betrachten wir das in Abb. 184 b dargestellte

Wirkschaltbild. Es handelt sich, wie bereits erwähnt, um einen federerregten Schwinger, den wir bereits in Abschn. 16 behandelten. Wir übernehmen aus den Gln. (307) und (308) die für eine harmonische Schwingung geltenden Teillösungen

$$\widehat{v}_c = i\,\Omega\,\frac{1}{c}\,\widehat{P}, \quad \text{und} \quad \widehat{v}_A = \left(\frac{1}{i\,\Omega\,a} + i\,\Omega\,\frac{1}{c}\right)\widehat{P}_a.$$

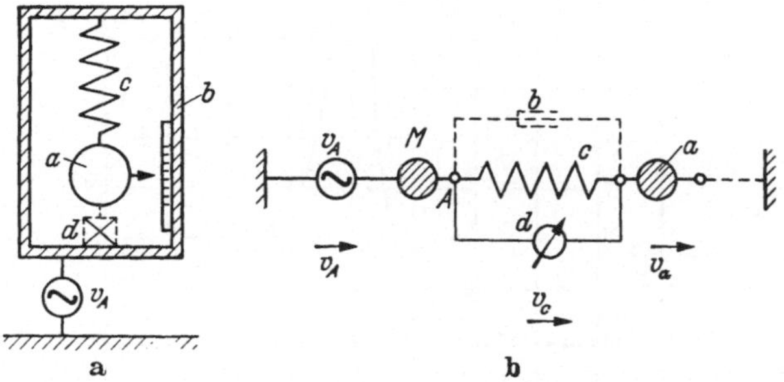

Abb. 134. Absoluter Schwingungsmesser
a Bauliche Ausbildung, a = Seismische Masse, b = Gehäuse, c = Feder,
d = Meßfühler des System; b Mechanisches Schaltbild

Durch Dividieren der beiden Gleichungen folgt mit $\widehat{P}_c = \widehat{P}_a$, $\dfrac{c}{a} = \omega_0^2$ sowie $\dfrac{\Omega}{\omega_0} = \eta$

$$\frac{\widehat{v}_c}{\widehat{v}_A} = \frac{1}{1 - \dfrac{1}{\eta^2}}. \tag{710}$$

Dieses Ergebnis zeigt, daß die dem Meßfühler zur Auswertung dargebotene Meßgröße $\widehat{v}_c$ *nicht* gleich der zu messenden Größe $\widehat{v}_A$ ist. Es besteht eine starke Frequenzabhängigkeit. Die Abb. 185a zeigt den Frequenzgang des Quotienten $\left|\dfrac{\widehat{v}_c}{\widehat{v}_A}\right|$. Wir ersehen, daß bei kleinen Frequenzverhältnissen außerordentlich große Abweichungen zwischen Meßgröße und Meßanzeige bestehen, und daß nur bei großen Frequenzverhältnissen η eine genügend genaue Übereinstimmung zwischen beiden besteht. Sollen die Meßfehler einen vorgeschriebenen Wert nicht überschreiten, dann darf die Frequenz der Meßgröße einen bestimmten Kleinstwert, die *untere Grenzfrequenz* des Gerätes, nicht unterschreiten. Das Gerät muß deshalb möglichst *tief* abgestimmt sein.

Der Frequenzgang kann wesentlich verflacht werden, d. h., die untere Grenzfrequenz kann erheblich weit nach unten verlegt werden, wenn zwischen Hilfsmasse und Gehäuse ein geschwindigkeitsproportionales Dämpfungsglied angeordnet wird (in Abb. 184b gestrichelt eingezeichnet). Für diesen Fall erhält man, wie man leicht nachrechnen kann, den Quotienten

$$\frac{\widehat{v}_c}{\widehat{v}_A} = \frac{-\eta^2}{1 - \eta^2 + i\,2\,\vartheta\,\eta}, \quad \text{bzw.} \quad \frac{|\widehat{v}_c|}{|\widehat{v}_A|} = \frac{\eta^2}{\sqrt{(1 - \eta^2)^2 + (2\,\vartheta\,\eta)^2}}. \tag{711}$$

Den Frequenzgang dieser Funktion zeigt Abb. 185b. Wir ersehen dort, daß bei starker Dämpfung die untere Grenzfrequenz noch unter die Kennfrequenz ω_0 des Gerätes zu liegen kommt.

Allerdings ergeben sich bei stark bedämpften Geräten, dies sei an dieser Stelle nur ganz kurz ohne jede Beweisführung bemerkt, beim Messen nichtperiodischer Vorgänge nicht unerhebliche Meßfehler.

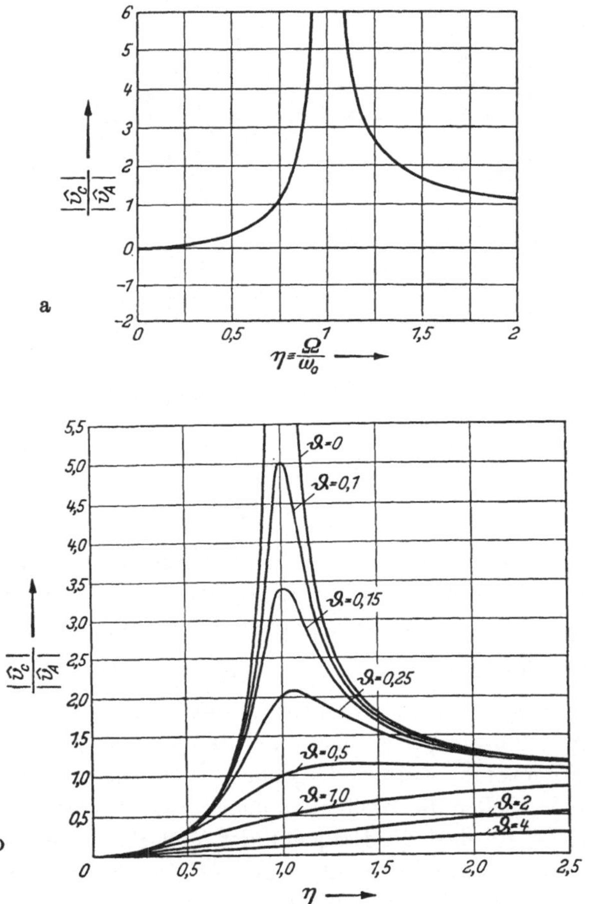

Abb. 185. Absoluter Schwingungsmesser — Frequenzgang des Quotienten

$$\frac{|v_c|}{|\widehat{v_A}|} = \frac{\text{vom Meßfühler ausgewertete Geschwindigkeit}}{\text{zu messende Geschwindigkeit}}$$

a Für das ungedämpfte Meßsystem;　b Für das gedämpfte Meßsystem

Wegmessung. Ist der Meßfühler wegfühlend (beispielsweise unter Verwendung von Dehnmeßstreifen), dann ergibt sich die gleiche Frequenzabhängigkeit des Quotienten $\dfrac{\widehat{q}_c}{\widehat{q}_A}$ wie sie in den Gln. (710) und (711) für

$\dfrac{\hat{v}_c}{\hat{v}_A}$ angegeben wird. Dies folgt sofort aus den grundsätzlichen Beziehungen $\hat{v}_c = i\,\Omega\,\hat{q}_c$ bzw. $\hat{v}_A = i\,\Omega\,\hat{q}_A$. Damit wird $\dfrac{\hat{v}_c}{\hat{v}_A} = \dfrac{\hat{q}_c}{\hat{q}_A}$. D. h., die Gln. (710) und (711) gelten sowohl für $\dfrac{\hat{v}_c}{\hat{v}_A}$ als auch für $\dfrac{\hat{q}_c}{\hat{q}_A}$.

Messung von Beschleunigungen. Mit der Beziehung $v = \dfrac{dq}{dt}$ bzw. $\hat{v} = i\,\Omega\,\hat{q}$ geht die Gl. (711) wie schon vorstehend erwähnt, über in

$$\frac{\hat{q}_c}{\hat{q}_A} = \frac{-\eta^2}{1 - \eta^2 + i\,2\,\eta\,\vartheta}\,. \tag{712}$$

Ist das Gerät hoch abgestimmt, d. h., sind die Meßfrequenzen immer sehr viel kleiner als die Kennfrequenz $f_0 = \dfrac{1}{2\pi}\,\omega_0 = \dfrac{1}{2\pi}\sqrt{\dfrac{c}{a}}$ des seismischen Systems, so daß $\eta \equiv \dfrac{\Omega}{\omega_0} \ll 1$ ist, dann sind die Glieder η^2 bzw. $2\,\eta\,\vartheta$ im Nenner der Gl. (712) gegenüber 1 von vernachlässigbarer Größenordnung. Mit genügender Genauigkeit gilt dann

$$\hat{q}_c \approx -\eta^2\,\hat{q}_A \equiv -\frac{1}{\omega_0^2}\,\Omega^2\,\hat{q}_A\,. \tag{712a}$$

Der Ausdruck $-\Omega^2\,\hat{q}_A$ stellt (bei einer harmonischen Schwingung) nichts anderes als die Amplitude der Beschleunigung dar, so daß man Gl. (712a) schreiben kann

$$\hat{q}_c = \frac{1}{\omega_0^2}\,\hat{\hat{q}}_A\,. \tag{713}$$

Dies bedeutet, daß die am Meßfühler wirksame relative Wegamplitude der Amplitude der Beschleunigung des Gehäuses und damit des Meßobjektes proportional ist.

Wird ein *wegfühlender* Meßfühler angeordnet, dessen Anzeige also proportional der Wegamplitude $\hat{q}_c$ ist, dann ist die Meßanzeige der zu messenden Beschleunigung proportional, das Geräte wirkt als Beschleunigungsmesser.

Messung des Ruckes. Wird im vorbeschriebenen, hochabgestimmten Gerät ein *geschwindigkeitsfühlendes* Meßwerk eingebaut, dann ist die Meßanzeige proportional der zeitlichen Ableitung der relativen Wegamplitude $\hat{q}_c$. Aus der nach der Zeit differenzierten Gl. (713),

$$\dot{\hat{q}}_c = \frac{1}{\omega_0^2}\,\dot{\hat{\hat{q}}}_A\,,$$

ergibt sich dann, daß die Meßanzeige $\hat{q}_c$ proportional der *dritten* Ableitung des Schwingungsweges nach der Zeit ist. Diese Meßgröße bezeichnet man als *Ruck*.

Zur Veranschaulichung konstruktiver Einzelheiten mögen die in den Abb. 186 und 187 dargestellten Schnittzeichnungen ausgeführter Geräte dienen.

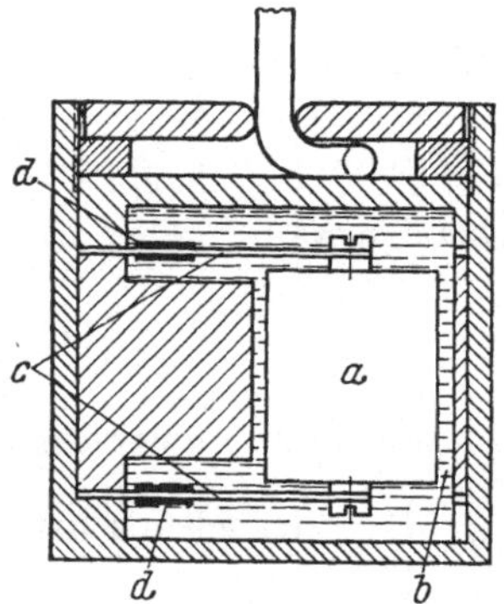

Abb. 186. Absoluter Wegmesser
a = Seismische Masse, b = Zylindrischer, mit viskoser Flüssigkeit erfüllter Spalt, c = Blattfedern, d = Dehnmeßstreifen als wegfühlendes Meßsystem

Die Abb. 186 zeigt einen absoluten Wegmesser. Die seismische Masse a ist an zwei Blattfedern c aufgehängt. Das Innere des Gehäuses ist mit einer viskosen Flüssigkeit (Silikonöl) gefüllt. Die im zylindrischen Spalt b bei Relativbewegungen auftretende Flüssigkeitsreibung wirkt dämpfend. Als Meßfühler dienen Dehnungsmeßstreifen, die an den Federn c angeordnet sind, deren Meßanzeige demnach wegproportional ist.

In der Abb. 187 ist ein Geber mit einem elektro-dynamischen (geschwindigkeitsproportionalen) Meßwerk (mit d als Tauchspule) dargestellt. Die seismische Masse wird von der Masse des Stabes a und den daran befestigten beiden Wicklungen b und d gebildet. Die den Stab zentral führenden beiden Membranen c wirken als Federn. Die Wicklung b ist über einen elektrischen Widerstand geeigneter Größe kurzgeschlossen und wirkt als elektro-dynamischer Dämpfer. Die bei Relativbewegungen in dieser Wicklung auftretenden elektrischen Spannungen rufen Ströme hervor, unter deren Wirkung (stromdurchflossene Leiter im Magnetfeld) geschwindigkeitsproportionale Dämpfungskräfte auftreten.

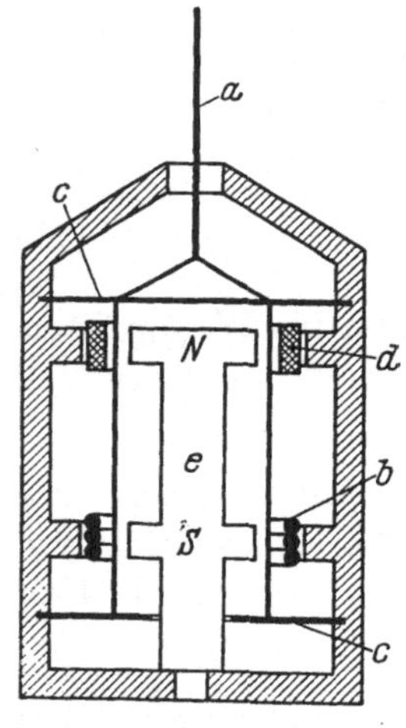

Abb. 187. Absoluter Schwingungsmesser mit geschwindigkeitsfühlendem Meßwerk und elektro-dynamischer Dämpfung
a = Taststift, b = Dämpfungswicklung, c = federnde Membran, d = Tauchspule als geschwindigkeitsfühlendes Meßsystem, e = Permanentmagnet

Nachteile absoluter Schwingungsgeber: Bei der Messung muß der Geber mit dem schwingenden Meßobjekt starr verbunden sein. Seine Masse, die verhältnismäßig groß ist, wirkt als Zusatzmasse. Bei kleinen Meßobjekten wird daher das schwingende System verstimmt. Bei kleinen Meßfrequenzen wird die zu messende Schwingungsgröße (Weg, Geschwindigkeit) stark verzerrt (nach Betrag und Phasenlage) wiedergegeben.

Geräte mit extrem hoher Abstimmung. Durch die meßtechnische Ausnutzung besonderer physikalischer Effekte ist eine extrem hohe Abstimmung des seismischen Systems möglich, so daß selbst stoßartig auftretende Beschleunigungen (Gehalt an Oberwellen höchster Frequenzen!) verzerrungsarm gemessen werden können.

a) *Piezo-elektrischer Effekt.* Wird auf zwei sich gegenüberliegenden Flächen einer prismatischen Quarzplatte, die in ganz bestimmter kristallographischer Richtung aus einem Quarzkristall herausgeschnitten ist, eine Kraftwirkung ausgeübt — es kann, je nach Bauart, Druck und Zug oder Biegung oder Verdrehung sein, siehe Abb. 188 — dann treten

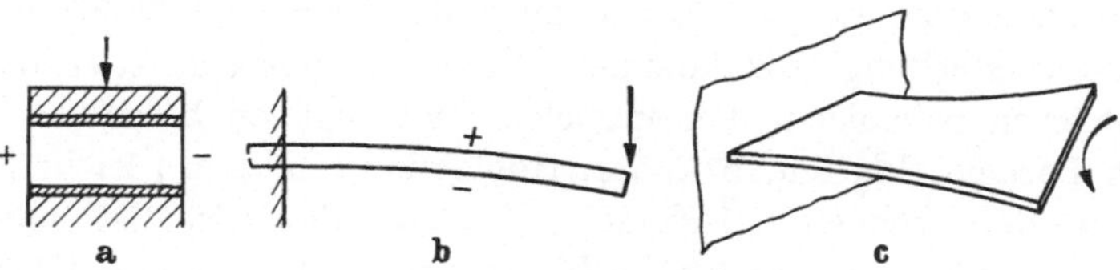

Abb. 188. Piezo-elektrischer Effekt
a Piezo-Quarz für Zug-Druck-Beanspruchung; b Biegebeanspruchtes Quarzplättchen;
c) Verdrehungsbeanspruchtes Quarzplättchen

an entsprechenden Begrenzungsflächen der Platte elektrische Ladungen auf, deren Größe proportional der herrschenden Kraftwirkung ist.

Führt man diese Ladung einem Kondensator zu, dann stellt die dort entstehende elektrische Spannung, deren Größe proportional der aufgebrachten Ladung ist, ein Maß für die Kraftwirkung dar. Diese Spannung kann verstärkt und instrumentell (Zeigerinstrument oder Oszillograph) angezeigt werden.

Ein Piezo-Quarz wirkt als Kraftmesser. Auf Grund des Trägheitsgesetzes der Mechanik, Beschleunigung gleich Kraft durch Masse, können somit Beschleunigungsmessungen auf Kraftmessungen zurückgeführt werden.

Die Abb. 189 zeigt den grundsätzlichen Aufbau eines piezo-elektrischen Beschleunigungsmessers. Die seismische Masse a ist über den Piezo-Quarz starr mit dem Gehäuse verbunden. Schwingungsbewegungen des Meßobjektes werden daher über das auf das Meßobjekt aufgesetzte Gehäuse unmittelbar auf die Masse a übertragen. Die Reaktion der Trägheitskraft $P_a = a\,\ddot{q}$ wirkt als Belastung des Quarzes. Die der Belastungskraft proportionale Meßanzeige ist daher ein Maß für die Beschleunigung des Meßobjektes.

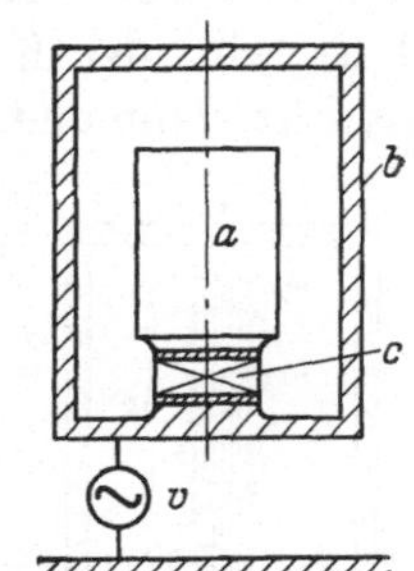

Abb. 189. Piezo-elektrischer Beschleunigungsmesser
a = Seismische Masse, b = Gehäuse, c = Piezo-Quarz

Bei nicht zu großen Frequenzen kann man den fast vollkommen unelastischen Quarz als Feder (mit der Federkonstanten $c \approx \infty$) auffassen. Das Wirkschaltbild der Anordnung stimmt dann völlig mit der Abb. 184b überein und man erkennt, daß die Kennkreisfrequenz $\omega_0 = \sqrt{\dfrac{c}{a}}$

wegen $c \to \infty$ theoretisch über alle Grenzen wächst. Eine praktische Grenze ist jedoch durch die Eigenschwingungszahl des als homogener Schwinger aufzufassenden Quarzkörpers gegeben (bedeutungsvoll bei Körperschallmessungen).

In neuerer Zeit verwendet man an Stelle von Quarz Meßfühler aus gesinterten Barium-Titanat-Oxyden, bei denen der piezo-elektrische Effekt bis zu 50mal größer ist als bei Quarz. Infolge der hohen Empfindlichkeitssteigerung ist es möglich, auch bei kleinen Meßkräften ohne Zwischenverstärkung auszukommen. Besonders wertvoll ist es, daß die Meßfühler in beliebigen, den speziellen Meßaufgaben besonders angepaßten Formen (Platten, Zylinder, Hohlzylinder u. a. m.) leicht hergestellt werden können. Äußerst gedrängte Bauweise ist möglich. Beispielsweise wurden für Kräfte bis zu einigen 100 Gramm Plättchen in den Abmessungen $0,1 \times 0,1 \times 0,05 \text{ cm}^3$ verwendet.

Allerdings besteht zur Zeit noch eine ziemlich starke Temperaturabhängigkeit des Piezo-Effektes, wodurch die Anwendungsmöglichkeiten beschränkt werden.

b) *Magneto-striktiver Effekt.* Wird ein ferromagnetischer Körper in ein magnetisches Feld gebracht, so erfährt er eine Längenänderung, die je nach Art des Werkstoffes als Längung oder als Verkürzung auftritt [61]. Dieser Effekt wird als *Magnetostriktion* bezeichnet und ist umkehrbar; d. h., wird der Körper durch eine Krafteinwirkung gedehnt oder gestaucht, dann ändert sich seine magnetische Permeabilität μ. Wenn der Körper in einem magnetischen Kreis angeordnet ist, dann entstehen dadurch Änderungen des magnetischen Flusses. Ist um den Körper eine Wicklung angeordnet, so wird in ihr als Folge der Flußänderungen eine elektrische Spannung induziert, deren Größe proportional der zeitlichen Änderung des Flusses und somit proportional der zeitlichen Änderung der wirksamen Kraft ist.

Die Abb. 190 zeigt den grundsätzlichen Aufbau eines nach diesem Prinzip arbeitenden Gerätes.

Starr mit dem Gehäuse b ist ein Paket remanent magnetischer Nickelbleche a verbunden. Um die Bleche ist eine Wicklung c angeordnet. Auftretende Beschleunigungen rufen infolge der im Blechpaket hervorgerufenen Massenträgheitskraft Verformungen bzw. Flußänderungen und damit elektrische Spannungen in der Wicklung hervor, die der zeitlichen Änderung der Trägheitskraft proportional sind. Die Meßanzeige ist somit proportional der *dritten* zeitlichen Ableitung des Weges, das Gerät wirkt als *Ruckmesser*.

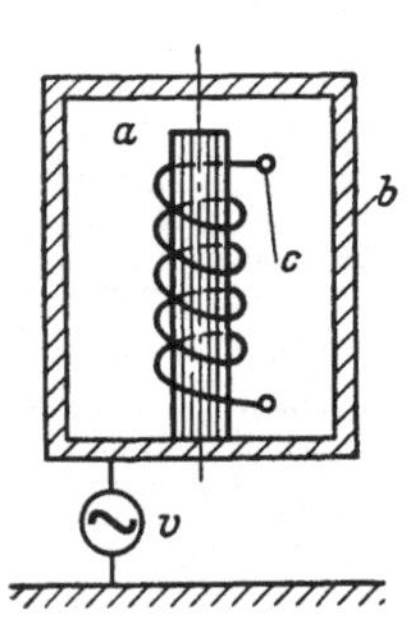

Abb 190. Magnetostriktiver Beschleunigungsmesser
$a\,|=$ Nickelblechpaket als seismische Masse,
b = Gehäuse,
c = Elektrische Wicklung

Der Frequenz-Meßbereich ist auch hier begrenzt durch die Eigenschwingungszahl des als homogener Schwinger aufzufassenden Blechpaketes.

Grenzbeschleunigungsmesser. Bei vielen Meßaufgaben interessiert weniger der zeitliche Verlauf der Beschleunigungen, als vielmehr deren Größtwert. Diese Aufgabe kann verhältnismäßig leicht mit Hilfe der in Abb. 191 veranschaulichten Anordnung gelöst werden. Die Masse a ruht auf dem Boden des Gehäuses b. Ihr Gewicht wird zum Teil durch die Feder c kompensiert. Übersteigt die bei Beschleunigung des Gehäuses auftretende Trägheitskraft den Bodendruck $G_a - P_c$, löst sich die Masse vom Boden. Diese Ablösung kann elektrisch, beispielsweise durch Unterbrechung des Kontaktes einer Glühlampe, sichtbar gemacht werden. Zur Feststellung des Größtwertes der Beschleunigung muß man entweder mehrere Meßeinheiten mit verschieden

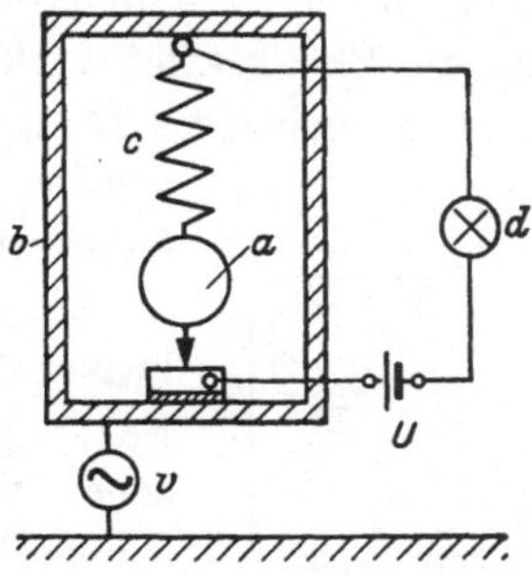

Abb. 191. Grenzbeschleunigungsmesser
a = Seismische Masse,
b = Gehäuse, c = Feder,
d = Signallampe

großen Federvorspannungen verwenden, oder aber die Federspannung eines Gerätes von Hand aus solange verstellen, bis das Ablösen der Hilfsmasse a gerade nicht mehr feststellbar ist. Die Federspannung ist dann ein Maß für den gesuchten Größtwert der Beschleunigung.

Eine besonders elegante Lösung der Meßaufgabe, bei der der Meßwert ohne jede Hilfseinrichtung angezeigt wird, findet sich bei dem in Abb. 192 im Prinzip dargestellten Gerät. An Stelle einer Feder dient ein kräftiger Permanentmagnet zur Erzeugung der nach oben gerichteten Haltekraft. Überschreitet die Summe der auf die Hilfsmasse a (Stahlkugel) nach unten gerichteten Kräfte — Eigengewicht + Trägheitskraft — die magnetische Haltekraft, dann löst sich die Masse von ihrer Auflagefläche und fällt nach unten in das Gehäuse. Das Gehäuse ist aus durchsichtigem Werkstoff hergestellt, so daß die Beobachtung sehr

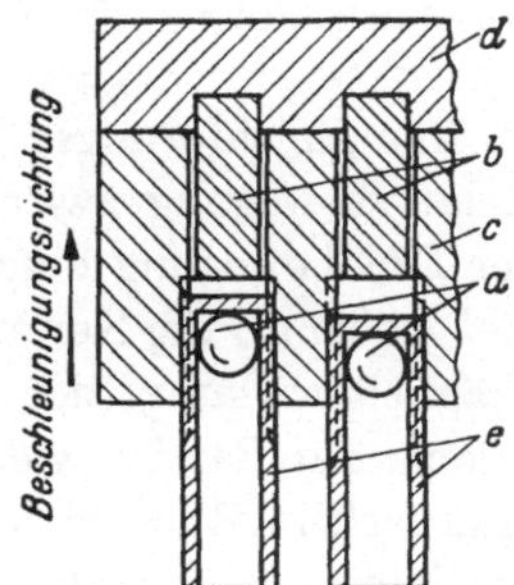

Abb. 192. Grenzbeschleunigungsmesser mit Haltemagnet
a = Stahlkugel als seismische Masse, b = Stabmagnet, c = Gehäuseblock aus Leichtmetall, d = Platte aus Stahl, e = Rohr aus Kunststoff

bequem ist. Beschleunigungen bis zum vielfachen Betrag der Erdbeschleunigung sind meßbar.

Man ordnet eine größere Zahl dieser in kleinen Abmessungen herstellbaren Meßelemente mit verschieden großen magnetischen Haltekräften nebeneinander an.

Ihrer Handlichkeit wegen werden diese Geräte insbesondere in der Luftfahrttechnik angewendet.

Messung von Drehschwingungen. *Drehschwingungsgeber.* Zum Messen von Drehschwingungen in umlaufenden Systemen können nur absolute Schwingungsgeber verwendet werden. Drehschwingungsgeber besitzen daher eine federnd befestigte Hilfsmasse (seismisches System), die, um Fliehkrafteinwirkungen auf den Meßvorgang auszuschließen, als zentrisch gelagerte Drehmasse ausgebildet ist (Abb. 193). Als Federn werden Schraubenfedern, Biegefedern oder Torsionsfedern angewendet.

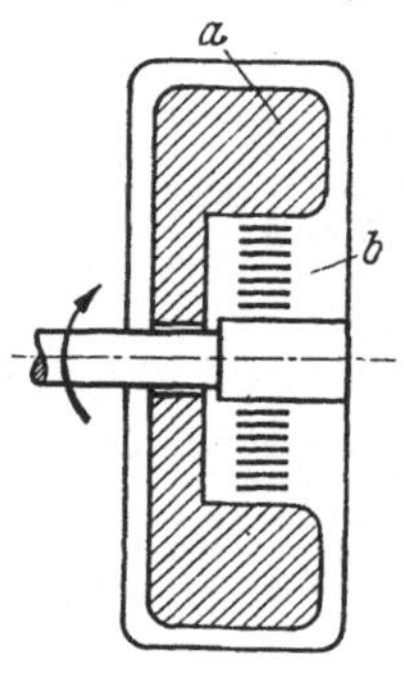

Abb. 193. Drehbeschleunigungsmesser
a = Seismische Masse,
b = Torsionsfeder

Schwingungstechnisches Verhalten der Geber. Da zwischen Drehschwingungsgebilden und Geradeaus-Schwingern völlige Analogie im schwingungstechnischen Verhalten besteht, können wir die meßtechnischen Eigenschaften der Drehschwingungsgeber unter Beachtung der in den Gln. (247) angegebenen Entsprechungen unmittelbar aus den Eigenschaften der in den vorhergehenden Abschnitten behandelten absoluten Schwingungsgeber erschließen, so daß wir uns die mathematische Behandlung der Drehschwingungsgeber sparen können.

Des leichteren Verständnisses wegen wollen wir jedoch rein qualitativ das Verhalten eines tief abgestimmten Gebers gemäß Abb. 193 betrachten:

Bei gleichförmiger Umlaufbewegung des Gebergehäuses tritt keine Relativbewegung zwischen Gehäuse und Drehmasse auf. Nun werde der Drehbewegung eine Schwingung mit einer Frequenz überlagert, die viel größer als die Kennfrequenz des seismischen Systems ist. Infolge der Trägheitswirkung (der Schwingungswiderstand der Masse ist im überresonanten Bereich viel größer als der der Feder) wird die Drehmasse praktisch in Ruhe bleiben, die Relativbewegung zwischen Gehäuse und Drehmasse ist praktisch gleich der überlagerten Schwingung.

a) *Mechanische Übertragung* des Meßwertes. Bei diesen Geräten (z. B. Torsiograph nach GEIGER [58]) wird die Relativbewegung zwischen Gehäuse und Drehmasse mittels Hebelübersetzung auf ein außerhalb des umlaufenden Systems befindliches Schreibwerk übertragen. Nachteilig ist, daß die Geräte sehr groß und schwer sind. Infolge des Totganges im Hebelsystem entstehen Anzeigefehler und außerdem können bei verhältnismäßig kleinen Frequenzen durch Eigenschwingungserscheinungen innerhalb des Übertragungssystems Verfälschungen der Meßanzeige auftreten.

b) *Optische Übertragung.* Die Relativbewegung wird mit Hilfe eines gebündelten Lichtstrahles über ein Spiegelsystem nach außen auf einen stillstehenden Bildschirm übertragen [*63*]. Vorteilig ist dabei, daß die Übertragung fast vollständig reibungs- und trägheitsfrei arbeitet.

c) *Elektrische Übertragung.* Als Meßfühler werden entweder induktive Systeme gemäß Abb. 181 oder auch Dehnungsmeßstreifen, die als Wegfühler auf den Federungsgliedern angeordnet sind, verwendet.

Während die induktiven Geräte nach dem Trägerfrequenzverfahren arbeiten, können die Meßbrücken der Dehnungsmeßstreifen-Geber sowohl mit Wechselspannung (Trägerfrequenzverfahren) als auch mit Gleichspannung gespeist werden.

Beide Verfahren gestatten statische Messungen und statisches Eichen des Gerätes.

Die Stromzuführung erfolgt über Schleifringe. Da sich deren Übergangswiderstände in unkontrollierbarer und nichtreproduzierbarer Weise während des Betriebes ändern können, muß man zur Vermeidung von Meßfehlern die ganze Brückenschaltung im Gebergehäuse anordnen, so daß vier Schleifringe erforderlich werden (zwei für die Speisespannung, zwei für die Diagonalspannung). Durch eine Erweiterung der Brückenschaltung (ähnlich einer THOMSON-Brücke) läßt sich der Einfluß der Übergangswiderstände vollkommen eliminieren. Allerdings sind dazu 5 Schleifringe erforderlich.

Bei den trägerfrequenten Verfahren kann man die Messung auch schleifringlos vornehmen, indem man die Übertragung der elektrischen Spannungen vom feststehenden Teil der Schaltung zum umlaufenden Geber transformatorisch vornimmt. Es werden Übertrager verwendet, bei denen eine Wicklung drehbar angeordnet ist.

Der grundsätzliche Nachteil der Drehschwingungsmessung mit Hilfe der vorbeschriebenen Geräte besteht darin, daß zur Anbringung der Geber immer ein freies Wellenende zur Verfügung stehen muß, und andererseits Schwingungsmessungen nur an den freien Enden einer rotierenden Anordnung durchgeführt werden können.

Die Ermittlung des Schwingungsverlaufes an einem zwischen den freien Enden gelegenen Punkt einer umlaufenden Anordnung (z. B. Schiffswelle, Kurbelwelle eines Verbrennungsmotors) kann nur über den Umweg einer Dehnungsmessung, die sich beispielsweise mittels Dehnmeßstreifen leicht an jeder beliebigen Stelle des Meßobjekts durchführen läßt, vorgenommen werden.

41. Frequenzmessung

Harmonische Schwingungen. a) *Mechanisches Meßprinzip.* Ein einfach zu handhabendes Gerät ist der sogenannte Zungenfrequenzmesser. Er besteht aus einzelnen, kammartig nebeneinander angeordneten Biegeschwingern, die so abgestimmt sind, daß ihre Eigenschwingungszahlen eine stetig verlaufende Reihe bilden. Wird das Gerät auf das Meßobjekt gesetzt, dann werden die Zungen zu erzwungenen Schwingungen angeregt. Jene Zunge, deren Eigenfrequenz der zu messenden Frequenz am nächsten liegt, zeigt den größten Schwingungsausschlag.

b) *Stroboskopische Messung.* Beleuchtet man einen periodisch sich bewegenden Körper mit periodisch hintereinander erfolgenden, kurzzeitig wirkenden Lichtblitzen, dann entsteht der visuelle Eindruck eines stillstehenden Körpers, wenn die Lichtblitze und die Körperbewegung gleiche Frequenz besitzen. Diesen sogenannten stroboskopischen Effekt kann man zur Frequenzmessung ausnutzen.

In einer Entladungsröhre werden kurzzeitige periodische Zündvorgänge erzeugt, die von einer Wechselspannung ausgelöst werden. Diese wird einem Röhrengenerator entnommen, dessen Frequenz einstellbar und an einer geeichten Skala ablesbar ist.

Man richtet die Lichtblitze auf das Meßobjekt und ändert die Generatorfrequenz solange, bis das Meßobjekt scheinbar stillsteht. Die zu messende Frequenz ist dann gleich der abgelesenen Frequenz (oder ein Vielfaches davon!).

c) *Oszillographische Messung.* Die vom Schwingungsgeber erzeugte Wechselspannung wird gleichzeitig mit einer Vergleichs-Wechselspannung, die einem Röhrengenerator mit geeichter Frequenzskala entnommen wird, auf dem Bildschirm eines Oszillographen abgebildet. Die Frequenz der Vergleichsspannung wird so eingestellt, daß die Schirmbilder der beiden Spannungen gleiche Knotenpunktsabstände besitzen, oder diese in einem ganzzahligen Verhältnis stehen. Die zugehörigen Frequenzen verhalten sich dann umgekehrt wie die Knotenpunktabstände. Ausführliche Angaben über weitere Möglichkeiten oszillographischer Frequenzmessung finden sich bei Czech [*64*].

Nichtharmonische Schwingungen. Die Frequenz der Grundwelle einer nichtharmonischen Schwingung kann im allgemeinen ohne weiteres mit den für die Frequenzmessung harmonischer Schwingungen angegebenen Verfahren ermittelt werden.

Die Bestimmung der Oberwellen nach Amplitude und Frequenz muß mittels harmonischer Analyse durchgeführt werden.

Liegt ein Meßschrieb vor (von einem Registriergerät geliefert, oder durch Photographieren des Schirmbildes eines Oszillographen erhalten), dann kann man die bekannten mathematischen Verfahren der harmonischen Analyse (siehe Abschn. 5) anwenden.

Die Durchführung dieser Verfahren ist sehr zeitraubend. Für laufende Untersuchungen wendet man mit Vorteil elektrische Verfahren der Frequenzanalyse an.

Der vom Schwingungsgeber in Form einer elektrischen Spannung gelieferte Meßwert wird einem *Frequenzspektrometer* zugeführt. Dies ist ein selektiver Verstärker, der nur die jeweils durch die einstellbare Abstimmung festgelegte Frequenz (innerhalb eines schmalen Frequenzbandes) hindurchläßt, verstärkt und amplitudenproportional zur Anzeige bringt.

Da bei der Messung der gesamte Frequenzbereich kontinuierlich abzutasten ist, muß die zu analysierende Meßspannung eine genügend lange Zeit zur Verfügung stehen.

Aber auch einmalige, oder nur kurzzeitig verlaufende Vorgänge können auf diese Weise analysiert werden, wenn man eine Speicherung des Meßwertes vornimmt. Man nimmt die kurzzeitig wirkende Meßspannung auf Tonband auf; bei der Wiedergabe der Aufnahme klebt man Anfang und Ende des Tonbandes zusammen, so daß der Vorgang in stets wiederkehrender Weise beliebig lange abgespielt und analysiert werden kann.

Dieses Verfahren kann auch mit Vorteil zum Analysieren von Vorgängen mit extrem tiefen Frequenzen herangezogen werden [65].

Die kleinste meßbare Frequenz ist durch die schaltungstechnisch bedingte untere Grenzfrequenz der elektronischen Geräte, die meist bei etwa 5 bis 10 Hz liegt, gegeben. Läßt man das Tonband bei der Wiedergabe schneller als bei der Aufnahme laufen, dann werden alle Frequenzen im Verhältnis dieser Geschwindigkeiten transponiert (man spricht von Frequenzumsetzung). Das Geschwindigkeitsverhältnis wird so gewählt, daß alle transponierten Meßfrequenzen größer als die untere Grenzfrequenz des Analysiergerätes sind.

42. Schwingungswiderstand — Impedanz

Das schwingungstechnische Verhalten einer Anordnung (z. B. Brücken, Gebäude, Maschinen-Konstruktionsteile u. a. m.) wird in umfassendster Weise durch die Angabe des Schwingungswiderstandes gekennzeichnet, der durch den Quotienten $\mathfrak{R} = \dfrac{\widehat{P}}{v}$ definiert wird.

$\mathfrak{R}$ ist im allgemeinen eine komplexe Größe, die durch die beiden Komponenten: Betrag $|\mathfrak{R}|$ und Argument (oder Nullphasenwinkel) arc $\mathfrak{R}$ bestimmt wird.

$\mathfrak{R}$ wird gewöhnlich, in Analogie zur Bezeichnungsweise von Scheinwiderständen in der Elektrotechnik, als *Impedanz* des Schwingungsgebildes bezeichnet.

Bei zusammengesetzten Schwingungssystemen ist $\mathfrak{R}$ sowohl von der Lage des Bezugspunktes (jener Punkt, an dem die Erregerkraft einwirkt, und dessen Geschwindigkeit gemessen wird), als auch von der Größe der Frequenz abhängig.

Den Frequenzgang von $\mathfrak{R}$ stellt man meist in einer sogenannten *Ortskurve* in der komplexen Zahlenebene dar, die für umfangreich zusammengesetzte Koppelgebilde unter Umständen einen äußerst komplizierten Verlauf zeigen kann.

Messung der Impedanz. Eine Impedanzmessung wird in der Weise durchgeführt, daß man eine Wechselkraft bekannter Größe auf das Schwingungsgebilde einwirken läßt und dann Größe und Phasenlage (bezogen auf die Erregerkraft) der entstehenden Schwingungsgeschwindigkeit mißt.

Zur Durchführung der Impedanzmessung ist daher eine Wechselkraft-Erregerquelle einstellbarer Frequenz und eine Geschwindigkeits-Meßeinrichtung erforderlich.

Erzeugung von Wechselkräften. a) *Mechanisch*, mit Hilfe umlaufender Massen (Schwingungsmaschinen). Zwei mit der Winkelgeschwindigkeit Ω gegensinnig umlaufende Wellen tragen gleichgroße, exzentrisch gelagerte Massen m (Abb. 194a). Die entstehenden Fliehkräfte ergeben eine

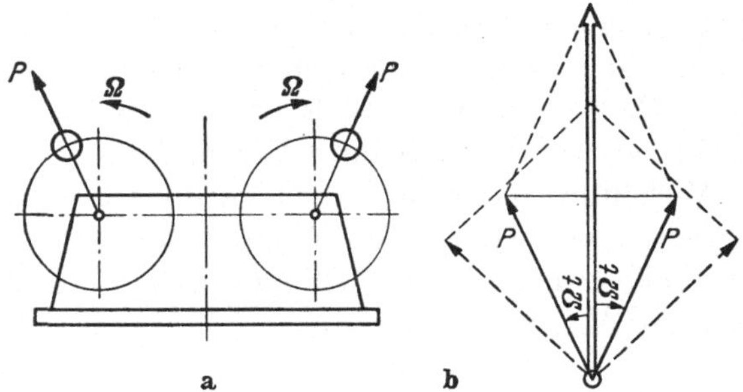

Abb. 194. Wechselkraft-Erregerquelle (Schwingungsmaschine)
a Mechanische Anordnung; b Krafteck

Resultierende unveränderter Richtung der Größe $P = 2\,m\,r\,\Omega^2 \cos \Omega\,t$ (Abb. 194b), die eine rein harmonische Wechselkraft ist. Maschinen dieser Art werden für kleinste Kräfte bis zu Kräften von mehreren Tonnen gebaut.

b) *Elektrisch*, mittels Tauchspulensystems. Das Gerät ist analog zu dem in Abb. 183a dargestellten elektro-dynamischen Geschwindigkeitsgeber aufgebaut. Im Felde eines Permanentmagneten befindet sich eine Wicklung (Tauchspule), die von einem sinusförmigen Wechselstrom regelbarer Größe und einstellbarer Frequenz (von einem Röhrengenerator geliefert) durchflossen wird. Auf Grund des elektro-dynamischen Prinzips wird auf die Wicklung eine Kraft ausgeübt, die in jedem Augenblick proportional dem Momentanwert des Stromes ist. Auf die Tauchspule wirkt daher eine harmonische Wechselkraft, die über einen Stift auf das zu erregende Schwingungssystem übertragen wird.

Impedanzmesser. Die Messung der Impedanz gestaltet sich meßtechnisch besonders einfach, wenn Kraftmesser und Geschwindigkeitsmesser zu einem einzigen Gerät zusammengefaßt sind. Die Geräte werden zwischen Erregerkraftquelle und Meßobjekt angeordnet, so daß der Kraftfluß das Gerät durchsetzt. Ein auf piezo-elektrischer Grundlage arbeitendes Gerät zeigt die Abb. 195: Die vom Gehäuse b übertragene Erregerkraft wird mittels des ringförmigen Barium-Titanat-Gebers d gemessen. Die bei der Bewegung des mit dem Meßobjekt mitschwingenden Gerätes an der Hilfsmasse a wirksam werdende Trägheitskraft $(P_a) = -a\ddot{q}$, die ein Maß für die Schwingungsbeschleunigung ist, wird durch einen zweiten Barium-Titanat-Geber c gemessen. Dessen Meßwert wird über ein Integrationsglied einem Verstärker zugeführt. Der am Verstärkerausgang verfügbare Meßwert ist dann proportional der Schwingungs*geschwindigkeit*. Der elektrische Teil der Meßeinrichtungen arbeitet streng linear, so daß die vom Kraftmesser bzw. vom Geschwindigkeitsmesser gelieferten Meßwerte nach Größe und Phasenlage getreue Abbilder von Kraft und Geschwindigkeit sind, und meßtechnisch entsprechend ausgewertet werden können.

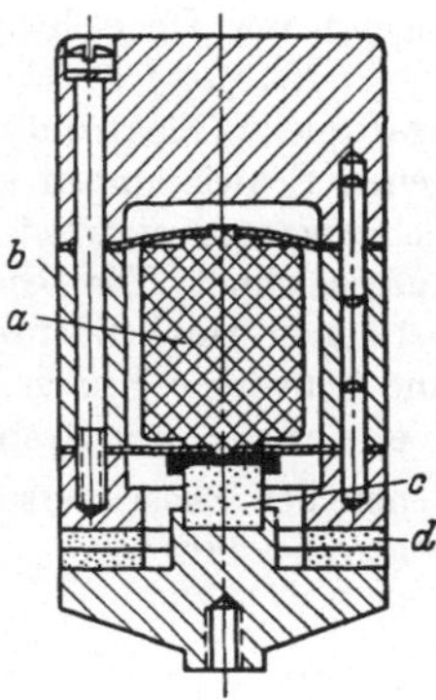

Abb. 195. Piezo-elektrischer Impedanzmesser
a = Seismische Masse, b = Gehäuse, c = Barium-Titanat-Geber als Beschleunigungsmesser, d = Barium-Titanat-Geber als Kraftmesser

43. Ermittlung der Eigenschwingungszahlen

Ein einmalig angestoßenes Schwingungsgebilde führt Eigenschwingungen aus, die beim Vorhandensein von Dämpfungskräften allmählich abklingen. Die Frequenz dieser Schwingung bezeichnet man als Eigenfrequenz. Besitzt das System n Freiheitsgrade, dann bestehen n Eigenfrequenzen.

Bei technischen Anordnungen interessiert in erster Linie das Verhalten bei erzwungenen Schwingungen. Gefährlich sind jene Erregerfrequenzen, bei denen die Schwingungsamplituden selbst bei kleinen Erregerkräften gefährlich große Werte erreichen, wenn also *Amplitudenresonanz* auftritt.

Bei schwach gedämpften Systemen, wie sie in der Regel fast immer vorliegen, stimmen die Eigenfrequenzen mit großer Annäherung mit den Kennfrequenzen, sowie mit den Frequenzen, bei denen Amplitudenresonanz auftritt, überein.

In diesen Fällen bestehen somit zwei Möglichkeiten zur Ermittlung der Eigenfrequenzen.

1. *Stoßerregung.* Das System wird an einer geeigneten Stelle durch einen einmaligen Stoß zu Eigenschwingungen angeregt (Beispiele: Bei einer Brücke fährt ein Fahrzeug über eine auf der Fahrbahn liegende kantige Bohle. Oder, ein Stiel eines Dampfturbinenfundamentes wird mit einem Holzhammer, bzw. der Läufer eines

Generators wird mit einem Bleihammer angeschlagen). Die entstehenden Schwingungen werden registriert und ausgewertet. Zu beachten ist dabei, daß je nach Stärke des Schlages, und abhängig von der Lage der Schlagstelle, außer der Grundschwingung noch Oberschwingungen verschiedenster Ordnungszahlen angeregt werden. Durch eine Analyse des Meßschriebes lassen sich die Frequenzen von Grund- und Oberschwingungen ermitteln [77].

2. *Erregung durch Wechselkräfte.* Das System wird mit Hilfe einer Wechselkraftquelle (Elektro-dynamischer Erreger oder Schwingungsmaschine) zu erzwungenen Schwingungen erregt. Die Schwingungsamplituden von Erregerkraft und Schwingungsweg werden gemessen, und der Frequenzgang des Quotienten $|\hat{q}|/|\hat{p}|$ aufgezeichnet. Die Gipfelstellen des Frequenzganges bestimmen jene Frequenzen, bei denen Amplitudenresonanz auftritt. Werden die Amplituden von Erregerkraft und Schwingweg nach Betrag und Phasenlage gemessen, dann können die Kennfrequenzen des Systems ermittelt werden. Es sind dies jene Frequenzen, bei denen der Phasenverschiebungswinkel $\varphi \equiv \mathrm{arc}\,\hat{P} - \mathrm{arc}\,\hat{v} = 0$, bzw. $\psi \equiv \mathrm{arc}\,\hat{P} - \mathrm{arc}\,\hat{q} = 90°$ wird.

VIII. Nichtlineare Schwingungen — Schwinger von 1 Freiheitsgrad

44. Allgemeines

Bei der Behandlung linearer Schwinger haben wir in der Schwingungsgleichung

$$a\ddot{q} + b\dot{q} + c\,q = P_{(t)} \tag{714}$$

die Beiwerte a, b und c als konstant vorausgesetzt. Diese Annahme trifft in vielen Fällen nicht zu, wie wir an Hand der nachstehend aufgeführten Beispiele feststellen können:

Die Größe der Ersatzmasse a der hin- und hergehenden Massen eines Kurbeltriebwerkes ist nicht konstant, sondern von der Größe des Kurbelwinkels abhängig (Abschn. 21).

Die Dämpfungskonstante b eines Flüssigkeitsdämpfers ist ebenfalls nicht konstant, sondern in verwickelter Weise von der Geschwindigkeit abhängig, wie man aus folgender Betrachtung ersieht: Bei rein laminarer Flüssigkeitsströmung ist die Reibungskraft der ersten Potenz, bei turbulenter Strömung der zweiten Potenz der Strömungsgeschwindigkeit proportional. Praktisch ausgeführte Dämpfer besitzen enge Überströmkanäle, Drosselstellen und Querschnittserweiterungen, so daß sich komplizierte Strömungsverhältnisse einstellen werden. Ganz anders geartet ist die Geschwindigkeitsabhängigkeit der Dämpfungskräfte, wenn in einem Schwingungsgebilde trockene oder halbflüssige Reibung, bzw. Luftreibung oder Werkstoffreibung auftritt.

Ein konstanter Federbeiwert c setzt eine gerade Federkraft-Kennlinie voraus. In vielen Fällen ist dies nicht der Fall. Der Verlauf der

Ke nnlinie hängt außer vcm Werkstoff noch von der Gestaltung des Fe derungskörpers ab. Hierzu einige Beispiele:

Abb. 196a: Kennlinie einer überbeanspruchten Schraubenfeder (Übersteigen der Proportionalitätsgrenze des Werkstoffes), deren Gleichung angenähert die Form $P_c = c_0 q - k q^2$ besitzt.

Qualitativ ähnlich verläuft die Kennlinie eines auf Biegung beanspruchten Körpers aus Gußeisen. Gußeiserne Körper können daher als nichtlineare Schwingungsgebilde aufgefaßt werden.

Abbn. 196b und c: Kennlinie einer Biegefeder mit Auflagebacken, die angenähert durch die Gleichung $P_c = c_0 q + k q^2$ dargestellt werden kann.

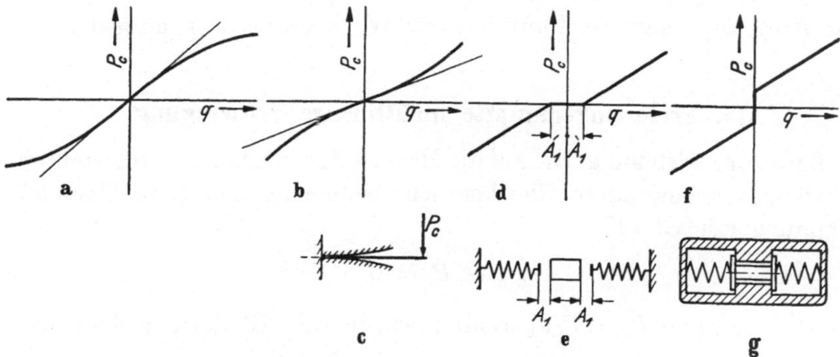

Abb. 196. Nichtlineare Federkraftkennlinien

Abbn. 196d und e: Kennlinie einer linearen Federung mit Spiel.

Abbn. 196f und g: Kennlinie einer linearen Federung mit vorgespannten Federn.

Ein kurzer Hinweis sei noch dem allgemeinen Verlauf der Kennlinien gewidmet. Greifen wir einen Punkt auf der Kennlinie mit den Koordinaten P_A und q_A heraus, dann hat der Quotient $\dfrac{P_A}{q_A} = c_A$ die Bedeutung einer Federkonstanten.

Unterlineare Kennlinie. Bei den Kennlinien der Abbn. 196a und 196f wird c_A mit zunehmendem Federweg q kleiner, Kennlinien dieser Art bezeichnet man als *unterlinear*.

Überlineare Kennlinie. Bei den in den Abbn. 196b und 196d dargestellten Kennlinien wird c_A mit zunehmendem q größer. Diese Kennlinien werden als *überlinear* bezeichnet.

Die Lösung der in Gl. (714) angegebenen Differential-Gleichung mit nichtkonstanten Beiwerten a, b und c ist im allgemeinen in geschlossener Form nicht möglich; durchführbar sind zeichnerische Lösungsverfahren.

Nähere Angaben über mathematische Lösungsverfahren mit ausführlichen Literaturhinweisen finden sich bei KLOTTER [66].

Vom gleichen Verfasser findet man unter [*74*] eine erschöpfende Übersicht über neuere Verfahren zur Lösung nichtlinearer Schwingungen mit ausführlichen Literaturangaben.

Unsere weiteren Betrachtungen wollen wir auf den Fall beschränken, daß die Beiwerte a und b *konstante* Größen sind, und nur die Rückführkräfte P_c, die wir bisher stets in der Form $P_c = c \cdot q$ zum Ansatz brachten, nicht mehr wegproportional sind. Dies werde durch den Ansatz

$$P_c = F(q), \tag{715}$$

mit $F(q)$ als bekannter Funktion der Wegkoordinate q, ausgedrückt.

45. Freie ungedämpfte nichtlineare Schwingung

Bewegungsgleichung. Die auf die Masse a des in Abb. 27 dargestellten Schwingers angewendete Gleichgewichtsbedingung liefert, in Übereinstimmung mit Gl. (97),

$$P_a + P_c = 0.$$

Mit $P_a = a\,\ddot{q}$ und $P_c = F(q)$ erhalten wir die Diff.-Gl. der Schwingungsbewegung

$$a\,\ddot{q} + F(q) = 0. \tag{716}$$

Das bisher angewendete Lösungsverfahren mit Hilfe des Ansatzes $q = \widehat{q}\,e^{i\Omega t}$ versagt hier, da die Wegkoordinate q implizit in $F(q)$ enthalten ist, so daß sich im allgemeinen der Zeitfaktor $e^{i\Omega t}$ aus der Gleichung nicht mehr wegkürzen ließe. Wir setzen

$$\ddot{q} = \frac{d\dot{q}}{dt} = \frac{d\dot{q}}{dq}\frac{dq}{dt} = \dot{q}\frac{d\dot{q}}{dq} = \frac{1}{2}\frac{d(\dot{q}^2)}{dq} \tag{717}$$

und erhalten damit

$$\frac{a}{2}\frac{d(\dot{q}^2)}{dq} + F(q) = 0.$$

Diese Gleichung ist jetzt integrierbar. Wir erhalten, wenn wir die Zeitzählung zur Zeit einer Bewegungsumkehr beginnen, bei der die Masse a den Größtausschlag Q besitzt (d. h., wenn $t = 0$ ist, gilt $\dot{q} = 0$ und $q = Q$),

$$\int_0^{\dot{q}} d(\dot{q}^2) = -\frac{2}{a}\int_Q^q F(q)\,dq \tag{718}$$

bzw.

$$\dot{q}^2 = \frac{2}{a}\int_q^Q F(q)\,dq. \tag{718a}$$

Mit $\dot{q} = \dfrac{dq}{dt}$ ergibt sich nach Umformung und nochmaliger Integration

$$t = \int\limits_{Q}^{q} \frac{dq}{\sqrt{\dfrac{2}{a}\int\limits_{q}^{Q} F(q)\,dq}}\,. \tag{719}$$

Die Gleichung gibt die Weg-Zeit-Abhängigkeit des Bewegungsablaufes an, so daß nach durchgeführter (zweimaliger) Integration die nichtlineare Schwingung mit allen ihren Merkmalen bestimmt ist. Der Vorgang verläuft *nichtharmonisch*.

Führen wir die Integration in der Gl. (719) über den Bewegungsabschnitt aus, der in einer Viertelperiode durchlaufen wird, (bei $t = 0$ ist $q = Q$, bzw. bei $t = T/4$ ist $q = 0$), erhalten wir

$$\frac{T}{4} = \int\limits_{Q}^{0} \frac{dq}{\sqrt{\dfrac{2}{a}\int\limits_{q}^{Q} F(q)\,dq}}\,. \tag{720}$$

Die Integration in Gl. (718a) ist in den meisten Fällen ohne Schwierigkeiten durchführbar, da die Funktion $F(q)$ in der Regel durch einen integrierbaren Ausdruck gegeben sein wird, oder durch einen solchen (beispielsweise durch eine Potenzreihe) ersetzt werden kann.

Schwierigkeiten kann jedoch unter Umständen die Integration in Gl. (720) bereiten, wenn sich das Integral nicht auf bereits bekannte oder tabelliert vorliegende Funktionen zurückführen läßt. Einen Ausweg bietet dann die numerische Integration (SIMPSONsche Formel) oder die Anwendung graphischer Integrationsverfahren [66], [67].

Letztere Verfahren müssen auch dann angewandt werden, wenn die Federkraftlinie nicht durch einen analytischen Ausdruck, sondern durch einen Kurvenzug oder durch eine Anzahl einzelner Funktionswerte gegeben ist.

Zugeordnete Kreisfrequenz. Die bei einer harmonischen Schwingung je Zeiteinheit durchlaufene Anzahl von Perioden wird als Frequenz f bezeichnet. Die Kreisfrequenz ω ist durch $\omega = 2\pi f = \dfrac{2\pi}{T}$ definiert. Diese Begriffe wendet man auch zur Kennzeichnung der Schwingung eines nichtlinearen Schwingungsgebildes an, obzwar der Schwingungsablauf an sich *nichtharmonisch* erfolgt.

Man bezeichnet

$$\bar{f} = \frac{1}{T}$$

als *zugeordnete* Frequenz, bzw.

$$\bar{\omega} = 2\pi\bar{f} = \frac{2\pi}{T}$$

als *zugeordnete* Kreisfrequenz des nichtlinearen Schwingers.
$$\left.\phantom{\begin{matrix}1\\2\\3\\4\end{matrix}}\right\} \tag{721}$$

Mit Gl. (720) erhalten wir daher die zugeordnete Kreisfrequenz

$$\overline{\omega} = \frac{\pi/2}{\int\limits_{Q}^{0} \dfrac{dq}{\sqrt{\dfrac{2}{a}\int\limits_{q}^{Q} F(q)\,dq}}}\,. \tag{722}$$

Berechnungsbeispiele für verschiedene Federkraftkennlinien

1. Beispiel. Zu bestimmen ist die bezogene Kreisfrequenz $\overline{\omega}$ eines nichtlinearen Schwingers mit konstanter Masse a, dessen Federkraft-Kennlinie zentrisch-symmetrisch zum Koordinatenursprung sei (Abb. 197a). Der innerhalb des ersten Quadranten liegende Ast der Kennlinie sei eine allgemeine Parabel gemäß der Gleichung

$$P_c \equiv F(q) = k\,q^n\,. \tag{723}$$

Diese Parabel sei gegeben durch einen Punkt mit den Koordinaten $q = A$ und $P_c = P_A$ sowie dem Exponenten n.

Die Koordinaten des gegebenen Punktes müssen die Gl. (723) erfüllen. Es gilt

$$P_A = k\,A^n,$$

und daraus

$$k = \frac{P_A}{A^n}\,. \tag{724}$$

Ein Quotient der Form $\dfrac{P_A}{A}$ hat die Bedeutung einer Federkonstanten (siehe Abb. 197a). Wir setzen daher

$$c_A = \frac{P_A}{A} \tag{725}$$

und erhalten damit aus Gl. (724)

$$k = \frac{c_A}{A^{n-1}}\,. \tag{726}$$

Für den Radikanten im Nenner der Gl. (722) erhalten wir mit

$$F(q) = k\,q^n = \frac{c_A}{A^{n-1}}\,q^n$$

die Form

$$\frac{2}{a}\int\limits_{q}^{Q} F(q)\,dq = \frac{2}{a}\,\frac{c_A}{A^{n-1}}\int\limits_{q}^{Q} q^n\,dq = \frac{2\,c_A}{a(n+1)}\left(\frac{Q}{A}\right)^{n-1} Q^2\left[1-\left(\frac{q}{Q}\right)^{n+1}\right]. \tag{727}$$

Führen wir noch die dimensionslose Veränderliche

$$\zeta = \frac{q}{Q} \tag{728}$$

ein, dann geht der Nenner der Gl. (722) mit $dq = Q\,d\zeta$ über in

$$\frac{1}{\sqrt{\dfrac{2\,c_A}{a(n+1)}\left(\dfrac{Q}{A}\right)^{n-1}}}\int\limits_{\zeta=1}^{\zeta=0}\frac{d\zeta}{\sqrt{1-\zeta^{n+1}}}\,. \tag{729}$$

Der Wert des vorstehenden Integrales, zusammengezogen mit dem Zahlenwert $\sqrt{\dfrac{n+1}{2}}$, wir wollen ihn durch die dimensionslose Zahl ψ ausdrücken, also

$$\psi = \sqrt{\frac{n+1}{2}} \int\limits_{1}^{0} \frac{d\zeta}{\sqrt{1 - \zeta^{n+1}}},$$

hängt nur von der Größe des Parabelexponenten n ab.

Die Lösung des Integrales führt, außer für den trivialen Fall $n = 1$ (gerade Kennlinie), auf Integrale, die sich nicht auf elementare Funktionen zurückführen lassen und nur mittels Reihenentwicklung oder numerischer Integration gelöst werden können. Jedoch führen die Sonderfälle $n = 2$ und $n = 3$ auf sogenannte elliptische Integrale, deren Lösungen als Funktionen ihres Arguments vollständig tabelliert vorliegen [68].

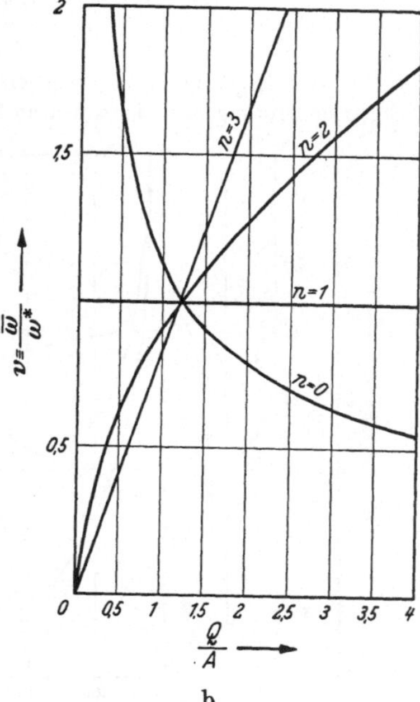

Abb. 197. Parabolische Federkraft-Kennlinie

a Federkraftkennlinie;   b Abhängigkeit der bezogenen zugeordneten Kreisfrequenz $\nu = \dfrac{\overline{\omega}}{\omega^*}$ vom bezogenen maximalen Schwingungsausschlag $\dfrac{Q}{A}$ mit dem Parabelexponenten n als Parameter

Unter Verzicht auf die Wiedergabe des ausführlichen Rechnungsganges wollen wir die Lösungen für einige ausgewählte Werte von n sofort anschreiben und erhalten für

$$n = 0: \quad \psi = \sqrt{2}, \qquad n = 1: \quad \psi = \pi/2, \qquad n = 2: \quad \psi = 1{,}7140$$
$$n = 0{,}5: \quad \psi = 1{,}4896, \qquad n = 1{,}5: \quad \psi = 1{,}6425, \qquad n = 3: \quad \psi = 1{,}8541.$$

Die gesuchte zugeordnete Kreisfrequenz erhalten wir schließlich durch Einsetzen in Gl. (722) zu

$$\overline{\omega} = \sqrt{\frac{c_A}{a}} \sqrt{\left(\frac{Q}{A}\right)^{n-1}} \frac{\pi/2}{\psi}. \tag{730}$$

Zur Erlangung dimensionsloser Ausdrücke führen wir für den Ausdruck $\sqrt{\dfrac{c_A}{a}}$, der die physikalische Bedeutung einer Kreisfrequenz besitzt, die Setzung

$$\omega^* = \sqrt{\frac{c^*}{a}} \tag{731}$$

mit der für den vorliegenden Fall (parabolische Kennlinie) geltenden Identität

$$c^* \equiv c_A \tag{732}$$

ein, und erhalten damit die *bezogene* zugeordnete Kreisfrequenz

$$\nu \equiv \frac{\overline{\omega}}{\omega^*} \tag{733}$$

in dimensionsloser Form zu

$$\nu = \frac{\pi/2}{\psi}\left(\frac{Q}{A}\right)^{\frac{n-1}{2}}. \tag{734}$$

Als wichtigstes Ergebnis entnehmen wir dieser Gleichung, daß die Kreisfrequenz der Eigenschwingung des nichtlinearen Schwingers keine dem Gebilde fest zuge-

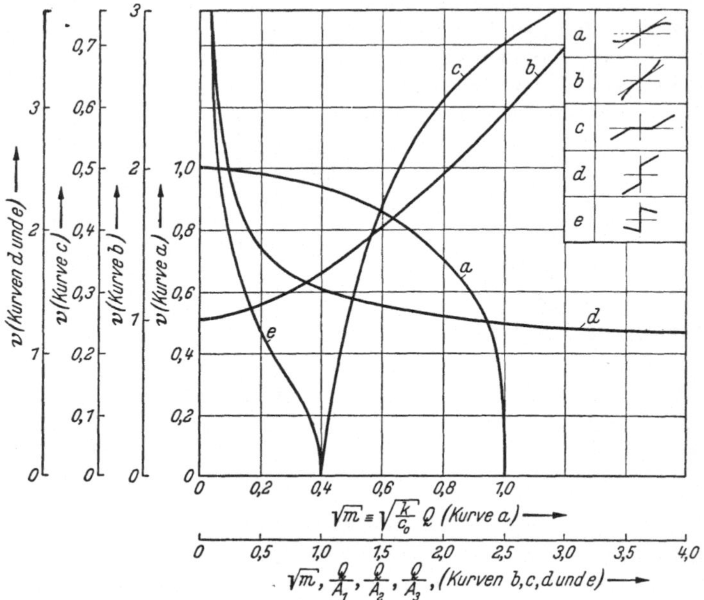

Abb. 198. Zugeordnete Kreisfrequenz $\nu = \dfrac{\overline{\omega}}{\omega^*}$

a Für einen Schwinger mit der Federkraftlinie nach Abb. 196a (Gl. 736); b Für die Federkraftkennlinie nach Abb. 196b (Gl. 735); c Für die Federkraftkennlinie nach Abb. 199; d Für die Federkraftkennlinie nach Tafel 12, Abb. a; e Für die Federkraftkennlinie nach Tafel 12, Abb. b

ordnete Größe ist, sondern abhängt von der Größe des bei der Schwingung auftretenden Größtausschlages Q ($\equiv$ Scheitelwert q_{max}).

Und zwar gilt ganz allgemein, die Beweisführung wollen wir hier übergehen, daß die zugeordnete Kreisfrequenz bei unterlinearer Federkennlinie mit zunehmendem Scheitelwert Q *abnimmt*, und bei überlinearer Kennlinie *zunimmt*.

Die durch Gl. (734) ausgedrückte Abhängigkeit zwischen ν und $\dfrac{Q}{A}$ ist für verschiedene Werte des Exponenten n in Abb. 197b dargestellt. Man ersieht daraus die starke Abhängigkeit zwischen Kreisfrequenz und Scheitelwert Q.

2. Beispiel. In den nachstehend angeführten Fällen, deren Federkraft-Kennlinien durch die Gleichungen

$$F(q) = c_0\,q + k\,q^3 \quad \text{(überlineare Kennlinie, Abb. 196 b) bzw.} \tag{735}$$

$$F(q) = c_0\,q - k\,q^3 \quad \text{(unterlineare Kennlinie, Abb. 196 a)} \tag{736}$$

beschrieben werden, führt die Lösung, wie schon erwähnt, auf elliptische Integrale. Wir übergehen den umfangreichen Rechnungsgang und führen unter Verweis auf die einschlägige Literatur [66] nur die Ergebnisse an.

Mit Gl. (731), sowie

$$c^* \equiv c_0 \quad \text{und} \quad m = \frac{k}{c_0}\,Q^2\,, \tag{737}$$

wobei Q wieder den Scheitelwert der Schwingung darstellen soll, lauten die Lösungen:

Überlineare Kennlinie [Gl. (735)]

$$v \equiv \frac{\overline{\omega}}{\omega^*} = \sqrt{1 + m}\;\frac{\pi/2}{K\!\left(\sqrt{\dfrac{m}{2\,(1 + m)}}\right)}\,. \tag{738}$$

Unterlineare Kennlinie [Gl. (736)]

$$v \equiv \frac{\overline{\omega}}{\omega^*} = \sqrt{1 - \frac{m}{2}}\;\frac{\pi/2}{K\!\left(\sqrt{\dfrac{m}{2 - m}}\right)}\,. \tag{739}$$

Die in den Nennern auf den rechten Seiten der Gleichungen (738) u. (739) vorkommenden Ausdrücke $K(\;\;)$ stellen die *vollständigen elliptischen Integrale* erster Gattung der in den Klammern angeführten Argumente dar, deren Lösungen als Funktionen ihres Argumentes tabelliert vorliegen [68].

Die in den vorstehenden Lösungsgleichungen ausgedrückte Abhängigkeit zwischen v und m veranschaulicht Abb. 198 (Kurven a und b).

3. Beispiel. Ist die Federkraft-Kennlinie aus einzelnen geraden Strecken zusammengesetzt, dann ist die Berechnung der zugeordneten Kreisfrequenz verhältnismäßig einfach durchführbar, wie wir an Hand des nachstehenden Beispiels ersehen können.

Gegeben sei ein ungedämpftes Schwingungsgebilde mit der Masse a und der in Abb. 199 dargestellten Federkraft-Kennlinie. Die Masse führe freie Schwingungen mit dem Scheitelwert $q_{max} \equiv Q$ aus. Zu bestimmen sei die zugeordnete Kreisfrequenz.

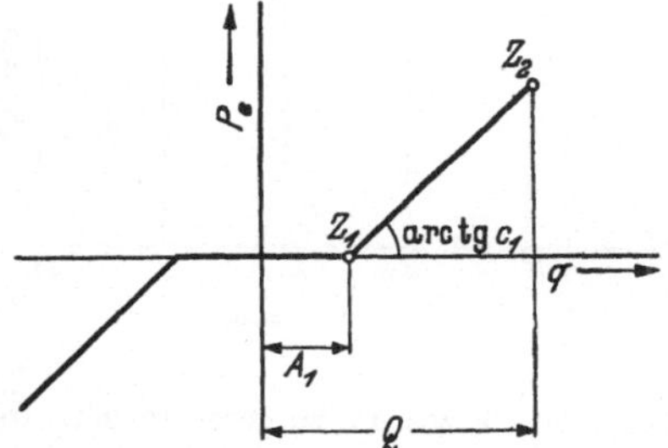

Abb. 199. Federkraftkennlinie einer Federung mit Spiel (Abb. 196 e)

Im Punkte Z_2 der Kennlinie erfolgt Bewegungsumkehr ($\dot{q} = 0$). Die von der Feder herrührende Rückführkraft P_c nimmt von Z_2 bis Z_1 linear mit dem von der Masse zurückgelegten Weg ab, d. h., die Masse wird auf dieser Strecke eine *harmonische* Bewegung (mit Z_1 als Schwingungsmittelpunkt) mit der Kreisfrequenz

$$\omega^* = \sqrt{\frac{c^*}{a}}\,, \quad \text{wobei}$$

$$c^* \equiv c_1 \tag{740}$$

ist, ausführen. Die zum Zurücklegen des Weges $Q - A_1$ erforderliche Zeit (eine Viertelperiode der harmonischen Bewegung) beträgt, wegen $\omega^* T = 2\pi$,

$$t_1 = \frac{1}{4} \frac{2\pi}{\omega^*}.$$

Auf dem Wege von Z_1 bis O ist keine Kraftwirkung vorhanden; die Masse wird sich daher mit der konstanten Geschwindigkeit $v_{\max} = (Q - A_1)\,\omega^*$ (Maximalgeschwindigkeit der harmonischen Bewegung) gleichförmig weiter bewegen. Die Strecke $A_1 O$ wird in der Zeit

$$t_2 = \frac{A_1}{v_{\max}} = \frac{A_1}{Q - A_1} \frac{1}{\omega^*}$$

durchlaufen. Die Gesamtzeit, die zum Zurücklegen des Weges Q erforderlich ist, sie stellt die Zeitdauer einer *Viertelperiode* der nichtlinearen Schwingung dar, ist somit

$$\frac{T}{4} = t_1 + t_2 \tag{740a}$$

$$= \frac{1}{\omega^*}\left(\frac{\pi}{2} + \frac{A_1}{Q - A_1}\right).$$

Mit der allgemeinen Beziehung $\omega = \dfrac{2\pi}{T}$ ergibt sich daraus die bezogene zugeordnete Kreisfrequenz zu

$$\nu = \frac{\overline{\omega}}{\omega^*} = \frac{\pi/2}{\pi/2 + \dfrac{1}{Q/A_1 - 1}}. \tag{741}$$

Die Kurve c in Abb. 198 veranschaulicht die Abhängigkeit zwischen ν und $\dfrac{Q}{A_1}$. Wir ersehen:

Bei allen Werten $\dfrac{Q}{A_1} < 1$ ist $\nu = 0$, d. h., bei einem Scheitelwert $Q < A_1$ kann infolge des Fehlens einer Feder-Rückstellkraft keine Schwingung aufrechterhalten werden. Bei $\dfrac{Q}{A_1} > 1$ nimmt ν, entsprechend dem überlinearen Verlauf der Federkraft-Kennlinie, mit größer werdendem $\dfrac{Q}{A_1}$ zu.

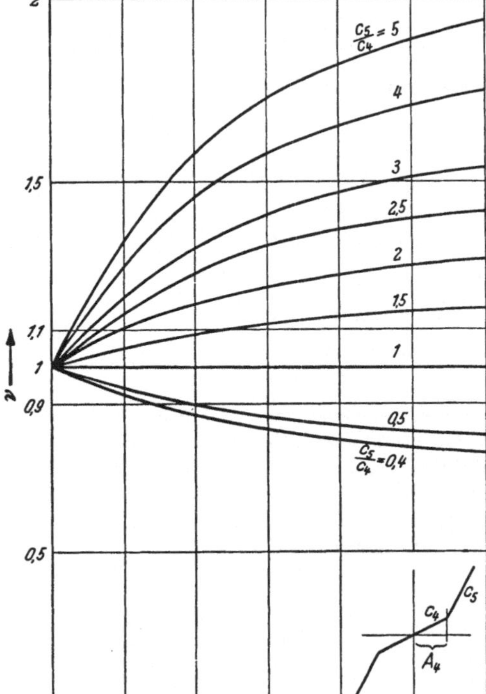

Abb. 200. Bezogene zugeordnete Kriesfrequenz $\nu = \dfrac{\overline{\omega}}{\omega^*}$ in Abhängigkeit vom größten Schwingungsausschlag Q für einen Schwinger mit der Federkraftkennlinie nach Tafel 12, Abb. c

4. Beispiel. Besteht die Federkraft-Kennlinie aus einem geknickten, und aus mehreren Teilstrecken zusammengesetzten Linienzug, dann gestaltet sich der Lösungsvorgang im wesentlichen in grundsätzlicher Übereinstimmung mit dem im vorstehenden Beispiel gezeigten. Wir wollen daher auf weitere Einzelheiten verzichten und nur noch der Vollständigkeit halber zu den in der Tab. 12 angeführten

Tabelle 12

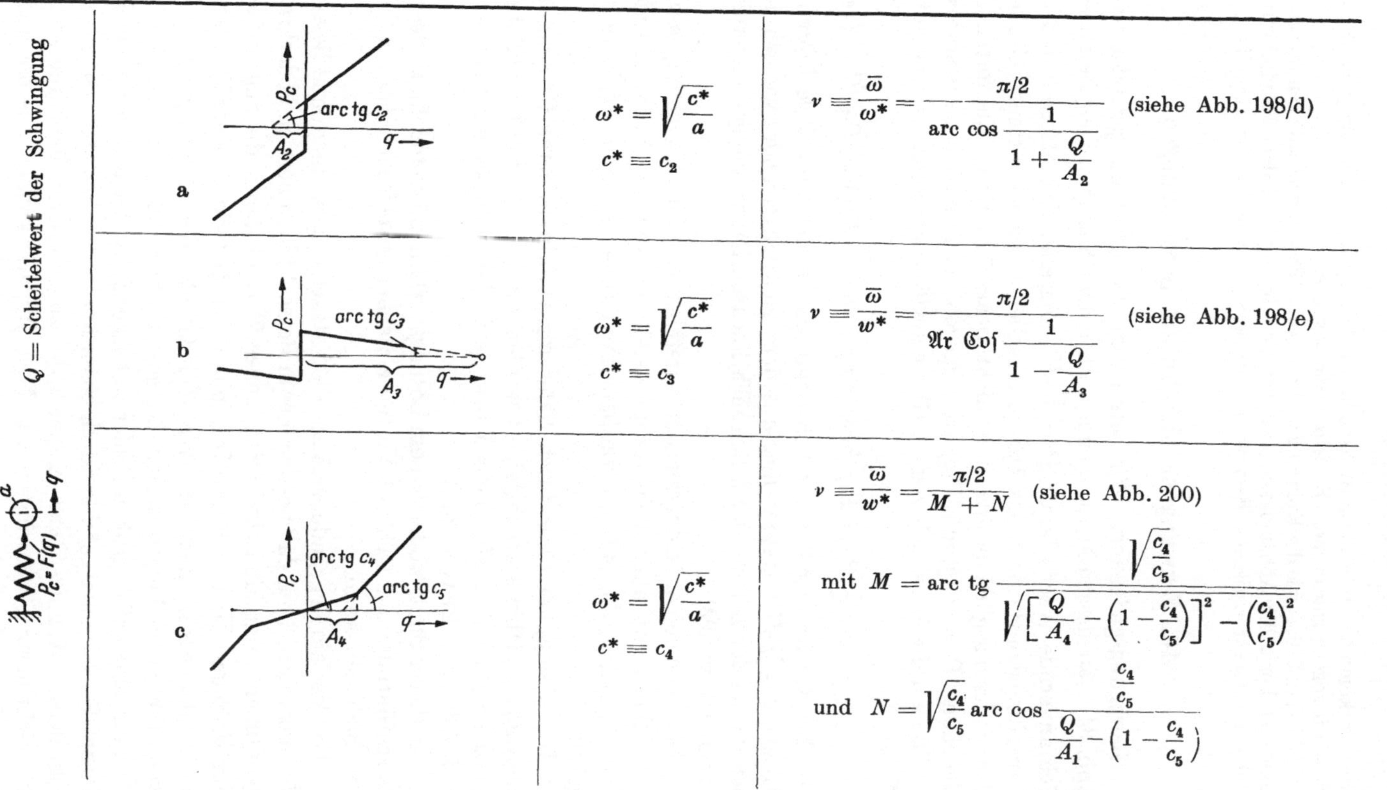

a	$\omega^* = \sqrt{\dfrac{c^*}{a}}$ $c^* \equiv c_2$	$v \equiv \dfrac{\overline{\omega}}{\omega^*} = \dfrac{\pi/2}{\operatorname{arc\,cos}\dfrac{1}{1 + \dfrac{Q}{A_2}}}$ (siehe Abb. 198/d)
b	$\omega^* = \sqrt{\dfrac{c^*}{a}}$ $c^* \equiv c_3$	$v \equiv \dfrac{\overline{\omega}}{w^*} = \dfrac{\pi/2}{\operatorname{Ar\,Cof}\dfrac{1}{1 - \dfrac{Q}{A_3}}}$ (siehe Abb. 198/e)
c	$\omega^* = \sqrt{\dfrac{c^*}{a}}$ $c^* \equiv c_4$	$v \equiv \dfrac{\overline{\omega}}{w^*} = \dfrac{\pi/2}{M + N}$ (siehe Abb. 200) mit $M = \operatorname{arc\,tg} \dfrac{\sqrt{\dfrac{c_4}{c_5}}}{\sqrt{\left[\dfrac{Q}{A_4} - \left(1 - \dfrac{c_4}{c_5}\right)\right]^2 - \left(\dfrac{c_4}{c_5}\right)^2}}$ und $N = \sqrt{\dfrac{c_4}{c_5}}\,\operatorname{arc\,cos}\dfrac{\dfrac{c_4}{c_5}}{\dfrac{Q}{A_1} - \left(1 - \dfrac{c_4}{c_5}\right)}$

öfter vorkommenden Federkraft-Kennlinien die zugehörigen Lösungsfunktionen für die bezogene zugeordnete Kreisfrequenz angeben.

Die Abb. 200, sowie die Kurven d und e in Abb. 198 veranschaulichen in dimensionsloser Form die Abhängigkeit zwischen den Lösungen v, dem Scheitelwert Q und den charakteristischen Bestimmungsstücken der zugehörigen Kennlinie.

46. Erzwungene nichtlineare Schwingungen

Bewegungsgleichung. Wir betrachten ein Schwingungsgebilde nach Abb. 34a, an dessen Masse a eine nach einem harmonischen Zeitgesetz sich ändernde Wechselkraft $P = \widehat{P}\,e^{i\Omega t}$ angreife. Die Masse a und die Dämpfungskonstante b des Dämpfungsgliedes seien konstante Größen. Das Federungsglied besitze eine nichtlineare Kennlinie, die durch die Gleichung $P_c = F(q)$ mit $F(q)$ als vorgegebener Funktion bestimmt sei.

Der auf die Masse a bezogene Gleichgewichtssatz liefert in bekannter Weise

$$P_a + P_b + P_c = P, \quad \text{bzw.} \quad a\,\ddot{q} + b\,\dot{q} + F(q) = \widehat{P}\,e^{i\Omega t}. \tag{742}$$

Der bei der Lösung linearer Schwingungen immer zum Ziele führende Ansatz $q = \widehat{q}\,e^{i\Omega t}$ versagt hier aus dem gleichen Grunde, wie wir ihn bereits bei der Lösung der freien nichtlinearen Schwingungen angeführt haben (Seite 292).

Die allgemeinen Integrale der vorstehenden Diff.-Gleichung lassen sich daher nicht, auch nicht für die bereits behandelten Fälle der freien Schwingungen, die auf integrierbare Funktionen führten, explizite angeben.

Die Lösung kann nur durch Näherungsverfahren, deren Genauigkeit allerdings beliebig hoch gesteigert werden kann, erzielt werden. (Nähere Einzelheiten und ausführliche Hinweise finden sich bei KLOTTER [66], S. 337/38 und BRAUN [67]).

An dieser Stelle wollen wir ein Lösungsverfahren behandeln, zu dessen Durchführung man sich mit Vorteil einfacher graphischer Konstruktionen bedienen kann.

Das Verfahren gründet sich auf die Tatsache, sie sei hier ohne Beweisführung angegeben, daß bei den hier in Betracht kommenden Federkraftkennlinien zwar die Schwingungsdauer T (und damit die zugeordnete Kreisfrequenz $\overline{\omega}$) durch die Krümmung der Federkraft-Kennlinie stark beeinflußt wird, aber das Weg-Zeit-Gesetz der Schwingung nicht wesentlich vom harmonischen Zeitgesetz abweicht.

Ohne einen allzu großen Fehler zu begehen, kann man daher das nichtlineare Schwingungsgebilde durch einen linearen Schwinger ersetzt denken, dessen Kennfrequenz ω_0 gleich der zugeordneten Kreisfrequenz $\overline{\omega}$ des nichtlinearen Schwingers ist. M. a. W., wir können uns die nichtlineare Feder des Gebildes durch eine *lineare* Feder mit der Federkonstanten $\bar{c}$ ersetzt denken, wobei sich $\bar{c}$ aus $\omega_0 = \sqrt{\dfrac{\bar{c}}{a}}$ und $\omega_0 = \overline{\omega}$ zu

$$\bar{c} = a\,\overline{\omega}^2 \tag{743}$$

ergibt. Mit

$$P_c \equiv \bar{c}\,q = \cdot a\,\overline{\omega}^2\,q$$

geht die Gl. (742) über in

$$a\,\ddot{q} + b\,\dot{q} + a\,\overline{\omega}^2\,q = \widehat{P}\,e^{i\,\Omega t}.$$

Mit den Setzungen

$$q = \widehat{q}\,e^{i\,\Omega t} \quad (\text{wobei } |\widehat{q}| \equiv Q) \tag{744}$$

und

$$\frac{b}{2\,a} = \delta = \text{Abklingkonstante,} \tag{745}$$

erhalten wir nach einer kleinen Umformung und nach Abkürzen des Zeitfaktors $e^{i\,\Omega t}$

$$\overline{\omega}^2 - \Omega^2 + i\,2\,\delta\,\Omega = \frac{\widehat{P}}{a\widehat{q}}. \tag{746}$$

Zur dimensionslosen Darstellung der zugeordneten Frequenz [siehe Gl. (733)] hatten wir die Größe ω^* eingeführt, die durch die Masse a und eine den Kennlinienverlauf charakterisierenden Größe c^* nach Gl. (731) definiert wird.

Dividieren wir (746) durch ω^*, und führen wir gleichzeitig in Analogie zu den bei der Behandlung linearer Schwingungen eingeführten Kenngrößen die Setzungen

$$\eta = \frac{\Omega}{\omega^*} \qquad = \text{Frequenzverhältnis,}$$
$$\vartheta = \frac{\delta}{\omega^*} \qquad = \text{Dämpfungsgrad} \tag{747}$$

ein, dann erhalten wir mit $a\,\omega^{*2} = c^*$ und $\nu = \dfrac{\overline{\omega}}{\omega^*}$ als *bezogene* zugeordnete Kreisfrequenz schließlich

$$\nu^2 - \eta^2 + i\,2\,\vartheta\,\eta = \frac{\widehat{P}/c^*}{\widehat{q}}. \tag{748}$$

Die Bezugsgröße c^* ist zu jeder vorgegebenen Federkennlinie passend zu wählen [siehe Gln. (732), (737), (740) und Tab. 12]. Die komplexe Gl. (748) können wir in zwei reelle Gleichungen aufspalten und erhalten die Amplituden- bzw. Phasenbeziehung

$$\frac{|\widehat{P}|/c^*}{Q} = \sqrt{(\nu^2 - \eta^2)^2 + (2\,\vartheta\,\eta)^2}, \tag{749}$$

bzw.

$$\text{arc}\,\frac{\widehat{P}/c^*}{\widehat{q}} = \text{arc tg}\,\frac{2\,\vartheta\,\eta}{\nu^2 - \eta^2}. \tag{750}$$

Die Gl. (748) ist der in Abschnitt 9 entwickelten Gl. (170) sehr ähnlich.
Sie unterscheidet sich nur dadurch von ihr, daß v^2 an Stelle der Zahl 1
steht. Da in v der Scheitelwert Q der Schwingung implizit enthalten
ist, gelingt es nicht, die Gl. (748), bzw. (749) bei gegebenem Frequenzverhältnis η in geschlossener Form nach Q aufzulösen. Aus diesem
Grunde würde auch die Einführung einer bezogenen Amplitude oder
Vergrößerungsfunktion analog zu Gl. (171) keine Vorteile bringen.

Man geht daher von einer vorgewählten Schwingungsamplitude
$|\widehat{q}| \equiv Q$ aus, und bestimmt die zugehörige bezogene zugeordnete Kreisfrequenz v. Die Gl. (749) läßt sich dann nach η auflösen. Die Lösungen
bestimmen jene Frequenzverhältnisse η_1 und η_2, bei denen die erzwungene nichtlineare Schwingung mit der gewählten Schwingungsamplitude
Q bestehen kann.

Wir lösen die Gl. (749) nach η auf und erhalten mit der Setzung

$$\varrho = \frac{|\widehat{P}|/c^*}{Q} : \tag{751}$$

$$\eta^2 = (v^2 - 2\,\vartheta^2) \pm \sqrt{\varrho^2 - 4\,\vartheta^2\,(v^2 - \vartheta^2)} . \tag{752}$$

Bevor wir uns mit der Diskussion der allgemeinen Lösung der Schwingungsgleichung befassen, wollen wir zunächst das charakteristische Verhalten eines nichtlinearen Schwingers im Vergleich zu dem eines linearen
Schwingers aufzeigen. Diese Betrachtung führen wir am besten für den
dämpfungsfreien Fall durch.

Ungedämpfte erzwungene Schwingung, $\vartheta = 0$. Mit $\vartheta = 0$ verein-
facht sich Gl. (752) zu

$$\eta^2 = v^2 \pm \frac{|\widehat{P}|/c^*}{Q} . \tag{753}$$

Beim *linearen* Schwinger ergab sich für den Fall der erzwungenen ungedämpften Schwingung eine ganz ähnliche Beziehung, nämlich

$$\eta^2 = 1 \pm \frac{|\widehat{P}|/c}{|\widehat{q}|} \qquad \text{[siehe Gln. (181) u. (176)].} \tag{754}$$

Tragen wir die durch vorstehende Gleichung ausgedrückte Abhängigkeit
der Amplitude $|\widehat{q}| \equiv Q$ von η (mit $|\widehat{P}| =$ konst) in einem Koordinaten-
system mit η^2 als Abszisse auf, dann liegen die beiden Äste der Resonanzlinie spiegelbildlich zu einer im Abstand $\eta^2 \equiv 1$ gelegenen Parallelen
zur Ordinatenachse (Abb. 201a).

Zeichnen wir für den nichtlinearen Fall [Gl. (753)] die Abhängigkeit
der Schwingungsamplitude Q (bei $P =$ konst) ebenfalls über η^2 auf, so
erhalten wir eine Resonanzlinie, deren Punkte gleicher Amplitude im
gleichen Abstande links und rechts der Linie

$$\eta^2 \equiv v^2$$

liegen. Diese Linie erhalten wir, wenn wir zu jedem gewählten Wert von Q den zugehörigen Wert v^2 als Abszisse auftragen.

Im vorhergehenden Abschnitt haben wir die Abhängigkeit zwischen Q und v für verschiedene Arten von Federkraft-Kennlinien kennengelernt, und haben gesehen, daß v mit Q bei überlinearem Kennlinienverlauf zunimmt, bzw. bei unterlinearem Verlauf abnimmt. D. h., je nach dem, ob ein Schwinger mit überlinearer bzw. mit unterlinearer Kennlinie vorliegt, verläuft die Linie $\eta^2 = v^2$ im $Q - \eta^2$-Schaubild nach rechts bzw. nach links zur Ordinate geneigt.

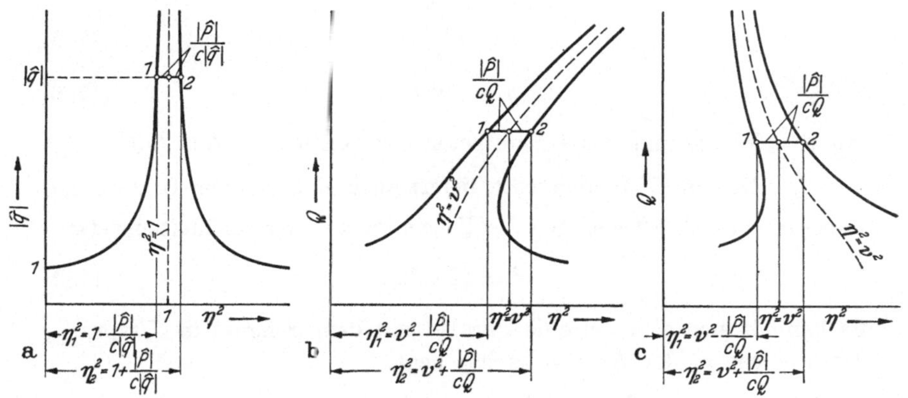

Abb. 201. Resonanzlinien ungedämpfter Schwinger
a Schwinger mit linearer Federkraftkennlinie; b Schwinger mit überlinearer
Federkraftkennlinie; c Schwinger mit unterlinearer Federkraftkennlinie

Die Abbn. 201b bzw. 201c zeigen den sich bei überlinearer Federkennlinie, bzw. bei unterlinearer Kennlinie ergebenden Verlauf der Resonanzlinie.

Wir entnehmen dieser Darstellung, daß einem nichtlinearen Schwingungsgebilde keine feste Frequenz, wie wir sie etwa als Kennfrequenz beim linearen Schwinger kennenlernten, zugeordnet werden kann, und daß der Frequenzbereich, in dem gefährlich große Schwingungsamplituden auftreten können, verhältnismäßig breit ist (beim überlinearen Schwinger erstreckt er sich theoretisch bis ins Unendliche).

Gedämpfte erzwungene Schwingung. Aus Gl. (752) ersehen wir, daß η als Funktion der 3 Veränderlichen Q (in v und σ), P (in σ) und ϑ erscheint. Wollte man den funktionellen Zusammenhang der vier Größen η, Q, P und ϑ in einem ebenen Koordinatensystem darstellen, dann ergäben sich zwei Scharen von Kurven (entsprechend der Anzahl der Parameter), so daß das Schaubild unübersichtlich würde. Man ist daher gezwungen, bei der Darstellung jeweils einen Parameter konstant zu halten, indem man beispielsweise ein $\eta - Q$-Schaubild mit ϑ als Parameter ($P = $ konstant), bzw. ein $\eta - Q$-Schaubild mit P als Parameter

($\vartheta = $ konstant) wählt. Zur Aufzeichnung eines derartigen Schaubildes ist eine große Zahl zusammenhängender Wertepaare Q und η erforderlich. Die numerische Auswertung der Gl. (752) wäre dafür zu mühsam und zeitraubend. Für diesen Zweck empfiehlt sich ein graphisches Verfahren, das gleichzeitig eine Amplituden- und eine Phasenbeziehung der dargestellten Größen liefert.

Zunächst schalten wir eine kleine Zwischenbetrachtung ein. Es sei die Aufgabe gestellt, die Gleichung jener Kurve zu bestimmen, deren Punkte durch die Parameterdarstellung

$$x = \eta^2 \tag{755}$$

$$y = 2\,\vartheta\,\eta \tag{756}$$

mit $\vartheta = $ konst. und η als Parameter gegeben seien. Aus (756) folgt $\eta = \frac{y}{2\vartheta}$. Dies in (755) eingesetzt, liefert nach einer kleinen Umformung sofort die gesuchte Gleichung der Kurve im $x - y$-Koordinatensystem:

$$y^2 = (2\,\vartheta)^2\,x. \tag{757}$$

Es handelt sich also um eine Parabel mit dem Scheitel im Ursprung, deren Achse in der Abszissenachse liegt.

Betrachtet man jetzt ϑ als Parameter der Darstellung, dann stellt die Gl. (757) eine Schar von Parabeln (Rungesche Parabeln) dar, wie dies Abb. 202a veranschaulicht.

Ein auf der dem Parameter ϑ entsprechenden Parabel liegender Punkt $\mathfrak{Z}$ besitzt somit nach (755) und (756) die Koordinaten

$$x = \eta^2 \quad \text{bzw.} \quad y = 2\,\vartheta\,\eta.$$

Nun wählen wir einen auf der Abszissenachse gelegenen Punkt Z_0 mit der Abszisse $x_0 \equiv \nu^2$, und fassen ihn als Ursprung der Gaussschen Zahlenebene auf, deren reelle Achse mit der x-Achse zusammenfallen möge.

Der Punkt $\mathfrak{Z}$ stellt dann das Bild der komplexen Zahl (Abb. 202b)

$$\mathfrak{Z} = (\nu^2 - \eta^2) + i\,2\,\vartheta\,\eta \tag{758}$$

dar. In der Normalform geschrieben erhalten wir

$$\mathfrak{Z} = \varrho\,e^{i\,\mathrm{arc}\,\mathfrak{Z}} \quad (\text{mit } \varrho = |\mathfrak{Z}|), \tag{759}$$

wobei

$$\varrho = \sqrt{(\nu^2 - \eta^2)^2 + (2\,\vartheta\,\eta)^2} \quad \text{und} \quad \mathrm{arc}\,\mathfrak{Z} = \mathrm{arc\ tg}\,\frac{2\,\vartheta\,\eta}{\nu^2 - \eta^2} \tag{760}$$

ist.

Durch Vergleich mit den Gln. (748) bis (750) erkennen wir, daß $\mathfrak{Z}$ nichts anderes als den komplexen Quotienten $\dfrac{\widehat{P}/c^*}{\widehat{q}}$ darstellt. Daher gilt:

$$\varrho \equiv \frac{|\widehat{P}|/c^*}{Q} \tag{761}$$

und

$$\text{arc } \mathfrak{Z} \equiv \text{arc } \frac{P/c^*}{\widehat{q}} = \text{arc } P - \text{arc } \widehat{q} = \psi. \tag{762}$$

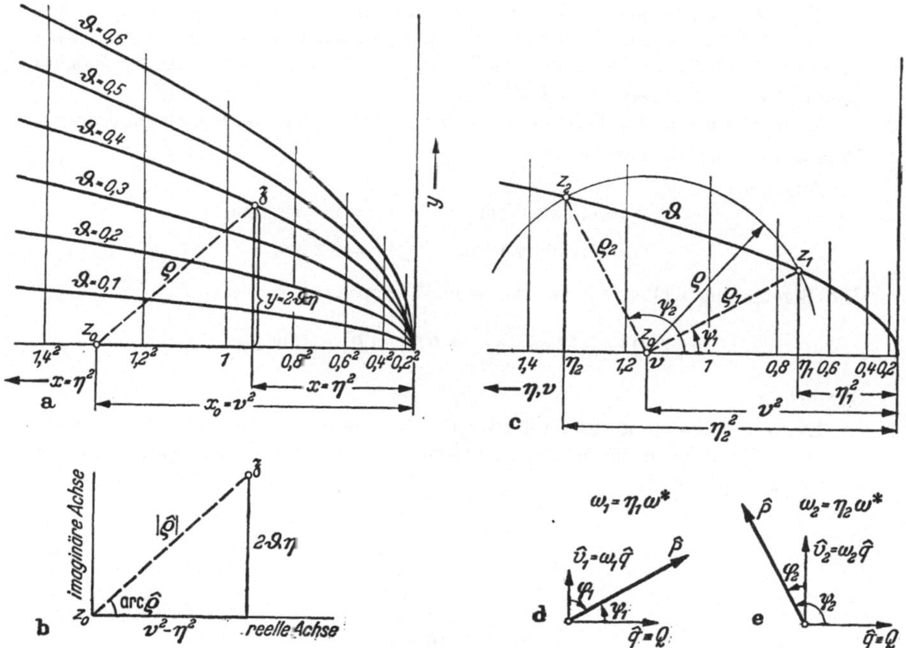

Abb. 202. Graphisches Lösungsverfahren zur Ermittlung der Bestimmungsstücke einer erzwungenen nichtlinearen Schwingung
a RUNGE-Parabeln; b Darstellung der komplexen Gleichung $\mathfrak{Z} = v^2 - \eta^2 + i\,2\,\vartheta\,\eta$ in der GAUSSschen Zahlenebene; c Bestimmung der Erregerfrequenzen bei vorgegebenen Werten von Wechselkraft- und Schwingungsamplitude; d und e Zeigerdiagramme der Schwingungsgrößen

Die graphische Lösung der Aufgabe, zu einer gewählten Schwingungsamplitude Q die zugehörigen Frequenzverhältnisse η_1 und η_2 zu bestimmen, führen wir daher wie folgt durch:

Zur gewählten Amplitude Q berechnen wir den zugehörigen Wert v und markieren im Parabeldiagramm den Punkt Z_0 $(x_0 = v^2)$. Dann berechnen wir mit dem vorgegebenem Wert $|\widehat{P}|$ den Quotienten $\varrho = \dfrac{|\widehat{P}|/c^*}{Q}$, nehmen die Strecke ϱ in den Zirkel und schlagen mit Z_0 als Mittelpunkt einen Kreisbogen (Abb. 202 c). Die beiden Schnittpunkte Z_1 und Z_2

des Kreisbogens mit der zum vorgegebenen Wert ϑ gehörenden Parabel bestimmen dann mit ihren Abszissen die gesuchten Frequenzverhältnisse. Die Phasenwinkel ψ_1 und ψ_2 können unmittelbar der Zeichnung entnommen werden (Abb. 202 c). Die Abbn. 202 d und e zeigen die Zeigerdiagramme von $\widehat{P}$, $\widehat{q}$ und $\widehat{v}$ des harmonischen Ersatzschwingers für die möglichen Kreisfrequenzen $\Omega_1 = \eta_1\,\omega^*$ bzw. $\Omega_2 = \eta_2\,\omega^*$.

Ein Beispiel möge die Durchführung des Berechnungsverfahrens erläutern.

Berechnungsbeispiel. Gegeben sei ein nichtlineares Schwingungsgebilde mit konstanten Werten a (Masse) und b (Dämpfungskonstante) nach Abb. 34a, dessen Federglied eine Kennlinie gemäß Abb. a in Tab. 12 besitzt. An der Masse a greife eine Wechselkraft $P = \widehat{P}\,e^{i\,\Omega\,t}$ an.

Zu bestimmen und aufzuzeichnen sei der Frequenzgang der Schwingungsamplitude Q mit $|\widehat{P}|$ als Parameter.

Angaben:

$$a = 0{,}5 \text{ kg s}^2/\text{cm}, \qquad c_2 = 2100 \text{ kg/cm},$$
$$b = 1{,}296 \text{ kg s/cm}, \qquad A_2 = 0{,}2 \text{ cm}.$$

Die Berechnung wollen wir für das eine Wertepaar

$$Q = 0{,}18 \text{ cm} \left(\frac{Q}{A_2} = 0{,}9\right), \ |\widehat{P}| = 336 \text{ kg}$$

durchführen.

Es empfiehlt sich, an Stelle der Größe $|P|$ eine dimensionslose Zahl als Parameter der Kraft einzuführen. Durch Erweiterung der Gl. (761) erhalten wir, wenn $c^* \equiv c_2$ gewählt wird,

$$\varrho = \frac{\dfrac{|\widehat{P}|}{c^*}}{Q} = \frac{\dfrac{|\widehat{P}|}{c_2\,A_2}}{\dfrac{Q}{A_2}}, \tag{763}$$

Den dimensionslosen Quotienten $\dfrac{|\widehat{P}|}{c_2\,A_2}$ wählen wir als Parameter:

$$\sigma \equiv \frac{|\widehat{P}|}{c_2\,A_2}. \tag{764}$$

Damit erhalten wir

$$\sigma = \frac{336 \text{ kg}}{2100 \text{ kg/cm} \cdot 0{,}2 \text{ cm}} = 0{,}8, \text{ sowie nach } (763) \ \varrho = \frac{\sigma}{Q/A_2} = \frac{0{,}8}{\dfrac{0{,}18}{0{,}20}} = 0{,}888.$$

Nach Gl. (731) folgt mit $c^* \equiv c_2$

$$\omega^* = \sqrt{\frac{c_2}{a}} = \sqrt{\frac{2100 \text{ kg/cm}}{0{,}5 \text{ kg s}^2/\text{cm}}} = 64{,}81\ \frac{1}{\text{s}}.$$

Mit Gl. (135) errechnet sich

$$\vartheta = \frac{b}{2\sqrt{a\,c_2}} = \frac{1{,}296 \text{ kg s/cm}}{2\sqrt{0{,}5 \text{ kg s}^2/\text{cm} \cdot 2100 \text{ kg/cm}}} = 0{,}2.$$

Gemäß Tab. 12/a erhalten wir

$$\nu = \frac{\pi/2}{\text{arc cos}\dfrac{1}{1+\dfrac{0,18}{0,2}}} = \frac{\pi/2}{\text{arc cos } 0,5263} = \frac{\pi/2}{58°\,14,66'\cdot\dfrac{\pi}{180}} = 1,546.$$

Aus (752) ergibt sich

$$_1\eta_2^2 = (1,546^2 - 2\cdot 0,2^2) \pm \sqrt{0,888^2 - 4\cdot 0,2^2\,(1,546^2 - 0,2^2)}\,,$$

bzw.

$$\eta_1^2 = 1,730,\quad \eta_2^2 = 3,002,$$

bzw.

$$\eta_1 = 1,317,\quad \eta_2 = 1,735.$$

Nach Gl. (747) erhalten wir

$$\Omega_1 = \omega^*\,\eta_1 = 64,81\,\frac{1}{\text{s}}\cdot 1,317 = 85,3,\frac{1}{\text{s}}\;\text{bzw.}\; f_1 = \frac{85,3\,\dfrac{1}{\text{s}}}{2\,\pi} = 13,6\;\text{Hz},$$

$$\Omega_2 = 64,81\,\frac{1}{\text{s}}\cdot 1,735 = 112,4\,\frac{1}{\text{s}}\;\text{bzw.}\; f_2 = \frac{112,4\,\dfrac{1}{\text{s}}}{2\,\pi} = 17,9\;\text{Hz}.$$

Mit Gl. (750) folgt:

$$\psi \equiv \text{arc}\,\widehat{P} - \text{arc}\,\widehat{q} \equiv \text{arc}\,\frac{\widehat{P}/c^*}{\widehat{q}} = \text{arc tg}\,\frac{2\,\vartheta\,\eta}{\nu^2 - \eta^2}\,,$$

und somit

$$\psi_1 = \text{arc tg}\,\frac{2\cdot 0,2\cdot 1,317}{1,546^2 - 1,317^2} = \text{arc tg } 0,7349 = 36°\,20',$$

sowie

$$\psi_2 = \text{arc tg}\,\frac{2\cdot 0,2\cdot 1,735}{1,546^2 - 1,735^2} = \text{arc tg}\,\frac{0,6940}{-1,456} = 115°\,30'.$$

Wir tragen diese Ergebnisse in einem $\dfrac{Q}{A_2}-\eta$-Schaubild auf (auf die Darstellung der Phasenbeziehungen wollen wir hier verzichten), und erhalten damit die zwei Punkte A und B des Frequenzganges (Resonanzlinie) für $\sigma = 0,8$, $\vartheta = 0,2$ (siehe Abb. 203).

Durch mehrfache Wiederholung des Rechnungsganges (bzw. der in Abb. 202 c dargestellten Konstruktion) mit abgewandelten Werten von Q und σ erhalten wir dann die in Abb. 203 dargestellte Schar von Resonanzlinien.

Wir ersehen:

Die Resonanzlinien besitzen infolge der Dämpfung des Schwingers im Endlichen gelegene Maxima. Für kleine Werte des Parameters $\sigma\left(\sigma < \dfrac{\pi^2}{8}\right)$ sind die Resonanzlinien nach links hin geneigt und zeigen damit den für unterlineare Schwinger typischen Verlauf. Bei großen Werten von $\sigma\left(\sigma > \dfrac{\pi^2}{8}\right)$ ist der Einfluß der die nichtlineare Kennlinie bedingenden Federvorspannung nur noch klein, die Form der Resonanzlinien gleicht sich stark der für einen linearen Schwinger geltenden an.

Zur Aufzeigung des Dämpfungseinflusses ist in das Schaubild noch die Resonanzlinie für den ungedämpften Fall ($\vartheta = 0$) für $\sigma = 0,8$ gestrichelt eingezeichnet. Sie besteht aus zwei sich bis ins Unendliche erstreckenden Ästen.

Die mittlere gestrichelt gezeichnete Linie ist die Resonanzlinie für den Fall $\vartheta = 0$ und $\sigma = 0$. Die beiden Äste der Resonanzlinie gehen in diesem Falle in

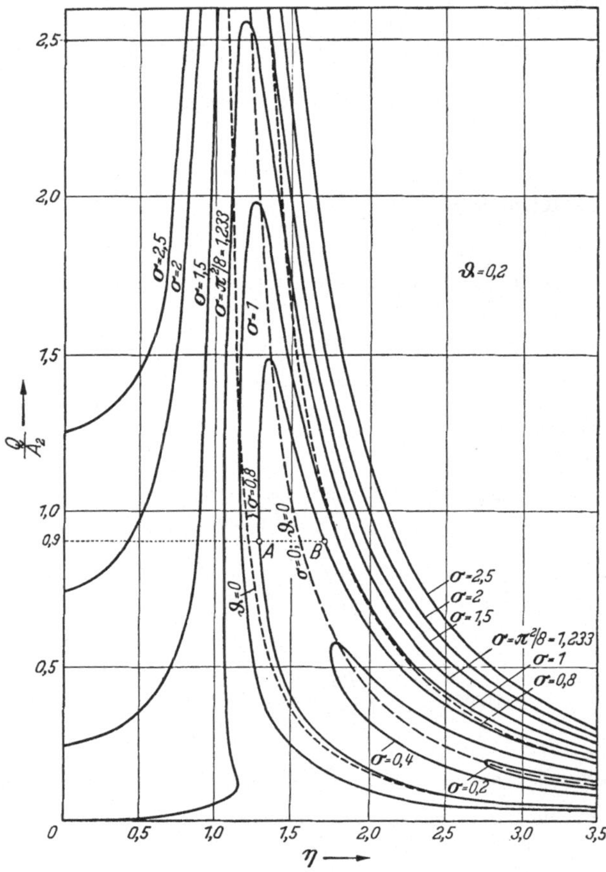

Abb. 203. Frequenzgang der bezogenen Schwingungsamplitude der erzwungenen Schwingung eines Schwingers gemäß Abb. 34a mit nichtlinearer Federkraftkennlinie nach Abb. a in Tafel 12, in dimensionsloser Darstellung für $\vartheta = \text{konst} = 0,2$, mit $\sigma \equiv \dfrac{|\widehat{P}|}{c_1 A_1}$ als Parameter

eine einzige Kurve über, die, wie man der Gl. (752) mit $\vartheta = 0$ und $\sigma = 0$, bzw. $\varrho = 0$ entnehmen kann, der Gleichung

$$\eta^2 = v^2 \quad \text{bzw.} \quad \eta = v$$

gehorcht, und somit mit der in Abb. 198 eingezeichneten Kurve d identisch ist.

Zur Abrundung unserer Betrachtungen seien noch die Resonanzlinien zweier typischer Vertreter nichtlinearer Schwinger angeführt.

Die Abb. 204 b zeigt den Fall eines Schwingers mit überlinearer Kennlinie gemäß der Gleichung $P_c = c_0\, q + k\, q^3$ (Abb. 196 b), während die Abb. 204 a den Fall eines Schwingers mit unterlinearer Kennlinie nach der Gleichung $P_c = c_0\, q - k\, q^3$ (Abb. 196 a) veranschaulicht.

Der Darstellung liegen die uns bereits zum Teil geläufigen dimensionslosen Kenngrößen

$$\left. \begin{aligned} \eta &= \frac{\Omega}{\omega^*} \quad \left(\text{mit } \omega^* = \sqrt{\frac{c^*}{a}}, \text{ wobei } c^* \equiv c_0 \text{ ist}\right), \\ \sqrt{m} &= \sqrt{\frac{k}{c_0}}\, Q, \\ \vartheta &= \frac{b}{2\, a\, \omega^*} \end{aligned} \right\} \tag{763}$$

zugrunde. Der die Größe der Erregerkraft kennzeichnende Parameter σ leitet sich mit $c^* \equiv c_0$ aus der Gl. (751) wie folgt her,

$$\varrho = \frac{|\widehat{P}|/c_0}{Q} \equiv \frac{\sqrt{\frac{k}{c_0}}\,|\widehat{P}|/c_0}{\sqrt{\frac{k}{c_0}}\,Q} \equiv \frac{\sigma}{\sqrt{m}}, \tag{764}$$

und ist gegeben durch

$$\sigma = \sqrt{\frac{k}{c_0^3}}\, |\widehat{P}|. \tag{765}$$

In Abb. 204 b verlaufen die Resonanzlinien $\sigma =$ konst. nach rechts hin geneigt und zeigen damit das bereits mehrfach erwähnte Kennzeichen eines überlinearen Schwingers. Die Amplituden steigen mit zunehmender Größe der Erregerkraft stetig an.

Einen völlig andersgearteten Verlauf zeigen die Resonanzlinien in Abb. 204 a. Die Linien $\sigma =$ konst. sind, entsprechend der unterlinearen Federkennlinie, nach links hin geneigt, zerfallen aber für $\sigma > 0{,}217$ bzw. $\sigma < 0{,}217$ in zwei getrennte Kurven. Dabei kann der Amplituden-Parameter theoretisch nur bis zu $\sqrt{m} = 1$ anwachsen. Dieses merkwürdige Verhalten wird durch die Rückläufigkeit der Federkennlinie verursacht, die bei $q = \sqrt{\frac{c_0}{k}}$ die Rückstellkraft $P_c = 0$ ergibt.

In beiden Abbildungen ist wieder zur Veranschaulichung des Dämpfungseinflusses je eine Resonanzlinie für $\vartheta = 0$, bzw. für $\vartheta = 0$, $\sigma = 0$ gestrichelt eingezeichnet.

Diskussion der Lösungen. *Überlinearer Schwinger.* Beim ungedämpften linearen Schwinger besitzt die Resonanzlinie bei $\eta = 1$ eine Polstelle, d. h., $Y_q \equiv \frac{|\widehat{q}|}{|\widehat{P}|/c}$ wächst an dieser Stelle über alle Grenzen. Bei kleinen Dämpfungsgraden erstreckt sich der gefährliche Resonanzbereich, in dem große Werte von Y_q auftreten, über einen verhältnismäßig kleinen Frequenzbereich (Abb. 87). Beim Schwinger mit überlinearer Federkennlinie bleiben die Schwingungsausschläge bei endlich großen Erregerkräften bei allen endlich großen Frequenzen, auch bei $\vartheta = 0$, endlich

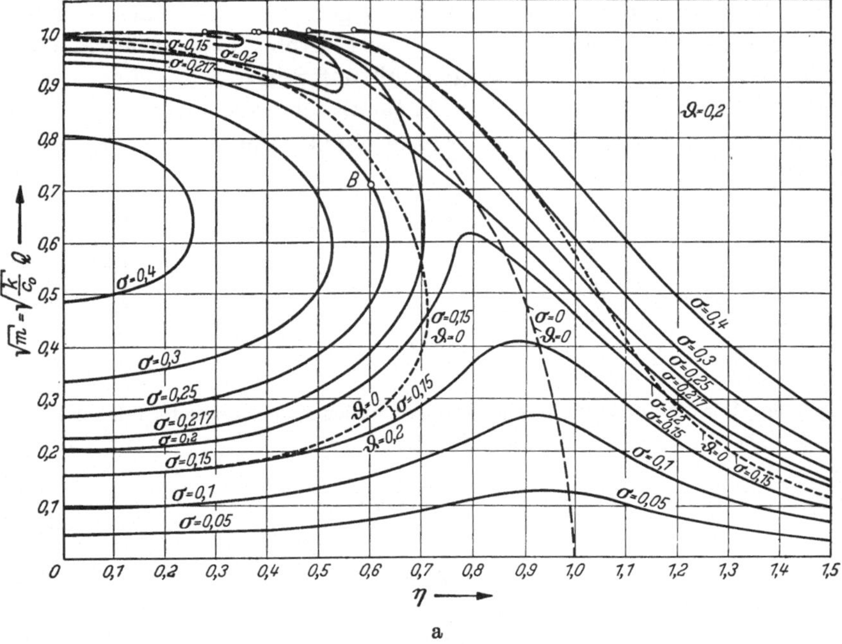

a

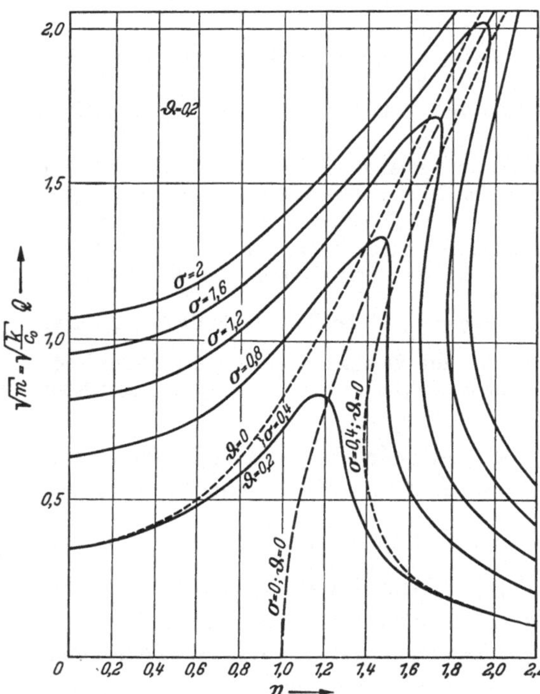

b

Abb. 204. Frequenzgang der bezogenen Schwingungsamplitude für $\vartheta = \mathrm{konst} = 0{,}2$ und $\sigma \equiv \sqrt{\dfrac{k}{|c_0^3|}}\,|\widehat{P}|$ als Parameter
a Für einen Schwinger mit unterlinearer Kennlinie nach Abb. 196a; b Für einen Schwinger mit überlinearer Kennlinie nach Abb. 196b

groß. Aber dafür erstreckt sich, insbesondere bei kleinen Dämpfungen, der Bereich, in dem die Schwingungsausschläge große Werte annehmen, über ein verhältnismäßig breites Frequenzgebiet.

Dieses Verhalten macht sich sehr störend bemerkbar, wenn beim Anlassen und Abstellen von Maschinenanlagen der kritische Drehzahlbereich durchlaufen werden muß.

Betrachten wir weiter die in Abb. 205 einzeln herausgezeichnete Resonanzlinie. Wir erkennen, daß innerhalb des Frequenzbereiches $\eta_E < \eta < \eta_B$ zu jeder Frequenz *drei* Betriebspunkte möglich sind. Es läßt sich nachweisen, einen qualitativen Beweis hierfür bringen wir im Anschluß an diese Betrachtung, daß es sich bei den auf dem gestrichelt gezeichneten Kurvenast $E - B$ liegenden Punkten um Betriebspunkte handelt, in denen kein stabiler Schwingungszustand möglich ist. Bei der geringsten auftretenden Störung springt ein auf diesem Kurvenast gelegener Betriebspunkt, je nach Art und Einwirkungsrichtung des Störimpulses, auf den oberen oder

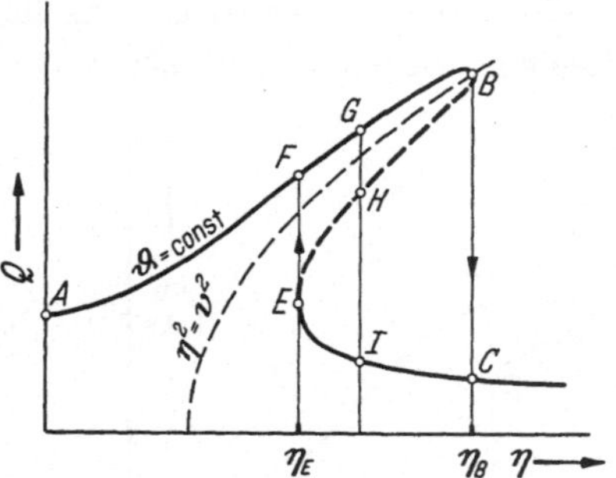

Abb. 205. Stabilitätsbetrachtung der erzwungenen Schwingung eines Schwingers mit überlinearer Kennlinie

unteren Ast der Kurve. D. h., Schwingungsamplitude und Phasenverschiebungswinkel $\psi = \operatorname{arc} \widehat{P} - \operatorname{arc} \widehat{q}$ ändern sich schlagartig. Man spricht vom „Kippen" der Schwingung.

Würde die Erregerfrequenz beispielsweise von Null an beginnend (bei $P = \text{konst.}$), allmählich erhöht, so folgt der Betriebspunkt, von A ausgehend, über F bis E dem oberen Ast der Resonanzlinie. Er springt dann bei weiterer Frequenzsteigerung plötzlich von B nach C und folgt dann dem unteren Kurvenverlauf bis D.

Wird anschließend die Frequenz wieder verkleinert, so wandert der Betriebspunkt auf dem unteren Ast der Kurve entlang bis E, springt dann bei weiterer Frequenzverkleinerung auf den oberen Kurvenast bei F und wandert längs diesem bis A.

Wenn im Vorstehenden von allmählichen Frequenzänderungen die Rede war, dann ist dies nicht etwa so zu verstehen, daß eine Art von Anlaß- oder Auslaufvorgang durchgeführt wird, sondern es wird jeweils der eingeschwungene Zustand betrachtet.

Arbeitet der Schwinger beispielsweise im Betriebspunkt G, so kann es vorkommen, daß durch das plötzliche Auftreten eines Störimpulses der Betriebspunkt nach I verlagert wird, daß also bei unveränderter Erregerkraft und -frequenz die Schwingungsamplitude sich sprunghaft um einen beträchtlichen Wert ändert. Der umgekehrte Vorgang, Betriebspunktverschiebung von I nach G, ist ebenfalls möglich (Kippen der Schwingung).

Hierin zeigt sich ein auffallender Gegensatz zum Verhalten eines gedämpften linearen Schwingers, der erzwungene Schwingungen ausführt. Wirkt auf diesen plötzlich ein Störimpuls ein, so werden zusätzliche Eigenschwingungen angeregt. Diese klingen allmählich wieder ab, der ursprüngliche Zustand wird wieder hergestellt.

Unterlinearer Schwinger. Es liegen hier völlig gleichartige Verhältnisse vor, wie wir sie vorstehend beim überlinearen Schwinger ausführlich

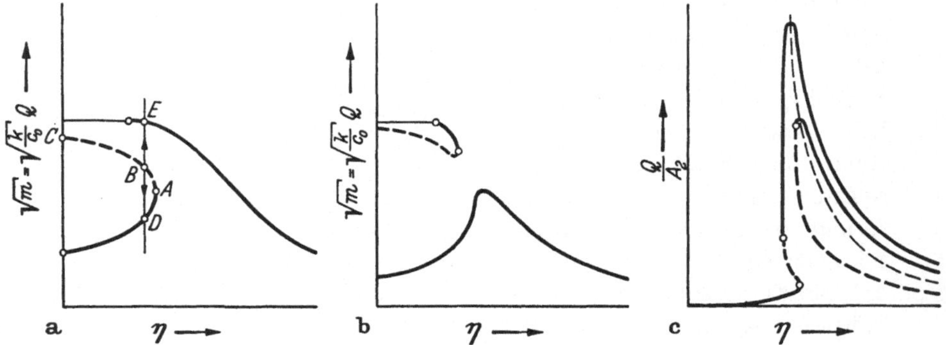

Abb. 206. Instabiler Betriebsbereich
a Für einen Schwinger mit unterlinearer Kennlinie nach Abb. 196 a ($\sigma > 0{,}217$); b Für die gleiche Federkraftkennlinie wie bei a, aber $\sigma < 0{,}217$; c Für die Federkraftkennlinie nach Tafel 12, Abb. a

besprochen haben, so daß wir auf die Angabe weiterer Einzelheiten verzichten können. Die Abbn. 206a bis c zeigen je eine aus den Schaubildern der Abbn. 203 und 204a herausgezeichnete Resonanzlinie, bei denen die instabilen Bereiche gestrichelt angegeben sind.

Stabilitätsbetrachtung[1]. Wir wollen die Betrachtung für den unterlinearen Schwinger durchführen, dessen Resonanzlinien die Abb. 204a veranschaulicht. Es soll gezeigt werden, daß in dem auf der Linie $\sigma = 0{,}25$ ($\vartheta = 0{,}2$) liegenden Punkt B ($\sqrt{m} = 0{,}7071$, $\eta = 0{,}595$) keine stabilen erzwungenen Schwingungen möglich sind.

Das bei der Schwingungsbewegung herrschende Kräftespiel wird durch die komplexe Gl. (748) beschrieben. Wir werten diese Gleichung mittels Zeigerdiagrammes aus. Zu $\sqrt{m} = 0{,}7071$ berechnen wir ν nach Gl. (739) (bzw. aus der Abb. 198 zu entnehmen) und erhalten $\nu = 0{,}785$.

---

[1] Eine strenge Beweisführung für das Auftreten von Instabilitäten findet sich bei STOKER [*69*].

• Mit $2\vartheta\eta = 2 \cdot 0{,}2 \cdot 0{,}595 = 0{,}238$ und $\eta^2 = 0{,}595^2 = 0{,}354$ zeichnen wir das in Abb. 207 dargestellte Zeigerdiagramm und entnehmen diesem $\varrho = 0{,}353$ [dies folgt auch nach Gl. (764): $\varrho = \dfrac{\sigma}{\sqrt{m}} = \dfrac{0{,}25}{0{,}7071} = 0{,}353$]. Die Erregerkraft P ergibt sich aus den Gln. (764) und (765) zu

$$|\widehat{P}| = \sqrt{\frac{c_0^3}{k}}\ \sqrt{m}\,\varrho = \sqrt{\frac{c_0^3}{k}} \cdot 0{,}7071 \cdot 0{,}353 = 0{,}2495\ \sqrt{\frac{c_0^3}{k}}\ .$$

Nun wollen wir annehmen, daß (bei unveränderter Größe von Erregerkraft und -frequenz) die Schwingungsamplitude Q durch irgendeinen von außen her kurzzeitig einwirkenden Störimpuls auf den Wert Q' vergrößert werde. Der Amplitudenparameter betrage dann $\sqrt{m'}$ $= 0{,}8367$. Wenn B ein stabiler Betriebspunkt wäre, dann müßte sich nach Abklingen der durch den Störimpuls eingeleiteten Störbewegung die ursprüngliche Amplitude mit dem Parameter $\sqrt{m} = 0{,}7071$ wieder einstellen.

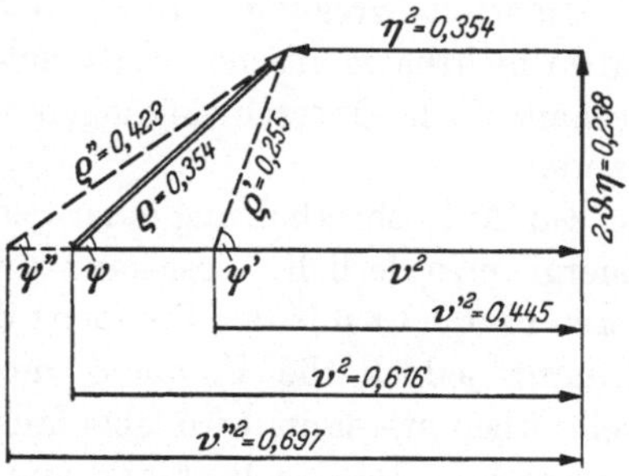

Abb. 207. Stabilitätsbetrachtung — Zeigerdiagramm

Betrachten wir zunächst den *eingeschwungenen* Zustand mit dem Amplitudenparameter $\sqrt{m'}$. Der zugehörige Wert von v' berechnet sich zu $v' = 0{,}667$ (Abb. 198). Mit $v'^2 = 0{,}445$ und unveränderten Werten von $2\vartheta\eta$ und η^2 zeichnen wir das Zeigerdiagramm in die Abb. 207 mit hinein und erhalten den Wert $\varrho' = 0{,}255$. Die zugehörige Erregerkraft $|\widehat{P'}|$ berechnet sich dann zu

$$|\widehat{P'}| = \sqrt{\frac{c_0^3}{k}} \cdot 0{,}8367 \cdot 0{,}255 = 0{,}2135\ \sqrt{\frac{c_0^3}{k}}\ .$$

Wir ersehen:

Obwohl die Schwingungsamplitude Q' größer ist als vorher, genügt eine kleinere Erregerkraft zur Aufrechterhaltung der Schwingung, d. h., die laut Voraussetzung konstant gebliebene Erregerkraft ist größer als die erforderliche, der von uns vorausgesetzte eingeschwungene Zustand wird sich gar nicht einstellen können, die Amplitude der Schwingung wird dauernd größer, der Betriebspunkt (er wandert bis E — siehe Abb. 206a) wird nicht in die ursprüngliche Lage zurückgeführt, der Punkt B ist ein *labiler* Betriebspunkt.

Zum gleichen Ergebnis gelangen wir, wenn wir eine zufällige Verkleinerung der Amplitude, entsprechend $\sqrt{m''} = 0{,}633$ betrachten. Der dazugehörige Wert von v'' errechnet sich dann zu $v'' = 0{,}835$. Das neue

Zeigerdiagramm zeichnen wir mit $v''^2 = 0{,}697$ und unveränderten Werten $2\vartheta\eta$ und η^2 wieder in die Abb. 207 ein und entnehmen $\varrho'' = 0{,}423$. Die erforderliche Erregerkraft berechnet sich dann zu

$$|\widehat{P}''| = \sqrt{\frac{c_0^3}{k}}\, 0{,}633 \cdot 0{,}423 = 0{,}268\, \sqrt{\frac{c_0^3}{k}}\,.$$

Da die wirksame Erregerkraft $|\widehat{P}| = 0{,}2495\, \sqrt{\frac{c_0^3}{k}}$ kleiner ist als die erforderliche Kraft $|\widehat{P}''|$, ist kein Beharrungszustand möglich, die Amplitude wird weiterhin verkleinert, der Betriebspunkt wandert bis D (Abb. 206a).

Unterton-Erregung. Eine nichtlineare Schwingung verläuft nach einem nichtharmonischen Zeitgesetz. Außer der Grundschwingung sind deshalb noch Oberschwingungen verschiedenster Ordnungszahlen vorhanden.

Zur Aufrechterhaltung einer gedämpften Schwingung ist Zufuhr von Energie erforderlich. Diese kann von einer Wechselkraft geliefert werden, deren Frequenz mit der Frequenz der Grundschwingung übereinstimmt. Stimmt jedoch die Frequenz der Erregerkraft mit der einer Oberwelle überein, dann wird ebenfalls Arbeit in das schwingende System eingespeist. Da das Bestehen von Oberwellen durch den Mechanismus der nichtlinearen Schwingung mit dem Auftreten der Grundschwingung zwangläufig verbunden ist, kann somit durch eine Wechselkraft von der Frequenz f eine nichtlineare Schwingung mit der Grundschwingungs-Frequenz $\dfrac{f}{n}$, mit n als ganzzahliger Ordnungszahl der Oberschwingung, erregt werden. Diesen Vorgang bezeichnet man als *Untertonerregung*.

Diese Eigenart besitzt ein linearer Schwinger nicht. Wird beispielsweise auf einen linearen Schwinger von der Eigenfrequenz f_0 plötzlich eine Erregerkraftquelle von der Frequenz $f > f_0$ aufgeschaltet, dann besteht die auftretende Schwingungsbewegung aus der Überlagerung einer erzwungenen Schwingung von der Frequenz f und einer durch den Anstoß erregten Eigenschwingung der Frequenz f_0. Es liegt also auch hier eine Art von Untertonerregung vor. Die Eigenschwingung mit f_0 klingt jedoch mit der Zeit ab, so daß im Beharrungszustand nur noch die mit der Erregerkraft gleichfrequente erzwungene Schwingung vorhanden ist.

Praktische Bedeutung nichtlinearer Schwingungen. Nichtlineare Schwingungen spielen in der Praxis sowohl auf dem Gebiete der mechanischen Schwingungen als auch als elektrische Schwingungen eine bedeutende Rolle.

Von den vielfältigen Anwendungsgebieten seien nur ganz kurz einige wenige Beispiele erwähnt:

1. Besitzen elastische Kupplungen loses Spiel, dann wirken sie wie Federungsglieder mit nichtlinearer Kennlinie nach Abb. 196d. Im Zusammenwirken mit den gekuppelten Drehmassen können unerwünschte nichtlineare Schwingungen auftreten, deren besonderen Eigenschaften (Erregung der Grundschwingung durch hochfrequente Störkräfte, starke Verbreiterung des gefährlichen Resonanzbereiches) Anlaß zu Betriebsschwierigkeiten geben können.

2. Resonanzschwingsiebe mit linearen Federungsgliedern arbeiten nicht zufriedenstellend. Die Beschickung mit Siebgut ist meist starken Schwankungen unterworfen. Es ändert sich daher dauernd die Kennkreisfrequenz ω_0 und damit η, da die Antriebsmotoren praktisch mit starrer Drehzahl laufen. Diese Schwankungen ergeben Änderungen der

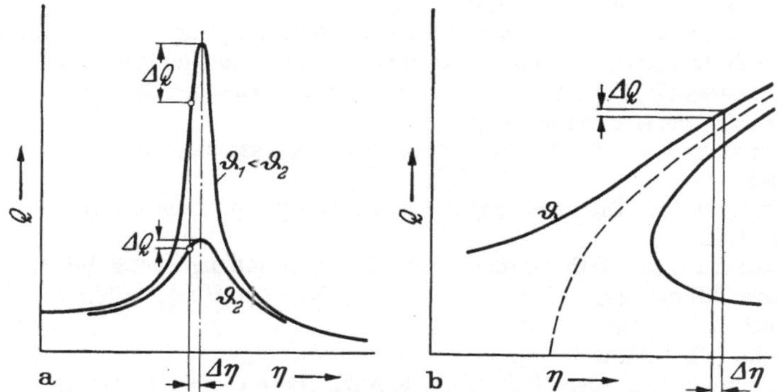

Abb. 208. Änderung der Schwingungsweg-Amplitude bei Änderung des Frequenzverhältnisses
a Schwinger mit linearer Federkraftkennlinie;   b Schwinger mit überlinearer Federkraftkennlinie

Schwingungsamplitude (siehe Abb. 208a), wodurch die Siebwirkung beeinträchtigt wird. Eine Abhilfe dieser Nachteile wäre nur durch Einführung starker Dämpfung möglich. Da dies mit großen Energieverlusten verbunden ist, geht man in neuerer Zeit dazu über, Federungen mit nichtlinearer Kennlinie einzubauen. Infolge der starken Neigung der Resonanzlinien ergeben sich auch bei schwach bedämpften Systemen nur noch kleine Amplitudenänderungen (Abb. 208b).

3. Der Werkstoff Gußeisen erfüllt nicht das HOOKEsche Gesetz und besitzt außerdem eine große Werkstoffdämpfung. Bauteile aus Gußeisen können deshalb als nichtlineare Schwingungsgebilde betrachtet werden, bei deren Schwingungen keine schroffen Resonanzüberhöhungen des Schwingungsausschlages auftreten können. Gußeisen eignet sich daher besonders gut als Werkstoff für schwingungsgefährdete Bauteile, bei denen ausgeprägte Resonanzerscheinungen weitgehend vermieden werden sollen (Werkzeugmaschinen, Kurbelwellen von Verbrennungskraftmaschinen).

Literatur

[1] Kösters, A., u. R. Pich: Wie analysiert man ein Schwebungsdiagramm? Ing.-Archiv Bd. 14 (1944) S. 374.

[2] Lorentz-Joos-Kaluza: Höhere Mathematik für den Praktiker. 5. Aufl. Leipzig: J. A. Barth 1938.

[3] Hütte I, 27. Aufl. S. 109/110.

[4] Runge-König: Numerisches Rechnen. Berlin: Springer 1924, Grundlehren der mathematischen Wissenschaften in Einzeldarstellungen. Bd. XI.

[5] Rogosinski: Fouriersche Reihen, Sammlg. Göschen Nr. 1022. Berlin u. Leipzig: de Gruyter & Co 1930.

[6] Meyer zur Capellen, W.: Mathematische Instrumente, 3. Aufl., Leipzig 1949.

[7] Zipperer, L.: Tafeln zur harmonischen Analyse periodischer Kurven. Springer 1922.

[8] Baule, B.: Die Mathematik des Naturforschers und Ingenieurs, Bd. 4, Gewöhnliche Differentialgleichungen, 2. Aufl. Leipzig: S. Hirzel 1945.

[9] Hütte I, 27. Aufl., S. 666.

[10] Siehe [9], S. 474.

[11] Bergmann, L.: Der Ultraschall, 3. Aufl. Berlin: VDI-Verlag 1942, S. 175.

[12] Siehe [9], S. 459, Tafel 2.

[13] Grammel, R.: Über Schwingungsketten. Ing.-Archiv Bd. 14 (1943) S. 213.

[14] Collatz, L.: Ing.-Archiv Bd. 10 (1939) S. 269.

[15] Boesch, W.: Das Rechnen mit komplexen Zahlen auf einer Multipliziermaschine mit nur einem Multiplizierwerk. Regelungstechn. Bd. 1 (1953) S. 270.

[16] Bürklen, O. Th.: Mathematische Formelsammlung, S. 31, Sammlung Göschen Nr. 51, Berlin: de Gruyter & Co 1943.

[17] Siehe [9], S. 78/79.

[18] Biezeno, C. B., u. R. Grammel: Technische Dynamik, 2. Aufl., 2. Band, S. 193. Berlin: Springer 1953.

[19] Weber, C.: Schwingungen im Maschinenbau, S. 98. Düsseldorf: Deutscher Ingenieur-Verlag 1953.

[20] Siehe [9], S. 655.

[21] Siehe [9], S. 237.

[22] Siehe [9], S. 658.

[23] Sanden, H. von: Praxis der Differentialgleichungen. 3. Aufl. Berlin: W. de Gruyter & Co 1945.

[24] Den Hartog-Mesmer: Mechanische Schwingungen, 2. Aufl., S. 186. Berlin-Göttingen-Heidelberg: Springer 1952.

[25] Dubbel I. 9. Aufl., S. 365. Berlin: Springer 1943.

[26] Föppl, A.: Vorlesungen über Technische Mechanik, 3. Band — Festigkeitslehre, S. 178. München und Berlin: R. Oldenbourg 1944.

[27] Siehe [26], S. 185.

[28] Siehe [18], 2. Band, S. 212.

[29] Traenkle, A.: Berechnung kritischer Drehzahlen beliebiger Ordnung nach dem Verfahren von Ritz: Ing.-Archiv Bd. 1 (1930) S. 499.

[*30*] Siehe [*18*], 2. Band, S. 155.

[*31*] Siehe [*24*], S. 327.

[*32*] Siehe [*19*], S. 125.

[*33*] Siehe [*9*], Band I, S. 243.

[*34*] SCHRÖN, H.: Die Dynamik der Verbrennungskraftmaschine, S. 140. Wien: Springer 1947.

[*35*] KLOTTER, K.: Analyse der verschiedenen Verfahren zur Berechnung von Torsionsschwingungen von Maschinenwellen. Ing.-Arch. Bd. 17 (1949) S. 1.

[*36*] BARANOW, G.: Zur Berechnung der Drehschwingungszahlen. Z. VDI Bd. 76 (1932) S. 184.

[*37*] HAUG, K.: Die Drehschwingungen in Kolbenmaschinen, S. 81. Berlin-Göttingen-Heidelberg: Springer 1952.

[*38*] PESTEL, E.: Anschauliche Herleitung und Beweis des BARANOW-SCHAEFER-Verfahrens zum Ermitteln der Eigenschwingungszahlen und der Eigenschwingungsformen von Schwingerketten. Forschung, 21. Bd., Heft 5, S. 154.

[*39*] GROTH, K.: Untersuchung über Schwingungen in der Druckleitung von Kolbenverdichtern. VDI-Forschungsheft 440 (1953) S. 5.

[*40*] KÖHLER, R.: Ergebnisse von Schwingungsuntersuchungen in Maschinenbetrieben des Bergbaues. Glückauf 1949, S. 934.

[*41*] HÄHNLE, W.: Die Darstellung elektromechanischer Gebilde durch rein elektrische Schaltbilder. Wiss. Veröff. Siemens Konz. Bd. XI. 1 (1932) S. 1—23.

[*42*] HECHT, H.: Schaltschemata und Differentialgleichungen elektrischer und mechanischer Schwingungsgebilde. Leipzig: J. A. Barth 1939.

[*43*] LANDER, G.: Erweiterung und Präzisierung der Analogien zwischen elektrischen und mechanischen Schaltungen. Frequenz 1952/H. 8 und H. 9.

[*44*] WALLOT, W.: Einführung in die Theorie der Schwachstromtechnik. Berlin: Springer 1944.

[*45*] HÜBNER, E.: Das Messen kleiner, zeitlich veränderlicher Drücke. Forschung Bd. 20/H. 1, S. 20.

[*46*] CREDE, C. E.: Vibration and Shok Isolation. New York 1951.

[*47*] FELDTKELLER, R.: Duale Schaltungen der Nachrichtentechnik. Berlin: Georg Siemens Verlag.

[*48*] KLEIN, W.: Duale Schaltungen. Funk und Ton, 1948, Nr. 8, S. 392.

[*49*] STEINMANN, D. B.: Hängebrücken. Das aerodynamische Problem und seine Lösung. Acier Stahl Steel, 19 (1954), H. 10, S. 495 und H. 11, S. 542.

[*50*] HAHNKAMM, E.: Die Dämpfung von Fundamentschwingungen bei veränderlicher Erregerfrequenz. Ing.-Arch. Bd. 4 (1933) S. 193.

[*51*] RAUSCH, E.: Dampfturbinen-Fundamente. Z. VDI 1955, Nr. 29, S. 1020.

[*52*] GEISLINGER, L.: Theorie des Resonanzschwingungsdämpfers. Ing.-Arch. Bd. 5 (1934) S. 146.

[*53*] Siehe [*18*], S. 441/43.

[*54*] HEISS, A.: Scheuerwirkung geschweißter Elemente. VDI-Forschungsheft 429.

[*55*] EISELE, F., u. H. W. LYSEN: Der Einsatz hochpolymerer Stoffe zur dynamischen Versteifung von Werkzeugmaschinen. Der Maschinenmarkt Coburg, 1955, Nr. 98, S. 17.

[*56*] STAPPENBECK, H.: Das Kurvengeräusch der Straßenbahn. Möglichkeiten zu seiner Verhütung. Z. VDI Bd. 96 (1954) Nr. 6, S. 171/75.

[*57*] LÜRENBAUM, K.: Beitrag zur Dynamik der gefederten Maschinengründung. VDI-Z. Bd. 98 (1956) Nr. 18, S. 976/79.

[*58*] STEUDING, H.: Messung mechanischer Schwingungen. Berlin: VDI-Verlag 1928.

[59] KLEIN, P. E.: Der Elektronenstrahloszillograph, S. 102. Berlin: Weidmann-sche Verlagsbuchhandlung 1948.

[60] PETERS, J.: Grenzen der Realisierbarkeit differenzierender und integrierender Netzwerke. Elektronische Rundschau Bd. 9 (1955) 4, S. 77/81.

[61] Siehe [11], S. 10.

[62] SCHAEFER, H.: Über das Verfahren von BARANOW und seine Erweiterung auf die Ermittlung der Eigenschwingungsformen von Schwingerketten. Ing.-Arch. Bd. 13 (1955) 5, S. 307.

[63] Siehe Abb. 18 in Werkstatt und Betrieb, 1954/Nr. 7, S. 333.

[64] CZECH, J.: Der Elektronenstrahl-Oszillograph. Berlin-Borsigwalde: Verlag für Radio-Foto-Kinotechnik GmbH. 1955.

[65] MÜHE, W.: Elektrische Methoden zur Schwingungsmessung und Frequenz-analyse bei sehr tiefen Frequenzen. Frequenz Bd. 9 (1955) S. 146.

[66] KLOTTER, K.: Technische Schwingungslehre, 2. Aufl., Erster Band. Berlin-Göttingen-Heidelberg: Springer 1951.

[67] BRAUN, E.: Graphische Lösung der Differentialgleichung der erzwungenen Schwingung bei beliebigem Gesetz für Dämpfung, Rückstellkraft und Antriebs-kraft. Ing.-Arch. Bd. 8 (1937) Nr. 3, S. 198.

[68] JAHNKE-EMDE: Tafeln höherer Funktionen. Leipzig 1948.

[69] STOKER, J. J.: Non-linear vibrations, S. 114 u. 213. New York 1950.

[70] KUHL, W.: Dämmung federnd gelagerter Balken. VDI-Berichte Bd. 8 (1956).

[71] CREMER, L.: Berechnung von Körperschallvorgängen. VDI-Berichte Bd. 8 (1956) S. 15/22.

[72] OBERST, H.: Geräuschminderung durch Entdröhnmittel. ATZ Bd. 57 (1955) 1, S. 7/12.

[73] GIGLI, A., und G. G. SACERDOTE: Measurements of Mechanical Impedances by a Resonance Method. VDI-Berichte Bd. 8 (1956) S. 136/41.

[74] KLOTTER, K.: Neuere Methoden und Ergebnisse auf dem Gebiet nicht-linearer Schwingungen. VDI-Berichte Bd. 4 (1955) S. 35/46.

[75] HOLBA, J. J.: Berechnungsverfahren zur Bestimmung der kritischen Dreh-zahlen von geraden Wellen. Wien: Springer 1936.

[76] RITZ, W.: Über eine neue Methode zur Lösung gewisser Variationsprobleme der mathematischen Physik. Crelles Journal 135 (1909) S. 1.

[77] BLUME, H.: Analyse von Schwingweg- und Beschleunigungs-Aufzeichnungen stoßartig verlaufender Vorgänge. Z. angew. Math. Mech. Bd. 23 (1943) Heft 6 und Bd. 25/27 (1947) Heft 5/6.

[78] v. SANDEN, H.: Praktische Mathematik. Leipzig: B. G. Teubner, Verlags-gesellschaft, 1948.

Sachverzeichnis

DG 721/4/57